Hans Lenz
Universalgeschichte der Zeit

Hans Lenz

Universalgeschichte der Zeit

marixverlag

Umwelthinweis:
Dieses Buch und der Schutzumschlag wurden auf chlorfrei gebleichtem Papier gedruckt. Die Einschrumpffolie – zum Schutz vor Verschmutzung – ist aus umweltverträglichem und recyclingfähigem PE-Material.

Lektorat: PD Dr. Marco Frenschkowski, Hofheim/Taunus
Covergestaltung: Thomas Jarzina, Köln
Satz und Bearbeitung: Buch-Werkstatt GmbH, Bad Aibling
Bildnachweis: © Bettmann/CORBIS und akg-images, Berlin
Gesamtherstellung: GGP Media GmbH, Pößneck
Printed in Germany

ISBN: 3-86539-050-1
www.marixverlag.de

Inhalt

Vorwort

Das Wissen der Menschheit wächst rasant. Nie hat es so zahlreiche wissenschaftliche Veröffentlichungen gegeben wie heute. Aber die Arbeiten der Spezialisten beziehen sich auf immer enger begrenzte Gebiete und ihre Veröffentlichungen werden immer schwerer verständlich für Außenstehende.

Das vorliegende Buch will einerseits dem Leser eine Übersicht über die vielfältigen Facetten des Phänomens »Zeit« bieten. Im Vordergrund stehen dabei der Blick auf das Ganze und das Aufdecken von Zusammenhängen. Andererseits sollen zahlreiche Einzelheiten möglichst ausführlich geschildert werden. Die damit gestellte Aufgabe gleicht der Quadratur des Kreises, man kann sich ihrer Lösung nur annähern. Es ist praktisch unmöglich, die Details eines so weit ausholenden Themas ausführlich zu behandeln, zu belegen und kritisch zu würdigen.

Darüber hinaus gilt es, eine Balance zu finden zwischen wissenschaftlicher Exaktheit und der Verständlichkeit der Ausführungen für ein breites Publikum. Auch die Komplexität des Werkes selbst erfordert eine manchmal stark vereinfachende Darstellung, die der eine oder andere Fachwissenschaftler als zu pauschal empfinden, als unzulässig ansehen mag.

Zu vielen der im Buch behandelten Fragen gibt es ein weiteres Spektrum der Meinungen. Etliche werden von Experten kontrovers diskutiert. Manche Darlegungen reflektieren die Ansichten von Außenseitern, einige sind spekulativer Natur und wissenschaftlich bisher nicht anerkannt. Oft sind aber gerade diese Sichtweisen besonders interessant.

Weiter ist zu bedenken, dass sich ein großer Teil der Überlegungen auf eine ferne Vergangenheit bezieht. Verlässliche Nachrichten darüber sind uns nicht überliefert. Aber selbst dann, wenn zahlreiche Fakten vorliegen, bleiben unsere Vorstellungen davon nur Vermutungen.

Einen »roten Faden« durch das Buch bildet die von der modernen interdisziplinären Forschung angenommene Hierarchie verschiedener Zeitlichkeiten, die sich seit dem Urknall entwickelt und in der gegenwärtigen

Soziozeitlichkeit gipfelt. Eingebettet in die Zeitskalen der Natur ist die Zeit des Menschen. sein individuelles Zeitempfinden und seine gesellschaftlich determinierten Zeitbegriffe. Diese finden ihren Niederschlag in der Sprache, im Messen von Zeit und in den Zeitrechnungssystem.

Neben dem eigentlichen Thema ist es ein Anliegen des Buches, die Vielfalt der Kulturen und deren Umgang mit der Zeit sichtbar zu machen, die entweder längst versunken sind oder in der Gegenwart zunehmend schnell von der Bildfläche verschwinden.

Mein Dank gilt dem Marix-Verlag für die mir bereitwillig gebotene Chance einer Veröffentlichung sowie dem Lektor, Herrn PD Dr. Marco Frenschkowski, für seine wertvollen Hinweise zu religions- und sprachwissenschaftlichen Fragen. Nicht vergessen seien die Freundinnen und Freunde, deren wohlmeinende Ratschläge mich durch die Jahre der Arbeit am Werk begleitet haben.

Potsdam, im Juli 2005
Hans Lenz

1 Das Phänomen Zeit

1.1 Menschen, Raum und Zeit

Als sich vor Jahrmillionen auf der Erde denkende Wesen entwickelten, begannen sie damit, ihre Umgebung zu erkunden. Hunger, Kälte und manchmal auch spielerische Neugier werden sie getrieben haben. Schon Tiere unterscheiden das ›Hier‹ vom ›Dort‹. Auch jene frühen Wesen auf der breiten Schwelle zwischen Tier und Mensch betraten und ›begriffen‹ zunächst den Raum in ihrer unmittelbaren Umgebung, und zwar in ganz wörtlichem Sinn. Mit fortschreitender Erkenntnis erlangten sie eine Vorstellung von Zeit. Vergangenheit und Zukunft trennten sich vom ›Jetzt‹. Nach und nach gewann der Mensch ein Bewusstsein seiner eigenen Existenz, entdeckte das ›Ich‹, und zur Erkenntnis des Selbst gesellte sich die Erkenntnis des eigenen zukünftigen Todes. In einer unverständlichen, bedrohlichen Welt erfuhr er die Angst. Diese Urangst der hilflosen Kreatur eroberte die Zukunft, denn dort war das Unbekannte.

Am Anfang aller Begriffe von Zeit standen wohl der Tag und die Nacht. Augenscheinlich bestimmten sie den Rhythmus des Lebens von Pflanzen, Tieren und Menschen. Bald bemerkte man auch den Wechsel und die Wiederkehr der Mondgestalten. Sie waren ebenso rätselhaft wie Wolken und Wind, Blitz und Feuer, und hinter alldem schienen sich lebende Wesen zu verbergen. Sollte die Jagd Erfolg haben und das Feld ertragreich sein, so musste man diese Dämonen und Götter besänftigen und freundlich stimmen. Magische Handlungen und Kulte sollten dabei helfen, und aus ihnen wurde Religion. Doch allmählich bemerkte man, dass manche Erscheinungen regelmäßig eintraten, ob nun dem Gott geopfert wurde oder nicht. Die wissenschaftliche Beobachtung hatte begonnen.

Zu praktischen Zwecken machten sich die Menschen daran, die Eigenschaften des Raumes zu untersuchen. Daraus entstand im vierten Jahrtausend v. Chr. in Babylon und Ägypten die Geometrie. In Zusammenhang mit dem aufkommenden Ackerbau begann man, Zeiteinheiten zu zählen. Regelmäßigkeiten und Gesetze wurden als Erstes von der Astronomie entdeckt. Als sich die Wissenschaft weiter entwickelte, fand man immer mehr Gesetze in der Natur, konnte die eine oder andere Entwicklung vorhersehen, bis schließlich gegen Ende des 18. Jahrhunderts die Ansicht entstand, überhaupt alles laufe nach unveränderlichen Gesetzen ab. Dieses Weltbild des wissenschaftlichen Determinismus verbreitete sich im westlichen Denken. Nur was man darüber hinaus nicht verstand, wurde weiterhin mit dem Wirken Gottes erklärt: Er habe diese Gesetze bestimmt und über den Anfang von Zeit und Raum entschieden. Heute ist bekannt, dass sich keineswegs alles genau erkennen, geschweige denn vorhersagen lässt. Erkennbarkeit ist physikalisch begrenzt. Auch Zeit und Raum sind bündig definiert: als nicht voneinander zu trennende Eigenschaften des Universums. Jegliche Materie, ob als Teilchen oder als Welle auftretend, kann nur in Raum und Zeit existieren. Aber subjektiv erscheint uns Zeit höchst vielfältig. Und jede Kultur hat ihre eigene Auffassung von Zeit hervorgebracht, geht auf spezifische Weise mit Zeit um.

Vertraut und selbstverständlich erscheint uns das Wort ›Zeit‹. Und doch haftet dem Begriff etwas Rätselhaftes an, und immer wieder wird die Frage diskutiert, was denn Zeit eigentlich sei. 1984 hat der Kultursoziologe Norbert Elias (1897-1990) Zeit als eine große menschliche Syntheseleistung erklärt, »mit deren Hilfe Positionen im Nacheinander des physikalischen Naturgeschehens, des Gesellschaftsgeschehens und des individuellen Lebenslaufs in Beziehung gebracht werden können«. Meist wird Zeit als natürliche Ordnungsstruktur zur Reihung von Vorgängen angesehen, manche Autoren bezeichnen Zeit als willkürlich. Wie auch immer, Zeitrechnung schafft Zusammenhang, bringt Ordnung und unterwirft Menschen dieser Ordnung.

Einigkeit besteht darin, Zeit sei die allgemeinste Form, in der sich alles Geschehen aneinander reiht. Offen bleibt, wie denn alles begonnen habe und ob es ewig so weitergehe. Die Frage nach dem Anfang von Zeit und Raum scheint den Wissenschaftlern durch die Urknalltheorie vorläufig beantwortet. Fragen nach ihrem Ende werden sie vielleicht beantworten können, wenn ihnen die Beschreibung des Universums durch eine vollständige, einheitliche Theorie gelungen ist. Dann aber wird die Frage bleiben, warum es uns und das Universum gibt. Der Physiker Stephen Hawking meint: »Wenn wir die Antwort auf diese Frage fänden, wäre das der endgültige Triumph der menschlichen Vernunft – denn dann würden wir Gottes Plan kennen.«

Solche scheinbare ›Rückbesinnung auf Gott‹ fällt bei renommierten Physikern besonders auf. Freilich bleibt offen, welche Bedeutung einem derartigen Gottesbegriff unterlegt wird. Dazu äußerte der englische Mathematiker und Philosoph Bertrand Russell (1872-1970), dass Gott, falls er existiere, eine Differentialgleichung sei. Albert Einstein sprach 1954 von seinem »begeisterten Staunen über die Harmonie der Naturgesetze, die eine Intelligenz von einer derartigen Überlegenheit erweist, dass im Vergleich dazu alles systematische Denken und Handeln von Menschen eine höchst unbedeutende Reflexion ist«. Der Soziologe Neil Postman hat 1999 vermutet, mit Einsteins bekannter Äußerung: »Gott würfelt nicht mit dem Universum«, könnte jene ›überlegene Intelligenz‹ gemeint sein. Der amerikanische Physiker Frank J. Tipler schließlich verglich Gott mit einer intergalaktischen Maschine, auf der alle Lebewesen wie Computerprogramme im Zeittakt laufen.

1.2 Zeitbegriffe der Philosophen

Bedeutsame Ausführungen über Zeit finden wir erstmals bei den Philosophen der griechischen Antike. Heraklit von Ephesos (um 540-480 v. Chr.) betrachtete die Welt als Summe der Ereignisse; das Primäre sei die Veränderung. Zusammengefasst begründet sein bekannter Satz: »Man kann nicht zweimal in denselben Fluss steigen«, diese Anschauung. Dagegen meinten Parmenides und seine Schüler Zenon und Melissos in Elea um 500 v. Chr., die ›wahre Welt‹ ruhe unbeweglich und zeitlos. Sie bestritten die Möglichkeit von Werden und Vergehen. Aus ihrer Behauptung, Veränderung sei nichts als Illusion, erwuchs eine lange Tradition idealistischer Deutung der Zeit. Platon in Athen (427-347 v. Chr.) bezog seine gesamte Philosophie auf ›Ideen‹, ewige Urbilder, die nur dem Verstand, nicht der Wahrnehmung zugänglich seien. Gänzlich von ihnen abgetrennt sei die ›diesseitige‹ Welt der vergänglichen Dinge. In Auseinandersetzung mit Heraklit und den Eleaten erklärte er, der Demiurg (›Handwerker‹ im Sinne von ›Erbauer der Welt‹) habe den Himmel als ein bewegliches Abbild des Ewigen geschaffen. Des Himmels Unvergänglichkeit und seine Zyklen seien ›Zeit an sich‹ und Maßstab der vergänglichen Dinge.

Platons Schüler Aristoteles (384-322 v. Chr.) setzte dieser Schöpfungsidee entgegen, dass das Universum weder Anfang noch Ende in der Zeit habe. Er verwies auf die Vielzahl unterschiedlicher Bewegungen am Himmel und leitete daraus einen relativen Zeitbegriff ab: Zeit stehe mit allen

Prozessen in der Welt im Zusammenhang. Er erklärte Zeit als den ordnenden Aspekt, der das ›vorher‹ vom ›nachher‹ unterscheide, und definierte sie als ›Zahl der Bewegung‹. Aristoteles gilt neben Platon als einer der Größten der abendländischen Geistesgeschichte. Eng mit Zeitbegriffen verbunden ist seine ›Theorie der vier Bewegungen‹. Sie umfasst Entstehen – Vergehen, Zunehmen – Schwinden, qualitative Veränderung und Ortsveränderung und mündet in den theologischen Begriff des ›unbewegten Bewegenden‹. Schließlich behauptete Aristoteles, Zeit existiere zwar auf objektiver Grundlage, doch nicht ohne die Seele, denn ›nur diese könne zählen‹.

Die Atomisten hatten die Welt als Zusammensetzung kleinster Teilchen erklärt; kein Ding könne aus dem Nichts entstehen oder geschaffen werden. Ihr bedeutendster Vertreter Demokrit (um 460 bis 370 v. Chr.) sah allein die Zeit als ewig während an. Im ersten Jahrhundert v. Chr. schloss der Römer Lukrez an Demokrit an und erläuterte die Sterblichkeit der Seele; Götter hätten keinen Einfluss auf Menschen. Im Gegensatz dazu betonte das Christentum die Rolle der Gottheit. Seine Moralphilosophie verdrängte die Naturphilosophie. Zwischen 200 und 1200 beschäftigten sich die meisten Denker Europas überwiegend mit theologischen Fragen.

Einer der bedeutenden christlichen Philosophen war Aurelius Augustinus (345-430), Bischof von Hippo in Nordafrika. Er lehrte die Prädestination, die göttliche Vorherbestimmung des Menschen. In seinem Hauptwerk *De civitate Dei* erklärte er die Bildung eines Gottesstaates als Ziel allen Daseins. Geschichte sei ein einmaliger, auf dieses Ziel gerichteter Prozess. Dieser lineare Zeitbegriff beeinflusste das Denken Europas nachhaltig. Augustinus hatte seinen Begriff von der Schöpfung verdeutlicht: Die Welt sei mit, nicht in der Zeit geschaffen. Acht Jahrhunderte später unterschied Thomas von Aquin (um 1224 bis 1274) die anfängliche Schöpfung an einem Anfangspunkt von Welt und Zeit von der ständigen göttlichen Einflussnahme. Thomas gestattete der Philosophie, als ›Magd der Theologie‹ zu wirken – an jenen Stellen, wo ›gewisse religiöse Wahrheiten für die Vernunft erkennbar‹ seien, und vornehmlich zum Zwecke des Gottesbeweises.

In der Renaissance emanzipierte sich die Philosophie von der Theologie. Mit Nikolaus Kopernikus (1473-1543) setzte die Befreiung der Naturwissenschaft von den Fesseln der Scholastik ein. Sein heliozentrisches Weltbild wurde von Galileo Galilei (1564-1642) empirisch bestätigt. Galilei gilt als Vater der klassischen Physik und begründete die mechanistische Naturphilosophie. Alles Geschehen sei nichts anderes als die Verbindung und Trennung von Atomen. Er postulierte einen stetigen und gleichmäßigen Ablauf der Zeit.

Der englische Physiker Isaac Newton (1643-1727) verallgemeinerte die

Zeit- und Raumvorstellungen der klassischen Mechanik. Die ›absolute, wahre und mathematische Zeit‹, im allgemeinen ›Dauer‹ genannt, stelle zusammen mit dem Raum den Schauplatz aller Naturprozesse dar. Ihr wesentliches Merkmal sei ihre Gleichförmigkeit und Nichtumkehrbarkeit. Dieser absoluten Zeit sprach Newton indessen jegliche Beziehung auf irgendetwas Äußeres ab und stellte ihr einen relativen Zeitbegriff gegenüber, die ›sichtbare und gewöhnliche Zeit‹. Er definiert sie als »ein wahrnehmbares und äußeres Maß der Dauer mittels Bewegung, sei es nun genau oder ungleichmäßig, dessen man sich gewöhnlich anstelle der wahren Zeit bedient, so etwa die Stunde, der Tag, der Monat, das Jahr«.

Gegen diese Trennung der Zeit von der sich bewegenden Materie wandte sich neben dem englischen Materialisten John Toland (1670-1722) vor allem Gottfried Wilhelm Leibniz (1646-1716). Der deutsche Universalgelehrte favorisierte eine relationale Zeitauffassung. Er erklärte Zeit als Ordnungsbeziehung zwischen nebeneinander existierenden oder aufeinander folgenden Erscheinungen. Real sei nur die zeitliche Ordnung der Ereignisse zueinander. Aber letztlich leugnete Leibniz die objektive Existenz der Zeit überhaupt und behauptete, sie sei nur subjektive Wahrnehmung.

Diese idealistische Auffassung fand bei Immanuel Kant (1724-1804) ihre volle Ausprägung. Der deutsche Philosoph erklärte über Leibniz hinausgehend, Zeit sei weder real noch eine Relation, sie sei lediglich die Form der Anschauung, in der Menschen das Fließen des Lebens betrachten. Nach seinen Vorstellungen von Erkenntnis umgreift bewusstes begriffliches Erfassen die Zeit; Zeit umschließt den Raum, und der Raum umgibt die ›äußeren Erscheinungen‹. Hatten Menschen bisher sich und die Dinge als in der Zeit empfunden, so sollte nun die Zeit im Menschen sein. Um einen Begriff überhaupt erfassen zu können, müssten ihm fertige ›Anschauungsgegenstände‹ unterlegt sein, und diese müssten eine zeitliche Ausdehnung besitzen. Deshalb, folgerte Kant richtig, können verschiedene Zeitbegriffe nur Teile ein und derselben Zeit sein.

Georg Wilhelm Friedrich Hegel (1770-1831), nächst Kant einflussreichster Denker des deutschen Idealismus, formte die dialektische Methode aus, die von einer Entwicklung in Gegensätzen ausgeht. Im Widerspruch zu Kant propagierte er die Identität von Denken und Wirklichkeit. Hegel versuchte damit, die Trennung der Zeit und des Raumes von der Materie zu überwinden, blieb aber dabei einer idealistischen Auffassung verhaftet. Dagegen betonte der als Religionskritiker bekannt gewordene Ludwig Feuerbach (1804-1872), dass Zeit und Raum objektive Existenzformen der Materie darstellen.

Kant hatte seine ›Anschauungsformen‹ Raum und Zeit zum Bereich des von vornherein (a priori) Bewussten gezählt, das er vom Bewusstsein nach der Erfahrung (a posteriori) unterschied. Diametral zu dieser Auffassung anerkannte später der radikale Empiriokritizismus ausschließlich die ›reine Erfahrung‹ und behauptete, die objektive Realität bestehe aus Empfindungen. Sein bekanntester Vertreter Ernst Mach (1838-1916) kritisierte den absoluten Zeitbegriff der Naturwissenschaft, weil er nicht empirisch zu erfassen sei. Alle Zeitmessung sei immer nur relatives Vergleichen.

Vor allem Lenin (eigentlich Wladimir Iljitsch Uljanow, 1870-1924) trat diesen subjektiv-idealistischen Anschauungen entgegen. In seinem theoretischen Hauptwerk *Materialismus und Empiriokritizismus* von 1908 unternahm er den Versuch, zentrale philosophische Begriffe wie jenen der Zeit marxistisch zu interpretieren. Er bemerkte: »Die Veränderlichkeit der menschlichen Vorstellungen von Zeit und Raum widerlegt die objektive Realität dieser beiden ebenso wenig, wie die Veränderlichkeit der wissenschaftlichen Kenntnisse von der Bewegung der Materie die objektive Realität der Außenwelt widerlegt.«

Karl Marx (1818-1883) hatte gemeinsam mit Friedrich Engels (1820-1895) seine materialistische Geschichtsauffassung entwickelt. ›Marxismus‹ wurde zum Sammelbegriff einer philosophischen Richtung, die sich in Anlehnung daran mit dem historischen und dialektischen Materialismus beschäftigt. Vom Marxismus werden Begriffe wie Religion, Moral oder Politik auf die Natur, auf physikalische oder ökonomische Gesetzmäßigkeiten zurückgeführt und als Produkt der gesellschaftlichen Verhältnisse erklärt. Diese Ideen gewannen Weltbedeutung, als sie zwischen 1917 und 1991 Staatsdoktrin kommunistisch regierter Länder waren.

Der dialektische Materialismus beschreibt Raum und Zeit als Existenzformen der Materie. Darin drückt der Begriff ›Materie‹ die »allgemeinste ›Eigenschaft‹ aller Dinge aus, nämlich außerhalb und unabhängig vom menschlichen Bewusstsein zu existieren« (Lenin). Raum und Zeit existieren außerhalb und unabhängig vom menschlichen Bewusstsein, also sind sie objektiv und materiell. Bereits Engels hatte dargelegt, Materie könne nur durch ihre Bewegung in Raum und Zeit existieren, und Ruhe sei stets relativ. Das bedeutet auch, dass es keine absolute Zeit im Sinne eines bloßen Ablaufs gibt. Immerzu geschieht etwas, nämlich irgendeine Bewegung von Materie. Diese Feststellung wurde 1905 durch Einsteins Spezielle Relativitätstheorie erhärtet – es gibt keine absolute Bewegung, nur relative Bewegungen sind beobachtbar.

Dass außer Raum und Zeit auch Masse zu den grundlegenden Dimensionen der Welt gehört, wurde schon im 17. Jahrhundert von René Descartes (latinisiert: Cartesius; 1596-1650) erkannt, der ein geschlossenes mechanistisches Weltsystem zu errichten suchte. Im Jahre 1822 entwickelte Jean Baptiste Fourier (1768-1830) das Verfahren, physikalische Größen wie Geschwindigkeit, Beschleunigung usw. durch ihre fundamentalen Dimensionen der Masse, Zeit und Länge darzustellen. In diesen Arbeiten fußt die Einsicht, Zeit und Raum als voneinander untrennbare Eigenschaften des Universums zu verstehen. Über Zeit oder Raum außerhalb des Universums zu reden ist sinnlos, und ohne beide kann man nicht über Ereignisse im Universum sprechen.

Endliches und Unendliches, Zeit und Ewigkeit

Mit Hilfe der Kategorien des Endlichen und des Unendlichen haben die Philosophen beschrieben, was sie als Grenzen von Raum und Zeit ansehen. Als Erster bestimmte Platon den Begriff: Das Unendliche sei unaufhörliche Vorwärtsbewegung. Die Vorstellung eines unendlich ausgedehnten Weltalls geht auf Demokrit zurück. Aristoteles ließ Unendlichkeit nur für die Zeit gelten. Die Scholastik des Mittelalters gestand ausschließlich Gott ein Recht auf Unendlichkeit zu. Christliche Schöpfungslehre setzt die Endlichkeit der Welt in Raum und Zeit voraus. Mit den Ideen der Renaissance kehrte der Niederländer Benedictus Spinoza (1632-1677) zu den Anschauungen der Antike zurück und bezog Unendlichkeit auf Raum und Zeit. Im 18. Jahrhundert interpretierten die französischen Materialisten die räumlich-zeitliche Unendlichkeit der Welt zwar materialistisch, doch als ewige Wiederholung gleichartiger Objekte.

Dann erklärte Kant strikt idealistisch den räumlich-zeitlichen Prozess als zwar unendlich, aber nicht real, nur als Tätigkeit des Verstandes möglich. Schließlich arbeitete Hegel die dialektische Einheit des Endlichen und Unendlichen heraus. Eugen Dühring (1833-1921) glaubte, die Endlichkeit von Zeit und Raum aus einem utopischen ›Gesetz der bestimmten Anzahl‹ ableiten zu können. Engels formulierte in seiner Kritik Dührings: »Ein Sein außer der Zeit ist ein ebenso großer Unsinn wie ein Sein außerhalb des Raumes.«

Der dialektische Materialismus beschreibt die Welt ohne räumliche Grenzen und zeitlich ohne Anfang oder Ende. Sein Materiebegriff ist unendlich in Raum und Zeit. Diese Unendlichkeit ist verknüpft mit dem unendlich vielfältigen Prozess der Entwicklung vom Niederen zum Höheren. Dabei wird das Unendliche als Negation des Endlichen gedeutet, als ein Hinausgehen über seine Grenzen. Jedes materielle Objekt ist Ergebnis einer solchen Entwicklung und enthält folglich eine Einheit von Endlichem und Unendlichem. Vereinfacht kann man sich vorstellen, Unendlichkeit sei aus vielen Endlichkeiten zusammengesetzt. Das scheint widersprüchlich, doch gerade dieser dialektische Widerspruch ist es, der die Unendlichkeit des in Raum und Zeit ablaufenden Prozesses bewirkt.

Unendlichkeit in der Zeit hängt mit Ewigkeit zusammen. In unserem Kulturkreis stellte Platon erstmals Ewigkeit und Zeit einander gegenüber. Im Dialog *Timaios* erklärt er Ewigkeit als jene Sphäre des Seins, von der nur gesagt werden könne, ›dass etwas ist‹. Zeit dagegen sei die Sphäre alles dessen, was war, ist und sein wird. Zeit (chronos) sei die Summe von Vergangenheit, Gegenwart und Zukunft. Solche Definition von Zeit durch ihre Bestandteile ist typisch für unseren abendländischen Kulturkreis, sie entwickelte sich aus den uralten Kategorien des Tempussystems der indogermanischen Sprachen.

Wir empfinden Zeit als grenzenlos, weil ihre überschaubaren Abschnitte immer wiederkehren. Ewigkeit dagegen verträgt sich nicht mit unserem Zeitempfinden. Wäre die Schöpfung der Welt in der ewigen Zeit des Christengottes geschehen, so hätte sie auch ewig gedauert. Augustinus löste im vierten Jahrhundert das Dilemma, indem er vorschlug, dass Gott mit der Welt auch die Zeit erschaffen habe. Sie existiere nur innerhalb der Geschichte, vor der Schöpfung und nach der Erlösung sei Ewigkeit. Daran knüpfte noch der Mystiker Meister Eckhart (um 1260-1328) unmittelbar an: Zeit wird, wie alles, in und mit Gott. Das Denken Europas wurde nachhaltig durch diese Auffassungen geprägt.

Inzwischen hat es sich aus solcher Einengung gelöst. Der Heidelberger Ägyptologe Jan Assmann (geb. 1938) versteht Ewigkeit in einem erweiterten Sinn. Er erklärt sie als Negation der Zeit, und zwar nicht als Abstraktum, sondern als Negation ihrer dominierenden Merkmale. In unserem Kulturkreis wird Zeit als gerichteter Fluss verstanden, hier ist Ewigkeit als Stillstand denkbar, als das in sich ruhende Bewegungslose. Wo man sich dagegen Zeit – wie in Indien – als Bindung an einen Zyklus dauernder Wiederkehr vorstellt, bedeutet Ewigkeit, daraus erlöst zu sein, in eine Zeitlosigkeit überzugehen, in der es kein Vergehen gibt. Im alten Ägypten schließlich, wo Zeit als zugemessene Spanne und einmalige Gelegenheit begriffen wurde, erschien Ewigkeit als unendliche Wiederholbarkeit. Die Freiburger Philosophin Regine Kather (geb. 1955) erklärt zusammenfassend Ewigkeit als raum- und zeitlose Gleichzeitigkeit, in der kein Werden und Vergehen stattfindet. Doch eben deshalb sei sie, dem Gegensatz von Ruhe und Bewegung enthoben, reine Dynamik und unerschöpfliche Fülle, Leben im höchsten Sinne.

Vergangenheit, Zukunft und das Jetzt

Ähnlich wie die Unendlichkeit mit dem Endlichen ist die Dauer mit dem Augenblick verbunden. Ein Mensch erlebt subjektiv den Ablauf der Zeit. Ob er nun passiv den vorbeiziehenden ›Fluss der Zeit‹ betrachtet oder selbst aktiv ›durchs Leben schreitet‹, ändert nichts am unaufhaltsamen Lauf der Zeit, denn sie existiert unabhängig von seinem Bewusstsein. Diesen Ablauf der Zeit teilt der Mensch in Vergangenheit und Zukunft. Die Vergangenheit kann er prinzipiell kennen. In ihr beging er seine Taten und Missetaten, erlebte er seine Erfolge und Misserfolge, Täuschungen und Enttäuschungen. Deshalb werden große Teile der Vergangenheit (auch im kollektiven Gedächtnis der Völker) gerne vergessen. Die Zukunft dagegen ist dem Menschen weitgehend unbekannt, nur in wenigen Bereichen kann er sie voraussehen oder erahnen. Sie enthält sein Schicksal, die Folgen seines Tuns, deshalb fürchtet er sie oder gibt sich der Hoffnung hin. Im geistigen Spannungsfeld zwischen diesen beiden Zuständen erlebt der Mensch das ›Jetzt‹, die ›Gegenwart‹, den ›Augenblick‹.

Die Schule der Stoa (um 300 v. Chr.) sah die gesamte Natur von einem göttlichen Vernunftsprinzip durchdrungen. Die Stoiker verstanden Zeit als Idee, als Abmessung der Bewegung der Welt. Diese Idee begreife das Vergangene und Zukünftige, aber nicht die Gegenwart. Anders Augustinus, er leugnete die reale Existenz von Vergangenheit und Zukunft. Zeit existiere nur in der seelischen Gegenwart – in der Gegenwart von Gegenwärtigem als Augenschein, in der Gegenwart von Vergangenem als Erinnerung, in der Gegenwart von Künftigem als Erwartung. Betrachtet man den Ablauf der Zeit aus dem Blickwinkel des Physikers, so gibt es nur Vergangenheit oder Zukunft; das ›Jetzt‹ hat eine Dauer von (beinahe) Null, ist nur ein mathematischer Trennpunkt. In einer ununterbrochenen Folge solcher ›Punkte ohne Dauer‹ aber erlebt der Mensch sein Leben.

Zeitpunkte markieren die Ereignisse – im menschlichen Leben, in der Geschichte, in der Physik. Schon das *Alte Testament* belegt ein Zeitverständnis, das lineare Zeit aus einer Folge von Zeitpunkten und -abschnitten zusammensetzte. In der Antike beachteten griechische Philosophen den Unterschied zwischen *chronos*, der gleichförmig dahinfließenden Zeit, und *kairos*, dem entscheidenden Zeitpunkt, der bestimmt, ob eine Entscheidung sinnvoll ist. Ursprünglich hatten sie mit Kairos den rechten Ort, dann eine günstige Gelegenheit für erfolgreiches Tun bezeichnet. Das christlich geprägte *Neue Testament* beschreibt Chronos als begrenzten Zeitraum und trennt ihn vom *aion*, der grenzenlosen Zeit der Ewigkeit. Den Kairos erklärt es zur ›Heilszeit‹, in welcher Gott entscheidend handle. Im 20. Jahrhundert in der Existenzphilosophie Heideggers gilt Kairos schließlich als jener günstige Augenblick, der eine einschneidende Entscheidung vom Individuum fordert.

Vergangenes ist vom Zukünftigen durch das ›Jetzt‹ getrennt. Reale Erscheinungen gehören normalerweise der Vergangenheit an. Je nachdem, wie viel Zeit seit ihrer Wahrnehmung vergangen ist, ordnen wir sie nach ›früher‹ und ›später‹, ›vorher‹ und ›nachher‹. Diese Begriffspaare drücken den relativen zeitlichen Zusammenhang der Erscheinungen aus. Aber alle Erscheinungen haben Ursachen, sind kausal bedingt. Der Kausalzusammenhang ist in Natur und Gesellschaft objektiv vorhanden. Idealistische Anschauungen bestreiten das. So behauptete der Schotte David Hume (1711-1776), bedeutender Vertreter des Empirismus, zeitlich aufeinander folgende Erscheinungen würden nur aus Gewohnheit als kausal verbunden angesehen. In der Tat hat man zeitlichen und kausalen Zusammenhang oft verwechselt. Ein Beispiel bietet die Entdeckung des Sonnenjahres durch die Ägypter. Immer wenn der Stern Sothis (Sirius) als letzter aufgehender Stern in der Morgendämmerung kurz vor der Sonne am Horizont erschien, nahte am Unterlauf des Nils das Hochwasser. Man nahm den zeitlichen Zusammenhang als Ursache und schloss, dass die Gottheit Sothis die Überschwemmung veranlasse.

Kontinuität oder Zeit-Teilchen?

Ob die Zeit kontinuierlich fließe oder ob sie vielleicht aus kleinsten Bausteinen bestehe, ist eine andere Frage, die die Philosophen beschäftigt. Eine reine Kontinuität von Raum und Zeit stellte sich Aristoteles vor. Hingegen nahmen Demokrit und Epikur (342-271 v.Chr.) eine diskrete, diskontinuierliche Natur von Masse, Raum und Zeit an. Auch Augustinus um das Jahr 400 dachte sich die Zeit bestehend aus unendlich vielen Zeitatomen. Für rund ein Jahrtausend spielte die Lehre vom Zeitatom eine große Rolle. Dann erhoben die Scholastiker des Mittelalters die reine Kontinuität der Welt zu einem ihrer Dogmen. Leibniz versuchte, sie mathematisch darzustellen. In seiner Evolutionslehre kam er zu dem Ergebnis, die Natur mache keine Sprünge. Daneben allerdings steht seine Lehre von den Monaden als kleinsten denkbaren Einheiten, Kraftpunkten in allen Dingen, mit der er das seit Descartes diskutierte Problem der Trennung von Leib und Seele lösen wollte. Auch John Locke (1632-1704), englischer Philosoph und einflussreicher Vertreter der Aufklärung, vertritt die Idee der reinen Kontinuität von Raum und Zeit.

Andererseits wurde die Auffassung, auch Raum und Zeit bestünden aus kleinsten unteilbaren Teilchen, seien also diskreter Natur, von Galilei, von dem als Ketzer verbrannten Giordano Bruno (1548-1600) sowie vom Engländer Francis Bacon (1561-1626) und dem Schotten David Hume (1711-1776) verbreitet. Auch Köselitz in Leipzig ging von der Teilchennatur der Zeit aus. 1746 veröffentlichte er seine Ansicht, wenn etwas existiere, so erfordere es zwei Momente der Zeit zu seinem Dasein. Wenn etwas in nur einem Moment existiere, so würde folgen, dass es sei (weil es darin anfinge) und zugleich nicht sei (weil es darin aufhörte). ›Moment‹ meint bei Köselitz ein diskretes Teilchen von Zeit. Der lateinische Begriff *momentum* gehört (wie mobil und engl. movie) zu movere (›bewegen‹). Die Händler Roms bezeichneten mit ihm jene bewegende Kraft, die dem Balken der Waage ihren Ausschlag gibt. Im Sinne ›ausschlaggebender Umstand‹ wurde er im 17. Jahrhundert aus dem Latein entlehnt und wird als ›das Moment‹ gebraucht. Daneben ging das Wort auch auf den ›ausschlaggebenden Augenblick‹ über. Diese Bedeutung gelangte als mhd. momente zu uns, und ›der Moment‹ meint umgangssprachlich eine kurze Zeitspanne.

Kant kritisierte die Ansichten von der Teilchennatur und vertrat die seine von der reinen Kontinuität von Raum und Zeit. Erst der Dialektiker Hegel kam zu dem Schluss, dass nur die Einheit dieser Auffassungen der Wahrheit entspricht. Schließlich erklärte der dialektische Materialismus die Bewegung als das Wesen von Zeit und Raum. Bewegung ist die Einheit von (unendlicher) Kontinuität und (punktueller) Diskontinuität der Zeit und des Raumes (Lenin). Diese These wurde durch Ergebnisse der Naturwissenschaft bestätigt. Beispielsweise ist der Dualismus von Teilchen und Welle Ausdruck dieser dialektischen Einheit.

Zeit ist mit der Geschichte des Daseins verbunden. Kant erklärte Zeit als »das Worin des Nacheinander der Dinge«. Zeit dürfe nur diese eine Dimension des Nacheinander haben, um den Zusammenhang des Lebens, der geschichtlichen Abläufe zu wahren. Voltaire (eigentlich François-Marie Arouet, 1694-1778), der bedeutendste Vertreter der europäischen Aufklärung, betrachtete den Gang der Geschichte, den Lauf der Zeit unter dem

Aspekt des Fortschritts, der kulturellen Entwicklung. Hegel setzte dann die Zeit dem ›sie bewegenden Geist‹ gleich. Zeit sei die Bewegung des existierenden Begriffs. Von der Französischen Revolution 1789 beeinflusst, erläuterte er, wie die Gesellschaft Geschichte hervorbringe und dabei ihre spezifischen Zeitformen entwickle. Diese ›Zeit der Geschichte‹ ist nach Hegel nicht historisch als Kontinuität vorstellbar, sie ist vielmehr dreifach: Die Gegenwart enthält in sich die Vergangenheit und ist (weil eine künftige Gegenwart auch sie aufnehmen wird) selbst schon Vorwegnahme der Zukunft. Das erinnert formal an Augustinus, drückt aber die sich entwickelnde Dialektik aus. Die marxistische Geschichtsbetrachtung, der historische Materialismus, unterteilte dann historische Zeitabläufe in große Abschnitte der gesellschaftlichen Entwicklung, die ökonomischen Gesellschaftsformationen.

Nichtmaterialistische Auffassungen von Zeit

Es gibt andere Aspekte, unter denen Zeit philosophisch betrachtet werden kann. Der Begriff Metaphysik (griech. ›hinter der Natur‹) wurde von der Antike bis ins 20. Jahrhundert benutzt. Seit Aristoteles galt Metaphysik als ›erste Philosophie‹, d. h. als ›Wissenschaft der Wissenschaften‹. Ab dem 18. Jahrhundert wurden Teilbereiche wie Psychologie, Theologie und Kosmologie zunehmend von den modernen Wissenschaften abgelöst. Metaphysik ist Sammelbegriff für verschiedenste philosophische Lehren, die von sich behaupten, das Über-Sinnliche, die verborgenen Gründe und Zusammenhänge des Seins, zu behandeln. Sie bezeichnen Erscheinungen, die über die unseren Sinnen möglichen Erfahrungen hinausgehen, als metaphysisch. Daneben benennt der Begriff heute allgemein solche Denkweisen, die der Dialektik entgegengesetzt sind und die Erscheinungen als isoliert und unveränderlich betrachten.

Die menschliche Erfahrung, seine sinnliche Anschauung vom Lauf der Zeit umschließt Leben und Sterben; die ältesten Mythen spiegeln diese ursprüngliche realistische Auffassung. Metaphysische Anschauungen trennten die ›gelebte Zeit‹ von der ›Ewigkeit‹. Die Dinge der ›äußeren‹ Welt seien in der gelebten Zeit und deshalb vergänglich. Vergänglichkeit verband sich mit dem Begriff des Schicksals: von einer höheren Macht gezogene unabänderliche Grenzen.

Andererseits wurde behauptet, wegen ihrer Vergänglichkeit sei diese ›äußere Welt‹ nicht wirklich. Nur in der Ewigkeit existiere das Wirkliche, das Bleibende. Mit dieser Begründung wurde nun Ewigkeit positiv gewertet und zur Idealform der Zeit erklärt. Dort sei man unabhängig von den Zwängen des Schicksals, frei vom Werden und Vergehen. Das betrachtete Aristoteles als höchste Stufe menschlicher Verwirklichung. Aber diese Idealvorstellung blieb vom Leben und selbst von den Mythen getrennt. Auch die Götter der Griechen waren der Zeit, dem Schicksal unterworfen.

Kant wies in seiner *Kritik der reinen Vernunft* nach, dass menschliche Erkenntnis die Grenzen der Erfahrung nicht überschreiten kann, und wollte damit die spekulative dogmatische Metaphysik zerstören. Hegel schließlich ersetzte sie durch objektive Logik. Aber noch Bergson und Heidegger denken in metaphysisch gegensätzlichen Begriffen. Dass die metaphysische Denkweise noch heute wirksam ist, hat erkenntnistheoretische Ursachen. Es ist eine Eigenart der menschlichen Erkenntnis, einen Gegenstand nicht auf einen Schlag als Ganzes vollständig erfassen zu können. Stets nähert man sich schrittweise diesem Ziel. Dabei werden Abläufe zerstückelt, gehen Zusammenhänge verloren, einzelne Momente werden verabsolutiert und der dialektische Charakter des Gegenstands nicht erfasst. Damit ist der ›Tatbestand‹ des Metaphysischen gegeben. Außerdem spielen soziale Ursachen eine bedeutende Rolle.

Nichtmaterialistische Auffassungen über das Wesen von Zeit und Raum sind heute durch die Naturwissenschaften widerlegt. Doch idealistische Lehren leben weiter. Die Philosophie besonders im 20. Jahrhundert hat gerne jeder Tätigkeit und jedem Zustand einen bestimmten Modus von Zeit zugeschrieben. Edmund Husserl (1859-1938) unterschied zwischen ›subjektiv-immanenter‹ (dem Individuum innewohnender) und ›objektiv-transzendenter‹ (die Grenzen der sinnlich erkennbaren Welt überschreitender) Zeit. Sein ehemaliger Assistent Martin Heidegger (1889-1976) in Freiburg trennte ›ursprüngliche‹ von ›vulgärer‹ Zeit. Andere sprechen vom ›Stillstand der Geschichtszeit‹ oder erkennen ›Augenblicke der beschleunigten Zeit‹. Man definierte die ›intensive Zeit‹ (des Kunsterlebnisses) und die ›gegenständliche Zeit‹ (der Langeweile). Zeit sei abhängig von der Intuition, dem inneren Schöpferdrang des Subjekts.

Daneben wurde Zeit aber auch in mystischer Weise substanzialisiert. Noch im 20. Jahrhundert vertrat der Philosoph Ellis MacTaggart (1866-1925) die Auffassung von einer nicht realen Zeit, ebenso der österreichisch-amerikanische Mathematiker Kurt Gödel (1906-1968), der als bedeutender Logiker gilt. Ähnlich suchte 1949 Gert von Natzmer die vierdimensionale raum-zeitliche Einheit der Welt zu erklären. Der ›Fluss der Zeit‹ sei nicht real vorhanden. Tatsächlich würde unser Bewusstsein eine Aufeinanderfolge von Wirklichkeiten, die ›immer schon da waren‹, nacheinander ›abtasten‹, und daraus entstehe der Anschein eines steten Flusses aller Dinge. Alle derartigen Überlegungen sind subjektiv. Sie beziehen sich darauf, dass Zeit von Menschen ›benutzt‹ wird. Gegenstand der Betrachtung sind die Zwecke, zu denen Zeit verwendet wird, und wie intensiv man sie dabei ›ausnutzt‹. Das setzt voraus, die Zeit zu messen. Darin drückt sich ein gewisser Pragmatismus aus, der schon seit der Antike mit Zeitbegriffen (Kairos) verbunden scheint.

Husserl hatte eine individuelle Erlebniszeit definiert, die von der objektiv messbaren völlig getrennt sei. Im ›Jetzt‹ erlebe man absolute Subjektivität. Darauf basiert seine Philosophie der Bewusstseinsanalyse, die er Phänomenologie nannte. Das Wort wird hier im Sinne einer geistig-intuitiven Wesensschau benutzt, die an die Stelle rationaler Erkenntnis tritt. Davon ausgehend versuchte Heidegger, nicht den Raum, sondern die Sprache als ›Ort des Seins‹ und Zeit als ›Grenze des Verstehens‹ zu interpretieren. Seine Gedanken knüpfen zugleich an das metaphysische Denken Augustinus' und Kierkegaards an. Der Däne Sören Kierkegaard (1813-1855) hatte die ›Existenzphilosophie‹ auf einer Synthese von Ewigkeit und Zeit, Endlichem (Tod) und Unendlichkeit (Freiheit) begründet.

Mit *Sein und Zeit* leitete Heidegger 1927 eine neue Phase dieser Anschauungen ein. Das umfangreiche, dennoch Fragment gebliebene Werk zeigt, dass sich gerade das Ewige und Un-Zeitliche überhaupt nur als ein Modus der Zeit denken lässt. Von diesem neuen Oberbegriff ›Zeit‹ trennt er das, wie er es nennt, ›vulgäre‹ Zeitverständnis, die Vorstellung einer Aufeinanderfolge von ›Jetzt-Punkten‹. In Anlehnung an Heidegger sah auch der Theologe Georg Picht (1913-1982) in der Zeit ein philosophisches Grundproblem. Er erklärte, der Unterschied der grundlegenden Modalitäten des Seins (Notwendigkeit, Wirklichkeit, Möglichkeit) basiere auf der Differenz der Zeitmodi (Vergangenheit, Gegenwart, Zukunft), und schloss daraus, dass mit der phänomenologischen Zeit notwendigerweise eine transzendentale, d.h. die Grenzen der Erfahrung überschreitende Zeit verbunden sei.

Unterdessen hatte Henri Bergson (1859-1941) in den Pariser Salons der Jahrhundertwende die Bezeichnung *élan vital* für seine Auffassung vom Sein geprägt. Leben als schöpferische Aktivität verlaufe in ›schöpferischer Zeit‹ (temps inventeur). Erlebniszeit (temps vécu) sei die wirkliche, ständig im menschlichen Bewusstsein strömende Zeit, objektive Zeit (temps longueur, temps mécanique) dagegen wäre auf den Raum bezogen und ein reines Verstandesprodukt. Messbare Zeit ist für Bergson eine von allen Inhalten ablösbare Form und damit nicht die ›eigentliche‹ Zeit.

Als wichtiger Vertreter der Phänomenologie gilt der Franzose Paul Ricoeur (1913-2005). Er erklärte die Zeit vollends als ›Mysterium des Denkens‹, das weder beschrieben noch definiert werden könne. Schließlich gingen unter Führung Jean-Paul Sartres (1905-1980) Ideen der Phänomenologie und der Existenzphilosophie in den Existentialismus über (*Das Sein und das Nichts*, 1943), der in der *Kritik der dialektischen Vernunft* (1960) auch marxistische Züge erhielt. Dialektisch philosophierte auch der Schriftsteller Ernst Jünger (1895-1998): »In der Zeit verbirgt sich das Zeitlose.«

Eine besondere Rolle spielen die zeit-philosophischen Anschauungen der Religionen; sie hatten und haben unmittelbaren Einfluss auf große Teile der Weltbevölkerung. Die religiösen Vorstellungen haben wesentliche Elemente der Zeitrechnung entscheidend geprägt. Manche Religionen betrachten den Gang der Zeit als prinzipiell determiniert. Jüdisch-christliche Tradition versteht Zeit als einmalige Entwicklung, die zwischen Schöpfung und Weltende abläuft. Auch Hinduismus, Jainismus und Buddhismus gliedern Zeit in vorherbestimmte Weltalter, nehmen jedoch ein unendliches Weltgeschehen in großen Zyklen von Werden und Vergehen an. Der Islam geht im Gegensatz zu diesen beiden Hauptrichtungen von der Vorstellung aus, jeder Moment des Weltgeschehens unterliege (zumindest potenziell) ständiger göttlicher Einflussnahme. Nur die chinesische Kultur anerkennt die Zeit überwiegend als objektive Realität. In der Vorstellung des Taoismus unterliegt die gesamte Natur zyklischen Wechseln von Auf- und Abstieg. Im Einklang damit zu leben ist der Sinn dieser stark vergeistigten Philosophie. Sie fand ein sozial-ethisches Gegenstück im Konfuzianismus, der das Befolgen eines angemessenen ›zeitgemäßen‹ Handelns in der Gesellschaft erwartet.

1.3 Zeit in der Geschichte der Naturwissenschaften

Die Menschheit und die von ihr hervorgebrachten Dinge entwickeln sich vom Einfachen zum Komplizierten. Diesen Prozess nennt man Fortschritt, und seine wichtigste Triebkraft ist die Wissenschaft. Der allgemeine Fortschritt scheint verbunden mit dem Fortschritt der Genauigkeit beim Zeitmessen. Die Geschichte der Wissenschaft dokumentiert diese Entwicklung und zeigt, dass alle bedeutenden Kulturen der Welt einen Beitrag leisteten. Die uns heute so selbstverständlich scheinende Zeitmessung und -rechnung entstand gleich einem gewaltigen Puzzle als gemeinsames Werk der Völker. Durch ein enormes Wachstumstempo im Bereich der Naturwissenschaften hat sich vor allem das 20. Jahrhundert ausgezeichnet. Mindestens 20 Nobelpreise wurden für Leistungen verliehen, die unmittelbar mit dem Phänomen ›Zeit‹ zusammenhängen. Aber unser Kalender hat sich seit 1582 praktisch nicht mehr verändert.

Menschen der Frühzeit mussten die alltäglichen Erscheinungen der Natur als lebensspendende oder bedrohliche Kräfte, als unverständliche und unheimliche Mächte empfinden. Besonders das Geschehen am Himmel, das Auftauchen und Verschwinden der Sonne, der Gestaltwechsel des Mondes, beeindruckte. Bald fiel seine Regelmäßigkeit auf und wurde als eine Folge von Leben und Sterben gedeutet. Schon früh wusste der Mensch um die Gesetzmäßigkeiten im Gang der Himmelskörper Bescheid, konnte bestimmte Konstellationen der Gestirne vorhersagen. Doch dieses Wissen um die Bewegungen am Himmel hatte völlig andere Hintergründe als das Forschen heutiger Wissenschaftler; Naturkunde und Magie waren ein und dasselbe. Eine Priesterkaste hütete und bewahrte die Kenntnis davon als Geheimwissen. Sie interpretierte die Vorgänge in der Natur nicht als physikalische Erscheinungen, sondern als heiliges Geschehen.

Vor mehr als fünf Jahrtausenden begann im Orient die Zeitbeobachtung. Mond und Sonne waren wichtige Götter der Stadtstaaten in der fruchtbaren Ebene Mesopotamiens. Auf ihren Sternwarten, den Zikkurat, beobachteten Priester den Lauf des Mondes und der Planeten und sagten die günstigste Zeit zur Bodenbearbeitung voraus. Mit magischen Zeichen hielten sie die Ergebnisse ihrer Beobachtungen fest und entwickelten daraus die Schrift. Mit dem Handel erblühte die Rechenkunst und ermöglichte den Babyloniern ein astronomisches ›Normaljahr‹ von 360 Tagen, basierend auf der Sechs und der Sechzig. Ihren sieben heiligen Gestirnen entsprach die Woche. Immer wenn sich ihre Monate in andere Jahreszeiten verschoben hatten, korrigierte der Priester-König per Gesetz die Zeitrechnung. Viel später übernahm ein unbedeutendes Nomadenvolk den babylonischen Kalender: die Hebräer. Durch sie gelangte die siebentägige Woche in die Zeitrechnung der Christen und Mohammedaner.

Auch in Ägypten hatte man wie in den meisten Gegenden der Erde ursprünglich nach einem Mondkalender gerechnet. Aber hier gab es den Nil mit seinen überaus regelmäßig eintretenden jährlichen Überschwemmungen. So kannte man schon früh den Begriff des Jahres, bestimmte seine Länge recht genau mit 365 Tagen und führte das Sonnenjahr ein. Völker des Nordens errichteten am Ende ihrer Steinzeit riesige sakrale Anlagen, die zugleich Himmelsobservatorien und Kalender bilden. In Stonehenge umrahmen viertausend Jahre alte Steinkreise symbolisch die Sonne, die am Tag der Sommersonnenwende genau über einer spitzen Felsnadel aufgeht.

Systematische astronomische Beobachtungen gehen auch in China weit zurück. Ungewöhnliche Himmelserscheinungen wurden aufgezeichnet, Verfinsterungen seit 720 v. Chr. registriert, Sonnenflecken ab 28 v. Chr. beobachtet. Diese Quellen sind heute noch für Astronomen bedeutsam. Als unbestechliche Kalender helfen sie bei der Datierung historischer Ereignisse. In jahrhundertelanger geduldiger Beobachtung entstanden Sternkataloge und Karten des Himmels. Die himmlischen Verhältnisse galten als Modell der Gesellschaft und sollten auf Erden reproduziert werden. Störte ein Ereignis die Bilder am Himmel, so galt es als Vorzeichen für irdische Veränderungen. Bereits um 1400 v. Chr. wurde die Länge des Sonnenjahres mit 365¼ Tagen angegeben. Hervorragende Beobachtungsgeräte sowie sehr genaue Wasseruhren wurden entwickelt. Als Kai Lun 105 das Papier erfand, folgte bald auch die Kunst des Druckens.

Ab etwa der Mitte des 1. Jahrtausends v. Chr. entwickelten sich Mathematik und Astronomie in Indien. Sie standen in engem Zusammenhang mit religiösen Vorschriften und dem Kalenderwesen. Im sechsten oder siebten Jahrhundert kam hier ein dezimales Zahlenpositionssystem einschließlich eines ›Leerzeichens‹, der Null, in Gebrauch und verbreitete sich nach Westen. Oft stimulierten Handel und Raub den Austausch von Ideen. Die Seidenstraße, Arabien mit China und Indien verbindend, spielte dabei eine ebenso bedeutende Rolle wie der weltumspannende Gewürzhandel. Die Entdeckungen der chinesischen Wissenschaft veränderten mit ihrem Eindringen ins Abendland den Lauf der Geschichte.

Im antiken Griechenland erblühte eine Hochkultur, als sich eine reiche Oberschicht völlig aus der Produktion herauslösen konnte. Ihre Berührung mit den alten Kulturzentren Ägyptens und Mesopotamiens ebnete den Weg zur Herausbildung echter Naturwissenschaft. Die Ursachen des Naturgeschehens wurden nun in der Natur selbst gefunden und nicht mehr im Wirken von Göttern gesucht. 340 v. Chr. fand Aristoteles die Erde kugelförmig. Er glaubte sie unbeweglich im Mittelpunkt des Universums. Alle Himmelskörper sollten sich auf Kreisbahnen um die Erde bewegten, denn Kreise galten als vollkommen. Hoch entwickelt war die theoretische Astronomie der Griechen, doch ihr Kalender blieb auf den Mond fixiert.

Anders lagen die Dinge in Alexandria. Dort griff man auf den Sonnenkalender der Ägypter zurück und entwickelte eine Kalenderrechnung, die auf einer Jahreslänge von 365¼ Tagen basierte. Hier erdachte auch Ptolemäus um 150 n.Chr. sein geozentrisches Modell des Kosmos mit mehreren schalenartigen Sphären, auf denen Mond, Planeten, Sonne und Fixsterne ihre elliptischen Bahnen zogen. Später akzeptierte und verbreitete die christliche Kirche dieses Sphärenmodell, denn es bot Raum für ihren Schöpfergott, Himmel und Hölle sowie die Gelegenheit, Rom und Papst als Mittelpunkt des Universums anzusehen. Der römische Heerführer Gajus Julius Cäsar lernte in Alexandria die Idee des Sonnenjahres kennen und veranlasste die Einführung eines neuen einheitlichen Kalenders im Römischen Weltreich. Dieser trat 45 v.Chr. in Kraft und blieb als ›julianischer Kalender‹ bis ins 16. Jahrhundert in weiten Teilen Europas in Gebrauch. Einige Länder benutzten ihn noch im 20. Jahrhundert.

Beim Niedergang der griechischen Zivilisation im Lauf des fünften und sechsten Jahrhunderts war es zu einer Abwanderung der Gelehrten in den Mittleren Osten gekommen. Bagdad wurde für zwei Jahrhunderte zum bedeutendsten geistigen Zentrum. Hier vereinte sich das geistige Potenzial von Griechen, Persern, Indern und Arabern. Außerordentliche Fortschritte der Mathematik und Astronomie waren das Ergebnis. Um 630 machte sich in der arabischen Wüste ein Volk auf den Weg und unterwarf sich die Länder westwärts bis Spanien und im Osten bis Indien. Im Gefolge von Handel und Raub wurde es zum Vermittler von Kultur zwischen Orient und Abendland. Fast ein Jahrtausend gehörte den Arabern. Bis zum 15. Jahrhundert sammelten, übersetzten und verbreiteten sie das Wissen der Welt. Im achten Jahrhundert war das indische Zahlensystem einschließlich der Null in ihrer Hauptstadt Bagdad wohlbekannt. *Mahasidanta,* eine der wichtigsten Abhandlungen über Astronomie, wurde um 770 aus dem Sanskrit ins Arabische übersetzt. Mit dem Tag der Auswanderung ihres Religionsstifters Mohammed aus Mekka am 16. Juli 622 n.Chr. begann die Zählung der Jahre ihres bis heute benutzten Mondkalenders.

In Europa unterbrach das Mittelalter praktisch alle Traditionen der antiken Wissenschaft. Nur Klosterschulen vermittelten noch ein Minimum an Kenntnissen über die Natur. Als eine der wenigen Ausnahmen beschäftigte sich der Angelsachse Beda (672-735) auch mit Kosmologie und Kalenderrechnung. Beda begriff Zeit als real und messbar und erklärte, was unter Moment, Stunde, Tag, Monat, Jahr, Jahrhundert und Zeitalter zu verstehen sei. Er befasste sich mit der Berechnung der beweglichen kirchlichen Feiertage und begründete eine christliche Zeitrechnung, die er auf das vermeintliche Geburtsjahr von Jesus Christus bezog. Hiernach zählen wir unsere Jahre.

Im Hochmittelalter kamen gesellschaftliche Impulse zur Entwicklung der Wissenschaften aus der Entwicklung der Städte und des Handels. So berichtete der Kaufmann Fibonacci aus Pisa im Jahre 1202 über das schriftliche Rechnen mit arabischen Ziffern, wie es in Nordafrika üblich war. Bücher waren bis zum Ausgang des Mittelalters ungeheure Kostbarkeiten, und Kalender machten keine Ausnahme. Das änderte sich um 1450 mit der Erfindung des Buchdrucks mit beweglichen Lettern durch Gutenberg. Nun konnten auch Kalender allmählich zum Gegenstand des täglichen Lebens werden. Das individuelle Planen der Zeit bahnte sich an.

Als bedeutendster Mathematiker und Astronom des 15. Jahrhunderts gilt Regiomontanus. Er hatte in Nürnberg um 1470 die erste deutsche Sternwarte gegründet und sich intensiv um präzise Angaben über Ort und Zeit der Planeten am Himmel bemüht. Sorgfältige Beobachtungen, verbesserte Instrumente und neu geschaffene trigonometrische Tafeln erlaubten ihm die Berechnung sehr genauer Ephemeriden. Auch Kolumbus benutzte seine Tafeln. Doch den Anlass zu diesen Arbeiten hatte einzig die Vermutung gegeben, dass das häufig beklagte Versagen der Horoskope an ungenauen Daten liege. Noch immer galt Astrologie als Wissenschaft.

Eine neue geistige Epoche leitete Kopernikus ein, als er 1543 ein neues Modell der Welt vorstellte, das die Sonne in den Mittelpunkt der Planetenbahnen rückt. Doch die Astronomen jener Zeit interessierten an der Arbeit des Kopernikus mehr seine Messungen der Mondphasen und der Jahreslänge, die er mit 365,2425 Tagen ermittelte. Die nächste Etappe auf dem Weg zur modernen Naturwissenschaft verbindet sich mit dem Namen Galileo Galilei. Er erklärte, der Mensch könne durch Beobachtung der wirklichen Welt zu ihrem Verständnis gelangen, und führte das Experiment in die Naturwissenschaft ein. 1609 entdeckte und publizierte Galilei Beweise für die kopernikanische Lehre. Die wurde nun von der Kirche für falsch erklärt und ihre Verbreitung 1616 verboten.

Schließlich entdeckte Isaac Newton (1643-1727) die drei Bewegungsgesetze der klassischen Mechanik und das Gravitationsgesetz. Als er diese auch auf Himmelskörper anwandte, war damit eine einheitliche Naturwissenschaft begründet. Das Gravitationsgesetz aber geriet in Konflikt mit der Auffassung eines statischen Universums. Die Idee, es könnte sich ausdehnen, war noch lange nicht gereift. Newton glaubte wie schon Aristoteles an die absolute Zeit. Gott allein als Begründer von Raum und Zeit würde unbeweglich ruhen, und nur durch Bezugnahme darauf könne Raum, Zeit und Bewegung bestimmt werden. Die Anschauung, dass diese drei Größen absolut seien, wirkte bis in das 20. Jahrhundert hinein. Nachdem Galilei auch das Pendelgesetz gefunden hatte, bestand die Möglichkeit zu sekundengenauer Zeitmessung. Der Niederländer Christian Huygens, eine Schlüsselfigur der wissenschaftlichen Revolution des 17. Jahrhunderts, konstruierte 1656 den Prototyp aller Pendeluhren.

Als nun Gesetzmäßigkeiten in ständig wachsender Zahl entdeckt wurden, behauptete der französische Astronom und Mathematiker Pierre de Laplace (1749-1827), das Schicksal des Universums sei vollständig vorherbestimmt. Zwar wandte man ein, dieser Determinismus würde die Freiheit Gottes beschränken, doch er bestimmte das wissenschaftliche Denken bis ins 20. Jahrhundert. Dann erkannte Werner Heisenberg (1901-1976): Der augenblickliche Zustand des Universums kann niemals genau gemessen und erst recht können künftige Ereignisse nicht vorhergesehen werden. Das hatte weitreichende Folgen für unsere Sicht der Welt.

Albert Einstein fand 1905 seine Spezielle Relativitätstheorie. Sie bewies, dass es keine absolute Bewegung gibt, nur relative Veränderungen wahrnehmbar sind. Aus ihr folgt unter anderem die Dilatation der Zeit. 1915 erklärte er die Gravitation mit einer neuen, der Allgemeinen Relativitätstheorie: Die Planeten werden nicht durch Gravitationskräfte auf gekrümmte Bahnen gezwungen, sondern die Masse der Sonne krümmt die Raumzeit derart, dass die Planeten im dreidimensionalen Raum einer Kreisbahn zu folgen scheinen, obwohl sie in der vierdimensionalen Raumzeit einer Geraden folgen. Schließlich fand er die Äquivalenz von Masse und Energie, ausgedrückt in seiner berühmten Formel $E = mc^2$.

Edwin Hubble begründete die extragalaktische, d.h. über den Bereich der Milchstraße hinausführende Astronomie. Er stellte 1929 die Rotverschiebung der Sterne fest und bewies damit die ständig wachsende Ausdehnung des Universums. Das aber bedeutet, dass sich früher einmal, das heißt vor 10 bis 20 Milliarden Jahren, alle seine Bestandteile nahe beieinander, in demselben winzigen Ort befanden. Um 1940 gab der in Russland geborene amerikanische Physiker George Gamow diesem ›Urzustand‹ die Bezeichnung *Big Bang*. Im Deutschen bürgerte sich ›Urknall‹ ein. Die Urknalltheorie war eine der geistigen Revolutionen des 20. Jahrhunderts. Man kann sagen, dass mit dem Urknall die Zeit beginnt. Das heißt, dass ›vorher‹ Zeit nicht definiert ist, und daraus folgt weiter, dass es ein ›Vorher‹ mit Bezug auf den Urknall nicht gibt. Alle diesbezüglichen Fragen sind gegenstandslos, so schwer man sich damit abfinden mag.

Ein Stern, dessen Energie verbraucht ist, kühlt ab und zieht sich zusammen. Übersteigt seine Masse einen bestimmten Grenzwert, so wird er extrem komprimiert. Die Gravitation wird dann so groß, dass sie selbst das Licht am Entkommen hindert. Für solche Regionen der Raumzeit prägte der amerikanische Physiker John Wheeler 1969 den Begriff *black hole*

(›Schwarzes Loch‹). Auch in Schwarzen Löchern ist analog zum Urknall die Zeit nicht mehr definiert. Die Raumzeit zwischen Urknall und Schwarzem Loch beschreibt man seit den 1960er-Jahren durch das Modell eines dynamisch expandierenden Universums. Dies scheint einen zeitlich fixierbaren Anfang zu haben, und es könnte zu einem bestimmten Zeitpunkt in der Zukunft enden. Zu seiner Ausarbeitung haben vor allem die Briten Stephen Hawking und Roger Penrose beigetragen.

Schon Aristoteles teilte die Bestandteile des Universums in Materie und Kräfte. Auf seine vier Elemente Erde, Wasser, Feuer, Luft wirkten Schwerkraft und Auftrieb ein. Aristoteles glaubte, man könne Materie unendlich zerteilen. Dagegen meinten Demokrit und andere, dass alles aus unteilbaren winzigen Atomen bestehe. Erst 1911 beendete Ernest Rutherford den Streit mit dem Nachweis, dass Atome aus Elektronen bestehen, die einen positiv geladenen Kern umkreisen. Damit war die moderne Kernphysik begründet. 1932 entdeckte James Chadwick in Cambridge, dass der Kern Protonen und Neutronen enthält. Nach griech. *á-tomos* (›unteilbar‹) folgte *protoi* (›die ersten‹) – wieder einmal glaubte man, die elementaren Bausteine der Materie gefunden zu haben. Später entschlossen sich Physiker zu fantasievolleren Namen für ihre rätselhaften Entdeckungen. Murray Gell-Mann entdeckte die kleinen Teilchen, aus denen Protonen und Neutronen bestehen, und nannte sie *Quarks.* 1969 erhielt er den Nobelpreis für ihren Nachweis. Inzwischen kennt man viele Arten von Quarks, und man teilt sie in mindestens sechs ›Flavours‹, von denen jedes in drei ›Colours‹ vorkommt. Die Atom- bzw. Teilchenforschung führte – neben der Bombe und den umstrittenen Reaktoren – zur Atomuhr. Charakteristische Eigenschwingungen eines Atoms im Mikrowellenbereich werden elektronisch gezählt und zu äußerst genauer Zeitmessung benutzt.

1.4 Zeitforschung heute

Betrachtungen über die Zeit kann man auf vielfältige Weise anstellen, und die Vielfalt der Möglichkeiten wächst noch immer. Je mehr die Menschen über sich und ihre Umwelt erfahren, desto spezieller wird das Wissen des Einzelnen. Seit mindestens einem Jahrhundert sprechen Wissenschaftler verschiedener Fachgebiete von ganz verschiedenen Dingen, wenn sie ›Zeit‹ sagen. Vor kaum 300 Jahren hatten noch die Philosophen den gesamten Bereich menschlicher Erkenntnis als ihre Domäne beansprucht, Philosophie galt als Wissenschaft schlechthin. Mit wachsendem Umfang des menschlichen Wissens engte sich ihr Wirkungsfeld mehr und mehr ein. Zu Beginn des 20. Jahrhunderts war Naturwissenschaft so kompliziert geworden, dass sie nur noch von Fachleuten verstanden werden konnte. Seitdem sieht man es allgemein als Aufgabe der Philosophen an, nach dem ›Warum‹ zu fragen, die Naturwissenschaftler fragen nach dem ›Wie‹.

Dagegen betrachtete der dialektische Materialismus die Philosophie als selbstständige Wissenschaft mit eigenem Gegenstand. Sie sollte den Einzelwissenschaften eine weltanschauliche, erkenntnistheoretische und allgemeine methodische Grundlage liefern. Daraus leiteten die Dogmatiker des ›wissenschaftlichen Sozialismus‹ ihren Anspruch her, für Grundfragen zuständig und für alles kompetent zu sein. Der dialektische Materialismus sei die einzig zulässige Richtschnur jeder Wissenschaft. Währenddessen wurde der Horizont der nichtmaterialistischen Philosophie immer enger. Einer der bekanntesten bürgerlichen Philosophen des 20. Jahrhunderts, Ludwig Wittgenstein (1889-1951) erklärte, alle Philosophie sei lediglich Sprachkritik, und ihr Zweck bestehe in der logischen Klärung von Gedanken. Aber auch eine sinnvolle Weiterentwicklung materialistischer Philosophie hat seit Lenin nicht mehr stattgefunden. Die Frage nach dem Ursprung des Seins und den Grenzen der Zeit ist inzwischen eine Angelegenheit der Physiker.

Die Physiker streben danach, mit einer einzigen einheitlichen Theorie das gesamte Universum zu beschreiben. Schrittweise suchen sie sich einer Lösung zu nähern. Vor einem Jahrhundert hatten sie sich noch auf jenen Teil des Problems beschränkt, der die im Lauf der Zeit eintretenden Veränderungen des (vorhandenen) Universums betrifft. Eine Beschreibung des Anfangszustands wurde zusammen mit den Gründen für seine Entwicklung als Angelegenheit der Religion oder Metaphysik angesehen. Diese Ansicht ist noch heute weit verbreitet.

Damals unterschied man ›objektive‹ von ›subjektiver‹ Zeit. Als objektiv galt, was durch Vergleich mit kontinuierlich bewegten Körpern (Himmelskörper und mechanische Uhren) gemessen werden konnte. Naturwissenschaftler hielten damals Zeit für eine absolute Größe. Dann machte Einsteins Relativitätstheorie klar, dass auch in der Physik das Zeitmaß vom Beobachter abhängt. Inzwischen ist die ›Raumzeit‹ definiert. Jedes Ereignis im Universum findet an einem Ort mit seinen drei Raumkoordinaten zu einer bestimmten Zeit als vierter Koordinate (in den ›vier Dimensionen‹) statt. Auf der Suche nach einer einheitlichen Theorie entstanden mannigfache Konzepte, darunter auch jenes von der ›imaginären Zeit‹. Im Unterschied zur realen Zeit lässt sie sich nicht von den Richtungen im Raum unterscheiden, und man kann darin vorwärts oder rückwärts gehen.

Aus den Errungenschaften der Wissenschaft in der ersten Hälfte des 20. Jahrhunderts ergab sich eine Zerlegung des Problems der einheitlichen Theorie. Physiker erklären seitdem das Universum anhand zweier grundlegender Teiltheorien. Die Relativitätstheorie beschreibt in ihrer allgemeinen Form die Gravitation und den Aufbau des Universums in großen Bereichen (von einigen Kilometern bis zu 10^{24} km); als Spezielle Relativitätstheorie (1905) hat sie der Menschheit die Kernenergie gebracht. Neben ihr untersucht die Quantenmechanik Erscheinungen in Bereichen um 10^{-11} Millimeter; ihr verdanken wir die mikroelektronische Revolution. Leider lassen sich beide Theorien nicht miteinander in Einklang bringen. Heute suchen Physiker nach einer Quantentheorie der Gravitation, die beide vereinen könnte und alles im Universum beschreiben soll. Mehrfach schon glaubten sie sich dem Ziel nahe, doch immer wieder ließen neue überraschende Entdeckungen alles nur umso komplizierter erscheinen. Gegenwärtig gilt die Stringtheorie als viel versprechend. Ende der 1960er-Jahre entwickelt, steht sie seit 1985 wieder im Blickpunkt wissenschaftlichen Interesses.

Niemand vermag zu sagen, ob es die gesuchte einheitliche Theorie überhaupt gibt. Es mag sein, dass Ereignisse generell nicht über eine gewisse Grenze hinaus vorhergesagt werden können. Jenseits solcher Grenze würden Ereignisse zufällig, beliebig eintreten. Das führt zu philosophischen bzw. metaphysischen Spekulationen. Nimmt man aber an, hinter solcher ›Beliebigkeit‹ verberge sich ein Eingreifen Gottes, so entsteht eine paradoxe Situation. Gott müsste dazu in der Zeit existieren. Doch Zeit ist nur eine Eigenschaft des Universums, das von Gott geschaffen sein soll.

Andere Wissenschaftszweige untersuchen andere zeitliche Phänomene. Dabei ist mittlerweile eine einheitliche Naturwissenschaft vorstellbar geworden. Gerade auch zeitliche Aspekte sind übergreifend wirksam, so in den Geowissenschaften, der Biologie, der Psychologie und vielen weiteren Disziplinen. In gewisser Weise eine Brücke zwischen den Anschauungen der Natur- und der Geisteswissenschaftler schlägt das gedankliche Bild des *Zeitpfeils.* Mit ihm lässt sich der Zusammenhang zwischen den Zeitbegriffen der Physik und dem individuellen Zeitempfinden darstellen.

Dieser Zeitpfeil darf nicht mit jenem Bild verwechselt werden, das Zenon von Elea in seinem berühmten Paradoxon gebrauchte, um zu zeigen, dass nur Ruhe wirklich sei: Ein fliegender Pfeil nimmt genauso viel Raum ein, wie seiner Länge entspricht. Nie ist dieser Raum länger als er selbst. Also hat der Pfeil keinen Raum, sich zu bewegen. Folglich bewegt er sich nicht, und sein Flug ist nur eine Vorstellung. Heute wissen wir, dass dieses Paradoxon deshalb nicht gelöst werden kann, weil es von der falschen Voraussetzung ausgeht, Bewegung sei von räumlichen Voraussetzungen abhängig. Aber Bewegung kann nicht aus Elementen von Ruhe konstruiert werden, weil sie selbst das Ursprüngliche ist.

Raum und Zeit bilden ein einheitliches, vierdimensionales Ganzes, in dem die Welt existiert. In den drei Dimensionen des Raums können wir uns beliebig bewegen, die Zeit jedoch kennt nur eine Richtung. Sie führt in die Zukunft, und nichts bringt die Vergangenheit zurück. Der moderne Zeitpfeil fliegt nicht, er zeigt analog einem Wegweiser an der Straße die Richtung an. Außerdem erweist er sich als ein komplexes Gebilde aus eigentlich drei Pfeilen.

Den Unterschied zwischen Vergangenheit und Zukunft hat man gewöhnlich mit dem zweiten Hauptsatz der Thermodynamik erklärt: In jedem geschlossenen System nimmt die Unordnung (der Moleküle) irreversibel zu. Das gilt heute als ein Anwendungsfall des Zeitpfeils, den man vom Urknall ausgehend definiert. Als das Universum mit einer Phase ungebremster Explosion begann, entstanden zufällig Gebiete mit einer etwas überdurchschnittlichen Dichte. In und zwischen ihnen bremste Gravitation die weitere Ausdehnung. Dadurch ballte sich Materie zusammen, Unordnung entstand und mit ihr der *thermodynamische Zeitpfeil.* Er gab der Zeit eine Richtung, und durch diese Richtung unterscheiden sich Vergangenheit und Zukunft.

Der *kosmologische Zeitpfeil* weist in die zeitliche Richtung, in der sich das Universum ausdehnt. Seit dem Entstehen des thermodynamischen Pfeils stimmen beide überein. In sehr ferner Zukunft aber vermutet man eine Kontraktionsphase des Universums (in der es sich wieder zusammenzieht). Diese wird keinen ausgeprägten thermodynamischen Pfeil mehr besitzen und deshalb für höheres Leben ungeeignet sein.

Schließlich gibt es den *psychologischen Zeitpfeil.* Er kommt aus jener Richtung, in der wir die Vergangenheit erinnern, und er weist dorthin, wo nach unserem Gefühl die Zeit fortschreitet. Der psychologische Zeitpfeil wird durch den thermodynamischen bestimmt. Deshalb müssen alle Zeitpfeile in die gleiche Richtung zeigen – es ist immer dieselbe Zeit. Sei es die Entwicklung des Kosmos, sei es die biologische oder die soziokulturelle Evolution, sie verlaufen zeitlich gleichgerichtet. Leben läuft nicht rückwärts.

Mit dem menschlichen Bewusstsein hängt es zusammen, dass Natur- und Geisteswissenschaften oft konträre Standpunkte beziehen. Physikalische Prozesse laufen in einer bestimmten zeitlichen Realität ab. Das menschliche Leben und seine zeitlichen Bedingungen basieren selbstverständlich ebenfalls auf dieser Realität. Aber die Vielfalt menschlichen Lebens vollzieht sich zugleich in einer anderen Realität, auf der Ebene des Bewusstseins. Sie wird mit den Begriffen Noo- und Soziozeitlichkeit beschrieben, auf die später ausführlich eingegangen wird und in denen eine Fülle weiterer Zeitlichkeiten zutage tritt.

Sodann ist zu bedenken, dass Zeit neben jedem naturwissenschaftlich oder idealistisch gefassten Begriff als gesellschaftlich-soziales Phänomen verstanden werden muss. In diesem Sinne hat jede Gesellschaft ihre eigene Zeit. In den letzten Jahrzehnten haben Philosophen den Naturwissenschaften vorgeworfen, dass ihr physikalischer Zeitbegriff die Lebenszeit des Menschen manipuliere. Seit dem 13. Jahrhundert führen die mechanischen Uhren den Menschen eine gleichförmig geteilte Reihe von Zeitpunkten vor, längs deren sich das ›Jetzt‹ in Gestalt eines Zeigers bewegt. Die Reihe führt kreisförmig in sich selbst zurück und demonstriert die Wiederkehr der Tage. Dadurch wurde die Zeit abstrakt. Die klassische Physik Galileis und Newtons hatte damit einen Weg gefunden, ihre Aussagen unabhängig von den drei Zeitmodi Vergangenheit, Gegenwart und Zukunft zu treffen. An diesen abstrakten Zeitbegriff der Physiker schlossen sich die anderen Wissenschaften an.

Scheinbar siegte die rechnende Vernunft über die Natur. Einen gefährlichen Pyrrhussieg hat es der Theologe und Biologe Günter Altner (geb. 1936) genannt. Vielfältige technische und ökonomische Nutzungen entstanden auf der Grundlage der abstrakten Zeit. Damit verbunden erreichte die Ausbeutung des Menschen sowie die Ausbeutung jeglichen Lebens in der Natur ungeheure Ausmaße. Eine der Folgen ist die ökologische Krise der Gegenwart. Georg Picht legte 1981 dar, dass sich Prozesse der Lebenszeit nicht linear abbilden lassen. Zeit sei in der Erfahrung der Geschichte kein linearer Parameter, sondern eine unberechenbare und unwiderstehliche Dynamik. Er folgert daraus, unsere Zivilisation treibe Katastrophen entgegen, weil die technisierte Welt sämtliche Prozesse nach der linearen Zeit regulieren wolle.

Während sich Physiker schon früh der Abstraktion als Mittel der Erkenntnis bedienten, fiel es Biologen und Gesellschaftswissenschaftlern besonders schwer, die komplexen Zusammenhänge zugunsten einer Objektivierung auszublenden. Das hängt mit den besonderen Zeitlichkeiten der organischen Natur und des menschlichen Bewusstseins zusammen. Viele Phänomene in diesen Bereichen sind miteinander vernetzt, die Systeme zum Teil mehrfach in sich rückgekoppelt. Sie können nicht durch einfache kausal-analytische Ketten erfasst werden. Man hat inzwischen daraus gefolgert, die Methode der Naturwissenschaften, alle Vorgänge raum-zeitlich zu beschreiben, könne nur eine von vielen sich ergänzenden Erkenntnismethoden sein.

Präzision im Detail wird mit Ausblenden von Ganzheit bezahlt. Mit ihrem Streben nach exakter Erkenntnis haben die Naturwissenschaftler einen Anspruch auf Reproduzierbarkeit der Bedingungen verbunden. Ihr abstrakter Zeitbegriff erfüllte diesen Anspruch, verdrängte aber dafür die Nichtumkehrbarkeit der geschichtlichen Zeit aus dem Bewusstsein. Mit dieser Denkweise verband sich Determinismus, Vorbestimmtheit jeglicher Entwicklung. Dieses Grundmuster im Denken beeinträchtigte lange Zeit alle jene Prozesse und Strukturen, die als offen in der Zeit gelten. Zeit, wie sie Menschen unseres abendländischen Kulturkreises verstehen, ist weder zyklisch noch auf andere Weise determiniert. Sie besitzt die mit realen Ereignissen belegte Vergangenheit, die sich nie wiederholt. Sie ist eine Zeit der (vergangenen) Geschichte mit offener Zukunft.

Der in Moskau geborene Belgier Ilya Prigogine (1917-2003) widmete sich in seiner letzten Schaffensperiode den allgemeinen Problemen von Zeit, Chaos, Irreversibilität und Naturgesetzlichkeit. Seine Arbeiten über ›offene Systeme‹ haben das moderne Weltbild entscheidend mitgeprägt und führten zu einer Annäherung zwischen der Physik und anderen Naturwissenschaften. Sie regten das Nachdenken über die Nichtumkehrbarkeit natürlicher Prozesse an. Daraus folgte die Erkenntnis, dass sich der Zeitpfeil auch im Wachstum von Komplexität manifestiert. Prigogine erklärte, Zeit messe solche inneren Entwicklungen in einer Welt des Nichtgleichgewichts.

Zunehmende Komplexität und plötzliche Umschlagprozesse am Rande eines bestehenden Gleichgewichts sind grundlegende Phänomene der Evolution. Engels benutzte dafür den Begriff des dialektischen Umschlagens von Quantität in Qualität. Dies sowie die Beschreibung spontan sich selbst organisierender Strukturen erfordert eine Physik, in der Zeit mehr als nur ein Parameter der Bewegung ist. Prigogine forderte als Hauptbedingung für eine Annäherung zwischen Natur- und Geisteswissenschaften, diese andere Wirklichkeit der Zeit endlich anzuerkennen. Das Morgen sei nicht länger schon im Heute enthalten.

Auf einer Vorstellung von offenen Systemen basiert auch die Chaostheorie. Sie definiert Bifurkationen, die man sich als Verzweigungsstellen, Weichen im Verlauf der Entwicklung eines Systems vorstellt. In der Vergangenheit unseres Systems gab es an vielen solchen Punkten jeweils verschiedene mögliche Zukünfte für den Fluss der Zeit. Durch Iteration und Verstärkung wurde jeweils eine Zukunft ausgewählt, und alle anderen Möglichkeiten verschwanden für immer. So repräsentieren Bifurkationspunkte die Nichtumkehrbarkeit der Zeit.

Kein wissenschaftlicher Gegenstand ist derart fachübergreifend wie das Thema ›Zeit‹. Ungeachtet dessen behandeln es alle Disziplinen der Natur- und Geisteswissenschaften äußerst fachspezifisch. Im Lauf der historischen Entwicklung war es zu einer Spaltung dieser beiden Hauptzweige der Wissenschaft gekommen. Die Welt aber ist nicht zweigeteilt in Natur und Gesellschaft. Im ersten Drittel des 20. Jahrhunderts bewirkten die Umwälzungen der Physik eine erste Wiederannäherung. In das neue physikalische Zeitverständnis flossen Gedanken aus dem Bereich der historischen Erfahrung ein, und es kam zu einer allgemeinen Zeitdebatte unter den Wissenschaftlern. Im letzten Drittel des Jahrhunderts bewegten solche Fragen erneut auch Philosophen, Wirtschafts- und Sozialwissenschaftler in großem Umfang. »Die Frage nach der Zeit schwappt in historischen Wellenbewegungen in das Bewusstsein. Derzeit hat Zeit ihre große Zeit«, formulierte der Münchner Sozialwissenschaftler Kurt Weis 1995. Solches Fragen nach der Zeit hat objektive Gründe. Es ist das Ziel wissenschaftlicher Arbeit, Zusammenhänge zwischen Phänomenen zu beschreiben. Zeit ist ein dafür geeignetes universelles Ordnungssystem, das die Beziehungen und Reihenfolgen so abbildet, wie wir sie erfahren. Dabei kann für die meisten Zwecke außer Betracht bleiben, was Zeit eigentlich ist. Das ermöglicht ihre Universalität ungeachtet unterschiedlicher Auffassungen über ihre Natur.

In den 1960er-Jahren erwachte bei einer Reihe von Wissenschaftlern ein gewisses Interesse für die Tätigkeit ihrer Kollegen aus völlig anderen Fachrichtungen. Daraus entstand eine neue Betrachtungsweise zur Untersuchung von schwierigen Fragen, der interdisziplinäre Ansatz. Seit 1966 beschäftigt sich die *International Society for the Study of Time* mit interdisziplinärer Zeitforschung. Ihr Gründer ist der in Budapest geborene amerikanische Ingenieur und Philosoph Julius T. Fraser. Die Einzelwissenschaften kennen verschiedene einzelne ›Zeitlichkeiten‹. Das sind besondere Erscheinungsbilder von Zeit, die sich darbieten, wenn man Zeit unter bestimmten Aspekten mehr oder weniger isoliert und absichtlich aus dem Zusammenhang herausgelöst betrachtet. Man hat sie auch als verschiedene Facetten von Erfahrung interpretiert. Aus ihnen setzt sich letzten Endes die eine, alles umfassende Zeit wieder zusammen.

Die Natur entwickelt sich stufenweise. Alle Stufen bilden ein einheitliches Ganzes, in dem auch die ältesten Schichten weiter existieren. Auf jedem neuen Niveau entstehen spezifische Wirklichkeiten, durch die sich die Stufen voneinander unterscheiden. Die einzelnen Naturwissenschaften gestatten uns, teils theoretisch, teils experimentell, Einblicke in diese Wirklichkeiten. Sie zeigen auf jeder Stufe eine völlig andersartige Umgebung. Jede dieser ›Umwelten‹ im umfassendsten Sinn besitzt ihre eigene Zeitlichkeit, und auch diese existieren nebeneinander weiter. Die moderne interdisziplinäre Zeitforschung nimmt heute eine Hierarchie aus sechs solchen Zeitlichkeiten an. Sie basiert auf dem Denkmodell des dynamisch expandierenden Universums.

Seit dem Augenblick des Urknalls existiert elektromagnetische Strahlung. In ihrer Welt herrscht *Azeitlichkeit.* Der Begriff ist aus aus lat. ab- (›weg, fort‹) gebildet und bedeutet ›Abwesenheit von Zeit‹. Das heißt, dass herkömmliche Begriffe von Zeit für diesen Zustand der Materie nicht gelten. Unsere Vorstellungen von Vergangenheit und Zukunft verlieren hier jeden Sinn. Einstein hat mit der Speziellen Relativitätstheorie 1905 eine neue Physik formuliert, die auf absolute Bewegung statt wie bisher auf absolute Ruhe bezogen ist. Die absolute Bewegung wird durch das Licht, also durch elektromagnetische Strahlung, verkörpert. Ihre Konstante ist die Lichtgeschwindigkeit, nur Photonen können sich mit ihr bewegen. Würde man auf einem Photon durchs All reisen, so verginge deshalb für den Reisenden keine Zeit. Man sagt, die ›Eigenzeit‹ der Photonen ist Null. (Freilich kann solche Reise nicht real werden, denn auch die Ruhemasse dieser Teilchen ist Null.) Es gibt also im Zustand der Lichtgeschwindigkeit keine Zeit, Radiowellen sind azeitlich.

Bald nach dem Urknall bildeten sich aus Strahlungsenergie die ersten Teilchen. Weil sie Masse besitzen, wurden sie langsamer als die Photonen, das Licht. Im Vergleich zur Lichtgeschwindigkeit entstanden Differenzen. Daraus sind erste Zeitbegriffe definiert. Doch Zeit und Raum sind in diesem primitiven Zustand noch nicht vollständig verschieden. Für diese Zwischenstufe hat man aus griech. protos (›erster, vorderster, Ur-‹) den Ausdruck *Protozeitlichkeit* (analog dem ›Prototyp‹) gebildet. Diese ist noch nicht zusammenhängend; ihre Teile haben keine Richtung, und sie fließt nicht. Deshalb kann man in ihr keine Angaben über Zeitpunkte, über bestimmte Augenblicke machen. Die protozeitliche Welt umgibt uns überall dort (oder immer dann), wo sich keine massereichen Körper befinden. Ereignisse in diesen Regionen des Weltalls können nur statistisch beschrieben werden, d. h. man kann stets nur die Wahrscheinlichkeit ihres Eintretens angeben.

Dann wurde die Materie in bestimmten Gebieten massereich. Im Verlauf der anorganischen Evolution sammelten sich Teilchen heißen Gases zu fester Materie. In dieser neuen Umwelt erhielt die verschwommene, bruchstückhafte Protozeit einen Zusammenhang. Man nennt sie *Eozeitlichkeit* nach griech. eo- (›ur-, ältest‹). Sie ist die erste kontinuierliche Zeit, bereits andauernd, aber noch immer ohne Richtung. Grob vereinfacht kann man sich das Bild eines Zeit-›Pfeils‹ vorstellen, der noch keine Spitze hat. Dieser zeitliche Zustand herrscht in der makroskopischen Welt der Physik, in der astronomischen Welt der Sterne. Unsere Vorstellungen von Gegenwart, Vergangenheit und Zukunft sind auch auf die Eozeit noch nicht anwendbar. Dieser Umstand führte Philosophen zu der Annahme, die Zeit existiere überhaupt nur in der Vorstellungswelt des Menschen.

Biozeitlichkeit beschreibt jene Wirklichkeit von Zeit, in der Lebewesen existieren. Sie ist auf die Zeit der organischen Gegenwart des Lebensprozesses begrenzt. Daneben gibt es erste Ansätze einer Unterscheidung von Gegenwart, Vergangenheit und Zukunft. Der Zeitpfeil hat zwar eine Spitze erhalten, doch sind sein Anfang und Ende noch verschwommen, unbestimmt. Die Grenzen der biologischen Zeit sind vermutlich artspezifisch. Biozeitlichkeit entstand mit dem Leben. Dieser Vorgang, das Entstehen von Leben aus unbelebter Materie, wird heute mit der der Selbstorganisation von Materie erklärt. Er ist mit dem Begriff der offenen Systeme verbunden. Man geht jetzt allgemein davon aus, dass Leben an vielen Punkten der Raumzeit unabhängig voneinander entstanden sei. Diese neue Sichtweise lässt immer weniger Raum für einen religiösen Schöpfungsbegriff.

Zusammen mit dem Menschen entwickelte sich *Noozeitlichkeit.* Das ist die zeitliche Realität des menschlichen Geistes. In ihr nehmen die Individuen den Lauf der Zeit wahr, ›erleben‹ sie alles Geschehen. Noologie bezeichnet ›Geisteslehre‹ und Noetik bedeutet ›Erkenntnislehre‹, das Denken betreffende Grundsätze. Diese noetische Zeit nun existiert tatsächlich rein intellektuell. Erst auf der Stufe der Menschwerdung entstand ein Begriff von Dauer. Die menschliche Psyche schuf sich die Vorstellung von Ruhe auf ihrer Suche nach Kontinuität. Sie ist verbunden mit der Suche nach beständiger Identität, die ein Überleben erst ermöglicht. Nur weil die Wahrnehmungsmöglichkeiten des Menschen (wie aller Organismen) begrenzt, seine Sinne unvollkommen sind, gelingt dieses Ausblenden der anderen Zeitlichkeiten. Es reduziert die Vielfalt möglicher Eindrücke auf ein verträgliches Maß. Dauer hat sich erst im Verlauf der Evolution aus Bewegung entwickelt. Doch seit dem klassischen Altertum hat das Abendland die Idee von der Ruhe als fundamentalem Naturzustand kultiviert. Die etablierten Gesellschaften gründeten ihre sozialen und religiösen Lehren auf die Unveränderlichkeit der Zeit. Seit Quanten- und Spezieller Relativitätstheorie sind diese Standpunkte nicht mehr haltbar.

Schließlich bezieht man in neuere Forschungen auch eine Zeitlichkeit ein, die noch nicht voll entwickelt ist. Diese *Soziozeitlichkeit* steht im Begriff, von Menschen geschaffen zu werden. Sie umfasst die gesellschaftlichen Aspekte der Zeit und die Art und Weise, wie die Gemeinschaft sie beurteilt. Fraser hat die gesellschaftlichen Aspekte ›Sozialisation der Zeit‹ genannt und als Fortsetzung der Rhythmen tierischer Gemeinschaften erklärt. Die Gesellschaft wünscht in einer Reihe von Fällen gleichzeitiges Handeln und legt dafür geeignete Zeitpunkte fest. Den anderen Gesichtspunkt, die Beurteilung durch die Gesellschaft, bezeichnete er als ›kollektive Zeitbewertung‹. Er betrifft Wertesysteme, die den Mitgliedern einer Gemeinschaft Leitfaden in ihrem Leben sind.

Individuen und Gesellschaft haben sich gemeinsam entwickelt. Dadurch sind Noozeitlichkeit und Soziozeitlichkeit eng miteinander verbunden. Ursprünglich bestanden vielfältige Möglichkeiten der Sozialisation und der Zeitbewertung. Diese Pluralität wird zunehmend beschnitten, seit die Globalisierung unsere Welt erfasst hat. Der ›zeitkompakte Globus‹ zwingt die Menschheit, ihre Arbeits- und Lebensrhythmen anzugleichen sowie gleiche wissenschaftliche Methoden und Produktionsverfahren anzuwenden. Im Ergebnis dessen scheint sich die ›zeitkompakte globale Gesellschaft‹ herauszubilden. Wir können den neuen zeitlichen Zwängen neuer gesellschaftlicher Formationen nicht entgehen. Sie führen zu immer stärkerer Bindung an vereinheitlichte Zeitsysteme. Das war auch in der Vergangenheit so. Andererseits wurden und werden, je mehr alles Lebendige erforscht wird, spezifische Zeitsysteme um so differenzierter definiert. Dazu gehören erdgeschichtliche Epochen und biologische Rhythmen ebenso wie die Vielfalt der Kalender, Definitionen von Uhrzeit und viele andere. Es werden immer mehr.

2 Zeitskalen der Natur

2.1 Zeit und Mathematik

Zeit ist gewaltig, unfassbar. Nach kosmischen Maßen ist die Erde nur ein winziges Pünktchen im Raum, und doch haben hier denkende Wesen ihre Heimat gefunden, für einen winzigen Bruchteil der Zeit, die jener Raum existiert. Betrachten wir den Himmel, so erscheint er uns als Ort von Unveränderlichkeit und Ruhe. Aber das liegt nur daran, dass unser Überblick auf eine sehr kurze Zeitspanne beschränkt ist. Deshalb können wir uns die Stellung des Menschen im Raum und in der Zeit nur an Hand von Modellen der Wirklichkeit deutlich machen.

Stellen wir uns die Geschichte des Universums als eine gewaltige gedruckte Chronik mit 150 Bänden vor, dann beginnt darin die Geschichte der Erde in Band 110. Erst nach Band 120 wird vom Erstarren ihrer Oberfläche und ersten Spuren von Leben berichtet. Ab Band 140 ist von einer Sauerstoffatmosphäre die Rede, und am Anfang des vorletzten Bandes 149 erscheinen die ersten kleinen Säugetiere. Wenn nun jeder Band 1000 Seiten stark ist, dann werden die frühesten menschenähnlichen Wesen auf Seite 980 des letzten, des 150. Bandes erwähnt. Und wenn schließlich jede Seite der gedachten Bücher 100 Zeilen aufnimmt, finden wir den Startpunkt unserer Zeitrechnung, das Jahr 1 n. Chr., am Beginn der vorletzten Zeile seiner letzten Seite.

Wollen wir uns die Zeitbegriffe der Physik im Bereich der Atome veranschaulichen, so versagen alle derartigen Modellvorstellungen. Der Armenier Wiktor A. Ambarzumjan (geb. 1908) und der Russe Dmitrij D. Iwanenko (1904-1994) hatten das *Chronon* vorgeschlagen, eine ›Elementarzeit‹ in der Größenordnung von 10^{-23} Sekunden. Diese vergeht, während ein gedachtes Etwas den Radius eines Elektrons mit Lichtgeschwindigkeit durchquert. Später nahm die Kosmologie eine *Planckzeit* als kürzeste sinnvolle Zeitspanne hypothetisch an. Sie beträgt 10^{-43} Sekunden. Andererseits ist die durchschnittliche Lebensdauer eines Protons mit 10^{31} Jahren (3 mal 10^{38} Sekunden) angenommen worden. In diese Zeitspanne passt die bisherige Existenz des Universums (zwischen 4 und 5 mal 10^{17} Sekunden) 600 Milliarden Milliarden mal hinein. Die Spannweite aller Zeitbegriffe reicht also derzeit von 10^{-43} bis 10^{38} Sekunden, umfasst 82 Zehnerpotenzen. Nur 41 Zehnerpotenzen erreicht demgegenüber das Verhältnis der größten möglichen Entfernung (Durchmesser des Universums) zur kleinsten Länge (Atomkern des Wasserstoffs).

Dies alles umfasst das ›Modell der Modelle‹, die Mathematik. Das Wort ist vom griechischen máthema (›die Kenntnis, das Gelernte‹) abgeleitet. Ihr Ursprung liegt im Zählen und Rechnen. Beides gehört zu den frühesten geistigen Tätigkeiten des Menschen und ist von Anfang an auch mit Zeit verbunden. Ihre erste Blüte erlebte die Rechenkunst in Mesopotamien. In dem rohstoffarmen Land gedieh der Handel, und der erforderte Aufzeichnungen. Als Schreibmaterial dienten Tontäfelchen, die ältesten stammen aus dem dritten Jahrtausend v. Chr. Auf ihnen fanden die Archäologen Zahlen, die bereits nach dem Stellenwertprinzip in einem echten Positionssystem angeordnet sind. Dieses heute ›babylonisch‹ genannte hoch entwickelte System basiert auf der Sechzig anstelle der uns vertrauten Zehn und heißt deshalb *Sexagesimalsystem.*

In hellenistischer Zeit wurde es besonders von den Astronomen und Kalendermachern benutzt. So ergab es sich, dass wir noch heute Stunde und Minute in 60 Teile zerlegen und den Vollkreis in 6 mal 60 Winkelgrade. Aber ursprünglich hatte man wohl überall an den Fingern bis Zehn gezählt. Im alten Ägypten scheint sich daraus von Anfang an ein *Dezimalsystem* entwickelt zu haben.

In Indien hatte sich die Mathematik in Zusammenhang mit Astronomie, religiösen Vorschriften und dem Kalenderwesen bereits im ersten vorchristlichen Jahrtausend hoch entwickelt. Ähnlich den Ägyptern benutzte man besondere Zeichen für die Eins, Zehn, Hundert und Tausend. Seit dem dritten Jahrhundert v. Chr. kürzte man die Aneinanderreihung der Einer durch neue Zeichen ab und benutzte diese ›Brahmi-Ziffern‹ für Eins bis Neun. Daraus entwickelte sich im sechsten Jahrhundert ein dezimales Zahlenpositionssystem, eine der wohl folgenreichsten kulturhistorischen Leistungen der Menschheit. Auch die Erfindung der Null wird allgemein den Indern zugeschrieben.

Anscheinend völlig unbeeinflusst von diesem Geschehen kam es um 800 v. Chr. in Mesoamerika zu einer selbstständigen Entwicklung von Schrift und Zahlen. Dieses Zahlensystem ist mythisch-religiös verwurzelt und steht in engem Zusammenhang mit dem komplizierten Kalender. Es wird vigesimal genannt, weil ihm die Zahl 20 zugrunde liegt; sie entspricht der Anzahl der Glieder an Händen und Füßen des Menschen. Chinesische und römische Zahlzeichen lassen noch die Position der Hand beim Fingerzählen erkennen. Sumerische Zahlen sind ein Beispiel früher abstrakter Zeichen, die nicht aus Bildern entstanden sind. Bei den mesoamerikanischen Zahlzeichen sind beide Elemente beteiligt. Im Maya-Kalender besitzen ein bis fünf Punkte je den Wert ›Eins‹, ein bis fünf Striche je den Wert ›Fünf‹. Drei Striche und fünf Punkte bezeichnen also die Neunzehn. Auch die Null war bekannt, ihr Zeichen ist eine Muschel. Daneben benutzten Maya und Azteken in den Zeremonialkalendern vielfältige komplizierte Hieroglyphen für Zahlen. Azteken stellten später die Basiseinheit 20 als ein in vier Quadrate geteiltes Fähnchen dar, und Teile der 20 als entsprechend ausgeschnittenes Fähnchen. Analog verfuhr man mit einer Feder, welche die Basiseinheit 400 (20 mal 20) darstellte. Die 8000 (20 mal 400) wurde durch ein Bündel von Halmen repräsentiert. Das erinnert an Ägypten. Eine Lotosblüte, ursprünglich Begriff für ›viel‹, bedeutete dort Tausend, und ein Schilfkolben (›sehr viel‹) zählte Zehntausend.

Die Mathematik in Europa blieb deutlich hinter der indisch-arabischen Entwicklung zurück. Die Ursprünge der ›römischen‹ Zahlen beginnen schon bei den Etruskern. Ihre Grundzahlen sind vom Fingerrechnen abgeleitet. Sinnfällig zeigt ›III‹ drei Finger, erinnert ›V‹ an eine Hand mit abgespreiztem Daumen, und ›X‹ wird aus zwei Händen gebildet. Obwohl beim Rechnen damit größte Schwierigkeiten entstehen, wurden sie in Europa noch bis ins 16. Jahrhundert benutzt. Man malte sie auf die Zifferblätter der ersten mechanischen Uhren. Dort haben sie (als modische Variante) bis heute überdauert.

Allgemeine Kenntnis von den indisch-arabischen Ziffern gelangte mit dem Handel nach Europa. Doch trotz ihrer offensichtlichen Vorteile dauerte es bis ins 15. Jahrhundert, ehe sie sich hier verbreitet hatten. Zwar hatte bereits um 1140 der Engländer Robert von Chester Spanien besucht und Al-Chwarizmis Hauptwerk ins Lateinische übertragen, doch wurde der Umgang mit der Null und mit Bruchzahlen nicht vor Mitte des 14. Jahrhunderts an den Universitäten gelehrt. Europäische Kalenderrechnung hatte mit ganzzahligen Verhältnissen auszukommen.

Neben Bibeln und Kalendern gehörten die Rechenbüchlein der Rechenmeister zu den ersten Druckerzeugnissen und verbreiteten sich schnell in Europa. Am Beginn des 18. Jahrhunderts erfanden Leibniz und Newton die Differential- und Integralrechnung. Als Werkzeug der Naturwissenschaften ermöglichten diese Rechenarten weitgehende Erkenntnisse, die schließlich zur modernen Physik führten und tiefere Einsichten in das Wesen von Zeit ermöglichten.

2.2 Zeit in der Physik

Ohne Begriffe von Zeit und Raum kann nicht über Ereignisse im Universum gesprochen werden, und außerhalb des Universums ist Zeit nicht definiert. Sie beginnt mit der Entstehung des Weltsystems. Das Weltall umschließt alles, was überhaupt existiert. Bis zum 17. Jahrhundert benannte man es mit dem Fremdwort Universum, dann kam des deutsche ›All‹ in Gebrauch. Im 18. Jahrhundert setzte man das deutlichere ›Weltall‹ zusammen. Welt bedeutet eigentlich ›Menschenalter, Menschenzeit‹. Die auf Latein fixierten Wissenschaftler blieben beim Universum. Das geht auf lat. universus (›ganz, gesamt, allgemein‹) zurück. Als man sich dann stärker antiker Traditionen erinnerte und der Gebrauch des Griechischen auflebte, bevorzugte man Kosmos. Das bedeutet eigentlich ›Anstand, Ordnung, Schmuck‹. Dann bezeichnete es bei den Griechen die ganze Menschheit, die Weltordnung, das Weltall. Heute meint Universum das zu einer Einheit zusammengefasste Ganze. Kosmos ist in seiner Bedeutung ›die Welt als geordnetes Ganzes‹ damit praktisch identisch. Doch es trägt außerdem die Bedeutung ›(leerer) Weltraum‹.

Die Entstehung von Welt und Zeit

Wie und wann entstand die Welt? Bereits die Fragestellung impliziert, dass das Universum zu einem bestimmten Zeitpunkt in der Vergangenheit entstand. Das gründet in der Überzeugung, dass man eine ›erste Ursache‹ brauche, um das Vorhandensein des Universums zu erklären. Die *Kosmogonie* (griech. ›Weltentstehungslehre‹) sucht seit Jahrtausenden nach Antworten, und die *Kosmologie* (›Lehre von der Welt‹) erforscht die Einordnung des Weltalls in Raum und Zeit. Der Begriff Kosmogonie wird heute häufig auf die mythischen Lehren beschränkt und die wissenschaftliche Untersuchung der Entstehung und Entwicklung der Kosmologie zugeordnet. Im vorwissenschaftlichen Zeitalter repräsentierten die großen Mythen die Vermutungen über Ursprung und Ordnung der Welt. Weltmodelle mit definierter räumlicher Struktur kannte erstmals die Naturphilosophie der Antike.

Heute ist die Frage eine Angelegenheit der theoretischen Physik, und es wird angenommen, dass hoch verdichtete Materie vor etwa 14 Milliarden Jahren, durch eine Urexplosion bedingt, sich auszubreiten begann. Dass das Weltall seither ständig expandiert, bewies Edwin Hubble 1929. Der Österreicher Christian Doppler hatte 1842 den akustischen Effekt beschrieben, dass sich die Frequenz eines Tones verringert, wenn sich die Schallquelle entfernt. Der Franzose Hippolyte Fizeau beobachtete 1848 eine dem Dopplereffekt analoge Verschiebung der Spektrallinien im Bereich der Lichtwellen. V. M. Slipher entdeckte die Rotverschiebung bei weit entfernten Galaxien, und Hubble fand den Zusammenhang zwischen dieser und der wachsenden Entfernung.

Bereits 1922 hatte der russische Physiker und Mathematiker Alexander Fridman theoretisch hergeleitet, dass das Universum nicht statisch sein kann und ein auf der Allgemeinen Relativitätstheorie basierendes kosmologisches Modell erdacht. Er stellte sich punktförmige Objekte vor, die als Bestandteile jeweils einer anderen Galaxie mit diesen zusammen durch das sich ausdehnende Universum driften und dabei fiktive Spuren in der Raumzeit hinterlassen. Diese Spuren verlängerte Fridman in Gedanken rückwärts und fand, dass sich alle in einem imaginären Punkt der Raumzeit schneiden müssen. In diesem Schnittpunkt waren alle Teilchen des Universums früher dicht beieinander vereint. Er ist gleichzeitig Ort und Zeitpunkt des Urknalls, und mit ihm beginnt die Existenz von Zeit.

Der Urknall wird als Anfangs-*Singularität* bezeichnet. Singularitäten sind theoretische Punkte im vierdimensionalen Raum, in denen die bekannten physikalischen Gesetze nicht mehr gelten. Die Mathematik kennt Singularitäten als Orte auf einer Kurve, in denen die Stetigkeit verletzt ist: Sprung- und Polstellen sowie die seltsamen Attraktoren der fraktalen Geometrie. Doch vor der Schlussfolgerung, dass das Universum einen Anfang habe und es ein ›Vorher‹ nicht gibt, schreckte selbst Einstein zurück. Es folgte eine Reihe von Versuchen, die Urknalltheorie zu widerlegen. Bisher sind alle gescheitert. Hawking vermutet: »Vielen Menschen gefällt die Vorstellung nicht, dass die Zeit einen Anfang hat, wahrscheinlich weil sie allzu sehr nach göttlichem Eingriff schmeckt.« Schließlich habe der Papst selbst erklärt, es spreche nichts gegen die Beschäftigung mit der Entwicklung nach dem Urknall, doch dieser selbst sei Gottes Werk, der Augenblick der Schöpfung. Das war 1981, als Jesuiten im Vatikan eine Konferenz über kosmologische Fragen veranstalteten, um sich von Fachleuten beraten zu lassen.

Als Beweis für einen Ur-Anfang gilt das Vorhandensein von Radioaktivität in der Materie um uns herum. Radioaktivität kann nicht unendlich lange andauern, und deshalb kann der Aufbau dieser Materie nicht unendlich lange her sein. Auf dieser Tatsache beruhen die radiometrischen Methoden der Zeitmessung, zum Beispiel zur geologischen Altersbestimmung. Als weiterer empirischer Beweis für die Urknallhypothese wird die kosmische Hintergrundstrahlung angesehen. Gamow hatte 1949 vermutet, dass der Big Bang von intensiver Strahlung begleitet war und dass ihre Reste im Universum fortbestehen könnten. 1964 fanden der deutsch-amerikanische Physiker Arno Penzias und der amerikanische Radioastronom Robert Wilson, als sie in den Bell Telephone Laboratories an Mikrowellengeräten arbeiteten, diese völlig diffuse Strahlung. 1978 erhielten sie den Nobelpreis für die Entdeckung der Signale aus jener fernsten denkbaren Vergangenheit, in der die Zeit begann.

Der amerikanische Satellit COBE hat 1992 die kosmische Hintergrundstrahlung vermessen. Anscheinend bestätigen die Ergebnisse die Annahme, dass das Universum kurz nach seiner Entstehung noch ein homogenes Gebilde war und sich dann mit Über-Lichtgeschwindigkeit ausdehnte. Diese ›*Inflationstheorie*‹ wurde 1981 an der sowjetischen Akademie der Wissenschaften vom russischen Physiker Andrej Linde entworfen. Die inflatorische Epoche des Weltalls dauerte nur 10^{-32} s, in ihr vergrößerten sich aber alle Abstände um den Faktor 10^{50}. Allerdings ist diese Theorie keineswegs gesichert. Gab es aber diese Inflation, so ist alles, was davor geschah, also auch der eigentliche Urknall, nicht mehr zu erforschen. Eine andere Konsequenz wäre, dass nur ein Teil des Universums überhaupt beobachtbar ist. Linde, der heute an der kalifornischen Stanford University tätig ist, verficht die Theorie eines *Multiversums*, eines Über-Kosmos, von dem unser Universum nur einen winzigen Ausschnitt bildet. Keine Theorie kann bisher beschreiben, was während der sogenannten Planck-Zeit geschah, zwischen der kosmischen Singularität und etwa 10^{-43} s danach.

Relativitäts- und Quantentheorie

Von der Inflationsphase abgesehen, erfolgt die Ausdehnung des Alls in Raum und Zeit mit einer bestimmten Geschwindigkeit. Schon 1676 bemerkte der dänische Astronom Ole Christensen Rømer bei der Beobachtung von Jupitermonden, dass sich auch Licht mit endlicher Geschwindigkeit bewegt, dass also während seiner Ausbreitung Zeit vergeht. 1887 maßen und verglichen Edward Morley und Albert Michelson in den USA die Geschwindigkeit des

Lichts in Richtung der Erdbewegung und senkrecht dazu. Sie erwies sich als gleich, und das konnte mit den vorhandenen Theorien nicht erklärt werden. Der Holländer Hendrik Lorentz gab eine Teillösung an: Die Lorentz-Transformation überführt die Koordinaten in ein erweitertes Bezugssystem, in welchem die Zeit eine vierte Koordinate ist.

Einstein fand 1905 eine grundsätzliche Erklärung. Seine *Spezielle Relativitätstheorie* belegt die Unabhängigkeit der Lichtgeschwindigkeit von der Bewegung. Sie ersetzte absolute Ruhe durch absolute Bewegung als Bezugssystem. Aber nur relative Veränderungen sind beobachtbar. Die alte Vorstellung von einer absoluten Zeit musste aufgegeben werden; Zeit und Raum hatten sich als relativ erwiesen. Daraus ergibt sich unter anderem die *Dilatation der Zeit.* Dieser Effekt wird in dem bekannten Uhrenparadoxon deutlich: Eine Uhr, die mit großer Geschwindigkeit von einem Raumpunkt weg und wieder zurück bewegt worden ist, muss eine geringere Zeitspanne anzeigen als eine Uhr, die in Ruhe blieb. Erst vor wenigen Jahren konnte ein entsprechendes Experiment auch praktisch durchgeführt werden. Nachdem eine Atomuhr an Bord eines Flugzeugs die Erde umrundet hatte, wurde sie mit einer gleichartigen Uhr am Flugplatz verglichen. Beide wiesen – nach einer Flugdauer in der Größenordnung von 10^5 s – einen Zeitunterschied von 10^{-7} s auf.

Bereits früher konnten Kernphysiker die Zeitdilatation experimentell bestätigen. Schnelle m-Mesonen, die in der Erdatmosphäre durch kosmische Strahlung erzeugt werden, haben ruhend eine mittlere Lebensdauer von lediglich $2{,}2 \times 10^{-6}$ s. Licht durchläuft in dieser Zeit 660 m, die Mesonen durchlaufen tatsächlich aber die hundert- bis tausendfache Strecke, bevor sie zerfallen. Das Uhrenparadoxon zeigt außerdem, dass jedes sich gegenüber einem anderen bewegende System seine eigene Zeit hat. Daraus folgt, dass auch der Begriff der Gleichzeitigkeit nur relativ ist. Damit hat die Spezielle Relativitätstheorie den azeitlichen Charakter des Lichts aufgedeckt. Das Phänomen des ›Jetzt‹ existiert nur in der Welt der Lebewesen.

Einstein hatte weiter gefolgert, dass die Masse eines Körpers bei Lichtgeschwindigkeit unendlich groß würde. Deshalb erkannte er die Geschwindigkeit des Lichts als größte überhaupt mögliche Geschwindigkeit, mit der sich physikalische Wirkungen oder Signale im Raum ausbreiten können. Damit war die Lichtgeschwindigkeit als Naturkonstante bestimmt, ihr genauer Wert beträgt 299.792,458 km/s. Mit ihr breiten sich elektromagnetische Wellen aller Frequenzen im Vakuum aus. Das hat heute praktische Bedeutung für die Zeitmessung. Empfängt man Radiosignale von mehreren miteinander gekoppelten Sendern, so kann man die unterschiedliche Laufzeit der Impulse messen. Darauf beruhen die modernen Navigationsverfahren, aus denen die Synchronisation des Weltuhrensystems abgeleitet wird. Durch die Geschwindigkeit sind Wellenlänge und Zeitdauer einer Schwingung miteinander verknüpft. Sichtbares Licht hat Wellenlängen von 400..700 nm. Das entspricht dem Frequenzbereich zwischen 0,38 und 0,77 Petahertz (10^{15} Hz), eine Schwingung dauert rund 0,13 bis 0,26 Femtosekunden (10^{-15} s).

Galilei untersuchte 1589 in Pisa die Fallgesetze und entdeckte die Gravitation. Als Newton 1682 das Gravitationsgesetz fand, war zum ersten Mal ein umfassendes Weltgesetz formuliert. Damit begann das Forschen nach weiteren Gesetzen, mit denen sich alle Ereignisse der physikalischen Welt beschreiben ließen. Der in Deutschland und der Schweiz arbeitende Litauer Hermann Minkowski definierte als ›Ereignis‹ etwas, das zu bestimmter Zeit an einem bestimmtem Punkt im Raum geschieht. Es wird durch die Koordinaten einer *vierdimensionalen Raumzeit* (mit der Zeit als vierter Dimension) bestimmt. Minkowski regte seinen Schüler Einstein zu diesbezüglichen Forschungen an.

Einstein veröffentlichte daraufhin 1915 die ›Feldgleichungen der Gravitation‹. Er legte dar, dass die Planeten nicht unmittelbar von der Schwerkraft auf ihre Kurvenbahnen gezogen werden. Vielmehr folgen sie innerhalb der vierdimensionalen Raumzeit einer Geraden. Die Masse der Sonne krümmt dieses ganze Bezugssystem, die Raumzeit selbst. Dadurch entsteht für uns, die Betrachter im dreidimensionalen Raum, der objektive Eindruck einer Kreisbahn. Die Quintessenz dieser Überlegungen wurde als *Allgemeine Relativitätstheorie* bekannt: Die Materie bestimmt die Krümmung der Raumzeit, und diese bestimmt die Bewegung der Materie. Da sich alle Massen in Bewegung befinden, ändert sich die Geometrie der Raumzeit ständig. Deshalb prägte John Wheeler die Bezeichnung Geometrodynamik für die Allgemeine Relativitätstheorie.

Einstein hatte damit eine erste zusammenhängende Physik des Weltalls geschaffen. Danach ist der Weltraum endlich, aber unbegrenzt, und er ist ›gekrümmt‹ in den vier Dimensionen. Raum und Zeit existieren in einer Einheit als ›Raum-Zeit-Kontinuum‹. Als Modell dafür wählte Einstein eine von dem Mathematiker Bernhard Riemann entdeckte nicht-euklidische Geometrie. Aus der Krümmung der Raumzeit folgt unter anderem auch, dass die Zeit vom umgebenden Gravitationsfeld abhängt. Sie verstreicht in der Nähe einer großen Masse langsamer. Was einst unglaublich schien, ist längst experimentell bestätigt: Von zwei identischen Uhren nahe dem Erdboden und hoch darüber geht die untere langsamer. Das hat praktische Konsequenzen in der Satellitentechnik. Ohne entsprechende Korrektur der Borduhr würden im GPS-Navigationssystem Fehler bis zu sechs Metern auftreten.

Die Spezielle Relativitätstheorie beschreibt Beziehungen zwischen Systemen, in denen die Zeit unterschiedlich verläuft. Das hat auch Gedanken genährt, die sich mit Reisen in die Vergangenheit oder Zukunft beschäftigen. Aber die kausale Struktur der Welt schließt auch die Zeit ein. Eine Verschiebung der Zeitmaßstäbe zwischen Systemen kann niemals zu einer Vertauschung von Ursache und Wirkung führen, man kann sich nicht physisch in die Vergangenheit begeben. Allerdings tauchten besondere mathematische Lösungen zur Allgemeinen Relativitätstheorie auf, in denen geschlossene Kausalketten in die Vergangenheit des Beobachters zurückführen (Kurt Gödel 1949, Roy Kerr 1963). Doch heute vermuten führende Wissenschaftler, dass innere Widersprüche in den mathematischen Ansätzen diese Effekte hervorrufen. Reale Reisen in der Zeit kann es nicht geben. Für Science-fiction-Autoren freilich ist das Thema ›Zeitreisen‹ ergiebig.

Im Jahr 1900 entdeckte Max Planck, dass Lichtenergie aus einer Quelle nur in kleinen Portionen, den Quanten, emittiert werden kann. Die *Quantentheorie* stellt die Folgen daraus in ihren ›Unschärferelationen‹ dar. Das sind Paare zueinander reziproker Variablen. Beispielsweise bilden Zeit und Energie ein solches Paar. Das bedeutet, dass in einem Experiment die Genauigkeit der Zeitmessung in dem Maße abnimmt, wie die Genauigkeit der Energiebestimmung wächst. 1926 fasste Heisenberg die Unschärferelationen zusammen: Man kann ein Teilchen nicht genauer messen als eine Wellenlänge des Lichts, mit dem man beobachtet. Man kann auch dessen Frequenz nicht beliebig erhöhen, mindestens ein Planck'sches Quantum muss abgestrahlt werden. Das begrenzte den Gültigkeitsbereich der klassischen Mechanik.

In den folgenden Jahren schufen Werner Heisenberg, der Österreicher Erwin Schrödinger und der Brite Paul Dirac eine neue Theorie, die *Quantenmechanik.* In ihr nehmen Teilchen den Quantenzustand ein, eine Kombination aus Ort und Geschwindigkeit. Das heißt, Elementarteilchen treten in zwei komplementären Erscheinungsformen auf, als Teilchen oder als Welle. Teilchen können sich ›gleichzeitig‹ wie Wellen verhalten. Zu einer bestimmten Zeit an einem bestimmten Ort halten sie sich demzufolge nur mit einer gewissen Wahrscheinlichkeit auf. Dies aber bedeutet, dass atomare Gesetze statistischer Natur sind. Anstelle eines bestimmten Ergebnisses sagt man eine Reihe möglicher Resultate voraus und gibt die Wahrscheinlichkeiten für ihr Eintreffen an. Damit verschwand auch der Begriff der Gleichzeitigkeit aus der theoretischen Physik. Im Alltag ordnet er zwei Ereignissen denselben Zeitpunkt zu. Die Spezielle Relativitätstheorie hatte ihn aus der Welt der Mechanik ausgeschlossen, nun war er auch im Bereich des Atomaren unbrauchbar.

In einem nächsten Schritt begründete Heisenberg mit Wolfgang Pauli die Quantentheorie der Wellenfelder. Die grundlegende Feldgleichung dafür wird populär als ›Heisenberg'sche Weltformel‹ bezeichnet. Er ergänzte sie durch den Vorschlag einer universellen Längenkonstante ($2{,}81 \times 10^{-15}$ m). Analog dazu veröffentlichten Ambarzumjan und Iwanenko die Idee von einer entsprechenden Zeitkonstante in der Größenordnung 10^{-23} s.

Vielen Menschen war die Vorstellung unannehmbar, die Welt und ihre Gesetze, letztlich die Schöpfung seien vom Zufall abhängig. Selbst Einstein formulierte: »Gott würfelt nicht mit dem Universum«, und hoffte auf Erkenntnisse, die über die Wahrscheinlichkeits-Aussagen der neuen Theorie hinausgingen. Heute gehört die Quantenmechanik zu den Grundlagen nahezu jeder Naturwissenschaft und praktisch der gesamten Technologie. Unter anderem bestimmt sie die Arbeitsweise der Transistoren, ohne die eine moderne Zeitmessung undenkbar wäre.

Die Zeit des deterministischen Herangehens an wissenschaftliche Aufgaben war spätestens mit Heisenbergs Unschärferelation endgültig beendet. Andere Methoden wie die sich auf Wahrscheinlichkeit stützende Probabilistik sowie heuristische Verfahren gelangten ins Blickfeld. Auch in der Logik entwickelte sich am Ende des 20. Jahrhunderts eine Theorie der Unschärfe. Heute enthält sie die herkömmliche Wahrscheinlichkeitstheorie als Spezialfall. Diese *Fuzzy Logic* definiert Regeln für den Umgang mit Größen, die nicht genau bestimmt sind. Sie führte zu neuartigen praktischen Lösungen beim Umgang mit der Zeit. So wird die Dauer mancher technologischer Prozesse zwar vor ihrem Beginn prinzipiell festgelegt, doch kann sie sich innerhalb unscharfer Grenzen verändern. Selbst eine Reihe von Haushaltsgeräten wird inzwischen mittels Fuzzy Logic gesteuert. Die ›versteckten Uhren‹ in ihnen bestimmen die zeitlichen Abläufe flexibel.

Zeitpfeile

Die Existenz von Zeit beginnt mit dem Urknall, der Anfangssingularität. Wie kann man sich den Zustand in diesem Augenblick und unmittelbar danach vorstellen? Mythen und Philosophen haben von alters her die Entstehung der Welt aus einem ursprünglichen Chaos angenommen. In den 1980er-Jahren hat die Chaosforschung begonnen, das spontane Entstehen von Ordnung aus Unordnung zu erklären. Doch auch Unordnung entsteht spontan, und man vermutet heute, das Universum sei aus einem sehr gleichmäßigen und geordneten Zustand hervorgegangen. Demnach wären am Anfang der Explosionsphase Regionen mit einer etwas höheren Dichte entstanden. Die Gravitation bremste ihre weitere Ausdehnung, und dadurch bildeten sich im System ungeordnete Verteilungen. Nur sehr kleine Veränderungen von Dichte und Geschwindigkeit der Teilchen waren nötig, um den Bedingungen einer statistischen Verteilung zu genügen. In diesem Moment war der ›Zeitpfeil‹ entstanden.

Dieser bildhafte Ausdruck beschreibt die Eigenart der Zeit, eine bevorzugte Richtung zu besitzen. Das ist jene zeitliche Richtung, in der in einem abgeschlossenen System die Entropie wächst. 1865 hatte der Deutsche Emanuel Clausius die Entropie als Rechengröße in die Wärmelehre eingeführt. Sie charakterisiert den Zustand eines Systems und kann nie abnehmen (Zweiter Hauptsatz der Wärmelehre). Bald darauf entdeckte der Österreicher Ludwig Boltzmann eine Beziehung zwischen Entropie und Wahrscheinlichkeit: Energie geht stets in einen wahrscheinlicheren Verteilungszustand über, also in größere Unordnung. Das entspricht der allgemeinen Erfahrung: Durcheinander geratene Dinge kehren nicht von selbst in ihre alte Ordnung zurück. Zeitpfeil und Entropie sind irreversibel, nicht umkehrbar.

Zugleich mit diesem ›thermodynamischen Zeitpfeil‹ entstand der ›kosmologische Zeitpfeil‹. Er weist in jene Zeitrichtung, in der das Universum expandiert. Beide Richtungen sind gleich. Da sich der Raum ständig ausdehnt, entsteht ein einseitig gerichteter ununterbrochener Fluss von Energie in ihn hinein. Dieser ruft alle anderen zeitlich gerichteten Prozesse hervor. Es scheint, als würde sich dadurch der kosmologische Zeitpfeil allen anderen Prozessen aufprägen.

Manche Autoren beschreiben diese bildhaften Erklärungsversuche anders. Sie sprechen vom Vorhandensein nur eines einzigen Zeitpfeils und lediglich verschiedenartigen Deutungen seiner Existenz – der thermodynamischen, der kosmologischen Deutung. Wie auch immer, es geht um eine Begründung für die Irreversibilität der Zeit. Aber mit den derzeit bekannten Naturgesetzen lässt sich die Asymmetrie der Zeit nicht vollständig widerspruchsfrei erklären. Die Thermodynamik wurde seinerzeit mit den Begriffen der Mechanik formuliert; später ergaben sich aus der Quantentheorie Hinweise auf eine nur begrenzte Gültigkeit des ›thermodynamischen Zeitpfeils‹. Der kosmologischen Erklärung fehlt die Untermauerung durch eine geschlossene wissenschaftliche Theorie, die das Zusammenwirken aller Kräfte im Universum beschreiben kann.

Zwei Ansatzpunkte für andere Erklärungen des Zeitpfeils haben sich ergeben. Der eine schließt an das CPT-Theorem an, einen wesentlichen Bestandteil der Quantenfeldtheorie. In Zusammenhang mit Elementarteilchen werden wir darauf zurückkommen. Der andere ergibt sich aus einer neuen Thermodynamik. Sie geht vom Ungleichgewicht offener Systeme aus und beschreibt, wie Schwankungen eines Systems im Ungleichgewicht nicht gedämpft, sondern verstärkt werden. In solchen Prozessen entsteht eine höhere, komplexe Ordnung. Prigogine hat darauf hingewiesen, dass die Zeit auch solche inneren Entwicklungen messe. Folglich manifestiere sich der Zeitpfeil im Wachstum von Komplexität. Es scheint besonders bedeutsam, dass damit eine Annäherung zwischen der Physik und anderen Naturwissenschaften erfolgt. Das grundlegende Phänomen der Evolution, die Entwicklung vom Einfachen zum Komplexen, kann physikalisch erklärt werden.

Théophile de Donder erforschte an der Universität Brüssel die Nichtgleichgewichts-Thermodynamik. Hier studierte Prigogine und erkannte als einer der Ersten, dass weit entfernt vom Gleichgewicht Ordnung aus dem Chaos entsteht. Die Chaostheorie erklärt Bifurkationspunkte als Verzweigungsstellen in der Vergangenheit eines Systems. An jedem von ihnen gab es die Möglichkeit verschiedener Zukünfte für den Fluss der Zeit. Die Entscheidung für jeweils eine davon kommt durch Iteration und Verstärkung zustande. Durch zufällige Einflüsse entstehen winzige Schwankungen im System, die an diesen Punkten mit Notwendigkeit verstärkt werden. Das System stabilisiert seinen gewählten Weg durch Rückkopplung an den Bifurkationen. Dadurch wird gewissermaßen seine Vergangenheit ständig wiederholt.

Zeit ist irreversibel und rekapituliert doch stets die Vergangenheit. Ein bekanntes Beispiel für solche Vorgänge ist das von Johann Meckel (1781-1833) entdeckte und durch Ernst Haeckel (1834-1919) bekannt gewordene biogenetische Prinzip, demzufolge der einzelne Organismus im Zuge seiner embryonalen Entwicklung die Hauptstadien der Entwicklung seiner Art erneut durchläuft. Solche Betrachtensweise löst den scheinbaren Gegensatz von Notwendigkeit und Zufall. Die Natur gebraucht das Zusammenspiel beider Prinzipien, um Vielfalt hervorzubringen. Auf welche Weise das im Einzelfall geschieht, lässt sich nicht vorherbestimmen. Die wirkliche Zeit bestimmt die Grenze zwischen Chaos und Ordnung, und ihr kann man nicht mit Hilfe von Vorhersagen entrinnen. Nur im Erleben der Gegenwart von Augenblick zu Augenblick enthüllt sich uns die Zukunft, und es gibt keinen Abkürzungsweg, auf dem man das Schicksal eines komplexen Systems erfahren könnte.

Ungeachtet der Unmöglichkeit eines Blicks in die Zukunft gibt es viele wissenschaftliche Spekulationen über die Zukunft des Universums. Allgemein wird davon ausgegangen, dass sein Anfang, die Singularität ›Urknall‹, bereits ein geordneter Zustand war. Man betrachtet ihn deshalb als regelrechten, definierten Punkt in der Raumzeit, als Anfang der Zeit. Wo ein Anfang ist, darf allgemein auch ein Ende erwartet werden, das deshalb in anderen Singularitäten der Raumzeit gesucht wird.

Bereits 1783 vermutete der Engländer Mitchell auf Grund Newtons Theorie von Lichtteilchen, dass sehr große Massen infolge ihrer starken Gravitation sogar das Licht zurückhalten könnten. Inzwischen weiß man, dass jeder Stern im Lauf seiner Existenz abkühlt. Er zieht sich zusammen, soweit es die Abstoßungskräfte zwischen den Elektronen seiner Materie gestatten. Dann nennen ihn die Astronomen *Weißer Zwerg*. Übersteigt jedoch seine Masse einen bestimmten Grenzwert, so fällt er völlig in sich zusammen. Heute herrscht die Überzeugung, dass in diesem Fall die Gravitation tatsächlich das Licht am Entkommen hindern kann, und eine Anzahl entsprechender Gebiete der Raumzeit ist bekannt. John Wheeler hat 1969 dafür den Begriff *black hole* (Schwarzes Loch) geprägt. Als Beweis für ihre Existenz gilt intensive Röntgenstrahlung aus dem All. Aus einem Stern in der Nähe eines Schwarzen Loches wird Gas abgesaugt, das mit größerer Nähe immer stärker komprimiert und dadurch zur Röntgenquelle wird.

Außerdem entstehen Gravitationswellen, wenn Sterne zu Schwarzen Löchern kollabieren. Sie laufen durch die Raumzeit und krümmen sie. Dann werden Raum und Zeit gedehnt und gestaucht. Man sucht solche unregelmäßigen Veränderungen der Zeit experimentell nachzuweisen. Dazu schickt man seit 1999 in Japan und weiteren Ländern Laserimpulse in je zwei rechtwinklig zueinander angeordnete gleichlange Röhren. Sie werden an den jeweiligen Enden reflektiert und kehren gleichzeitig zurück. Tritt eine Differenz auf, so muss sich die Entfernung verändert haben. Die Errichtung extraterrestrischer Messstrecken von fünf Millionen Kilometer Länge ist vorgesehen.

Hawking und Penrose haben 1970 begründet, dass Schwarze Löcher *Singularitäten* sind, d.h. Ereignisse, in denen die Raumzeit unendlich gekrümmt wird. Dieser Zustand ist mit unendlicher Dichte und dem Volumen Null verbunden, insofern gleicht er dem Urknall am Anfang der Zeit. Die Allgemeine Relativitätstheorie hat gezeigt, dass die Zeit in einem starken Gravitationsfeld langsamer verstreicht. Am Rande eines Schwarzen Lochs steht sie (für einen Beobachter von außen) still. Das ist als ein Ende der Zeit interpretiert worden. Der Rand, die Grenze eines Schwarzen Loches ist sein ›Ereignishorizont‹. Das ist der Weg derjenigen Lichtstrahlen, die gerade nicht mehr hinausgelangen. Wenn Materie oder Strahlung in das Schwarze Loch ›hineinfällt‹, nimmt die von seinem Ereignishorizont umgebene Fläche zu. Zugleich wächst die ›Unordnung‹ in seinem Innern, seine Entropie. Das bedeutet aber, dass auch dort der Zeitpfeil existiert und dass er seine Richtung beibehält.

Manche Wissenschaftler erwarten, dass sich in ferner Zukunft das gesamte Universum wieder zusammenzieht. Auch in dieser Kontraktionsphase soll analog zum Schwarzen Loch die Entropie weiter zunehmen. Andere gehen davon aus, dass es in dieser Phase keinen ausgeprägten thermodynamischen Zeitpfeil mehr geben und sie deshalb für höheres Leben ungeeignet sein wird. An ihrem Ende soll das Ende des Universums und mit ihm das Ende aller Zeit erreicht sein. Doch es wäre auch ein Pulsieren zwischen aufeinander folgenden Expansions- und Kontraktionsphasen vorstellbar.

Bei den bisher diskutierten Vorstellungen begrenzen die Singularitäten die Raumzeit, bilden gewissermaßen einen Rand, über den hinaus keinerlei Aussage getroffen werden kann. Die klassische Gravitationstheorie erlaubt nur solche Modelle eines Universums, das entweder einen Anfang in der Singularität oder eine ›ewige‹ Vergangenheit besitzt. Deshalb versuchen viele Forscher, eine Theorie zu finden, die Raumzeit ohne Singularität beschreibt. 1982 schlugen Hawking und James B. Hartle ein solches Modell vor. Es erfordert eine Raumzeit mit imaginärer Zeitachse, und seine Konsequenz ist eine Welt ohne reale Zeit. Dazu stellt man sich eine völlig in sich geschlossene vierdimensionale Welt ohne Grenze vor, ähnlich der in ihren zwei Dimensionen unbegrenzten Oberfläche einer Kugel. Die Raumzeit wäre dann endlich, aber unbegrenzt. Ein solches Universum wäre keinerlei äußeren Einflüssen unterworfen. Theologische und philosophische Kreise feindeten diese Idee stark an, weil ein völlig in sich abgeschlossenes Universum keinen Raum für Schöpfung und Schöpfer lässt. Aber Hawking selbst verwarf später dieses Modell, allerdings aus anderen Gründen – aus ihm würde folgen, dass es keine Schwarzen Löcher gibt.

Seit langem streben Physiker nach Klarheit über das Zusammenwirken aller Kräfte im Universum. Von einer einheitlichen Theorie, einer ›Weltformel‹, erhoffen sie sich einen entscheidenden Durchbruch und Erkenntnisse über den Anfang der Zeit. In unserer gewohnten Umgebung und in den Weiten des Weltalls ist die Gravitation relativ schwach. Nur deshalb gerät sie nicht in Widerspruch zu anderen grundlegenden Annahmen wie Einsteins Allgemeiner Relativitätstheorie. In den Singularitäten aber, im Urknall und in einem Schwarzen Loch, wächst die Schwerkraft ungeheuer an. Dort wirken sich die von der Quantenmechanik beschriebenen Effekte sehr stark aus. Deshalb suchen die Physiker nach einer Quantentheorie der Gravitation. Konkrete Ergebnisse konnten sie dabei bisher noch nicht erzielen.

1865 hatte der Schotte James Clerk Maxwell die Teiltheorien von Elektrizität und Magnetismus vereinigt. Das Zusammenführen der elektromagnetischen Kraft mit der für die Radioaktivität verantwortlichen ›schwachen Wechselwirkung‹ gelang 1967 Abdus Salam aus London und Steven Weinberg aus Harvard. Neuere Theorien wie die ›Grand Unified Theory‹ verbinden heute diese beiden Kategorien mit einer weiteren, der ›starken Kernkraft‹. Sie hält die Bausteine des Atomkerns (die Quarks und die aus ihnen gebildeten Protonen und Neutronen) zusammen. Aber alle diese Theorien beziehen noch nicht die Gravitation ein. Gegenwärtig konzentrieren sich die Physiker auf die sogenannte *Stringtheorie*. Sie erklärt das Wesen und das Verhalten der Grundbausteine der Welt.

Die Suche nach diesen Grundbausteinen hat eine lange Geschichte. In der Antike glaubte Demokrit, alles bestünde aus kleinsten Teilchen, den ›unteilbaren‹ Atomen. 1911 wies Rutherford nach, dass Atome aus einem Kern und Elektronen bestehen. Man stellte sie sich dem Sonnensystem ähnlich vor: Elektronen kreisen um einen Kern, die Anziehung zwischen negativer und positiver Ladung hält sie auf ihren Bahnen wie die Massenanziehung die Planeten. Der Däne Niels Bohr fand 1913 eine erste Erklärung für diese Bahnen. 1925 erkannte der Österreicher Wolfgang Pauli den Spin als Eigenschaft aller kleinsten Teilchen. Aus der Spin-Theorie sagte 1928 Paul Dirac die Existenz des Anti-Elektrons voraus, das 1932 wirklich entdeckt wurde. Dann wuchs die Zahl bekannter Teilchen und Antiteilchen lawinenartig an. Heute weiß man, dass es sogar virtuelle Teilchen gibt. Sie erscheinen in einer Gestalt, die ein klassischer Physiker als Welle bezeichnen würde.

1932 legte James Chadwick in Cambridge dar, dass der Kern außer Protonen auch Neutronen enthält, und man verlieh ihm dafür einen Nobelpreis. Protonen wurden nach griech. protoi (›die ersten‹) benannt. Wieder war man überzeugt, die elementaren Bausteine der Materie gefunden zu haben. Aber 1969 erhielt der Kalifornier Murray Gell-Mann seinen Nobelpreis für den Nachweis jener Teilchen, aus denen sich Protonen und Neutronen bilden. Etwas rätselhaft nannte er sie Quarks. Heute sind viele Arten von ihnen bekannt.

Man weiß inzwischen, dass nicht alle physikalischen Gesetze gleichermaßen für Teilchen und Antiteilchen gültig sind. Ansatzpunkte dafür fanden 1956 die US-Physiker Tsung Dao Lee und Chen Ning Yang. Cronin und Fitch bauten ihre Ideen zum ›CPT-Theorem‹ aus, einem System aus den Symmetrien C, P und T, wobei T eine zeitliche Komponente darstellt. Beim Zerfall bestimmter Elementarteilchen wird ihre innere Symmetrie verletzt. Daraus ergab sich eine neuartige Erklärung des Zeitpfeils: Das Entstehen von Unsymmetrie ruft ein Gerichtetsein der Zeit in den mikrokosmischen Dimensionen hervor

Mit dem CPT-Theorem hängt auch die Hypothese zusammen, dass im Moment des Urknalls ursprünglich Quarks und Antiquarks vorhanden waren, die sich im Prozess der Entstehung des Universums gegenseitig vernichteten. Aus dabei zurückgebliebenen ›überzähligen‹ Quarks würde die heute existierende Materie bestehen. Denkbar ist aber auch, dass außerdem Materie aus Antiquarks entstand. Falls es eine solche Anti-Welt gäbe, dann würde die Zeit in ihr entgegengesetzt der unseren verlaufen. Das übersteigt jedes Vorstellungsvermögen.

Quarks und Elektronen sind – nach heutigem Wissensstand – die Grundbausteine der Welt. Wie seinerzeit die Atome hielt man sie längere Zeit für kompakte Gebilde. Doch nach neuesten Erkenntnissen bestehen sie aus purer Energie. In ständiger Bewegung begriffen, schwingen sie in Form winziger Schleifen, Strings genannt. Alle Strings sind an und für sich identisch, doch sie können auf verschiedene Weise oszillieren. Dabei entstehen vielfältige Schwingungsmuster, und jedes entspricht einer der zahlreichen Arten von Teilchen – Quarks, Antiquarks, Elektronen. Der amerikanische Physiker Brian Greene vergleicht diese Schwingungsmuster mit den Klängen von Musikinstrumenten und erklärt das Universum mit der Vorstellung von einer gewaltigen Symphonie aus unterschiedlichen Klängen. Auf ähnliche Weise hatte bereits J. T. Fraser die Spezielle Relativitätstheorie mit der Kunst der Fuge verglichen – sie bestehe aus einer Reihe kompliziert verknüpfter, sich wiederholender Muster.

Die alte Vorstellung eines Mosaiks aus massiven Steinchen in fester Anordnung hat ausgedient, der Kosmos scheint nur noch Bewegung. Raum und Zeit entstehen immer neu aus ihr. Die verschiedenen Kräfte werden durch Austausch von Teilchen hervorgerufen, zum Beispiel Gravitation durch Austausch von Gravitonen. Auch Masse ist eine Eigenschaft, die den kleinsten Teilchen durch eine Art ›energetischen‹ Feldes aufgeprägt wird. Dieser Denkansatz wurde von dem Engländer Peter Higgs eingeführt. Auch

Andrej Linde gehört zu den Vordenkern dieses neuen theoretischen Konzepts, und inzwischen ist ›Higgs‹ die Bezeichnung für ein Feld, das jedem seiner Punkte eine bestimmte Masse zuordnet.

Die String- und Higgs-Theorien sind bisher noch unbewiesen. Für entsprechende experimentelle Untersuchungen der Starken Kernkraft benutzt man gewaltige, Beschleuniger genannte Anlagen. Darin wird durch Aufeinanderprallen von Protonen ein ›Mini-Urknall‹ erzeugt. Aus dem dabei entstehenden Energieblitz werden die vielfältigen Teilchenarten generiert. Dafür sind außerordentlich hohe Energien erforderlich. Der *Conseil Européen pour la Recherche Nucléaire* (CERN) in Genf benutzte dazu von 1989 bis 2000 die größte je gebaute Maschine. In einem 27 km langen Ringsystem werden Teilchenströme hoher Energie erzeugt, die nahezu Lichtgeschwindigkeit erreichen. In entsprechenden Speicherringen prallen sie dann aufeinander. Ab 2005 soll ein neuer, leistungsfähigerer Beschleunigerring bei der Suche nach Higgs helfen. Höchstempfindliche Nachweisinstrumente beobachten die Vorgänge, an deren Auswertung 1800 Wissenschaftler aus 35 Ländern beteiligt sind. Das CERN koordiniert ihre Zusammenarbeit und hat zur Bewältigung der dabei entstehenden Datenströme 1986 das *World Wide Web* als offene Internetanwendung geschaffen.

Aber alle bisher von der theoretischen Physik erarbeiteten Kenntnisse ruhen auf zwei Säulen, der Quantenphysik und der Relativitätstheorie. Zwischen ihnen klafft der Hauptwiderspruch sämtlicher Theorien: Die eine ist diskontinuierlich, die andere verlangt strenge Kontinuität. Vielleicht gelangt die naturwissenschaftliche Forschung bei der Suche nach einer beide vereinenden Weltformel an ihre Grenzen. Mit den Computern wurde inzwischen berechnet, dass bestimmte Vorgänge unberechenbar sind.

2.3 Astronomie und Zeitmessung

Die herkömmliche praktische Zeitrechnung beruht auf dem Zählen des Ablaufs von Tagen, Monaten und Jahren. Diese wiederkehrenden Zeitabschnitte werden durch die Bewegungen der größten Himmelskörper bestimmt. Bereits in der Steinzeit beobachtete man von festen Plätzen aus, an welchen Orten der Umgebung sie auf- und untergingen. Zahlreiche Megalithbauten sind Zeugnisse dieser Horizont-Astronomie und darauf beruhender früher Formen von Zeitrechnung. Die Chaldäer in Mesopotamien verzeichneten um das Jahr 2340 v.Chr. die Daten der Morgenerstaufgänge von 34 Fixsternen. Sie wussten, dass Sonne, Mond und Planeten auf geschlossenen Bahnen durch die Tierkreisbilder ziehen und konnten die vier Jahrespunkte aus der Stellung der Gestirne bestimmen. In China zeichneten kaiserliche Hofastronomen ungewöhnliche Himmelserscheinungen auf. Bereits um 1400 v.Chr. soll dort angeblich die Länge des Sonnenjahres mit 365¼ Tagen angegeben worden sein. Fixstern-Kataloge entstanden mit Hilfe hervorragender Beobachtungsgeräte sowie sehr genauer Wasseruhren. Auch in Indien erreichte die Astronomie schon vor fast 3.000 Jahren einen frühen Höhepunkt. Sie stand in engem Zusammenhang mit religiösen Vorschriften und dem Kalenderwesen.

Erst die Griechen der Antike entwickelten die Astronomie zur Wissenschaft und erkannten die Kugelgestalt der Erde. Der um 150 n.Chr. entstandene *Almagest* des Ptolemäus aus Alexandria galt bis zum Ende des Mittelalters als Standardwerk der Astronomie. Vom neunten bis ins elfte Jahrhundert erlebte die arabische Astronomie ihre erste große Blütezeit. Auch hier waren Astronomie und Astrologie noch teilweise vermischt, und die Erde galt als Mittelpunkt des Alls. In der westlichen Christenheit gingen die Details des griechischen Weltsystems verloren. Augustinus (354-430), Isidorus von Sevilla (570-636), Beda Venerabilis (673-735) sprachen von einem kugelförmigen Himmel, ohne sich auf Einzelheiten festzulegen. In Byzanz wurden unterdessen die Systeme von Aristoteles und Ptolemaios in ein christlich-theologisches Gewand gekleidet.

Nach und nach wurden die Schwächen des geozentrischen Weltbildes offenkundig. Nikolaus Koppernigk, latinisiert Copernicus, heute allgemein Kopernikus geschrieben, lebte von 1473 bis 1543. Der als Domherr in Frauenburg unweit Danzig lebende Astronom gelangte zu der Überzeugung, dass die Sonne im Mittelpunkt des Weltalls ruhe und dass sich Erde und Planeten in Kreisen um sie bewegen. Er wusste nur zu gut, dass die Kirche dieses heliozentrische Weltbild bekämpfen würde und ließ deshalb sein großes Werk *De revolutionibus orbium coelestium* erst kurz vor seinem Tode drucken. Damit wurde eine neue geistige Epoche der Menschheit eingeleitet. Fußend auf dem Kopernikanischen Weltsystem beobachtete der Däne Tyge Brahe (genannt Tycho) systematisch den Umlauf der Planeten. Nach seinem Tod 1601 wurde Johannes Kepler sein Nachfolger als kaiserlicher Mathematiker am Hof Rudolfs II. in Prag. Aufgrund Tychos Beobachtungen konnte er zeigen, dass die Planeten nicht in Kreisen, sondern auf Ellipsenbahnen um die Sonne laufen. Seine 1627 veröffentlichten *Rudolfinischen Tafeln* übertrafen ihre Vorläufer bedeutend und blieben für ungefähr ein Jahrhundert die Grundlage aller astronomischen Rechnungen.

Schließlich fand Isaac Newton einen Grund für die Bewegung der Gestirne. Nachdem der englische Astronom, Mathematiker und Physiker die drei Bewegungsgesetze der klassischen Mechanik entdeckt hatte, leitete er 1682 das Gravitationsgesetz aus den Keplerschen Gesetzen ab. Als er diese auch auf Himmelskörper anwandte, war eine einheitliche Naturwissenschaft begründet. Er hatte auf der Basis des absoluten Raums und der absoluten Zeit die Grundlage der klassischen Physik geschaffen, die bis zur Entwicklung der Quanten- und der Relativitätstheorie unbeschränkt galt.

Bis zum 17. Jahrhundert war fast ausschließlich das Sonnensystem Gegenstand der europäischen Astronomie; seit dem Ende des 18. Jahrhunderts erforscht man die Fixsterne. Edmund Halley entdeckte ihre Eigenbewegung und Wilhelm Herschel diejenige des Sonnensystems. 1755 erschien in Königsberg in Preußen eine *Allgemeine Naturgeschichte und Theorie des Himmels [...]*, das die revolutionäre Grundaussage enthält: Der Kosmos durchläuft eine Entwicklung in Raum und Zeit. Der Autor, zunächst anonym, hieß Immanuel Kant. 1799 bis 1825 erschienen die fünf Bände der *Himmelsmechanik* des Mathematikers und Astronomen Pierre Simon Marquis de Laplace. Carl Friedrich Gauß erarbeitete Methoden zur Bestimmung der Bahn von Himmelskörpern. Die theoretische Astronomie war damit zu einem vorläufigen Abschluss gelangt. Erst im 20. Jahrhundert ist die astronomische Forschung bis zu den Grenzen des sichtbaren Weltalls vorgestoßen.

Klassischer Untersuchungsgegenstand der Astronomen ist der *Himmel*, jenes scheinbare Gewölbe über dem Beobachter, das die Gestirne zu tragen scheint. Damit man sich in der Unendlichkeit des Weltalls von der Erde aus orientieren kann, denken sich die Astronomen den Himmel als Kugel, unterteilen ihn durch Kreise und setzen Fixpunkte hinein. Der Himmel wird durch den astronomischen Horizont in eine obere (sichtbare) und eine untere Halbkugel zerlegt. Das setzt voraus, die Erde als ideale Kugel anzunehmen und den Beobachter in ihren Mittelpunkt zu versenken. Im alltäglichen Gebrauch meint Horizont die Grenze des an der Erdoberfläche Sichtbaren.

Drei verschiedene Orientierungssysteme wurden ausgebildet. Im Mittelpunkt des ältesten, des *Horizontalsystems*, steht der Beobachter. Senkrecht über ihm an der Himmelskugel liegt der Zenit (Scheitelpunkt), entgegengesetzt der Nadir (Fußpunkt). Senkrecht auf dem Horizont stehend denkt man sich eine Anzahl von ›Höhenkreisen‹, die alle durch Zenit und Nadir führen. An ihnen entlang kann man die Höhe der Gestirne über dem Horizont als Winkel messen. Einer dieser Höhenkreise zeichnet sich durch eine Besonderheit aus: Auf ihm erreichen sämtliche Gestirne ihre größte Höhe über dem Horizont, die Kulmination (›Gipfel‹, von lat. culmen). Wenn die Sonne kulminiert, ist die Mitte des lichten Tages erreicht, es ist Mittag. Deshalb heißt er ›Mittagskreis‹, *Meridian.* Das Wort ist aus lat. circulus meridianus (›Mittagskreis‹) entlehnt, das geht auf medius (›in der Mitte‹) und dies (›Tag‹) zurück. ›Mittag‹ wurde verkürzt aus ahd. mitti tac und findet seine Entsprechung im niederländischen und schwedischen middag sowie englischen midday.

Die astronomischen Meridiane der verschiedenen Beobachtungsorte führen durch die Himmelsrichtungen Nord und Süd und sind zugleich geographische Meridiane, Kreise im Gradnetz der Erde, die durch den geographischen Nord- und Südpol laufen. Man erfand sie zur Orientierung auf der Erde, sie entsprechen der geographischen Länge des Ortes. An den Längengraden orientieren sich die Zeitzonen der Erde.

Das Horizontalsystem erlaubt, die Richtung zu einem Stern mittels zweier Koordinaten anzugeben: Höhe und Azimut (arabisch: ›die Wege‹). Die Höhe misst man als Winkel von Null bis 90° über dem Horizont. Das Azimut (heute bürgert sich auch ›der Azimut‹ ein) ist der Winkel zwischen dem Höhenkreis des Sterns und dem Meridian. Man misst ihn entlang des Horizonts, von Süd ausgehend über West, Nord und Ost, von Null bis 360°.

Im zweiten großen Orientierungssystem bildet die Erde als Ganzes den Mittelpunkt der Himmelskugel. Sie wird von einer Linie in zwei ›gleiche‹ Halbkugeln geteilt, die deshalb Äquator (›Gleichmacher‹) heißt. Man stellt sich vor, der Erdäquator sei als Kreis auf einer riesigen ebenen Fläche gezeichnet, der Äquatorebene. Wo diese Ebene nun weit außerhalb der Erdbahn auf die Himmelskugel trifft, entsteht ein neuer Kreis, der Himmelsäquator. In der Mitte der Äquatorebene steht senkrecht auf ihr die Himmelsachse (Weltachse). Sie verlängert die Erdachse und trifft den Himmel im nördlichen und südlichen Himmelspol. Die Weltachse ist gegenüber der Horizontebene eines Beobachters um einen bestimmten Winkel geneigt. Diesen Winkel nennt man die geographische Breite des Ortes. Sie lässt sich zwar nicht direkt messen, doch entspricht sie der leicht zu bestimmenden Polhöhe (der Höhe des Himmelsnordpols). Breite und Länge sind die beiden Koordinaten eines Ortes auf der Erde.

Auch in diesem, dem *Äquatorialsystem* denkt man sich einen ›Korb‹ aus vielen senkrechten Kreisen. Doch diesmal stehen diese senkrecht auf dem Äquator und führen durch die Himmelspole. In einem bestimmten Moment gehört zu jedem Gestirn ein solcher Kreis, und man kann zwischen ihm und dem Himmelsmeridian, am Äquator entlang, den Winkel messen. Es ist üblich, diesen Winkel auch in Stunden von Null bis 24 anzugeben. Deshalb heißt er ›Stundenwinkel‹ und seine Begrenzung ›Stundenkreis‹. Auf den Stundenkreisen kann man die Höhe der Sterne über dem Himmelsäquator als Winkel messen. Zur Unterscheidung vom Höhenmaß des Horizontalsystems heißt dieser Winkel Deklination (›Abweichung‹).

Weil die Gestirne scheinbar um die Weltachse kreisen, ist die Deklination unabhängig von der Tageszeit. Nun wünschten sich die Astronomen auch eine dazu passende zweite Koordinate, um ein Gestirn unabhängig von der Zeit stets an der gleichen Position wiederzufinden. Dazu brauchte man einen neuen Bezugskreis, von dem aus zu messen sei. Anstelle des Himmelsmeridians, der Bezugsgröße im Äquatorialsystem, benutzt man einen anderen besonderen Stundenkreis, und zwar denjenigen, der durch den ›Frühlingspunkt‹ am Himmel geht. Dieser Punkt ist nichts anderes als der Aufenthaltsort der Sonne zur Zeit der Frühlings-Tagundnachtgleiche. Analog zum Azimut (im Horizontalsystem) und Stundenwinkel (im Äquatorialsystem) kann man jetzt, auf dem Äquatorumfang entlang, den Winkel zwischen Frühlingspunkt und Stundenkreis messen. Er wird Rektaszension (›gerade Aufsteigung‹) genannt und ebenfalls im Winkelmaß (von Null bis 360°) oder im Zeitmaß (von Null bis 24 Stunden) angegeben.

Den Frühlingspunkt definiert man mit Hilfe eines dritten, des *Ekliptikal-Systems.* Das hat die Sonne zum Mittelpunkt. Die Erde folgt bei ihrem jährlichen Lauf um die Sonne einer elliptischen Bahn, die auf einer ebenen Fläche liegt. Wo diese Erdbahnebene die Himmelskugel trifft, entsteht ein Kreis, die Ekliptik. Den Menschen ist sie altbekannt, denn von der Erde aus betrachtet ist es die Sonnenbahn, der scheinbare jährliche Lauf der Sonne an der Himmelskugel. Diese Bahn verläuft in einem Winkel von 23½ Grad schräg gegenüber dem Äquator. Diese *Schiefe der Ekliptik* verursacht die wechselnde Höhe des Sonnenstandes und damit die Jahreszeiten.

Die Ekliptik und der Himmelsäquator, zwei Kreise auf der Himmelskugel, schneiden sich an zwei Punkten. Zweimal im Jahr erreicht die Sonne auf ihrem Weg entlang der Ekliptik einen der Schnittpunkte. Sie steht dann im Himmelsäquator, und auf der Erde sind Tag und Nacht gleich lang. Dieser Zeitpunkt heißt *Äquinoktium* (›Nachtgleiche‹). Deshalb nennt man den Himmelsäquator auch Äquinoktialkreis und die Schnittpunkte Äquinoktialpunkte, in Deutschland Frühlings- und Herbstpunkt. Die Äquinoktien treten jeweils am 19., 20. oder 21. März bzw. am 22. oder 23. September ein. Allgemein sagt man heute Frühlings- bzw. Herbst-Tagundnachtgleiche zu diesen Terminen (die neue Rechtschreibung erlaubt auch ›Tag-und-

Nacht-Gleiche‹). Eine bequeme muttersprachliche Alternative zu solcher recht umständlichen Wortbildung kannte man im alten England, hier übersetzte man Nachtgleiche in efnniht (even-night, ›ebennacht‹). Heute heißt es engl. equinox.

Bedingt durch die Schiefe der Ekliptik pendelt die Sonne um den Äquator. Zweimal jährlich erfährt sie mit 23° 26' 45" ihre größte Deklination, dann ist sie am weitesten vom Äquator entfernt und hat ein *Solstitium* (›Sonnenstillstandspunkt‹) erreicht. Der nördliche Solstitialpunkt heißt (auf der Nordhalbkugel) Sommerpunkt und wird am 21. Juni eingenommen, der Winterpunkt am 21. Dezember. Diese Tage sind als Sommer- und Wintersonnenwende allgemein bekannt.

Jahreszeiten, Sternbilder und Tierkreis

Äquinoktien und Solstitien bilden zusammen die vier *Jahrpunkte.* Ihr Zusammenhang kann auch auf andere Weise beschrieben werden. Ein Kreis auf der Himmelskugel, der durch beide Himmelspole sowie durch Frühlings- und Herbstpunkt hindurchgeht, heißt Äquinoktial-Kolur. Senkrecht darauf steht der Solstitial-Kolur, der die Himmelspole, die Pole der Ekliptik sowie den nördlichsten und den südlichsten Punkt der Ekliptik (Sommer- und Winterpunkt) enthält.

Von der Erde aus gesehen (und in Gedanken um die nicht sichtbaren nächtlichen Abschnitte ergänzt) durchläuft die Sonne zwischen den Sonnenwenden eine enge Spirale. Vom tiefsten Stand am Winteranfang schraubt sie ihren Tagbogen zum höchsten Stand bei Sommerbeginn und zurück. In der Nähe der Tagundnachtgleichen liegen die täglichen Sonnenbahnen fast einen halben Winkelgrad auseinander und werden dann immer enger, zur Zeit der Sonnenwenden überdecken sie sich fast. Deshalb sind die Tagundnachtgleichen ohne Hilfsmittel leicht zu beobachten, die Sonnenwenden dagegen nur sehr ungenau, was in Kalendern der Frühzeit seinen Ausdruck gefunden hat.

Die Jahrpunkte bestimmen die vier kalendarischen *Jahreszeiten* der gemäßigten Breiten. Wegen der elliptischen Erdbahn sind diese ungleich lang. Unser (nördlicher) Frühling und Sommer zählen je 93, der Herbst 91 und der Winter 88 Tage. Wir unterscheiden:

- Frühling (Lenz), in dem die Tageslänge zunimmt und die Sonne sich ›diesseits‹ des Himmelsäquators befindet; auf der Nordhalbkugel der

Erde vom 21. März bis 21. Juni, auf der Südhalbkugel vom 23. September bis 21. Dezember.

- Sommer zwischen 21. Juni und 23. September auf der Nord- bzw. 22. Dezember und 21. März auf der Südhalbkugel. Meteorologisch die wärmere Jahreszeit mit den Monaten Juni, Juli, August bzw. Dezember, Januar, Februar.
- Herbst vom 23. September bis 22. Dezember auf der Nord- und 21. März bis 21. Juni auf der Südhalbkugel, klimatologisch die Zeit von Anfang September bis Ende November.
- Winter, die raue Jahreszeit, die Monate Dezember bis Februar. Astronomisch auf der Nordhalbkugel vom 22. Dezember bis 21. März, auf der Südhalbkugel vom 21. Juni bis 23. September.

Neben den Jahreszeiten ist auch der Beginn des Jahres astronomisch präzise definiert: wenn die Sonne auf ihrer scheinbaren Jahresbahn die Länge von 280 Grad erreicht. Doch es hat nie einen Kalender gegeben, der darauf Rücksicht nimmt.

In großen Teilen der Erde wird die natürliche Teilung des Jahres von anderen Erscheinungen bestimmt. Lange haben sie auch die dort benutzten Kalender geprägt. In arktischen bzw. antarktischen Gegenden, jenseits der Polarkreise ab 66° 33' nördlicher und südlicher Breite geht im Winterhalbjahr die Sonne nicht mehr täglich auf und im Sommer nicht mehr unter. Am 70. Breitengrad dauert die Polarnacht 60 Kalendertage, dafür scheint im polaren Sommer 65 Kalendertage lang die Mitternachtssonne; bei 80 Grad sind es 127 bzw. 134 Tage. An den Polen gibt es überhaupt nur einmal jährlich Tag (186 mal 24 Stunden) und Nacht (179 mal 24 Stunden). Dagegen steht die Sonne an jedem Ort in der tropischen Zone zweimal jährlich im Zenit; Tage und Nächte sind unabhängig von den Jahreszeiten fast immer gleich lang.

Parallel zum Erdäquator und durch die Solstitien verlaufen die *Wendekreise*, an denen die Sonne ihre scheinbare Nord-Süd-Bewegung umkehrt. Ihre geographische Breite 23° 26' 45" ist gleich der Schiefe der Ekliptik. Sie heißen nach jenen Sternbildern des Tierkreises, denen sich die Sonne dann nähert: (nördlicher) Wendekreis des Krebses und (südlicher) Wendekreis des Steinbocks. ›Wendekreis‹ ist eine gelehrte Lehnübersetzung aus dem 17. Jahrhundert von griech. ›tropikos kyklos‹. Zwischen den Wendekreisen liegt die tropische Zone der Erde.

In einem breiten Gürtel um den Äquator (von 40° nördlicher bis 40° südlicher Breite) herrschen jahreszeitlich wechselnde Winde, welche regelmäßige Regenzeiten hervorrufen, die in scharfem Gegensatz zu Trockenzeiten stehen. Zwischen den Wendekreisen fällt die Haupt-Trockenzeit gewöhnlich in den Winter der betreffenden Halbkugel. Dagegen tritt im Winter am Mittelmeer, in Kalifornien, Chile, Südafrika und Südwest-Australien die Regenzeit ein. Regenzeiten gibt es entweder einmal jährlich (z.B. im Sommer in Kamerun) oder zweimal, unterbrochen von einer ›kleinen Trockenzeit‹ (z.B. in Togo im Hochsommer). Auch in Südostasien finden sich ›große‹ und ›kleine Regenzeit‹. Daraus resultiert eine ziemliche Vielfalt der von den Naturvölkern benutzten Kalender.

Weil die Erde um die Sonne kreist, wechseln dabei deren ›Hintergrundbilder‹, die Fixsterne. Als noch die Augen einziges Instrument der frühen Astronomen waren, ordneten sie die verwirrende Vielfalt der Sterne durch Bilder. Ihre Fantasie verband auffällig helle Sterne durch gedachte Linien, sodass sich stilisierte Figuren ergaben. Solche Sternbilder waren einprägsame Orientierungspunkte. Ihren Ursprung nimmt man im 4. Jahrtausend v. Chr. in Babylonien an. Ihre heute weltweit gebräuchlichen Namen gehen auf Claudius Ptolemäus zurück. Seine himmelskundliche *Megale Syntaxis* (›Große Zusammenfassung‹) wurde von Arabern unter dem Namen *Almagest* übernommen. Heute haben sich die Astronomen auf 88 Sternbilder geeinigt.

Unser Sonnensystem hat die Gestalt einer flachen Scheibe. Deshalb gehen die Bewegungen der Sonne, ihrer Planeten und deren Monde innerhalb eines etwa 20° breiten Bandes um die Himmelskugel vor sich. Seine Mittellinie ist die Ekliptik, die scheinbare Sonnenbahn. Innerhalb dieses Bandes erkennt man zwölf markante Sternbilder. Deren Gesamtheit heißt *Zodiakus*, in Deutschland nennt man sie den Tierkreis. Die Kenntnis der Ekliptik war ein Ansatzpunkt für die Ordnung des Sternenhimmels. Ein zweiter folgte daraus, dass man die vier Himmelsgegenden Osten, Süden, Westen und Norden unterschied. Feststellen, wo Osten, der Orient, liegt, hieß ›sich orientieren‹. Dann ergab sich aus den Sternbildern eine weitere Differenzierung.

Zuerst wird man die Teilung am Horizont, danach am Äquator vorgenommen und später auf die Ekliptik übertragen haben. Anfänglich ergaben sich dabei ungleich lange Abschnitte, entsprechend der ungleichen Ausdehnung und Lage der Sternbilder. Als man begann, das Jahr in zwölf Abschnitte zu 30 Tagen zu gliedern, übertrug man dieses Verfahren auf den Tierkreis, teilte auch die Ekliptik in zwölf gleiche Abschnitte und jeden in 30 Grad. Diese Teile erhielten die Namen der zwölf ihnen am nächsten liegenden Sternbilder. Viele dieser Namen sind eng mit Gestalten der Mythologie verknüpft, einige stehen auch in Verbindung mit jahreszeitlichen Erscheinungen. Beispielsweise hieß das von uns ›Wassermann‹ genannte Sternbild bei den Griechen ›Amphora‹, man stellte sich das Bild eines Gefäßes vor. Bereits die Babylonier hatten dasselbe Sternbild ›Gefäß des Wasserträgers‹ genannt, und es symbolisierte ihnen die regenreiche Zeit des Jahres. Andere Kulturkreise entwickelten andere Begriffe. In China weist der Stiel des ›Reislöffels‹ dem Wanderer die Himmelsrichtung, das ist unser ›kleiner Wagen‹ mit dem Polarstern. Die chinesischen Tierkreis-Sternbilder fußen auf Bildern solcher Tiere, die für das Leben asiatischer Menschen bedeutsam waren, z. B. Büffel oder Tiger. Besonders auch in der abgesonderten Kultur Mesoamerikas erkannten die Menschen andere, ihnen vertraute Tiere, z. B. das Lama. Dort spielten Sternbilder eine herausragende Rolle in Religion und Kalender.

Heute muss man die *Tierkreis-Sternbilder* (engl. constellation) streng von den *Tierkreiszeichen* (engl. signe) unterscheiden. Die englische Sprache differenziert außerdem zwischen dem ›siderial zodiac‹ mit den heute realen Sternbildern und dem ›tropical zodiac‹ der astrologischen Zeichen. Als die Bilder entstanden, gab es noch keinen Unterschied. Der ›europäische‹ Zodiakus enthält (von West nach Ost und am Frühlingspunkt beginnend) die zwölf Sternbilder Widder, Stier, Zwillinge, Krebs, Löwe, Jungfrau, Waage, Skorpion, Schütze, Steinbock, Wassermann und Fische. Weit verbreitet sind die englischen Bezeichnungen Ram, Bull, Twins, Crab, Lion, Virgin, Scales (Balance), Scorpion, Bowman (Archer), Goat, Waterman and Fishes. In der Astronomie ist die Benutzung der lateinischen Namen üblich: Aries, Taurus, Gemini, Cancer, Leo, Virgo, Libra, Scorpius, Sagittarius, Capricornus, Aquarius, Pisces. Entsprechend dem Stand der Sonne fasste man die drei ersten als Frühlingszeichen, die folgenden als Sommerzeichen usw. zusammen. Die Tierkreiszeichen spielen in der Astrologie der Neuzeit eine wesentliche Rolle. Dabei lassen die Astrologen völlig unberücksichtigt, dass sich sowohl die Position dieser Sternbilder als auch ihre scheinbare Gestalt seither wesentlich verändert haben.

Früher kannte jedes Kind den Spielzeugkreisel und seine typischen Bewegungen. Neben der schnellen Drehung um sich selbst beschreibt sein oberes Ende langsame Kreisbewegungen. Wird der rotierende Kreisel von der Peitsche oder einem Windstoß getroffen, so vollführt er außerdem schnelle Ausweichbewegungen. Auch die Erde führt typische Kreiselbewegungen aus. Infolge ihrer Rotation hat sie sich an den Polen abgeplattet und am Äquator ausgebaucht, weshalb die auf sie wirkenden Anziehungskräfte von Sonne und Mond nicht genau in ihrem Mittelpunkt angreifen. Infolgedessen kippt die Erdachse etwas, und ihre gedachte Verlängerung beschreibt auf der Himmelskugel in etwa 25.780 Jahren einen Kreis.

Diese Bewegung hat zur Folge, dass sich der Frühlingspunkt auf der Ekliptik jährlich um etwa 50 Winkelsekunden ostwärts verschiebt. Entsprechend tritt die Tagundnachtgleiche, bezogen auf die Fixsterne, jedes Jahr 50 Sekunden früher ein. Deshalb wird die Erscheinung *Präzession*(›vorangehen‹) genannt. Aller 2.148 Jahre beträgt das Vorrücken ca. 30°, und ein neues Sternbild erscheint auf einem bestimmten Platz des Tierkreises. Damit wandert auch der Frühlingspunkt durch die Tierkreissternbilder. Zu Zeiten des Hipparchos von Nicäa (190-120 v. Chr.) lag er noch im Widder, heute befindet er sich schon längst im Sternbild der Fische und wird voraussichtlich in rund 600 Jahren den Wassermann erreichen. Wahrscheinlich kannten die Chaldäer bereits um 2340 v.Chr. die Präzession, ihre ungefähre Größe wurde vermutlich zuerst durch Hipparchos bestimmt. Eine exakte Berechnung ist indessen wegen säkularer Störungen bis heute nicht möglich gewesen. Den Zeitraum von etwa 25.780 Jahren nennt man auch ›Großes Jahr‹ oder ›Platonisches Jahr‹.

Weil der Frühlingspunkt zugleich Nullpunkt der Koordinaten im Äquatorial- und Ekliptikalsystem ist, ändern sich ständig die beobachteten Koordinaten der Sterne. Zusätzlich zu ihnen muss also auch angegeben werden, auf welches Äquinoktium, d. h. auf welche Lage des Frühlingspunktes man sich bezieht. Ein ›aktuelles‹ Äquinoktium kann erst mit modernen Computern ständig ermittelt werden. Für die Herstellung von Sternkarten bezieht man sich auf bestimmte Standard-Äquinoktien wie 1950,0 (Lage des Frühlingspunktes am 1. Januar 1950) oder 2000,0.

Die langsam fortschreitende Präzession wird außerdem von einer periodischen Schwankung, der *Nutation* (›das Nicken‹), überlagert. Diese wirkt in kürzeren Zeitabständen und mit einer relativ kleinen Amplitude, sodass der Himmelspol in 18,6 Jahren eine kleine Ellipse mit Halbmessern von einigen Winkelsekunden um einen gedachten mittleren Ort umwandert. Sie wurde 1748 von dem Engländer James Bradley entdeckt.

Die Länge der Tage

Das erste zyklische Geschehen, das dem Menschen bewusst wurde, wird der Wechsel von Tag und Nacht gewesen sein. Hunderttausende von Jahren vergingen, bis sich klare Begriffe herausbildeten. Mit ›Tag‹ meinte man die Zeit zwischen Auf- und Untergang der Sonne. Heute verwenden wir dafür den Begriff ›lichter Tag‹ und beschreiben den ›ganzen Tag‹ als die Periode der Erdrotation.

Wegen der unterschiedlichen Systeme, mit denen man die Bewegungen am Himmel misst, gibt es auch unterschiedliche Definitionen des Tages. Zunächst wurde die Umdrehungszeit der Erde anhand des Sonnenstandes von Mittag zu Mittag gemessen. Das Erreichen ihres höchsten Standes (die obere Kulmination) ist mit Hilfe der Schattenlänge leicht zu beobachten. Lange nahm man die Dauer eines ›ganzen Tages‹ als gleichbleibend an. Dann bemerkte man jahreszeitliche Schwankungen, und als ausreichend genaue Uhren das Messen der Abweichungen erlaubten, führte man den *mittleren Sonnentag* ein. Um ihn zu unterscheiden, heißt der gewöhnliche Tag seitdem *wahrer Sonnentag*. Zugleich ließ man die Tage nicht mehr mit der Mittagsstunde, sondern mit der unteren Kulmination um Mitternacht beginnen, die nun ›wahre Mitternacht‹ genannt wird. Entsprechend hat ein Ort den ›wahren Mittag‹, wenn die Sonne seinen Meridian überschreitet. Wahrer Mittag und wahre Mitternacht treffen nur viermal im Jahr auf ihre Mittelwerte, wie sie von unseren Uhren angezeigt werden.

Um ›mittlere Tage‹ zu erzeugen, musste man eine fiktive ›mittlere Sonne‹ erfinden. Die vollzieht ihren scheinbaren jährlichen Umlauf mit völlig gleichmäßiger Geschwindigkeit. Ihre Bahn ist nicht die Ekliptik, sondern der Äquator. Nur eines hat sie mit der wahren Sonne gemeinsam: Beide gehen zur gleichen Zeit durch den Frühlingspunkt. Der *mittlere Sonnentag* ist die Zeit zwischen zwei unteren Kulminationen der fiktiven mittleren Sonne. Deshalb gibt er die durchschnittliche Dauer der wahren Sonnentage an. Erst das macht ihn als Zeiteinheit für Berechnungen geeignet. Er wird in 24 Stunden (entsprechend 1.440 Minuten gleich 86.400 Sekunden) gegliedert, die man ab Mitternacht zählt. Seit etwa 1780 rechnet man in Europa nach mittlerer Zeit.

Die wahre Sonnenzeit weicht periodisch schwankend von der mittleren ab. Weil die Erde eine exzentrische Bahn verfolgt, wird sie in Sonnennähe durch die Gravitation beschleunigt. Diese einjährige Periode wird von einer halbjährlichen Periode überlagert, die durch die Schiefe der Ekliptik hervorgerufen ist. Der Schatten, den eine Sonnenuhr zur Mittagszeit wirft, folgt deshalb im Lauf des Jahres nicht der Südlinie, sondern beschreibt eine *Analemma* genannte Figur, die einer langgezogenen Acht ähnelt. Die Differenz ›wahre minus mittlere Sonnenzeit‹ (die Breite der ›Acht‹) wird Zeitgleichung (Äquation) genannt, sie besitzt im Lauf eines Jahres zwei Maxima und zwei Minima. Mitte Februar kulminiert die wahre Sonne erst 14 Minuten 24 Sekunden nach dem mittleren Mittag, dafür ist sie Anfang November 16 Minuten 21 Sekunden eher da. Mit einer Zeitgleichungs-Tabelle, besser mit einem Analemma-Diagramm, kann man die von einer Sonnenuhr angezeigte wahre Ortszeit in die mittlere Zeit umrechnen. Durchschnittliche Werte der Zeitgleichung zeigt Tabelle 1.

Stichtag	*Minuten*
1. Januar	-3,2
1. Februar	-13,6
1. März	-12,6
1. April	-4,2
1. Mai	2,9
1. Juni	2,5

Stichtag	*Minuten*
1. Juli	-3,5
1. August	-6,3
1. September	0,3
1. Oktober	10,0
1. November	16,3
1. Dezember	11,2

Tabelle 1: Werte der Zeitgleichung

Außer der wahren und der mittleren Sonnenzeit kennt man die Sternzeit. Einheit dieses astronomischen Zeitmaßes ist der *Sterntag*. Er ist auf die Ekliptik bezogen und beginnt bzw. endet, wenn der Frühlingspunkt kulminiert. Freilich lassen sich diese Kulminationen nicht direkt beobachten, man errechnet sie aus denen eines Fixsterns mit bekannter Rektaszension. Astronomen benutzen dafür eine Reihe ausgewählter Fixsterne in der Nähe des Himmelsäquators, die sie Zeitsterne nennen. Im Augenblick der oberen Kulmination (wenn sein Stundenwinkel Null wird) ist die Sternzeit gleich der Rektaszension. Allgemein gilt für einen Vergleich mit der mittleren Sonnenzeit: Sternzeit der Beobachtung gleich Stundenwinkel eines Gestirns plus seiner Rektaszension. Anders ausgedrückt: Die Rektaszension eines Gestirns ist gleich der Sternzeit seines ›oberen‹ Meridiandurchgangs.

Von der Erde aus gesehen durchläuft die Sonne – entgegen ihrer täglichen Bewegung von Ost nach West – im Laufe eines Jahres einmal die Ekliptik von West nach Ost. Doch immer wenn sich die Erde einmal um sich selbst gedreht hat, ist die Sonne bereits etwas weiter gewandert. Die Erde muss sich folglich jeden Tag noch um fast ein Grad weiterdrehen, ehe die Sonne wieder im Meridian des Beobachtungsortes steht. Deshalb ist der Sonnentag knapp 4 Minuten länger als der Sterntag. Ein Sterntag dauert 23 Stunden, 56 Minuten, 4,1 Sekunden mittlerer Sonnenzeit. Ebenso verschiebt sich der Aufgang der Sterne. Jeder Stern geht an jedem Tag rund vier Minuten eher auf als am vorhergehenden und erreicht nach einem Jahr wieder seine ursprüngliche Aufgangszeit. Deshalb hat das Sonnenjahr einen Sterntag mehr, nämlich 366,24 22 Sterntage. Auch Sternzeit ist immer Ortszeit. Wegen des Bezugs auf den Frühlingspunkt, der infolge der Nutation um einen mittleren Frühlingspunkt schwankt, wird die wahre von einer mittleren Sternzeit unterschieden. Beide weichen um bis zu 1,1 Sekunden voneinander ab. Außerdem benutzen Astronomen einen *siderischen Tag*, der unmittelbar auf die Fixsterne bezogen wird und 9 ms länger als ein mittlerer Sterntag ist.

Über große Zeiträume betrachtet werden alle diese unterschiedlich definierten Erdentage immer länger, nach ungefähr 62.500 Jahren um eine Sekunde. Gegenwärtig wächst der mittlere Sonnentag um 1,64 ms pro Jahrhundert. Das wird vom Mond verursacht, der eine Gezeitenreibung hervorruft, die ihrerseits die Erdrotation bremst. Vor etwa 600 Millionen Jahren dürfte der Tag auf der Erde nur 20 Stunden gehabt haben und das Jahr 438 Tage. Diese Größenordnung ist durch die Wachstumsringe fossiler Korallen zweifelsfrei belegt. Außerdem ist diese langsame Veränderung von kurzfristigen, relativ starken Abweichungen überlagert. Solche unregelmäßigen Schwankungen der Erdrotation ändern die Tageslänge um bis zu 5 ms gegenüber dem Mittelwert.

Der Mond und seine Periodizitäten

Der Wahrnehmung des zyklischen Wechsels von Tag und Nacht folgte die der Mondphasen. Das Wort Mond als Name des Himmelskörpers entstand aus dem indogermanischen menot. Das fußt auf me- (›wandern, abschreiten‹), und seine ursprüngliche Bedeutung mag ›Wanderer (am Himmel)‹ gewesen sein. Nach und nach benutzte man es auch im Sinne von ›Mondwechsel, Monat‹, und dieser Begriff spaltete sich ab. Heute erinnert nur die poetische Sprache der Dichter gelegentlich an die alte Doppeldeutigkeit. Griechen und Römer nannten den Himmelskörper nach ihrer Mondgöttin Selene bzw. Luna. Hierauf basieren die wissenschaftlichen Begriffe Selenologie (Mondkunde) und Lunation (der Umlauf des Mondes von Neumond zu Neumond). Heute bezeichnet ›Mond‹ im allgemeinen Sprachgebrauch unseren altvertrauten Erdtrabanten, daneben in astronomischem Sinn jeden natürlichen Satelliten eines Planeten.

Verschiedene Theorien haben die Entstehung des Mondes zu erklären versucht. Derzeit geht man davon aus, dass seine Materie aus der noch flüssigen Erde herausgeschlagen wurde, als diese mit einem fremden Körper kollidierte. Seither umkreist er die Erde und mit ihr die Sonne. Heute dauert eine Erdumrundung 27,32166 Tage (27d 7h 43m 11,5s). Dieser

Wert ist auf das System der Fixsterne bezogen und heißt deshalb *siderischer Monat.* In derselben Zeit rotiert der Mond einmal um seine Achse. Allein wegen dieser zufälligen Übereinstimmung kehrt er der Erde stets die gleiche Seite zu.

Die Bahn des Mondes verläuft nicht parallel zur Sonnenbahn, sie ist gegenüber der Ekliptik um zirka fünf Grad geneigt. Deshalb schneiden sich beide an zwei Punkten, den Mondbahnknoten. ›Aufsteigender Knoten‹ heißt jener, den der Mond beim Pendeln von Süd nach Nord kreuzt, ›absteigender Knoten‹ der andere. Diese Knoten wandern rückläufig um die Erde, je Jahr um etwa 20 Grad. Die Zeit zwischen dem zweimaligen Passieren des aufsteigenden Knotens heißt *drakonitischer Monat* (Drachenmonat) und beträgt 27,21222 Tage (27d 5h 5m 35,7s).

Sonne, Mond und Planeten ändern relativ schnell ihre Stellung zueinander. Sieht man zwei von ihnen von der Erde aus im gleichen Längengrad zusammen, dann nennt man das eine Konjunktion (›Vereinigung‹). Stehen sie dagegen um 180 Längengrade verschoben einander gegenüber, so heißt diese Stellung Opposition (›das Entgegenstellen‹). Die Zeit zwischen zwei Konjunktionen des Mondes mit der Sonne nennt man *synodischen Monat* (von lat. Synode, ›Zusammenkunft‹). Weil sich während eines siderischen Mondumlaufs auch die Sonne auf der Ekliptik weiterbewegt, erreicht der Mond erst etwas später wieder die Konjunktion. Deshalb ist der synodische Monat länger als der siderische, er dauert im Mittel 29,53059 Tage (29d 12h 44m 2,8s). Weil außer Sonne und Erde auch die Anziehungskräfte der Planeten auf den Mond einwirken, schwankt die tatsächliche Dauer der einzelnen Umläufe innerhalb gewisser Grenzen.

Der synodische Monat entspricht dem Zyklus der Mondphasen, dem seit ältesten Zeiten beobachteten Wechsel seiner Lichtgestalten. Bis zu drei Tagen ist der Mond unsichtbar, weil seine von der Sonne beschienene Seite von der Erde aus nicht sichtbar wird. Später erscheint die schmale Sichel des ›neuen Mondes‹ am Abend nach Sonnenuntergang über dem Westhorizont. Neumond nannte man ursprünglich diesen Zeitpunkt, genauer ist der Ausdruck Neulicht. Astronomisch ist Neumond der Zeitpunkt der Konjunktion, zwei bis drei Tage vor dem Neulicht. Der ›volle Mond‹ wird in der Oppositionsstellung sichtbar. Dazwischen liegen die Zeiten teilweiser Sichtbarkeit, des Zu- bzw. Abnehmens. Das ist durch die Stellung von Sonne, Erde und Mond zueinander bedingt. Irrig ist die verbreitete Ansicht, dass dann der Schatten der Erde einen Teil der Mondoberfläche verdunkele. Traditionell wird der Eintritt der Mondphasen in den Kalendern angegeben. Bevor es Computer gab, war ihre genaue Berechnung sehr aufwändig. Man begnügte sich deshalb in vergangenen Jahrhunderten mit der Rundung auf ganze Tage. Zur kirchlichen Berechnung des Osterdatums dienten Tabellen des ›Mondzeigers‹, der *Epakte.* Das griechische Wort bedeutet ›das Hinzugefügte‹ und gibt für den 1. Januar an, wie viel Tage seit dem letzten Neumond vergangen sind.

Der synodische Umlauf des Mondes ist unabhängig von seiner Sichtbarkeit, doch synchron mit seinen Phasen. Relativ regelmäßig passiert das Gestirn die Mittagslinie, und zwar von Tag zu Tag jeweils etwa 49 Minuten später. Wenn sich die Erde nach 24 Stunden einmal um sich selbst gedreht hat, ist auch der Mond auf seiner Bahn ein Stück weitergezogen. Es dauert 1/29,53 Tage, bis ein bestimmter Ort auf der Erde ihn wieder ›eingeholt‹ hat. Die Auf- und Untergangszeiten des Mondes dagegen schwanken beträchtlich, weil sich mit den Jahreszeiten seine Höhe über dem Horizont ändert. Der junge Mond steht kurz nach Sonnenuntergang im Herbst ganz tief, im Frühling hoch am Himmel. Diese langsame und regelmäßige Veränderung wird von starken Schwankungen überlagert. Aus der resultierenden Bahn kann man seine Auf- und Untergangszeiten errechnen, die traditionell in den Kalendern zu finden sind. Bevor es Computer gab, war ihre genaue astronomische Berechnung sehr aufwändig. Man verwendete deshalb Tabellen, bei denen noch um 1980 eine Abweichung von 30 Minuten für Kalenderzwecke als akzeptable Genauigkeit galt.

Entlang der Sonnenbahn ist der Tierkreis definiert; er besitzt ein Gegenstück in den *Mondstationen.* 27 oder 28 Himmelsgegenden musste man mit Namen benennen, um den täglichen Aufenthalt des Mondes am Himmel zu beschreiben. Da auch die Mondbahn durch stets dieselben Sternbilder führt, wählte man helle Sterne zu ihrer Beschreibung. Die Mondstationen, Araber nennen sie menazil, bilden einen verlässlichen Kalender für das freie Mondjahr. In Baktrien führten sie zu Tagesnamen, bei den Indern heißen sie nakshatra und waren mit Opferzeremonien verbunden, in China sind sie als siu (›eine Nacht‹) bekannt und für die Wahrsagerei von Bedeutung.

Von drei Ebenen am Himmel und ihrer Stellung zueinander hängt es ab, wann und wo Mond und Sonne am Horizont sichtbar werden und verschwinden: Äquator, Mond- und Sonnenbahn. Die Neigung der Sonnenbahn um 23½ Grad gegenüber der Äquatorebene (›Schiefe der Ekliptik‹) verursacht die jahreszeitlich wechselnde Höhe des Sonnenstandes. Dabei ändern sich die Orte von Sonnenauf- und -untergang am Horizont, ihr Abstand ist im Sommer am größten und minimal im Winter. Auch die Orte von Auf- und Untergang des Mondes verändern sich auf diese Weise, pendeln jedoch in monatlichem Zyklus. Dieser leicht zu beobachtenden Erscheinung überlagert ist ein weiterer, oft nicht bemerkter Mondzyklus mit einer mehrjährigen Periode. Er wird verursacht durch die Neigung der Mondbahn gegenüber der Ekliptik. Zwar beträgt diese nur zirka 5,1 Grad, wechselt aber dafür ständig ihre Richtung. Sie vollführt Kreiselbewegungen mit einer Periode von 18,61 Jahren.

Innerhalb dieser *großen Mondperiode* wächst und schrumpft der Abstand zwischen Auf- und Untergangspunkt des Mondes. Bei maximalem Abstand tritt die *große Mondwende* ein. Dann erreicht der Mond seinen am weitesten südlich gelegenen Aufgangspunkt. Von hier an wird der Winkel zwischen nördlichstem und südlichstem Aufgangspunkt des Mondes immer kleiner, bis er nach etwa 9,3 Jahren während der *kleinen Mondwende* seinen Minimalwert erreicht. Anschließend kehrt sich der Vorgang wieder um. Die nächste große Mondwende wird im Jahr 2006 eintreten. Vieles deutet darauf hin, dass die Mondextreme am Horizont bereits von Menschen der Stein- und Bronzezeit beobachtet worden sind. In mehreren prähistorischen Anlagen werden entsprechende Sichtachsen vermutet, darunter in den berühmten Steinsetzungen von Stonehenge. Ein sich seit etwa 1960 entwickelnder Wissenschaftszweig, die Archäo-Astronomie, befasst sich mit solchen Beziehungen zwischen Steinsetzungen und astronomischen Erscheinungen sowie der möglicherweise damit verbundenen kalendarischen Nutzung.

Auf der Erde ruft der Mond infolge der Gravitation die Gezeiten hervor. Flut heißt das zweimal täglich eintretende Steigen, Ebbe das Fallen des Wasserspiegels der Ozeane der Erde. Hoch- bzw. Niedrigwasser nennt man die beiden extremen Wasserstände. Die dem Mond zugewandte Wasseroberfläche strebt diesem schneller entgegen als der feste Erdkörper. Es entsteht ein zum Mond weisender ›Wasserberg‹. Auf der entgegengesetzten Seite des Erdballs bleiben währenddessen die Wassermassen hinter der festen Erde zurück. Sie erscheinen relativ gegenüber dem Festland angehoben und bilden einen zweiten Flutberg, der um eine halbe Erddrehung von jenem auf der Mondseite entfernt ist. Beide Wasserberge wandern mit der Erddrehung ununterbrochen um die Erde.

Wenn sich die Erde nach 24 Stunden einmal um sich selbst gedreht hat, ist auch der Mond auf seiner Bahn ein Stück weitergezogen. Es dauert 1/29,53 Tage, bis ein bestimmter Ort auf der Erde ihn wieder ›eingeholt‹ hat. Daraus entsteht die 12,4-stündige Periode der Gezeiten, die man *Tide* nennt. In einem Rhythmus von durchschnittlich 6 Stunden und 12 Minuten wechseln sich Hoch- und Niedrigwasser ab. Infolge der erwähnten Unregelmäßigkeiten weicht aber die Dauer einer Tide um bis zu 30 Minuten von der vorhergehenden ab. Außerdem wird die Gezeitenströmung in Küstennähe gebremst, und der Eintritt des Hochwassers verzögert sich. Seefahrer verwenden deshalb besondere Gezeitenkarten. Aus diesen kann die mittlere Eintrittszeit des Hochwassers entnommen werden, und zwar relativ, als Differenz zur Durchgangszeit des Mondes durch den Meridian von Greenwich. Man benötigt also außerdem eine Ephemeridentafel dieser Monddurchgänge. Wird die Zeitdifferenz dagegen zwischen dem Eintritt des Hochwassers und dem Monddurchgang durch den Ortsmeridian gebildet, so nennt man dies die Hafenzeit. Küstenbewohner benutzen stattdessen Tidentabellen ihres Wohnortes, die meist für einen Monat in den regionalen Zeitungen veröffentlicht werden. Nicht nur für die Fischerei ist dieser spezielle Kalender von Bedeutung, auch die Fahrpläne von Fähren sind darauf abgestimmt, und in manchen Gegenden Norddeutschlands verkehrt ein damit synchronisierter ›Tidenbus‹.

Außer dem Mond wirkt auch die Sonne auf die Erde ein, erreicht aber wegen ihrer großen Entfernung nur gut ein Drittel der Kraft des Mondes. Wenn bei Voll- und Neumond Sonne, Mond und Erde in einer Linie stehen, addieren sich die Anziehungskräfte beider und rufen eine besonders hohe, die Springflut hervor. Während der ersten und letzten Mondviertel dagegen heben sie sich teilweise auf, und es entsteht nur die minimale Nippflut. Die Anziehungskraft von Mond und Sonne wirkt nicht nur auf die Meere, sondern ebenso stark auf die Landmassen. Aber diese setzen dem ›Ausbeulen‹ größeren Widerstand entgegen, denn beim Heben und Senken der Erdkruste entsteht Reibung. Reibungswärme und Gezeiten entziehen der Erde etwas von ihrer Rotationsenergie, infolgedessen dreht sich die Erde immer langsamer. Der Tag verlängert sich dadurch ungefähr alle 62.500 Jahre um eine Sekunde. Doch in erdgeschichtlichen Zeiträumen wirkt sich selbst eine so geringe Veränderung deutlich aus, sie würde sich in einer Milliarde Jahre auf über vier Stunden summieren. Weil aber währenddessen im System Erde – Mond der Drehimpuls erhalten bleiben muss, nimmt bei abnehmender Erdrotation die Umlaufgeschwindigkeit des Mondes entsprechend zu. Demzufolge entfernt sich der Mond von der Erde, und seine Gezeitenwirkung nimmt ab.

Jahre und andere Zyklen im Sonnensystem

Als man sich der regelmäßigen Wiederkehr jahreszeitlicher Erscheinungen bewusst wurde, entstand der Begriff des Jahres. Ursprünglich berechnete man es nach dem Mond, und man wird vermutlich von Vollmond zu Vollmond gezählt haben. Das *freie Mondjahr* als Summe von zwölf Mondumläufen umfasst 354 Tage. Erst mit dem Aufkommen des Ackerbaus erhielt ein Kalender Bedeutung, der mit dem Ablauf der Jahreszeiten übereinstimmte. Nun wurde nach Bedarf, später nach festen Regeln alle zwei bis drei Jahre ein zusätzlicher Monat eingeschaltet. Dies ist das *gebundene Mondjahr*. Später erkannte man die Sonne als Ursache des jahreszeitlichen Zyklus und bestimmte das Jahr als die Zeitspanne, in der die Sonne einen scheinbaren Umlauf um den Himmel vollendet. Heute gibt es für das Sonnenjahr, wie für den Tag, verschiedene Definitionen. Um die unterschiedlichen Jahrestypen miteinander zu vergleichen, messen wir ihre Dauer in mittleren Sonnentagen.

Die Umlaufzeit der Erde um die Sonne bezogen auf die Fixsterne ist das *siderische Jahr* (Sternjahr). Es wird gemessen als Zeitspanne zwischen zwei aufeinander folgenden Durchgängen der Sonne durch denselben Punkt der Ekliptik und beträgt 365d 6h 9m 9,5s = 365,25636 Tage. Bereits die alten Ägypter bestimmten ein Sternjahr aus dem heliakischen Aufgang (Morgenerst) des Sirius. Das ist der erste sichtbare Aufgang eines Sterns im Jahr am Morgen kurz vor Sonnenaufgang.

Das *tropische Jahr* ist auf die Erde bezogen, und man hat es als die Zeit zwischen zwei Frühlings-Tagundnachtgleichen definiert. Es hängt also von der jeweiligen Lage des Frühlingspunktes ab, die sich durch Präzession und Nutation ständig verändert. Der Frühlingspunkt wandert auf der Ekliptik der Sonne entgegen (gegenwärtig jährlich um 50,3 Winkelsekunden). Deshalb erreicht ihn die Sonne, bevor sie ihren Umlauf vollendet hat, und daher ist das tropische Jahr kürzer als das siderische. Es hat 365d 5h 48m 46s = 365,242199 Tage. Lange Zeit diente ein tropisches Jahr, und zwar das für 1900 bestimmte, als Einheit unserer Zeitrechnung; aus ihm wurde die Sekunde berechnet. Der Name ›tropisches Jahr‹ ist vom griechischen tropai (›Kehre‹) abgeleitet und nimmt Bezug auf den Wechsel der Jahreszeiten, der durch dieses Sonnenjahr zeitlich fixiert bleibt.

Bei Astronomen ist außer dem siderischen und dem tropischen noch das *anomalistische Jahr* gebräuchlich. Das ist die Zeit zwischen dem wiederholten Erreichen des sonnennächsten Punktes auf der Erdbahn. Es beginnt für die ganze Erde gleichzeitig, wenn die mittlere Länge der Sonne genau 280° beträgt und dauert 365d 6h 13m 51,7 s = 365,259626 Tage. Damit ist es fast fünf Minuten länger als das siderische Jahr. Auch die astronomischen Jahre sind keineswegs stabil. Ihre Länge verändert sich säkular, d.h. nichtperiodisch in sehr langen Zeiträumen. Gegenwärtig wird das tropische Jahr kürzer (um 616×10^{-8} Tage im Jahrhundert) und das siderische Jahr länger (um 11 x 10^{-8} Tage im Jahrhundert). Im täglichen Leben verwenden wir das *bürgerliche Jahr.* Es wird von der Kalenderrechnung bestimmt, die von angenäherten Jahreslängen ausgeht. Das ältere julianische Jahr hatte 365,25 und unser gregorianisches Jahr besitzt 365,2425 mittlere Sonnentage.

Von Zeit zu Zeit treten *Eklipsen* (›das Ausbleiben‹) ein, das sind Sonnen- oder Mondfinsternisse. Dann verdeckt, von der Erde aus gesehen, der Neumond die Sonne, oder die Erde tritt zwischen Sonne und Vollmond. Das geschieht infolge der Neigung der Mondbahn gegenüber der Ekliptik. Finsternisse mit annähernd gleicher Stellung von Erde, Mond und Sonne wiederholen sich nach jeweils 18 Jahren und 11 Tagen. Diese Frist ergibt sich aus der Bedingung, dass ein Vielfaches von Drachenmonaten (27,2122 Tage) einem Vielfachen von synodischen Monaten (29,5306 Tage) nahekommen muss. Sie wird von 242 Drachenmonaten erfüllt, die 223 synodischen Monaten ziemlich genau entsprechen. Dieser Zeitraum heißt *Saros-* oder *Chaldäische Periode,* und man teilt ihn in 19 ›Finsternisjahre‹. Ein Finsternisjahr ist der Zeitraum zwischen zwei Durchläufen der Sonne durch den aufsteigenden Knoten der Mondbahn, es hat 346,620 Tage. Sonnenfinsternisse werden in vielen der ältesten geschichtlichen Dokumente erwähnt und sind deshalb wertvolle Fixpunkte für den Vergleich historischer Zeitrechnungssysteme.

2.4 Zeit in der Erdgeschichte

Alles, was ist, entwickelt sich; die Evolution begann mit dem Urknall und umfasst auch das anscheinend Unbelebte. Dabei spielen zyklische und rhythmische Prozesse eine entscheidende Rolle. Sie erfassen die kleinsten wie die größten existierenden Gebilde. Etwas war plötzlich da, auf vielfältige Weise rhythmisch schwingend, und formierte sich zu Strings. Aus den Rhythmen der Strings entwickelten sich vielleicht Quarks und kurz danach erste Elementarteilchen, die sich binnen weniger Minuten zu Wasserstoff und Helium vereinten. Auch die Atome bilden charakteristische und sehr konstante Schwingungsmuster. So entstanden zugleich mit der Natur ihre Zyklen, Messgrößen der Zeit.

Das griechische Wort kýklos (›Kreis, Kreislauf, Ring‹) kam über lat. cyclus im 18. Jahrhundert nach Deutschland. Hier bezeichnete es zunächst lediglich eine Reihe inhaltlich zusammengehörender Dinge. Heute meint es meist einen Kreislauf regelmäßig wiederkehrender Ereignisse, ein periodisch ablaufendes Geschehen. Rhythmus stammt vom griechischen rhythmós (›Gleichmaß‹). Das bedeutet eigentlich ›das Fließen‹. Seine übertragene Bedeutung verdankt es wohl dem gleichmäßigen Auf und Ab der Meereswogen. Dann benannte es den regelmäßig schwankenden Fortgang überhaupt und schließlich jede gleichmäßig gegliederte Bewegung. Das Wort Periode geht auf griech. peri-odos (›Kreislauf‹) zurück. Im Deutschen war es anfangs lediglich ein Begriff der Grammatik. Heute bezeichnet es einerseits etwas regelmäßig Wiederkehrendes und andererseits den dazwischenliegenden Zeitabschnitt.

Grundlegend wichtige Dinge geschahen in den ersten drei Minuten nach dem Urknall. Kräfte ordneten sich zu Gravitation, starker und schwacher Wechselwirkung, elektromagnetischer Kraft. Materie zog sich infolge der Gravitation dicht zusammen, und nach einer Milliarde Jahren bildeten sich die ersten Sterne. Man vermutet heute im All 10^{21} Sterne, die sich zu 10^{10} Galaxien gruppieren. Ihre Lebenszyklen umfassen Jahrmilliarden, ihre räumlichen Umläufe Jahre bis Jahrmillionen, ihre Rotationen nur Stunden bis Tage.

Der Lebenszyklus eines Sterns beginnt, wenn immer mehr Atome zusammenstoßen. Dann erhitzt sich das Gas, es kommt zur Kernfusion, und der Stern leuchtet. Der Druck in seinem Innern steigt, bis er der Gravitation das Gleichgewicht hält. Dieser Zustand bleibt so lange stabil, bis der Stern seinen Kernbrennstoff verbraucht hat; dann kühlt er ab und zieht sich zusammen. Liegt seine Masse jetzt unter einem bestimmten Grenzwert, dann bleibt er durch Abstoßungskräfte zwischen den Elektronen seiner Materie stabil und heißt Weißer Zwerg. Ist sie größer, so fällt er in sich zusammen und wird ein Schwarzes Loch. Falls ein Weißer Zwerg zu einem Doppelsternsystem gehört, kann Materie seines Partners auf ihm einschlagen. Dadurch wird gewaltige Fusionsenergie frei, und man sieht ihn von der Erde aus aufleuchten – eine Nova. Einige Sterne werden im Verlauf der Kernfusion zu heiß und explodieren, das sind die Supernovae. Dabei werden komplexer zusammengesetzte Atome, die höheren Elemente, in den Raum geschleudert. Sie gliedern sich anderen Systemen an oder sammeln sich zu neuen ›Sternen der zweiten Generation‹. Das ist der Kreislauf der Materie im All.

Unser Sonnensystem entstand, als sich schwere Elemente in der Umgebung der Sonne zu Planeten zusammenschlossen. Vor etwa 4,5 Milliarden Jahren bildete sich so die Erde. In diesen glutflüssigen, gasdurchsetzten Körper schlug wenig später ein großer Asteroid ein. Dabei ausgelöste Schockwellen bewirkten eine Trennung der chaotisch durchmischten Elemente.

Die schweren sanken in den Erdkern ab, die Gase bildeten eine Ur-Atmosphäre, und ein Teil der umherspritzenden Materie fügte sich zum Mond. Im Lauf der Zeit kühlte die Erde ab, ihre Oberfläche erstarrte in großen Schollen. Damit begann ihr geologischer Lebenszyklus. Auf 3,9 Milliarden Jahre datiert man das älteste bekannte Gestein.

Die Gesteinsschollen verdichteten sich zu Urkontinenten, die vor rund 700 Millionen Jahren im Superkontinent Rodinia vereint waren. Nach wiederholter Teilung und Verschiebung bildete sich vor 250 Millionen Jahren die zusammenhängende Landmasse Pangäa. Auch diese zerbrach, und seit 200 Millionen Jahren treiben ihre Teile auf dem zähflüssigen Untergrund auseinander. Eine erste Bruchlinie trennte das südliche Gondwana vom Nordteil, der das heutige Asien, Europa und Nordamerika umfasste und Laurasia genannt wird. Vor etwa 200 Millionen Jahren, in der Blütezeit der Dinosaurier, begann Nordamerika sich von Eurasien zu lösen. Südamerika wurde vor 150 Millionen Jahren von Gondwana abgespalten und bewegte sich westwärts, es lagerte sich irgendwann später mit einer schmalen Landbrücke an Nordamerika an. Im Zeitraum vor vielleicht 110 bis vor 40 Millionen Jahren löste sich Indien von Gondwana. Machtvoll wurde es gegen Asien gepresst, wo es das Himalayagebirge auftürmte. Australien und Antarktika trennten sich erst im Ganzen von Afrika, dann voneinander.

1912 hatte der deutsche Meteorologe Alfred Wegener die These von der Drift der Kontinente aufgestellt. Inzwischen kann man die von ihm vermuteten Vorgänge umfassender erklären und weiß, dass die heutigen Kontinente auf großen Platten sitzen. An ihren Bruchkanten dringt geschmolzenes Magma aus dem Erdinneren zwischen die Platten und drückt sie auseinander. Gegenwärtig wird der Atlantik pro Jahr um 25 mm breiter. Die anhaltende Plattentektonik beeinflusst die Zeitmessung, indem sie die geographische Länge der Observatorien nationaler Zeitdienste verändert. Dadurch verschieben sich die Zeiten des Meridiandurchgangs der Gestirne. Das Internationale Zeitbüro kontrolliert und registriert diese Abweichungen der Ortszeiten.

Bald nach dem Erstarren der Erdoberfläche kondensierte Wasserdampf und füllte ihre tiefer liegenden Teile. Jetzt war sie genügend abgekühlt, um eine biologische Evolution hervorzubringen. Von nun an waren geologische und biologische Entwicklung wechselseitig voneinander abhängig. Das Leben auf der Erde verändert die Erde selbst.

Grundlegend für die geologische Entwicklung ist der Zyklus der Mineralien. Diese kombinieren sich zu Gesteinen und nehmen an deren Kreislauf teil. Älteste Gesteine bildeten sich aus der erstarrenden Schmelze. Vor

3,5 Milliarden Jahren begann die Ablagerung von Sedimenten. Verwitterungsprodukte älterer Gesteine und abgestorbene Organismen bilden kilometerdicke Schichten, die sich zu Sedimentgestein verdichten. Im Lauf von Jahrmillionen verwandeln sie sich in metamorphes Gestein, werden hinabgezogen und schmelzen in großer Tiefe. Gleichzeitig wachsen an anderen Plätzen magmatische Gesteine wieder empor und beginnen ab dem Augenblick ihres Entstehens zu verwittern. Dieser ›große Kreislauf‹ der Gesteine ist mit vielfältigen Abkürzungen und Umwegen in Neben-Kreisläufen verbunden.

Wo Gesteine, Wasser und Lufthülle aneinander grenzen, entstand die Biosphäre als Teil der Geosphäre. In diesem Raum entfaltet sich das Leben, und alle Stoffe darin durchlaufen mehrfach ineinander verwobene Kreisläufe. Besondere Bedeutung erlangte jener des Wassers, der das Gesicht unseres ›Blauen Planeten‹ prägt. Seine zeitlichen Zyklen sind – wie die räumlichen Sphären – ineinander eingebettet. Im Regenwald vollzieht sich der Kreislauf des Wassers binnen weniger Stunden, die Durchmischung der Ozeane braucht Jahrhunderte.

Im Lauf der ersten Milliarde Erdenjahre hatten sich Atome zu größeren Strukturen verbunden. Darunter fanden sich zufällig gebildete Makromoleküle, die selbst wieder Atome zu Strukturen zusammensetzen konnten. Das setzte Zyklen von Reproduktion und Vermehrung in Gang; Leben war entstanden. Hin und wieder traten dabei Abweichungen vom Vorbild auf, anders strukturierte Moleküle, von denen einige zu besserer Reproduktion fähig waren. So wurde Ungenauigkeit zur entscheidenden Triebkraft der Evolution. Sie schuf Vielfalt, und aus Vielfalt ergab sich Anpassungsfähigkeit. 3,5 Milliarden Jahre alt sind die ältesten nachgewiesenen Reste von Organismen. Primitive Bakterien existierten in der sauerstoffarmen Ur-Atmosphäre, nahmen Schwefelwasserstoff auf, bezogen Energie durch Photosynthese und setzten Sauerstoff frei. Nach und nach, sehr langsam, wurde die Erdatmosphäre für ihre frühesten Bewohner giftig. Vor ungefähr einer Milliarde Jahren begann in dem neuen Sauerstoffmilieu die Entwicklung höherer Lebensformen. Bakterien entwickelten sich, dann Pilze, Pflanzen, Tiere.

Geologische Zeit-Schichten

Der dänische Arzt Niels Steensen (Nicolaus Steno) stellte um 1670 erstmals einen eindeutigen Zusammenhang zwischen Gesteinsschichten und der Vorstellung von ›Zeit in der Erdgeschichte‹ her. Er erkannte Sandstein, Kalkstein und Schiefer als Verdichtungen von Sand, Kalk und Ton, die

vor … Millionen Jahren	Ära	Periode	Erdgeschichte	Entwicklung des Lebens
bis 4000	Erd-Urzeit			
4000 bis 2500	Archaikum		Bildung der Urkontinente	Beginn der Photosynthese
2500 bis 570	Erd-Frühzeit (Proterozoikum)		Erste Gebirge	Erste vielzellige Tiere
570 bis 510	Erd-Altertum (Paläozoikum)	Kambrium	Kaledonische Ära	Wirbellose im Meer
510 bis 440		Ordovizium		Erste Wirbeltiere
440 bis 410		Silur		Muscheln, Fische
410 bis 360		Devon	Steinkohlenwälder	Pflanzen mit Farnlaub
360 bis 290		Karbon		Insekten
290 bis 245		Perm		Rasche Entwicklung der Reptilien
245 bis 210	Erd-Mittelalter (Mesozoikum)	Trias	Pangäa zerbricht. Überflutung von Festland	Erste kleine Säugetiere
210 bis 145		Jura		Fische, erste Vögel
145 bis 65		Kreide		Aussterben der Saurier
65 bis 2,5	Erdneuzeit (Känozoikum)	Tertiär	Hebung der europäischen Mittelgebirge	Entfaltung der Säugetiere
2,5 bis zur Gegenwart		Quartär	Oberflächenänderung durch Eis	Entwicklung des Menschen

Tabelle 2: Erdzeitalter und Perioden der Erdgeschichte

vom Wasser transportiert und in zeitlicher Folge als Schichten übereinander abgelagert wurden. Als Johann Christian Füchsel und der preußische

Bergrat Johann Lehmann um 1760 die geologische Struktur thüringischer Bergbaugebiete erforschten, sahen auch sie die Aufeinanderfolge verschiedener Gesteinsschichten als Ergebnis eines historischen Prozesses an. Sie unterschieden drei Haupttypen von Gesteinen nach ihrem vermuteten Alter und fanden einen Zusammenhang mit darin eingeschlossenen versteinerten Organismen, den Fossilien. Zuunterst lagen die Primärgesteine, die keinerlei Spuren des Lebens enthielten. Dann folgten sekundäre Schichten mit den Fossilien niederer Meerestiere und schließlich die Tertiärgesteine, in denen Landtiere und Pflanzen eingeschlossen sind. Der italienische Geologe Giovanni Arduino teilte die erdgeschichtliche Zeit in Abschnitte, die er von ›erster‹ bis ›vierter‹ nummerierte. Daran erinnern ›Tertiär‹ und ›Quartär‹ als Namen von Perioden des heutigen Systems.

Die französischen Paläontologen Georges Cuvier und Alexandre Brongniart erkannten, dass die verschiedenen Arten von Fossilien gewöhnlich in derselben Reihenfolge auftreten. Gleichartige Fossilien signalisieren gleiches Alter der Gesteinsschichten. Dieses Prinzip der *Leitfossilien* wurde von dem englischen Landmesser William Smith weiter ausgearbeitet. Bis zur Mitte des 19. Jahrhunderts waren die wesentlichen Einheiten des ›Fossilienkalenders‹ festgelegt. Die damals geprägten Bezeichnungen der Erdzeitalter (Ären) und Perioden der Erdgeschichte benutzen wir noch heute. Häufig verändert hat sich dagegen ihre Datierung nach Jahren.

Tabelle 2 zeigt den gegen Ende des 20. Jahrhunderts aktuellen Kenntnisstand.

Wie man die Perioden weitergehend in Epochen (Abteilungen) gliedert, verdeutlicht Tabelle 3 am Beispiel der Erdneuzeit.

Die Wissenschaft von den geologischen Schichten mit Leitfossilien als Zeitmarken heißt *Biostratigraphie.* Der Begriff geht auf lat. Stratum (›Schicht‹) zurück. Sie ist Teilgebiet der Stratigraphie, welche die zeitliche Aufeinanderfolge der Schichtgesteine untersucht. Diese gehört ihrerseits zur Geochronologie, die sich allgemein mit der Einordnung von Ereignissen und Zeitabschnitten im Verlauf der Erdgeschichte befasst. Geologische ›Kalender‹ sind sehr vielgestaltig. Stratigraphische Objekte wurden zuerst und auf unterschiedliche Weise für die Forschung zugänglich. Im Prozess des Aufschiebens und Senkens von Gebirgen entstanden Bruchstellen und offenbarten die Abfolge ihrer Schichten. Strömendes Wasser schliff zusammenhängende Querschnittsbilder frei, die viele Epochen der Erdgeschichte umfassen können. Ein berühmtes Beispiel dafür ist der Grand Canyon in Kalifornien. Weitreichende Kenntnisse gewann man schließlich in Zusam-

Vor … Millionen Jahren	*Periode*	*Epoche*	*Erdgeschichte*	*Entwicklung des Lebens*
65 bis 55	Tertiär	Paläozän	Braunkohle	Erste Halbaffen, Raub- u. Nagetiere
55 bis 36		Eozän	Steinsalz	Huftiere, Meeressäuger (Wale)
36 bis 25		Oligozän	Tektonische Gliederung Mitteleuropas	Erste Menschenaffen, Schweine, Hirsche
25 bis 5		Miozän		Elefanten, Giraffen
5 bis 2,5		Pliozän	Gletscher in Grönland	Erste Hominiden
2,5 bis 0,01	Quartär	Pleistozän	Eiszeit	Entwicklung des Menschen
0,01 bis Gegenwart		Holozän	Veränderung der natürlichen Umwelt durch den Menschen	

Tabelle 3: Die Gliederung der Erdneuzeit in Epochen

menhang mit dem Bergbau. Die im wörtlichen Sinn tiefsten Einblicke erlauben geologische Bohrungen.

1912 untersuchte der Geologe Gerard de Geer in Schweden den Rückzug der Gletscher von der Südküste zum nördlichen Gebirge. Ihr Schmelzwasser hinterlässt in Seen geschichtete Ablagerungen. Bei stehendem Wasser im Sommer ergeben sich dunkle Tonschichten, bei der Schneeschmelze lagern sich helle Sandschichten ab. Eine solche Jahresschicht heißt Warve. De Geer benutzte die ›Bänderung‹ des Warventons und bestimmte die Zeitdauer des Vorgangs auf 10.000 Jahre. Seither sind solche ausgezählten Schichten für die letzten 20.000 Jahre wiederholt verwendet worden.

Der Engländer Flindern Petrie hat als Erster archäologische Schichten anhand der darin gefundenen Artefakte zeitlich identifiziert. Er sortierte in Ägypten Keramiken nach ihren Entwicklungsstadien ›in sich selbst‹. Ganz andere von Menschen geschaffene Schichten entdeckten die Archäologen in Tschatal Hüjük, der vielleicht ältesten Stadt der Welt. Für einige Jahrtausende war sie Hauptstadt der Hethiter.

Der Brite James Mellaart grub sie zwischen 1951 und 1965 aus. Er zählte die übereinander liegenden weißen Putzschichten der Lehmziegelhäuser, die ihre Bewohner jährlich erneuert hatten. Einen präziseren Kalender hat noch kein Archäologe gefunden. Mellaart konnte eine achthundertjährige

Stadtgeschichte zuverlässig rekonstruieren, die selbst wieder acht Jahrtausende zurückliegt.

Manchmal offenbaren geologische ›Kalender‹ überraschende Einzelheiten aus ferner Vergangenheit. Der amerikanische Paläontologe John Wells zählte 1963 an fossilen Korallen die feinen Streifen aus, die ähnlich den Jahresringen der Bäume das tägliche Wachstum dieser Kalkgehäuse erkennen lassen. Er fand durchschnittlich 400 Tagesstreifen innerhalb eines Jahresrings bei den 400 Millionen Jahre alten Exemplaren und 380 Tagesstreifen bei denjenigen, die nur 320 Millionen Jahre alt waren. Diese Ergebnisse rechnete er auf die Zeit vor 570 Millionen Jahren zurück und schloss, dass damals der Tag etwa 20 Stunden und das Jahr 438 Tage gehabt haben dürfte. Ursache der immer langsamer werdenden Erddrehung ist die vom Mond verursachte Gezeitenreibung.

Radiologische Uhren

Kann man schichtweise Ablagerungen mit einem Kalender vergleichen, so sind andere Vorgänge gleichsam die Uhren der Geologie und Archäologie. Bestimmte schwere Elemente haben radioaktive Eigenschaften, sie strahlen und zerfallen dabei in andere Elemente. 1905 zeigte der Brite Ernest Rutherford, dass dieser Zerfall einen natürlichen Zeitmesser ergibt. Grundgröße der radiometrischen Verfahren ist diejenige Zeit, nach der jeweils die Hälfte des spaltbaren Materials zerfallen ist. Man nennt sie *Halbwertszeit.* Daneben definierte man eine ›Lebensdauer‹ radioaktiven Materials als Zeit, innerhalb deren die Substanz bis auf den e-ten Teil zerfallen ist. Sie entspricht (mit e als Basis der natürlichen Logarithmen) der 1,44-fachen Halbwertszeit. Der Begriff täuscht über die Gefährlichkeit der Atomenergie. Viele Abfälle der Kernkraftwerke haben eine Halbwertszeit von 20.000 Jahren. Doch ungefährlich werden sie erst nach Ablauf der zehnfachen Halbwertszeit, wenn 99,9 % zerfallen sind.

Uran verwandelt sich im Verlauf des radioaktiven Zerfalls in Blei. Also ändert sich das Verhältnis der beiden Elemente im Gestein. Auf der Basis dieser kontinuierlich ablaufenden geologischen Uhr begann 1911 der Geologe Arthur Holmes, eine geologische Zeitskala zu erstellen. Damit gelang es der Geochronologie, das absolute physikalische Alter von Gesteinen zu bestimmen. Für irdisches und lunares Gestein eignet sich die Uran-Blei-Methode, mit ihr wurde das Alter der Erde seit der letzten globalen Durchmischung auf 4,55 Milliarden Jahre bestimmt. Das gleiche Ergebnis fand man für die ältesten Mondgesteine. Für Meteoriten kommt vorzugsweise die Rubidium-Strontium-Methode zur Anwendung. Daneben steht die Kalium-Argon-Methode zur Verfügung.

Zur Altersbestimmung organischer Stoffe benutzt man die *Radiokarbonmethode* (C14-Methode). Sie wurde 1949 vom amerikanischen Chemiker Willard Frank Libby, einem Mitarbeiter beim Bau der ersten Atombombe, entwickelt und brachte ihm 1960 den Nobelpreis ein. Es gibt ein radioaktives Kohlenstoff-Isotop, ^{14}C, das in der oberen Atmosphäre durch den Zusammenprall kosmischer Strahlung mit Stickstoffatomen erzeugt wird. Durch Assimilation bzw. mit der Nahrung wird es zusammen mit dem ›regulären‹ Kohlenstoff ^{12}C ständig ins Gewebe aller lebenden Organismen eingebaut. Nach deren Tod zerfällt ^{14}C und wird nicht mehr neu aufgenommen. Aus dem Anteil des noch vorhandenen ^{14}C am Gesamtkohlenstoff kann also die nach dem Tod verstrichene Zeit errechnet werden. Zunächst waren Archäologen und Historiker von der Methode begeistert. Sie meinten, damit das Alter von Holz- und Knochenfunden bis zu 50.000 Jahren fast jahrhundertgenau bestimmt zu haben.

Aber häufig traten Fehlinterpretationen der Messergebnisse auf. Beim Berechnen der vergangenen Zeit geht man von der Halbwertszeit des Isotops ^{14}C aus, die zunächst mit 5.568 Jahren angenommen wurde. Später setzte man knapp 6.000 Jahre an, und nach neuesten Untersuchungen soll der tatsächliche Wert zwischen 5.730 und 5.760 Jahren liegen. Außerdem hat sich die abgegebene Strahlung als ungleichmäßig erwiesen. Auch ihre Ausgangswerte können verschieden sein. Libby war von der irrigen Annahme ausgegangen, die Erdatmosphäre enthalte stets einen gleich hohen Anteil an ^{14}C. Nach 1960 wurde nachgewiesen, dass er sich mehrfach geändert hat, in Perioden mit maximaler Sonnenflecken-Aktivität ist er deutlich geringer. In Jahresringen der Bäume konnte der Chemiker Charles W. Ferguson nachweisen, dass es in den letzten 5.000 Jahren zwölf Phasen mit ^{14}C-Minima gab, die jeweils zwischen 50 und 200 Jahren andauerten. Sein Kollege Hans E. Suess ermittelte, dass manche Objekte bis zu 700 Jahren älter sind als ursprünglich angenommen. Heute gibt es komplizierte Rechenmodelle, die veränderliche Ausgangswerte in die Bestimmung der vergangenen Zeit einbeziehen können. Nun aber hat sich gezeigt, dass das Verhältnis von ^{14}C zu ^{12}C auf der Erde auch räumlich nicht gleich ist. Jeder Ort auf der Erde und jeder betrachtete Zeitabschnitt hat offenbar seine eigenen ›physikalischen Jahre‹.

Eine andere Datierungsmethode ist die erstmals 1967 von Zeller vorgeschlagene *Elektronenspinresonanz-(ESR-) Spektroskopie*, die um 1980 praktische Bedeutung in der Archäologie gewann. Sie beruht darauf, dass unter Einwirkung radioaktiver Strahlen in der molekularen Struktur bestimmter Materialien (z. B. Muscheln oder Zahnschmelz) Fehlstellen entstehen. Diese Stellen weisen paramagnetische Eigenschaften auf und sind mittels Elektronenspinresonanz messbar: Beim Übergang zwischen zwei Energieniveaus in einem Magnetfeld entstehen Schwingungen mit einem charakteristischen Spektrum, das beobachtet werden kann. Je länger das Material der natürlichen Strahlung ausgesetzt war, d.h. je älter es ist, desto größer wird das ESR-Signal. Die Schwierigkeit des Verfahrens besteht darin, dem gemessenen Signal eine absorbierte Strahlungsdosis zuzuordnen, welche sich dann mit der bekannten natürlichen Dosisrate in ein Alter umrechnen lässt. Man bestrahlt dazu die Probe künstlich mit einer bekannten Dosis. Auch dieses Verfahren ist abhängig vom Herkunftsort, den Lagerbedingungen und dem Umgebungsmaterial der Probe.

Bei der *Thermolumineszenz-Methode* schließlich beobachtet man das Leuchten einer Probe beim schrittweisen Erhitzen und zeichnet eine ›Glutkurve‹ auf. Aus dieser Kurve kann die Dosis an ionisierender Strahlung abgeleitet werden, der die Probe ausgesetzt war, seit sie das letzte Mal auf 450° erhitzt wurde. Auch diese Dosis ist der vergangenen Zeit proportional. Die Methode eignet sich für Proben von Glas, Keramik und Knochen bis zu einem Alter von 300.000 Jahren.

2.5 Biologische Zeitlichkeit

Die Geologen des frühen 19. Jahrhunderts hatten die Schichtenfolge der Fossilien dokumentiert und damit offenbart, dass es eine Geschichte des Lebens gibt. Das bereitete den Weg für die Evolutionstheorie. 600 Jahre nach dem in Europa völlig unbekannt gebliebenen Werk *Akhlag Nasiri* des persischen Gelehrten Nasir ed-Din Tusi. 1859 veröffentlichte Charles Darwin (1809-1882) sein grundlegendes Werk über die Entstehung der Arten. Dann formulierte Ernst Haeckel (1834-1919) die ›biogenetische Grundregel‹: Jede Art von Leben auf der Erde hat eine stammesgeschichtliche Entwicklung, die Phylogenese, durchlaufen. Jedes einzelne höhere Lebewesen wiederholt diesen Prozess im Verlauf der Ontogenese, seiner individuellen Entwicklung. In der Phylogenese drückt sich die Evolution aus. Wie jede Entwicklung verläuft sie vom Einfachen zum Komplexen. Auch darin manifestiert sich der Zeitpfeil.

Jedes individuelle Leben ist der Ablauf eines – für sich betrachtet – einmaligen Geschehens, dessen Phasen seinen Lebenszyklus bilden. Auf die erste Zellteilung folgen Wachstum, Reife, Vermehrung und Tod. Die Lebenszyklen aller Individuen wiederholen sich in der Aufeinanderfolge von Generationen. Während dieser Wiederholungen schreitet die Entwicklung voran. Generationen gliedern die Zeit. Jede Generation gibt die ›Baupläne‹ ihrer Lebensformen an die nachfolgende weiter. Das ermöglicht ihre Reproduktion. Träger dieser genetischen Information sind die Nukleinsäuren RNS und DNS. Auf 3,9 Milliarden Jahre schätzt der Göttinger Physikochemiker Manfred Eigen das Alter des gemeinsamen Gen-Codes aller irdischen Lebewesen. In 4 Milliarden Jahre alten Ribozymen vermutete der amerikanische Astrophysiker Carl Sagan erste Formen des Lebens. Das sind Moleküle, die sich selbst nachbilden können, ohne dass Eiweiße vorhanden sind. Später entstanden Bakterien aus Molekülketten von Aminosäuren.

In manche Gene werden anstelle ›normaler‹ Kohlenstoffatome einige des radioaktiven Isotops ^{14}C eingebaut. Ihr Zerfall verändert die Erbsubstanz, löst Mutationen aus, die den nachfolgenden Generationen vielfältigere Möglichkeiten der Auswahl eröffnen. Dadurch kommt die Evolution voran. Der Mensch hatte als Züchter schon früh darauf Einfluss genommen. Seit er die Doppelhelix der DNA entschlüsselte, entwickelt er die Gentechnik. Nun kann er das Erbmaterial gezielt verändern, braucht nicht auf das zufällige Erscheinen geeigneter Mutanten zu warten. Das Ergebnis ähnelt dem vom Film bekannten Prinzip des Zeitraffers. Doch es gibt einen entscheidenden Unterschied: Nicht der natürliche, viele Generationen dauernde Prozess wird zu schnellem Überblick gerafft wiedergegeben, sondern der Prozess selbst wird beschleunigt, aus seinen vielfältigen Zusammenhängen mit den zeitlichen Rhythmen der Biosphäre herausgerissen. Ob das immer vorteilhaft ist, darf bezweifelt werden.

Die Organismen haben sich im Verlauf der Evolution an ihre Umgebung angepasst. Weil in der Umgebung zyklische Änderungen stattfinden, ändern sich auch Intensität und Charakter biologischer Prozesse zyklisch, in relativ langen Perioden. Der New Yorker Evolutionsforscher Niles Eldredge hat 1994 *ökologische Zeit* definiert als »die Dauer, in der ökologische Vorgänge [...] typischerweise ablaufen«. Ökologische Zeit erstreckt sich über den Bereich von einigen Minuten bis zu etwa einem oder zwei Jahrtausenden. Im Rückblick, im Spiegel geologischer Kalender erscheinen aber einige hundert oder tausend Jahre lediglich als Augenblick.

Andere Rhythmen von meist kürzerer Dauer regulieren die Existenz der einzelnen Individuen. Ihre Periodendauer bewegt sich in sehr unterschiedlichen Größenordnungen, von Femtosekunden (10^{-15} s) bis zu mehreren Jahren. Jede Erscheinung hat ihr Zeitmaß, von der Funktion einzelner Zellen über komplexe Systeme wie den Blutkreislauf der Säugetiere bis hin zur Lebensdauer der Individuen.

Von vier verschiedenen geophysikalischen Ereignissen wird das Verhalten der Organismen nachhaltig beeinflusst. Am auffälligsten ist die Abhängigkeit der Individuen von der Sonne in Gestalt täglichen Wechsels und jahreszeitlicher Wiederkehr, daneben wirken die Gezeitenrhythmik und die Mondperiodik. Die Mehrheit aller physiologischen Prozesse hängt vom 24-stündigen Tagesrhythmus ab, der auch *solar-diurnaler Rhythmus* (von lat. diurnal, ›das Tägliche‹) genannt wird. Er zeigt sich in Zustand und Verhalten der einzelnen Lebewesen. Typische Beispiele sind

- die Wach- und Schlaf-Zyklen der Tiere,
- der wechselnde Stoffwechsel bei Tieren, z. B. das Schwanken der Körpertemperatur,
- die Frequenz der Zellteilung,
- die Spaltöffnung (Atmung) der Pflanzen sowie die Bewegung ihrer Blätter und Blüten.

Dagegen hängen viele Meeresbewohner und die meisten Pflanzen und Tiere in Küstengebieten vom 24,85-stündigen *lunar-diurnalen Rhythmus* bzw. von den 12,4-stündigen Tiden ab. Auch das zeigt sich in veränderter Aktivität, z. B. in

- der zyklischen Ventilöffnung von Mollusken,
- der vertikalen Verteilung von Kleintieren in der Wasserströmung,
- den Wanderungen von Käferschnecken,
- den Schlüpfterminen bestimmter Mückenarten.

Mit dem synodischen Monat (den sichtbaren Mondphasen) sind die 29,53 Tage währenden *lunar-monatlichen Rhythmen* verbunden. Sie manifestieren sich z. B. im Ausschlüpfen von Insektenlarven in Küstenzonen, im Reproduktionszyklus verschiedener Meereswürmer oder bei Algen.

Der jährliche bzw. jahreszeitliche Wechsel in Anzahl und Aktivität der Tiere sowie in Wachstum und Entwicklung der Pflanzen sind allgemein bekannt. Während das grundsätzliche Verhalten einer Art genetisch festgelegt ist, wird der konkrete Ablauf der jährlichen Rhythmen meist durch äußere Einflüsse wie Dauer des Tageslichts, Temperatur oder andere klimatische Faktoren modifiziert. Beim Menschen zeigt sich jahresperiodische Abhängigkeit z.B. in der

Geburtenhäufigkeit oder bei der Selbstmordrate. Der Münchner Psychologe Till Roenneberg konnte nachweisen, dass dieser Einfluss mit wachsendem Zivilisationsgrad abgenommen hat. Ein bekanntes Beispiel aus dem Tierreich ist der Vogelzug, und wir finden Bezüge darauf in manchen Kalendern naturnah lebender Gesellschaften. 2002 veröffentlichte Beobachtungen der Vogelwarte Radolfzell belegen, dass zum einen die Flugrichtung genetisch festgelegt ist und zum anderen die Dauer der ›Zugunruhe‹. Aus dieser Zeitvorgabe ergibt sich die Dauer des Flugs, und nur dadurch wird bestimmt, wie weit die Tiere fliegen. Indessen ziehen viele Vogelarten unregelmäßig, und manche sind in den letzten Jahren ganzjährig in Mitteleuropa geblieben. Eine Evolution im Kleinen verändert ihr Zugverhalten abhängig von veränderten Umweltbedingungen, sie läuft binnen weniger Generationen ab.

Lebewesen im Einflussbereich der Gezeiten haben völlig andere Lebensrhythmen. Sie werden vom rund sechsstündigen Wechsel zwischen Ebbe und Flut dominiert. Außerdem steuert der Mond als Zeitgeber die Fortpflanzung zahlreicher Wasserbewohner. Viele Tiere entlassen ihre männlichen und weiblichen Geschlechtszellen ins Wasser. Der Befruchtungserfolg hängt davon ab, dass das bei Millionen von Individuen gleichzeitig geschieht. Schon Aristoteles hat berichtet, dass die Diademis-Seeigel Eier und Samen in Zusammenhang mit den Mondphasen ausstoßen.

In der Südsee lebt eine Korallenart, die einmal jährlich Eier und Spermien ins Meer ausschüttet. Milliarden von Tierchen ›erkennen‹ die passende Jahreszeit, und eine bestimmte Mondphase synchronisiert dann den genauen Zeitpunkt. Aber nicht bei allen Individuen ist der Zeitsinn gleich ausgeprägt. Deshalb werden zugleich mit den Geschlechtszellen chemische Botenstoffe (Pheromone) emittiert. Die Nachzügler orientieren sich an diesen duftenden Zeitmarken. Der Mondkalender aber hat zu diesem Zeitpunkt bereits eine ganze Nahrungskette synchronisiert. Pünktlich treffen in den Korallenriffen vor Australien riesige Schwärme von Kleinkrebsen ein, um sich an den Eiern zu mästen. Tagesgenau zwei Wochen später erscheint der Walhai und verschlingt die Krebse.

Jedes Jahr stimuliert der Frühlingsvollmond die Heringe an der nordamerikanischen Pazifikküste, sich auf den Weg zu ihren Laichplätzen vor British Columbia zu machen. Exakt bei der folgenden Nippflut, wenn die Gezeitenströmung am wenigsten ausgeprägt ist, legen sie ihren Laich ab. Auch hier warten schon die Stichlinge, Krebse und andere Bruträuber, um über den Rogen herzufallen. Aber die Heringe müssen genau dorthin, und genau an diesem einen Tag.

Der Neumond ist Zeitgeber für den Samenausstoß der Seegurken im Indischen Ozean. Diese Tiere verankern sich lebenslang mit vielen kleinen Saugfüßen an einem Korallenriff und können nicht zueinander gelangen. Deshalb überlassen die männlichen Tiere im Schutz der Dunkelheit ihren Samen der Meeresströmung. Das muss gleichzeitig in der ganzen Kolonie geschehen, um Erfolg zu haben.

Bei Springflut, dem höchstmöglichen Wasserstand, gehen die Weibchen der Bastard-Meeresschildkröten in der Bucht von Acite (Costa Rica) auf das Land, um dort ihre Eier abzulegen. Zehntausende von Tieren kommen aus Hunderten Kilometern Entfernung und versammeln sich zunächst im Wasser. Chemische Botenstoffe synchronisieren dann den Landgang, sodass nach genau 50 Tagen alle Jungen gleichzeitig schlüpfen. Nur in solchem Gewimmel von Millionen haben einige die Chance, ihren Fressfeinden ins Wasser zu entkommen.

Monatlich am zweiten Tag nach Vollmond eine Stunde nach Sonnenuntergang erscheinen in ruhigen Buchten der mittelamerikanischen Ostküsten die Bermuda-Feuerwürmer zur Massenpaarung an der Wasseroberfläche. Ihre Weibchen besitzen Leuchtorgane, um damit die Männchen anzulocken. Die Bio-Lumineszenz der in Kreisen schwimmenden Tiere ist ein eindrucksvolles Schauspiel und hat sich zu einer Touristenattraktion entwickelt. Doch in jüngster Zeit stört der Tourismus den Paarungsrhythmus, das künstliche Licht einer Unzahl von Sportanlagen in der Karibik verwirrt die Tiere.

In Kambodscha gibt es am Anfang der Trockenzeit ein merkwürdiges Phänomen biologischer Zeitlichkeit, eine bisher nicht erklärte Massenwanderung von Kleinfischen, die immer am siebenten Tag des zunehmenden Mondes beginnt und bei Vollmond endet. Dann ziehen ganze Dörfer zu einem Fangplatz am Mekongufer und erzeugen einen Jahresvorrat an Pro-Hok, der proteinreichen Würzpaste.

Biologische Uhren

Gemeinsame Grundlage der verschiedenen Tages-, Monats- und Jahresrhythmen sind vererbbare Stoffwechselvorgänge, die *biologischen Uhren*. Sie laufen in den Individuen relativ selbstständig ab und erlauben ihnen das ›Vorausahnen‹ des bevorstehenden Wechsels der Umweltbedingungen. Das ermöglicht optimale Anpassung. So wächst beispielsweise Hunden jährlich ihr dickeres Winterfell, und zwar rechtzeitig, bevor es kalt wird.

Unter konstanten Bedingungen bildet sich der Rhythmus einer ›inneren Uhr‹ spontan heraus. Er stellt sich auf einen etwa 25-stündigen Ablauf ein, weshalb man von einer *cirkadianen* (ungefähr täglichen) Rhythmik spricht. Den Begriff prägte 1959 der in den USA arbeitende deutsche Mediziner Franz Halberg. In den 1960er-Jahren begann man, zwecks Untersuchung dieser Vorgänge Menschen über längere Zeit von allen äußeren Einflüssen abzuschotten. Diese ›Bunkerexperimente‹ lehrten, dass sich bei isolierten Personen der Zyklus von Ruhe und Aktivität zwischen 24,5 und 26 Stunden einpendelt. Neuere Experimente in Schlaflabors bestätigen aber, dass der Mensch zu einem zweigeteilten Schlummer neigt: dem ›großen‹ Schlaf in der subjektiven Nacht und dem ›kleinen‹ am subjektiven frühen Nachmittag. Heute steht auch fest, dass die meisten Tiere dieses Schlafmuster mit uns gemein haben. Der erquickende Effekt der Mittagsruhe spiegelt sich auch im Pulsschlag, in den Gehirnströmen und der elektrischen Leitfähigkeit der Haut.

Manche Biorhythmen ermöglichen dem einzelnen Organismus, seine individuellen Zyklen an die in der Umgebung ablaufenden anzupassen. Dabei sind Schwankungen mit der Tages- oder Jahreszeit, mit den Mondphasen oder den Gezeiten möglich. Sie heißen deshalb *umweltsynchron.* Der etwas langsamer ›freilaufende‹ innere Rhythmus wird durch einen von außen einwirkenden Takt ›mitgezogen‹. Als Triggerimpulse, also ›Synchronisierungsbefehle‹, wirken dabei äußere Faktoren wie Licht, Temperatur oder Luftfeuchtigkeit. Dem cirkadianen Rhythmus des Menschen wird der solar-diurnale Takt durch das Tageslicht aufgeprägt. Bei Blinden erfolgt eine ›Ersatzsynchronisation‹ durch akustische Umweltreize. Der im biologischen System um eine Stunde längere Tag führt zu einer Neigung, dem äußeren System etwas ›hinterherzuhinken‹. Hätte der Mensch im Durchschnitt eine innere Uhr von etwa 23 Stunden, so würden wir mit Vergnügen jeden Morgen um drei aufstehen und nachmittags um fünf ins Bett gehen, mutmaßt der führende Münchner Hirnforscher Ernst Pöppel und folgert, dass die typische zeitliche Orientierung aller menschlichen Sozialsysteme von den Eigenheiten der cirkadianen Uhr des Menschen bestimmt wird.

In manchen Fällen genügt ein extrem kurzer Impuls, um eine Tagesperiodizität in Tieren herzustellen. Drosophila melanogaster, eine Taufliege, ist wegen ihrer schnellen Generationsfolge das ›Lieblingstier‹ der Vererbungsforscher. Man hat einige im Labor in völliger Dunkelheit und von anderen isoliert aufgezogen und einem nur 0,5 Millisekunden dauernden Lichtblitz ausgesetzt. Diese Exemplare erreichten die gleiche rhythmische Aktivität wie normal aufgezogene. Das bezeugt eine angeborene ›Voreinstellung‹ derartiger Rhythmen. Anderen Lebewesen gelingt die Synchronisation erst nach langer Zeit. Menschenbabys haben anfänglich einen vierstündigen Körperrhythmus. Ungefähr fünf Monate nach der Geburt haben sich Herz und Kreislauf auf einen 24-stündigen Ablauf eingestellt. Zehn bis zwölf Monate dauert es, bis sich auch die Schwankungen der Körpertemperatur entsprechend angeglichen haben.

Biorhythmen werden andererseits auch aufrechterhalten, wenn in künstlich konstant gehaltener Umgebung die normalen Umweltreize ausbleiben:

- Die massenhafte Vermehrung der Taufliegen ereignet sich alle 24 Stunden unabhängig von Licht- und Temperaturschwankungen.
- Der lunar-diurnale Rhythmus der Ventilöffnung von Mollusken bleibt auch in einem verdunkelten Aquarium lange Zeit erhalten.
- Die Keimbereitschaft von Samen bleibt auch bei Dunkelheit und konstanter Temperatur präzise in Übereinstimmung mit der Jahreszeit.

Die eigentlichen biologischen Uhren sind Stoffwechselvorgänge, die auf molekularer Ebene ablaufen. Alle biologischen Zellen besitzen einen selbstständigen Stoffwechsel, der einem Eigenrhythmus folgt. Dieser Arbeitstakt der biologischen Moleküle liegt in der Größenordnung von Femtosekunden (10^{-15} s). Kompliziertere Aufgaben brauchen mehr Zeit. 60.000 chemische Reaktionen pro Sekunde laufen ab, wenn das Enzym ›Polymerase 2‹ Erbinformationen in der Zelle kopiert. Manche Zellen bilden Erregungsketten, in denen durch Rückkopplung ähnlich wie bei elektronischen Generatoren eine permanente Selbsterregung zustandekommt. Dann entstehen Schwingungen mit relativ konstanter, weit größerer Periodendauer.

Ein Gewebe aus einigen tausend besonders spezialisierten Nervenzellen bildet den *Nucleus suprachiasmaticus (SCN)*, die ›zentrale innere Uhr‹. Darin kann selbst außerhalb des Körpers der cirkadiane Rhythmus nachgewiesen werden. Genetisch festgelegt erzeugen seine Zellen spezielle ›Zeit-Proteine‹. Diese werden taktweise ausgeschüttet und nach und nach wieder abgebaut. Ihr rhythmischer Auf- und Abbau, ihr Entstehen und Vergehen ist die innere Uhr. Von den Wahrnehmungen der Sinnesorgane in ultrakurzen Zeitabschnitten über die verschiedenen Tages-, Monats- und Jahresrhythmen bis zum Lebensalter und damit dem Rhythmus der Generationenfolge hängen sämtliche Lebensprozesse der Organismen letztlich von den biologischen Uhren ab. Ihre Steuerung erfolgt durch hormonale und nervale Mechanismen.

Neben dem Ablauf der verschiedenen Rhythmen besitzen lebende Zellen ein System zum Messen linearer Zeit, haben Molekularbiologen am Ende des 20. Jahrhunderts herausgefunden. In den Zellen wurden sogenannte *Telomere*, Anhängsel der DNA, entdeckt. Bei jeder Zellteilung verkürzen sie sich, bis sie schließlich ganz verschwinden. Dann beginnt das Altern und Absterben der Zellen. In Ruheperioden kann die Alterung verzögert werden. So leben Arbeiterinnen von Bienenvölkern im Sommer sechs Wochen, im Winter dagegen neun Monate. In Zusammenhang damit befassen sich Genforscher mit Telomerase, dem Unsterblichmachen. Im Jahr 2000 manipulierten US-Forscher ein bestimmtes Gen einer Fruchtfliegenart. Die Lebensdauer der behandelten Tiere stieg von 37 auf 70 Tage. Aber nur Nachkommen ermöglichen Evolution. Das erfordert das Absterben älterer Generationen, um ausreichenden Lebensraum und Nahrung für die Nachkommen zu gewährleisten. Deshalb ist die Lebenszeit der Organismen befristet. Auch die Abfolge der Generationen ist ein Rhythmus. Und schließlich gehört auch das Aussterben von Arten zum normalen Gang der Evolution. 99,9 % aller Arten, die je existierten, sind heute ausgestorben.

Chronobiologie und Chronomedizin

In den vergangenen Jahrzehnten hat sich eine selbstständige Wissenschaftsdisziplin herausgebildet, die sich mit der zeitlichen Gliederung der Lebensprozesse beschäftigt. Die Chronobiologie kennt heute über 600 einzelne Schwingungen im Körper, von denen ein großer Teil mit dem Hell-Dunkel-Zyklus zusammenwirkt. Einen ›Körperrhythmus an sich‹ gibt es nicht. Als erste der ›inneren Uhren‹ bewusst wahrgenommen hat man wohl Atmung und Herzschlag, und sehr früh wurden sie als Synonym für ›Leben‹ betrachtet. Verschiedene Erscheinungen beeinflussen die Zahl der Herzschläge pro Minute, man nennt diese Eigenschaft chronotrop. Beispielsweise wirken im vegetativen Nervensystem der Sympathikus positiv, der Parasympathikus negativ chronotrop.

Doch auch im Ruhezustand schlägt das Herz keineswegs gleichförmig. Bei jedem zehnten bis zwanzigsten Herzschlag zeigen sich die Spitzen eines EKGs in völlig anderen Abständen. Durch diese variable Dauer einzelner Herzschläge kann das Herz äußere Störungen ausgleichen. Im ›Interdisziplinären Zentrum für Nichtlineare Dynamik‹ an der Universität Potsdam wurden in den 1990er-Jahren die Feinstrukturen von Herzrhythmen untersucht. Dabei hat sich gezeigt, dass diese Strukturen fraktaler Natur und deshalb ›chaosfähig‹ sind. Geraten aber die aufeinander abgestimmten Rhythmen völlig außer Tritt, so drohen die medizinischen Phänomene ›plötzlicher

Herztod‹ und ›plötzlicher Kindstod‹. Unter diesem Aspekt werden an der Berliner Charité Fragen der Körperrhythmik untersucht.

Im Lauf eines Tages wirken in einem Organismus die verschiedenen Mikrorhythmen. Sie bilden einen sehr detaillierten körpereigenen ›Terminkalender‹, der sich unter anderem im regelmäßigen Schwanken diverser Hormonspiegel äußert. Morgens ab fünf beispielsweise strömen Glukose und Aminosäuren ins Blut, versorgen die Zellen mit Energie. Dazu schießen Stresshormone aus den Nebennieren und bereiten das Aufwachen vor. Um sieben ist der Spiegel der Sexualhormone um 40 % höher als um Mitternacht. Im Lauf des Vormittags steigen Blutdruck und Puls rapide an. Die Reaktionsgeschwindigkeit erreicht ihre besten Werte. Auch das Kurzzeit-Gedächtnis hat sein Leistungsmaximum. Jetzt ist Arbeitszeit, aber zugleich die mit dem größten Risiko für Herzinfarkte. Um die Mittagsstunde wird viel Magensäure gebildet. Danach steigt der Melatoninspiegel, nun legt der Körper eine ›Verdauungspause‹ ein; ob man gegessen hat oder nicht – man wird müde. Nachmittags werden vermehrt die körpereigenen Endorphine ausgeschüttet. Dadurch sinkt die Schmerzempfindlichkeit. Diese Zeit ist günstig für den Besuch beim Zahnarzt. Auch das Einspeichern von Informationen ins Langzeitgedächtnis geschieht jetzt am effektivsten – gute Zeit zum Lernen. Am frühen Abend erreicht die Leber ihre maximale Entgiftungsleistung. Dann wird z.B. Alkohol am schnellsten abgebaut. Mit dem diskontinuierlichen Ticken der inneren Uhren schwankt auch das Zeitgefühl selbst. Versuchspersonen, die ohne Hilfsmittel eine Zeitstrecke von etwa zehn Sekunden festlegen sollten, schätzten am späten Vormittag um 20 % kürzere Zeiten als nachmittags.

Deutlichster Ausdruck für den Biorhythmus des Menschen ist die Notwendigkeit zu schlafen. Schon die ältesten Lebewesen haben ihre Ruhephasen dem Hell-Dunkel-Rhythmus angepasst. Nur der Mensch hat es gelernt, sich davon zu lösen. Ein körpereigener chemischer ›Taktgeber‹, das Hormon Melatonin, steuert die Schlaf- und Wach-Zyklen des Menschen. Seine Produktion hängt vom Sonnenlicht und von der Ernährung ab: Kohlenhydrat-Nahrung macht müde, Eiweiß hält munter. Schlaf regelt den Energiehaushalt, der Mensch kann nur für begrenzte Stunden körperlich und geistig leistungsfähig sein. Bei länger anhaltendem Schlafdefizit bricht auch sein Immunsystem zusammen. Ausreichender Schlaf ist entscheidend für die Synchronisierung der inneren Uhr. Alle Körperfunktionen werden auf die Ruhephase eingestellt, unter anderem sinken Körpertemperatur und Blutdruck. Andererseits verarbeitet unser Gehirn im Schlaf die Eindrücke des Tages. Immer größere Mengen von Informationsmüll müssen ›entsorgt‹

werden. Aber der deutsche Durchschnitts-Erwachsene schläft kaum noch sieben Stunden täglich, vor 100 Jahren waren es noch fast neun. Auch mit dem Lebensalter ändert sich das Schlafbedürfnis: Während Säuglinge noch etwa 16 Stunden Schlaf benötigen, kommen ältere Menschen oft mit fünf bis sechs Stunden aus.

Die Abhängigkeit des Menschen von seinem natürlichen Schlaf-Wach-Rhythmus ist dort am deutlichsten zu bemerken, wo dieser aus dem Takt gerät. Wenn ein Flugzeug bei Fernreisen mehrere Zeitzonen durchquert, reagieren viele seiner Insassen mit dem gefürchteten *Jetlag* auf die Zeitdifferenz. Für einige Tage leiden sie unter Schlafstörungen, Abgeschlagenheit, Kopfschmerzen oder Verdauungsbeschwerden. Zwei bis drei Stunden Zeitverschiebung kann der Organismus normalerweise ohne Probleme bewältigen, doch je größer die Zeitdifferenz wird, desto stärker prägen sich die Beschwerden aus. Wegen des freilaufenden 25-stündigen cirkadianen Rhythmus gelingt die Anpassung leichter bei Reisen in der Richtung von Ost nach West, wenn der scheinbare äußere Tag länger wird. Ein wenig lässt sich die innere Uhr überlisten: Schon vor dem Abflug die Schlafphasen täglich um ein bis zwei Stunden verschieben (bei Flügen nach Osten früher schlafen gehen, in westlicher Richtung später), nach der Ankunft möglichst übergangslos den örtlichen Rhythmus aufnehmen. Neuerdings wird in den USA synthetisch hergestelltes Melatonin frei verkauft, und mancher versucht, damit seine innere Uhr auf eine veränderte Zeitzone einzustellen.

Die Evolution selbst hat unterschiedliche Weisen der Anpassung an den solar-diurnalen Rhythmus hervorgebracht. Als sich tierisches Leben immer mehr ausbreitete, wurde es eng auf der Erde und die Arten begannen, den Lebensraum auch zeitlich aufzuteilen. Time-sharing für begrenzte Ressourcen ist also durchaus keine Erfindung des Menschen. Neben den tagaktiven entwickelten sich dämmerungs- und nachtaktive Arten. Ihr Hormonhaushalt wird nach anders strukturierten Programmen gesteuert. Auch bei Menschen gibt es verschiedene *Chronotypen*, die Zugehörigkeit zu ihnen ist genetisch bedingt. Am auffallendsten unterscheiden sich die extrem ausgeprägten Morgen- und Abendtypen. Es hat Vorschläge gegeben, Schichtarbeit durch Menschen entsprechenden Genotyps verrichten zu lassen. Das wäre vorteilhaft für den Einzelnen wie für das Arbeitsergebnis. Leistungsvermögen, Aufmerksamkeit und Genauigkeit können gesteigert werden. Vor allem aber würde das havarieträchtige ›menschliche Versagen‹ eingeschränkt. In den letzten Jahren hat sich herausgestellt, dass ein Viertel aller Unfälle durch Übermüdung und unbewussten Minutenschlaf verursacht wird.

Schon die Industriegesellschaft drängte auf das Glätten des 24-stündigen Auf und Ab. Heute ist ›Verbrauch non stop‹ die Devise der Konsumgesellschaft. Morgen wird uns das ›Globale Dorf‹ den weltweit einheitlichen ununterbrochenen Tag suggerieren. Jüngere Menschen können sich dem Überspielen innerer Zeitmuster zunächst scheinbar mühelos anpassen. Aber das Ignorieren des inneren Rhythmus ist mit erheblichen Risiken verbunden. Tief in der Nacht ruhen bei jedem Chronotyp die meisten Zellen. Die bedeutendsten Umweltkatastrophen der letzten Jahrzehnte wurden durch menschliche Fehlleistungen bei Nacht verursacht: Im ukrainischen Tschernobyl trat der *GAU* am 26.4.1986 um 01.24 Uhr ein; die Havarie des Tankers ›Exxon Valdez‹ vor der Küste Alaskas geschah am 24.3.1989 kurz nach Mitternacht. Um die Aufmerksamkeit der Öffentlichkeit auf diese Probleme zu lenken, hat die Weltgesundheitsorganisation WHO den 21. März zum ›Internationalen Tag des Schlafes‹ erklärt. In den USA wird seit 1990 zur *National Sleep Awareness Week* aufgerufen, wenn die Uhren auf die Sommerzeit umgestellt werden müssen. In Deutschland wurde im Jahr 2000 der ›Tag des Schlafes‹ initiiert und dafür der auf die kürzeste Nacht folgende 21. Juni gewählt.

Schlafstörungen machen den Menschen zunehmend zu schaffen. Die Chronomedizin betrachtet sie als Störungen der inneren Uhren. Umweltbedingungen und Lebensweise greifen zunehmend rücksichtslos in ein kompliziertes Geflecht vieler zeitlicher Abläufe, in ein aufeinander abgestimmtes Gefüge von Schwingungsmustern ein. Eng mit dem zyklischen physisch-biologischen Geschehen verknüpft ist auch das psychische Erleben. Psychopathologen untersuchen Zusammenhänge zwischen rhythmischem Empfinden und Psyche. Eine verbreitete Theorie geht davon aus, dass jeder Mensch seinen individuellen Rhythmus habe, der sich in körperlichen und geistigen Prozessen niederschlägt. Störungen dieses Rhythmus würden sich als Neurosen und Psychosen manifestieren, lösen aber auch große Wirkungen an überraschenden Stellen aus. Zum Beispiel wird bei einer Depression das System Herzschlag-Atmung dereguliert. Man spricht dann von ›vegetativer Verstimmung‹. Zu den Grundmustern der Depression gehört auch das Wachsein bei Dunkelheit, ein dem Jetlag ähnlicher Zustand. Eine ausgeprägte Tagesrhythmik wird auch bei manchen Arzneimitteln, z.B. Blutdruck- und Asthmamitteln, beobachtet. Die Chrono-Pharmakologie befasst sich mit ihrer unterschiedlichen Wirkung zu den verschiedenen Tageszeiten.

In jedem Organismus überlagern sich zahlreiche Rhythmen mit unterschiedlicher und manchmal variabler Periodendauer. Durch Interferenz zwischen ihnen entstehen komplizierte Muster, Strukturen aus Zeitelementen.

Halberg, der Pionier der Chronobiologie, der eine statistische ›Kartographie‹ solcher biologisch wirksamer Zeitstrukturen schuf, hat sie *Chronome* genannt. Sie umfassen ein weites Spektrum von Rhythmen in der Natur. Wie das Genom, der Chromosomensatz einer Zelle, enthält das Chronom wichtige Informationen. Beide gehören zusammen wie Zeit und Raum.

Die vielleicht überraschendste von Halbergs Entdeckungen ist der *cirkaseptane* (etwa siebentägige) biologische Rhythmus. Er tritt z.B. im Langzeit-EKG und bei periodischen Schwankungen des Blutdrucks zutage. Auch Erholungsphasen im Urlaub oder Fieberschübe folgen einem Wochenrhythmus. Im Vergleich zu den cirkadianen Rhythmen ist der biologische ›Wochentakt‹ wenig ausgeprägt und deshalb lange der Aufmerksamkeit der Forscher entgangen. Inzwischen ist er sogar in Algen und Bakterien nachgewiesen, einfachsten Lebensformen, die seit Jahrmillionen auf der Erde existieren. Früher wurde angenommen, dass cirkaseptane Systeme, anders als bei Tages- und Jahresrhythmen, keinen äußeren Taktgeber besitzen. Inzwischen scheint gesichert, dass dieser im geomagnetischen Feld der Erde zu suchen ist. Von zahlreichen Lebewesen, überwiegend von Vögeln und Fischen, ist seit längerem bekannt, dass sie Magnetsensoren besitzen. Sie haben sich im Lauf von Jahrmilliarden auf das geomagnetische Feld eingestellt, wobei dessen Mikro-Pulsationen im Frequenzbereich zwischen 7 und 12 Hz eine besondere Rolle spielen; eben dies ist die Eigenfrequenz von Zellverbänden. Offensichtlich haben Lebewesen im Laufe der Evolution diesen Rhythmus ›verinnerlicht‹, wie es auch beim cirkadianen Rhythmus vor sich gegangen ist.

Über Makrorhythmen des Körpers ist wenig bekannt und umso mehr spekuliert worden. Es wird angenommen, dass nicht sichtbare zyklische Erscheinungen im Sonnensystem mit Perioden zwischen einigen Monaten und mehreren Jahrzehnten, die im Einzelnen noch unzureichend erforscht sind, darauf einen Einfluss ausüben. Im Jahr 2001 hat ein Forscherteam unter Halbergs Leitung einen 10,5- bzw. 21-Jahres-Rhythmus anthropologischer Parameter bei Menschen nachgewiesen, der in Beziehung zu periodisch auftretenden Magnetstürmen steht. Seit Jahrzehnten werden im gleichen Rhythmus auftretende pathologische Erscheinungen, darunter vermehrte Herzinfakte, beobachtet.

Ganz ohne Zweifel unterliegt bereits das Kind im Mutterleib biologischen Rhythmen. Nach der Geburt bestimmen Umweltfaktoren diese mit, und der Säugling erlebt eine neue zeitliche Periodizität. Im vierten oder fünften Lebensjahr entwickelt sich dann eine bewusste Zeiterfahrung. Der Berliner Arzt Wilhelm Fließ begründete um 1900 die umstrittene Lehre vom menschlichen ›Biorhythmus‹. Er definierte die sogenannten Substanzrhythmen, das sind ein ›seelisches‹ und ein ›körperliches‹ Intervall von 28 bzw. 23 Tagen. Fließ hielt sie für Naturkonstanten, die angeblich die menschlichen Aktivitäten beeinflussen. Daneben sollen noch ein 33-tägiger ›Intellekt‹- und ein 38-tägiger ›Feinsinnigkeits‹-Rhythmus existieren. Jede der vier Kurven verläuft sinusförmig und beginnt mit der Geburt, wird behauptet.

Computerprogramme zur Bestimmung des angeblichen persönlichen Biorhythmus gehören zum bevorzugten Repertoire moderner Scharlatane. Unter anderem sollen immer dann, wenn sich alle vier Kurven schneiden, lebensgefährdende Krisen drohen. Ein gemeinsamer Schnittpunkte aller vier Sinuskurven existiert aber nur bei einem gleichzeitigen Nulldurchgang und tritt nach jeweils 403.788 Tagen ein, das sind über 1.100 Jahre! Freilich kann man ›Schnittpunkt‹ großzügig definieren. Zum Beispiel kreuzt am 10.853. Tag jede der vier Kurven die anderen drei innerhalb von 24 Stunden. Dass eine einzelne Kurve innerhalb von 24 Stunden die anderen schneidet, tritt 54-mal im Lauf von rund 80 Jahren ein, zum ersten Mal am 644. Tag. Einen gemeinsamen Schnittpunkt von drei Kurven gibt es während dieser Zeit zehnmal.

Unbestritten ist einzig der im Durchschnitt meist 28-tägige Rhythmus der weiblichen Geschlechtsorgane. Seine näherungsweise Übereinstimmung mit den Phasen des Mondes hat feministische Historikerinnen veranlasst, die Herausbildung des Mondkalenders in der Frühzeit der menschlichen Gesellschaft mit dem Einfluss des Matriarchats in Verbindung zu bringen. Der Mondkalender wird deshalb von ihnen Menstruationskalender genannt. Zehn dieser Zyklen, 280 Tage, dauert durchschnittlich die Schwangerschaft beim Menschen. Das ist die ›offizielle‹ Dauer, die ab dem ersten Tag der letzten Regelblutung gezählt wird. Tatsächlich beginnt die Schwangerschaft erst zwei Wochen später, wovon auch der deutsche Gesetzgeber im Strafrecht ausgeht.

Der schwäbische Frauenarzt Franz Carl Naegele stellte gegen 1850 die Regel auf: Ungefährer Geburtstermin gleich erster Tag der letzten Menstruation minus drei Monate plus sieben Tage plus ein Jahr. Daraufhin wurde die Vorstellung von ›neun Monaten‹ populär, heute wird eher von 38 bis 39 Wochen ausgegangen. Der inzwischen veraltete Ausdruck ›in die Wochen kommen‹ meint indessen die letzten Tage der Schwangerschaft. Er bezieht sich auf den Begriff ›Wochenbett‹, der im 16./17. Jahrhundert als Kurzform von ›Sechs-Wochen-Bett‹ entstand. Entsprechend bildeten sich die Ausdrücke Sechswöchnerin und Wöchnerin. Damals herrschte in gut situierten Kreisen die Auffassung, Mütter hätten sechs Wochen nach der Entbindung das Bett bzw. Zimmer zu hüten.

Sinnesorgane von Tieren und Pflanzen sind in gewisser Weise Zeitmesser, sie reagieren auf Schwingungen innerhalb eines bestimmten Frequenzbereichs. Frequenz meint in diesem Zusammenhang die Zahl der Schwingungen pro Sekunde, sie wird in deutschsprachigen Ländern in Hertz (Hz) angegeben. Unterschiedliche Frequenzen rufen differenzierte Sinneseindrücke hervor. Dauert beispielsweise eine einzelne Schwingung 2,27 Millisekunden (10^{-3} s), so entspricht das 440 Hertz, und wir hören den ›Kammerton a‹. Währt sie dagegen nur 2,27 Femtosekunden (10^{-15} s), so ist das eine Frequenz von 440 Petahertz (10^{15} Hz), und wir sehen grünes Licht.

Der Bereich des Hörens reicht beim jungen Menschen im Allgemeinen von 16 Hz bis 20 kHz. Eine Schwingung innerhalb dieser Grenzen wird als Ton identifiziert, indem die Zeit von einem Maximum zum nächsten gemessen wird. Das erfolgt durch Vergleich mit einem kontinuierlich ablaufenden, stets verfügbaren Vorgang. Die Fähigkeit zu hören setzt also eine spezielle innere Uhr voraus. Unterhalb der menschlichen Hörgrenze bis hinab zu etwa einem Hertz entsprechend einer Sekunde Schwingungsdauer spricht man von Infraschall. Weil dieser im Wasser besonders gut fortgeleitet wird, sind die meisten Wassertiere dafür sensibel. Die Schwimmblase der Fische ist als empfindlicher Resonator für solche Frequenzen dimensioniert und Wale kommunizieren mit ihnen über mehrere hundert Kilometer.

Ultraschall reicht oberhalb der Hörgrenze bis zu etwa 100 kHz entsprechend 10 Mikrosekunden. 1938 bemerkte der Amerikaner Donald R. Griffin, dass sich Fledermäuse mittels Ultraschall im Frequenzbereich 20 bis 120 kHz orientieren, den sie impulsartig selbst erzeugen. Die Schallwellen werden von Gegenständen der Umgebung und von Beutetieren reflektiert. Aus der Zeit zwischen dem Senden eines Impulses und dem Empfang seines Echos erhält die Fledermaus Informationen über die Entfernung des reflektierenden Objekts. Fledermäuse besitzen also Organe zur Kurzzeitmessung im Mikrosekundenbereich. Damit nicht genug, sie synchronisieren zwei ›Stoppuhren‹ miteinander und beherrschen dadurch stereophone Effekte. Sie können räumlich hören, ganz so, wie der Mensch mit seinen zwei Augen räumlich sehen und sich auf ein einzelnes bewegtes Objekt konzentrieren kann. Damit gelingt ihnen der Fang fliegender Mücken in völliger Dunkelheit. Hufeisennasen, eine Gruppe der Fledermäuse, senden konstante Frequenzen in Impulsen zwischen 0,05 und 0,1 s aus ihren Nasen, die als Richtstrahl-Reflektor wirken. Glattnasen geben Rufe aus der Kehle in variablen Frequenzen von sich, ihre Rufe sind stets kürzer als 0,05 s Unmittelbar vor dem Greifen eines Insekts werden bis zu 200 Impulse je Sekunde ausgestrahlt.

1842 entdeckte der Österreicher Christian Doppler, dass eine sich uns nähernde Schallquelle den Wellenzug ›zusammenstaucht‹. Dadurch steigt die Frequenz. Nach dem Prinzip des *Dopplereffekts* arbeiten Radargeräte. Sie benutzen elektromagnetische Wellen im Gigahertz-Bereich, die sich mit Lichtgeschwindigkeit ausbreiten. Eine Millisekunde Zeitdifferenz zwischen Aussendung und Empfang des Radarstrahls bedeutet dann 150 km Entfernung des reflektierenden Objekts. Auch Fledermäuse nutzen den Dopplereffekt. Sie können die Differenz zwischen gesendeter und empfangener Frequenz wahrnehmen und sich dadurch über die Geschwindigkeit der fliehenden Beute informieren. Über ähnliche Fähigkeiten verfügt auch der Delfhin im Wasser. Er besitzt auf der Stirn einen Höcker, unter dem sich ein Fettpolster verbirgt. Dies erfüllt die Aufgaben einer verstellbaren akustischen Linse ähnlich dem Zoom-Objektiv moderner Kameras.

Licht ist derjenige Frequenzbereich elektromagnetischer Wellen, den der Mensch mit den Augen wahrnehmen kann. An das Spektrum der Regenbogenfarben schließen sich die für Menschen nicht sichtbaren Bereiche des Infraroten und des Ultravioletten an. Die Netzhaut im Hintergrund des Auges besitzt drei Arten lichtempfindlicher Zellen, Zäpfchen genannt. Deren Signale gelangen zu vier Schaltzellen, welche paarweise zusammenwirken und die Anteile von Rot/Grün und Blau/Gelb im Lichtgemisch feststellen. Solange ein Farbreiz fehlt, sendet jede von ihnen definierte Ruheimpulse aus. Treffen Farbinformationen ein, so ändern sich diese. Das Gehirn überwacht den Informationsfluss und interpretiert die veränderten Impulse als Farbinformation. Wir sehen also Farben mittels winzigster zeitlicher Verschiebungen. Die Empfindlichkeitsmaxima der Zäpfchen liegen bei Wellenlängen von 419 nm (violett), 531 nm (grün) und 558 nm (gelbgrün). Das gesamte sichtbare Licht nimmt den Frequenzbereich zwischen 0,38 und 0,77 Petahertz (10^{15} Hz) ein, eine Schwingung dauert rund 0,13 bis 0,26 Femtosekunden (10^{-15} s).

Mit den Augen der Säugetiere wird außerdem indirekt die durchschnittliche Helligkeit der Umgebung gemessen. Ihre Sehnerven tangieren den SCN. Diese Region im Gehirn regt bei Dunkelheit die Zirbeldrüse an, das Schlafhormon Melatonin auszuschütten. So entsteht das natürliche Bedürfnis, im Winter länger zu schlafen. Bei anderen Arten hat die Evolution andere Parameter dieser Steuerung eingestellt, Hamster beispielsweise sind normalerweise nachtaktiv. Als man ein Exemplar mit abweichendem Zeitverhalten fand und operativ seinen SCN durch Gewebe eines anderen Tiers ersetzte, reagierte das Tier wieder normal.

Viele Insekten sehen vor allem im ultravioletten Bereich. Einige verfügen außerdem an der Stirn über drei Punktaugen, die vorwiegend der Helligkeitsmessung dienen und mit einer inneren Uhr korrespondieren. Der österreichische Zoologe Karl von Frisch untersuchte die ›Tanzsprache‹ der Bienen. Die Tiere informieren sich damit gegenseitig über die Richtung und Entfernung zum Futterplatz. Eine Art ›logarithmischer Skala‹ erfasst Strecken von wenigen Metern bis über 10 Kilometer. Offenbar messen sie mittels der inneren Uhr die dafür benötigte Flugzeit. Arbeitsbienen verlassen ihren Stock im morgendlichen Dämmerlicht und machen sich stets so rechtzeitig auf den Heimweg, dass sie ihn am Abend beim gleichen Helligkeitsniveau erreichen. Den Beginn der Arbeitszeit hingegen steuern Sonne und Wolken ohne Beteiligung der inneren Uhr. Als man Honigbienen eines der Punktaugen zuklebte, ›verschliefen‹ diese Tiere morgens.

Die Wirkungsweise von Geruchs- und Geschmackssinn basiert auf chemischen Reaktionen, die auf molekularer Ebene ablaufen. Deren Arbeitstakt liegt in der Größenordnung von Femtosekunden (10^{-15} s). 1999 ging der Nobelpreis für Chemie an den US-Ägypter Ahmed H. Zewail für die Bestimmung chemischer Reaktionszeiten in diesem Bereich. Mit ultrakurzen Laserimpulsen misst auch Albert Stolow in Toronto solche Vorgänge, die man ›chemische Uhren‹ nennen könnte. Es gibt auch oszillierende chemische Reaktionen, darunter solche, die lange andauern und währenddessen für jeweils einige Minuten einen bestimmten Zustand einnehmen. Bekanntes Beispiel ist eine Jodlösung, deren Farbe zyklisch zwischen Gelb und Blau wechselt.

Zeit im Leben der Pflanzen

Ein anderes Zeitmaß gilt im Leben der Pflanzen, deshalb nehmen wir es im Allgemeinen nicht wahr. Viele Pflanzen verlagern sogar ihren Standort, aber wir bemerken die Veränderung erst, wenn ein Weg zugewachsen, ein Grab überwuchert ist. Ein Zeitraffer-Film reduziert Monate auf Sekunden, zeigt uns das Wachsen im Frühling und das Vergehen im Herbst. Täglich entfalten und schließen sich Blüten, Blätter folgen dem Sonnenstand, Algen im Meer steigen zur Oberfläche und sinken wieder. Morgens schießen die Pflanzen empor, nachmittags ist ihr Stoffwechsel gering, das Wachstum ruht. Auch diese Steuerung besorgen biologische Uhren.

Pflanzen messen Licht und erkennen Farben mittels lichtempfindlicher Pigmente. Sie wurden erst in jüngster Zeit durch gentechnische Forschungen aufgespürt und deshalb *Kryptochrome* (›verborgene Farbstoffe‹) genannt. Wenn Sonnenlicht auf die Teilchen der Atmosphäre trifft, wird es gestreut. Abhängig vom Winkel, unter dem wir den Vorgang betrachten, erreichen uns unterschiedliche Bereiche seines Spektrums. Deshalb sehen wir den Himmel tagsüber blau, morgens und abends aber gelb und rot. Der kurzwellige Blau-Anteil des Spektrums ändert sich im Lauf des Tages. Daraus beziehen die Kryptochrome Informationen über die Tageszeit und synchronisieren die cirkadiane Rhythmik ihrer freilaufenden molekularen Uhren.

Bestimmte Erscheinungen der Pflanzenwelt sind zuverlässige Indikatoren für Tages- und Jahreszeiten. Auf eine Idee des schwedischen Naturforschers Carl von Linné geht die Blumenuhr zurück. Die Sektoren eines kreisförmigen Beetes werden mit verschiedenen Blumen bepflanzt, deren Blüten sich zu verschiedenen Tageszeiten öffnen und schließen. Linné führte mit Studenten im Botanischen Garten von Upsala regelmäßige Listen des ersten Aufblühens der Pflanzen. Einer von ihnen, Alexander Malberger, veröffentlichte 1755 den *Swedish Calendar of Flora* und bemerkte: »Wir sollten den Sommer nicht nach den Sternen definieren. Jedes Ding bewegt und entwickelt sich und hat seine zugeteilte Periode. Die Jahreszeiten werden entsprechend der Menge von Eis und Schnee, der Hitze der Luft vorgerückt oder verzögert. Dies wissen und messen die verschiedenen Arten der Blumen.«

Linné publizierte selbst einen entsprechenden Kalender und teilte das Jahr in zwölf ungleich lange *Flora-Perioden:* ›Winter des Neubeginns‹ (22. Dezember bis 19. März), das Auftauen (19. März bis 12. April), das Knospen (12. April bis 9. Mai), das Blätterentfalten (9. Mai bis 25. Mai), das Blühen (25. Mai bis 20. Juni), die Fruchtentwicklung (20. Juni bis 12. Juli), das Reifen (12. Juli bis 4. August), die Ernte (4. August bis 28. August), die Aussaat (28. August bis 22. September), der Laubfall (22. September bis 28. Oktober), der Frost (28. Oktober bis 5. November) und der ›Winter des Sterbens‹ (5. November bis 22. Dezember). Diese Ideen initiierten besonders in England das Führen von Naturtagebüchern. Hier neigte man indessen später dazu, die Lebenszyklen der Vögel hervorzuheben.

Die größten Lebewesen der Erde sind Bäume, und sie erreichen das höchste Lebensalter. Es gibt 3000-jährige Mammutbäume, 100 m hoch, 1000 t schwer. Manche Grannenkiefern in den Bergen Ost-Kaliforniens werden über 4000 Jahre alt. Bäume ›wissen‹ vom Nahen des Winters, und die Verfärbung des Laubs ist eine Vorbereitung darauf: Blattgrün wird in die Zweige zurückgezogen und Trenngewebe gebildet, das beim Laubfall für Wundverschluss sorgt. Auch eine ausgeprägte Zyklussynchronisation gibt es bei Pflanzen. Einige fruchttragende Bäume Südamerikas blühen in einem großen Gebiet alle gleichzeitig und lediglich für höchstens drei Tage. Affenherden fallen zu dieser Zeit über die saftigen großen Blüten her. Nur durch das kurzzeitige Überangebot wird eine ausreichende Anzahl verschont und kann Samen entwickeln.

Samen sichern normalerweise die Generationsfolge der Pflanzen von Jahr zu Jahr. Doch es gibt Zonen der Erde, in denen die Vegetationsperioden durch mehrere Jahre ohne Regen voneinander getrennt sind. Samen überbrücken solche Zeiten mühelos. Einige Arten öffnen ihre harten Samenkapseln erst bei einem Waldbrand, der Platz für die jungen Pflänzchen schafft. Manche Samen erweisen sich als extrem beständige Zeitreisende: In einem antiken Behälter wurden 2000 Jahre alte, noch keimfähige Magnoliensamen einer heute unbekannten Art gefunden.

Wegen der jahreszeitlichen Klimaschwankungen wachsen Bäume und Sträucher im Lauf eines Jahres ungleichmäßig schnell, und das hinterlässt seine Spuren im Holz. Im Querschnitt eines Stammes sind die ringförmigen Wachstumszonen gut sichtbar. Das schnell gewachsene Frühjahrsholz ist weitporig und hell, das Sommerholz dichter und dunkler. Eine scharfe Grenze zum Frühjahrsring des folgenden Jahres kennzeichnet die winterliche Ruheperiode. An den Jahresringen kann deshalb das Alter eines Baumes abgezählt werden. Ähnliche Erscheinungen werden an vielen Lebewesen beobachtet. Auch im Gehörn der Ziegen und ähnlicher Tiere bilden sich Jahresringe. Sogar an Zähnen entstehen mikroskopisch feine Linien, anhand deren Anthropologen das Lebensalter von Menschen der Frühzeit bestimmen konnten. Meeresbiologen zählen Zuwachsringe an der Wirbelsäule von Haien. Auch tägliche Wachstumsschwankungen hinterlassen solche Spuren. So findet man ›Tagesringe‹ z. B. bei den Kalkgehäusen von Korallen oder bei Harn- und Gallensteinen.

Je nach Witterung fallen die Jahresringe innerhalb eines Baumstamms mal breiter, mal schmaler aus. In einer bestimmten Gegend entstehen so in jedem Jahrhundert ganz charakteristische Streifenfolgen. Auf ihrem Vergleich beruht die *Dendrochronologie.* Erstmals 1929 wurde diese Methode von dem US-Amerikaner Elliot Douglas an kalifornischen Mammutbäumen angewandt. Heute existiert eine große Zahl nach Baumart und Region unterschiedlicher Datenreihen. Sie wurden aus unterschiedlich alten Proben zusammengesetzt, die man überlappend aneinanderreihen konnte. Lange glaubte man, damit einen sehr verlässlichen Vergleichsmaßstab zu besitzen, mit dem das Fälldatum eines Baumes auf ein Jahr genau bestimmt werden kann. Aus Holz bestehende archäologische und kunstgeschichtliche Objekte werden genau datiert, indem Proben mikroskopisch vermessen und die Ergebnisse von Computern mit den gespeicherten ›Baumkalendern‹ verglichen werden. Für die deutsche Eiche z.B. reichen solche Daten bis 6250 v. Chr. zurück. Aber in jüngster Zeit wird die Zuverlässigkeit auch dieser Methode angezweifelt. Der Physiker Christian Blöss und der Historiker Hans-Ulrich Niemitz haben 2001 herausgearbeitet, dass sich Dendrochronologie und C14-Methode gegenseitig stützen. Es gebe zu viele Perioden der Geschichte, für die das absolute Alter der Holzproben nicht belegt sei.

Dem Prinzip der Stratigraphie mittels Leitfossilien ähnelt eine neue Methode, mit der Bodenschichten und darin lagernde Funde zeitlich bestimmt werden können. Sie basiert auf der *Pollenanalyse* von Blütenpflanzen. Der Schwede Lennart von Post hatte herausgefunden, dass Pollen, die Körner von Blütenstaub, so gut wie unzerstörbar sind. Hat man sie aus einer Erdschicht isoliert, können die Paläobotaniker aus Menge und Art der gefundenen Pollen die Flora des betreffenden Gebietes bestimmen. Dann werden die prozentualen Anteile der verschiedenen Pflanzenarten errechnet und die Ergebnisse in Pollendiagrammen zusammengefasst. Diese sind charakteristisch für den jeweiligen erdgeschichtlichen Zeitabschnitt.

3 Die Zeit des Menschen

3.1 Menschwerdung und Zeitbegriff

Charles Darwins 1871 veröffentlichtes Werk *Die Abstammung des Menschen* machte erstmals deutlich, dass auch der Mensch Ergebnis der Evolution ist. Noch heute gehen die Meinungen über das Wie und Warum dieser Entwicklung auseinander. Weit verbreitete Ansichten basieren wesentlich auf Arbeiten des Kenianers Richard Leakey, der als weltweit führender Paläoanthropologe anerkannt ist.

Als vor zehn Millionen Jahren geologische Bewegungen die Oberfläche Afrikas zerrissen, trennten Gebirge und das ostafrikanische Grabensystem die Population der Affen. Im östlichen Teil entstanden offene, abwechslungsreiche Landschaften. Sie begünstigten die Entwicklung einer Spezies, die vor sieben Millionen Jahren begann, sich zweibeinig fortzubewegen. Dadurch wurden ihre vorderen Gliedmaßen zum Tragen und Hantieren frei. Von dieser tiefgreifenden biologischen Veränderung an könnte man frühestens die Existenz der Familie des Menschen datieren.

100 Jahre nach Darwin gelang es zwei Biochemikern an der Universität von Berkeley, diesen Zeitpunkt zu messen. Allan Wilson und Vincent Sarich verglichen die Zusammensetzung bestimmter Blutproteine heutiger Menschen mit denen afrikanischer Affen. Je länger sich beide als getrennte Spezies entwickelt haben, umso mehr Mutationen im Erbmaterial mussten aufgetreten sein. Eine solche molekular-genetische ›Uhr‹ wird von der Evolution selbst angetrieben. Ihr ›Pendel‹ schwingt im Takt von Jahrtausenden, ihre ›Zeiger‹ sind mit mathematisch-statistischen Verfahren zu verarbeitende Daten. Freilich ›tickt‹ solche Uhr nicht sonderlich genau, doch sie erlaubte den Schluss, dass die Auseinanderentwicklung von Mensch und Affe erst vor etwa fünf Millionen Jahren begann.

Jedenfalls vergingen einige Millionen Jahre zweibeinigen Daseins, ehe erste Steinwerkzeuge benutzt wurden. Das fällt mit jener Zeit zusammen, da frühe Wesen der Gattung Homo begannen, sich tierisches Protein als Energiequelle zu erschließen. Zum Zerlegen von Aas – und nur dazu – benötigten sie Werkzeuge aus Stein; Jäger wurden sie erst viel später. Währenddessen entwickelte eine ihrer Arten ein deutlich größeres Gehirn. Als sich dann *Homo erectus* (›der Aufgerichtete‹) vor vielleicht zwei Millionen Jahren erhob, nahm die Urgeschichte des Menschen eine entscheidende Wendung. Er benutzte Feuer und konnte Steinwerkzeuge nach einem gedanklich vorweggenommenen Modell herstellen. Dann wanderte er von Afrika nach Eurasien. Die ältesten dort gefundenen Menschen sind 1,5 bis 2 Millionen Jahren alt.

Irgendwann tauchte dann der archaische *Homo sapiens* (›der Einsichtige‹) auf. Die meisten Anthropologen gehen heute davon aus, dass er sich vor relativ kurzer Zeit in Afrika entwickelte und von da aus schnell in der Alten Welt ausgebreitet hat. Dort verdrängte er Populationen von Homo erectus. Aus dieser Hypothese von der ›Wiege Afrika‹ folgt unter anderem, dass die geographischen Populationen (›Rassen‹) des modernen Menschen sehr junge Wurzeln haben. Einige Forscher behaupten dagegen eine multiregionale und deutlich ältere Evolution. Der Streit um Ort und Zeit dieser Entwicklung ist noch nicht endgültig entschieden. Drei belegte Zeitreihen von anatomischen Veränderungen, benutzten Techniken und Ergebnissen der Molekulargenetik decken sich nicht.

Sammelnd umherstreifende Pflanzenesser kannten bereits die Jahreszeiten. Einen Kalender benötigten sie dafür freilich noch nicht. Auch Affenhorden finden sich pünktlich einige Monde nach der Regenzeit zur Obsternte in Gegenden ein, die sie sonst nicht bewohnen, z.B. an den Ufern regelmäßig austrocknender Flüsse. Wer essbare Pflanzenteile sucht, verbringt fast den ganzen Tag damit. Die neuen Wildbeuter ernährten sich viel effizienter. Häufig benötigten sie nur drei bis vier Stunden, um Nahrung für einen Tag herbeizuschaffen. Das wurde um 1970 am Beispiel des erstaunlich angepassten Kung-San-Volkes in der Kalahariwüste Botswanas nachgewiesen. Andererseits erfordert das Beschaffen tierischer Nahrung soziale Kooperation und Organisation.

Wieder verging weit mehr als eine Million Jahre, bis sich *Homo heidelbergensis* entwickelte. Vor 500.000 Jahren erreichte er Mitteleuropa. Sein Gehirn war inzwischen fast so groß wie das unsere. Das hatte Konsequenzen für die Ontogenese. An den aufrechten Gang hatte sich sein Becken notdürftig angepasst, doch für den schnell und überproportional gewachsenen Schädel wurden die Geburtswege zu eng. Seitdem müssen Menschenbabys relativ früh geboren werden. Aus ihrem Entwicklungsrückstand resultiert eine lange Phase der Hilflosigkeit, und das wiederum bedingte feste Familienbeziehungen. Schließlich zwangen die ausgeprägten Jahreszeiten in Europa den Heidelbergmenschen zur Jagd. Er übte sie gemeinschaftlich aus und ernährte die Familienmitglieder.

Erst vor kurzem erkannten Biologen, dass die Größe des Gehirns mit vielen Faktoren der individuellen Entwicklung korreliert. Der ›Lebenskalender‹ eines Affen ist anders gegliedert als der eines Menschen. Zu seinen wesentlichen Eckdaten gehören vor allem die Dauer der Schwangerschaft, das Alter der Entwöhnung, der Durchbruch bleibender Mahlzähne, der Eintritt der Geschlechtsreife und schließlich die Lebensdauer. Im Vergleich zur Hirnmasse anderer Säuger müsste Homo sapiens eigentlich 21 Monate schwanger sein. Seine stark verlängerte Kindheit wird mit einem schnellen Wachstumsschub abgeschlossen. Dieses besondere Muster von Kindheit und Reifung kennt nur der Mensch. Es ermöglicht ihm den Erwerb kultureller Fähigkeiten.

Schließlich tauchte, wieder in Afrika, eine ganz neue Menschenart auf, der moderne *Homo sapiens sapiens.* Allan Wilson hatte das Erbmaterial von mehreren tausend Personen aus verschiedenen Regionen der Erde untersucht, als er 1987 seine überraschenden Schlussfolgerungen veröffentlichte: Alle lebenden Menschen stammen von einer einzigen ›Urmutter‹ ab. Diese lebte vor 150.000 Jahren innerhalb einer Population von etwa 10.000 Individuen in Afrika. Gewisse Bestandteile tierischer Zellen, die *Mitochondrien,* stammen immer vom Ei, nie von der befruchtenden Samenzelle. Die in ihnen enthaltene DNS ist also ausschließlich über die mütterliche Linie vererbt worden. Ähnliche Arbeiten von Douglas Wallace haben diese Theorie von der ›mitochondrischen Eva‹ bestätigt. Im Lauf der folgenden 100.000 Jahre verbreitete sich Homo sapiens sapiens über ganz Eurasien und verdrängte die früheren Populationen vollständig.

Kulturperioden der Menschheit

Vor 50.000 bis 35.000 Jahren gab es in Europa, von Ost nach West fortschreitend, einen enormen Entwicklungssprung. Die modernen Zuwanderer produzierten entwickelte Steinwerkzeuge, Kleidung und Kunstgegenstände. Von dieser *jungpaläolithischen Revolution* an vollzieht sich ein tiefgreifender Wandel in Tausenden statt in Hunderttausenden von Jahren. Beschleunigung bestimmt die künftige Entwicklung der Menschheit. Der Faktor Zeit wird ausschlaggebendes Element ihrer Kultur.

Archäologen des 20. Jahrhunderts haben die Zeitspanne der menschlichen Entwicklung in Kulturperioden gegliedert. Deren Namen sind von den Fundorten abgeleitet, an denen erstmals typische Zeugnisse der jeweiligen Entwicklungsstufe ausgegraben wurden. Tabelle 4 zeigt diesen klassischen ›archäologischen Kalender‹.

<table>
<tr><th>Vor … 1000 Jahren</th><th>Periode</th><th>Epoche</th><th>Kulturstufe</th><th>Kulturperiode</th></tr>
<tr><td>5000 bis 2000</td><td>Tertiär</td><td>Pliozän</td><td>–</td><td>Oldowan</td></tr>
<tr><td>2000 bis 500</td><td rowspan="9">Quartär</td><td rowspan="9">Pleistozän</td><td rowspan="3">Unteres Paläolithikum</td><td>Acheuléen</td></tr>
<tr><td rowspan="2">500 bis 150</td><td>Clactonien</td></tr>
<tr><td>Levalloisien</td></tr>
<tr><td>150 bis 40</td><td>–</td><td>Mousterien</td></tr>
<tr><td rowspan="3">40 bis 10</td><td rowspan="4">Oberes Paläolithikum</td><td>Châtelperronien</td></tr>
<tr><td>Aurignacien</td></tr>
<tr><td>Gravettien</td></tr>
<tr><td rowspan="2">10 bis Gegenwart</td><td>Solutréen</td></tr>
<tr><td></td><td>Magdalénien</td></tr>
<tr><td></td><td></td><td>Holozän</td><td>Neolithikum</td><td>Azilien</td></tr>
</table>

Tabelle 4: Archäologische Kulturperioden der Menschheit

Irgendwann im Lauf der letzten 2,5 Millionen Jahre gelangte der Mensch zum Bewusstsein seiner selbst. Von hier an ist die kulturelle Evolution Triebkraft seiner weiteren Entwicklung. Dieses ›Selbst‹ des Menschen hatten die Philosophen lange als eine Art Geist aufgefasst, der den Körper besitzt und lenkt. Das geht auf Descartes zurück, der Geist und Körper als getrennte Wesenheiten beschrieb. Heute ist geklärt, dass der Ursprung des Selbstgefühls im Denken liegt. Nicht geklärt ist, wie es entstand. Lange meinte man, das Denken sei nur dem Menschen eigen, und erst seit etwa 1970 untersuchen Verhaltensforscher das Entstehen des Bewusstseins. Relativ neu ist die Ansicht, dass auch der menschliche Verstand nicht plötzlich, sondern als Produkt einer Evolution erschien.

Der Zoologe Richard Dawkins von der Universität Oxford, einer der bedeutendsten modernen Evolutionstheoretiker, geht davon aus, dass Organismen generell etwas über die Zukunft wissen müssen. Viele solche Prozesse von Vorschau, z. B. die mit biologischen Uhren verknüpften Mechanismen, laufen auch unbewusst ab. Dawkins hat biologische Vorschauprozesse mit der Simulation komplexer Abläufe im Computer verglichen. Wird ein solches dynamisches Modell immer umfassender, so muss es irgendwann sich selbst einschließen, seine eigene Existenz berücksichtigen. Auf ähnliche Weise könnte auch im Menschen das Bewusstsein seiner selbst entstanden sein. Wissen über die Zukunft erlaubt bewusste, geplante Handlungen. Primatenforscher haben solches Verhalten auch bei Schimpansen nachgewiesen. Ihr Leben in der Horde hat man mit einem komplizierten sozialen Schachspiel verglichen. Ein Bewusstsein vom Ich wird außer Schimpansen auch Delfinen und neuerdings sogar Elstern zugeschrieben, die in der Lage sind, in ihrem Spiegelbild sich selbst zu erkennen.

Zeitbewusstsein und Zeiterleben

Mit dem Bewusstsein des Menschen vom *Ich* verband sich ein Bewusstsein von der Zeit. Das Gehirn erlangte die Fähigkeit, aufeinander folgende Augenblicke miteinander zu verschmelzen. Dadurch erweiterte sich das menschliche ›Kernbewusstsein‹, die an das Hier und Jetzt gebundene, gewissermaßen statische Erkenntnis des ›Ich bin‹ zur Vorstellung von einer dynamischen Existenz in der Zeit, von einer Kontinuität des Daseins. Zur Konstruktion eines entsprechenden Zeitbegriffs unterteilt das Gehirn die kontinuierliche Zeit in Abschnitte. Weil die Nervenbahnen unterschiedlich lang sind, kommen die Signale der verschiedenen Sinnesorgane zeitlich gegeneinander versetzt im Gehirn an und müssen koordiniert werden. Deshalb werden sie blockweise gesammelt, sortiert und unter Berücksichtigung ihrer Verzögerung wieder zusammengesetzt. Dann erst erscheinen sie im Bewusstsein, und dort wird die Zeit als ›fließend‹ wahrgenommen.

Die primär vom Gehirn aufgenommenen Abschnitte haben eine durchschnittliche Größe von 30 ms. Nur durch solche *Zeitfenster* nehmen wir Informationen aus der Umgebung wahr. Dabei werden mehrere verschiedene Reize innerhalb desselben Zeitfensters als gleichzeitig empfunden. Unterhalb dieser Schwelle existiert praktisch keine individuelle Zeit. Das gilt für das Sehen, das Gehör und den Tastsinn. Eine Reihe von Zeitfenstern bis zu einer Gesamtdauer von drei Sekunden fassen wir zu *Wahrnehmungsgestalten* zusammen. Nur innerhalb einer solchen begrenzten Zeitstrecke können wir die Übersicht über die Folge der Einzelerscheinungen behalten, Ereignisse als Ganzes überblicken. Manche Autoren haben den Begriff Zeitfenster auch für diese übergeordnete Ebene verwendet.

Demnach erfordert das menschliche Zeiterleben mehrere hierarchische Stufen der Zeitwahrnehmung. Der Psychologe und Hirnforscher Ernst Pöppel hat sie untersucht und ihren Zusammenhang beschrieben. Zeit wird durch die elementaren subjektiven Phänomene *Gleichzeitigkeit, Ungleichzeitigkeit, Aufeinanderfolge, Gegenwart* und *Dauer* in unserem Bewusstsein verfügbar. Pöppel verweist in diesem Zusammenhang auf erstaunliche Kontroversen bei interdisziplinären Diskussionen, die sich daraus ergeben, dass z. B. Biologen, Psychologen, Physiker oder Philosophen Zeitbegriffe in unterschiedlichem Sinn verwenden.

Besonders vieldeutig ist der Begriff der Gleichzeitigkeit. Subjektive Gleichzeitigkeit unterscheidet sich von physikalischer Gleichzeitigkeit und hängt außerdem von der Art der Wahrnehmung, vom beteiligten Sinnesorgan ab. Sehr kleine Zeitunterschiede eines akustischen Signals werden räumlich interpretiert. Der von einem Geräusch in der Umgebung ausgehende Schall erreicht beide Ohren meist zu unterschiedlichen Zeitpunkten. Die Differenz beträgt maximal etwa 1,5 ms, sie ergibt sich aus der Schallgeschwindigkeit und dem Abstand beider Ohren. Dieser Zeitunterschied ermöglicht, die Richtung der Schallquelle abzuschätzen. Das ist die Grundlage der Stereophonie. Schickt man in die beiden Systeme eines Kopfhörers gleichzeitig kurze Tonimpulse, dann hört man einen einzigen Ton, und zwar etwa in der Mitte des Kopfes. Wird einer der Impulse um etwa 1 ms verzögert, dann hört man diesen Ton an einer anderen Stelle des Kopfes. Steigt die Verzögerung auf etwa 3 ms, dann wird in jedem Ohr getrennt ein Tonreiz wahrgenommen. Analoge Versuche mit dem Gesichtssinn ergaben dagegen eine Verschmelzungsgrenze bei etwa 20 bis 30 ms, der Tastsinn liegt zeitlich zwischen beiden. Offenbar benutzen also die verschiedenen Sinnessysteme unterschiedliche Mechanismen, um die physikalischen Änderungen der Außenwelt umzusetzen. Unter natürlichen Bedingungen, wenn kurze Knackgeräusche beide Ohren aus einer gewissen Entfernung erreichen, werden diese erst bei einer wesentlich größeren Zeitdifferenz unterschieden. Der Hirnforscher Otto-Joachim Grüsser hatte 1983 für Hören, Sehen und Tasten Werte zwischen 50 und 250 ms ermittelt. Das sah die ältere Physiologie als untere zeitliche Grenze erfahrbarer Gegenwart an und verwendete dafür den Begriff ›Moment‹, heute wird vom ›kritischen Zeitintervall‹ gesprochen.

Hat man zwei Reize als ungleichzeitig erkannt, so erlaubt das nicht automatisch eine Aussage über ihre Reihenfolge. Das ist erst möglich, wenn ein weiterer Grenzwert überschritten wird, der des Zeitfensters von etwa 30 ms. Zeitfenster sind in den verschiedenen Sinnesbereichen, also beim Hören, Sehen und Tasten, annähernd gleich. Dementsprechend definiert Pöppel eine ›vollkommene‹ subjektive Gleichzeitigkeit unterhalb der spezifischen Schwelle der einzelnen Sinnessysteme und eine ›unvollkommene‹ Gleichzeitigkeit oberhalb dieser Schwelle, aber innerhalb des Zeitfensters. Manche Tiere haben engere oder weitere Zeitfenster und nehmen deshalb Bewegungen schneller oder langsamer wahr als wir. Greifvögel und Fliegen sehen sehr ›schnell‹, um schnell reagieren zu können, Schildkröten verschwimmt jede schnelle Bewegung vor dem Auge. Mit der Geschwindigkeit der Wahrnehmung hängt die Reaktionszeit zusammen, die Zeitdifferenz zwischen einem Ereignis und dem Erfassen dieses Vorgangs. Allgemein ist sie als Schrecksekunde bekannt. Das Messen der Zeitdauer psychischer Abläufe bildete den Kern der am Anfang des 20. Jahrhunderts aufkommenden Psychometrie. Mit der ›persönlichen Gleichung‹ drückte sie die individuellen Besonderheiten der Reaktionszeit aus.

Eine Vielzahl von Experimenten hat belegt, dass das Gehirn generell nicht kontinuierlich, sondern in Zeittakten arbeitet, die beim Menschen etwa 30 ms dauern. Die dem entsprechende Taktfrequenz in der Größenordnung von 33 Hz steuert eine Vielzahl weiterer neurophysiologischer Prozesse. So kann das Gehirn nicht zu beliebigen Zeitpunkten Bewegungen initiieren, es muss jeweils der Beginn eines 30-ms-Intervalls abgewartet werden. Wenn sich plötzlich ein Objekt in unserer Umgebung bewegt und wir ihm mit den Augen folgen, beginnen die Augenbewegungen stets zu diesen Taktzeiten. Bei sequentiell ablaufenden Prozessen, z.B. bei der Suche im Kurzzeitgedächtnis oder bei einfachen Entscheidungen zwischen zwei Alternativen, dauern die einzelnen Schritte jeweils etwa 30 bis 40 ms. Offenbar sorgt die 33-Hz-Taktfrequenz auch dafür, dass wir etwas mit konstanter Geschwindigkeit ablaufen lassen können, also mit gleichbleibendem Tempo sprechen, gehen oder musizieren. Auch das Koordinieren der beiden Gehirnhälften bei der Zeitwahrnehmung erfolgt in diesem Takt. Manchmal ist diese Funktion gestört, und die gleiche Wahrnehmung wird in den beiden Hälften zwei verschiedenen Zeitfenstern zugeordnet. Dann entsteht das vielen Menschen bekannte plötzliche Gefühl, eine bestimmte Situation schon einmal erlebt zu haben.

Andere Störungen des Gehirns bei Patienten mit Schlaganfall, Epilepsie oder Depressionen führen zu einer Verlangsamung neuronaler Prozesse. Dann werden vielleicht 100 statt 30 ms benötigt, um die Reihenfolge akustischer Reize angeben zu können. Das hat zur Folge, dass kurze Sprachelemente wie Konsonanten nicht mehr analysiert und deshalb Worte nicht mehr verstanden werden können. Wird der Taktgeber nicht nur verlangsamt, sondern gänzlich ausgeschaltet, dann können keinerlei Ereignisse mehr identifiziert und zeitliche Ordnungen nicht mehr angegeben werden. So haben aus einer Vollnarkose aufwachende Patienten typischerweise den Eindruck von Zeitlosigkeit. Im Gegensatz dazu werden im Schlaf die oszillatorischen Entladungen von Nervenzellen aufrechterhalten, wird Information verarbeitet. Die meisten Menschen können relativ genau angeben, wie spät es ist, wenn sie erwachen.

Die 33-Hz-Taktfrequenz verleiht uns die Fähigkeit, Sequenzen zu bilden, d.h. mehrere Glieder einer Folge in eine Ordnung zu bringen, uns diese Ordnung zu merken und sie später wiederzugeben. So wird beim Lesen einer Telefonnummer jede einzelne Ziffer mit einer Zeitmarke verbunden. Soll sie gleich darauf gewählt werden, so gewährleisten die aufeinander folgenden Zeitmarken eine richtige Wiederholung der Sequenz, der Ziffernfolge. Um sie aber als einheitliche Telefonnummer zu identifizieren, oder um aus Buchstaben ein Wort zu bilden, oder um aus nacheinander gesehenen Bildern eines Vogels den Eindruck seines Fliegens zu gewinnen, benötigen wir einen Überblick über die aufeinander folgenden Elemente. Den erhalten wir erst durch ihre zeitliche Integration. Wir nehmen sie nicht für sich allein wahr, sondern beziehen mehrere aufeinander und bilden daraus eine Wahrnehmungsgestalt. Eine besonders wichtige Rolle spielen deshalb die Integrationsmechanismen, die unter anderem für das Herstellen von ›Gegenwart‹ im menschlichen Zeiterleben verantwortlich sind. Tatsächlich erfordert jedes Ereignis, alle Handlungen und Prozesse eine gewisse Zeit, so kurz sie auch sein mag. Dementsprechend hat die subjektive Gegenwart eine deutliche Ausdehnung von zwei bis drei Sekunden und unterscheidet sich damit grundlegend vom dimensionslosen Punkt der Mathematiker, auf den sich der Gegenwartsbegriff der Physik reduziert.

Über eine Grenze von etwa drei Sekunden hinaus können wir Information nicht mehr zu Wahrnehmungsgestalten zusammenfassen, und nur innerhalb dieser Zeitstrecke können wir Ereignisse als Ganzes überblicken. Das ist die Gegenwart des menschlichen Erlebens. Vorrangig sie ist gemeint, wenn die Umgangssprache vom ›Augenblick‹ redet. Was davor geschah, ist Vergangenheit, und was folgt, ist Zukunft. Alles das impliziert die Existenz einer ›persönlichen Zeit‹. Ihre Einheiten sind ›ein Augenblick‹, ›ein Weilchen‹, ›eine Ewigkeit‹, ›vorhin‹, ›neulich‹, ›gerade eben‹ usw. Sprachliche Ausdrücke wie ›in diesem Moment‹ stützen den Begriff des Zeitfensters. Durch physikalische Größen, durch unser chronometrisches System können sie nicht erfasst werden. Die wirkliche Länge eines Augenblicks im wörtlichen Sinn hat man mit Lesetests ermittelt. Fixationsperioden von 150 bis 600 ms werden durch ruckartige Bewegungen von etwa 10 bis 80 ms Dauer unterbrochen. Diese Diskontinuität der Augenblicke wird durch Integrationsprozesse in eine kontinuierliche Wahrnehmung umgesetzt und deshalb in der Regel nicht bemerkt.

Außer der Wahrnehmung sind viele verschiedene Bereiche unseres Erlebens und Verhaltens auf die Drei-Sekunden-Takte begrenzt. Vielleicht ist es die Mindestdauer, die wir benötigen, um das gegenwärtige Geschehen zu ›begreifen‹. Zwei bis drei Sekunden dauert durchschnittlich das Händeschütteln bei einer Begrüßung, und ebenso lange klingen die eingängigen Motive in der Musik. Gesprochene Verszeilen von Gedichten dauern in keiner Sprache länger, und alle drei Sekunden ändern wir die Blickrichtung.

Erfahrene Zeit, erlebte Gegenwärtigkeit ist eine kontinuierliche Folge von Momenten bzw. Augenblicken und existiert auch oberhalb der Drei-Sekunden-Grenze. Als sogenannte psychische Präsenzzeit kann sie sich, abhängig vom Komplexitätsgrad des Wahrgenommenen, über viele Sekunden ausdehnen. Ihre besondere Eigenart ist, dass in ihrem Verlauf immer auch Zukünftiges mit berücksichtigt wird. Das ist durch eine Erwartungs-Komponente bedingt, die auf der persönlichen Erfahrung, aber besonders auch auf der Redundanz der Sprache beruht. Die Dauer der sprachlichen Präsenzzeit ist auf maximal etwa 20 s begrenzt. Das gilt auch beim Sprechen; selbst geübte Redner verlieren den Faden bei Sätzen, die länger sind als ihre psychische Präsenzzeit.

Ein weiteres Phänomen subjektiver Zeit ist das Erleben von Dauer. Es setzt die Fähigkeit des Erinnerns voraus, die auf einem Integrationsmechanismus anderer Art, dem Gedächtnis, basiert. Darin werden Informationen additiv gespeichert und können später reproduziert werden. Das eigentliche Erinnern besteht im Abrufen des Gedächtnisinhalts. Als ›Nebenprodukt‹ des Erinnerns wird unser Eindruck von der Kontinuität des Daseins erzeugt. Im Tagesrhythmus wiederholen sich bestimmte Elemente unserer Wahrnehmung, unseres Erlebens und Verhaltens. Im Lauf der Zeit unterliegen sie kleinen Veränderungen, und das Gedächtnis erlaubt uns ihren Vergleich. Das macht uns einen Wechsel in der Zeit erkennbar und ist der Ursprung unseres Begriffs von Dauer. Das Wort ›erinnern‹ geht zurück auf ahd. innaron (›sich einer Sache inne werden‹). Das bedeutet, sie von außen nach innen (aus äußerer, materieller Existenz ins innere Bewusstsein) holen, sie wahrnehmen. Es bezeichnet zweierlei Vorgänge: Man erinnert jemanden an etwas, macht ihn darauf aufmerksam, oder man erinnert sich selbst, ruft etwas in die augenblickliche Gegenwart der Gedanken zurück.

Gedächtnis ist aus physiologischer Sicht als eine allgemeine Funktion der organisierten Materie erklärt worden. Selbst bei Einzellern können wir die Fähigkeit des biologischen ›Erinnerns‹ finden. Mit zunehmender Komplexität der Lebewesen ist das Gedächtnis mit biologischen Uhren verbunden. Im engeren Sinn ist das Gedächtnis ein Prozess, eine besondere Fähigkeit des höher entwickelten Nervensystems. Beim Menschen unterscheidet man drei hierarchische Stufen. Im Bewusstsein des Augenblicks vorhandene Informationen verweilen für einige Sekunden im *Ultrakurzzeit-Gedächtnis.* Werden sie während dieser Zeit durch innere Wiederholung bekräftigt, verstärkt, so gelangen sie für maximal zwei Stunden in das *Kurzzeit-Gedächtnis.* Ein ähnlicher Mechanismus überträgt sie schließlich zu relativ dauerhafter Speicherung in das *Langzeit-Gedächtnis.* Durch neue Eindrücke im Ultrakurzzeitspeicher ›überschriebene‹ Informationen gehen sogleich verloren. Was die Hürde zwischen Kurzzeit- und Langzeitgedächtnis nicht überspringt, wird etwas später vergessen. Solche Eindrücke scheinen schattenartig noch einige Zeit vorhanden, ihre endgültige Aufarbeitung und Beseitigung erfolgt in den Traumphasen des Schlafs. Dort werden auch solche Informationen ›entsorgt‹, die im Lauf des Tages nicht bis ins Bewusstsein gedrungen sind.

Erinnern kann man sich nur an Vergangenes. Der Mensch wird sich durch das Erinnern des Vorher und des Nachher bewusst, dadurch erhält seine Zeit eine Richtung. Das ist diejenige des psychologischen Zeitpfeils. Durch ihn erhalten die zunächst unzusammenhängenden Augenblicke des Bewusstseins eine Kontinuität. In dieser Kontinuität des Bewusstseins vereinen sich Vergangenheit, Gegenwart und gedanklich vorweggenommene Zukunft zur noetischen Zeit. Ohne Gedächtnis wären Vergangenheit und Gegenwart beziehungslose Zeitmomente unseres Seins.

Noozeitlichkeit (noetische Zeit) wurde als die zeitliche Realität des entwickelten menschlichen Geistes definiert, als innere Erfahrung des Fließens der Zeit beschrieben. Sie existiert rein intellektuell. Aus ihr resultiert Einsicht in die Zusammenhänge des Geschehens, und mit ihr überwindet das menschliche Bewusstsein Raum und Zeit.

Der Biologe Pierre Teilhard de Chardin sprach um 1930 von einer sich entfaltenden ›denkenden Schicht‹ der Erde. Er verstand unter *Noosphäre* eine eigene ›zoologische Schicht‹. Nach seiner Ansicht dürfen die vom Menschen geschaffenen ›künstlichen‹ Strukturen nicht als etwas vom Lebensprozess Gesondertes angesehen werden, sie seien eine Fortsetzung des natürlichen Tuns der übrigen Lebewesen auf höherer Ebene. Solche Sichtweise bindet den Einzelnen an die Zeit der Welt. Ähnlich versteht der Freiburger Soziologe Günter Dux Zeit als eine kognitive Struktur, die eigens ausgebildet wird, um dem Menschen den Anschluss an das Universum zu sichern. Zeitverständnis setzt Handlungskompetenz voraus. Deshalb entsteht ein abstrakter Zeitbegriff bei Individuen und Gesellschaften erst spät. Sein Erwerb ist ein an die Entwicklung des Individuums gekoppelter Prozess. Dadurch, so Dux, bekommt die Geistesgeschichte ihren Richtungssinn.

Der Astrophysiker Hans Jörg Fahr spricht von einem ›*historischen Zeitpfeil*‹ und erklärt ihn als Erscheinung der ständigen Zunahme von Ordnung und Information in den evolutionären Prozessen. Dadurch wächst die Komplexität der Systemzustände, die im Kosmos und in der Welt der Biologie immer höher organisierte Formen hervorbringt. Diese Pfeilrichtung scheint, jedenfalls auf den ersten Blick, dem Zeitpfeil der Physiker genau entgegengesetzt, der definitionsgemäß in Richtung zunehmender Unordnung im System verläuft. Letztlich aber stimmt der *psychologische Zeitpfeil* des Individuums mit dem *thermodynamischen Zeitpfeil* der physikalischen Welt überein. Der Physiker Stephen Hawking hat besonders anschaulich erklärt, weshalb das so ist. Wird im Gedächtnis eine Information gespeichert und erinnert, so läuft eine Reihe chemischer Prozesse ab, bei denen Energie verbraucht wird. Weil diese Energie nicht verschwinden kann, erhöht sie die ›Abwärme‹ des Systems Mensch. Das vergrößert die Unordnung der Atome. Physikalisch gesehen erhöht sich also, wie bei jedem Energieverbrauch, die Entropie. Allerdings hat sich zugleich mit dem Erinnern die Ordnung im Gehirn vergrößert. Doch so wie eine Maschine nicht mit einem höheren Wirkungsgrad als ›1‹ arbeiten kann, wird insgesamt mehr Unordnung geschaffen, als neue Ordnung entsteht.

Die vom Menschen empfundene Richtung des Fließens der Zeit ist also dieselbe, in der sich das vom thermodynamischen Zeitpfeil abhängige Leben auf der Erde vollzieht. Das ist zugleich auch die Richtung, in der sich das Universum ausdehnt, in der alle Materie existiert. Nur unter dieser Voraussetzung konnten überhaupt Bedingungen entstehen, die für die Entwicklung intelligenter Lebewesen geeignet sind. Mechanismen des Erinnerns können sich nur auf die Vergangenheit beziehen, anderenfalls wäre unsere Existenz als denkende Wesen in Frage gestellt. Durch das Gedächtnis ist das individuelle Zeitgefühl jedes einzelnen Menschen, die noetische Zeit, in die Geschichte des Weltalls eingebettet und mit den Gesetzen der Physik und der Biologie verwoben. Es ist immer dieselbe Zeit.

Schon Aurelius Augustinus (354-430) hatte beobachtet, dass Vergangenheit, Gegenwart und Zukunft nicht für sich, sondern nur in der Bezogenheit aufeinander erfahren werden: »Zeiten sind drei: eine Gegenwart von Vergangenem, eine Gegenwart von Gegenwärtigem, eine Gegenwart von Künftigem. Denn es sind diese Zeiten als eine Art Dreiheit der Seele, und anderswo sehe ich sie nicht. Und zwar ist da Gegenwart von Vergangenem, nämlich Erinnerung; Gegenwart von Gegenwärtigem, nämlich Augenschein; Gegenwart von Künftigem, nämlich Erwartung.«

Von Augustinus ausgehend hat der Physiker A. M. Klaus Müller 1972 die wechselseitige Bezogenheit der drei Zeitmodi Vergangenheit (V) – Gegenwart (G) – Zukunft (Z) untersucht. Formal lässt sich daraus eine Matrix mit neun Elementen (von VV bis ZZ) bilden. Nur ein kleiner Ausschnitt aus dieser Vernetzung kann vom objektivierbaren Wissen erschlossen werden, die drei mit Gegenwart verknüpften Elemente (GV, GG und GZ). Dieses objektivierbare Wissen im Jetzt umfasst Faktisches und Mögliches. Nach Müller ist das Faktische das noch Zugängliche der Vergangenheit, das Mögliche – das schon Zugängliche der Zukunft. Die ›äußersten Ecken‹ der vernetzten Zeitmodi reichen aber vom endgültig Vergangenen (VV) bis zum unerreichbar Zukünftigen (ZZ), sie berühren die Dimensionen der religiösen Zeiterfahrung.

Mit dem Bewusstsein von der Zeit gelangte der Mensch auch zum Bewusstsein dessen, dass der eigene Tod bevorsteht. Und nur weil er weiß, dass er sterben muss, so folgert Müller, kann er sein eigenes In-der-Zeit-Sein reflektieren und wird dadurch der Zeitlichkeit ansichtig. Aber der Tod als Ende der individuellen Zeit ist schwer zu akzeptieren. Zudem brachte der sich entwickelnde Zeitbegriff auch die Erfahrung, dass es immer ein ›Nachher‹, einen auf das ›Jetzt‹ folgenden Moment gibt. Rein logisch gibt es keinen ›letzten Moment‹. Aus diesem Widerspruch entwickelten sich andere Denkmodelle. Das eine postuliert eine mehrfache Wiedergeburt, so oft, bis Vollkommenheit erreicht ist, um ins Nirwana eingehen zu können. Das andere führte zum Begriff von der unsterblichen Seele.

Das Materielle hat seinen Platz im Raum, unsere Gedankenwelt in der Zeit. Deshalb entstand die tief verwurzelte Vorstellung von zwei Welten, der materiellen und jener der Ideen, von Leib und Seele. Heute wissen wir um die Vorgänge im Gehirn, das materielle neuronale Muster erzeugt, um Gedanken darzustellen. Unsere Wissenschaft beschreibt die ›Seele‹ als mentale Dimension, als besondere Art des Geistes. Aber in der Vorstellungswelt des Frühmenschen schien das Ende der physischen ›diesseitigen‹ Existenz nicht zwangsläufig mit dem Ende des Ich verbunden. So entstand der Glaube an ein Weiterleben in einer ›jenseitigen‹ Welt. Wahrscheinlich ist das der Ausgangspunkt für die rituelle Bestattung der Toten. Dieses Verhalten kommt nur bei Menschen vor, und früheste Hinweise darauf sind 100.000 Jahre alt. Vor 4.000 Jahren schließlich dekorierten Ägypter Sargdeckel auf der Innenseite mit Sternkalendern, um dem Verstorbenen im Totenreich die Zeit zu weisen.

In der Antike sah man dem Tod bewusst entgegen. Seneca hat einen Ausspruch Epikurs überliefert: »Meditare, utrum commodius sit, vel mortem transire ad nos, vel nos ad eam« (Bedenke doch, was wohl besser sei – dass der Tod zu uns komme und uns übereile, oder wir vielmehr zu ihm kommen, und ihm entgegen gehen.) Allerdings: ultima hora latet (›die letzte Stunde ist verborgen‹), wusste man und dachte dabei an den ständig kürzer werdenden Rest der Lebenszeit. »Ein jeder Augenblick, in dem wir unser Leben fortsetzen, ist eine neue Verkürzung desselben, und je länger wir leben, je weniger bleibt uns zu leben übrig«, schrieb um 1740 der deutsche Mathematiker und Philosoph Christian Wolff. Und er folgerte: »Der Weise fürchtet nur, was ungewiss ist. Der Tod ist uns gewiss, so bleibt uns nichts übrig, als jeden Augenblick des Lebens als nächste Staffel dazu anzusehen.«

3.2 Zeit und Sprache

Eng mit der Entstehung des menschlichen Bewusstseins und mit dem Denken ist die Herausbildung der Sprache verbunden. Sprache ist die materielle Hülle des Denkens, ein System aus Lauten, mit dem Begriffe und Erfahrungen ausgedrückt und ausgetauscht werden. Auch Sprache gilt als Wendepunkt der Evolution. Sie überwand die Grenzen der unmittelbaren Erfahrung und öffnete uns die Unendlichkeit von Raum und Zeit. Sprache ist das Medium, um die Vergangenheit zu beschreiben, sie realisiert das kollektive Gedächtnis der Menschheit. Außerdem erlaubt sie die Anwendung von Ordnungsprinzipien. Das macht sie zum Mittel, um Zukunft zu planen, und dadurch erschloss sie dem Menschen die neuartigen Welten materieller und geistiger Kultur.

Heute wird angenommen, dass alle Sprachen auf eine Ursprache zurückgehen, die vor etwa 40.000 Jahren in Afrika existierte. Daraus entwickelte sich eine ungeheure Vielfalt. Etwa 300 alte, in ihrem Umfang dem Indogermanischen vergleichbare Sprachfamilien sind bekannt. Die Linguisten Merritt Ruhlen und John Bengtson an der kalifornischen Stanford-Universität haben sie 1999 klassifiziert und auf zwölf noch ältere Familien zurückgeführt. Das war möglich anhand von Worten für einfache Dinge, die in allen Kulturen der Welt wichtig sind. Beispielsweise taucht ein Wort, das sowohl ›eins‹ als auch ›Finger‹ bedeutet, weltweit auf, in Afrika, Asien und Amerika. Zeitbegriffe gehörten noch nicht zu diesem ältesten Wortschatz.

Vom ›hier und jetzt‹ zum ›vorher und nachher‹

Das Bewusstsein von der Zeit und ihren Erscheinungen ist mit der sprachlichen Artikulierung des individuellen Zeitempfindens verbunden. Erst Sprache ermöglichte, sich die Vielfalt der zeitlich bedingten Erscheinungen bewusstzumachen und darüber eine Art gesellschaftlichen Konsens herzustellen. Irgendwann und sehr allmählich bildeten sich die ersten mit Zeit zusammenhängenden Begriffe. Zuallererst mag ein Bedürfnis entstanden sein, das ›hier und jetzt‹, das wirkliche gegenwärtige Erleben, von den anderen Punkten in Zeit und Raum zu unterscheiden. Offenbar gab es dafür zunächst nur einen ganz undifferenzierten Ausdruck. Dann war der Raum von der Zeit zu sondern. Das ist keineswegs einfach, denn jede Bewegung im Raum geschieht zugleich in der Zeit. Aber nur die räumliche Veränderung ist den Sinnen unmittelbar zugänglich, und es bedarf einer intellektuellen Leistung, ihren zeitlichen Aspekt als selbstständigen Begriff zu isolieren. Deshalb entstanden in den Sprachen zuerst die räumlichen Begriffe.

In der indogermanischen Ursprache drückte die Lautfolge ›ke‹ wohl ganz allgemein aus, dass man in der Umgebung eine räumliche oder zeitliche Veränderung wahrnahm. Daraus formten sich zunächst die Grundbegriffe *hin und her.* Sie zeigen noch heute eine Veränderung sowohl im Raum als auch in der Zeit an. ›Her‹ beschreibt eine Bewegung auf den Sprechenden zu (heran, herbei ...), oder es bezieht sich auf den Zeitpunkt, zu dem gesprochen wird (seither, bisher). Dagegen meint ›hin‹ die Bewegung vom Sprechenden weg (dorthin, hinauf ...), oder es weist von der Gegenwart des Sprechenden fort in die Vergangenheit oder in die Zukunft (vorhin, lange hin).

Weil sich ständig etwas in der Umgebung hin oder her bewegte, entstand das Bedürfnis, das Nächstliegende, Unveränderte ausdrücklich zu benennen. Dazu wurde das *hier und heute* erfunden. Zunächst erfolgte eine stärkere Differenzierung des räumlichen Aspekts; vom ›her‹, das auf die Person des Sprechenden bezogen blieb, spaltete sich ›hiar‹ ab und bezeichnete künftig den Ort des Geschehens. Hiar formte sich zu mhd. hie, engl. here und schwed. här (›hier‹). Dann trennte sich der zeitliche Aspekt vom ›hiar‹ und ging auf hiu über. Hiu tagu (›an diesem Tage‹) wuchs zu ahd. hiutu zusammen, über mhd. hiute wurde daraus ›heute‹. Analog dazu entstand aus hiu jaru (›in diesem Jahre‹) über hiure das süddeutsch-österreichische ›heuer‹.

Ähnliches war auch bei den Römern geschehen. Sie zogen hoc die (›dieser Tag‹) zu hodie (›heute‹) zusammen. Daraus gingen spanisch hoy und italienisch oggi (›heute‹) hervor. In Frankreich blieb man bei der vollständigen Übersetzung aujourd'hui (wörtlich: ›am Tage des heute‹). England benutzt die abgekürzte Übertragung today (›an [diesem] Tage‹). Manche Autoren haben deshalb auch das deutsche hiu tagu als Lehnübersetzung von hodie beschrieben. Bevor alle diese Zusammensetzungen entstanden, muss ein Begriff für den Tag bereits existiert haben. Er ist vielleicht schon mit der Entwicklung des Zeitbewusstseins überhaupt verbunden. Wir kommen später darauf zurück. Auch simera (›heute‹) der Griechen ist eine Zusammenziehung, und zwar aus sima mera und bedeutet etwa ›der markierte Tag‹. Das hängt mit simiono (›sich merken, aufzeichnen‹) bzw. sima (›Marke‹) zusammen. Dieser Begriff scheint außerdem bereits die Existenz einer Art von Kalender vorauszusetzen.

Aus dem hinweisenden Fürwort ›der‹ entwickelte sich ›dieser‹ und weist (im Gegensatz zu ›jener‹) auf nahe Liegendes hin. Auch hier finden wir eine Übertragung vom Räumlichen zum Zeitlichen, und zwar im baltoslawischen Sprachbereich. Dort entsprechen dem deutschen ›dies[er]‹ das polnische dzis und bulgarische dnes, und augenscheinlich eng damit verwandt sind die slawischen Worte für ›Tag‹: polnisch dzien, bulgarisch dnei sowie russisch djen. Eigentümlich im Russischen ist auch die offensichtliche Verwandtschaft von god (›Jahr‹) und godowschtschin (›Jahrestag‹) mit segodnja (›heute‹) sowie mit dem polnischen godzina (›Stunde‹).

Der ursprüngliche Begriff ›heute‹ grenzt die Gegenwart nur unvollkommen ein, deutlicher sind *nun* und *jetzt*. Alles, was erstmals im Gesichtskreis auftauchte, benannte die indogermanische Ursprache mit neuo. Daraus entwickelte sich ›neu‹. Auch der gerade eben eingetretene Zeitabschnitt war ›noch neu‹ und wurde mit nu benannt. Daraus entstand im 13. Jahrhundert unser ›nun‹ sowie die Form ›im Nu‹. Als Nebenform entwickelte sich nuh, ahd. noh, das ›noch‹, es bedeutet eigentlich ›auch jetzt‹. Außerdem gehen griech. nyn, engl. now und schwed. nu (›jetzt‹) darauf zurück. Das Wort nu gehört zu den Schlüsselbegriffen, von denen ausgehend dem Tschechen Bedrich Hrozný 1915 das erstmalige Entziffern einer Inschrift in der Sprache der indogermanischen Hethiter auf einer über 4.000 Jahre alten Keilschrifttafel gelang.

Unsere Gegenwartssprache bevorzugt das ›jetzt‹ gegenüber dem ›nun‹. Es wurzelt in einem germanischen Begriff von ›Leben, Zeit‹, der als ahd. io erschien und ins mhd. ie überging. Aus ie und zuo (›zu‹) wuchs iezuo zusammen und entwickelte sich über itzt, itzo, jetzo zu ›jetzt‹. Zuo liefert die nähere, eingrenzende Bestimmung für den Zeitbegriff. Das ›zu‹ (ahd. tuo, engl. too) markiert feste Positionen, Orte und Zeitpunkte (›zu Hause‹, ›zu Weihnachten‹). Aus dem gleichen Ursprungsbegriff ahd. io scheint sich auch über ie und je das russische tepjer (›jetzt, in diesem Moment‹) entwickelt zu haben. Ähnliche Bedeutung hat das wohl jüngere russische seitschas (›diese Stunde‹). Es bezieht sich auf tschas (›Stunde‹), das auf tschast (›Teil [des Tages]‹) basiert und von dem auch tschasy (›Uhr‹) abgeleitet ist.

Im Gegensatz zu ›heute‹ und ›jetzt‹ umschließt *immer* die gesamte Zeit. Es bildete sich aus ahd. iomer. Die auch dem ›jetzt‹ zugrunde liegende Partikel io hängt mit idg. aiu (›Lebensdauer, Lebenskraft‹) zusammen, und das angehängte me bedeutet ›groß, ansehnlich‹. ›Große Lebenskraft‹ war also die ursprüngliche Bedeutung unseres ›immer‹, es drückt die Dauer und die Wiederholung aus. Aus der Wurzel aiu ging außerdem das griech. aión, lat. aevum (›Zeit, Ewigkeit‹) hervor. Die ahd. Form ewa (›Ewigkeit‹) entwickelte sich zu niederländisch eeuwig und mhd. ewic (›ewig‹). Die Redensart ›immer und ewig‹ fußt auf der differenzierten Bedeutung dieser Begriffe im christlich dominierten Kulturkreis: ›Immer‹ meint hier die Zeit des Menschen, ›ewig‹ die Zeit Gottes.

Zu ›immer‹ bildete sich schon in ältester Zeit ein direktes Gegenwort. Io wurde mit der Negationspartikel ni- zu ahd. nio (›ohne Leben‹) zusammengesetzt, daraus entwickelte sich *nie*. Das Zusammensetzen ging weiter, aus nio und mer entstand niomer (›nie mehr‹) und schließlich ›nimmer‹, das nur noch in Redensarten wie ›nie und nimmer‹ oder Zusammensetzungen wie ›Nimmersatt‹ auftaucht. ›Nimmermehr‹ ist ›doppelt gemoppelt‹ und wirkt dadurch schwülstig übersteigert.

Ein anderes Wort für das Andauern ist *während*. Es hat sich im 18. Jahrhundert aus dem heute veraltenden Verb währen entwickelt. Das bedeutet eigentlich ›dauernd sein‹ und entstand über ahd. weren, mhd. wern aus idg. ues- (›verweilen, wohnen‹), hatte also ebenfalls zuerst räumliche Geltung. Im Sinne von ›fortwährend, beständig‹ wird heute auch ›dauernd‹ gebraucht. Im elften Jahrhundert wurden aus dem lat. durare (›dauern, währen, aushalten‹) frz. durer und niederländisch duren entlehnt. Das ging auf mhd. duren und in die Verbform ›dauern‹ über. Die Umgangssprache verwendet ›andauernd‹ auch für ›häufig wiederholt‹, und in Sachsen kennt man ›egal‹ mit der Bedeutung ›immer, fortwährend‹.

Mal mit der allgemeinen Bedeutung ›Abgemessenes‹ war aus idg. me- (›wandern, messen‹) entstanden, worauf auch Maß und Mond zurückgehen. Dann wurde es auch im Sinne von ›Zeitpunkt‹ verwendet. Wiederholen sich Ereignisse zu verschiedenen Zeitpunkten, dann benutzen wir Zusammensetzungen von ›mal‹: oftmals, einmal oder niemals (wörtlich: ›kein mal‹). ›Damals‹ bildete sich im 16. Jahrhundert aus mhd. des males (›diesmal‹). Erst später wurde es zunehmend auf die Vergangenheit bezogen. Damals hat nichts mit dem Zeitadverb ›da‹ zu tun (als es hell wurde, [da] gingen wir los).

So schritt die Differenzierung der Begriffe voran, bis schließlich Wortspiele der Art ›Nicht immer, aber immer öfter‹ möglich wurden. Dabei gelangte eine ganze Reihe weiterer Ausdrücke vom Mengen- zum zeitlichen Bezug. *Oft* (ahd. ofto, engl. often) ist mit auf, ober und über verwandt. Es wurde ursprünglich im Sinne von ›übermäßig‹ benutzt. *Häufig* kommt von Haufen. Das Wort kam im 16. Jahrhundert auf und bedeutete bis ins 19. Jh. ›in großer Menge vorhanden‹. Erst am Ende des 18. Jahrhunderts kam die zeitliche Bedeutung ›oft‹ auf. ›Meist‹ (engl. most, schwed. mest) ist ein Superlativ zu ›mehr‹ und steht damit im direkten Gegensatz zu nimmer (›nicht mehr‹). Die Umgangssprache verwendet heute meist die Form ›meistens‹.

Aus der Empfindung des Fließens der Zeit in einer bestimmten Richtung entstand das Bedürfnis, sich in der Zeit zu orientieren, zeitliche Kausalität auszudrücken. Allmählich wurden Worte dafür gefunden. Ausgangspunkt war das ›hier und jetzt‹. Dann galt es, zwei Erscheinungen räumlich-zeitlich miteinander zu vergleichen, und zwar aufeinander, nicht auf den Sprechenden bezogen. Gilih ist eine alte Zusammensetzung aus ga und lika (›denselben Körper, dieselbe Gestalt haben‹). Als Ausdruck der Übereinstimmung von Raum und Zeit entwickelte sich daraus ahd. gilih, mhd. gelich, ›*gleich*‹. Es meint zeitlich ›im selben Moment‹.

Das indogermanische pro (›vorn, voran‹) hatte zeitlichen Bezug, am deutlichsten ist es in griech. protitera (›vorher‹) erhalten. Aus ihm bildete sich über ahd. fruoi über mhd. vrüje unser *früh*, das allgemeine Gegenwort zu ›spät‹. Seine Steigerungsform ›früher‹ wurde neben ›vormals‹ zum Begriff für Vergangenes. Pro gehört zum gleichen Lautkomplex wie per (›über etwas hinaus‹). Daraus entstanden schwed. för und ahd. fora (›vor‹ im Sinne von ›vorwärts‹), und zwar mit räumlicher wie zeitlicher Geltung. Auch niederländisch voort und engl. forth (›vorwärts, weiter‹) beruhen darauf. Fora entwickelte sich zu mhd. vort und unserem ›fort‹, doch sein Zeitbezug existiert nur noch in Zusammensetzungen wie ›fortan‹ oder ›hinfort‹, ›vorher‹ oder ›Vormittag‹.

Unterdessen war aus fora und bi das ahd. bifora (›vorn, voraus‹) zusammengerückt, drückte aber zunächst nur räumliche Beziehungen aus. Neben ihm erschien das zeitlich orientierte furi (›voraus‹) und entwickelte sich zum *für*. Dass ›für‹ ursprünglich den Sinn zeitlicher Aufeinanderfolge hatte, ist in der Wendung ›Tag für Tag‹ noch erkennbar. Später geschah etwas, das einer logischen Entwicklung und Differenzierung der Begriffe widerspricht. ›Vor‹ trat an die Stelle des ›für‹ und wurde Träger sowohl räumlicher als auch zeitlicher Bedeutung. Bifora entwickelte sich zum nur noch zeitbezogenen *bevor* (engl. before) und verdrängte weitgehend das alte ›ehe‹ zur Beschreibung vergangener Ereignisse.

Dieses *ehe* war einmal aus der Lautgruppe a[e]r (›am Morgen‹) hervorgegangen. Deren Spuren begegnen uns auch in griech. eri (›morgens‹), und air bedeutete den Goten ›früh [am Tage]‹. Als Ausdruck zeitlicher Kausalität erschien es dann im mhd. erer (›der frühere‹), und mhd. e-gester bedeutet ›vorgestern‹. Neben erer entstand eine kurze Form, das mhd. e (›vormals, früher‹). Sie führte zu ›ehe‹ und ›ehedem‹. In Österreich und Bayern sagt man noch heute ›eh‹ für ›früher‹, doch meist ist damit ›sowieso schon‹ gemeint (›Es ist doch eh zu spät‹). Heute benutzt die Umgangssprache ›eher‹ im Sinne von ›bevorzugt‹. Niederländisch heißt eer ›früher‹. Der Superlativ zu eher ist ›erst‹, diese Form bezeichnete ursprünglich den zeitlich Ersten, dann auch den Ersten im Rang, und sie ist Grundlage der Bildungen ›zuerst‹ und ›vorerst‹. Schließlich entstand daraus die zu ›eins‹ gehörende Ordnungszahl ›erste‹.

Der indogermanische Ausdruck ant bezeichnete die Vorderseite, das Gesicht. Daraus entstanden griech. antí (›gegenüber, vor‹) und lat. ante (›vorn‹), das nach und nach neben dem räumlichen auch zeitlichen Bezug im Sinne von ›vorher‹ gewann. Vom verwandten lateinischen antiquus (›vorig, alt‹) kommt ›antik‹. Ante-meridianus heißt ›vor-mittäglich‹, darauf geht das englische a.m. der Uhrzeit zurück. Spanisch antes und frz. avant bedeuten ›vorher‹.

Neben diesen Worten für ein Geschehen vor dem Bezugspunkt entwickelten sich solche, die das darauf Folgende benennen. Auf der idg. Lautfolge epi (›nahe bei, nach, hinter‹), in der auch ›Abend‹ wurzelt, beruht mhd. after (›hinter, nachfolgend‹). Auch das hatte nach und nach zeitliche Geltung erlangt. Als Substantiv jedoch bezeichnet After den ›Hintern‹, und im 18. Jahrhundert begann die tonangebende Gesellschaftsschicht an der Verwendung des Ausdrucks Anstoß zu nehmen. Im Eifer des Gefechts wurde das Adjektiv gleich mit aus der ›gehobenen‹ Sprache verbannt. Von nun an dominierten die noch jungen ›Ersatzworte‹.

Das germanische Wort den (›von da aus‹) hatte ausschließlich räumliche Geltung. Aus ihm entstand außer ›denn‹ auch die Nebenform *dann.* Diese erhielt nun im 18. Jahrhundert Bedeutung als Zeitadverb und wurde auf Zukünftiges bezogen. Auch ›denn‹ wurde in diesem Sinne benutzt, Spuren davon finden sich in dem mundartlich-scherzhaften Ausdruck ›bis denne‹. Aber damit gerieten beide Worte semiotisch in einen Gegensatz zu ihrer englischen Form then, die außer ›dann‹ auch ›damals‹ bedeutete (und noch bedeutet). Auch das Wort *nach* musste für ›after‹ einspringen. Ausgehend vom ahd. nah war es als selbstständiger Begriff entstanden. Seine Bedeutung veränderte sich, von ›nahe bei‹ über ›auf etwas hin‹ zu ›hinter etwas her‹ bezog sie nun ebenfalls den zeitlichen Aspekt ein. Schließlich vereinten sich ›dann‹ und ›nach‹ zum rein zeitlichen *danach.* Im Unterschied zu ›danach‹ (von einem schon zurückliegenden ›da‹ ausgehend hinterher) geht *nachher* vom gegenwärtigen Zeitpunkt aus. In manchen Gegenden sagt man auch ›hernach‹. Ähnliches wie ›danach‹ besagt die Fügung ›darauf‹. Nachbarvölker haben sich den verwirrenden Wechsel erspart: engl. after, schwed. efter drücken ›nachher, danach, darauf‹ aus, der Nachmittag in England heißt afternoon und der Abend in Dänemark afton.

Neben den grundlegenden Begriffen zum Ordnen des Vorher und Nachher entwickelten sich Ausdrücke zur relativen Bewertung zeitlicher Erscheinungen. Auf idg. spe (›sich ausdehnen, vorwärts kommen‹) gehen lat. spatium (›Raum, Strecke, Dauer‹) und engl. space – das sich unendlich in Raum und Zeit ausdehnende Weltall – zurück sowie auch das ahd. spati, mhd. spaete, *spät.* Das bedeutete ursprünglich ›sich hinziehend‹ und gehört wahrscheinlich zu der Wortgruppe von ›sparen‹. Deren ursprünglicher Sinn ›bewahren, erhalten‹ hat sich in der deutschen Bedeutung ›für später zurücklegen‹ erhalten. Im Englischen heißt to spare ›schonen, entbehren‹ oder ›übrig, frei haben‹, und spare time ist Freizeit. Die ähnliche lateinische Fügung ›in spe‹ meint ›zukünftig, kommend‹, hat aber trotzdem nichts mit dieser Wortgruppe zu tun. Ihre ursprüngliche Bedeutung ist ›in der Hoffnung‹.

Zu dem oben bereits erwähnten indogermanischen Ausdruck per (›das Hinausführen über…‹) gehört auch der Lautkomplex pro. Man hat ihn als ›vorn, voran‹ mit zeitlichem Bezug gedeutet. Darauf beruhen ahd. fruo, fruoi, mhd. vrüje und schließlich *früh.* Das hatte ursprünglich Bezug auf die Tageszeit, aber bereits im Althochdeutschen übertrug man es gelegentlich auf Lebenszeit und Jahreszeit. Nach und nach wurde ›früh‹ zum allgemeinen Gegenwort für ›spät‹. Mit der Wortgruppe hängt auch unser ›vor-‹ zusammen und seine Entsprechungen pro- und prä- im Griechischen und im Latein. Aber die genau gegenteilige Bedeutung besitzt, trotz des Anklangs an prä-, das französische après (›nachher‹). Après-midi heißt in Frankreich der Nachmittag.

Der sinnliche Eindruck des an jedem Morgen neu erstrahlenden Lichtes gehört zu den ersten bewusst wahrgenommenen Erscheinungen und folglich auch zu den frühesten Erinnerungen der Menschheit. Die regelmäßige Wiederkehr der Tage trug deshalb wesentlich zur Herausbildung des Zeitbewusstseins, zum Entstehen des noetischen Zeitpfeils bei. Als man dann nach sehr langer Zeit ein Wort für den abstrakten Begriff des Tages fand und vom Heute das Gestern und das Morgen unterschied, war ein wichtiger Schritt auf dem langen Weg zu den Grundbegriffen aller Kalender getan. Diese Entwicklung war verwoben mit der Herausbildung von Begriffen für das ›hier und jetzt‹. Einer Abstraktion, einer Vorstellung vom ›Tag an sich‹ muss die Begriffsbildung eines konkreten Tages vorausgegangen sein. Wir haben oben, in Zusammenhang mit der Entstehung des Begriffs ›heute‹, das Existieren der Wortgruppe hiu tagu (›an diesem Tage‹) vorausgesetzt. Sie wird diesen konkret fasslichen, gegenwärtigen Tagesbegriff beschrieben haben.

Bei den indogermanischen Völkern entwickelten sich Worte für ›die Zeit, in der die Sonne brennt‹ aus dem sehr alten dheg (›brennen‹): din (›der Tag‹) des modernen Hindi, denj der Russen, dzien der Polen, dies (›Tageslicht, Tag‹) der Römer. Daher kommen span. dia, ital. giorno und frz. jour. Selbst das türkische gün (›der Tag‹) lässt die Verwandtschaft erkennen. Englisch sagt man day, holländisch (wie auch schwedisch und dänisch) dag, und schon im Althochdeutschen hieß es *tag*. Daneben entstand nok als Begriff für die Zeit zwischen zwei Sonnenuntergängen. Nok wird also der Ausgangspunkt für den abstrakten Tagesbegriff gewesen sein. Aus ihm bildeten sich slawisch noc (notsch), lat. nox und daraus span. noche, ital. notte, frz. nuit und engl. night. In Schweden wurde es zu natt und bei uns über ahd. naht schließlich zu *Nacht*. Später wechselten die Bedeutungen, ›Nacht‹ meinte nur noch die Zeit der Dunkelheit und ›Tag‹ umfasste den gesamten Zyklus.

Das Wort *morgen* geht, vermittelt durch ahd. morgane, auf idg. mer (›flimmern, schimmern‹) zurück. Es bedeutete zuerst ›am Morgen‹, dann ›der Morgen‹ (des nächsten Tages) und schließlich ›am nächsten Tag‹. Diese Beziehung spiegelt sich auch im englischen Begriffspaar morning/tomorrow. Ähnliches finden wir im Italienischen und Französischen – aus dem ›Morgen‹ mattina bzw. matin entwickelten sich domani und demain. Entsprechendes geschah – aus anderen sprachlichen Wurzeln – im slawischen

Kulturkreis. Aus ›Morgen‹ (russ. utro) bildete sich ›morgen‹ (poln. jutro). Dann aber tauchten neue Worte zur Unterscheidung auf. Heute steht im Russischen neben utro (›der Morgen‹) savtra für ›morgen‹. Im Polnischen aber trat neben jutro (›morgen‹) das neue rano, ranek (›der Morgen‹). Auch im Neugriechischen erschien ein neues Wort für den nächsten Tag, ›morgen‹ heißt avrion. Der altgriechische Stamm pro- stand in Zusammenhang mit ›vorn, voran‹, und proi hatte die Bedeutung ›neulich, jüngst, vorgestern‹. Daran erinnert noch das neugriechische protitera (›vorher‹). Proi aber unterlag dem Wandel und bedeutet heute ›der Morgen‹ bzw. ›früh, morgens, bei Tagesanbruch‹, projevma ist das Frühstück.

Als Pendant zum Entstehen von ›morgen‹ aus dem Morgen des nächsten Tages bildete sich bei den Slawen das Wort für *gestern* aus dem Begriff vom Abend des Vortages. Den ›Abend‹ nennt man russisch (polnisch) wetscher (wieczór), und ›gestern‹ heißt wetschera (wtschera, wczoraj). Anders bei den indogermanischen Völkern. Hier hatte sich, vielleicht schon als die Vorstellungen von zeitlicher Kausalität noch verschwommen waren, der Begriff ghies gebildet. Auf ihm beruhen altgriech. chthés und lat. heri, schwed. igår, engl. yester, niederländisch gisteren und ahd. gestaron. Alle haben die Bedeutung ›gestern‹. Aber ghies bedeutet exakt ›am andern Tage‹ im allgemeineren Sinn von ›nicht heute‹, und aus ihm entwickelte sich außer ›gestern‹ auch gistradagis der Goten. Und das bedeutete ›morgen‹ – so sehr auch sein Klang die Deutung ›gestrigen Tages‹ assoziieren möge.

Die Überreste solcher Doppeldeutigkeit begegnen dem Reisenden noch heute in Indien. Im modernen Hindi bedeutet kal sowohl ›gestern‹ als auch ›morgen‹, und parsón heißt je nach Kontext ›vorgestern‹ oder ›übermorgen‹. Manche Autoren haben geäußert, diese sprachliche Eigenart sei ein Indiz für das ›mangelnde Zeitgefühl‹ der Menschen in Indien. Das ist so nicht richtig. Freilich gehen andere Kulturen anders mit Zeit um, und viele Inder haben traditionell ein anderes Zeitgefühl. Zeit war dort nie so wichtig, dass differenzierte Begriffe nötig waren. Außerdem kann man sich leicht davon überzeugen, dass Verwechslungen von gestern und morgen im täglichen Leben praktisch ausgeschlossen sind.

Ein Tag umschloss eine Zeitspanne, die für Menschen der Frühzeit eben überschaubar war. Irgendwann erwachte auch ein Bewusstsein für das Vergehen längerer Zeitabschnitte. Dann konnten sich Begriffe für länger währende konkrete Vorgänge bilden und wurden schließlich zu abstrakten Ausdrücken für langes Andauern verallgemeinert. Schon früh hatte man beobachtet, wie Pflanzen, Tiere und Kinder aufwuchsen. In indogermanischer Zeit hatte sich dafür der Begriff al (›wachsen, wachsen machen, nähren‹)

entwickelt. Die Goten kannten alan (›wachsen‹), und das lat. altus (›hoch‹) bedeutete ursprünglich ›groß gewachsen‹. Auch ahd. alt und engl. old bedeuteten zunächst ›aufgewachsen‹. Wenn man etwas *alt* nannte, konstatierte man die Veränderung ›gewachsen‹. Zwischen ›groß gewachsen‹ und ›alt geworden‹ wurde nicht differenziert.

Das ist ein Musterbeispiel für den Zusammenhang von Denken und Sprache. Begriffe, die man nicht formulieren konnte, existierten praktisch nicht. Aus ihrem vagen Erahnen entwickelte sich langsam eine Formulierung, ein neues Wort. Nach und nach sonderte sich von ›alt‹ ein Begriff für ›Lebensalter‹; neben schwed. alder und niederländisch ouder erscheint ahd. aldor und wird zu mhd. alter. Parallel entwickelten sich aus dem altengl. ealdor die Worte age (›Alter‹) sowie ago, das zeitlich gemeinte ›vor‹.

Heute benutzt man *Alter* gewöhnlich im Sinne von Lebensjahren oder um den späten Lebensabschnitt im Unterschied zur Jugend zu bezeichnen. Zugleich ist ›Alter‹ ein weiterer Beleg für die enge begriffliche Verbindung zwischen Zeit und Leben. Bereits oben wurde der Zusammenhang des ›jetzt‹ mit ›Lebensdauer, Lebenskraft‹ und des ›immer‹ mit ›groß‹ (idg. aiu und io) dargestellt. Man begann auch zu vergleichen, erfand die sprachlichen Steigerungsformen und prägte ›älter‹. Aus ahd. altiron (›die älteren‹) entstand ›Eltern‹. Im antiken Griechenland bedeutete hénos ›alt, nicht mehr neu‹. Das wandelte sich zum neugriechischen geros (›alt‹) und davon abgeleitet ist Gerontologie, die Wissenschaft von den Alterungsvorgängen im Menschen. Hénos ist urverwandt mit lat. senex (›alt, bejahrt‹), und daher kommen Senat und senil sowie Senior (›der Ältere‹).

Das Gegenteil von ›gewachsen, gereift‹ wurde mit dem idg. Wort iuuen bezeichnet. Daraus ging *jung* hervor, es benennt bis heute Zustände wie ›unreif, unerfahren‹ oder ›frisch, noch neu‹. Nach und nach erhielt es auch die zeitliche Bedeutung ›spät, zuletzt‹. Seine Verbindung zi jungist (›zu neuest‹) entwickelte sich zu ›jüngst‹. Ebenfalls von iuuen kommen engl. young und lat. iuvenis, davon sind Junior und Jugend abgeleitet. Auf ›gebraucht, abgenutzt‹ als weiteren Aspekt des Begriffes ›alt‹ bezieht sich sein anderes Gegenwort ›neu‹. Es entstand über ahd. niuwi aus dem (bereits oben bei ›nun‹ erwähnten) idg. neuo. Darauf gehen auch griech. néos, lat. novus, russ. novy, engl. new, schwed. ny zurück, und davon abgeleitet ist ›neulich‹ (›erst in neuester Zeit, vor kurzem‹). Unsere schnelllebige Zeit brachte das Verlangen nach immer Neuem in immer kürzeren Zeitintervallen hervor. Dieser Drang schuf die Begriffsgruppen um ›Neuheit, Innovation‹ und ›Neuigkeit, News‹.

Begriffe abstrakter Zeit

Erst als die Sprache zeitliche Erscheinungen differenziert benennen konnte, früh von spät, jung und neu von alt, gestern von heute und morgen unterschied, entstand ein abstrakter Begriff von *Zeit.* Diese Abstraktion basiert auf konkreten Erscheinungen. Schon Demokrit erkannte Zeit als ein nur vorgestelltes Abbild von Tag und Nacht zugleich. Aber Zeit ist eine fundamentale Größe; man kann sie nicht auf irgendwelche anderen Erscheinungen oder einfachere Größen zurückführen und deshalb nicht durch solche erklären. Über diese Schwierigkeiten klagte bereits um das Jahr 400 der nordafrikanische Kirchenlehrer Augustinus. Oft zitiert sind seine Worte: »Si nemo ex me quaerat, quid tempus sit, scio: si quaerenti explicare velim, nescio.« (Wenn mich niemand fragt, was die Zeit sei, so weiß ich es; wenn ich es aber jemandem erklären will, so weiß ich es nicht.)

Jeder Versuch, Zeit überhaupt zu erklären, läuft auf eine Beschreibung ihrer Eigenschaften hinaus. Diese Beschreibungen sind zudem subjektiv bedingt. Menschen haben das Entstehen und Vergehen der Dinge beobachtet und individuell erlebt. Davon ausgehend könnte Zeit als ›die Aufeinanderfolge dieses Geschehens‹ definiert werden oder als ›die Art und Weise, wie Menschen das Vergehen der Gegenwart erleben‹. Dem Versuch ›Aufeinanderfolge eines Geschehens‹ haftet vermeintliche Objektivität an, er scheint unabhängig vom menschlichen Bewusstsein. Diese Betrachtungsweise führte zum Begriff der *äußeren Zeit.* Davon trennte man von alters her die *innere Zeit.* Das erste der großen Lexika, in der Zeit der Aufklärung zwischen 1732 und 1754 von Johann Heinrich Zedler herausgegeben, definierte: »Die innerliche Zeit wird auch die metaphysische, und die äußerliche die physische und astronomische genennet.«

Betrachten wir nun, wie sich Worte für das Abstraktum ›Zeit‹ herausgebildet haben. Über Ursprünge eines allgemeinen Zeitbegriffs im Indogermanischen ist nichts Sicheres bekannt. Ein entsprechender Ausdruck erscheint zuerst im antiken Griechenland: *chrónos* (›Zeit‹). Das war ein Begriff für gleichförmig dahinfließende Zeit. Hier haben Chronik, Chronometer und synchron ihren sprachlichen Ursprung. Vom abgeleiteten chronikós (›zeitlich lang‹) kommt ›chronisch‹. Im *Neuen Testament* der Christen erscheint Chronos als begrenzter Zeitraum und ist mit der Sterblichkeit des Menschen und der Endlichkeit der ›diesseitigen Welt‹ verbunden. Er steht dem *aion,* der grenzenlosen Zeit der Ewigkeit, der Zeit des Christengottes, gegenüber. Aber Aion kannten schon die Griechen vorchristlicher Jahrhunderte als Gott der Ewigkeit. Heute meint Äon ›Ewigkeit, Zeitalter, Weltzeitalter‹.

Kairos war ursprünglich das Wort der Griechen für den passenden Ort, dann für eine günstige Gelegenheit, um ein Vorhaben erfolgreich durchzuführen. Ihre Philosophen bezeichneten mit kairos den ›entscheidenden Zeitpunkt‹, von dem es abhängt, ob eine Entscheidung sinnvoll ist. Das *Neue Testament* erklärte den Kairos zur ›Heilszeit‹. Es bezog den Begriff auf die Zeit des entscheidenden Handelns Gottes. Das meint besonders jene mit dem Leben des Jesus Christus verbundene Zeit sowie die ›Endzeit‹ der Welt. Heute bedeutet neugriechisch kairos einfach ›Zeit‹. Daneben gibt es den alten Wortstamm kal (›zählen‹). Zu diesem gehören sanskrit ka-la (›Zeit‹), lat. calculare (›zählen‹) sowie lat. calare (›den Anfang nennen, ausrufen‹) und wahrscheinlich das englische to call. Auf das Ausrufen des Monatsanfangs beziehen sich die calendae, die Kalenden der Römer, von denen der Kalender seinen Namen erhielt.

Der lateinische Begriff für begrenzte, für abgemessene Zeit war *tempus*. Damit verwandt sind lat. temperatura (›gehörige Mischung‹) und temperare (›in das gehörige Maß setzen‹), auch ›Temperament‹ kommt von da her. Tempestas hieß außer ›Zeit‹ auch ›Witterung‹, daraus entstand frz. temps mit den Bedeutungen ›Zeit‹ und ›Wetter‹. Das spanische tiempo wie das italienische tempo bedeuten ›Zeit, Gelegenheit, Zeitmaß‹. Im 17. Jahrhundert gelangte ›Tempo‹ als Fremdwort ins Deutsche. Zunächst benutzte man es auch hier im Sinne von ›Zeit‹ und ›Gelegenheit‹. Zedlers Lexikon (1732/1752) klärt uns darüber auf: »Also sagt man auch moraliter: Er hat das rechte Tempo, die rechte Gelegenheit getroffen, man muss das rechte Tempo wohl in acht nehmen, sich in die Zeit schicken, den Mantel nach dem Winde hängen und temporisieren.« Daneben verwendete man Tempo speziell im Sinne ›Zeitmaß einer Bewegung‹. Zedler vermerkt: »Sonst ist Tempo ein Wort, das von den Exercitien-Meistern gebrauchet wird, und ein gewisses Maas oder Zeit der Bewegung bedeutet. Auf der Reutschul bedeutet es eine gewisse Bewegung des Pferdes [...] auf dem Tantzboden ein gewisses Maas der Tritte [...] auf dem Fechtboden eine gewisse Zeit da entweder der Degen, oder der Fuß, oder der Leib, oder alle drey zugleich beweget werden sollen [...] Bey dem Exerciren der Soldaten bedeutet Tempo so viel, als die Bewegung der Hände und Füsse bey den Handgriffen.« Das 18. Jahrhundert bezog Tempo auf den musikalischen Vortrag. Mit Begriffen von Schnelligkeit, Geschwindigkeit verband es sich erst im 19. Jahrhundert, und so ist es auch im Englischen geläufig.

In seiner ursprünglichen Bedeutung ›Zeitspanne‹ geht tempus vielleicht auf das indogermanische ten (›dehnen, ziehen‹) zurück, vermutet die Duden-Redaktion. Aber möglicherweise gehört es doch zur gleichen Wurzel dai wie das deutsche ›Zeit‹, das armenische ti (›Lebenszeit, Alter‹) oder das polnische czas (›Zeit‹) und czesc (›Teil‹). Dieses indogermanische dai bedeutete ›teilen, zerschneiden, zerreißen‹. Aus ihm entwickelte sich im Sinne von ›Abgeteiltes, Abschnitt‹ mhd. zit, schwed. tid, niederländisch tijd, die alle ›Zeit‹ bedeuten. Das dem entsprechende engl. tide hat heute nur noch die Bedeutung ›Gezeiten‹ und wurde zum Ursprung für das deutsche ›Tiden‹. Außerdem entstanden auf andere Weise aus der gleichen Wurzel altengl. tima (›Zeit‹) und schwed. timme (›Stunde‹). Vom modernen englischen Verb to time (›zeitlich abstimmen‹) kommen die heute international verbreiteten Begriffe timen, Timing, Timer.

Andere abstrakte Begriffe verallgemeinern das konkrete Gestern, Heute oder Morgen. *Vergangenheit* entstand aus mhd. vergan (›vergehen, dahingehen, schwinden, sterben‹). Das gehört wie ›Gang‹ zur Wortgruppe um ›gehen‹ und hat seinen Ursprung in der indogermanischen Lautfolge ghe (›verlassen, leer sein‹).

Wahrscheinlich mit ghe verwandt ist die Wurzel gem (›gehen, kommen‹), aus der unter anderem die Partikel ›-kunft‹ entstand. In ihrer ursprünglich räumlichen Bedeutung begegnet sie uns noch in ›Ankunft‹. Die ahd. Fügung zuo-chumft bedeutete ›das Herannahen‹ und bezog sich durchaus noch auf Gegenständliches, das sich räumlich näherte. Dann erweiterte sich ihr begrifflicher Inhalt um den zeitlichen Aspekt. Das Wort *Zukunft* steht nur noch für ›herannahende, kommende Zeit‹. Davon abgeleitet ist ›künftig‹.

Auf die Wurzel gem wird außerdem lat. venire (›kommen‹) zurückgeführt. Darauf basieren lat. adventus (›Ankunft‹) und der Advent, die ›Zeit der Ankunft‹ Christi. Ad-vena (›der Fremde‹) ist der vom fremden Ort Angekommene. Mit der Fremde verband sich Unerwartetes, und deshalb hießen Erlebnisse und Abenteuer auf englisch Adventure. Ankunftszeiten von Bahn oder Flugzeug finden wir dagegen auf internationalen Fahrplänen unter ›Arrivals‹, das kommt seltsamerweise von ad-restare (›dableiben‹) und ist mit Arrest verwandt. Die Abfahrtszeiten heißen Departures, das hängt mit frz. partir (›abreisen‹) zusammen, woran die Landpartie erinnert. Subvenire schließlich bedeutet ›hinzukommen‹, und darauf fußt das frz. souvenir (›ins Gedächtnis kommen, erinnern‹).

Gegenwart bedeutete lange Zeit ausschließlich ›Anwesenheit‹. Erst im 18. Jahrhundert wurde es als grammatischer Begriff für Präsens eingeführt und gelangte so als allgemeine zeitliche Bezeichnung in die Umgangssprache. Der Ursprung des Wortes ist unklar, es scheint mit dem alten zeitlichen Begriff währen (›dauern‹) verwandt, das seinerseits von wesen (anwesend sein) kommt und mit wehren (›hüten, aufpassen‹) zusammenhängt. Auch ein Zusammenhang mit ›warten‹ ist denkbar; in der Gegenwart wird Kommendes erwartet.

Zeitformen der Sprache

Nicht nur in den Wörtern, auch in ihren Formen sowie in der Struktur der Sprache spiegelt sich das Bewusstsein der Menschen von der Zeit. Es gibt vielfältige Möglichkeiten, einen zeitlichen Bezug auszudrücken, und die verschiedenen Sprachen machen unterschiedlichen Gebrauch davon. Linguisten unterscheiden die Mittel der Grammatik – *Tempora* und *Aspekte* – von den lexikalischen. In den meisten Sprachen, darunter im Deutschen, nehmen die Verben verschiedene Formen an und drücken dadurch bestimmte zeitliche Beziehungen aus. Diese können absolut sein (Gegenwart, Vergangenheit und Zukunft) oder auch relativ (vorzeitig, gleichzeitig, nachzeitig). Deshalb nennt man die Verben auch Zeitworte. Eine durch Veränderung des Verbs ausgedrückte zeitliche Beziehung heißt in der lateinischen Fachsprache der Grammatiker Tempus mit der Mehrzahl Tempora. Im Deutschen kennzeichnen veränderte Verbformen außerdem den ›vollendeten‹ und ›unvollendeten‹ Aspekt einer Handlung (Perfekt bzw. Imperfekt).

Menschen unterscheiden normalerweise Vergangenes und Zukünftiges ausgehend vom ›Jetzt‹ als Moment des Erlebens. Dann definierten Sprachwissenschaftler nicht den Erlebens-, sondern den Sprechmoment als grammatikalisch relevanten Bezugspunkt. Ihr Tempusbegriff bestimmte Zeit ausschließlich in Relation zum Sprechereignis. Heute unterscheidet man explizit beide voneinander – manchmal als Aktzeit und Sprechzeit bezeichnet – und berücksichtigt noch einen dritten Bezugspunkt, wie er z. B. im Satz ›Gestern war sie schon eine Woche verreist‹ auftaucht. Daneben aber ist bis heute umstritten, ob überhaupt alle Sprachen über ein Tempussystem verfügen. Auch das Deutsche kennt ›zeitlose‹ Formen wie z. B. ›Bitte alle aussteigen!‹.

Manche Sprachen unterscheiden nur zwischen zwei Zuständen. Sie orientieren sich am Resultat dessen, was in der Zeit geschieht. So heißt es auf Hawaiisch entweder ›ua himeni (›Gesang abgeschlossen‹) oder ›himeni ana‹ (›Gesang nicht abgeschlossen‹). Auch Malaiisch, Finnisch und Estnisch haben eine derartige Struktur. Das kann Spiegelbild der Existenz eines dualen Zeitbegriffs sein, der die Resultate eines wirklichen zeitlichen Geschehens den virtuellen Möglichkeiten ›neuer Zeit‹ gegenüberstellt. Das wird am Beispiel Ägyptens besonders deutlich. Das andere Extrem bilden Sprachen, die bei vergangenen und zukünftigen Ereignissen zusätzlich mehrere Grade des zeitlichen Entferntseins unterscheiden.

Mittels mehr oder weniger komplizierter theoretischer Modelle hat man versucht, eine einheitliche Beschreibung der Tempussysteme aller Sprachen vorzunehmen. 1968 hat W. Bull an der Berkeley-Universität ein System mit vier Orientierungspunkten vorgeschlagen:

- Ausgangspunkt ist der ›point present‹, in dem der Mensch die Realität erlebt. Was ihm vorausgeht, ist vergangen, und was ihm folgt, ist zukünftig.
- Das Erlebte vergeht, kann aber erinnert werden. Das ergibt den ›recalled point‹, der wiederum zum Bezugspunkt für vergangene, gleichzeitige und folgende Ereignisse genommen werden kann.
- In gleicher Weise können Ereignisse auf einen antizipierten, in der Zukunft liegenden Punkt bezogen werden.
- Schließlich kann vom ›recalled point‹ ausgehend ein Punkt antizipiert werden. Ausgangspunkt der Betrachtung ist dann dieser ›recalled anticipated point‹.

Hiermit können Tempus und Aspekt als verschiedene Interpretationen ein und desselben Systems betrachtet werden. Die Frage, was sie unterscheidet und was durch Tempora eigentlich ausgedrückt wird, beschäftigt die Linguisten seit langem, und sie haben dazu recht unterschiedliche Ansichten geäußert. Einer ihrer Streitpunkte ist die Grenze zwischen grammatischen und lexikalischen Formen. Das hat dazu geführt, dass die Angaben über die Zahl der Tempora des Deutschen zwischen zwei und zehn schwanken. Die Gelehrten Europas konnten sich im Mittelalter bis ins 18. Jahrhundert eine Abweichung von dem als ideal angenommenen Tempussystem des Latein schlicht nicht vorstellen. Die traditionelle Grammatik des Deutschen setzt deshalb sechs Tempora. Deren lateinische Bezeichnungen müssen indessen als reine Namen verstanden werden, denn sie sagen nur wenig über ihre Funktionen aus.

Die *Duden*-Grammatik 1998 definiert den Sprechzeitpunkt als Bezugspunkt. Alles Geschehen, das in diesem Moment aus der Sicht des Sprechers abgeschlossen ist, gehört der ›Vergangenheit‹ an, das Nichtvergangene ist entweder Gegenwart oder Zukunft, je nachdem, ob es bereits begonnen hat oder ob sein Beginn erst bevorsteht. Für die beiden Haupttempora ist allein der Unterschied zwischen Vergangenheit und Nichtvergangenheit maßgebend:

- Das Präteritum bezieht sich eindeutig nur auf in der Vergangenheit Geschehenes – ›ich aß‹.
- Das Präsens kann sich auf Gegenwärtiges, noch oder schon Ablaufendes sowie auf Zukünftiges beziehen – ›ich esse‹.

Eine zusätzliche Komponente des Vollzugs ist bestimmend für die Perfektformen:

- Das Perfekt stellt den Abschluss eines Geschehens als im Sprechzeitpunkt gegebene Tatsache fest, kann dies aber auch für einen in der Zukunft liegenden Zeitpunkt tun – ›ich habe gegessen‹.
- Das Plusquamperfekt kennzeichnet die ›Vorvergangenheit‹, ein zu einem vergangenen Zeitpunkt bereits abgeschlossenes Geschehen – ›ich hatte gegessen‹.

Die beiden Zukunftsformen besitzen außer der zeitlichen auch eine modale Komponente. Die Mönche im Mittelalter hatten beim Übersetzen lateinischer Texte große Mühe mit der Wiedergabe der beiden lateinischen Futurtempora. Sie erprobten die Alternativen Präsens, Modalverben mit Partizip Präsens und Modalverben mit Infinitiv. Durchgesetzt haben sich die Konstruktionen:

- Futur I als Verbindung aus ›werden‹ und Infinitiv Präsens, es kann sich auf Gegenwärtiges und Zukünftiges beziehen – ›ich werde essen‹.
- Futur II als Verbindung aus ›werden‹ und Infinitiv Perfekt, zeitlich gleicht es dem Perfekt – ›ich werde gegessen haben‹.

Das Perfekt wird in der geschriebenen Gegenwartssprache Deutschlands lediglich in 5,5% aller Fälle benutzt, das Plusquamperfekt in 3,2%, Futur I erreicht 1,5% und Futur II nur noch 0,3%, hat die Dudenredaktion 1998 ermittelt. Dessen ungeachtet diskutieren Linguisten über Doppelperfekt und Doppelplusquamperfekt, das sind Formen wie ›ich habe/hatte gegessen gehabt‹. Viele von ihnen meinen, das Doppelperfekt habe sich aufgrund des im 17. Jahrhundert eingetretenen ›oberdeutschen Präteritumschwundes‹ als Ersatz für das mit dem Präteritum untergegangene Plusquamperfekt entwickelt. Andere relativieren das, indem sie darauf hinweisen, dass Doppelperfekt und Doppelplusquamperfekt auch außerhalb des oberdeutschen Bereichs und in der Literatursprache anzutreffen sind und dass diese Doppelformen in ihrer Bedeutung nicht nur dem Plusquamperfekt entsprechen.

Viele Sprachen verwenden neben den Tempora noch *Aspekte* als zusätzliche Möglichkeit, zeitliche Relationen auszudrücken. Oft geht es dabei um die interne zeitliche Gliederung eines bzw. um die Verschachtelung mehrerer Vorgänge. Im Englischen drückt der ›progressive Aspekt‹ aus, dass ein Ereignis innerhalb eines anderen Vorgangs eintritt. Im Russischen benutzt man hierfür die Gegenüberstellung von imperfektivem und perfektivem Aspekt. Das Französische unterscheidet – nur in den Vergangenheitsformen – das passé simple entral (perfektiv) vom Imperfekt lisait. Die deutsche Hochsprache hat nach allgemeiner Auffassung keine Aspekte, doch sehen manche Linguisten die Tempora Perfekt und Plusquamperfekt als Aspekte an. In der Umgangssprache dagegen gibt es die dem Niederländischen ähnliche ›rheinische Verlaufsform‹ (›Ich bin am Essen‹).

Außer den Möglichkeiten der Grammatik gibt es im Deutschen und in anderen Sprachen eine Fülle lexikalischer Mittel, zeitliche Beziehungen auszudrücken:

- temporale Verben (anfangen, beginnen, dauern, enden, vergehen)
- Temporaladverbien (heute, jetzt, einst, neulich)
- Nominalphrasen, die einen einfachen Temporalausdruck enthalten (in einer Stunde, die ganze Nacht, nächste Woche, vor dem Essen, während des Gesprächs)
- präpositionale Phrasen (am Montag, nach dem Essen, um vier Uhr, vor Weihnachten). Weil Präpositionen primär räumlichem Bezug haben, ergibt sich die temporale Bedeutung dieser Ausdrücke nur aus dem Kontext.
- temporale Nebensätze: als er kam, bis Peter kommt, sobald es hell wird, wenn es drei schlägt.

3.3 Das individuelle Zeitempfinden

Die Evolution geht allmählich, in kleinen Schritten von Generation zu Generation vor sich. Weil die jeweiligen Veränderungen praktisch kaum wahrnehmbar sind, hat man mehr oder weniger willkürlich einige größere Stufen definiert. Eine von ihnen sollte den Übergang vom Tier zum Menschen markieren, und je nach weltanschaulichem Hintergrund betrachtete man Arbeit, Sprache oder Bewusstsein als entscheidendes Kriterium dafür. Heute setzt sich immer mehr die Erkenntnis durch, dass von einer strikten Trennung nicht die Rede sein kann; die vermeintliche Grenze ist ein fließender Übergang. Die Fortbewegung auf zwei Füßen hatte die Entwicklung der Hand und damit die physische Seite der Arbeit ermöglicht. Parallel dazu entstand ihre intellektuelle Seite: der Arbeit ein Ziel zu setzen, zu planen. Das erforderte Vorstellungen von der Zukunft und setzte das Bewusstsein von Zeit voraus.

Unsere frühen Vorfahren lebten und arbeiteten gemeinschaftlich. Deshalb mussten sie kommunizieren, und dazu entwickelten sie eine Sprache. Aus diesen Komponenten entstand die menschliche Gesellschaft. Doch das erstmalige *Bewusstwerden der Zeit* geschah als individuelle Erfahrung jedes Einzelnen. Es ist heute unbestritten, dass jedes höhere Lebewesen im Verlauf der Ontogenese (seiner individuellen Entwicklung) die Phylogenese (die stammesgeschichtliche Entwicklung) wiederholt. Offenbar geschieht etwas Vergleichbares beim Erwerb von Zeitbegriffen; Kinder wiederholen die entsprechenden Phasen aus der Menschheitsgeschichte. Wir können beobachten, dass sich ein kleines Kind zunächst auf die unmittelbare Gegenwart konzentriert. Zuerst nimmt es nur Bewegungen wahr, dann lernt es räumliche und später zeitliche Beziehungen zu unterscheiden. Sobald es laufen kann, erobert es sich zunächst zeitlos den Raum und erwirbt die sprachliche Fähigkeit, Orte zu benennen. Erst danach, wenn in drei bis vier Jahren sein Ich-Bewusstsein und das Gedächtnis entstanden sind, kann es die ersten zeitlichen Begriffe anwenden und lernt, sein Verhalten an die Zeit der Erwachsenen anzupassen. Die lange Dauer dieser Entwicklung hängt unter anderem damit zusammen, dass wir Zeit nicht unmittelbar wahrnehmen können. Jedenfalls wurde bis jetzt kein Gehirnbereich entdeckt, der für das Verarbeiten von Zeiterfahrung zuständig ist. Vielmehr scheint Zeit lediglich ein Attribut der Wahrnehmung von Dingen, ihrer Veränderung und Bewegung.

Erst durch das Erinnern an früher Wahrgenommenes wird sich der Mensch des Ablaufs der Zeit und seiner eigenen Entwicklung bewusst. Aber der Rückgriff auf die Vergangenheit gelingt nur mit solchen Ereignissen, die wichtig genug waren, dass er ihnen Aufmerksamkeit schenkte. Dass etwas im Gedächtnis gespeichert wird, setzt außer Wachheit und Aufmerksamkeit das Erleben voraus. Nur die selbst erlebten Gefühle und Empfindungen ermöglichen eigene persönliche Erinnerungen, und ohne diese gibt es keine Individualität, ist der Mensch ein Nichts. Grüsser, der 1983 den Ausdruck *Ich-Zeit* für die die subjektiv erfahrene Zeit des Individuums prägte, hat sie so beschrieben: »Diese Zeit kann erlebte Gegenwart sein, sie kann erfahrene und erinnerte Zeit sein, die sich auf Vergangenes bezieht, sie kann aber auch planende, sorgende, erwartete Zeit sein, Vorgriff auf Zukünftiges.«

Im Rückblick auf Jahrmillionen erscheint die Evolution als mehr oder weniger kontinuierlicher Prozess; tatsächlich setzt sie sich aus einer Vielzahl kleinster Einzelschritte zusammen. Zeit ist im Gegensatz dazu physikalisch ein kontinuierlicher Fluss, doch der Mensch nimmt Informationen aus der Umgebung abschnittweise, in aufeinander folgenden Zeitfenstern wahr. Daher rührt das Bewusstsein des Nacheinanders der Dinge, aneinander gereihter Momente, zeitlicher Kausalität. An dieses Bewusstsein knüpft sich das Empfinden von der Geschwindigkeit des Wechsels und von der Dauer der Erscheinungen.

Pöppel hat die oben betrachteten elementaren Zeiterlebnisse – Gleichzeitigkeit, Ungleichzeitigkeit, zeitliche Folge, subjektive Gegenwart und zeitliche Dauer – als die primäre Ebene des Zeiterlebens bezeichnet. Ausschließlich sie macht Zeit für uns wahrnehmbar. Aber das ist nur deshalb möglich, weil es erstens die absolute, die physikalische Zeit gibt und weil zweitens unser Denk- und Erfahrungsapparat auf Grund evolutionärer Ereignisse an die objektive Welt angepasst ist. Von den Primärerlebnissen ausgehend sind wir zur sekundären Ebene allgemeiner Zeitbegriffe gelangt. Als Beispiel möge an dieser Stelle der von Newton formulierte Zeitbegriff der klassischen Physik stehen, der mindestens für den Bereich der Technik seine grundlegende Bedeutung bis heute behalten hat: »Die absolute, wahre und mathematische Zeit fließt aufgrund ihrer eigenen Natur aus sich selbst heraus, ohne Beziehung zu etwas Äußerem gleichmäßig dahin.« Als vom Menschen geprägter Begriff ist ›absolute Zeit‹ eine sekundäre Konstruktion. Als objektiv existierendes Phänomen dagegen ist es eine Voraussetzung dafür, dass wir überhaupt subjektiv Zeit wahrnehmen können.

Nur physikalisch – im Sinne der Newtonschen Definition – fließt Zeit immer und überall gleich. Im Gefühl jedes einzelnen Menschen hat sie ein anderes Maß. Wie Menschen die Dauer eines Zeitabschnitts empfinden, hängt von ihren persönlichen Voraussetzungen ab. Die Basis dafür sind genetisch vorbestimmte biologische Ausgangswerte, die einen Rahmen abstecken, innerhalb dessen die individuelle Ausgestaltung erfolgt. Dabei wirken kulturelle Prägung und Gesundheitszustand wesentlich mit. Vor allem aber verändert sich das Zeitbewusstsein des Einzelnen in Abhängigkeit von Lebensalter und Erfahrung. Älteren Menschen enteilt die Zeit schnell, jungen scheint sie oft sehr lang. Das hängt damit zusammen, dass ein Jahr für einen Zwanzigjährigen ein Zwanzigstel seines erfahrenen Lebens repräsentiert. Einem Sechzigjährigen erscheint derselbe Zeitraum nur ein Drittel so lang. Das führt unter anderem dazu, dass mancher noch Junge eine notwendige Anstrengung jahrelang ›vor sich her schiebt‹ im Bewusstsein, das ganze lange Leben ja noch vor sich zu haben. Der Ältere fürchtet indessen, dass seine

Lebensuhr nur allzu bald abgelaufen sein könnte. »Man sagt ›in jungen Jahren‹ und ›in alten Tagen‹. »Weil die Jugend Jahre und das Alter nur noch Tage vor sich hat«, schrieb die Österreicherin Marie von Ebner-Eschenbach um 1900. Manchmal entsteht dann aus der Angst, vieles noch Gewünschte zu versäumen, eine Art ›Torschlusspanik‹, und um die Lebensmitte stellt sich die berüchtigte midlife-crisis ein.

Je kürzer der betrachtete Zeitraum ist, desto stärker wirkt auch die aktuelle äußere Situation auf das Zeitempfinden ein. Hauptfaktoren sind Motivation, Erwartungshaltung, Aktivität und Aufmerksamkeit. Wenn ein Kranker im Bett liegt, führen Langeweile und Duldenmüssen dazu, dass die Zeit für ihn nicht vergehen will. Hat es sich darin ein Gesunder mit einem spannenden Buch bequem gemacht, so enteilt sie geschwind. Begegnen sich im Supermarkt gute Bekannte, so vergehen zehn Minuten im Gespräch wie ein Augenblick; beim Warten an der Kasse kurz darauf erscheinen schon fünf Minuten recht lang. Beim Erleben angenehmer Emotionen vergeht die Zeit ›wie im Fluge‹. Schon Plinius im ersten Jahrhundert wußte: »Jede Zeit ist umso kürzer, je glücklicher man ist.« Und wenn mit gesteigerter Aktivität, bei gespannter Aufmerksamkeit eine Arbeit erledigt, ein Ziel erreicht werden soll, dann ›läuft die Zeit davon‹ und wird knapp.

Diese scheinbare Dehnung bzw. Schrumpfung der Zeit entsteht dadurch, dass das Gehirn je nach den Umständen ein Zeitfenster längere oder kürzere Zeit offen hält. Die Zeit vergeht schnell, wenn wir viel erleben, Interessantes erfahren, wenn Aufregendes geschieht. Dann sind alle Sinne gefordert, die zu verarbeitende Informationsmenge steigt, die Zeitfenster sind bald gefüllt und werden kürzer. Das Gedächtnis speichert dann Informationen aus vielen Fenstern. Eindrucksvolle Experimente in den USA haben 1998 gezeigt, wie schwammig das subjektive Zeitempfinden ist. Unter anderem wurden Studenten überraschend mit einem nachgestellten, 34 Sekunden dauernden Verbrechen konfrontiert. Sie schätzten seine Dauer im Schnitt auf 81 Sekunden.

Während des Erlebens ist die Aufmerksamkeit vorwiegend entweder auf das Geschehen oder auf den Ablauf der Zeit gerichtet, es wird Kurzweil oder Langeweile empfunden. Völlig anders stellt sich das Vergehen eines bestimmten Zeitabschnitts in der Erinnerung dar. Voraussetzung dafür, dass wir subjektive Dauer erleben können, ist ein *Gedächtnis.* Darin wird Information additiv gespeichert und kann später im Hinblick auf Zeitdauer abgefragt werden. In der Erinnerung wird nun das Erleben der Zeit über die ›Menge des Erlebten‹ beurteilt. Der mentale Inhalt bestimmt die individuelle Dauer vergangener Zeit. Wurde geistig viel verarbeitet, dann erscheint sie im Rückblick als lang, während sie im Verlauf des realen Geschehens sehr schnell zu vergehen schien. Das ist das *zeitliche Paradox.*

Umgekehrt verlangsamt Langeweile, Wartenmüssen den Ablauf, aber hinterlässt kaum Erinnerung. Zeitintervalle, während deren Langeweile herrschte, also wenig verarbeitet wurde, erscheinen im Rückblick geschrumpft. So kommt es, dass kurze Urlaubsreisen deutliche Spuren im Gedächtnis hinterlassen, während der vergleichsweise ereignisarme Ablauf des Alltags fast gänzlich daraus verschwindet. Unter extremen Bedingungen dagegen, beispielsweise bei einem Unfall, kann sich die subjektiv empfundene Zeit völlig von der Realzeit entfernen. Plötzlich läuft alles ›wie in Zeitlupe‹ ab und kann auch so erinnert werden.

Zeitgefühl und Sprache

Das individuelle Zeitempfinden spiegelt sich auch im Sprachgebrauch des Alltags. Für Zeitabschnitte, die schnell vergehen, benutzen wir gerne Verkleinerungsformen wie ›ein Schäferstündchen‹. Für das Nickerchen am Nachmittag veranschlagen wir ›ein Viertelstündchen‹. Und spätestens wenn ›das letzte Stündlein schlägt‹, ist das Leben vergangen. Wer indes nichts Sinnvolles zu tun hat, erlebt *Langeweile.* Dann dehnen sich im Gefühl die Stunden. Dass Menschen so empfinden, scheint relativ neu zu sein. Erst als sich die mechanische Uhr verbreitete und die Zeit im Alltagsleben eine größere Rolle zu spielen begann, ausgerechnet dann entstand das Wort Langeweile. Trotzdem kann daraus nicht geschlossen werden, dass das Empfinden von Langeweile die Existenz der Uhr voraussetzt. Pöppel hat das Phänomen untersucht und gezeigt, dass das Erleben der Langeweile bzw. ganz allgemein der Dauer auch möglich ist, wenn wir keine Erfahrung mit Uhren haben. Dafür sorgen die zeitlichen Integrationsmechanismen des Gehirns, unsere ›innere Uhr‹. Eine mögliche Ursache für das Auftauchen des Wortes könnte darin bestehen, dass sich die Gesellschaft im 17. Jahrhundert stärker als je zuvor in Arbeitende und Gelangweilte differenzierte. Psychologen haben nachgewiesen, dass alle Menschen ihre Bedürfnisse nach Erlebnis und Unterhaltung im Lauf ihres Lebens erlernt haben.

Sehen wir uns die Bestandteile des Wortes näher an. *Weile* basiert auf dem indogermanischen kei und bedeutete ursprünglich ›Ruhe, Pause‹, woran sich der Volksmund gern erinnert: Eile mit Weile. Dann erst entwickelte sich die Bedeutung ›Zeit, Zeitraum‹: Gut Ding will Weile haben. Eine kleine Weile heißt ›ein Weilchen‹. ›Nur ein Weilchen‹ soll Ungeduldige trösten, ihnen eine nur kurze Wartezeit suggerieren. Das mhd. wile und engl. while bedeuten ›während‹, sie entstanden als Abkürzung aus der älteren Fügung di wile (›in der Zeitspanne‹), die sich zu ›derweilen‹ weiter formte. Das veraltete weiland (mhd. wilen) bedeutet dagegen ›ehemals‹.

›Lange Weile‹ meinte zunächst nichts als einen langen Zeitraum. Erst im 17. Jahrhundert rückte es zu ›Langeweile‹ zusammen. Wer sie empfand, suchte ›Kurzweil‹ und ›Zeitvertreib‹. Auch *lang* ist ein uraltes Wort. Seine indogermanische Urform longhos weist in jene Zeiten zurück, da Raum und Zeit im menschlichen Gefühl nicht strikt geschieden waren, der Unterschied noch keinen sprachlichen Ausdruck fand. Longhos hatte zuerst nur räumliche Bedeutung, später entwickelte sich seine Adverbform ›lange‹, mit der wir weit entfernte Zeitpunkte und große Abschnitte der Zeit beschreiben.

Das englische long entwickelte sich fast identisch, hat sich aber wohl stärker mit dem Empfinden von Wartezeit verbunden: long bedeutet heute auch ›sich sehnen‹. In Frankreich dagegen kann long nur eine Strecke sein. Meint man zeitlichen Bezug, so fügt man das ausdrücklich hinzu: longtemps ist ›lange Zeit‹. Ebenso hält es der Spanier: largo ist (räumlich) ›lang‹, und ›lange‹ (zeitlich) heißt largo tiempo. Auch in Italien bedeutet lungo ›lang‹ (räumlich), und die Fügung a lungo (›lange‹) ist auf die Zeit bezogen. Aber ›seit langem‹ heißt ›da molto tempo‹ (wörtlich ›seit viel Zeit‹) und ›längst‹ ist ›da gran tempo‹ (wörtlich ›seit großer Zeit‹). Auch die entsprechenden Ausdrücke der Slawen haben wohl dieselben Wurzeln. Das russische dolgo (›lange‹) wird sowohl räumlich als auch zeitlich benutzt, Polen unterscheiden dlugi (›lang‹) für den Weg von dlugo (›lange‹) für die Zeit.

Auf lango gehen auch ›längst‹ und ›unlängst‹ mit der Bedeutung ›vor langer bzw. vor nicht langer Zeit‹ sowie langwierig (›lange während‹) zurück, vor allem aber das oft benutzte *langsam.* Sein Hauptteil ›seimi‹ ist im ahd. langseimi (›nach und nach vor sich gehend‹) noch gut erkennbar, er wurzelt vermutlich im indogermanischen se[i]. Das machte eine besonders interessante Entwicklung durch. Seine ursprüngliche Bedeutung ›etwas werfen, schleudern‹ (Steine, Pfeile bei der Jagd) wandelte sich mit der Lebensweise zu ›etwas fallen lassen‹ und verband sich mit Samenkörnern. Daraus entwickelten sich säen und Saat (engl. seed). Dann ging der Bedeutungswandel weiter von ›fallen lassen‹ über ›loslassen‹ zu ›ermatten, säumen‹. Die Worte dafür veränderten sich, neben langseimi entstand das (inzwischen untergegangene) mhd. seine (›langsam, träge‹). Langsam bedeutete also ursprünglich ›ermattet, ermüdet sein‹.

Das Sprichwort weiß: Wer langsam geht, kommt auch ans Ziel. Aber er kommt *später,* und darauf beruht die Weiterentwicklung des se[i] im Latein von sinere (›[los-]lassen‹) zu serus (›spät‹) und setius (›später‹). Serus bezeichnete dann auch die ›späte Tageszeit‹, und davon ist frz. soir (›Abend‹) abgeleitet. Schließlich taucht das ursprüngliche se[i] auch im ahd. sid[or] auf und wird zu mhd. sider (›später‹). Das ist wahrscheinlich in ›seither‹ umgedeutet worden. Daneben existierte die mhd. Ableitung sit, sie führt geradewegs zu unserem ›seit‹ mit der eigentlichen Bedeutung ›später als‹. Das ähnliche ›seitdem‹ hat den mhd. Ausdruck ›sit dem male‹ abgekürzt.

Noch ein anderer indogermanischer Lautkomplex ist mit Begriffen von Langsamkeit, langer Zeit verbunden. Außer kei hatte auch [e]re die Bedeutung *ruhen.* Darauf wird ruhig (›gemächlich, gelassen‹) zurückgeführt sowie Rast und seine englische Entsprechung rest (›Ruhe‹). Rast bezeichnete zunächst eine Pause während eines Marsches, ging dann auf die Wegstrecke zwischen zwei Pausen und schließlich auch auf den Zeitraum der Pause über. Das Rest-aurant ist der Ruheplatz, das Rasthaus, und im Englischen meint rest-day den Ruhetag. In ere scheint außerdem griech. échein (›halten, innehalten‹) zu wurzeln. Davon ist scholé abgeleitet, das bedeutete zuerst ›das Innehalten in der Arbeit‹, dann ›Muße, Ruhe‹ und schließlich wissenschaftliche Beschäftigung während der Mußestunden. So ging es in lat. schola über und führte zu ›Schule‹. Ebenfalls von échein kommt griech. oché (›das Halten‹), daraus entstand epoché (›das Anhalten‹) [in der Zeit], der ›Haltepunkt‹ am Beginn eines neuen, bedeutsamen Zeitabschnitts. Daneben wuchs aus anderem Ursprung die Wortgruppe um griech. paúein (›aufhören‹), lat. pausa (›das Innehalten‹), ital. posa und mhd. puse (›Pause‹).

Am germanischen Universalwort *machen* kam auch die Bildung von Zeitbegriffen nicht vorbei. Dabei hatte das idg. mag (›kneten‹) ursprünglich die Verarbeitung von Lehm zur Töpferei und zum Hausbau bezeichnet. Auf ihm fußen neben vielem anderen unser ›Masse‹ und maslo (›Butter‹) der Slawen. Schließlich entstanden das engl. to make, niederländisch maken und ahd. mahhon mit den Bedeutungen ›bauen, herstellen, zusammenfügen, zusammenpassen‹. Damit korrespondierte das ahd. gimah (›passend, bequem‹). Das ging ins mhd. gemach über, und nun kam seine neue Bedeutung ›ruhig, langsam, bedächtig‹ auf. Inzwischen ist ›gemach‹ veraltet und seiner Ableitung ›gemächlich‹ gewichen. Die Erweiterung allgemach bildete sich zu mhd. almechlich (›langsam‹) und heißt heute ›allmählich‹.

Die Wortgruppe ›sammeln‹ betrifft außer beliebten Gegenständen auch Personen. Dabei weist ›sich versammeln‹ auf friedliches Beisammensein. Dazu gehört auch ›sanft‹ und seine niederdeutsche Entsprechung ›sacht‹. Da sich kaum jemand hastig versammelte, erlangte es die Bedeutung ›behutsam, gemächlich, langsam‹ und verbreitete sich vom 16. Jahrhundert an. Überhaupt scheint es, als hätten Norddeutsche eine engere mentale Beziehung zu Ruhe und Langsamkeit. Ihr Ausdruck nölen meint einfach ›langsam sein‹, auf die verbale Ausdrucksweise einer Person bezogen ist der Ausdruck heutzutage negativ belegt. Das erging anderen Worten schon früher so: Das mit bedächtigem Kleinhandel verbundene ›trödeln‹ erhielt bereits im 16. Jahrhundert die Bedeutung ›Zeit verschwenden‹. In diesem Zusammenhang fällt eine Eigenheit der Vorsilbe ›ver-‹ auf. Sie steht häufig für ein ›Hinbringen der Zeit‹: vertrödeln, versäumen, verträumen, verschlafen.

Im Gegensatz zu den teils sehr alten und oft stark umgedeuteten Ausdrücken für Ruhe und Langsamkeit stehen die mit Bewegung und Geschwindigkeit verbundenen Worte. Das Repertoire von Benennungen dieser Art ist besonders vielfältig, und sie scheinen meist jüngeren Datums zu sein. Das kann als Indiz für die wachsende Bedeutung der Zeit in der Gesellschaft gelten. Viele dieser Ausdrücke unterlagen einem grundlegenden Wandel ihres Sinngehaltes.

Mit dem indogermanischen ei- (›gehen‹) hängt außer iero (›Lauf, Verlauf, Gang [der Sonne]‹), dem griechischen hora (›Jahreszeit, Tageszeit, Stunde‹) und unserer Wortgruppe um ›Jahr‹ auch der Ausdruck *Eile* zusammen. Er drückt zunächst einmal Fortbewegung schlechthin aus. Später wurde das Bestreben, schnell zu gehen, durch ahd. ila ausgedrückt und ilic (›eilig‹) davon abgeleitet. Schließlich wurde der Begriff dahingehend verallgemeinert, irgendetwas schnell, in kurzer Zeit zu erledigen.

Kurze Zeit basiert auf kurz, das ist aus lat. curtus (›gekürzt, gestutzt‹) entlehnt und gehört im Sinne von ›abgeschnitten‹ zu der indogermanischen Wortgruppe [s]ker- (›schneiden‹). Das daraus entstandene ahd. kurzlihho meinte noch ›in kurzer Zeit‹. Als sich das Wort zu mhd. kurzliche (›kürzlich‹) entwickelte, änderte sich seine Bedeutung in ›vor kurzer Zeit‹. Die Fügung ›vor kurzem‹ beziehen wir ebenfalls stets auf vergangene Zeit.

Snel galt im zehnten Jahrhundert noch als ›tatkräftig‹. Erst später kam die Bedeutung ›rasch‹ auf und verband sich mit der Schreibweise *schnell.* Einen ähnlichen Wechsel erlebte das mhd. balde. Als es in die Form *bald* überging, änderte sich seine Bedeutung von ›kühn‹ in ›schnell, eilig‹. Und auf dem heute untergegangenen swinde, swint (›stark, heftig, rasch‹) beruht mhd. geswinde (›geschwind‹).

Das alte westgermanische vort (niederl. voort, engl. forth, deutsch fort) mit der ursprünglichen Bedeutung ›vorwärts, weiter‹ wird jetzt nur noch im Sinne ›[sich] entfernen‹ benutzt. Doch seine alte Ableitung fürder, fürderhin hatte auch zeitliche Geltung. Ebenso bedeutete die niederdeutsche

Form fört sowohl ›vorwärts‹ wie auch ›alsbald‹. ›So fört‹ (›in dieser Weise vorwärts‹) rückte dann im 16. Jahrhundert in Norddeutschland zu ›sofort‹ zusammen. Ein ähnliches Zusammenrücken beobachten wir beim oben erwähnten ›bald‹: Zu ›so‹ und ›bald‹ trat die verstärkende Partikel ›all‹. Aus ›al so bald‹ wurde ›alsbald‹.

Auf der indogermanischen Fügung guai (›leben‹) beruhen engl. quick und schwed. kvick (›schnell, rasch‹). Quicken heißt ›beschleunigen‹, quick bedeutet auch schnell im Sinne von ›flüchtig‹, und ein quickie ist nicht nur eine kurze Frage. Eine deutsche Entsprechung hat sich nur in den Verbindungen quicklebendig und erquicken erhalten. Auch das ahd. lungar (›schnell, flink‹) ging verloren, seine abgeleitete Bedeutung ›schnell vonstatten gehen‹ führte zu ›gelingen‹. Verwandt damit ist lungern, dessen Aussage ›auf etwas lauern, begierig sein‹ sich zu ›müßig herumstehen‹ wandelte.

Das englische fast (›schnell‹) bedeutet ›zu schnell‹, wenn vom Gang der Uhr die Rede ist. Auch seine Nebenbedeutung ›leichtsinnig, leichtlebig‹ hat damit zu tun. Fastness ist Liederlichkeit, und Fast food prägte die von der Uhr regierte Alltags-Esskultur. Rapidus bedeutete im Latein zunächst ›raubgierig‹ und dann verallgemeinernd ›reißend, schnell, ungestüm‹. Darauf gehen frz. rapide und engl. rapid (›schnell‹) zurück. Als Lehnwort mit der Bedeutung ›blitzschnell, stürmisch‹ kam es im 19. Jahrhundert ins Deutsche.

Von idg. ret (›rollen, laufen‹) führte die Entwicklung außer zu roto (›Rad‹) auch zu rado (›schnell‹) und mündete in mhd. gerade, was ›schnell‹ entsprach. Erst im 15. Jahrhundert bezog man es auf den schnellsten Weg, und folgerichtig verwendet man es seither im Sinne von ›gerader Richtung‹. Daneben entwickelte sich eine alte Vorform rapska und aus dieser ahd. rasc und niederländisch ras (›rasch‹). Im 17. Jahrhundert kam dann, im Sinne eines kriegerischen Überfalls, die ›Überraschung‹ auf. Die englische Form rash bedeutet ›vorschnell, voreilig, überstürzt‹ und das wohl verwandte rush meint ›Eile, Hast‹ wie auch ›Gedränge‹. Rush hour ist die Hauptverkehrszeit und allgemein die ›Stoßzeit‹. Bereits seit Jahrzehnten gerät die angeblich festlich-besinnliche Zeit vor Weihnachten zum ›Christmas rush‹, und ein ›rush job‹ ist Schluderarbeit, Pfusch. Der Bedeutung von engl. rash kommt unser Wort hastig (›übereilt, ungeduldig‹) nahe. Seit dem Ende des 16. Jahrhunderts ist Hast im Sinne von ›Ungeduld, erregter Eile‹ bezeugt. Zu seiner Familie gehört engl. hasten (›sich beeilen‹).

Daneben steht außerdem engl. hurry (›Eile‹), es besaß im untergegangenen mhd. hurren (›sich schnell bewegen‹) eine Entsprechung. Das hängt mit mhd. hurte (›Stoß, Anprall, Losrennen‹) zusammen und geht wohl auf das altnordische hrutr (›gehörntes Tier‹) zurück. Hurt als Turnierausdruck der altfranzösischen Ritter wurde davon abgeleitet, und der zu stürmischer Eile auffordernde Kampfruf ›Hurra!‹ erinnert daran. Unser hurtig (›schnell, gewandt‹) ist gleichbedeutend auch in Norwegen bekannt.

Zwei andere mit Eile verbundene Ausdrücke gehen auf die Jagd zurück. Preschen (›eilen, rennen‹) entstand aus pirschen; dem heute eher mit ›anschleichen‹ assoziierten Begriff für ›jagen‹. Germanisch hatjan (›zum Verfolgen bringen, hassen machen‹) bezog sich auf das Antreiben der Jagdhunde. Hieraus wurde ›hetzen‹ mit den Bedeutungen ›aufwiegeln‹ und ›zur Eile antreiben‹.

Aus der medizinischen Fachsprache kommt ›Hektik‹. Es wurde umgangssprachlich bis ins 20. Jahrhundert für die ›Schwindsucht‹ benutzt. Dann gewann es die heutige Bedeutung ›fieberhafte, übersteigerte Betriebsamkeit, Hast‹. Hauptsächlich in Österreich und Süddeutschland sagt man ›es pressiert‹, wenn eine Angelegenheit drängt, eilig ist. Das Wort wurde im 17. Jahrhundert aus frz. presser (›pressen, drängen, eilig sein‹) entlehnt. Die Wortgruppe geht auf lat. pressare (›drücken‹) bzw. expressus (›ausdrücklich‹) zurück. Die ›ausdrücklich festgelegte Fahrzeit‹ gab am Ende des 19. Jahrhunderts dem Expresszug seinen Namen, später ging er auf besonders schnell fahrende Eisenbahnzüge über. Damit verwandt ist auch der französische, vom Weltpostverein international eingeführte Begriff Par Exprès (›Durch Eilboten‹).

Zeiterfahrung aus wissenschaftlicher Sicht

Philosophen haben vermutlich als Erste das individuelle Erleben der Zeit beschrieben. Die antike Schule der Stoa verstand Zeit als Idee, als das Abmessen der Bewegung der Welt. Diese Idee begreift das Vergangene und Zukünftige, aber nicht die Gegenwart. Anders Augustinus; sein metaphysisches Denken hatte der Seele die Aufgabe zugewiesen, die wahrgenommenen Zustände zu vergleichen und sie nach ›früher‹ oder ›später‹ zu ordnen. Vergangenheit und Zukunft würden in der äußeren Wirklichkeit nicht existieren; Zeit sei nur in der seelischen Gegenwart, als Augenschein, Erinnerung oder Erwartung. Eine wieder andere Meinung vertrat der russische Denker Leo Tolstoi am Ende des 19. Jahrhunderts: »Du triffst Entscheidungen in der Gegenwart, und die Gegenwart ist außerhalb der Zeit; sie ist ein winziger Augenblick, in dem sich zwei Zeiten – Vergangenheit und Zukunft – begegnen. In der Gegenwart hast du immer Entscheidungsfreiheit.« Die Epoche der Aufklärung unterschied naturwissenschaftlich-objektive von subjektiv-ästhetischer Zeit. Schließlich definierte Husserl eine von der objektiv messbaren getrennte individuelle Erlebniszeit. Auch Bergson unterschied die Erlebniszeit als ursprüngliche, vom Menschen erlebte Zeit von objektiver Zeit. Darüber hinaus erklärte er Erlebniszeit als schöpferische Zeit des Menschen.

Nach den Philosophen entdeckten auch die Psychologen das Thema ›Zeiterfahrung der Menschen‹. Das Empfinden von Zeit ist ein Gefühl und gründet dennoch auf den inneren Uhren. Biologische Rhythmen setzen die Maßstäbe, anhand deren etwas als schnell oder langsam, kurz oder lang gefühlt wird. Eine nicht unwichtige Rolle dabei spielt der Charakter des Einzelnen, die Gesamtheit seiner Persönlichkeitseigenschaften. Er bestimmt die Art und Weise des Verhaltens gegenüber der Umwelt. Das schließt ein, wie Menschen mit der Zeit umgehen.

Seit der Antike unterschied man nach dem Typ des Nervensystems die vier Temperamente: cholerisch, sanguinisch, melancholisch und phlegmatisch. Hinsichtlich ihres Umgangs mit der Zeit fällt hier der Phlegmatiker besonders auf, er gilt als Inbegriff des Langsamen, der sich viel Zeit nimmt. Im Gegensatz dazu steht der schnell reagierende Choleriker. In den letzten Jahrzehnten sind die Psychotherapeuten wieder auf ein solches Modell zurückgekommen und unterscheiden vier Grundtypen des Verhaltens: schizoid, depressiv, zwanghaft und hysterisch. Derart definierte Typen beschreiben extreme Grenzfälle des Verhaltens. Jeder ›Normalbürger‹ hat von allem etwas, besitzt die Eigenschaften verschiedener Typen in jeweils unterschiedlichem Grade.

Der Psychoanalytiker Eugen Drewermann hat sich mit dem unterschiedlichen Zeiterleben der vier Grundtypen auseinandergesetzt und seine Beobachtungen in der These zusammengefasst: »Zeit ist Langeweile für den Schizoiden; Zeit ist eine Tretmühle für den Depressiven; Zeit ist Geld oder Leistung für den Zwangsneurotiker; Zeit ist, was man niemals hat, für den Hysteriker.« Für das Erleben des Schizoiden sei niemals »so richtig was los«, deshalb wende er sich zwanghaft allen möglichen Einzelheiten zu, um der vermeintlichen Leere zu entgehen. Der Depressive empfinde ebenso in jedem Augenblick die unerträgliche Leere der Zeit, sei aber unfähig, sein Leben auch nur in minimalem Umfang zu planen. Ohne Beziehung zu Vergangenheit oder Zukunft konzentriere er sich darauf, »das Glück des Augenblicks gierig einzusaugen«, um der scheinbaren Bedrohung durch seine Mitmenschen zu entkommen. Der Zwangsneurotiker erlebe Zeit als Planungsauftrag. Er legt möglichst viel möglichst genau fest. Drewermann vergleicht zwangsneurotisches Zeitgefühl mit Martin Heideggers Beschreibung von Zeitlichkeit. Danach wird Gegenwart im Zukunftsentwurf, in der Angst um Zukunft und Tod gestaltet, im ›Sich-vorweg-im-schon-sein-in-einer-Welt‹. Für den Hysteriker wiederum »existiert die Zeit nur als ein dichtgedrängter Raum voller Möglichkeiten«. Zeit ist für ihn kein Ordnungsfaktor; was er unternimmt, gleicht einer unentwegten Hetze. So hat der Hysteriker wortwörtlich niemals Zeit.

Die typusbedingte Grundstimmung des Systems ›Mensch‹ einschließlich seines Zeitgefühls wird von plötzlichen heftigen Emotionen beeinflusst. So löst z. B. akutes Angstgefühl einen Fluchtreflex aus und ermöglicht ihn physisch durch beschleunigten Herzschlag. Zugleich erscheint die Zeit stark gedehnt, was ein genaueres Wahrnehmen der Vorgänge in der Umgebung erlaubt. Lang anhaltende Emotionen verleihen dem Zeitempfinden eher qualitative Unterschiede. Freude, Sorge, Trauer ›färben‹ gewissermaßen die Zeit emotional, doch auch sie bewirken, dass längere Zeitabschnitte gedehnt oder gerafft wahrgenommen werden. Das verstärkt die individuelle Verschiedenheit der Zeiterfahrung im normalen alltäglichen Bewusstsein.

Angst gehört zu den ursprünglichsten Gefühlsregungen. Sie bestimmt wie alle starken Emotionen maßgeblich das individuelle Zeitgefühl. Bereits zum Termin seiner Geburt erlebt der Säugling die Angst der Trennung von der Mutter, wissen die Psychoanalytiker. Schon Tiere schützt ein unbestimmtes Gefühl des Bedrohtseins instinktiv vor Gefahr. Am Beginn der Menschwerdung stand die Angst vor dem Unbekannten in der umgebenden Welt, vor dem Unsichtbaren im Dunkel der Nacht. Als sich mit fortschreitender Erkenntnis Vergangenes von Zukünftigem trennte, eroberte die Angst die Zukunft, denn dort war das Unbekannte. Das ist die Wurzel der Zukunftsängste, die ganze Gesellschaften beherrscht haben. »Die Angst der Welt ist die Zeit«, sagt ein arabisches Sprichwort. Angst ist so alt wie die Menschheit selbst, das vermitteln uns die alten Mythen und primitiven Religionen. Alle unerklärlichen, Angst machenden Erscheinungen wurden auf das Wirken feindseliger Gottheiten zurückgeführt. Viele Religionen erwarten ein Ende der Welt, beschreiben es als bevorstehende Katastrophe, als Überschwemmung oder Weltbrand. Das begrenzt und gliedert die Zeit. Zugleich begründet es die Hoffnung auf das Wiedererstehen einer neuen, verbesserten Welt.

Als der Mensch das Feuer zu nutzen lernte, konnte er außer der Kälte die Dunkelheit und damit einen Teil seiner Angst überwinden. In dieser Erfahrung wurzelt eine andere Art von Hoffnung – der Glaube an einen segensreichen Fortschritt, unterschieden vom gewöhnlichen Fortschreiten der Zeit. Die Erkenntnis der biologischen Evolution, die rasante technische Entwicklung und nicht zuletzt die Utopie einer sozialistischen Gesellschaft begründeten im 19. Jahrhundert die Überzeugung, alles müsse immer besser werden. Später verband sich der Glaube an eine bessere Zukunft immer stärker mit dem Glauben an eine berechenbare Zukunft, an Wissenschaft und Technik. Heute wird immer deutlicher, wie die Ergebnisse eben dieser Wissenschaft progressiv fortschreitend unsere Leben spendende Umwelt zerstören. Angesichts dessen erweist sich der Fortschrittsglaube zunehmend als bloßer Aberglaube.

Freiheit von Angst gehört zu den Voraussetzungen zum Glücklichsein. Viele finden ihr Glück in der Gemeinschaft. Als sich die Menschen ihres Selbst bewusst wurden, erkannten sie zugleich auch ihr Alleinsein. Daraus entsprang Angst, und als Reaktion darauf entwickelte sich ein Bedürfnis nach Gruppenzugehörigkeit, nach Konformität. Aus diesem resultieren die heutigen Massenphänomene. Auch die eigentlich erstaunliche Tatsache, dass nahezu die gesamte Menschheit einen Einheitskalender und eine Einheitszeit akzeptiert, sich dem Diktat der Uhren praktisch widerspruchslos unterwirft, könnte letzten Endes darin wurzeln.

Entscheidend wichtig für ihr Glücklich- oder Unglücklichsein ist die Art und Weise, wie Menschen die Zeit erleben. Glückliche und zufriedene Menschen vergessen die Zeit. Der Volksmund weiß: Dem Glücklichen schlägt keine Stunde. Umgekehrt können sie nur glücklich sein, wenn ihre Gedanken nicht bei der Zeit sind. Wem ›die Zeit im Nacken sitzt‹, wen Termine drücken, erlebt Ängste. Wer über Zeit nicht frei verfügen kann, unterliegt Zwängen. Wer Zeit nicht sinnvoll nutzt, sei es durch Unterforderung im Job, sei es durch Fehlen geeigneter Freizeitbeschäftigung, erlebt Unzufriedenheit.

Die nachindustrielle Gesellschaft hat dem Einzelnen zu immer mehr Freizeit verholfen, durch kürzere Arbeitszeiten, durch Arbeitslosigkeit, durch frühes Ende der Berufstätigkeit. Im Ergebnis dessen herrscht immer mehr Langeweile. Sie wurde längst von Massenmedien und Freizeitindustrie als Marktlücke entdeckt. Doch deren Angebote sind mit leerem Aktionismus verbunden, sie füllen Zeit, ohne Erfüllung zu bringen. So bleibt Unzufriedenheit zurück und führt zwanghaft zu immer neuen Sensationen. Das ist die Basis der Spaß- und Erlebnisgesellschaft.

Wie man durch klügeren Umgang mit der Zeit glücklicher werden könne, ist inzwischen Untersuchungsgegenstand von Soziologen, Psychologen und Medizinern. Meist wird indessen ›kluger Umgang mit der Zeit‹ auf rationelle Nutzung, auf Zeitmanagement reduziert. Doch wer sich darin erfolgreich zeigt, wird selten glücklicher. Oft besteht seine Belohnung darin, dass er noch mehr zu tun bekommt. Nur starken Persönlichkeiten gelingt es, sich von den Zwängen der Unrast zu befreien. Der Heidelberger Philosoph Hans-Georg Gadamer resümierte 1994 anlässlich eines Vortrags über ›Kunst und Technik‹: »Wir alle haben die Möglichkeit des Verweilens.« Verweilen bedeutet auch sich erinnern, Erlebtes aufarbeiten. Wie sich der Gegenwartsbegriff noetischer Zeit von jenem der Physik unterscheidet, so umfasst auch die Erinnerung des Menschen, das wahre Sich-Erinnern, etwas anderes als der informationstechnisch geprägte Begriff der Physiologie. Allein der Mensch kennt dieses ethische Phänomen, und erst die individuell gefärbte Wiederspiegelung dessen, was einst war, macht ihn zur Persönlichkeit. Darüber hinaus ist er sich nicht nur der erlebten Vergangenheit bewusst, sondern auch dessen, dass er sich in Zukunft an jetzt Gegenwärtiges erinnern wird.

Gedächtnis und Erinnerung sind ganz individuelle Leistungen. Nur manchmal, wenn wir uns an etwas Bestimmtes erinnern wollen, aber es vergessen haben, empfinden wir das als Fehlleistung. Doch gerade das Vergessen gehört zu den wichtigsten Potenzialen des Gehirns – die Last erlittenen Unrechts und vergangener eigener Taten würde uns erdrücken. ›Zeit heilt Wunden‹, weiß der Volksmund. Andererseits erinnert man sich plötzlich und anscheinend zusammenhanglos längst vergangener Geschehnisse. Jawaharlal Nehru bemerkte 1939: »Die Zeit ist uns ein sonderbarer, schwer fasslicher Gefährte, doch die Streiche, die das Gedächtnis uns spielt, sind noch sonderbarer – Erinnerung an längst Vergessenes, die in uns spukt, jähe, flüchtige Schlaglichter auf die Welt unseres Unterbewusstseins, ein schwacher Abglanz der Frühzeit der Menschheit selbst.«

Erinnerung bedarf oft einer äußeren Stütze. In vergangenen Jahrhunderten trug man die Haarlocke einer geliebten Person mit sich herum, im Jahr 2000 wurden weltweit rund 90 Milliarden Papierfotos gefertigt. Weshalb so viel Erinnerung? Vielleicht sind die Bilder einfach Bestandteil der uns überschwemmenden Informationsflut. Die aber führt zu schnellerem Vergessen. Vor 100 Jahren waren weite Reisen etwas Außergewöhnliches und der Besuch eines entfernt lebenden Verwandten eine seltene Ausnahme, an die man sich lebenslang erinnerte. Vielleicht auch wird der Wunsch, Vergangenheit zurückzuholen, die Zeit anzuhalten, immer stärker, weil wir in der Gegenwart immer weniger glücklich sind. Oft ist Musik die ›Krücke der Erinnerung‹. Eine bestimmte Melodie weht wie aus ferner Zeit heran, beschwört wie ein Traum die vergangene Zeit herauf.

Auch Träume wirken mit dem Gedächtnis zusammen. Man weiß inzwischen, dass im Traum die Tageserlebnisse aufgearbeitet werden. In Zusammenhang damit werden die nicht ins Langzeitgedächtnis übertragenen Speicherinhalte gelöscht. Andererseits erfolgen Rückgriffe auf das ›Gedächtnis des Unterbewussten‹. In den Träumen verändert sich das Bewusstsein von Raum und Zeit, die Aufeinanderfolge des Erinnerten entspricht nicht mehr dem wirklichen Zusammenhang. Daneben gibt es im Traum Phasen der Fantasie, die sich in irrealen Zeitlichkeiten abspielen. Das schafft seelische ›Freiräume‹ und wird oft als angenehm empfunden. Ähnliches geschieht, wenn sich unter Einfluss von Drogen das Zeit- und Raumbewusstsein auflöst. Auch Gebet und Meditation schaffen spirituelle Freiräume, die wenigstens vorübergehend Schutz vor Ängsten bieten.

Zeit in der Kunst

Musik kann unmittelbar Glücksgefühle auslösen. Das geht darauf zurück, dass sie ein ursprüngliches Gemeinschaftserlebnis ist. Tanzen und Trommeln befreit von Angst und lässt die Zeit vergessen. Die Rhythmen haben eine unmittelbar suggestive Wirkung. Darüber hinausgehend löst Musik Emotionen aus, die ihrerseits biologische Körperrhythmen beeinflussen. Für diese indirekten Wirkungen scheinen vordergründig die Melodie, Tonlage, ›Stimmung‹ ausschlaggebend zu sein. Aber auch darauf haben zeitliche Komponenten enormen Einfluss. Der amerikanische Dirigent, Philosoph und Musikwissenschaftler David Epstein hat sich mit dem Phänomen beschäftigt. Innerhalb der psychischen Präsenzzeit nehmen wir ein musikalisches Motiv auf, das bei getreuer Wiedergabe ästhetisch befriedigend und vielleicht ergreifend wirkt. Treten aber kleinste Abweichungen bei der strikten musikalischen Zeiteinhaltung auf, so rufen sie ein unbehagliches Gefühl beim Zuhörer hervor. Derartige Abweichungen können im Bereich nur weniger Millisekunden und damit unterhalb der eigentlichen Wahrnehmungsschwelle liegen. Schon um 1600 forderte William Shakespeare in *König Richard der Zweite:* »Ha, haltet Zeitmaß! Wie so sauer wird Musik, so süß sonst, wenn die Zeit verletzt und das Verhältnis nicht geachtet wird!«

Rein physikalisch ist Musik nichts als regelmäßig gegliederte Zeit. ›Der Ton macht die Musik‹, heißt es. Ein reiner Ton ist eine hörbare Schwingung mit sinusförmigem zeitlichem Verlauf. Eine einzelne Schwingung des ›Kammertons a‹ (mit einer Frequenz von 440 Hz) dauert 2,27 ms. Das geübte Gehör ›misst‹ diese Zeit und identifiziert den Ton. Mit einer Stimmgabel erzeugen Musiker den ›Normalton‹ zum Stimmen ihrer Instrumente, und eine ebensolche Stimmgabel war das entscheidende, die Ganggenauigkeit bestimmende Bauelement in der Frühzeit elektronischer Uhren.

Ein Benediktiner auf der Klosterinsel Reichenau, Hermann der Lahme, glaubte ein gemeinsames Fundament von Zeitrechnung und Musiktheorie an anderer Stelle entdeckt zu haben: Die sieben Töne kehren wieder wie die sieben Wochentage, schrieb er um 1030 in seinem Werk ›Musica‹. Tatsächlich hat der achte Ton, mit dem die nächste Oktave beginnt, jeweils die doppelte Frequenz des ersten. Musikinstrumente erzeugen stets, wie auch die Stimmorgane von Mensch und Tier, neben einem Grundton mehrere harmonisch und disharmonisch mitklingende Obertöne. Zusammen bilden sie einen charakteristischen Klang. Musiker beschreiben ihn als Klangfarbe, Techniker analysieren sein Frequenzspektrum, das ausschließlich durch Zeitverhältnisse bestimmt wird.

Die Musik der Antike reihte einfach lange und kurze Klänge aneinander. Dann begann man ihren zeitlichen Verlauf zu ordnen, der Rhythmus wurde zu einem grundlegenden Strukturelement. Auch Sprache ist rhythmisch gegliederter Schall. Die Dichtkunst der Alten kannte bereits das Metrum, den Versfuß, als Organisationsschema der Silben. Anfänglich wurde der Fluss der Töne in gleichlange Zeitabschnitte gegliedert, indem man ›einen *Takt* dazu schlug‹. Dieser deutsche Ausdruck ist eigentlich ›doppelt gemoppelt‹, denn das lateinische Wort tactus bedeutet bereits ›Schlag‹. Nun wechselten betonte und unbetonte Klänge in regelmäßiger Folge und erzeugten ein hörbares Pulsieren. Als im Mittelalter die mehrstimmige Musik entstand, wurden gleichlange Schlagzeiten weiter gesplittet. Dadurch konnten die verschiedenen Stimmen in unterschiedlicher, doch aufeinander abgestimmter Weise zeitlich unterteilt werden.

Mit der Kirchenmusik kamen lateinische und italienische Ausdrücke in die europäische Musik, ausgehend von lat. tempus (›die Zeitspanne‹). *Tempi* hießen zunächst die Teile eines Taktes. *Zedlers Lexikon* (1732/1752) erklärt: Tempo di buona »der gute Tacttheil« sind die erste Hälfte bzw. das erste und dritte Viertel »weil erwehnte Tempi bequem sind, dass auf ihnen eine Cäsur, eine Cadanz, eine lange Sylbe [...] und vor allen eine Consonanz angebracht werde.« Im Gegensatz dazu steht Tempo di Cattiva (»der schlimme Tacttheil«). Dann wandelte sich der Begriff auch musikalisch zu einem allgemeineren Zeitmaß. 1906 kennt der *Brockhaus* Tempo in der Musik ausschließlich als Grad der Schnelligkeit, in der ein Tonstück vorgetragen werden soll. Gängige Tempobezeichnungen sind:

presto – sehr schnell; vivace – lebhaft; allegro – schnell; allegretto – nicht ganz so schnell; allegro moderato – mäßig bewegt; moderato – mäßig; andante – gehend; adagio – langsam, gemächlich; largo – sehr langsam, breit; grave – schwer, sehr langsam.

Die Tempo-Proportionen zwischen den Teilen eines Werks findet man besonders deutlich ausgeprägt bei Brahms oder Mozart. In den mehrsätzigen Werken der Wiener Klassik bilden die Tempi sämtlicher Teile einfache proportionale Verhältnisse: 1:1, 1:2, 2:3, 3:4. Schließlich findet die Lust des 19. Jahrhunderts an der Geschwindigkeit auch in die Musikgeschichte Eingang. Das Manuskript zu Robert Schumanns Klaviersonate g-Moll, op. 22 beginnt mit der Forderung »So schnell wie möglich«, der etliche Takte weiter die Anweisung folgt: »Noch schneller«.

Die Notenschrift bezeichnet die verschiedene Dauer des einzelnen Tones, und sie teilt den zeitlichen Lauf des Musikstücks in Takte. Die Takt-Rhythmik der klassischen Musik war abmessbar. 1816 machte Johann Nepomuk Mälzel das von Nikolaus Winkel erfundene *Metronom* bekannt, ein Uhrwerk mit verstellbarem, stehendem Pendel. Sein deutliches Ticken half Musikern den Takt zu halten, mit einem verschiebbaren Gewicht stellte man das gewünschte Tempo ein. Komponisten konnten nun durch Angabe der ›Schlagzahl‹ definitiv bestimmen, wie schnell ein Opus zu spielen sei. Doch der Zeitgeschmack verlangte ein immer höheres Tempo. Später entstanden immer kompliziertere Rhythmen. Ihre unterschiedlichen Zeitverläufe ermöglichen die Vielfalt der Musik. Heute werden sie oft von speziellen Computern erzeugt.

Jahrhunderte hindurch bildete der Takt in der abendländischen Musik ein ordnendes Raster der Zeit. Am Ende des 20. Jahrhunderts wird diese Funktion zunehmend aufgegeben, in Fachkreisen ist von einer ›Zeitverschleierung‹ die Rede. Beispiel einer extremen Richtung ist ein der ›ernsten Musik‹ zugerechnetes Stück von Cage mit dem Titel ›Vier Minuten und 33 Sekunden‹, in welchem während dieser Dauer seitens der Mitwirkenden *nichts* geschieht. Das Klangereignis besteht allein aus den zufälligen Geräuschen der Umgebung. Entgegengesetzte Extreme liefert die ›Unterhaltungskultur‹ vor allem mit Rap und Techno. Mit meist elektronischen Mitteln wird eine rasend schnelle Wiederholung impulsartiger Sequenzen erzeugt. Das bringt einen permanenten energetischen Strom akustischer Stöße hervor, der Schnelligkeit zum magischen Stillstand wandelt. In beiden Modellen kippt die Zeit-Erfahrung um.

Ohne Zweifel hat Musik Auswirkungen auf biologische Funktionen unseres Körpers. Den Gesetzen der Rhythmik kann man sich schwer entziehen.

Oft werden die Zeitelemente der Musik an Bewegung gekoppelt. Ein mit sanftem Schaukeln verbundenes Wiegenlied beruhigt und lässt nicht nur Kinder bald einschlafen; Marschmusik zwingt zum Gleichschritt. Musik ruft Emotionen hervor, diese beeinflussen einerseits das Zeitempfinden des Zuhörenden und können andererseits in seinen Bewegungen und ihrer zeitlichen Gliederung einen unmittelbaren Ausdruck finden. Der Tanz ist eine dafür typische Form. Auch diesen Zusammenhang zwischen emotionalem Zustand und Körperrhythmik hat bereits Shakespeare beschrieben. »Mein Fuß kann nicht zur Lust ein Zeitmaß halten, indes mein Herz kein Maß im Grame hält«, antwortet eine sich kummervoll Sorgende, als ihr ein Tanz im Garten vorgeschlagen wird (*König Richard der Zweite*).

Als die ursprünglichen Gemeinschaftserlebnisse Musik und Tanz eine kulturelle Verfeinerung erfuhren, wurden sie zu unmittelbar ästhetisch gestalteter Zeit. Sie entfalten sich in der Zeit und prägen einen Abschnitt in ganz bestimmter, genau wiederholbarer Weise. Das haben sie mit dem Drama und dem Ritual gemeinsam. Im Lauf der kulturgeschichtlichen Entwicklung haben Menschen die Zeit vielfältig erfahren. Auch die Literatur hat diese Erfahrungen ästhetisch gestaltet und gespeichert. Thomas Mann vergleicht 1924 im *Zauberberg:* »Denn die Erzählung gleicht der Musik darin, dass sie die Zeit erfüllt, sie ›anständig ausfüllt‹, sie ›einteilt‹ und macht, dass ›etwas daran‹ und ›etwas los damit‹ ist [...] Die Zeit ist das Element der Erzählung, wie sie das Element des Lebens ist, – unlösbar damit verbunden, wie mit den Körpern im Raum. Sie ist auch das Element der Musik, als welche die Zeit mißt und gliedert, sie kurzweilig und kostbar auf einmal macht.«

Das Reflektieren von Zeiterfahrungen durch die Literatur begann bereits in den mythologischen Erzählungen. In den altägyptischen *Unterweltsbüchern* gibt es den Mythos von der Zeit-Schlange, die die Stunden gebiert und verschlingt. Aus den verschiedensten Gründen, z.B. um Einschnitte im Ablauf der Handlung zu markieren, kommen Romanschriftsteller an bestimmten Stellen auf Zeit zu sprechen. Viele Werke belegen, dass sie das Phänomen der diskontinuierlichen Zeit besonders beschäftigt hat. Thomas Wolfe beschreibt 1941 in *Geweb und Fels* einen Boxkampf: »Eigentlich war nach der ersten Runde schon alles vorbei; sie dauerte nur drei Minuten, war aber derart konzentriert und von Intensität geladen, dass viele Leute behaupteten, sie sei ihnen wie vier Stunden vorgekommen.«

Manche Romanautoren wurden von zeitgenössischen Philosophen angeregt. So gehen Literaturwissenschaftler davon aus, dass sich die Gedanken Henri Bergsons über schöpferische und Erlebniszeit im Werk von Virginia Woolf, Marcel Proust und Thomas Mann spiegeln. Beim Letztgenannten wird auch der Einfluss deutlich, den der Umbruch der physikalischen Vorstellungen über Raum und Zeit am Beginn des 20. Jahrhunderts auf das geistige Leben ausübte. Andere Werke spiegeln Zeiterfahrungen der Arbeitswelt und gesellschaftlichen Zeitdruck. 1938 erschien eine deutsche Ausgabe satirischer Erzählungen des sowjetischen Schriftstellers Michael Sostschenko unter dem Titel *Schlaf schneller, Genosse.*

Auch die bildende Kunst beschäftigt sich mit der Zeit. Eine ganze Reihe grafischer Arbeiten des Mittelalters bildet Allegorien der Zeit ab. Häufig wird die Sanduhr als ihr Attribut verwendet, sie macht ihr unaufhaltsames Verrinnen deutlich und verweist auf das bevorstehende Lebensende. Oft wird der Tod, symbolisiert durch eine Sense, in die Gestaltung einbezogen. Unter Bezug auf die antike Mythologie hat man die Zeit in der Gestalt des Gottes Saturnus abgebildet. Die Römer setzten ihn dem griechischen Kronos gleich, der seine eigenen Kinder verschlang. Die Darstellung als alter Mann mit Flügeln auf dem Rücken, einer Sense in der Hand und einer Sanduhr auf dem Kopfe deutet an, dass die Zeit flüchtig ist, schnell vergeht und vernichtet, was sie hervorbrachte. Auf das Thema ›Zeit‹ bezogene Gemälde reichen von den Jahreszeitenbildern der Alten Meister über den Motivkreis Jugend und Alter (Edvard Munch) bis hin zur *zerfließenden Zeit* des Surrealisten Salvatore Dali.

Gesellschaftlich bestimmtes Zeitempfinden

Das Zeitgefühl des Einzelnen ist vor allem auch gesellschaftlich determiniert. Mit der Entwicklung von Sprache wurde der Gedankenaustausch über individuelle Zeiterfahrungen möglich. Dadurch bildeten sich kollektive Zeitvorstellungen als Bestandteil von Kultur heraus. Jeder Kulturkreis hat sein eigenes Gefühl für Zeit entwickelt. Mythen, Religionen und Künste der Völker spiegeln die verallgemeinerten Zeiterfahrungen wider. Diese kollektiven Vorstellungen mündeten in ein vermeintlich objektives Zeitempfinden. Es ist schwierig, dies vom individuellen Empfinden abzugrenzen.

Die Gesellschaft wirkt mit ihren ökonomischen, sozialen, kulturellen, religiösen oder ästhetischen Gesichtspunkten prägend auf das Individuum ein. Im umgebenden Kulturkreis sammelt der Mensch seine subjektiven Erfahrungen. Das beginnt heute beim Säugling mit der Gewöhnung an feste Zeiten für Fläschchen und Töpfchen. So entsteht eine Kombination aus objektiver und subjektiver Zeiterfahrung, die zugleich den Einzelnen mit ›seiner‹ Gemeinschaft verbindet.

Jede Gesellschaft übt *Macht* über ihre Mitglieder aus und erlangt damit Macht über die Zeit der Menschen. Wer aber ihre Zeit beherrscht, erlangt Herrschaft über ihr Fühlen und beeinflusst ihr Denken. Der Anführer der urzeitlichen Sippe bestimmte den Beginn der Jagd, der Chef eines Unternehmens legt die Arbeitszeit fest, der Oberste einer Religionsgemeinschaft bestimmt, ob der wöchentliche Feiertag am Freitag, Samstag oder Sonntag zu begehen sei, und der Staatschef verordnet, ab welchem Ereignis man die Jahre zählt. Kalender begründen für jedermann sichtbare, im Alltag erlebte Identität als z.B. Muslim, Jude oder Christ. Gemeinsame Feste bestärken das Gemeinschaftsgefühl. In einer starken Gemeinschaft aber steht ihrem Führer mehr Macht zu Gebote.

Die Wissenschaften bemühten sich unterdessen – mit unterschiedlichem Erfolg – um eine objektive Zeitwahrnehmung. Stets flossen persönliche Erfahrungen und Glaubenssätze der forschenden Persönlichkeiten in die Ergebnisse ein. Selbst Einstein, der 1921 den Nobelpreis für seinen Beitrag zur Quantentheorie erhalten hatte, wollte nie wahrhaben, dass das Universum vom Zufall regiert wird. Mit seinem berühmten Satz »Gott würfelt nicht« weigerte er sich, bestimmte Konsequenzen seiner eigenen Forschungsergebnisse anzuerkennen.

Die Zeit der Physik ist relativ; je nach dem im Bezugsbereich herrschenden Kraftfeld gelten unterschiedliche Maßstäbe von Dauer. Beim Individuum scheint es ähnlich – es unterliegt der Einwirkung eines ›Kraftfeldes‹ gesellschaftlicher Einflüsse. Besonders deutlich wird das in ›schnelllebigen‹ Zeiten, wenn in Krisensituationen die Ereignisse ganze Völker ›in Atem halten‹, wenn weltweit das ganze Bezugssystem ›schneller tickt‹. Der polnische Journalist Ryszard Kapuscinski hat eine solche relative Verschiebung aller Zeitmaßstäbe in seinem Bericht *König der Könige* unübertreffbar knapp und anschaulich formuliert: »Natürlich erinnere ich mich. Das war doch gestern. Gestern vor einem Jahrhundert.« Die betreffenden, von einem Zeugen erinnerten Ereignisse lagen etwa zwei Jahre zurück und betrafen den revolutionären Sturz des jahrhundertealten Kaiserreichs in Äthiopien 1974.

Solche Zeiten großer gesellschaftlicher Umwälzungen haben *Brüche in der geschichtlichen Zeit* zur Folge. Der Heidelberger Historiker Nicolaus Sombart erzählt von der Situation der aus dem Zweiten Weltkrieg heimkehrenden ehemaligen Soldaten in Westdeutschland 1946/48. »Sie waren durch eine historische Verdichtung gegangen, in der ein Jahr Geschichte und Zukunft derart zusammenpresst, dass sie so ineinander verschmolzen für Jahrzehnte nicht wieder erscheinen.« Sombart gehörte zu dem Kreis um den Bielefelder Historiker Reinhart Koselleck, der aus derartigen Beobachtungen eine ›Theorie der historischen Beschleunigung‹ schuf. Gegenteilige Erfahrungen prägen das Werk des polnischen Schriftstellers Aleksander Wat. Er bezeichnete, aus der Sicht des politischen Gefangenen in jenen Jahren, das Gefängnis als »Fabrik zur Vernichtung von Zeitgefühl« – das sagt etwas über Verlangsamung des individuellen Lebens und meint darüber hinaus den Stillstand der Geschichtszeit in Sowjetrussland.

Zeitbrüche, Unterbrechungen im regelmäßigen Gang der individuell erlebten Zeit entstehen vor allem dann, wenn sich die Lebensumstände von Familien oder größeren Gemeinschaften durch Katastrophen oder andere Einflüsse – meist zum Schlechteren – wenden. Kann der Mensch die Veränderungen nicht beeinflussen, so nennt er sie Schicksal.

Eine typische, direkt oder indirekt gesellschaftlich bedingte Situation des Sich-Unterordnens unter eine fremdbestimmte Zeit ist das Wartenmüssen. Zwar ist das Zeitgefühl dem Individuum eigen, aber doch ein kulturelles Merkmal. Im Gegensatz zu den zeitlichen Freiräumen von Traum und Fantasie setzen die Bedingungen des täglichen Lebens mehr oder weniger feste Grenzen. Im Allgemeinen wird erwartet, dass jeder sich auf die zeitlichen Gegebenheiten der Umwelt einstellt, nach den Zeitgewohnheiten der Mitmenschen richtet. Jede Kultur hat ihr eigenes Gefühl für Zeit entwickelt. Besonders deutlich treten Unterschiede zwischen den Völkern hervor, wenn es ums Warten geht. Es gibt stark unterschiedliche Auffassungen darüber, wie lange ein alltäglicher Vorgang dauern darf, bis die Geduldsgrenze des Betroffenen erreicht wird. In den USA ist diese Zeit am kürzesten, in Indonesien und Italien am längsten.

Geduld kommt von dulden und geht auf die indogermanische Wurzel tel (›aufheben, tragen‹) zurück. Es ist unter anderem mit lat. tolerare (›ertragen‹) verwandt. *Warten* hatte ursprünglich die Bedeutung ›Ausschau halten‹, die sich nach und nach auf das rein zeitlich gemeinte ›etwas Kommendem entgegensehen‹ reduziert hat. ›Warten müssen‹ scheint in die Nähe von ›dulden müssen‹ gerückt, und oft fällt es schwer, geduldig zu warten. Dem Wartenden scheinen Minuten Jahre zu sein, weiß ein chinesisches Sprichwort. Für vergangene Generationen war das ›gottergebene‹ Warten dessen, der sein Schicksal in die Hände eines allmächtigen Gottes legt, typisch. Eine weltliche Entsprechung dieses Verhaltens war das Warten des Beamten auf Beförderung. Sie hing hauptsächlich vom Zeitablauf, vom Vergehen der Dienstjahre ab. Die Volksweisheit ›Kommt Zeit, kommt Rat‹ rät zu geduldigem Abwarten, wenn sich ein Problem nicht lösen lässt. Anwärter der höheren Beamtenlaufbahn bezogen sie mit einem Augenzwinkern auf den Dienstrang ›Rat‹.

Jemanden absichtlich warten lassen ist Demonstration von Macht. Schon 1077 ließ Papst Gregor VII. Kaiser Heinrich IV. in Canossa drei Tage und Nächte im Schnee stehen, bevor er ihm Audienz gewährte. In Brasilien ist das Wartenlassen von Mitmenschen noch heute eine Frage des gesellschaftlichen Status. Wer hier pünktlich zu einem Treffen kommt, disqualifiziert sich selbst. Oft muss in einer Schlange gewartet werden. Das ist nicht nur typisch für Gesellschaften, in denen Mangel herrscht; fast überall in der Welt wird vor Amtsstuben gewartet. In manchen Ländern wie etwa Mexiko gibt es professionelle Warter, die gegen Entgelt für wohlhabende Bürger Schlange stehen: Sozial Höherstehende kaufen sich Zeit.

Das nach heutigem Verständnis ›normale‹ Warten ist auf ein konkretes Ziel bezogen, mit Erwartung verbunden. Vielen Menschen aber sind sämtliche Zukunftsaussichten verloren gegangen, ihre Gegenwart ist dünn und inhaltsarm. Ein Spiegelbild dieses Zustands ist die erfolgreiche Tragikomödie *Warten auf Godot* (1952) von Samuel Beckett. Darin erscheint das ganze Leben als ein erwartungsloses Warten auf etwas, das man sich nicht recht vorstellen kann und das auch nicht kommt.

Beim Warten ist die Konzentration auf den Ablauf der Zeit gerichtet. Wer sich im Unterricht langweilt, wartet sehnsüchtig auf den Schulschluss. Wem die Arbeit lästige Pflicht ist, wartet auf ihr Ende. Altbekannt ist das ironische ›Morgengebet des Tagelöhners‹: »Lieber Gott, lass Feierabend werden, wenn's geht noch vor Mittag.« Ein ganz ähnlicher Sinn verbirgt sich in einem geflügelten Wort aus den letzten Jahren der DDR. Nur vordergründig spielt es auf den Roman von Daniel Defoe, eigentlich aber auf die Fragwürdigkeit einer Vielzahl von damals propagierten ›Neuerermethoden‹ an: »Arbeiten nach der Methode Robinson – Warten auf Freitag.« Freilich setzt solche Haltung voraus, dass man am Ende des Wartens Besseres zu tun hat; eine eigentlich sehr sinnvolle Alternative zum ›Warten auf Godot‹.

Eine besonders unangenehme Wartesituation erleben Gefangene. Auch im modernen Strafvollzug gehört die Zeit des Tages nicht ihnen selbst, sie wird durch Eingriffe ›von oben‹ zersplittert. Von der Zeit des Jahres sind sie abgekoppelt. Zwar vermitteln ihnen Fernseher in den Hafträumen das trügerische Gefühl, an der Zeit außerhalb teilzuhaben, aber der auf dem Bildschirm ›erlebte‹ Gang der Jahreszeiten bedeutet für sie keine Realität.

Bei vielen Tätigkeiten wird Erfolg oder Misserfolg erst nach gewisser Zeit sichtbar, die man wohl oder übel geduldig abwarten muss. Zeit bringt Rosen, sagt das Sprichwort – eine jede Sache will ihre Zeit und Weile haben.

Oft aber hört man die Äußerung: ›Ich habe keine Zeit.‹ Nimmt man sie wörtlich, dann ist sie völlig unlogisch. Doch gemeint ist in der Regel ›keine Zeit für dies‹ oder ›keine Zeit für dich‹ – was man nicht sagt, weil es als unhöflich gilt.

Aber gleichgültig, welchen Zwecken ein Mensch den vermeintlich selbstbestimmten Teil seiner Zeit widmet – er kann die raum-zeitlichen Grenzen seiner physischen Existenz nicht überschreiten. Alle seine Lebensfunktionen und ein wesentlicher Teil seiner Willensäußerungen werden letzten Endes durch zeitlich geregelte Vorgänge gesteuert. Das individuelle Sein hat eine materielle Basis, fußt auf biologischen Ausgangswerten. Die ganze Biologie ihrerseits basiert auf chemisch-physikalischen Prozessen, deren Intensität und Charakter sich zyklisch ändern. Die Hirnforscher wissen längst, dass auch dem Bewusstsein nur chemische und elektrische Vorgänge entsprechen. So sehr auch Menschen darauf beharren, etwas Besonderes in der Welt zu sein, so sehr sich die einzelne Persönlichkeit ihrer Einmaligkeit bewusst wird – selbst die Mehrzahl der Philosophen hat inzwischen den Gedanken aufgegeben, dass zwischen den Molekülen noch Raum für eine Seele wäre.

3.4 Zeit und Gesellschaft

Vor einigen zehntausend Jahren unterschied sich der Mensch physisch kaum noch von uns Heutigen. Er verfügte über die Sprache, stellte Werkzeuge her und betrieb gemeinschaftliche Jagd. Die Sippen hatten sich zu Stämmen zusammengeschlossen, und das Matriarchat bildete sich heraus. Diese Höhlenmenschen verbrachten ihr Leben ohne gesicherte Nahrungsquellen in ständigem Ringen um die buchstäblich nackte Existenz. Die Kräfte der Natur waren ihnen fremd und unverständlich. Ihre tägliche Erfahrung lehrte sie, dass andere Lebewesen dahintersteckten, wenn sich in ihrer Umgebung etwas bewegte. Also musste auch hinter Wolken und Regen, hinter Mond und Sonne etwas Lebendiges verborgen sein. So kamen in dieser animistischen Kulturstufe die Dämonen in die Welt. Es schien, als würden die Dämonen auch bestimmen, wann es Tag und wann es Nacht wurde.

Gesetzmäßigkeiten in ihrer Umwelt konnten die Menschen damals noch kaum erkennen. Der Unterschied zwischen Realität und Scheinbarem war verschwommen, Träume mit wirklich Gesehenem vermischt, Materielles mit Geistigem vermengt. In den Dingen der Umgebung schien eine unbegreifliche Macht zu stecken. Als Versuch, diese Macht zu lenken, entstand die ursprüngliche Magie und beherrschte das Denken. Zugleich damit bildeten sich erste Keime von Wissenschaft und Kunst.

Immer mehr Erscheinungen der Natur traten ins Blickfeld der Menschen und gaben immer neue Rätsel auf. Wer sie zu allgemeinem Nutzen löste, besaß ›magische‹ Fähigkeiten. Der Magier wird das erste Mitglied einer Gemeinschaft gewesen sein, das einen Anspruch auf Nahrung hatte, ohne sie durch körperliche Arbeit zu erwerben. Das stimulierte seine geistige Produktivität und führte zu immer komplizierteren mythologischen Vorstellungen und Kulten. Schließlich verwandelten sich einige Magier in Priester. Sie gaben vor, den Göttern nahe zu stehen, und entwickelten sich zu einer abgesonderten sozialen Schicht. Nun schien es, als hätten die Priester für die Wiederkehr von Sonne und Regen, Tag und Nacht, Sommer und Winter zu sorgen.

Etwa zwischen dem achten und neunten Jahrtausend v. Chr. wurde aus dem Jäger ein sesshafter Bauer und Viehzüchter. Für diesen kaum 2000 Jahre dauernden Vorgang hat Vere Gordon Childe (1892-1958) in London den Begriff *neolithische Revolution* geprägt. Fruchtbares Land und Arbeitsorganisation ermöglichten die Produktion eines Überschusses an Nahrungsmitteln. Das Entscheidende daran war, dass sich jetzt differenzierte Gesellschaftsstrukturen entwickeln konnten.

Die Ackerbau treibenden Völker verehrten Erd- und Muttergottheiten, das Matriarchat herrschte, und frühe Formen der Arbeitsteilung waren verbreitet. Die Menschen lebten in Gentes zusammen. Alle Mitglieder dieser Gruppen waren auf mütterlicher Seite miteinander blutsverwandt und durften untereinander nicht heiraten. Jeweils zwei Gentes waren miteinander verbunden, und alle Mitglieder der einen lebten mit allen Mitgliedern der anderen in Gruppenehe.

Eine erste Arbeitsteilung ›privaten‹ Charakters erfolgte zwischen Männern und Frauen, als diese mit den Kindern am Wohnplatz blieben, während die Männer sich um die Jagd kümmerten. Aus der Zähmung jagdbarer Tiere ergab sich die Viehzucht, und parallel dazu entwickelten sich Hirtenstämme. Zwischen ihnen und den Ackerbauern erfolgte die erste gesellschaftliche Teilung der Arbeit. Die Produktionsinstrumente gehörten noch demjenigen, der sie gesammelt oder gebaut hatte und sie benutzte. Vererbt wurden sie an die Gens. Jetzt erwuchs Reichtum aus Viehzucht, und die Herde gehörte dem Mann. Das Acker- und Weideland betrachtete man als Eigentum der Gens, und die Grundstücke wurden erst gemeinschaftlich, dann reihum von den Familien bewirtschaftet. Nach und nach unterblieb der Wechsel, und auch das Land wurde zum Sondereigentum des Familienvorstands. Schließlich vertrieb der Mann als Krieger nicht mehr seine Feinde, sondern nahm sie gefangen und ließ sie auf seinem Land arbeiten. So gehörten ihm die Sklaven selbst sowie alles, was sie hervorbrachten.

Unterdessen war man zur Paarungsehe gekommen, die Frau gehörte einem Mann, und ihre Kinder hatten einen Vater. Aber die Kinder konnten vom Vater nicht erben, denn dieser gehörte einer anderen Gens an. Eine der einschneidendsten (und am wenigsten bemerkten) Revolutionen in der Entwicklung der menschlichen Gesellschaft war der Beschluss, dass in Zukunft die männlichen Nachkommen der Männer in der Gens bleiben. Aus der mutterrechtlich organisierten Gens erwuchs jene nach Vaterrecht. Die Erforschung dieser Zusammenhänge begann erst in der zweiten Hälfte des 19. Jahrhunderts. 1861 schloss J. J. Bachofen aus Mythen auf ein allgemein verbreitetes Matriarchat. Er interpretierte noch den *Übergang zum Patriarchat* als Evolution, als kulturelle Höherentwicklung. Der amerikanische Ethnologe Lewis H. Morgan verknüpfte 1877 das Matriarchat mit der Gentilgemeinschaft. Friedrich Engels arbeitete dann 1884 die ökonomischen Zusammenhänge heraus.

Das Patriarchat wurde zur Grundlage der Klassengesellschaft, und aus den umgestalteten Organen der Gentilverfassung erwuchs der Staat. Als die rasch wachsende Produktion Reichtum erzeugte, war es der Reichtum Einzelner. Die zweite große Arbeitsteilung sonderte das Handwerk vom Ackerbau. Sklaverei wurde einträglich, und mächtige Sklavenhalterstaaten bildeten sich aus, die der Organisation bedurften. Dabei spielte der Faktor Zeit eine ausschlaggebende Rolle, und so entstanden mit den Staaten Staatskalender.

Seit einigen zehntausend Jahren schon hatte eine allgemeine Beschleunigung die Entwicklung der Menschheit bestimmt. Nun erreichte das Zeitverständnis der Menschen eine Stufe, von der an sie Zeit bewusst ausnutzten, um durch höhere Produktivität ihre Lebensbedingungen zu verbessern. Das zementierte die gesellschaftliche Dimension der Zeit. Im Lauf der nächsten Jahrtausende erreichten die Produktionsmittel eine neue entscheidende Stufe, man ging von der Stein- zur Metallbearbeitung über. Stadtartige Siedlungen und weitere Arbeitsteilung ermöglichten höhere Zivilisation, Wissenschaft und Kunst. Nach und nach prägten sich soziale Unterschiede aus, die Gesellschaft differenzierte sich.

Nahrungserwerb ist die älteste und wichtigste Beschäftigung der Menschen. Sehr früh begannen sie, die Nahrung spendende Erde zu verehren. Aber das Überleben ihrer Sippen hing nicht nur von der Fruchtbarkeit des Bodens ab, sondern ebenso von jener der Menschen. Bald heiligten sie deshalb auch die Fruchtbarkeit der Mütter; neben die Erdgötter traten die Muttergottheiten. Noch heute verwenden wir die Begriffe Mutter und Erde als Sinnbilder der Fruchtbarkeit, wenn wir die fruchtbare Humusschicht des Ackers ›Muttererde‹ oder ›Mutterboden‹ nennen. Als man bemerkte, dass ein Zusammenhang zwischen den Perioden der Menstruation und den Phasen des Mondes zu bestehen schien, begann auch die Vergötterung des Mondes.

Einige hunderttausend Jahre kannten die Menschen schon den Gebrauch des Feuers, ehe es ihnen vor vielleicht 60.000 Jahren gelang, sich den Feuerdämon zu unterwerfen und Flammen zu entfachen, wann und wo es ihnen nützte. Als die Stämme sesshaft wurden, änderte sich ihre Geisterwelt. Wer den Acker bestellt, unterliegt der Macht des Sonnendämons, der die Saat reifen oder verdorren lassen kann. Diesen Dämon günstig zu stimmen, sein Tun zu beobachten, wurde lebenswichtig, und man übertrug die Aufgabe den Priestern. Nach der Verehrung von Erd- und Muttergottheiten, den mit Fruchtbarkeit verbundenen Mondritualen gelangte man so zum Sonnenkult. Als man in nördlicheren Gegenden siedelte und als Kaltzeiten das Klima veränderten, hing das Überleben oft unmittelbar von der wärmenden Sonne ab. Hier kam man früh und direkt zur Verehrung der Sonne.

Nach und nach wurde es den Menschen bewusst, dass Mond und Sonne die Zeit gliedern. Das war die Geburtsstunde der Kalender. Doch diese großartige Idee verband sich noch lange nicht mit der Erkenntnis von Naturgesetzen, mit den Umläufen von Himmelskörpern, sondern allein mit dem Glauben an das Wirken der Geister und Götter. Bei solcher Abhängigkeit der Kalender vom vorherrschenden Religionssystem ist es im Prinzip bis heute geblieben.

Die Angehörigen vieler frühen Kulturen nahmen die Dinge ihrer Umwelt als ›beseelt‹ an. So wurde von manchen geglaubt, der Geist des Wachstums sei der Ähre immanent. Daneben entstand die Idee von der Kornseele, die durchs Korn geht und es wachsen lässt. Fortschrittlich Gesinnte statteten die Geister mit immer mehr Menschenähnlichkeit aus, die Schwerfälligeren hingen den alten Ideen an; so traten beide Denkmodelle nebeneinander. Entsprechend breit ist die Palette der magischen Praktiken, auch jener, die den Fortgang von Tagen und Jahren beeinflussen sollen. Brahmanen opfern in der Frühe, um das Aufgehen der Sonne zu gewährleisten. Ojebway-Indianer wurden im 19. Jahrhundert bei dem Versuch beobachtet, bei einer Sonnenfinsternis die erloschene Glut mit brennenden Pfeilen wieder anzuzünden. Wenn im alten Ägypten nach der Herbst-Tagundnachtgleiche die Kraft der Sonne abnahm, gab es ein Fest des ›Spazierstocks der Sonne‹, auf den sie sich gleich einem alten Manne stützen sollte. Völker Neuguineas, die einen Mondkalender benutzten, veranlassten den Mond durch Stein- und Speerwürfe zu schnellerem Lauf, wenn abwesende Freunde bald heimkommen sollten. Die Aborigines Australiens beschleunigten in diesem Fall die Sonne durch Werfen mit Sand. Es steht außer Zweifel, dass im subjektiven Erleben dieser Menschen daraufhin die Zeit tatsächlich schneller verging.

Magische Vorstellungen reichen bis weit in die Neuzeit. Wir kennen sie im häuslichen Zusammenleben, im dörflichen Brauchtum, bei Initiations- und Beerdigungsriten oder Erntefesten. Gerade auch die christliche Kirche integrierte magisches Brauchtum in ihre Frömmigkeitspraxis. Vor allem die mystische Eigenwirkung der sieben Sakramente (Taufe, Firmung, Eucharistie, Buße, Letzte Ölung, Priesterweihe und Ehe) band das ganze Leben der Menschen in einen sakralen Zusammenhang.

Am Anfang seiner Entwicklung fühlte sich der Mensch noch sehr eng mit der Natur verbunden. Die Götter primitiver Religionen erschienen in Tiergestalt, und Kalender von Naturvölkern orientieren sich bis heute an Lebenszyklen der Tier- und Pflanzenwelt. Mit zunehmender manueller Fertigkeit formte der Mensch sich Götzen aus Holz, Stein oder Metall und betete seine eigenen Erzeugnisse an. Als er schließlich sich selbst als höchstes Ding auf der Welt erkannte, erhielten die Götter menschliche Gestalt. In der Phase des Matriarchats war die Mutter Autorität in Familie und Gesellschaft, und sie war die Göttin. Dann wurde sie entthront und der Vater in Gesellschaft und Religion zum höchsten Wesen. Nun verehrte man männliche Hauptgötter. Trotzdem blieben mütterliche Aspekte in den Religionen erhalten. Sehr deutlich spiegeln sie sich im katholischen Marienkult. Zahlreiche Marienfeste haben die westlichen Kalender über Jahrhunderte wesentlich mitgestaltet. Auch in der patriarchal strukturierten Hindu-Götterwelt haben Muttergestalten großen Einfluss. So gilt Usha, die Morgenröte, als Erscheinungsform der ›Großen Muttergöttin‹ Devi.

In und mit der menschlichen Gesellschaft entwickelten sich *Hierarchien.* Offenbar hat uns die Evolution entsprechend konditioniert. Vögel kennen eine Hackordnung, Herden folgen einem Leittier, die Affenhorde akzeptiert einen ›Chef‹. In hierarchischer Unterordnung des unterlegenen Rivalen realisiert sich die natürliche Zuchtwahl. Dafür ermöglicht die Gemeinschaft dem Individuum das Überleben, bietet Schutz und sogar eine gewisse Bequemlichkeit. So empfand man es als ganz natürlich, solche Rangordnung in der neuen Klassengesellschaft wiederzufinden, als die Arbeitsteilung zum Entstehen angesehener und bevorrechtigter Einzelpersonen geführt hatte.

Der abstrakte Begriff der Hierarchie entstand mit dem Aufblühen des Priestertums der Christen. Aus hieros (›heilig, gottgeweiht‹) und árchein (›herrschen‹) bildete sich das Wort hierarchia (›Priesteramt‹). Daraus wurde kirchenlateinisch hierarchia (›heilige Rangordnung‹), und von daher wurde der Begriff ins Deutsche entlehnt. ›Monarchie‹ und ›Patriarch‹ sind ihm verwandt. Das Wort Priester entstand aus griech. presbyteros (›der Ältere, der Vorsteher‹).

Entsprechend der Menschenwelt dachte man sich auch jene der Götter hierarchisch geordnet. Ein männlicher Hauptgott regierte nun über die anderen, und einige wurden überhaupt zum Alleinherrscher. Diese Ordnung schlug sich in den Kalendern nieder: Nach den mächtigsten und angesehensten Göttern benannte man die Monate und die Tage der Woche, nicht zu reden von der großen Zahl ihnen geweihter Festtage. Darüber hinaus verbanden sich Götter- und Menschenwelt zu einer einzigen alles umfassenden Hierarchie. Dieser Gedanke erwies sich als äußerst langlebig. Als am 1. April 1893 die auf den Meridian von Greenwich bezogene Einheitszeit für das Deutsche Reich verbindlich wurde, begann die diesbezügliche Verordnung mit der damals üblichen Formel: »Wir Wilhelm, von Gottes Gnaden Deutscher Kaiser …«, und der Katholizismus betrachtet bis heute den Papst als Stellvertreter Gottes auf Erden.

Bei vielen Völkern und zu vielen Zeiten erwies sich der Priesterstand als bedeutender Kulturträger. Priester waren im Besitz der Geheimnisse von Zeitrechnung und Kalender. Bald übten sie stellvertretend für die Götter weltliche Macht aus. Das erforderte Organisation, und es bildeten sich interne Priester-Hierarchien. Bischöfe sind wörtlich ›Aufseher‹ über mehrere Gemeinden. Oberster Herrscher aller Christen ist der Papst. Das kommt von griech. páppas (›Vater‹) und war ursprünglich ehrenvoller Titel aller Bischöfe. Patrizier und Pate sowie Pater als Anrede für die einfachen Priester sind ebenfalls davon abgeleitet.

Durch Jahrhunderte entschieden die Päpste über die Berechnung christlicher Festtermine wie über Kalender schlechthin. Unser ›gregorianischer Kalender‹ geht auf Papst Gregor XIII. zurück. Weniger bekannt ist, dass Papst Paul VI. noch zum 1. 1. 1970 einen neuen ›Generalkalender‹ einführte, freilich nur für den Gebrauch innerhalb der katholischen Christenheit. Er verzeichnet die gesamtkirchlich bedeutsamen Herren-, Marien-, Märtyrer- und Heiligentage. Erzbischöfe bestimmten jahrhundertelang die Gestaltung der regional verbindlichen Kalender. Heute sind den Regionen, Diözesen und Orden eigene Kalender ausdrücklich erlaubt, 1972 bestätigte Rom einen neuen Regionalkalender für das deutsche Sprachgebiet. Auch wurde die Amtszeit der Päpste unmittelbar selbst zum Maßstab von Zeitrechnung; das im Vatikan geführte Verzeichnis ihrer Pontifikatsjahre bildet eine eigene Chronologie.

Das europäische Mittelalter glaubte die materielle Natur nach dem Rang der vier irdischen Elemente Erde, Wasser, Luft und Feuer sowie des himmlischen Äthers hierarchisch geordnet. Daneben wirkte eine fein abgestufte geistige Hierarchie in den drei Bereichen der pflanzlichen, tierischen und vernunftbegabten Seelen. Auf der Grundlage dieses Bildes glaubte man alle Geschöpfe von einem Machtfluss durchdrungen, der von Gott ausging und durch Engel vermittelt wurde. Dionysios, ein christlicher Neuplatoniker, hatte am Ende des fünften Jahrhunderts die Engelswesen in eine neunstufige Hierarchie geordnet. Diese wurden als die Beweger der neun Himmelssphären angenommen und damit die Hierarchie innerhalb der katholischen Kirche gerechtfertigt. Erst die protestantischen Reformatoren nahmen daran Anstoß, und hierin gründet ihr späterer Widerstand gegen die 1582 vom Papst verkündete Kalenderreform.

Der Glaube an den Einfluss der Gestirne

Licht und Dunkel, das Auftauchen und Verschwinden von Sonne und Mond waren für die sich entwickelnde Menschheit zunächst selbstverständliche Bestandteile ihrer Welt. Erst als sich ein Zeitbegriff, ein Gefühl für Dauer entwickelte, begann der Wechsel durch seine Regelmäßigkeit zu beeindrucken. Am auffälligsten war der Gestaltwandel des Erdtrabanten. Sein Name *Mond* ist uralt, er entstand aus dem indogermanischen menot. Das fußt auf me[d] (›wandern, abschreiten‹). Weil sich hieraus unter anderem auch die Wortgruppe um ›messen‹ entwickelt hat, kam es zu der früher verbreiteten, doch irrigen Ansicht, der Mond sei von Anfang an als ›Messender‹ erkannt und benannt worden. Heute wird die ursprüngliche Wortbedeutung allgemein als ›Wanderer‹ (am Himmel) interpretiert.

Nach und nach erhielt menot die zusätzliche Bedeutung von ›Mondwechsel, Monat‹. Dieser Begriff spaltete sich ab und entwickelte sich weiter zu schwed. månad, engl. month und mhd. monot, manot. Später dann vermischte die Sprache des Volkes die beiden Bedeutungen wieder und bildete die Ausdrücke mande und mont. Die gingen ins neuhochdeutsche Mond über, was sowohl den Himmelskörper als auch den Zeitraum meinte. Heute differenzieren wir erneut, nur die poetische Sprache der Dichter erinnert gelegentlich an die alte Doppeldeutigkeit.

Von ähnlichen indogermanischen Namen des Mondes kommen unter anderem schwed. måne, engl. moon und altgriech. mene. Bei den Griechen geriet das alte mene in Vergessenheit, als sie begannen, den Mond nach der Göttin Selene zu benennen. Die Römer nannten ihn entsprechend Luna (›die Leuchtende‹). Das Wort ist verwandt mit lat. lux (›Licht‹), griech. leukos und unserem ›leuchten‹ und ›Licht‹.

Es schien, als ob geheimnisvolle Verbindungen zwischen Himmel und Erde bestünden. Neben dem Zusammenhang von Ebbe und Flut mit dem Mond bemerkte man die Übereinstimmung der Perioden von Menstruation und Mondphasen und vermutete eine Beziehung des Mondes zum Geheimnis von Werden und Vergehen, Geburt und Tod. Bei vielen Tierarten ist der Zyklus der Empfängnisbereitschaft innerhalb einer Gruppe synchronisiert. Auch den nomadisierenden Frühmenschen bot das Vorteile. Erst als sie sesshaft wurden, löste sich die Zyklussynchronisation auf.

Wahrscheinlich schon in der Altsteinzeit war dem Menschen die Rolle der Geschlechter bewusst geworden. Wegen der Beziehung zwischen Mond und weiblicher Fruchtbarkeit führte sie zur Vorstellung eines männlichen Mondgottes. Sin und Thoth in Babylon und Ägypten, ihre zahlreichen Entsprechungen bei Indern, Kleinasiern und Griechen – Mondgötter waren ursprünglich überall männlich. Erst später tauchten weibliche Mondgottheiten auf: Selene und Luna bei Griechen und Römern. Im gleichen Moment wechselte auch das Geschlecht der Sonne – fast immer waren sie und der Mond ein Paar unterschiedlichen Geschlechts. Nur in Frankreich blieb Mond (lune) bis heute weiblich und Sonne (soleil) männlich. So war es auch einmal im Deutschen: » Der sunne gie den sternen mitte« steht im Bamberger *Ezzolied* von 1060.

Es wurde auch geglaubt, dass nicht nur der Himmel auf irdische Geschicke einwirke, sondern dass auch umgekehrt menschliches Handeln das Geschehen am Himmel beeinflusse. Der deutsche Völkerkundler Leo Frobenius (1873-1938) berichtet von einem uralten Mondmythos, der schon in vorgeschichtlichen Zeiten an den Küsten des Indischen Ozeans das menschliche Dasein der Könige bestimmte. Dieser Mythos erzählte von zwei Gattinnen des Mondes, der Sonne und dem Abendstern. Eifersüchtig vergiftete die Sonne ihren Gemahl, sodass er dahinsiechte und starb. Doch der Abendstern folgte ihm treu in die Unterwelt, um ihn zu erlösen. Die immer wiederholte Erfahrung des ›abnehmenden‹ und verschwindenden Mondes war mystisch eingekleidet in den Lebensrhythmus jener Völker integriert. Sie gestalteten das Dasein ihrer Herrscher als Abbild des großen kosmischen Dramas. Nur wenn der Mond am Himmel stand, durfte sich der König dem Volke zeigen. Wurde nach Ablauf von zwei Jahren der Abendstern zum Morgenstern, so war die Zeit für die ›Auferstehung‹ eines neuen Königs gekommen. Priester erdrosselten ihn, und sobald der neue Mond am Himmel erschien, ›erneuerte‹ sich auch der König in einem anderen Körper. Jeder dieser Könige nahm das Schicksal auf sich, im Rhythmus dieses kosmischen Kalenders zu leben und zu sterben. Dadurch allein, so meinte man, hatte die Ordnung der Dinge Bestand.

In verschiedenen Staatswesen waren die Mondgötter jeweils Reichsgott. So stand in Babylon der Mondgott Sin über dem Sonnengott Schamasch und über Ischtar, der Herrin von Morgen- und Abendstern. Germanen und Kelten kannten einen Unsterblichkeits- und Totengott, den sie dreiköpfig darstellten. Die drei Köpfe entsprechen den sichtbaren Mondphasen (zunehmend, voll und abnehmend). Spätere germanische Mythen sahen im Mond die gefüllte Metschale, die sich allmählich leert und zum Trinkhorn (Heimdahls Horn) wird. Es scheint auch einen Zusammenhang zwischen der Verehrung des Mondes und den seit mindestens 7.000 Jahren praktizierten, von Indien bis Nordeuropa verbreiteten Stierkulten zu geben. Meist werden diese als Fruchtbarkeitskulte interpretiert. Aber häufig wird das Horn des Stiers nicht nur als Symbol der Zeugungskraft erklärt, sondern mit der Mondsichel assoziiert. Der Mondgott von Palmyra in Nordarabien wurde mit einer Mondsichel auf Kopf oder Schultern dargestellt, und sein Name Aglibol wird mit ›Stier von Bol‹ übersetzt. Apis, der heilige Stier der Ägypter, war ein lebendes Tier, für das ständig ein Nachfolger bereitzustehen hatte. Sein schwarzes Fell musste sich durch einen weißen Fleck in Form einer Mondsichel auszeichnen. Andere Zusammenhänge offenbart die französische Sprache: Croissance ist ›das Wachstum‹, und croissant heißt außer dem bekannten ›Hörnchen‹ insbesondere der (zunehmende) Halbmond. Die ägyptische Isis wurde in hellenistischer Zeit oft auf der Mondsichel stehend dargestellt. Als Vorbild für entsprechende Darstellungen der Maria gelangte sie so in die Gotteshäuser der Christen.

Der Übergang zum Patriarchat brachte das Ende für viele der alten Mondkulte in Europa. Alte Sagen über einflussreiche Mondgöttinnen wurden vergessen oder umgedeutet. Das Märchen ›Dornröschen‹ schildert die Verdrängung der Mondkulte durch Christentum und Römer: Zur Taufe einer Königstochter sind die 13 weisen Frauen geladen. Ihnen sollen Speisen auf goldenen Tellern gereicht werden (sie symbolisieren die 13 Vollmondscheiben des Mondjahres), aber im Königshaus finden sich nur noch 12 Teller (die Monate des importierten neuen Kalenders). Das Ausladen der 13. Fee bringt große Not ins Königreich; als Dornröschen mannbar wird, trifft sie der Fluch der Abgewiesenen. Allerdings muss gesagt werden, dass diese Interpretation der Grimm'schen Fassung, so schön sie in das Thema passt, heute wissenschaftlich nicht mehr haltbar scheint. Im Mittelmeergebiet gingen die altgriechische Selene und die römische Luna in der moderneren Mondgöttin Diana auf. Diese aber pries man künftig nur noch in ihrer Erscheinungsform als Göttin der Jagd. Dagegen wurde Apollon, der Sonnengott, allen anderen Göttern vorangestellt.

Die alten Fruchtbarkeitsgötter waren mit selbstbewusster weiblicher Sexualität verbunden. Damit war das neu aufgekommene Patriarchat nicht zu vereinbaren, und deshalb mussten Christentum und Islam diese beseitigen. Der Fruchtbarkeits- und Herrschafts-Aspekt der weiblichen Idole wurde aus dem Bewusstsein der Öffentlichkeit verdrängt. Zu den Spätfolgen gehört die verklemmte Haltung der westlichen Zivilisation und der Muslime gegenüber der Sexualität.

Nicht nur der regelmäßige Wechsel zwischen Neu- und Vollmond verändert die Gestalt des Mondes. Kommt er auf seiner elliptischen Umlaufbahn der Erde besonders nahe, so scheint er größer und heller als üblich. Ist die Erdatmosphäre durch Staub getrübt, wirkt sein Licht rötlicher. Dann übt der Mond, außer der Gravitation, auf die Menschen eine besonders starke sinnliche Anziehungskraft aus. Mondsucht ist eine ihrer Erscheinungsformen. Zwar werden psychische und physische Einflüsse der Mondphasen auf den Menschen von der Wissenschaft im Allgemeinen bestritten, doch Erfahrungen der Telefon-Seelsorger zeigen: Das Thema ›Schmerzen bei körperlicher Krankheit‹ ist bei Vollmond dreimal so häufig. Buschmänner in der Kalahari zelebrieren ihre Heilungstänze, Schamanen ihre Reinigungsrituale bei Vollmond.

Im Mittelalter glaubten die Astrologen, die Stimmungen der Menschen seien vom Monde abhängig. Von Luna, der Mondgöttin, war mhd. lune entlehnt und wurde im Sinne von ›Mondphase‹ und ›Wechsel des Mondes‹ gebraucht. Im 15. Jahrhundert bildete man daraus lunisch, launisch als neuen Ausdruck für ›in wechselhafter Stimmung sein‹. Soziologen des ausgehenden 20. Jahrhunderts meinen, bei Vollmond würden mehr Verrückte, Betrunkene, Liebestolle etc. auf den Straßen umherlaufen. Statistisch bewiesen ist das allerdings nicht. Es scheint, wir machen uns was vor, was den Mond betrifft. Selbst im Zeitalter der Raumfahrt herrscht ein irrationaler Glaube an die angebliche Bedeutung des Menschenbesuchs auf dem Mond.

Mondsymbole, in Knochen gekerbt oder in Stein geritzt, verwendete zuerst der Schamane. Später verschmolzen sie mit Kalenderzeichen. Die Angabe der Mondphasen in den Kalendern diente ganz praktischen Zwecken, man berücksichtigte sie bei häuslichen und landwirtschaftlichen Arbeiten. So sollte bei zunehmendem Mond ausgeführt werden, was wachsen muss; was aber nach unten wachsen oder schwinden soll, sei bei abnehmendem Mond zu beginnen. Derartiger Aberglaube scheint unausrottbar. Besondere ›Mondkalender‹ erleben noch in unserer Zeit hohe Auflagen. Eine merkliche Anzahl von Kunden plant ernsthaft ihre Termine für Haarschnitt oder Dauerwelle anhand solcher Kalender, weiß die Innung des deutschen Friseurhandwerks – mit der Konsequenz, dass sich auch die Urlaubsplanung von Friseuren nach den Mondphasen richtet. Die heidnischen Alten sahen im Mond den Herrscher über die Zeit. Das wird reflektiert im englischen Wort sublunary, das ›unter dem Mond‹ bedeutet. Es meint den an Zeit gebundenen ›irdischen‹ Aspekt einer Angelegenheit. Ihm steht der zeitlos-himmlische Bereich gegenüber, der superlunary (›über dem Mond‹) genannt wird.

In Kultur und Lebensweise verwurzelte ›echte‹ Mondkulte haben ihre Lebenskraft bis heute bewahrt. In manchen Dörfern Afrikas tanzt und trommelt man während der Vollmondnächte. Anhänger des Hinayana- Buddhismus begehen bei Voll- und bei Neumond rituelle Beichtfeiern. Sie teilen ihr Leben in Mondjahre und verwenden entsprechende Kalender im Alltagsleben. Hottentotten und Buschmänner beten zum Mond um Regen und Jagdbeute. Die Häuptlinge zahlreicher Indianervölker Nordamerikas gelten als irdische Repräsentanten des Mondes. Bei jenen Völkern aber, deren Kultur und Religion der Sonne besondere Bedeutung beimisst, verkörpert der Mond das Bedrohliche. Indianer Südamerikas sehen im Mond den blassen, gefährlichen Widersacher der Sonne.

Die der *Sonne* gewidmeten Kulte beziehen sich auf ihre Leben spendende Macht. Die meisten Mythen beschreiben sie selbst als lebendes Wesen. Ihre Weise, sich am Himmel zu bewegen, entspricht den Lebensumständen der jeweiligen Kulturen. In den Veden, den heiligen Schriften der Hindus, lenkt der Sonnengott Surya seinen Wagen über den Himmel. Viele Völker dachten sich solchen Sonnenwagen, andere analog ein Boot. Nach altägyptischen Vorstellungen reist der Sonnengott Re auf seiner Barke über den Himmel und verweilt in jeder der zwölf Provinzen eine Stunde. Re stirbt allabendlich und wird bei Tagesanbruch wieder geboren. Nachts lauert in der Unterwelt die riesige Schlange Apophis auf ihn, am Morgen besiegt sie der Falke Re-Harachte, der junge starke Gott. Bei den Maya verkörperte ein Jaguar die Nacht und fraß an jedem Abend die Sonne. Die Sonnengötter Utu der Sumerer und Shamash in Babylon verbringen die Nacht in der Unterwelt, die sie durch den mythischen Berg Maschu betreten und verlassen. Bei den sibirischen Ewenken spießt ein Elch jeden Abend die Sonne auf und läuft mit ihr davon. Der Held Main fängt ihn dann und bringt die Sonne jeden Morgen an ihren Platz zurück. Fast überall ist die Sonne Urheber des Wechsels von Licht und Dunkel. Nur in der chinesischen Mythologie ist alles anders: Immer wenn der Riese Pan-ku die Augen schließt, wird es Nacht.

Manchmal bereitet eine spezielle Gottheit den Sonnenaufgang vor. In Vorderasien war es Shahar (›die Morgendämmerung‹), eine Tochter der ›Herrin der Sterne‹ Ischtar. Die Antike kannte Eos bzw. Aurora als Göttin der Morgenröte. In vielen Kulturen machten sich die Menschen selbst an die überlebenswichtige Aufgabe, den regelmäßigen Gang der Sonne aufrechtzuerhalten. An kritischen Stellen ihres Laufs vollzog man Riten, die zur Grundlage vieler religiöser Traditionen wurden. Extreme Ausprägung erfuhr das bei den Azteken. Nur mit immer neuem Opferblut gestärkt konnte ihre Sonnengottheit die Nacht besiegen, die das Land und seine Bewohner mit eisigem Griff umklammert. In der westlichen Kultur finden wir die Spuren solcher Rituale zum Beispiel in den Sonnenwendfesten. Ursprünglich hatten die markanten Zeitpunkte des Sonnenlaufs lediglich die Termine für die Riten bestimmt. Dann wurden sie historisch bedingte und schließlich wissenschaftlich begründete Basis allgemeiner Kalendersysteme.

Neben Sonne und Mond beobachtete man die *Sterne.* Zahlreiche Religionen haben sie als Erscheinungsformen und ihre Bewegungen als Willenskundgebungen der Götter gedeutet. Markantes Beispiel einer Astralreligion ist die der Babylonier. Ihre Priester-Astrologen interpretierten die Bewegungen der Gestirne als Hinweise auf künftiges irdisches Geschehen. Pragmatisch ermittelten sie Glück bringende Tage etwa für Kriegszüge und andere wichtige Unternehmungen. Später übernahmen Spezialisten diese Aufgabe. Die sogenannten Tagewähler erklärten bestimmte Termine zu Glücks- oder Unglückstagen. Römer z.B. fürchteten den Unglück verheißenden dies ater (›schwarzer Tag‹). Die mit der Astrologie eng verwandte Chronomantie geht über einzelne Tage hinaus und versteht sich als ›Lehre von den guten und schlechten Zeiten‹.

Voraussagen über das Schicksal einzelner Personen anhand der Konstellation der Gestirne kamen erst in spätbabylonischer und hellenistischer

Zeit auf. Daraus entwickelten sich Horoskope, das Wort kommt von griech. ›Stundenseher‹. Das Geburtshoroskop ist eine Zeichnung, auf der für die Geburtsstunde eines Menschen die Stellung der Planeten, der Sonne und des Mondes in den Tierkreiszeichen und deren Lage zum Horizont des Geburtsortes und zu den Häusern des Himmels eingetragen sind. Häuser in der Astrologie sind die zwölf Teile, in die der Himmel über und unter dem Horizont eines Ortes eingeteilt wird. Jeder Planet und jedes Tierkreiszeichen durchläuft diese Häuser täglich.

Auf andere, eigentümliche Weise geht die traditionelle chinesische Medizin von einer Analogie zwischen Himmel und Erde aus. Ihre Methode der Akupunktur definiert zwölf Linien entlang des menschlichen Körpers, die mit den zwölf Monden des Jahres in Verbindung gebracht wurden. Auf diesen ›Meridianen des Körpers‹ pulsiert, dem Rhythmus von Yin und Yang folgend, eine Chi genannte Lebensenergie. 365 Punkte auf diesen Linien entsprechen angeblich den Tagen des Jahres.

Der Glaube an den Einfluss der Gestirne durchzieht die Geschichte des menschlichen Denkens. Jean Gebser hat sie 1932 in fünf Phasen eingeteilt und sie unterschiedlichen Auffassungen von Zeit zugeordnet: Archaisches und magisches Denken sei im Wesentlichen ohne Zeitbegriffe, mythisches Denken naturzeithaft und meist vergangenheitsbezogen, das mentale Denken der Gegenwart abstrakt zeithaft und vorwiegend zukunftsgerichtet. Für die Zukunft vermutete Gebser – nicht zu Unrecht, wie sich heute ansatzweise zeigt – ein integrales Denken, das sich von einer Zeitbezogenheit weitgehend löst und die ›Ursprungs-Gegenwart des Ganzen‹ betont.

Kurt Weis hat darauf aufmerksam gemacht, dass solche Denkstrukturen sicher nicht im Sinne eines plötzlichen Wechsels abgelöst werden. Vielmehr lebt in irgendwelchen Nischen altes Denken immer fort und blüht von Zeit zu Zeit wieder auf. Ein Beweis ist das seit Jahren explodierende Interesse an Esoterik und okkulten Phänomenen. Mit angeblichem Geheimwissen verbundene Mond-Astrologie erweist sich als einträgliches Geschäft für Scharlatane, die im Wettbewerb mit den Religionen eine bessere Zukunft versprechen.

Zeit in Religionen und Mythen

Religionen befriedigen psychische, oft irrationale Bedürfnisse der Menschen, die in der biologischen Evolution wurzeln. Bereits im Tierreich hatten sich soziale Strukturen als Folge des zwischen Neugier und Angst schwankenden, differenzierten Verhaltens der Individuen herausgebildet. Darauf gründet ein ererbtes Bedürfnis der Menschen nach sozialer Gruppenzugehörigkeit. Das fand in den Riten und Mythen der alten Kulturen ein geeignetes Bezugssystem.

Religionen fußen auf dem Glauben an die Existenz einer übernatürlichen Wirklichkeit. Dieser Glaube wurzelt in magischem Denken und mythologischer Überlieferung. Mit dem Fortschreiten der Gesellschaft erwuchsen aus der Mythologie immer kompliziertere Glaubenssysteme. Im Lateinischen bedeutete religio ursprünglich ›Gottesfurcht, Scheu vor der Gottheit‹. Aber das Wort könnte auf re-ligare (›wieder verbinden, vereinigen‹) zurückgehen; in der christlichen Theologie wird es häufig als ›Vereinigung in der Liebe zu Gott‹ interpretiert. Das ist kein Widerspruch, denn Furcht vor und Liebe zu Gott sind eng verknüpft. In solchem Spannungsfeld zwischen Angst und Liebe gewannen die Religionen ungeheure Macht über die Menschen. Der Religionshistoriker Rudolf Otto führte 1917 die religiöse Ursituation auf zwei Gefühlserlebnisse zurück, die Angst und das ehrfürchtige Staunen. Das sind zwei Seiten ein und desselben Gefühls der ›schlechthinnigen Abhängigkeit‹, die der evangelische Theologe und Philosoph Friedrich Schleiermacher um 1820 als das Kennzeichen des Religiösen benannt hatte.

Religionen beanspruchen die Herrschaft über die Zeit. Die ältesten Versuche, Zeit zu strukturieren, scheinen in den mit Mond und Sonne verbundenen Riten zu wurzeln. Daraus erwuchs sakrales Geschehen, und aus diesem Zusammenhang entstand der Begriff ›heiliger Zeit‹ in den Religionen. Kultische, religiöse Feste bilden Abschnitte heiliger Zeit innerhalb des kontinuierlichen Laufs der alltäglichen Zeit. Sie erinnern zu wiederkehrenden Zeitpunkten an die Gegenwart des Heiligen, gliedern die Zeit zyklisch innerhalb eines Jahres. Viele der religiös bedingten Festbräuche sind mit ältesten Symbolen des Lebens, der Fruchtbarkeit usw. verbunden. Wohl deshalb besitzen sie eine so erstaunliche Lebenskraft und werden nicht nur von Gläubigen dauerhaft akzeptiert. Manche Religionen haben die Zeit als solche personifiziert. Der Zeitgott Zurvan der Iraner oder Kronos der Griechen sind Beispiele für eine Auffassung, die keine besondere ›heilige Zeit‹ kennt, weil sie Zeit schlechthin als heilig ansieht.

Aus dem Stamm tief verwurzelter uralter Hoffnungen der Menschheit sprossen die Zweige religiösen Glaubens; in der Vielfalt religiöser Anschauungen wurzelt die Vielfalt der Kalender. Manche Religionen betrachten den Gang der Zeit als prinzipiell determiniert. Sie setzen eine Art Zielpunkt für ihren weiteren Lauf, richten sie aus auf einen ›jüngsten Tag‹, auf ein

Weltgericht oder auf die Wiederkehr göttlicher Gestalten. Jüdisch-christliche Tradition versteht Zeit als solche einmalige Entwicklung, die zwischen Schöpfung und Weltende abläuft, und verbindet sie mit der Existenz des Menschen. Doch wird daneben auch ständige Wiederkehr garantiert: »Solange die Erde steht, soll nicht aufhören Saat und Ernte, Frost und Hitze, Sommer und Winter, Tag und Nacht« lautet die Zusage des Gottes an Noah im *Alten Testament.*

Der Hinduismus begreift Zeit als Widerspiegelung der Existenz des Brahma und gliedert sie in vorherbestimmte Weltalter (Yugas). Dagegen geht der Islam von der Vorstellung aus, jeder Moment des Weltgeschehens unterliege (zumindest potenziell) ständiger göttlicher Einflussnahme. Das ist eine Ursache dafür, dass Muslime bis heute keine vorausberechneten Kalender verwenden können, um den Beginn ihrer wichtigsten Feste zu erfahren; stets muss das wirkliche Erscheinen des neuen Mondes beobachtet werden.

Chinesische Kultur betrachtet die Zeit überwiegend als objektive Realität. In der Vorstellung des Taoismus unterliegt die gesamte Natur zyklischen Wechseln. Im Einklang mit diesen Gesetzen der Wiederkehr, des Auf- und Abstiegs zu leben, ist der Sinn dieser ganz vergeistigten Philosophie. Der niederländische Sinologe de Groot hat die treffende Bezeichnung ›Universalismus‹ für dieses Weltgefühl geprägt. In der Sittenlehre des Kungfutse fand es seinen sozial-ethischen Niederschlag. Der klassische Konfuzianismus erwartet das Befolgen eines angemessenen ›zeitgemäßen‹ Handelns in der Gesellschaft zum rechten Zeitpunkt.

Auch in den indischen Mythen ist der Mensch nur eine von vielen Erscheinungsformen des All-Lebens in der Natur. Jainismus und Buddhismus ordnen das Weltgeschehen in große Zyklen des Werdens und Vergehens ein. Die Vorstellung von einem Gott hatte im Buddhismus und Taoismus niemals wesentliche Bedeutung.

Die religiösen Vorstellungen der Australier kreisen um den Begriff des bugari, einer ohne Anfang vorgestellten ›Urzeit‹, zu der noch heute auf den Bewusstseinsebenen von Traum oder Ekstase ein Zugang gefunden werden kann. Im Glauben der Aborigines haben Wesen der Urzeit an heiligen Orten Teile ihrer schöpferischen Kräfte zurückgelassen. Deren Wirksamkeit begründet den Fortgang des Lebens. Sie hängt von ihrer ständigen Erneuerung durch Kulthandlungen der Lebenden ab.

Bei allen Völkern schien das Transzendente, das sinnlich nicht Erfahrbare ursprünglich an bestimmten geheimnisvollen Orten fixiert. Der Platz dieses ›Jenseitigen‹ im Raum wurde immer unbestimmter und verschwand im nach und nach aufkommenden Begriff von der Zeit. Bei den Weltreligionen entstand durch ihren Anspruch auf universelle Gültigkeit zusätzlich ein Zwang, ihre ortsgebundenen Aspekte weitgehend aufzugeben. Die großen ›westlichen‹ Religionen wurzeln demgemäß in einem als geschichtlich aufgefassten Zeitbegriff. Im Gegensatz dazu beziehen sich die Religionen der Indianer Nordamerikas auf Orte. Das charakteristische Merkmal ihrer Kulturen ist das Gefühl völliger Einheit des Individuums mit der Welt, deshalb ist für sie eine Trennung zwischen sakraler und profaner Zeit undenkbar. Darauf basieren Gleichsetzungen von Raum und Zeit, die in unterschiedlichem Grade ausgeprägt sind, bei Ackerbauern stärker als bei Jägern. Der Rand ihres Lebenskreises, der Raum dahinter wird mit Vergangenheit und Alter assoziiert; an entlegenen Orten überdauern die weit zurückliegende Zeit und ihre Vertreter.

Auch Mesoamerika hat bestimmte Raumvorstellungen mit vergangenen Zeitepochen in Verbindung gebracht. In seinen Kulturen hat sich die zyklische Zeitauffassung extrem ausgeprägt. Fällt in den trockenen Halbwüsten der ersehnte Regen, so wird eine ganze Welt real wiedergeboren. Auch die Zeit erlebt solche Wiedergeburten, glaubte man hier. Entsprechend beginnt die ganze Geschichte der Maya immer wieder neu wie der Lauf der Sonne. Um diesen Rhythmus der Welt in Gang zu halten, brachten sie ihren Göttern Menschenopfer dar: Aus Tod entsteht Leben und aus den Opfern Hoffnung. Auch die Priester der Azteken hatten mit blutigen Opfern für die Existenz des folgenden Tages zu sorgen, die Zeit in Gang zu halten.

Ihre grundlegenden Vorstellungen von Zeit und Raum haben die Menschen in Schöpfungsmythen artikuliert. Diese Erklärungsversuche tangieren Grenzen des Seins in Zeit und Raum, über die das Denken nicht hinausgelangt. Doch Religionen erheben Anspruch auf die absolute Wahrheit, und um absolut zu sein, muss diese Wirklichkeit ewig sein, also die Grenzen von Zeit und Raum überschreiten. Den daraus entstehenden Widerspruch haben die Schöpfungsmythen aller großen Kulturen durch einen Dualismus von Sein und Nichtsein überbrückt. Ewige Götter erheben sich über das ewige Chaos und erzeugen darin die Kräfte und Wesen der Welt einschließlich einer begrenzten Zeit. Wegen dieser Dialektik ist es auch keineswegs erforderlich, dass das Sein zeitlich dem Nichtsein folgt. Der Schöpfungsmythos der Hopi-Indianer beginnt ausdrücklich damit, dass Taiowa (Sein) und der unendliche Raum (Nichtsein) gemeinsam existierten, während der indo-arische Rig-Veda um 1200 v. Chr. berichtet:

»Zu jener Zeit war weder Sein, noch Nichtsein,
Nicht war der Luftraum, noch der Himmel drüber.
Was regte sich? Und wo? In wessen Obhut?
War Wasser da? Und gab's den tiefen Abgrund?
Nicht Tod und nicht Unsterblichkeit war damals,
nicht gab's des Tages noch der Nacht Erscheinung.«

Die Denker der europäischen Antike nannten den Anfangszustand der Welt vor der Schöpfung das Chaos. Der griechische Epiker Hesiod dachte sich um 700 v. Chr. Chaos noch als leeren Raum, spätere Philosophen stellten es sich als ungeordneten Urstoff vor, aus dem die ihm entgegengesetzte Ordnung, der Kosmos, entstand. Aristoteles dagegen lehnte um 340 v. Chr. den Begriff einer Schöpfung grundsätzlich ab und lehrte, dass das Universum weder Anfang noch Ende in der Zeit habe. Kant erklärte um 1770 die ganze Frage nach dem Ursprung des Universums als im Widerspruch zur reinen Vernunft stehend. Nach seiner Meinung gäbe es ebenso überzeugende Gründe für einen zeitlichen Anfang des Universums wie dagegen, nämlich: Wenn das Universum keinen Anfang hätte, läge ein unendlicher Zeitraum vor jedem Ereignis, und das sei absurd. Besäße es aber einen Anfang, dann läge ein unendlicher Zeitraum vor diesem – und warum sollte dann das Universum zu irgendeinem bestimmten Zeitpunkt begonnen haben?

Hawking hat sich 1989 mit Kants Argument auseinandergesetzt und weist darauf hin, dass dessen These und Antithese auf der gleichen stillschweigenden Voraussetzung beruhen, dass nämlich die Zeit unendlich weit zurückreiche, egal ob das Universum einen Anfang hat oder nicht. Aber vor Beginn des Universums überhaupt von Zeit zu reden ist sinnlos. Damit begegnet die Ansicht des führenden zeitgenössischen Physikers dem Schöpfungsbegriff des Augustinus: Die Welt sei mit, nicht in der Zeit geschaffen und folglich Zeit nur eine Eigenschaft des von Gott geschaffenen Universums.

Andere Kulturen entwickelten sehr konkrete, oft auf Naturbeobachtung gründende Vorstellungen. In den Mythen Mesopotamiens vermischte sich der Salzwasserozean (repräsentiert durch die Urmutter Tiamat) mit dem Süßwasserozean (Apsu) und gebar die Schöpfungsgötter. Auch Ägypter nahmen an, dass vor der Schöpfung Urgewässer existierten, aus denen alles hervorging. In manchen Versionen des Ptah-Mythos aus Memphis (um 1400 v. Chr.) werden die Götter (die Mächte des Seins) aus den Wassern des Chaos (dem fruchtbaren Nichtsein) geboren. Andere Versionen schildern, wie die Götter diese Wasser aus sich heraus gebären, und wieder andere lassen im Wasser ein Ei entstehen, dem der Schöpfergott in Vogelgestalt entsteigt. In Sumatra erzählt man vom blauen Huhn manuk-manuk, das drei Eier legte. Aus ihnen sprangen drei Götter und schufen die Welt. Bei den Iban auf Borneo beginnt das Leben mit den Geistern zweier Vögel, die aus zwei Eiern Himmel und Erde schaffen. Ein chinesischer Mythos berichtet, wie die Zeit begann: Das Ur-Chaos verdichtete sich zu einem Ei, in dessen Innerem der Riese Pan-ku (Pangu, der Gott Pandu) heranwuchs. Beim Erwachen hob er die leichten Teile, das Yang, und sie bildeten den Himmel. Der schwere vom Yin geprägte Teil wurde zur Erde. Auf der Balance dieser beiden Kräfte, des Yin und des Yang, beruht die Einheit des Kosmos in der taoistischen Philosophie. Die Assyrer fassten die Schöpfung als einen nicht näher erklärten Prozess auf, bei dem sich Luft, Erde, Wasser, Feuer und Zeit gemeinsam entwickelten.

Juden, Christen und Mohammedaner glauben an eine Schöpfung, die Erschaffung alles Existierenden aus dem Nichts, durch das allmächtige Wort Gottes zu einem bestimmten Zeitpunkt. Die christliche Lehre basiert auf dem sogenannten Schöpfungsbericht des *Alten Testaments.* Wir wissen nicht, ob seine hebräischen Urheber sich wirklich ein Geschehen innerhalb realer sechs Schöpfungstage vorstellten. Denkbar ist ein Symbolismus, durch den die Ordnung ihrer eigenen sechstägigen Arbeitswoche geheiligt werden sollte. Die Dayak von Borneo kennen drei Zeitabschnitte der Schöpfung: Alles ging aus dem Maul einer Riesenschlange hervor. In der Ersten Zeit der Schöpfung entstanden Himmel, Berge, Sonne und Mond, in der Zweiten Zeit das Land und die Flüsse. In der Dritten Zeit wuchs der Baum des Lebens, der obere und untere Welt vereint.

Nicht alle Religionen schildern die Wirklichkeit im Rahmen zeitlicher Abläufe. Etliche gehen nicht von einem Anfang im Augenblick einer Schöpfung aus. Zum Beispiel erklärte Jinasana, der große Lehrer der Jainas, um 900 n.Chr., die Welt sei unerschaffen wie die Zeit selbst, ohne Anfang und Ende. Und der Buddhismus nimmt an, dass sich das Universum in ewigem Wechsel im Nichtsein auflöst und sich wieder zum Sein zusammenfügt. Solche Denkmodelle begründen eine zeitlos-ewige, immer währende Wirklichkeit.

Unabhängig davon sehen die meisten großen Religionen die Zeit der (jeweils gegenwärtigen) Welt als begrenzt an, und die Vorstellung eines Anfangs legt auch den Gedanken an ein bevorstehendes Ende nahe. Das entspricht der Erfahrung vom Werdegang der Lebewesen. Viele Religionen erwarten ein katastrophenartiges Ende der jetzigen Welt. Auch diese Idee wird aus der Anschauung der Naturgewalten geboren sein; man stellt sich den Weltuntergang durch Feuer oder Überschwemmung vor. Er kommt einer Rückkehr in das Chaos gleich und ist mit der Hoffnung verbunden, dass daraus eine neue, bessere Welt hervorgehe. So erwarten gläubige Juden die Auferstehung der Toten in der ›Endzeit‹. Das Christentum übernahm diese Erwartung in Form einer Auferstehung zum ›Jüngsten Gericht‹, das dann über ewiges Leben oder endgültige Verdammnis entscheidet. Auch der Islam kennt solches Auferstehen.

Vorstellungen von Anfang und Ende der Welt setzen einen grundsätzlich linearen Zeitverlauf voraus. Dort aber, wo sie mit Auferstehung und Neubeginn verbunden sind, fließen Elemente zyklischer Zeitauffassung in dieses gedankliche System ein. Solche Auffassung entspricht der Beobachtung der Lebensvorgänge in der Natur. Östliche Kulturen gehen generell von zyklischen Perioden des Ablaufs der Zeit aus. Auch viele andere Religionen haben Vorstellungen von einer zyklischen Erneuerung bewahrt. Das tritt neben Mond- und Sonnenkulten besonders bei jahreszeitlichen Festen in Erscheinung.

Zahlreiche Mythen im Vorderen Orient berichten davon, dass eine Gottheit gestorben und danach zu neuem Leben erwacht sei. Solche Vorstellungen werden sich zuerst aus der Beobachtung von Wachstum und Verfall der Vegetation entwickelt haben. Man deutete sie als Wirkungen zu- und abnehmender Kraft von Dämonen und suchte diese durch magische Handlungen zu beeinflussen. In den Ländern des östlichen Mittelmeeres waren entsprechende Rituale, die letztlich den Gang der Jahreszeiten regeln sollten, weit verbreitet. Ausgangspunkt mag der Glaube an ›individuelle‹, den einzelnen Lebewesen innewohnende Geister gewesen sein, die man nach und nach vom konkreten Einzelwesen abstrahierte und zur Idee allgemein wirksamer Gottheiten verdichtete. Als man die Analogie zwischen dem Leben der Pflanzen und der Menschen erkannte, erhielten diese Götter menschliche Gestalt. Derartige ›auferstehende Götter‹ sind z.B. Tammuz, Attis, Adonis und auch Osiris der Ägypter.

Ihre Jahrtausende andauernde Existenz im Bewusstsein der Völker ist nicht zuletzt der Beobachtung geschuldet, dass das Menschengeschlecht in nachfolgenden Generationen weiterbesteht. Damit verband sich die Hoffnung, dass vielleicht auch der einzelne Mensch den Tod besiegen und persönlich auferstehen könne. Das fand seine Ausprägung in den späteren Mysterienreligionen, die den Gewinn ewigen Lebens für eingeweihte Gläubige versprachen.

Einige alte Religionen kennen die Triaden, eigentümliche Dreiheiten von Göttern, die vielleicht als Abbilder früher menschlicher Zeiterfahrung gedeutet werden können. So kennt der Hinduismus die personenhafte Trennung verschiedener Funktionen ein und derselben Gottheit: Brahma als Schöpfer, Wischnu als Erhalter und Schiwa als Zerstörer der Welt. In gewisser Weise repräsentieren sie Vergangenheit, Gegenwart und Zukunft. Ähnliche Zusammenhänge finden wir bei Urd, Werdandi und Skuld der Germanen und in Ägypten bei Isis, Osiris und Horus.

Die griechische Religion kannte Moira zunächst als Anteil des Einzelmenschen am Gesamtschicksal; dann wurde Moira zu einer allmächtigen Göttin, die jedem sein Schicksal, seine Zukunft zuteilte. Hesiod beschrieb dann drei Moiren: Klotho spinnt den Lebensfaden, Lachesis teilt das Lebenslos zu, Atropos schneidet den Faden ab. Bei den Römern nahmen sie die Gestalt der drei Parzen an, auch bei diesen liegt eine Verbindung mit Vergangenheit, Gegenwart und Zukunft nahe.

Die alten Dichter und Philosophen teilten die Vergangenheit in unterschiedliche Abschnitte, die man Zeitalter nannte. Aus einer Idealisierung des nur noch vage Erinnerten und vielleicht Erträumten entstand die Vorstellung vom ›goldenen Zeitalter‹. Entsprechende Ideen sind bei vielen Völkern nachweisbar, und auch der biblische Begriff vom Paradies gehört zu ihnen, die indischen ›Gesetze des Manu‹, der Mythos der Hopi-Indianer von den ›Vier Welten‹ und die ›Fünf Zeitalter der Menschheit‹ der klassischen Antike. Nach Hesiod wechselten diese vom goldenen über ein silbernes, ehernes, heroisches zum jetzigen eisernen und wurden dabei immer schlechter. Die Griechen wähnten das goldene Zeitalter, eine glückselige Urzeit ohne Schuld und Kummer, unter der Herrschaft des Kronos, die Römer unter der des Saturnus.

Solche auch in späteren Jahrhunderten immer wiederholten Legenden verkehren den allmählichen Aufstieg der Menschheit vom Niederen zum Höheren in sein Gegenteil. Die Gründe für ihr Entstehen sind kontrovers diskutiert worden. Der namhafte schottische Sozialanthropologe James G. Frazer argumentierte 1928 in *The Golden Bough*, Menschen niederer Kulturstufen seien »Sklaven der Vergangenheit, der Geister ihrer toten Vorfahren«. Was jene taten, war ihnen Vorbild, Maßstab, Gesetz. Dadurch wurde die geistige Entwicklung gebremst, fähige Individuen auf ein zwangsläufig niedrigeres Einheitsniveau herabgezogen. Frazer folgerte: »Demagogen und Träumer haben das später ›Goldenes Zeitalter‹ genannt.«

Barbara Sproul (USA) nahm 1994 den religiösen Begriff des ›Falls‹ zum Ausgangspunkt. Ursprung des Seins sei ›das Heilige‹. Das aber hätten die Menschen aufgegeben, vergessen; darin bestehe dieser ›Fall‹, und deshalb müssten sie sich an die zeitliche, geschaffene Welt klammern. Viele Kulturen behandeln diesen Vorgang als etwas, was den Zustand des Menschen entscheidend prägt. Deshalb erwähnen sie ihn schon gleich bei der Schöpfung, die Bibel kleidet ihn in die Erzählung vom Sündenfall Adams und Evas. Manche Mythen verlegten den Fall vom Absoluten ins Zeitliche und sprechen von verschiedenen Zeitaltern der Menschheit, die schrittweise ihre ursprüngliche Macht und Qualität einbüßt, bis sie schließlich in den gegenwärtigen Zustand einmündet.

Burchard Brentjes, Historiker in Leipzig, ging 1980 von der Beobachtung aus, dass der Mensch leichter die Leiden der Vergangenheit vergisst als die seine Jugend beherrschenden positiven Erlebnisse. Diese in jeder Generation wiederkehrenden Erfahrungen verstärkten sich und kulminierten in der Vorstellung von der ›guten, alten Zeit‹. Seit der Frühzeit der Klassengesellschaften in Sumer und Ägypten wurde die Vergangenheit in utopischen Schilderungen idealisiert. So hieß es vor 5.000 Jahren bei den Sumerern: »Einmal vor langer Zeit gab es keine Schlangen, gab es keinen Skorpion, gab es keine Hyäne, gab es keinen Löwen, gab es keinen wilden Hund, gab es keine Furcht, kein Entsetzen. Der Mensch hatte keinen Feind.« Und im goldenen Zeitalter der klassischen iranischen Mythologie gab es den Tod noch nicht – mit der Konsequenz übrigens, dass König Yima dreimal ›die Welt vergrößern‹ musste.

Das einleuchtende Bild vom einstigen gottgewollten Idealleben und dem darauf folgenden Niedergang erschloss die Möglichkeit des Hoffens auf eine Umkehr in der Zukunft. Als die Menschen in der Klassengesellschaft die Unterdrückung kennen lernten, als Aufstände fehlschlugen und die Zukunft im Dunkeln lag, fanden sie Trost in der Idee, dass ihre Leiden in einem Dasein nach dem Tode gerächt würden. Die Sumerer hofften auf die Rachegöttin Nansche. Hesiod lehrte, die Gerechtigkeitsgöttin Dike werde die Bösen strafen und Erlösung bringen. Die am Diesseits Verzweifelnden suchten Hoffnung auf Gerechtigkeit im Jenseits, in einer anderen, erdachten Welt. Erlöserreligionen versprachen einen Weg in ein besseres Morgen. Dazu schrieb Karl Marx: »Die Religion ist der Seufzer der bedrängten Kreatur, das Gemüt einer herzlosen Welt, wie sie der Geist geistloser Zustände. Sie ist das Opium des Volkes.«

Nicht als fortschreitenden Verfall, sondern einer Wellenbewegung ähnelnd sah der deutsche Geschichtsphilosoph Oswald Spengler die bisherige Weltgeschichte. In seinem Werk *Der Untergang des Abendlandes* (1922) erklärte er sie als Nach- und Nebeneinander nicht miteinander verbundener Hochkulturen. Bisher habe die Kulturgeschichte des Menschen acht solcher

Zyklen erlebt, von denen jedes die Stadien der Blüte, Reife und des Verfalls ohne die Möglichkeit einer Weiterentwicklung durchlief. Das erinnert an die zu Beginn des 18. Jahrhunderts geäußerten Ideen des Neapolitaners Gianibattista Vico, der in allen Bereichen der Kultur die Wiederkehr je eines theokratischen, heroischen und menschlichen Zeitalters erkannte, die in den Phasen Aufstieg, Blüte und Verfall wirksam seien.

Weitere Parallelen zu den Zeitalter-Theorien des Nahen Ostens und der Antike finden sich im Hinduismus. Brahma, der Schöpfergott, ist so gewaltig, dass in nur einem Brahma-Tag und einer Brahma-Nacht die Welt entsteht, existiert und vergeht. Dieser kosmische Zyklus teilt sich in vier Yugas, Zeitalter. Sie beginnen mit dem goldenen Krita Yuga und verschlechtern sich ständig zum gegenwärtigen Kali Yuga, dem Zeitalter der Dunkelheit und Verzweiflung. Auch die iranische Mythologie kennt eine 12.000 Jahre andauernde Weltperiode, die in vier Zeitalter aufgeteilt ist. In den ersten 3.000 Jahren schuf Ahuramazda freundliche Geister, in der zweiten die materielle Welt, in der dritten kämpften Gut und Böse, in der vierten erschien Zoroaster, der Religionsreformator, und am Ende wird der Erlöser Saoshyant die Welt erneuern. Züge dieser Auffassung des Weltgeschehens als Jahrtausende umfassenden Kampf zwischen guten und bösen Prinzipien bzw. Göttern gelangten ins Judentum und aus diesem in Christentum und Islam. Heute meint der Begriff Zeitalter jeden größeren Zeitraum, dessen Geschichte von einem herausragenden Ereignis, einer Idee oder einer Persönlichkeit geprägt wird. Naturgemäß sind solche Definitionen von der jeweils herrschenden Ideologie abhängig.

Bestimmte Religionen (Judentum, Christentum, Islam) werden unter dem Oberbegriff ›Religionen der geschichtlichen Gottesoffenbarung‹ zusammengefasst. Sie gehen davon aus, dass die Welt zu einem bestimmten Zeitpunkt aus dem Nichts entstand und einmal untergehen wird. Die dazwischenliegende Zeit umfasst im Sinne der christlich orientierten Religionswissenschaft die ›Weltgeschichte‹. Zeit als solche sei eine einmalige, in Ewigkeit eingebettete Entwicklung, wird dabei vorausgesetzt.

Zahlreiche Versuche wurden unternommen, den Zeitpunkt der Schöpfung zu berechnen. Der um 240 n. Chr. in Alexandria gestorbene griechische Geschichtsschreiber Julius Sextus Africanus begründete mit seinem *Pentabiblion chronologikon* die vergleichende heidnisch-christliche Chronologie. Er vermutete die Schöpfung im Jahr 5502 v. Chr. Als das byzantinische Reich 602 n. Chr. eine eigene Weltära einführte, wurde ihr Beginn auf den 1. September 5509 v. Chr. festgelegt. Aber inzwischen hatten andere aus dem Bericht des *Alten Testaments* von der Schöpfung der Welt in sechs Tagen gefolgert, dass sie sechs Weltalter, sechstausend Jahre lang bestehen würde. Jedem der sechs Schöpfungstage sei ein Jahrtausend zugeordnet, das Weltende stünde also unmittelbar bevor. Als es im sechsten Jahrhundert noch immer nicht eingetroffen war, konnte man diese ›Berechnungen‹ nicht aufrechterhalten und datierte die Schöpfung beträchtlich später. Der jüdische Rabbi Hillel II. nahm bereits im vierten Jahrhundert den 7. Oktober 3761 v. Chr. als Schöpfungstag an. Der Reformator Martin Luther kam in seinem 1541 veröffentlichten ›Supputatio annorum mundi‹ zu dem Ergebnis, dass die Welt im Jahre 3960 v. Chr. geschaffen worden sei. Unter anderem datierte er die Sintflut auf das Jahr 1666, den Turmbau zu Babel auf 1756 und den Auszug aus Ägypten auf 2453 nach Erschaffung der Welt. Seither sind noch zahlreiche andere Berechnungen angestellt worden.

Glaube an Schöpfung ist mit Glaube an ein Weltende verbunden. Die Eschatologie, die kirchliche Lehre von den ›letzten Dingen‹, bezieht sich einerseits auf das Schicksal des Einzelnen (Tod, Auferstehung und Gericht) und andererseits der gesamten Menschheit (Ende der Welt und Reich Gottes). Auch hier gibt es unterschiedliche Interpretationen. Der religiöse Mensch hofft auf das Himmelreich, aber die Erfüllung der Zukunft braucht den bevorstehenden Weltuntergang. Was die Verfechter der Eschatologie als sinnvolles Ende darstellen, hielt Hegel für barbarisch.

Der Ursprung dieser Ideen reicht in die indogermanische Vergangenheit zurück, fußt auf dem Wesen einer Fruchtbarkeitsgottheit der alten arischen Induskultur. Auch der große Hindugott Shiva trägt deren Züge. Er verkörpert eine der Grundüberzeugungen des Hinduismus: dass es ohne Zerstörung keine Schöpfung gibt. Deshalb bedeutet Shivas Name ›der Glück Verheißende‹, obwohl er Sinnbild der Zerstörung ist. Die Indoarier glaubten ursprünglich, nach dem Tode in die Unterwelt oder in den Himmel zu kommen. Dann drang aus dem Gedankengut der Harrappa-Völker die Vorstellung eines endlosen Zyklus von Tod und Wiedergeburt in die indische Mythologie. In den Upanishaden, mystischen Schriften des achten bis fünften Jahrhunderts v. Chr., tauchen sie erstmals auf.

Die Chiliasten erwarten vor dem Weltende eine körperliche Wiederkehr Christi und nehmen an, dass dann das Millennium, ein ›Tausendjähriges Reich Christi auf Erden‹, beginne. Der Chiliasmus hatte im ersten und zweiten Jahrhundert n. Chr. zahlreiche Anhänger und fand mit der ›Offenbarung des Johannes‹ Eingang in die Bibel. Später galt er als Ketzerei, tauchte aber immer wieder in verschiedenen Glaubensgemeinschaften auf, unter anderem bei Mormonen und Adventisten. Dem siebenten Schöpfungstag, dem Ruhetag des Schöpfers, solle ein tausendjähriges Friedensreich entsprechen. Als achter Tag breche dann eine neue, die ewige Welt an. Mit Bezug auf diese Idee wurde die liegende Acht zum Symbol des Unendlichen.

In Pittsburgh (USA) begründete 1878 der Redakteur Charles Taze Russell die ›Internationale Vereinigung ernster Bibelforscher‹, seit 1931 ist sie als ›Zeugen Jehovas‹ bekannt. Diese Glaubensgemeinschaft verkündet zum Thema Zeit: Die Schöpfung fand 4126 v. Chr. statt. Auf die sechs Tage folgte der göttliche Sabbat, und an diesem überließ Gott den Engeln die Regierung der Welt. Das hatte eine allgemeine Unordnung sowie den Sündenfall Adams nach bereits zwei Jahren zur Folge. In den folgenden sechsmal 1.000 Jahren (bis 1874 n. Chr.) spielte sich der eigentliche Weltprozess ab, und es folgte wiederum eine Phase der Unordnung. Nach einem 40-jährigen ›Ernteabschluss‹ habe 1914 mit dem Weltkrieg das Millennium begonnen, das ›Tausendjährige Reich Gottes‹.

Neuere christliche Auffassungen betrachten Zeit in Zusammenhang mit Schöpfung unter modernisierten Gesichtspunkten. Der Protestant Karl Barth (geb. 1886) definierte Creatio, die Schöpfungskraft, als ›Quellort der Zeit‹, aus dem Gottes vor-zeitliches, mit-zeitliches und nach-zeitliches Wesen fließe. Der evangelische Theologe Jürgen Moltmann (geb. 1926) knüpft an Augustinus an (Zukunft geht in Vergangenheit über) und findet eine (von ihm unausgesprochene) Beziehung zum Zeitpfeil: »Was immer von Gott her geschieht, hat jene Richtung, die von der Schöpfung am Anfang auf das ewige Reich verweist.«

Geschichtliche Zeit

Zeit ist linear und nicht umkehrbar. In ihr laufen zyklisch wiederkehrende und rhythmisch gegliederte Prozesse ab, die in den Naturwissenschaften eine wesentliche Rolle spielen. Man hat diesen Verlauf gelegentlich mit dem Gang eines Schraubengewindes oder einer Wendeltreppe verglichen. Alles Lebende erfährt in der Zeit eine Evolution. Einzelwesen durchlaufen Abschnitte ihrer Entwicklung und erlangen dadurch eine individuelle Biographie. Soziale Gruppen erlangen eine ›Gruppenbiographie‹, eine Geschichte. Einzelschicksale fügen sich zur Geschichte einer Familie, einer Stadt, eines Volkes.

Seit Jahrhunderten ist der Gedanke allgemein verbreitet, Geschichte habe erst mit dem Schreiben vor etwa 7.000 Jahren begonnen. Ein Geschichtsbegriff erscheint erstmals bei Herodot um 440 v. Chr. als ›historia‹. Das griechische Wort bedeutet eigentlich ›Erforschung‹ im Sinne von ›Erfahrung machen‹, und Ableitungen davon sind bis heute international gebräuchlich. In Deutschland wurde historia seit dem 18. Jahrhundert durch ›Geschichte‹ verdrängt. Das kommt von ›Geschehen‹, assoziiert aber auch die Vorstellung von übereinander liegenden Schichten, einer Aufeinanderfolge materieller Zeugnisse vergangenen Geschehens, wie sie von Archäologen erforscht werden. Und eben solche Forschungsergebnisse werden von etablierten Geschichtswissenschaftlern nicht als Geschichte anerkannt. Nach ihrer Definition beginnt Geschichte mit schriftlichen Aufzeichnungen, der Rest ist ›Vorgeschichte‹. Doch zu allen Zeiten geschah etwas, und jede geschichtliche Überlieferung begann mit dem Erzählen von Geschichten.

Der Begriff einer ›Universalgeschichte‹ aller Zeiten und Völker wird häufig auf das Entstehen des christlichen Geschichtsmythos bezogen und in Beziehung zu dem von Augustinus um 400 formulierten Begriff linearer Zeit gesetzt. Aber schon Polybius aus Megalopolis hatte um 130 v. Chr. die Geschichte seiner Zeit kausalanalytisch als zusammenhängendes Ganzes beschrieben. Auch das etwa gleichzeitig entstandene *Buch Daniel* des *Alten Testaments*, das geschichtliche Ereignisse in vier großen Reichen wiedergibt, bezeugt eine Vorstellung von ihrem linearen Ablauf.

Das lineare Denken wurzelt in einer Handlungslogik, einem strukturellen Konzept des Denkens, das die primitiven und archaischen Kulturen auszeichnet. Ihnen fehlt ein abstrakter Begriff von Zeit; sie kennen nur die konkrete Zeit der Handlung, des augenblicklichen Geschehens. Darauf basierend betrachtet die jüdisch-christliche Zeitvorstellung die Existenz der Menschheit wie eine zusammenhängende Handlung, die sich gewissermaßen gedehnt über die ganze Geschichte hin erstreckt. Indessen gibt es einen entscheidenden Unterschied zwischen ursprünglich-logischer Linearität und jüdisch-christlicher heilsgeschichtlicher Zeit: Diese kehrt in ihren Ausgangspunkt, in Gottes Ewigkeit zurück und bleibt dadurch letztendlich zyklisch.

Verstand bereits das *Alte Testament* die lineare Zeit als Folge von Zeitpunkten und Zeitabschnitten, so unterscheidet das *Neue Testament* ausdrücklich den Zeitraum chronos von kairos, dem rechten Zeitpunkt für Entscheidungen, und trennt beide vom aion, der grenzenlosen Zeit der Ewigkeit. Die im Iran entstandene Äonenlehre hatte die Existenz der Welt in vier Perioden zu je drei Jahrtausenden geteilt. Dann benutzten Griechen aion im Sinne von Lebenszeit und Zeitdauer, später kam die Vorstellung von Ewigkeit hinzu. Römer übernahmen das Wort als aeon, und im 18. Jahrhundert gelangte es als ›der Äon‹ ins Deutsche. Um einen unendlich langen Zeitraum zu benennen, benutzen wir meist den Plural, ›die Äonen‹.

Die eigenen Taten zu rühmen, sie bekannt zu machen und nachfolgenden

Generationen zu überliefern, wird Ausgangspunkt aller Geschichtsschreibung gewesen sein. Die ältesten Chroniken berichten dementsprechend von ausgewählten Ereignissen aus der Geschichte des eigenen Stammes oder Volkes. Berühmte Chronisten dieser Art sind Cassiodor für die Goten und Gregor von Tours für die Franken im sechsten Jahrhundert und nicht zuletzt Beda Venerabilis gegen 730 mit seiner *Historia ecclesiastica gentis Anglorum* für die Angelsachsen.

Der Name Chronik kommt vom griechischen chronikon (›Zeitbuch‹). Erste einfache Chroniken beschränken sich auf die Regierungszeiten einzelner Könige usw. Erst später erfassen sie geschichtliche Vorgänge in größeren Zeiträumen. Oft haben frühe Chronisten über die Ereignisse nicht im strengen chronologischen Zusammenhang, sondern in freier zeitlicher Anordnung berichtet. Verwendeten sie aber innerhalb der jeweiligen Chronik eine durchgehend einheitliche zeitliche Basis, dann war es gewöhnlich die Ära des jeweiligen Herrschers. Erst Beda übernahm die um 530 von Dionysius ersonnene Datierung nach anni domini. Mit ihm beginnend setzte sich langsam die christliche Jahreszählung in der Geschichtsschreibung des europäischen Mittelalters durch.

Später verzeichneten universalgeschichtliche Darstellungen, die ›Weltchroniken‹, in Prosa oder Vers die Ereignisse ›seit Erschaffung der Welt‹. Berühmte Beispiele dieser Gattung sind die *Chronicon sive historia de duabus civitatibus* (›Chronik oder Geschichte der beiden Reiche‹, gemeint sind das weltliche und das göttliche) des Bischofs Otto von Freising (um 1150), die als ›Sachsenspiegel‹ bekannte *Sächsische Weltchronik* des Eike von Repkow (um 1235) und die illustrierte *Weltchronik* (›Nürnberger Chronik‹) von Hartmann Schedel (1493). Noch immer wird darin die Geschichte der Menschheit als Heilsgeschichte verstanden, die nach göttlichem Plan verläuft und mit dem Jüngsten Gericht enden wird.

Die übliche grobe Scheidung geschichtlicher Zeit in Altertum, Mittelalter und Neuzeit wurde zuerst von Christoph Cellarius gegen 1700 benutzt. Später fand auch die ›Vorgeschichte‹ Anschluss an dieses System, als der Däne Christian Thomson sie um 1820 in Steinzeit, Bronzezeit und Eisenzeit einteilte. Doch erst etwa 1900 war das Dreiperiodensystem in Deutschland fest etabliert. Dann differenzierte man in Alt- und Jungsteinzeit (Paläo- bzw. Neolithikum), fügte das Mesolithikum zwischen beide ein, trennte das Alt- vom Jungpaläolithikum und grenzte am Ende der Jungsteinzeit das Chalkolithikum, die Kupfersteinzeit, ab.

Während der Französischen Revolution am Ende des 18. Jahrhunderts tauchte der Begriff Zeitgeist auf und bezeichnete zuerst die sich durchsetzende Aufklärung. Dieses Zeitalter verband den Begriff linearer Zeit mit geschichtlichem Fortschritt. Rasch wurde ›Zeitgeist‹ verallgemeinert und meint heute die Summe der einer Epoche eigentümlichen, sie beherrschenden Ideen. Hegel formulierte: der in allen Erscheinungen eines Zeitalters wirkende, objektive Geist. Zedlers Lexikon hatte seine Leser schon 1732/1752 darüber belehrt, was man unter »sich in die Zeit schicken« verstand: »Wer also unter den Seinigen in Aufnehmen kommen will, der muss sich in solchen Dingen, die in dem Jahrhundert darinnen er lebt, gesucht und hochgeachtet werden, herfür thun.«

Die abendländische Geschichtsauffassung betrachtete auch weiterhin die gesamte Menschheitsgeschichte als einmaligen Ablauf eines Geschehens, das einen Anfang in der Zeit hat, eine Folge kausaler Geschehnisse durchläuft und dem ein sinnvolles Ende gewiss ist. Aber die Vorstellungen von einem sinnvollen Ende veränderten sich unter dem Einfluss des Humanismus. Seit Jahrtausenden hatten die Anhänger eschatologischer Ideen um den Preis des Weltuntergangs auf das Himmelreich gehofft. Nun hoffte man auf ein besseres irdisches Leben als Ziel gesellschaftlichen Fortschritts.

Diese uralte westliche Geistestradition spiegelt sich selbst im Marxismus. 1848 verfassten Marx und Engels das *Kommunistische Manifest*, in dem die proletarische Revolution als Ergebnis eines gesetzmäßig verlaufenden Geschichtsprozesses vorausgesagt wurde. Die klassenlose Gesellschaft sei das Endstadium, in das alle Kämpfe der Jahrhunderte auslaufen werden. Ein Jahrhundert später schrieb der Philosoph Gert von Natzmer über die marxistische Lehre, auch sie sei letztlich säkularisierte Heilsbotschaft und ein spätes Erbe christlicher Geschichtserwartung. Auch Karl Löwith kritisierte 1953 in seinem einflussreichen Werk *Weltgeschichte und Heilsgeschehen* die Konzeption des Marxismus als verweltlichte Heilsgeschichte.

Andere Kulturen verstehen die Welt als ewigen Kreislauf und suchen sie durch dauerhaften Gang ihrer Zyklen im Gleichgewicht zu halten. Zu ihnen gehören Babylon, Indien und China. Die Maya-Kultur als letzte der archaischen Hochkulturen brachte die am höchsten organisierte Form zyklischer Zeitauffassung hervor. Aus der Anschauung stets wiederkehrender Tage, Monde und Jahre hatte sich diese ursprüngliche, der Natur nahe Betrachtungsweise ergeben. Eigentlich handelt es sich dabei aber, wie Dux herausgearbeitet hat, lediglich um eine zyklische Interpretation, denn die ursprüngliche, primitive Struktur der Zeit ist linear wie die Struktur der Handlung; sie führt von einem Anfang zu einem Ende, das sie bewirkt und auf das sie zielt. Jeden neuen Zyklus der Natur hat man dementsprechend als wirklichen Neuanfang gesehen.

Überall dort, wo dann die historisch jungen monotheistischen Religionen die Vielfalt der alten Götterwelt verdrängten, vollzog sich Hand in Hand damit eine Verdrängung der zyklischen Auffassungen. Oft verlief dieser Prozess gewaltsam, mit der Macht der Kirche verbunden. Vor allem das Christentum, aber auch der Islam zerstörten die alten Religionssysteme im größten Teil der Welt. Die christliche Mission vernichtete massenhaft die Zeugnisse der alten Kulturen, ihre Geschichte und ihre Kalender. Einzig die Völker Asiens haben in großem Umfang ihre traditionellen Vorstellungen von Zeit und Geschichte bewahren können. Dass sie heute unseren Kalender benutzen, ändert nichts an ihrem anders gearteten Verständnis von der Ordnung der Welt.

Zeitrechnungen vermitteln zwischen den gegensätzlichen Gestalten linearer und zyklischer Zeit, integrieren sie zu komplexen Systemen. Darin besteht ihre kulturelle Leistung.

Chronologische Systeme vermitteln eine Vorstellung vom unwiderruflichen Fortgang der Zeit, doch sie können nur aus Perioden von Wiederholung konstruiert sein. Jede Form von Zeitrechnung basiert auf regelmäßigen Beobachtungen und Aufzeichnungen. Was aber homogen vorübergleitet, enthält keine Information und kann weder beobachtet noch aufgezeichnet werden. Stattdessen sind es die Zyklen und Rhythmen, die einen Maßstab für das Vergehen der Zeit bilden. Ihre Wiederholungen prägen gleichsam der gleichförmigen Zeit eine Struktur auf. Vor diesem Hintergrund erscheinen die besonderen Ereignisse, die scheinbaren Unterbrechungen des gleichförmigen Fließens, die Abweichungen vom gewöhnlichen Gang des Lebens. Sie sind es, die man sich merkt, in den Chroniken verzeichnet, aus denen Geschichte entsteht.

Das Merk-würdige wird durch die persönliche Erfahrung des Einzelnen bestimmt. Menschen besitzen, ähnlich dem individuellen Zeitempfinden, eine ganz eigene Sicht auf die Geschichte ihrer Zeit. Manchmal wird diese Sicht gedanklich reflektiert und in Tagebüchern bedeutender Persönlichkeiten wie auch ganz durchschnittlicher Menschen überliefert. Das sind oft wertvolle Quellen für die Erforschung von Geschichte. Besonders die Alltagskultur kann aus ihnen erschlossen werden, der Umgang mit der Zeit im täglichen Leben beispielsweise oder die wirkliche Bedeutung von Festen und Feiertagen für die Menschen jenseits der formalen Inhalte.

Wie die Tagebuchnotizen ›gewöhnlicher‹ Menschen waren auch die Aufzeichnungen der ›offiziellen‹ Chronisten aller Zeiten weit von Objektivität entfernt. Von Irrtümern über betrügerische Manipulation bis zu absichtlichem Weglassen reicht die Skala der Abweichungen vom realen Geschehen.

Die Fachwelt kennt schon lange eine große Zahl von Fälschungen in mittelalterlichen Dokumenten.

Der Kulturhistoriker Heribert Illig veröffentlichte 1992 die Aufsehen erregende These, dass ein Zeitraum von 296 Jahren in der europäischen Geschichte samt der darin eingeschlossenen Regierungszeit Kaiser Karls des Großen schlicht erfunden worden sei. In seinem ›Schema der Realzeiten‹ folgt auf 614 direkt das Jahr 911 n.Chr. Illigs Erklärungsmodell setzt auf der karolingischen Geschichte und ihren vielen Ungereimtheiten auf und wird vor allem durch archäologische Befunde gestützt. Das ›Vordrehen der weltgeschichtlichen Uhr‹ könnte im zehnten Jahrhundert zunächst in Byzanz unter Konstantin VII. erfolgt sein. Die Beweggründe waren religiöser Natur, sie hängen mit dem Verlust und der Wiedergewinnung der Hauptreliquie der Christenheit, des Heiligen Kreuzes von Golgatha, zusammen. Gelegenheit bot der Übergang der Zeitrechnung von der Seleukidenära auf die Ära ›nach Schöpfung der Welt‹. Daran anschließend sei unter Papst Silvester II. in Rom und Kaiser Otto III. in Köln die Jahreszählung ›nach Christi Geburt‹ so justiert worden, dass das Reich eines bedeutenden ›Endkaisers‹ mit dem Jahr 1000 beginnen konnte. Das nimmt Bezug auf die christliche Eschatologie, den Beginn des ›siebenten Welttages‹.

Der Berliner Ethnograph Uwe Topper teilt Illigs Zweifel und hat seit 1994 dessen Argumente ergänzt. Erstaunliche Beobachtungen in der islamischen Welt und im Iran führten auch ihn zu dem Schluss, dass unter Otto III. der Abstand zu Christi Geburt willkürlich auf ein glattes Jahrtausend festgelegt wurde. Dabei irrte man sich – bewusst oder unbewusst – um 296 Jahre, die eigentlich ersatzlos aus der Geschichte gestrichen werden müssten. Auch der russische Wissenschaftler Anatolij Fomenko hat eine Revision der historischen Geschichtsschreibung angeregt. Ausgangspunkt seiner Forschungen war die Feststellung des US-Astrophysikers Robert Newton, dass die langfristig konstant wachsende Umlaufgeschwindigkeit des Mondes im zehnten Jahrhundert plötzlich unerklärbar abgesunken schien. Fomenko vermutet, dass die von R. Newton 1972 verwendeten Datierungen von Finsternissen falsch sind. Er verglich in den 1990er-Jahren mit einem speziellen Algorithmus Biographien und Hauptereignisse in den Regierungsperioden, fand Übereinstimmungen und identifizierte eine Reihe ›historischer Duplikate‹ in der Geschichte. Sie mögen irrtümlich entstanden sein, als spätere Chronisten Regierungszeiten aneinanderreihten, die in Wahrheit parallel abliefen.

Die Vermutung einer künstlich gedehnten geschichtlichen Zeit wird von etablierten Historikern stark angefeindet, von Naturwissenschaftlern hingegen unterstützt. Sollte sie sich als richtig erweisen, wird mehr als eine Generation von Geschichtsforschern an der Klärung von Einzelheiten und ihrer Korrektur zu arbeiten haben. Aber schon seit ältester Zeit haben sich Menschen Gedanken über unerklärte Erscheinungen gemacht und Hypothesen über ihre möglichen Ursachen aufgestellt. Immer wieder wurden einige davon im Verlauf mühsamer wissenschaftlicher Forschung schlüssig bewiesen; andere stellten sich als falsch heraus. Es gibt keinen Grund zu der Annahme, dass die Geschichtswissenschaft hierbei eine Ausnahme bildet.

Geschichte bewegt sich durch einen Zugewinn an Kompetenz, schrieb Dux, und auch Koselleck hat auf den Umstand hingewiesen, dass die Wahrheit der Geschichte nicht ein für alle Mal die gleiche bleibt. Der Zeitverlauf, der Abstand vom Geschehen selbst ermöglicht Erfahrungen, die im Rückblick das Vergangene neu erkennen lassen. Nur eine einzige kalendarische Zeit reicht nicht mehr aus, um historisch sachgerecht zu verfahren. Heute erkennen Historiker verschiedene Zeitabläufe, die in- und umeinander gelagert verschiedene Tempi des Wandels aufweisen. Deshalb unterscheiden sie verschiedene Zeitebenen. So berichtet die Ereignisgeschichte von Zusammenhängen, deren Anfänge und Enden sinnvoll zu bestimmen sind. Die Strukturgeschichte untersucht Wechselwirkungen zwischen Ereignissen und Strukturen und verwendet den Prozess als Zeitkategorie, auf den wiederum Beschleunigung oder Verzögerung einwirken. Dazu kommen Übergangszeiten und Erfahrungsbrüche. So stehen die Historiker heute vor einer Vielfalt geschichtlicher Zeiten.

Zeit und Ökonomie

Vor etwa zehn oder zwölf Jahrtausenden erfanden Menschen überall in der Welt unabhängig voneinander verschiedene Techniken des Ackerbaus und konnten damit einen Nahrungsmittelüberschuss erzeugen. Diese Schaffung eines Mehrprodukts wurde zur entscheidenden Wendung in ihrem Dasein, weshalb man den Vorgang ›agrarische Revolution‹ nennt. Von nun an ging es um Produktivität, die bewusste Ausnutzung der Zeit wurde ausschlaggebend. Die Sklaverei, einfachste, natürlichste Form der Arbeitsteilung, wurde einträglich, denn die Herren besaßen vor allem das ökonomische Potenzial ihrer Sklaven, deren Arbeitskraft und Lebenszeit.

Die Gesellschaft differenzierte sich, und die soziale Organisation wurde immer komplexer. Größere Dörfer ersetzten einzelne Ansiedlungen, dann entstanden Stadt- und später Nationalstaaten. Mit der neuen Lebensweise begann ökonomisches Denken. Man musste für Vorrat im Winter sorgen und für Saaten im Frühjahr. Das setzt ein Bewusstsein von Zukunft voraus und erfordert die Anwendung kalendarischer Begriffe. Hand in Hand damit erlaubte die fortschreitende Arbeitsteilung die Entwicklung von Naturwissenschaften; erste bescheidene Anfänge der Astronomie ermöglichten dann den Kalender.

Wenige Jahrtausende später trat die Uhr ins Leben des antiken Menschen, und schnell wurden auch ihre unangenehmen Begleiterscheinungen spürbar. Platon in Griechenland meinte um 340 v. Chr., die Rechtsgelehrten würden vor Gericht ›von der Klepsydra angetrieben‹ und fänden keine Ruhe mehr. Auch in Rom setzte die Kontrolle des öffentlichen Lebens durch die Zeitmesser ein, und um 250 v. Chr. klagte der Dichter Titus Plautus, überall würden Sonnenuhren ›seinen Tag in Stücke reißen‹. Dann führten die römischen Legionen Taschen-Sonnenuhren mit sich und unterwarfen die Völker auch ihrem Zeit-Regime. Doch mit dem Untergang der großen Sklavenhalterstaaten verlor der Faktor Zeit für einige Jahrhunderte seine Bedeutung im Alltagsleben.

Im 14. Jahrhundert nahm von Italien die Renaissance ihren Ausgang, jene Kulturwende vom Mittelalter zur Neuzeit, die sich in sämtlichen Lebens- und Geistesbereichen vollzog. Sie wurde vom Humanismus begleitet und ist mit der Reformation geschichtlich verbunden. In ihrem Ergebnis begannen Handwerk und Handel auch in Deutschland zu expandieren und sprengten die alten Strukturen. Die gesellschaftlichen Funktionen differenzierten sich unter dem zunehmenden Konkurrenzdruck. Das wirkte auf den Einzelnen zurück. Die neuen Anforderungen des öffentlichen Lebens traten gegenüber persönlichen Bedürfnissen in den Vordergrund. Angst vor sozialer Herabsetzung bewirkte – zunächst bei den gesellschaftlich höheren Schichten – einen Zwang zur Selbstregulierung der Menschen. Daraus entwickelte sich ein neues Zeitbewusstsein.

Zedlers Lexikon (1732/1752) fordert: »Der Mensch darf die Zeit seines Lebens nicht nach seinem Gefallen brauchen, indem er da ist, dass er sich und andere glückselig mache, folglich soll er die Zeit so brauchen wie es Gottes Willen gemäß ist, dass er Nutzen in der Welt schaffe, und den wahren Fleiß ausübe.« Und es wird definitiv erklärt: »Der Missbrauch der Zeit bestehet im Müßiggange, da man eines Theils solche Verrichtungen vornimmt, die eitel sind, und keinen Nutzen bringen; andern Theils seinem verderbten Triebe zu gefallen gar nichts tut.« In dieser Epoche erlebte das geflügelte Wort der Römer, das aus den Oden des Horaz zitierte ›carpe diem!‹, einen

Wandel seiner Interpretation vom genussvollen ›Pflücke den Tag‹ zum gebieterischen ›Nutze die Zeit‹.

Mit der Renaissance verbreitete sich die mechanische Uhr und mit dieser die Benutzung gleichlanger Stunden. Vielleicht begann es bei der Post, jenes neue Zeitbewusstsein, das unabhängig vom Lauf der Sonne einem bestimmten Rhythmus folgt. Regelmäßige Kurse erforderten zeitliche Planung. Nur so trafen Kuriere an vorherbestimmten Plätzen zusammen, hatten Reisende Anschluss zum Umsteigen. Schon vor Beginn der eigentlichen Industrialisierung gewann dieses Zeitempfinden Einfluss und verband sich mit dem Begriff der Arbeitszeit.

Karl Marx beschrieb den Doppelcharakter der Ware: Produziert für einen abstrakten Markt, musste sie außer Gebrauchswert auch Tauschwert besitzen. Etwas, das allen Waren gemeinsam ist und sie vergleichbar, tauschbar macht, fand sich in der für ihre Herstellung aufgewandten Arbeitszeit. Das war die mit der Uhr gemessene Dauer, und die Zeit des Tages spielte dabei ebenso wenig eine Rolle wie Wochentag oder Jahreszeit. Zugleich löste sich auch der Arbeitsrhythmus von der Herstellung konkreter Produkte, war von nun an nur noch an der Dauer einzelner Arbeitsschritte orientiert. Aus Uhrzeit wurde abstrakte Zeit ohne irgendeine Qualität für den Einzelnen; einst schöpferische Arbeitszeit geriet zur drückenden Last.

Der deutsche Psychoanalytiker Erich Fromm hat um 1970 eine Antwort auf die interessante Frage gefunden, warum sich eigentlich Menschen diesen Zeitdruck gefallen lassen: Aus dem Bedürfnis nach Konformität, wurzelnd in dem Bewusstsein ihres Alleinseins, entspringt Scham, die Zeit nicht recht zu nutzen. Aus diesen soziokulturellen Einflüssen erwuchs ein neuzeitliches, ein kapitalistisches, ein ökonomisches Zeitbewusstsein. Aus der Sicht der Unternehmer, der Organisatoren der Produktion, wurde Zeit zur Ressource, die man ausbeutet wie alle anderen Ressourcen auch. Alles in der Wirtschaft dreht sich seitdem um die Zeit. Schon Marx resümierte: »Ökonomie der Zeit, darein löst sich schließlich alle Ökonomie auf.« Dem ist nichts hinzuzufügen.

Wie der Tag des Einzelnen zu verlaufen habe, bestimmte nun die von anderen festgelegte Arbeitszeit. Noch 1875 hatten deutsche Arbeitnehmer in der Regel an sechs Wochentagen je zwölf Arbeitsstunden zu leisten. Erst 1918 wurde die 48-Stunden-Woche gesetzlich eingeführt. Auch den Gang des Jahres reguliert die Arbeitswelt. Neben dem jahreszeitlich geprägten Bauernkalender gewannen die Zeitpläne der verschiedenen anderen Saisonbetriebe wie Ziegeleien oder Zuckerfabriken an Einfluss. Aus der einst regelmäßigen Kinderarbeit während der Erntezeit auf dem Lande entwickelten sich Schulferien. Heute bestimmen Ferienkalender weltweit den Jahreslauf von Millionen Lehrern und Schülern. Der Universitätsbetrieb teilt das Jahr der Studenten und Professoren in Semester. Und die Bevölkerung Frankreichs scheidet sich alljährlich, seit 1936 der bezahlte Urlaub eingeführt wurde, in juilletistes und aoûtiens, Juli- und Augustleute, je nach dem Termin ihrer Ferienreise.

Sonderbare Saisonbegriffe wurden vom Volksmund geprägt. Um 1780 tauchte in der Berliner Kaufmannssprache die ›Saure-Gurken-Zeit‹ auf, die stille Geschäftszeit des Hochsommers, wenn die Gurken eingelegt werden. Schnell verbreitete sich das Wort durch die Zeitungen. Aus Hamburg aber sind aus dem 18. Jahrhundert die ›Kummertage‹ belegt, von deutschen Seeleuten eingedeutscht aus cucumbertime (›Gurkenzeit‹), einem Ausdruck der Londoner Schneider, die im Sommer nichts zu tun haben, weil sich die Vornehmen auf dem Lande aufhalten.

Viele in der Gegenwart glauben, die Zeit wäre ihr Besitz. Für sie spielt Selbstausbeutung eine wesentliche Rolle. Und so leben sie denn ihr ganzes Leben nach den Grundsätzen des Kapitals: Auch die Zeit unbedingt nutzen, nie vergeuden, den Tag bis zur letzten Minute auskosten, ausschöpfen. ›Er stiehlt meine Zeit‹, heißt es von jemandem, der sich nicht an einen Zeitplan hält, eine Frage stellt, ein persönliches Anliegen hat. Aber die Zeit gehört uns nicht, man kann Zeit nicht ›haben‹. Vermehren lässt sie sich erst recht nicht, und dennoch mangelt es nicht an Versuchen dazu. Zeitplaner haben Hochkonjunktur, sie sollen durch mehr Ordnung in den Terminen mehr Zeit für den Einzelnen schaffen. Oft aber wird durch übertriebenes und falsch verstandenes Zeitmanagement noch weitere Zeit verloren.

Einst wandte man die Zeit von Sklaven auf, um das Leben der Herren zu erleichtern und verschönen. Heute kaufen Manager die Zeit von Sekretärinnen und Assistenten, um eigene ›wertvollere‹ Zeit zu gewinnen. Doch oft kennen sie nur noch ›sinnvolle‹, ›nützliche‹ Handlungen, und ihr persönlicher Gestaltungsrahmen wird immer enger. Rastlosigkeit bestimmt ihr Leben. Alles, was Zeit erspart, erzeugt sogleich neuen Zeitdruck, und daraus erwächst ein verstärktes Gefühl von Zeitmangel. Die Vorstellung, sie hätten die Kontrolle über die Zeit, erweist sich als Illusion.

Oft wird versucht, durch planende Vorausschau Vorstellungen von der Zukunft zu gewinnen und diese zu gestalten. Grundlagen dafür liefert die Statistik, die zahlenmäßige Untersuchung von Massenerscheinungen. Ohne zeitlichen Zusammenhang ist sie nicht vorstellbar. Bereits im alten Ägypten registrierte man Ernteergebnisse auf Zeiträume bezogen. Das Staatswesen der Inka führte u.a. jahrgangsweise Geburts- und Sterberegister. Hier diente das Erfassen der Bevölkerung nach Altersklassen zur Ermittlung der Arbeitskraftressourcen und des Bedarfs an Lebensmitteln. Aber erst im Lauf des 18. Jahrhunderts setzte sich Zeit als Ordnungskategorie empirischer Daten generell durch.

Fast alles in Natur und Gesellschaft verändert sich im Lauf der Zeit und wird beobachtet, gezählt und gemessen. Zählt oder misst man dieselbe Größe unter vergleichbaren Bedingungen zu verschiedenen Zeitpunkten, so entsteht eine Zeitreihe. Die Statistik leitet aus Zeitreihen vier Bewegungskomponenten ab: die langfristige Bewegung (Trend), die jahreszeitliche Bewegung (Saison), eine oder mehrere zyklische Bewegungen (Konjunktur) sowie ›zufällige‹ Restschwankungen. Auch qualitative Größen können eine Zeitreihe bilden. Dazu sammeln z.B. Sozialforscher im Lauf eines längeren Zeitraums Aussagen über die Veränderung bestimmter Größen, indem ein bestimmter Personenkreis wiederholt befragt wird (Panelmethode).

Bedürfnisse von Rechnungswesen und Statistik führten zu eigenständigen Definitionen des Jahres. Seit dem Altertum wurden Steuern gewöhnlich nach der Ernte erhoben, und daraus ergab sich ein besonderes Steuerjahr. In Anatolien z.B. entwickelte sich daraus der seit 980 belegte Malija-Kalender, den später das Osmanische Reich als amtlichen Steuerkalender einführte. Er blieb bis zum 20. Jahrhundert in Gebrauch.

Die europäische Kameralistik unterschied den Stylus communis, den gewöhnlichen Jahresbeginn, vom Stylus camerae. Das Rechnungsjahr begann z.B. in Aachen im 17./18. Jahrhundert am 25. Mai. Man teilte es in zwölf Rechnungs-Monate zu je vier Kalenderwochen, der dadurch entstehende Rest bildete am Schluss einen 13. Monat. Das ›Kammerjahr‹ verschiedener deutscher Finanzkammern begann dagegen häufig mit Johannis (24. Juni) und bei der kaiserlichen Finanzkammer im 18. Jahrhundert am 1. September. Das Steuerjahr der Engländer beginnt noch heute am 6. April. Dieser Termin entspricht dem alten Jahreswechsel am 25. März (julianisch). In Japan beginnt mit dem 1. April ein neues Steuerjahr und für die Kinder ein neues Schuljahr. In Unternehmen spricht man neben Rechnungsjahren von Wirtschafts-, Geschäfts- oder Berichtsjahren.

Neben diesen frei definierten Perioden wirtschaftlicher Tätigkeit entstanden ganz eigene Messgrößen, die Zeit mit Arbeit verknüpfen. Seit dem elften Jahrhundert ist ›Morgen‹ als Feldmaß bezeugt. Es meinte ursprünglich diejenige Fläche, die an einem Vormittag mit einem Paar Ochsen im Joch gepflügt werden konnte. Analog dazu gab es das etwa doppelt so große ›Tagewerk‹. Große Aufgaben bemaß man später nach ›Mannjahren‹. Wie ›Menschmonat‹ ist der Begriff heute u.a. in der Softwareindustrie zum Kalkulieren der Arbeitszeit gebräuchlich.

4 Die Kalender

Die Wurzeln der Zeitrechnung reichen weit zurück, sie sind unlösbar mit den Ursprüngen von Kultur schlechthin verwoben. Ihre vielfältigen unterschiedlichen Systeme manifestierten sich in den Kalendern der Völker. Dieser Abschnitt gibt einen kurzen Abriss der Geschichte ihres Entstehens. Darin wird zunächst dargelegt, wie sich *unser* Kalender in einem langen, komplizierten Prozess aus Anfängen der Zeitrechnung in Vorderasien, Nordafrika und Europa entwickelt hat. Anschließend wird auf Zeitrechnungssysteme in anderen Teilen der Welt eingegangen, die parallel zu dieser Entwicklung entstanden sind – teils unabhängig davon, teils in losem Kontakt und auf gleiche Anfänge zurückgehend.

4.1 Alte Kulturen im Vorderen Orient

Schreibkunst und älteste Kalender

In der Höhle Crô-Magnon in der französischen Dordogne entdeckte man zum ersten Mal Spuren eines neuen Menschentyps, des vor 50.000 Jahren in Europa erschienenen Homo sapiens. Möglicherweise haben die Cromagnon-Menschen bereits vor 30.000 Jahren ihre Beobachtungen des Mondes aufgezeichnet. In einer ihrer Siedlungen wurde ein in Stein gehauenes Reliefbild ausgegraben, das unter anderem die als *Venus von Laussel* bekannte Frauenfigur zeigt. Ihre erhobene rechte Hand trägt ein sichelförmiges Gebilde mit 13 Markierungen, das als gekerbtes Büffelhorn angesehen wird. Seine Einschnitte könnten die 13 Nächte anzeigen, in denen der Mond vom ersten Aufscheinen der Mondsichel zum Vollmond wird.

Inzwischen fanden Archäologen mehrere gekerbte Knochen, die anscheinend den Lauf des Mondes über einen längeren Zeitraum darstellen. Ein polierter Rentierknochen aus Blanchard in der Dordogne trägt 69 Markierungen, die augenscheinlich nicht in einem Zuge, sondern Nacht für Nacht mit wechselnden Werkzeugen angebracht wurden. Die Vertiefungen sind entsprechend der jeweiligen Form der Mondsichel gekerbt. Sie reihen sich wie ein gefaltetes Band so aneinander, dass die Vollmondnächte an den linken, die Neumonde an den rechten Wendepunkten der Figur liegen.

In verschiedenen paläolithischen Höhlen Frankreichs und Spaniens hat man rätselhafte Gegenstände aus gekerbten Knochen gefunden und sie als Kommandostäbe bezeichnet. Mindestens 12.000 Jahre alt ist jener von Cueto de la Mina in der spanischen Provinz Asturias. Alexander Marshack vom archäologischen Museum der Harvard University hat 1972 seine Einritzungen als Modell des Mondumlaufs interpretiert, das über acht Monate hinweg reicht. Bei solchen Markierungen handelt es sich um Symboltechnik, sie haben noch nichts mit Schreiben zu tun. Aber sie weisen auf spezielle Kenntnisse über Phänomene der Natur hin. Kann man sie deshalb schon ›Kalender‹ nennen? Und wenn ja, wozu wurden sie benutzt?

Mit dem Aufzeichnen von Jahreslauf und Mondphasen hatte sich der geistige Horizont der Menschheit entscheidend erweitert. Mit solchen Kenntnissen konnte eine Sippe die Jagd im Mondlicht planen oder den Eintritt einer anderen Jahreszeit vorhersehen. Und der geduldige Beobachter, jener steinzeitliche Astronom, der den Knochen kerbte, gewann Ansehen in seiner Sippe – besaß er doch die geheimnisvolle Macht, das Verschwinden und Wiederauftauchen des Mondes vorherzusagen. Das waren bedeutende Ereignisse, so bedeutend, dass noch heute die Termine vieler religiöser Zeremonien und selbst der Gang von Staatskalendern durch Beobachtung des Mondes bestimmt werden.

Mit dem Sesshaftwerden und dem Hausbau begann vor acht bis zehn Jahrtausenden in Vorderasien das, was wir Zivilisation nennen. Der kulturelle Fortschritt setzte in den klimatisch begünstigten Regionen ein und weitete sich allmählich aus. Eine der ältesten Hochkulturen entwickelte sich am Unterlauf der Flüsse Euphrat und Tigris im heutigen Irak. *Mesopotamien* (›zwischen den Strömen‹) benannten griechische Eroberer später die Gegend.

Seit langem hatte man den regelmäßigen Wechsel der Phasen des Mondes beobachtet. Für Jäger und Nomaden lieferte er einen vortrefflichen Kalender, und es gab keinen Zweck, zu dem eine andere Zeitmessung erforderlich gewesen wäre. Das änderte sich, sobald man Landwirtschaft betrieb. Bäuerliche Arbeiten sind durch die Zyklen der Witterung bedingt, ihr Erfolg hängt weitgehend vom richtigen Zeitpunkt ab, und den bestimmt nicht der Mond, sondern die Sonne. Im Tiefland an Euphrat und Tigris bemerkte man (wie auch am Unterlauf von Nil und Indus) einen steten Wechsel zwischen drei Perioden eines immer wiederkehrenden Zyklus: Überschwemmung, Wachstum der Pflanzen und Zeit der Hitze und Dürre. Daraus entstand der Begriff eines Jahres.

Um 3300 v. Chr. wanderten die Sumerer aus Zentralasien in das fruchtbare Land ein. Ihre Priester hatten zu sorgen, dass alljährlich geerntet werden konnte. Man gab der Erde einen Teil der Ernte zurück, opferte ihn den Fruchtbarkeitsgottheiten. Auf diese Weise war Aussaat zugleich rituelle Handlung, eine Einheit notwendigen Tuns, um eine neue Ernte zu ermöglichen. Aber die Fruchtbarkeitsgötter schienen nur dann gnädig, wenn ihnen zum rechten Termin geopfert wurde. Dadurch wurden die religiösen Riten von den wiederkehrenden Ereignissen der Jahreszeiten abhängig. Das veranlasste die Priester, Kalenderdaten aufzuzeichnen, und deshalb wurden sie zu Trägern der Schreibkunst.

Die ältesten Schriftzeichen sind stilisierte Abbilder von realen Dingen. Wollte man mehrere gleiche Dinge darstellen, so erzeugte man mehrere Abbilder. Eine bedeutende geistige Leistung war die Abstraktion der Zahl. Wurde anfangs für jede Mondnacht eine andeutungsweise mondsichelförmige Kerbe oder ein geeignetes Symbol für jedes Tier der Herde geschnitzt, so genügte nun ein einfacher ›Strich‹ für eine Einheit beliebiger Dinge. Die Zeichen für Zahlen waren, wie alle Schriftzeichen, zunächst bildhafte Symbole dessen, was sie zu vertreten hatten. Noch heute tragen die Zifferblätter mancher Uhren die alten ›römischen‹ Zahlen. Deren ›I – II – III‹ zeigt uns symbolisch die zum Abzählen benutzten Finger, und in der ›V‹ erkennen wir das vereinfachte Abbild der ganzen Hand.

Schrift und Zahl sind von Anfang an mit dem Kalender und mit Magie verbunden. Wenn im Glauben der Menschen das Zeichnen eines Hirsches in der Fallgrube den Fang des Tieres ermöglichte, dann konnte auch das Zeichnen von vier Reihen mit sieben Mondsicheln die Wiedergeburt eines neuen Mondes veranlassen. Als man das Bild der sieben Monde durch die Zahl Sieben ersetzte, ging die magische Kraft vom Bild auf die Zahl über. Seither tritt die Sieben in nahezu allen Kulturen mal als heilige, mal als ominöse Zahl in Erscheinung. Die Beobachtung der sieben ›Wandelsterne‹ am Himmel durch die Sumerer bekräftigte den Glauben an ihre besondere Bedeutung. Sie zieht sich von Anbeginn durch die Mythen und durch die Kalender, und wohl auch deshalb – neben den biologischen Zusammenhängen – haben wir die siebentägige Woche.

In allen antiken Kultursprachen waren einige der ältesten Aufzeichnungen sakraler Natur und dadurch mit Kalendern verknüpft. Irgendwann hatten die Priester begonnen, über Monde und Witterung Aufzeichnungen zu führen und vier neue Monde in jeder ihrer drei Jahreszeiten beobachtet. Daraus entstand der Begriff des Mondjahres, in dessen 354 Tagen zwölf neue Monde aufgingen. Nach einiger Erfahrung mit dem Ackerbau werden sie bemerkt haben, dass ihr Mondkalender mit dem Gang der Jahreszeiten nicht mehr übereinstimmte. Und gewiss erkannten sie bald eine einfache Methode, den Schaden zu beheben: Von Zeit zu Zeit, wenn man Abweichungen bemerkte, wurden einige Tage eingeschoben. Das war der erste Versuch, die Umläufe von Mond und Sonne kalendarisch zueinander in Beziehung zu setzen.

Das Wissen um derartige Zusammenhänge bedeutete Macht, und deshalb wurden Schrift wie Kalenderrechnung notwendigerweise zu Geheimwissenschaften. Mit der ›Kalendermacherei‹ als Hauptaufgabe der Priester verband sich auch der Drang, soziale Ereignisse aufzuzeichnen. So entstanden Anfänge von Geschichtsschreibung und Chronologie. Die Überreste der Tempelkulturen von Mesopotamien, Ägypten und Mittelamerika belegen das gleichermaßen.

Zeitrechnung in Mesopotamien

Im vierten vorchristlichen Jahrtausend wanderten die Sumerer nach Mesopotamien. Als ›Herrin von Himmel und Erde‹ hatte *Inanna* unter ihren Göttern eine bedeutende Stellung inne. Der Mythos erzählt: Als sie eines Tages ihre in der Unterwelt herrschende Schwester besuchte, nahm man sie gefangen. Im Austausch gegen ihren Gatten *Dumuzi* durfte sie zur Erde zurückkehren. Den aber löste einmal jährlich seine Schwester ab. Dann konnte Dumuzi mit Inanna auf der Erde zusammentreffen, und immer dann blühten die Obstbäume, reifte die Ernte, floss die Milch. Dumuzi ist der älteste einer Reihe von ›auferstehenden Göttern‹, welche mit den Jahreszeiten verbunden das zyklische Sterben und Auferstehen in der Natur symbolisieren. Sie verkörpern die Jahreszeiten und sind dadurch zu ursprünglichen ›Kalendergöttern‹ bestimmt.

Am Anfang des dritten Jahrtausends blühten die theokratischen Stadtstaaten der Sumerer. Uruk, die erste Großstadt der Geschichte, hatte um 2750 v. Chr. unter König Gilgamesch 25.000 Bewohner. Die Zentralgewalt dieser Städte ging vom Tempel aus. Der Herrscher der Stadt war zugleich ihr oberster Priester. Das Leben des Einzelnen wurde geprägt vom religiösen Dienst am Staatswesen und dieser geordnet durch den Kalender. Das öffentliche Jahr war ein Lunisolarjahr zu rund 354 Tagen und bestand aus zwölf Mondmonaten zu je 29 oder 30 Tagen. Durch gelegentlichen Einschub eines Schaltmonats wurde es mit dem Sonnenjahr von rund 365¼ Tagen in Einklang gebracht, um den Anforderungen des Ackerbaus zu entsprechen. Im Allgemeinen ließen die Sumerer ihr Jahr beginnen, wenn die Witterung frühlingshaft erschien, wenn Dumuzi auferstand. Später richteten sie sich nach der Frühlings-Tagundnachtgleiche.

Dem einfachen Volk genügte vorerst der Mond als Zeitweiser, und wenn es an der Zeit war, den Göttern zu danken oder sie um neue Wohltaten zu bitten, sagten es ihnen die Priester. Diese bildeten im Zweistromland eine abgesonderte Bevölkerungsgruppe, die Chaldäer. Sie beschäftigten sich besonders mit dem Geschehen am Himmel und wussten bereits um 2500 v. Chr., dass Sonne, Mond und Planeten auf geschlossenen Bahnen durch die Tierkreisbilder ziehen. Die vier Jahrpunkte konnten sie sowohl mit dem Gnomon als auch aus der Stellung der Gestirne bestimmen. Dieses geheim gehaltene Wissen blieb sehr lange verborgen. 1849 wurden die Ruinen der 612 v. Chr. zerstörten Stadt Ninive am Tigris wiederentdeckt und bald darauf Tausende Keilschrifttafeln daraus geborgen. Unter diesen fand sich auch die Abschrift eines astronomischen Textes aus akkadischer Zeit. Die beiden Tafeln, nach den Worten am Beginn des Textes *MUL.APIN-Serie* genannt, enthalten einen Katalog von 66 Gestirnen.

Weil der Fixsternhimmel von der Erde aus betrachtet rascher rotiert als die Sonne, zeigen sich kurz vor Sonnenaufgang im Jahreslauf immer neue Sternbilder am Osthimmel. Die Chaldäer und nach ihnen die Ägypter und Griechen bestimmten die wechselnden Positionen von Sonne und Fixsternen zueinander anhand des *heliakischen Aufgangs*, indem sie beobachteten, welche Sterne an welchen Tagen unmittelbar vor Sonnenaufgang über dem Horizont auftauchen. Von 34 Fixsternen sind diese Daten der Morgenerstaufgänge in MUL.APIN verzeichnet, und aus ihnen ergibt sich, dass die Beobachtungen bereits um das Jahr 2340 v. Chr. vorgenommen wurden.

Neben dem ›bürgerlichen‹ Lunisolarjahr von 354 Tagen mit gelegentlicher Schaltung gab es hier einen astronomischen ›Normalkalender‹. Dessen *Normaljahr* bestand aus zwölf künstlichen ›Monaten‹ (I bis XII) zu je 30 künstlichen ›Tagen‹. Diese 360 ›Tage‹ entsprachen 360 Bogengraden auf der Ekliptik, die damit in zwölf gleiche Abschnitte geteilt war. Es lag nahe, jedem Abschnitt von 30° ein Sternbild zuzuordnen. Damit wurden die Sternbilder zu Sternzeichen und symbolisierten die ›Monate‹ des Normaljahres.

Die chaldäischen Astronomen konnten nun den Stand der Sonne in einem exakten astronomischen Kalender ausdrücken. Außerdem stellten sie eine Beziehung zum bürgerlichen Jahr her. In den MUL.APIN-Tafeln fand der Münchner Wissenschaftshistoriker und Altorientalist Werner Papke die älteste bekannte Schaltregel der Kalendergeschichte. Sie koppelt den Neujahrstag des bürgerlichen Jahres, den 1. Nisannu, an den Beginn des astronomischen Normaljahres und lautet: »Wenn am 1. Nisannu das Siebengestirn (Plejaden) und der Mond in Konjunktion stehen, ist das Jahr normal. Wenn dieses Ereignis erst am 3. Nisannu beobachtet wird, so ist dieses Jahr ein Schaltjahr.«

Den Chaldäern war die unterschiedliche Dauer der astronomischen Jahreszeiten genau bekannt. Mit dem Gnomon lassen sich die vier Hauptpunkte des Jahres bis auf einen Tag genau bestimmen. In der Gnomon-Tabelle der MUL.APIN-Tafeln werden die vier Jahreshauptpunkte zusätzlich durch die Angabe von ›Wachen‹ charakterisiert, die MA.NA. Dabei handelt es sich um Gewichtseinheiten, die während einer Wache aus einem Wasserbehälter ausfließen. Das bezeugt zugleich die frühe Verwendung der Klepsydra, der Wasseruhr. Auf die Frühlings- und Herbst-Tagundnachtgleiche fallen drei MA.NA Tagwache und drei MA.NA Nachtwache, während die Sonnenwendtermine durch vier und zwei MA.NA Tag- bzw. Nachtwachen bestimmt wurden. Die Unterteilung der Wachen in Halbe und Viertel war Ausgangspunkt für den seit dem siebenten Jahrhundert v. Chr. bezeugten 24-Stunden-Tag.

Seehandel mit dem Indusgebiet brachte kulturellen Austausch. Nomadenvölker aus den umliegenden Steppen drangen – immer wieder und wie in aller Welt – gegen die sesshaft gewordenen Hochkulturen vor. So überlagern und verbreiten sich Kulturen, und langsam löste eine semitische Kultur die sumerische ab. Von etwa 2350 bis 1950 v. Chr. herrschte in Mesopotamien das semitische Reich von Akkad, und aus diesem entstanden Assyrien im Norden und Babylonien im Süden. Die akkadischen Kulturen übernahmen die Bilderschrift der Sumerer und wandelten sie zur Keilschrift um. Man drückte die Zeichen in Täfelchen aus weicher Tonerde.

Um das Jahr 2340 v. Chr. begründete Sargon die erste semitische Dynastie im südlichen Zweistromland, wählte Akkad zu seiner Hauptstadt und dehnte sein Reich bis nach Syrien, Kleinasien und Elam aus. Dessen Einfluss reichte später von Ägypten und Äthiopien bis nach Indien und China. Das 24. Jahrhundert führte zu einer Wende im ›kosmischen‹ Bewusstsein des Menschen. Sie brachte außer der chaldäischen Kalenderreform die älteste bekannte große Heldendichtung der Welt, das akkadisch geschriebene *Gilgamesch-Epos*, hervor. Hinter der äußeren Form des Heldenepos verbirgt sich darin geheimes astronomisches Wissen. Deshalb wurde diese Dichtung zwei Jahrtausende hindurch von Eingeweihten nahezu unverändert überliefert.

Bevor in Mesopotamien im vierten Jahrtausend v. Chr. das Privateigentum entstand, Staaten gegründet und Könige gewählt wurden, waren die Stämme mutterrechtlich organisiert, und ihre religiösen Anschauungen bezogen sich auf weibliche Fruchtbarkeitsgottheiten. An diese Phase der Entwicklung erinnern die drei ›weiblichen‹ Sternbilder der Chaldäer entlang der Ekliptik. Alle drei beziehen sich auf verschiedene Erscheinungsformen ein und derselben alten Muttergottheit. Die Sumerer kannten sie als Inanna, in Uruk hieß sie akkadisch Ischtar. Der Auf- oder Untergang der drei Sternbilder markierte die Ernte- bzw. Saatzeit der wichtigsten Früchte im dritten Jahrtausend v. Chr., und zwar die Dattelernte Ende Juli, die Getreidesaat etwa 20 Tage vor Herbstbeginn und die Weinernte etwa 40 Tage danach.

Damals wurde allgemein geglaubt, dass magische Handlungen auf der Erde sowohl die irdische Natur beeinflussen als auch eine Rückwirkung auf das Geschehen am Himmel bewirken würden. Die Praktiken der Magier zielten darauf ab, den Göttern durch Vorbild zu zeigen, was man von ihnen erwartete. Der Priester-König schlüpfte also in die Rolle des Dumuzi und vereinigte sich im Verlauf einer rituellen Hochzeit mit einer Person, die ihrerseits die fruchtbare Erde (Inanna-Ischtar) verkörperte. In den Städten des antiken Sumer fanden alljährlich solche Zeremonien statt, um die Fruchtbarkeit im kommenden Jahr sicherzustellen.

Der König repräsentierte in der rituellen Hochzeit die Gottheit. Aber Dumuzi ist auch als das Samenkorn selbst aufzufassen, das im Herbst in die Erde fällt und stirbt. Sein Tod ist notwendig, damit im Frühling seine Auferstehung folgen kann. Demzufolge verlangte der magische Kult das Töten des Königs und seine ›Auferstehung‹ in Gestalt eines jungen, kräftigen Nachfolgers. Das ist tatsächlich anfangs so praktiziert worden, wobei man bald einen Vertreter des Königs, einen speziellen *Kornkönig*, für diese Aufgabe bestimmte. Später wurde der König vom Priester nur noch symbolisch getötet, und an seine Stelle trat ein Fest-König aus dem Volke. Für mehrere Tage hob man deshalb die Standesunterschiede auf. Die Spuren dieser Bräuche reichen bis in unsere Tage, in den rheinischen Karneval.

Der mit dem Planeten Venus assoziierten Inanna-Ischtar entsprach auch *Astarte*, wichtigste Göttin in Phönizien. Isis ist ihr ägyptischer Name. Dann wurde sie zum Vorbild der griechischen Aphrodite sowie für Venus, Göttin der geschlechtlichen Liebe bei den Römern. Stets ist die vielgestaltige Fruchtbarkeitsgöttin im Kult und Mythos mit Dumuzi-Tammuz bzw. seinen Entsprechungen verbunden. In diesen Gestalten eroberte die Religion der Chaldäer den gesamten Vorderen Orient. Die sich darin ausdrückenden Vorstellungen vom Werden und Vergehen im Gang des Jahres wirken in vielfältiger Gestalt bis in die Gegenwart nach.

Im Lauf des 3. Jahrtausends gründeten semitische Kanaanäer an der Küste Syriens eine Reihe von Stadtstaaten. Griechen nannten sie später Phönizier, ›die Purpurfärber‹. Sie verehrten Dumuzi-Tammuz im Tempel der Astarte und nannten ihn Adon-sade, den ›Herrn des Feldes‹. Prachtvolle Feste, die Adonia, fielen auf den Termin seiner Rückkehr, den die einsetzende Regenzeit bestimmte. Bei den Griechen wurde der phönizische Adon zum Adonis.

Später errichteten die indoeuropäischen Phryger in Kleinasien ein von 1190 bis 675 v. Chr. währendes Großreich, das unter dem legendären König Midas den Höhepunkt seiner Macht erreichte. Dort verehrte man die Naturgottheit *Kybele* als ›Große Mutter‹, die über alle Lebewesen herrscht und Fruchtbarkeit schenkt. Ihr Geliebter *Attis*, Natur- und Frühlingsgott der Phryger, ähnelt dem Adonis. Kybele galt in der Antike als Mutter des Zeus bzw. des Jupiter und floss in den ›Magna Mater‹-Begriff der Römer ein. Dumuzi-Adonis verehrte man auch unter dem Namen Bacchus. Wie im Orient um Dumuzi weinten die Frauen im Rom der Kaiserzeit beim ›Festum Bacchi rusticum‹ im Oktober um Bacchus.

Spätestens gegen Ende des 3. Jahrtausends v. Chr. ergab es sich in der Stadt Babylon (Babel) am Euphrat unweit des heutigen Bagdad, dass die Bewohner Anu, Ea und Bel als Hauptgottheiten von Himmel, Wasser und Erde mit den wechselnden Gestalten des Mondes assoziierten. Jede davon kehrte einmal in der zunehmenden und einmal in der abnehmenden Phase wieder, sodass eine Teilung des Monats in sechs Abschnitte von rund fünf Tagen entstand. Man gab ihnen Namen, die vom Aussehen des Mondes hergeleitet sind, und widmete sie den Gottheiten. Dadurch gelangten die drei wichtigsten Gottheiten in den Kalender, und die Zahl Sechs gewann eine besondere Bedeutung.

Im 18. Jahrhundert v. Chr. wuchs um die Stadt der Staat Babylonien. König Hammurabi vereinigte das gesamte Gebiet bis hinauf ins nördliche Assyrien. Für so große Staaten ist nichts wichtiger als Organisation, und diese basiert auf Zeitplanung. Hammurabis auf Tontafeln erhaltener Briefwechsel kündet von Beamten, einer Botenpost und einem offiziellen Kalender. Berühmt und auf den Kalender Bezug nehmend ist sein gesetzgeberisches Werk, der in Stein gemeißelte und heute im Pariser Louvre aufbewahrte *Codex Hammurabi*. Auch einen aus dieser Zeit stammenden tragbaren Kalender fand man in den Ruinen Babylons, ein aus Ton gebranntes Täfelchen mit Löchern für die Tage und Monate. Wer ihn benutzte, durfte nicht vergessen, an jedem Morgen ein Stäbchen von einem Loch in das nächste zu stecken.

Die babylonische Kultur vermittelte die ersten Ansätze grundlegender Wissenschaften an die nachfolgenden Generationen. Dabei spielten Astronomie und Astrologie eine entscheidende Rolle. Aus ihnen erwuchs Zahlensymbolik, und die ›heiligen Zeichen‹ führten zum Zahlensystem. Dessen Anfänge stammen bereits aus dem dritten vorchristlichen Jahrtausend. Das heute ›babylonisch‹ genannte Zahlensystem Mesopotamiens ist wie unser dezimales ein echtes Positionssystem. Doch seine Basis ist die Sechzig anstelle der uns vertrauten Zehn, und deshalb heißt es lateinisch *Sexagesimalsystem.* Vor der Erfindung des indisch-arabischen war es das am besten entwickelte Zahlensystem und wurde auch von den antiken Astronomen Griechenlands und Roms für komplizierte Berechnungen benutzt. Dadurch gelangten seine Spuren in unsere Zeitmessung: Wir teilen die Stunde in 60 Minuten und die Minute in 60 Sekunden.

Nicht zufällig basieren das Zahlen-, das astronomische und das Kalendersystem der Babylonier auf der *Sechs* und der *Sechzig.* Die Wiederkehr markanter jahreszeitlicher Erscheinungen war frühzeitig aufgefallen und hatte zum Begriff des Jahres geführt, in dem man zwölf Monde beobachten konnte. Früh hatte man auch begonnen, den Monat in sechs Teile zu unterteilen. Da die Sechs als ›heilige Zahl‹ galt, lag es nahe, auch das Jahr in sechs Teile zu gliedern. Jeder Teil enthielt dann rund 60 Tage. Als sich nun aus den Bedürfnissen der Astronomen das Zahlensystem entwickelte, fand man es praktisch, die 60 zu seiner Basis zu machen. Das führte zu einem einfach teilbaren Rundjahr von 360 Tagen und zum oben beschriebenen Normaljahr der Chaldäer.

Freilich kann diese Entwicklung auch ganz anders verlaufen sein und ihren Ausgang in der Beobachtung der Planeten genommen haben. Jupiter und Saturn begegnen sich alle 60 Jahre an derselben relativen Position im Tierkreis, und Jupiter benötigt zwölf Sonnenjahre, um einmal den Tierkreis vollständig zu durchlaufen, teilt ihn also in zwölf Abschnitte. Weiterhin ist keineswegs erwiesen, dass das auf der Sechzig basierende ›babylonische‹ Zahlen- und Kalendersystem tatsächlich in Babylonien entstanden ist. Wir wissen heute, dass es sowohl der mesopotamischen als auch der indischen Kultur eignet. Aber wie auch immer, nach gewisser Zeit war die *Zwölftelung des Jahres* fest im Bewusstsein der Menschen verankert.

Neben der Unterteilung des Monats in sechs Abschnitte kam auch die Teilung nach den Vierteln des (sichtbaren) Mondes in Babylonien vor. Sie geht auf die kultische Verehrung der Mondgötter zurück, die in Babylonien, Phönizien und auf der arabischen Halbinsel hoch geachtet wurden. Man beachtete also den jeweils 7., 14., 21. und 28. Tag besonders. Ungeklärt ist, weshalb sie als ›böse Tage‹ galten. Wahrscheinlich wurden zu diesen Terminen besondere Rituale ausgeführt, vielleicht solche, die Unterwerfung unter die Gottheit ausdrücken sollten. Wenn sich Gläubige bei dieser Gelegenheit an Vollmondtagen geißelten, hieß das auf Babylonisch schapattu (›büßen‹).

Das wiederum könnte zum Ausgangspunkt für den *Sabbat* der Juden geworden sein, für seinen Charakter als Buß- und Bettag wie auch für das Wort. Als Juden der Oberschicht im sechsten Jahrhundert v. Chr. in Babylonien im Exil lebten, genossen sie Religionsfreiheit, aber hofften auf Heimkehr und verdammten die Sitten und Bräuche ihrer Gastgeber in der ›sündigen Stadt Babel‹. Um sich von ihnen abzugrenzen, führten sie den Sabbat ein. Im Lauf der weiteren Entwicklung führte das zur siebentägigen Woche. Allerdings ist der Begriff einer Woche in unserem Sinne, die ohne Bezug auf den Monat durch das Jahr läuft, in Babylonien noch nicht nachweisbar.

Nicht nur in Zusammenhang mit den Mondvierteln war die Zahl Sieben in den Ruf einer heiligen oder ominösen Zahl gekommen. Ihre mystische Bedeutung schien bestätigt, als man die Siebenzahl der ›Wandelsterne‹ erkannte, deren Lauf sich mit bloßem Auge verfolgen lässt. Das sind die mit bloßem Auge sichtbaren Planeten einschließlich Sonne und Mond. Zudem ergibt sich aus den Zyklen von Jupiter und Saturn eine weitere interessante Beziehung: In 60 Jahren absolviert der eine fünf, der andere zwei Umläufe, zusammen wieder sieben. Dadurch war neben Sechs und Sechzig auch die *Sieben* zur ›Kalenderzahl‹ prädestiniert, was in Babylonien und bei den Iranern zu Vorformen der siebentägigen Woche führte.

Nach und nach wurde der ›bürgerliche‹ Kalender Babyloniens immer strenger geordnet. Er beruhte auf dem Mondjahr zu 354 Tagen, das man in 12 Monate mit abwechselnd 29 und 30 Tagen teilte. Diese Monate begannen mit dem Neulicht und wurden durch Beobachtung ›amtlich‹ bestätigt. Im Briefwechsel König Hammurabis finden sich Berichte von Beamten, die auf das Erscheinen des neuen Mondes zu achten hatten.

Als die Chaldäer analog zum Jahr auch den Tierkreis in zwölf Abschnitte gliederten, gelangten dessen zwölf Sternbilder in eine feste Beziehung zu den Monaten des Sonnenjahres. Im weiteren Verlauf kam die Sitte auf, zwölf der überall zahlreichen Götter besonders hervorzuheben. Die Vermutung liegt nahe, dass die Wahl ausgerechnet dieser Zahl von vornherein mit der Anzahl der Monate zusammenhing. Dadurch wurde eine Beziehung zwischen Göttern, Tierkreisbildern und Monaten hergestellt. Nun standen den zwölf Monaten bestimmte Götter vor. Bei den Ägyptern und Persern entwickelte sich daraus die Gepflogenheit, die Monate nach ihnen zu benennen. Die ›Zwölfgötter‹ konkurrierten mit den sieben ›Planetengöttern‹.

Aus der Zwölfteilung des Jahres hatte sich ergeben, dass einige der Astronomen Babylons auch den Tag in zwölf gleich lange Abschnitte, die ›Doppelstunden‹ *bīru* teilten. Andere betrachteten dagegen Tag und Nacht als voneinander unabhängige Phänomene und wandten die Zwölfteilung auf jedes von beiden an, sodass sich 24 Stunden des Tages ergaben. Den 24 Tagesstunden ordneten nun die Astrologen die sieben Planetengötter zu. Um 700 v. Chr. eroberten diese auch die Tage. Deshalb bestimmen sie bis heute unsere Namen der Wochentage.

Möglicherweise hatte sich bereits damit die *siebentägige Woche* konsolidiert. Aber wir wissen nicht, was mit der zyklischen Reihe der Stunden- bzw. Tagesregenten geschah, wenn die vier Mondphasen beendet waren. Es dauerte länger als viermal sieben Nächte, bis ein neuer Mond über dem Horizont auftauchte. Vielleicht erschien zusammen mit dem neuen Mond auch eine neue Reihe der Planetengötter? Es gibt kein völlig logisch in sich geschlossenes Bild der Verhältnisse jener Zeit. Im Geschäftsleben benutzte man damals lückenlos aufeinander folgende fünftägige ›Wochen‹ als Rechnungseinheit.

Ägypten

Vor rund zehntausend Jahren war das nördliche Afrika noch von baumbestandenem Grasland bedeckt, auf dem sich Menschen jagend und sammelnd ernährten. Der Mond gliederte ihre Zeit. Im Lauf einer allgemeinen Erwärmung der Erde vor sieben- bis achttausend Jahren blieben hier die Regenfälle aus. Wüste verdrängte die Savanne, und die Menschen zogen sich ins Niltal zurück. Um 5000 v. Chr. begannen sie dort mit dem Ackerbau und erfuhren die Unzulänglichkeit des Mondkalenders für diesen Zweck. Es wurde nötig, Zeitrechnung auf die Jahreszeiten zu beziehen.

Anders als an Euphrat und Tigris war der Jahresrhythmus des Nils deutlich ausgeprägt und zuverlässig. Seine Flut, von Ende Juni bis Ende Oktober anhaltend, überzog die Felder mit fruchtbarem Schlamm. Dann wuchsen die Pflanzen, und zwischen Februar und April wurde geerntet. Der Fluss bestimmte jegliches Leben, zugleich verband er die Menschen als bequemer Transportweg für Waren und Ideen. Vor fünf Jahrtausenden wurde Ober- mit Unterägypten vereinigt. Im ganzen Reich verbreitete sich ein Mythos universeller Götter, eine einheitliche Religion durchdrang alle

Bereiche des Lebens, und ein absolutes Gottkönigtum herrschte in 31 Dynastien von 3000 bis 332 v. Chr.

Bevor es aber dazu kam, hatten sich unterschiedliche religiöse Vorstellungen ausgebildet. Bei den Bewohnern des nördlichen Deltas bestimmte die Sonne unmittelbar das religiöse Jahr, während im südlichen Niltal Sterne im Mittelpunkt des Interesses standen. Entsprechend determinierten unterschiedliche Ereignisse die Mondkalender in beiden Gegenden. Im Süden wurde das *Erscheinen des Sterns Sirius* am meisten beachtet, im Norden war die *Geburt der Sonne* das Hauptfest. Beide waren um etwa sechs Mondmonate gegeneinander verschoben.

Beide Formen des gebundenen Mondjahres mit ihrem Beginn um die Zeit der Sonnenwenden unterscheiden sich deutlich von den Jahren Mesopotamiens, die um die Zeit der Nachtgleichen im Frühling oder Herbst begannen. Eine weitere Eigentümlichkeit des ägyptischen Kalenders ist der Beginn der Mondmonate. Während in allen anderen Kulturen der Monat entweder mit Vollmond oder mit dem Sichtbarwerden der neuen Mondsichel nach Sonnenuntergang im Westen beginnt, bezog man sich hier auf den ersten Tag, an dem der alte Mond kurz vor Sonnenaufgang im Osten nicht mehr gesehen werden konnte. Mit dieser Regel logisch verbunden ist die Festlegung des Tagesanfangs auf den Sonnenaufgang.

Man verehrte Naturerscheinungen, Tiere und die Ahnen. Sie alle vereinten sich zu einer vielfältigen Götterwelt, bevölkerten Himmel, Erde und Unterwelt, verbanden diesseitiges Leben mit andauernder Existenz als Toter. Ein Wort für die begrenzte Lebenszeit hatte sich herausgebildet, *ahau*, und zu einem allgemeinen Oberbegriff für abgemessene Zeitspannen entwickelt. Innerhalb dieser bemessenen Zeit des Lebens gab es *at*, die Zeit ›von etwas‹ – all jene Momente, in denen sich ein Phänomen zeigt, in denen etwas geschieht. Davon unterschied man *ter*, den rechten Augenblick ›für etwas‹, was auch das Wort für ›Jahreszeit‹ ist. Als Teile der abgemessenen Zeit kannte man die sich wiederholenden Stunden, Tage, Dekaden, Monate und Jahreszeiten sowie das Jahr. Das Wort der Ägypter für Stunde bedeutet ›die vergehende‹ – sie weicht der folgenden. Wenn aber ein Jahr, der größte ihnen bekannte Zyklus, abgelaufen ist, weicht es nicht dem nächsten. Dem Jahr folgt kein neuer Abschnitt von Zeit, sondern die Zeit selbst beginnt von neuem. Deshalb bedeutet das ägyptische Wort für Jahr ›das sich verjüngende‹. Die vergehende Stunde und das sich verjüngende Jahr bringen zwei entgegengesetzte Aspekte von Zeit zum Ausdruck.

Die Ägypter haben nicht zwischen Vergangenheit, Gegenwart und Zukunft im Sinne unseres linearen Zeitverständnisses unterschieden. Dementsprechend brachte ihre völlig anders strukturierte Gedankenwelt auch eine andere Struktur der Sprache hervor. Bei den semitisch-hamitischen Sprachen, zu denen das Ägyptische gehört, kennt man nicht drei Zeitformen, sondern eine Zweiteilung in vollendete und unvollendete Aspekte.

Auch die Götterwelt der Ägypter reflektiert auf vielfältige Weise ihr Zeitverständnis. Der *Sonnengott Re* (Ra) erschien dem Sonnenlauf entsprechend in unterschiedlicher Gestalt. Am Morgen war er Harachte, der ›Horus des Horizonts‹, am Tage der starke Horus, der falkenköpfige Himmelsgott. In anderen Versionen des Sonnenmythos herrschte Chepre am Morgen und Atum am Abend. Chepre ›der Werdende‹ und Atum ›der Vollendete‹ sind virtueller und resultativer Aspekt der Zeit, Re ihr verborgener Oberbegriff. An jedem Tag wurde Re neu geboren, reiste über den Himmel, verbrachte in jeder seiner zwölf Provinzen eine Stunde, alterte und starb am Abend. Im ägyptischen *Pfortenbuch* im Grab Ramses IV. aus dem 14. Jh. v. Chr. gibt es den Mythos von der Zeit-Schlange, die die Stunden gebiert und verschlingt. Entsprechend stellte man sich vor, die Sonne wandere nachts durch ihren Körper und werde an jedem Morgen von ihr neu geboren.

Seit 2600 v. Chr. hatte Ägypten Handel mit Phönizien. Sei es, dass hierdurch die Kunde von der babylonischen Zeitrechnung vermittelt wurde, sei es, dass man selbstständig die Analogie zu den zwölf Monden des Jahres fand – Tag und Nacht wurden in je zwölf Stunden geteilt, deren Länge sich mit den Jahreszeiten änderte. Jede Stunde ist mit Kulthandlungen der Priester in den ägyptischen Sonnenheiligtümern verbunden. Zeit war keine selbstverständliche Gegebenheit, und es wurde davon ausgegangen, dass dieses Handeln den Gang der Sonne aufrechterhält. Es beruht auf den Prinzipien der Magie.

Indessen ging es bei diesen Riten bald nicht mehr darum, Sonnenlauf und Zeit in Gang zu halten, sondern die Kontinuität der Wirklichkeit, die ewige Abfolge immer neuer Pharaonen, die ewige Macht der Priester, die Ordnung des Ganzen zu erhalten. Dieses Konzept, auf ewige Erhaltung der kulturellen Identität gerichtet, hatte einen in der Weltgeschichte einmaligen Erfolg. Über 3.000 Jahre blieben die Formen und Institutionen ägyptischer Kultur unverändert in Gebrauch. Darin ist altägyptische Kultur das genaue Gegenbild des ›westlichen‹, seit der Jungsteinzeit von Innovation geprägten Kulturkreises.

Re habe *Thoth* befohlen, den nächtlichen Himmel zu beleuchten, erzählt der Mythos. Dort wurde der folgsame Sohn langsam von Ungeheuern verschlungen, die ihn aber nach und nach wieder ausspieen. Von alters her hatte man die mehr oder weniger sichtbare Gestalt des Mondgottes beobachtet. Später wurde der als Pavian oder mit einem Ibiskopf dargestellte Mondgott

Thoth als Besitzer geheimen Wissens hoch verehrt. Er war Schutzherr der Wissenschaft, der Schreibkunst und regierte den Kalender. Das Jahr der Kopten beginnt noch heute mit dem 1. Thoth.

Als man den Begriff des Jahres erkannte, wusste man zugleich, dass es sich aus drei Abschnitten zusammensetzt. Auf Akhet, die Überschwemmung, folgt Peret, die Zeit von Aussaat und Wachstum, und darauf Shomu, Sommerhitze und Ernte. Jeder Abschnitt war ungefähr vier Monde lang. Aber der weise Mondgott Thoth hatte keine Macht über Hape, den Nil, und mit dem Mondkalender konnte man den Eintritt der Flut nicht bestimmen. Das Jahr erneuerte sich mit einem neuen Zyklus der Natur, und der Beginn der Nilflut bestimmte seinen Anfang.

Die Flut kam langsam. Um zu wissen, ob sie schon begann oder wann sich das Wasser wieder zurückzog, steckte man ein Schilfrohr ins Wasser. Eine Kerbe zeigte die Veränderung an. Jahrhunderte später ersetzte nahe der Hauptstadt Memphis ein steinernes Bauwerk das Schilfrohr. Marken gestatteten, die Höhe der Flut zu messen, sie mit der Wassermenge anderer Jahre zu vergleichen. Bis der Assuanstaudamm 1970 den regelmäßigen Fluten ein Ende setzte, war der Nilometer das Gerät, mit dem der Beginn eines neuen Landwirtschaftsjahres festgestellt wurde.

Es dürfte im vierten Jahrtausend v. Chr. gewesen sein, als aus praktischen Belangen der Wunsch entstand, den Eintritt der Nilflut genauer vorherzusagen. Das veranlasste, die Tage des Jahres zu zählen. Als Mittel dazu bot sich die Rippe eines Palmblattes für tägliche Kerben an, ein Hieroglyphenzeichen für ›Jahr‹ stellt offensichtlich eine solche Rippe dar. Wiederholte man das einige Jahre und verglich die Dauer mehrerer Perioden, so werden bald Schwankungen um einige Tage aufgefallen sein. Doch schon nach einer Generation konnte man ziemlich genau den ungefähren Durchschnittswert von 365 Tagen gefunden haben. Astronomie und komplizierte Mathematik wurden nicht dafür benötigt. Nun konnte man die mit der Flut sich ändernden Lebensumstände vorhersehen, den Beginn der landwirtschaftlichen Arbeiten planen. Der alte Mondkalender geriet in eine untergeordnete Rolle. Nur gewisse religiöse Feste, vor allem die mit Thoth verbundenen, wurden noch viele Jahrhunderte nach dem vereinheitlichten kultischen Mondkalender bestimmt.

Als fruchtbares Land und Arbeitsorganisation ein Mehrprodukt an Nahrungsmitteln ermöglichten, mussten Arbeitstage, Arbeitskräfte und Erzeugnisse gezählt, gemessen und berechnet werden. Deshalb gehören Zählen, Messen und Rechnen zu den frühesten geistigen Tätigkeiten des Menschen. In Ägypten benutzte man dafür von Anfang an ein Dezimalsystem. Die

Zehn taugte auch für die Kalenderrechnung – nach dreimal zehn Tagen gab es einen neuen Mond.

Wichtige Ergebnisse hielt man in einer Bilderschrift fest und meißelte sie mühevoll in Stein. Älteste Zeugnisse dafür stammen aus der Zeit um 3000 v. Chr. Die Ziffern hatten für jede Zehnerpotenz besondere Zeichen. Als später die Griechen diese Bilder sahen, nannten sie sie *hieroglyphikà grámmata* (›heilige Schrift‹). Dem liegen griech. hierós (›heilig‹), glyphein (›schnitzen, ausmeißeln‹) und gramma (›Geschriebenes‹) zugrunde. Auch in Altägypten spielte das Priestertum die Schlüsselrolle beim Entstehen einer Schriftkultur. Aber während man in Sumer die Schrift zu praktischen Zwecken der Tempelverwaltung nutzte, diente sie in Ägypten als Zeremonialschrift der Verherrlichung der Gottkönige. Seit 2500 v. Chr. zeichnete man regelmäßig Ereignisse des Jahres auf, unter anderem den Amtsantritt eines neuen Pharaos. Diese Anfänge von Geschichtsschreibung ermöglichten später eine Zählung der Jahre.

Mit der Schrift entstand eine Vorform wissenschaftlicher Berufe. Schreiber waren Beamte und organisierten die Verwaltung des Reiches. Zu ihren Aufgaben gehörte auch die Festsetzung der Termine für Aussaat und Ernte. Besonders zu diesen Gelegenheiten wollte man sich das Wohlwollen der Götter sichern, und deshalb legten die Schreiber auch die für Opfer und Beschwörungen geeigneten Tage fest. So entstand der auf Jahrhunderte genauer Beobachtung zurückgehende Kalender als Einheit naturwissenschaftlicher Daten und religiöser Termine. Zugleich bildete sich eine besondere Kaste von Oberpriestern. Mit ihrem Bemühen, sich selbst und ihre Machtposition in der altgefügten Ordnung der Dinge zu bewahren, wurde sie zwangsläufig zum Hüter und Bewahrer dieses Kalenders.

Um 2900 v. Chr. hatte sich Ägypten als einheitlicher Staat konsolidiert, ein absolutes Gottkönigtum herrschte mit Hilfe einer straff organisierten Beamtenschaft. Während der ersten Dynastien, als sich die Schrift erst zu verbreiten begann, erwies sich der religiöse Mondkalender als zu unhandlich zum Gebrauch für Handel und Rechnungswesen. Er wurde radikal vereinfacht, schematisiert und wahrscheinlich im Jahre 2776 v. Chr. als einheitlicher Staatskalender eingeführt. In Anlehnung an den Mondkalender blieb man bei zwölf Monaten, gab aber jedem 30 Tage und fügte am Schluss jeden Jahres fünf Zusatztage hinzu, sie heißen auf griechisch *Epagomenen* (›die Hinzugefügten‹). Ihr ägyptischer Name bedeutet ›Tage, die auf dem Jahr sind‹. Sie gehörten also nicht eigentlich zum Jahr, sondern es sind Zusatztage ›zwischen den Jahren‹.

Der *altägyptische Staatskalender* ist der Prototyp aller Sonnenkalender einschließlich unseres eigenen. In seiner Heimat blieb er bis heute mit geringen Veränderungen in Gebrauch: Die Kopten in Ägypten benutzen ihn für religiöse Zwecke sowie im täglichen Leben. Große ägyptische Tageszeitungen der Gegenwart tragen im Kopf drei Tagesdaten in vier Formen: In arabischen und lateinischen Schriftzeichen das gregorianische, in arabischer Schrift das muslimische und ebenfalls arabisiert das koptische Datum.

Südlich des Mittelmeeres ist die jahreszeitliche Bewegung der Sonne wenig augenfällig. Dafür sind am meist wolkenlosen Himmel die Sterne umso besser sichtbar, und man beobachtete bald, wie gewisse Sterne oder Sternbilder immer wieder einen bestimmten Platz am Himmel einnahmen. Es waren wohl Hirten, die den Nachthimmel besonders oft und lange betrachteten. Sie hatten den Hirten Orion am Himmel erkannt und den ihn begleitenden ›großen Hund‹. Einer der Sterne erhielt den Namen Hundsstern (*Satet*, lateinisch heißt er Canis Majoris). Wir kennen ihn als *Sirius*, die Griechen nannten ihn *Sothis*, und diese Namensform hat sich in der Kalender-Literatur eingebürgert.

Bis zu drei Monaten im Jahr ist der Stern nicht sichtbar. Wenn er dann in der Morgendämmerung unmittelbar vor der Sonne wieder aufblitzte, nahte in der Gegend des heutigen Kairo, wo der Fluss in sein Delta übergeht, die Nilüberschwemmung. Mit dem Beginn der Flut verjüngte sich das Jahr, begann eine neue Abfolge der Monate. Das war ein bedeutendes Ereignis und Anlass zu einem Fest. Der Neujahrstag begann mit dem Sichtbarwerden des Sothis unmittelbar vor der Sonne, seinem erstmaligen heliakischen Aufgang.

Aber der kalendarische Jahresanfang verschob sich nach und nach und ›wandelte‹ durch alle Jahreszeiten, der Berliner Astronom und Chronologe Christian Ludwig Ideler prägte dafür um 1820 den Begriff *Wandeljahr*. Spätestens nach hundertjähriger Benutzung des Staatskalenders muss sein Gleiten bemerkt worden sein, und die Priester-Astronomen konnten unschwer die Ursache dafür erkennen: Sein vereinfachtes Jahr war um einen Vierteltag zu kurz.

Infolge dieses Gleitens war der amtliche Kalender als Mittel zur Planung landwirtschaftlicher Arbeiten unbrauchbar. Es gibt Anzeichen dafür, dass man unter den frühesten Dynastien eine Korrektur versuchte. Aber sei es, dass diese Versuche untauglich waren, sei es, dass sich die Priester dem widersetzten – eine Reform scheint nicht stattgefunden zu haben. Indessen zwangen die praktischen Gegebenheiten dazu, das Wissen zu nutzen, und das wahre Jahr musste neben dem amtlichen anerkannt werden. Der amtliche ›Zivilkalender‹ diente Zwecken der Verwaltung, während für die religiösen Angelegenheiten und das tägliche Leben der stellar synchronisierte Mondkalender Verwendung fand.

Für Zwecke der Landwirtschaft blieb es bei diesem ›alten‹ Mondkalender. Die an die Mondphasen gebundenen religiösen Verrichtungen indessen sollten mit dem amtlichen Zivilkalender in Übereinstimmung gebracht werden. Deshalb wurde ein weiterer ›künstlicher‹ Mondkalender konstruiert, den man durch das Ziviljahr synchronisierte. Zunächst wurde immer dann, wenn das Mondjahr vor dem amtlichen Jahr endete, ein Monat eingeschaltet. Später ging man zu einem 25-jährigen Schaltzyklus über. Um den amtlichen Neujahrstag pendelnd bewegte sich auch dieser Jahresbeginn nach und nach durch alle Jahreszeiten.

Jahrtausende hindurch wurden also *nebeneinander drei verschiedene Kalender* für die unterschiedlichen Zwecke benutzt. In dieser Wirrnis den Überblick zu behalten, war in letzter Instanz Aufgabe der Sonnenpriester. An dieser Stelle muss bemerkt werden, dass die parallele Benutzung verschiedenartiger Kalender in Altägypten keineswegs definitiv bewiesen ist. Es handelt sich vielmehr um hypothetische Modelle, die bisher nur bruchstückhaft belegt werden konnten. Die Entwicklung dieser Vorstellungen geht im Wesentlichen auf Arbeiten des Chicagoer Ägyptologen Richard Parker aus den 1970er-Jahren zurück.

Nicht Sonne, Mond und Sothis allein bestimmten die Zeitrechnung Ägyptens. Ausgehend von zwölf Stunden der Nacht und von ihrem Dezimalsystem beobachteten die Astronomen 36 helle Sterne südlich des Tierkreises, die sie in Gruppen zu zwölf ordneten. Die Sterne einer Gruppe gingen nacheinander während der zwölf Nachtstunden auf. Nach zehn Tagen hatten sich die Aufgangszeiten so weit verschoben, dass die nächste Zwölfergruppe von Sternen an der Reihe war. So entstand ein durch das Jahr laufender zehntägiger Zyklus. *Dekade* nannten die Griechen später den Zeitraum von zehn Tagen, und der erste Stern jeder Gruppe, mit dessen Aufgang eine neue Dekade begann, hieß der Dekan.

Man hat auf die Dekane Bezug nehmende Sternuhren oder Sternkalender unter anderem auf der Innenseite von Sargdeckeln gefunden. 36 senkrechte Säulen stellen je eine Dekade dar, ein Teilstrich zwischen den Säulen 18 und 19 markiert wohl die Sonnenwende. Horizontal ist die Zeichnung in zwölf Fächer für die Nachtstunden geteilt, eine Mittellinie deutet die Mitternacht an. Es scheint, als sollten solche Tafeln dem Verstorbenen die Zeit im

Jenseits weisen. Später erklärte man die 36 Kalendersterne zu Göttern der Zeit. In der hellenistischen Epoche interpretierte man dann die Dekane anders – als lediglich genauere Unterteilung der zwölf babylonischen Tierkreiszeichen. Nun galten sie als Bestimmer des Schicksals und fanden Eingang in die abendländische Astrologie.

Das Jahr des Staatskalenders umfasste zwölf Monate. Zunächst kennzeichnete man jeweils vier mit demselben Hieroglyphenzeichen und fügte ihm zur Unterscheidung die Ziffern eins bis vier bei. Die drei Gruppen entsprachen den Jahreszeiten Überschwemmung, Aussaat und Wachstum sowie Sommerhitze und Ernte. Ursprünglich stellte man sich den Wechsel der Jahreszeiten als Episoden im Leben der Götter vor. Religiöse Riten feierten deren Tod und Auferstehung in dramatisierter Form. Dem Wesen nach sollten sie als magische Handlungen das Wiedererstehen der Pflanzen und die Vermehrung der Tiere bewirken. Dann begannen zwölf Götter eine Rolle zu spielen. Das älteste bekannte Beispiel einer Reihe von Monatsgöttern stammt aus dem 14. Jahrhundert v. Chr. aus Karnak (Oberägypten) und umfasst zehn Gottheiten und zwei Nilpferde.

332 v. Chr. dehnte Alexander der Große sein Weltreich über Ägypten aus. Das zu seinem Ruhme an der Nilmündung gegründete Alexandria wurde für drei Jahrhunderte zum Mittelpunkt des hellenistischen Geisteslebens. In der Nachfolge Alexanders herrschte dort die Ptolemäer-Dynastie, ihre letzte Repräsentantin war die mit dem Römer Cäsar liierte Kleopatra. Ptolemäus III. erließ 238 v. Chr. das Dekret von Kanopus. Es legte das Jahr zu 365¼ Tagen fest und bestimmte das Anhängen eines sechsten Epagomenentages in jedem vierten Jahr. Aber das Beibehalten des Wandeljahres lag im Interesse der mächtigen Priester, sicherte ihre Vormachtstellung. Sie waren es, die dem Volke die wichtigen Naturfeste (Nilschwelle, Durchstich der Dämme, Erntefest) ankündigten. Die neue Regel hatte keinen Bestand und wurde bereits unter seinem Nachfolger wieder abgeschafft. Doch die Idee des Sonnenjahres zu 365¼ Tagen nahm im Jahre 46 v. Chr. den Weg aus Alexandria nach Rom. Angeblich gab die Liebe Cäsars zu Kleopatra den Anlass.

640 eroberte der Araber Amr Ibn el As Ägypten, gründete Fustat, das spätere Kairo, und brachte den islamischen Mondkalender mit. Aber in der Form der alexandrinischen Zeitrechnung behielten die Kopten (die christlichen Nachkommen der alten Ägypter) den alten ägyptischen Kalender auch unter römischer, byzantinischer und der Araberherrschaft bei, denn nur er war zur Planung landwirtschaftlicher Arbeiten tauglich. Das *koptische*

Jahr fängt am 1. Tut (gregorianisch 11. September) an und hat 12 Monate zu 30 Tagen zuzüglich der 5 Epagomenen. In jedem vierten Jahr folgt ein sechster als Schalttag. Die Alexandriner schalteten immer ein Jahr vor den Römern, und dabei blieb es; noch heute wird das jeweils vor unserem Schaltjahr endende koptische Jahr um einen Tag verlängert.

Mit dem sich entwickelnden Bewusstsein von zeitlicher Kontinuität verband sich eine Vorstellung von der Rechtmäßigkeit des Alten, lange Bestehenden. Das gab Anlass, Jahre zu benennen und zu zählen. In den Reichen des Vorderen Orients entfalteten sich unterschiedliche Systeme zum Ordnen und Benennen der Jahre. Babylonien verwendete seit dem 24. Jahrhundert Bezeichnungen der Art ›das Jahr, in dem der Tempel in X errichtet wurde‹. Die Stadt Assur benannte seit dem 20. Jh. v. Chr. die Jahre nach speziellen Würdenträgern, den Limuren. Später wechselten auch Griechen und Römer hohe Staatsbeamte jährlich und benannten das jeweilige Jahr nach einem von ihnen, dem Eponymen. Ab dem 17. Jh. v. Chr. datierte dann Babylonien nach Regierungsjahren von Herrschern. Wohlgeordnet begann die Zählung hier stets mit dem nächstfolgenden Neujahrstag. Meist aber zählte man vom Zeitpunkt des Regierungsantritts an, sodass sich Kalenderjahre aus Königslisten nur schwer rekonstruieren lassen.

Dem Zeitverständnis der Ägypter war ein Zeitbegriff, der über ein Jahr hinausging, im Grunde wesensfremd und unverständlich. Mit jedem neuen Jahr begann neue Zeit. Dessen ungeachtet registrierte man auch hier die Jahre des jeweils lebenden Pharao. Erst unter dem Einfluss hellenistischer Kultur wurde um 280 v. Chr. eine zusammenhängende Betrachtung geschichtlicher Zeit versucht. Damals schrieb der gelehrte ägyptische Priester Manetho in griechischer Sprache eine Geschichte Ägyptens.

Unterdessen hatte man begonnen, auch die Aufeinanderfolge der Namen anderer Könige und Würdenträger zu verzeichnen. Solche Listen heißen Kanon. Die gesamte Chronologie des Vorderen Orients fußt in wesentlichen Teilen auf dem *Kanon des Ptolemäus.* Der um 150 v. Chr. in Alexandria wirkende Astronom soll sein Urheber sein, Nachfolger setzten das Werk fort. Die Liste beginnt 747 v. Chr. und enthält die Regierungsdauer babylonischer Könige, ab 538 v. Chr. der persischen Herrscher, ab 324 v. Chr. makedonischer Könige und ab 30 v. Chr. römischer Kaiser.

Eine erste durchgehende Zählung der Jahre verwendete Eratosthenes aus Kyrene um 220 v. Chr. Der griechische Gelehrte in Alexandria begründete mit seiner *Chronographie* die historische Chronologie als Wissenschaft. In ihrer Zweckbestimmung als Gehilfin der Geschichtsforschung hat sich diese vor allem um die Datierung vergangener Ereignisse auf der Basis einer einheitlichen Jahreszählung zu bemühen. Das erfordert, die verschiedenen Kanons miteinander zu verknüpfen und daraus eine zusammenhängende Skala geschichtlicher Zeit zu konstruieren. Datierte Inschriften in Denkmälern gehören zu den ältesten erhaltenen Schriftdokumenten. Manchmal erwähnen sie Herrscher mehrerer Länder im gleichen Zusammenhang. Dann ist es möglich, einen relativen Zusammenhang zwischen verschiedenen Kanons herzustellen. Auf diese Weise können mehr oder weniger genaue Reihen geschichtlicher Daten zusammengestellt werden.

Als die Notwendigkeit entstand, die Jahre der Regierung eines Herrschers zu zählen, begann man logischerweise bei jedem Wechsel wieder von vorne. Später wurde es dann üblich, eine neue Zählung nur dann zu beginnen, wenn ein grundlegender Wechsel stattfand, ein neues Herrschergeschlecht die Macht übernahm. Solche übergreifende Zeitrechnung, die an einem festgelegten Ausgangspunkt beginnt, nennt man *Kalenderära.* Ihr Starttermin wird von den Chronologen, anders als im üblichen Sprachgebrauch, Epoche genannt. Allgemein meint Ära ein Zeitalter und Epoche einen (bedeutsamen) Zeitabschnitt. Mit dem babylonischen König Nabonassar beginnt am 1. Thoth ihres Jahres 1 die *Ära Nabonassar.* Das entspricht dem 26. Februar 747 v. Chr., und dieses Datum ist ihre Epoche. Weil sie hauptsächlich den alexandrinischen Astronomen diente, wurde sie öfter ›alte ägyptische Ära‹ genannt. Auf der gleichen Epoche fußt auch der Kanon des Ptolemäus.

Der Iran und die Zoroastrier

Im Hochland zwischen drei alten Flusstal-Kulturen, dem ›Zweistromland‹ Mesopotamien, dem ›Siebenstromland‹ östlich der Kaspisee und dem Industal, entwickelten sich die großen Reiche des iranischen Altertums. Im Südwesten dieses Gebiets vollzogen die Elamer im vierten Jahrtausend den Übergang zu einer städtisch geprägten Hochkultur. Ihre Hauptstadt Susa gehört zu den ältesten Ansiedlungen der Menschheit. Schon 3000 v. Chr. schrieben die Elamer hier auf Tontafeln. Mit ihrer Annalenschreibung in den Tempeln verband sich die Kalendermacherei. Die elamitische Kultur hatte in lebhaftem Austausch mit Mesopotamien gestanden, entwickelte aber andere, ganz eigenständige Vorstellungen von der Zeit.

Im folgenden Jahrtausend verbreiteten sich von Indien bis zum Westrand Europas Angehörige einer Gruppe von Völkern, die in einem allgemeinen kulturellen Zusammenhang stehen. Wesentliches Merkmal sind ihre sprachlichen Gemeinsamkeiten, die wir ›indogermanisch‹ nennen. Menschen des indo-iranischen Zweigs der indogermanischen Sprachfamilie wanderten im Iran ein. Sie nannten sich selbst Arya, das Sanskritwort ist als ›die Reinen‹ oder ›Edle‹ übersetzt worden. Das davon abgeleitete ›Arier‹ kam in der zweiten Hälfte des 19. Jahrhunderts im Sinne einer überlegenen Rasse in den politischen Gebrauch.

Stämme der indogermanischen Andronowo-Kultur hatten die kalten Steppen zwischen Amudarja und Syrdarja im heutigen Usbekistan besiedelt. Drei bedeutende Stammesverbände gehörten zu ihnen; die einen erreichten um 1400 v. Chr. Indien. Die anderen, in Meder und Perser geschieden, nannten ihr neues Siedlungsgebiet Aryanam (›Land der Arya‹), wovon sich Iran herleitet. Ihr späteres Großreich umschloss etwa den heutigen Iran, Afghanistan und Turkmenien. Dort gründete Achämenes ein Königreich der Iraner. Der Kalender der Achämeniden in der Frühzeit ihrer Herrschaft war das *alt-persische Jahr.* In ein Rundjahr von 360 Tagen wurden zusätzliche Tage – zunächst nach Bedarf – geschaltet. Es entsprach völlig dem der Babylonier mit Ausnahme der Monatsnamen und des Jahresbeginns im Herbst.

Bei den aryanischen Steppenvölkern war *Mithra* einer der Hauptgötter, den man sich als König des Sternenhimmels vorstellte. Einige nomadisierende Bergstämme verehrten den Sonnen- und Himmelsgott *Assara Mazas* als oberste Gottheit. Als sie gegen Ende des 2. Jahrtausends sesshaft wurden und Staaten bildeten, entstand aus ihren urgemeinschaftlichen Vorstellungen die *Mazda-Religion.* Ihre Entwicklung ist unlösbar mit dem Wirken des Religionsreformators *Zarathustra* (griechisch: Zoroaster) verbunden. Die Zeit seines Wirkens konnte bis heute nicht datiert werden, nach allgemeiner Auffassung wird das sechste oder siebenten Jahrhundert v. Chr. angenommen. Nach und nach prägte sich ein entscheidendes Element der Mazda-Religion aus: Es wurde die Belohnung des Guten am Ende der Zeiten versprochen. Das ihr innewohnende ›Prinzip Hoffnung‹, ihre Anpassungsfähigkeit und Toleranz sicherten ihr eine rasche Verbreitung.

Zu den ältesten Ausgangspunkten religiöser Vorstellungen im Westen Irans gehört die Religion der Hurriter, in der ›aus Felsen geborene‹ Zwillingsgötter eine Rolle spielen. Die Volksreligion der Meder verehrte den Tag und die Nacht als Zwillingssöhne eines Berggottes Zervan. Unter Einfluss der Assyrer, die sich ihre Götter nicht körperhaft vorstellten, formten die Magier daraus ihren Schöpfergott *Zurvan.* Ihnen war der Vater von Tag und Nacht – die Zeit. Sie vereinigten vorderasiatische und altiranische Vorstellungen und schufen den Zurvanismus – die *Religion der Zeit.* In ihrem

Mittelpunkt stand Zervan Akarana (›die ewig währende Zeit‹), aus der alles hervorging und die alles in sich aufnahm. Neben der komplizierten Religionsphilosophie existierte eine einfachere Volksreligion. In ihr wurde das Prinzip des Guten und des Lichts (*Ahura Mazda*) und das Prinzip des Bösen und der Finsternis (*Angra Mainyu*) vom kämpfenden Zwillingspaar symbolisiert.

Außerdem entstand die in der griechischen Antike berühmt gewordene Äonenlehre. Sie teilt die Existenz der Welt in vier Perioden zu je drei Jahrtausenden. Die erste Etappe, die geistige Schaffung der Welt, wird durch das Erschaffen ›freundlicher Geister‹ umschrieben. Zu Beginn der vierten Etappe erschien Zoroaster, der Prophet, und an ihrem Ende wird der Erlöser Saoshyant die Welt erneuern und die Toten zu ewigem Leben erwecken. So entwickelte sich der altiranische Schöpfungsmythos zu einer Weltgeschichte mit erstmals eschatologischen Zügen.

Zarathustras Reformideen hatten der Vielfalt der Stammesgötter eine hierarchische, einheitlich-zentralisierte Götterwelt entgegengestellt. Ahura Mazda verkörperte das Gute in der Welt. Der Äonenlehre zufolge schuf er zuerst sechs ›freundliche Geister‹, die Amesha Spentas. Sie stellen Qualitäten Ahura Mazdas dar, später wurden sie zu Schutzgöttern. Jeder von ihnen herrschte über einen Teil des Jahres, der Kalender der Zoroastrier gruppierte sie um Ahura Mazda in dessen Mittelpunkt.

Die alten Legenden und Kulttexte, von alters her mündlich überliefert, wurden nach und nach durch die Ideen der Mazda-Religion erweitert und teilweise ersetzt. In der Achämenidenzeit ab dem siebenten Jahrhundert v. Chr. erfolgten erste Niederschriften, sie wurden das *Avesta* (›die Sammlung‹) genannt. Die Zeitrechnung der Aryaner ist begrifflich damit verbunden. Im Nordosten des Iran entstand der *alt-avestische Kalender*. Anfangs bestimmten zwei Ereignisse sein Jahr. Es begann mit *maidyoshahem* im Sommer und wurde durch *maidyarem* (›Jahresmitte‹) geteilt. Der Spätsommer hatte im Iran seit jeher einen natürlichen Wendepunkt des Lebens markiert. Dort herrschen sommers monatelang Trockenheit und Hitze, die von einer sehnlich erwarteten Regenperiode abgelöst werden. Schon bald bemerkten die Menschen, dass um diese Zeit der heliakische Aufgang des Sterns Sirius beobachtet werden konnte. Sie nannten ihn *Tishtrya* und erklärten ihn zur regenbringenden Gottheit. Etwa um 1500 v. Chr. fielen Siriusaufgang und Jahresbeginn zusammen. Um diese Zeit dürfte der alt-avestische Kalender frühestens definiert worden sein. Um 500 v. Chr. änderte sich die Definition von maidyoshahem, es löste sich von Tishtrya ab und wurde in Beziehung zur Sonnenwende gesetzt. Um diese Zeit erlebte der Iran einschneidende Kalenderreformen.

Wohl alle Völker sind in ihren ersten Ansätzen einer Zeitrechnung vom Mond ausgegangen. Dann brachte man Monate mit Göttern in Verbindung. Zwölferreihen von Göttern erschienen im 14. Jh. v. Chr. in Oberägypten, im 13. Jh. bei den Hethitern, im 12. Jh. in Mesopotamien. Sie standen den Monaten als Patrone vor. Nicht viel später wird diese Entwicklung den Iran erreicht und die Ausprägung des alt-avestischen Kalenders beeinflusst haben.

Das alt-avestische Jahr war zuerst noch ein gebundenes Mondjahr, das heißt es hatte 354 Tage, und ein Schaltmonat musste alle zwei oder drei Jahre eingefügt werden. Dann folgte ihm ein Jahr mit 360 Tagen. Vielleicht war das der erste Schritt des Übergangs vom Mond- zum Sonnenjahr, auf halbem Wege zwischen 354 und 365 Tagen, hat Taqizadeh vermutet. Andere Gelehrte nehmen an, dass es auch in Ägypten in prähistorischer Zeit dem 365-tägigen Rundjahr vorausging. In Babylon war es als ›Normaljahr‹ der Chaldäer in Gebrauch, dessen 360 künstliche ›Tage‹ 360 Bogengraden auf der Ekliptik entsprachen. Es entspricht auch dem alten vedischen Jahr Indiens und hatte wie dieses zwei Teile zu je 180 Tagen.

Die alte etwa gleichmäßige Zweiteilung wich einer Verteilung auf 210 Sommer- und 150 Wintertage, dann entstand durch Definition von Sommer- und Wintermitte eine Vierteilung. Schließlich bildete sich ein Landwirtschaftsjahr mit sechs Teilen unterschiedlicher Länge aus. Die sechs Jahresfeste als Gerüst der Zeitrechnung betonend, wurde der alt-avestische Kalender bis zu seiner Reform um 510 v. Chr. in den organisierten Gemeinschaften der Zoroastrier im gesamten Iran als Religionskalender benutzt. Parallel dazu gab es den altpersischen Kalender als offizielles staatliches Zeitrechnungssystem, das auch die Nicht-Zoroastrier im Lande verwendeten.

Als um 550 v. Chr. der Achämenide Kurasch II. (griechisch: Kyros) die Regierung übernahm, herrschte er über den heutigen Westiran. Nach 20 Jahren reichte sein Achämenidenreich im Osten bis zum Industal und zum Syrdarja, umfasste Kleinasien, Syrien und Palästina. 537 v. Chr. verpflichtete er sich die in Babylon internierten Juden, gestattete ihnen die Heimkehr und sicherte damit den Persern freien Durchzug in Palästina. Dann zog er ins Siebenstromland, und der Thronfolger Kambyses II. eroberte 525 v. Chr. Ägypten. Das führte zur Übernahme des ägyptischen Zeitrechnungssystems durch die Zoroastrier.

Neben einer Reihe persischer Adliger und Gelehrter hatten sich auch religiöse Führer der Zoroastrier mehrere Jahre im eroberten Ägypten aufgehalten. Bei dieser Gelegenheit lernten sie das ägyptische Rundjahr kennen. Es schien ihnen für liturgische Zwecke einfacher und bequemer als ihr eigenes, da es stets die gleiche Zahl von Tagen (365) hatte, keine überschießenden Tagesbruchteile und keine Schaltungen kannte. In einer ›ersten Reform‹ um 510 v.Chr. ersetzten sie ihren alt-avestischen Kalender durch eine genaue Kopie des ägyptischen Zeitrechnungssystems, die man den *neu-avestischen Kalender* nennt. Mit geringen Veränderungen erhielten sich dessen Monatsnamen bis heute im kultischen Jahr der Zoroastrier. Nicht nur die Monate, auch ihre einzelnen Tage benannten die Ägypter nach einer Reihe von Gottheiten. Der Name des ersten Monats war identisch mit dem Namen des jeweils ersten Tages in allen Monaten. Auch diese Eigenheit finden wir noch immer in den zoroastrischen Kalendern.

Bei der Übernahme des ägyptischen Kalenders glaubten die Zoroastrier, wichtige Teile ihres früheren Kalenders würden durch dieses Unternehmen nicht berührt. Aber das kürzere ägyptische Wandeljahr hatte zur Folge, dass sich der Kalender im tropischen Jahr um einen Tag in rund vier Jahren rückwärts bewegte. Im Ergebnis dessen verschoben sich die jahreszeitlich gebundenen religiösen Feste auf immer frühere Termine. Als man nach einigen Jahrzehnten die Abweichungen bemerkte, schufen die Priester ein für religiöse Zwecke *stabilisiertes Jahr*. Bereits früher hatten sie aus demselben Grunde manchmal nach fünf anstatt nach sechs Jahren geschaltet. Nun erinnerten sie sich an das alte, aus dem gebundenen Mondjahr bekannte Prinzip, von Zeit zu Zeit einen vollständigen Monat als dreizehnten in das Sonnenjahr einzuschalten. Es bot den Vorteil, die Ordnung der aufeinander folgenden Monatstage beziehungsweise ihrer Tagesgötter nicht zu stören. Ungefähr aller 120 Jahre schien diese Maßnahme nötig. Das so fixierte Jahr kam in ständigen Gebrauch der religiösen Kreise.

Das daneben bestehende Ziviljahr für den allgemeinen Gebrauch war das alt-persische Rundjahr (babylonischen Ursprungs) von durchschnittlich 365 Tagen. Damit in beiden Rechnungen die Tagesbezeichnungen nicht voneinander abwichen, begann man beim Volkskalender die Epagomenen zu verschieben. Sie wanderten nun bei jeder Schaltung einen Monat weiter, dadurch blieben sie im Vergleich zum Sonnenjahr immer in dem Zeitraum kurz vor Frühlingsanfang. Das Schalten des Kalenders geschah mit religiösem Pomp und wurde als wichtiges staatliches Fest begangen.

Für das Alltagsleben des Volkes war indessen die Existenz entwickelter Kalender bedeutungslos. War es ausnahmsweise nötig, Tage zu zählen, so mussten im Umgang mit der analphabetischen Bevölkerung einfache pragmatische Methoden benutzt werden. Herodot berichtet, König Dareios habe auf einem Feldzug einer Abteilung Krieger einen geknoteten Riemen übergeben mit dem Befehl, jeden Tag einen Knoten zu lösen und nach Ablauf dieser Tage einen bestimmten Auftrag zu erfüllen.

Die Kalender des Iran kannten keine Ruhetage außer den Jahreszeitenfesten. Im langen arbeitsreichen Sommer benötigten die Ackerbauern zweifellos mehr Pausen, und man schob zwei weitere Jahreszeitenfeste ein: das Fest des ›hohen Frühlings‹ 60 Tage vor und das herbstliche Fest des ›Heimkommens‹ (was die Herden meint) 75 Tage nach maidyoshahem. So bekam das Jahr sechs Teile ungleicher Länge. Sie hatten keine Beziehung zu den Monaten der jeweils benutzten Kalender. Aber es fällt auf, dass die Zahl der Tage in allen sechs Abschnitten durch 15 teilbar ist. Das Jahr scheint also aus 24 gleichen Teilen konstruiert, was die Vermutung nahe legt, dass es sich bei den 15-tägigen Einheiten um den Überrest einer früheren primitiven Zeitrechnung nach ›Halbmonaten‹, d.h. nach Mondphasen, handelt. So organisierte Kalender sind aus Indien und Südostasien bekannt und auch Völker Nordeuropas verwendeten 14-tägige Einheiten.

Mit einer ›zweiten Reform‹ des Kalenders 441 v.Chr. wurde der Jahresbeginn weg vom ägyptischen hin zum babylonischen Neujahrstag, d.h. in die Nähe der Frühlings-Tagundnachtgleiche, auf den ersten Fravardin verlegt. Außerdem wurden das Frawardigan- und das Mithra-Fest in den neu-avestischen Kalender aufgenommen. Die ›zweite Reform‹ kann als Fusion des (babylonisch basierten) alt-persischen mit dem neu-avestischen Kalender verstanden werden. Durch sie gelangte manche Eigenheit des babylonischen Kalenders in das neue System. Unter anderem wurden auch die vier gewöhnlichen gleichlangen Jahreszeiten eingeführt, nicht als Ersatz für die herkömmlichen sechs Jahresabschnitte, aber als ein paralleles System.

Nun nahm auch der persische Hof den neuen Kalender in den offiziellen Gebrauch des Staates, nahm aber die Schaltung davon aus. Etliche Nachbarvölker übernahmen das iranische Zeitrechnungssystem ganz oder teilweise in verschiedenen Etappen seiner Entwicklung. Zu ihnen gehörten vor allem die Sogdier in Mittelasien, mit deren Sprache sich Elemente persischer Religion und Zeitrechnung über die Seidenstraße bis China verbreiteten.

Das Ziviljahr war ein Rundjahr geblieben, aber auch die staatliche Verwaltung kontrollierte die Übereinstimmung des Kalenders mit den Jahreszeiten. Überliefert ist, dass es einen festgesetzten Termin für den Beginn der Steuererhebung gab. Dieser musste nach Ernteabschluss liegen, setzte also eine Synchronisierung des Kalenders mit den natürlichen Jahreszeiten voraus. Deshalb fand auch beim Staat neben dem offiziellen Rundjahr ein geschaltetes genaueres Jahr Verwendung. Aber dieser bediente sich nicht des religiösen Jahres, sondern bevorzugte wiederum eine Rechnung mit gerundeten Werten. Wie beim späteren julianischen Jahr der Römer nahm man die Jahreslänge mit 365¼ Tagen an und schaltete nach jeweils 120 Rundjahren. Dieses Nebeneinander eines Rundjahres mit unterschiedlich geschalteten Kalendern im Iran ist – anders als in Ägypten – gut durch historische Quellen belegt.

Als das neue Weltreich Alexanders des Großen Mesopotamien, Persien und Medien verschlang, endete 331 v. Chr. die Zeit der Achämeniden. Doch als Alexanders Truppen die Stadt Persepolis brandschatzten, härtete das Feuer Tausende von Tontäfelchen mit Keilschriftzeichen, erhielt so Dokumente und Kalender für Jahrtausende. Nach Alexanders Tod teilten seine Feldherren das Reich unter sich auf und kämpften in wechselnden Bündnissen gegeneinander. 312 v. Chr. nahm einer von ihnen, Seleucus I. Nicator, Besitz von Babylon und herrschte von hier aus über Iran und Syrien. Mit ihm beginnt die *Seleukiden-Ära.* Sie war bei den Juden bis ins elfte Jahrhundert in Gebrauch, und einige im Libanon abgesondert lebende Christen rechnen noch heute nach ihr.

Mit Alexander hatte die Periode des Hellenismus begonnen, griechische Kultur wurde weit verbreitet. Die Hellenisierung des Ostens scheiterte, als die Römer 64 v. Chr. das Seleukidenreich beseitigten. Nach Seleukiden, Römern, Parthern kamen 224 n. Chr. die Sassaniden an die Macht, und der Iran beherrschte nochmals den ganzen Vorderen Orient. Parallel zur Ausbildung der christlichen Staatskirche formierte sich eine iranische Staatsreligion. Erst jetzt wurde das Avesta relativ vollständig gesammelt und aufgeschrieben. Die mit ihm verbundenen drei Zeitrechnungssysteme des Irans hatten die wechselnden Verhältnisse unbeschadet überstanden.

Im siebenten Jahrhundert zerbrach das Sassanidenreich unter dem Ansturm der islamischen Araber. Die Unabhängigkeit des Irans und all seiner Institutionen einschließlich der Schaltung des Kalenders war beendet. Für über ein Jahrtausend herrschten Araber, Türken, Mongolen und wieder Türken im Iran. 751 entstand Bagdad als neue Hauptstadt Vorderasiens. Nun lehnten die zum Islam übergetretenen Iraner den Gebrauch der neuavestischen Zeitrechnung ab. Doch als religiöser Kalender der Zoroastrier blieb sie bis zur Gegenwart ununterbrochen in Gebrauch.

1040 unterwarfen die türkischen Seldschuken den Iran. Ihr Großsultan Dschelal ed-Din Malik Schah reformierte die Jahreszählung, und am

15. März 1079 begann die *Ära Dschelaleddin.* Die Zeit der Seldschuken fiel in eine Blütezeit der islamischen Naturwissenschaften, und führende Mathematiker und Astronomen wurden zu Rate gezogen. Im Ergebnis dessen legte man den Jahresbeginn auf den Tag des astronomischen Frühlingsbeginns. Zu diesem Zweck wurden einmalig 18 Tage eingeschaltet. Außerdem wurde bestimmt, dass immer dann, wenn am Jahresende eine Abweichung vom Frühlingsäquinoktium droht, ein sechster Epagomenentag anzuhängen sei. Diese Vorgehensweise entspricht prinzipiell jener, zu der sich Europa erst fünf Jahrhunderte später, 1582 bei Gregors Reform des julianischen Kalenders, entschließen konnte.

Seit der Zeit Dschelal ed-Dins waren neben jenen des offiziellen Kalenders auch die sogenannten *Sonnenmonate* in Gebrauch, deren Länge sich nach dem Aufenthalt der Sonne im jeweiligen Tierkreiszeichen richtet. Diesen zwölf Zeichen ist je ein Abschnitt der Ekliptik von 30 Grad Länge zugeordnet. Weil die Bahngeschwindigkeit der Erde um die Sonne nicht konstant ist, schwankt die Dauer dieser Monate zwischen 29 und 32 Tagen. Trotzdem erlebten sie im Jahre 1911 im Iran ihre offizielle Einführung im Rahmen eines *Borji* genannten ›Sonnenkalenders‹, der bis 1925 verwendet wurde.

Die Pahlewi-Dynastie stellte 1925 die unter arabischer Herrschaft verlorene Bezeichnung ›Iran‹ wieder her und führte den *neuiranischen Kalender* ein. Dabei wurde ein Kompromiss zwischen Sonnen- und gregorianischem Kalender gefunden. Die Monate sind dem Lauf der Sonne weitgehend angepasst, und ihre Namen gehen auf die Tradition des neu-avestischen Kalenders aus dem sechsten Jahrhundert v. Chr. zurück.

Die Jahreszählung indessen beginnt in muslimischer Tradition mit dem Jahr der Hidschra. Trotzdem stimmt die iranische Zählung nicht mit der sonst in der arabischen Welt gebräuchlichen, am 15. Juli 622 n. Chr. beginnenden Hidschra-Ära überein, denn sie benutzt Sonnen- statt der kürzeren Mondjahre. 34 Mondjahre entsprechen ungefähr 33 Sonnenjahren. Zur Unterscheidung verwendet man in der Regel die Begriffe *hidschri schamsi* (›Sonnenhidschra‹) und *hidschri qamari* (›Mondhidschra‹). Die im Deutschen übliche Abkürzung n.H. meint immer die sunnitisch-islamische Zählung der Mondjahre. Das Sonnenjahr Schamsi wird allgemein nur von schiitischen Muslimen benutzt.

Zum Zwecke der Kalenderdefinition griff man auf den religiös neutralen Tagesbeginn am Mittag zurück. Das iranische Jahr beginnt in dem Augenblick, in dem der Sonnenmittelpunkt die aufsteigende Ekliptik schneidet. Der Tag, an dem dieses Ereignis vor 12.00 Uhr mittags iranischer Zeit eintritt, ist der erste Tag des neuen Jahres. Aus dieser astronomischen Bestimmung des Frühlingsbeginns ergibt sich, ob das abgelaufene Jahr 365 oder 366 Tage hat. Es gibt also streng genommen keine Schaltregel. Trotzdem ergibt sich jedes vierte Jahr als Schaltjahr, nur ausnahmsweise vergehen fünf Jahre. Da im gregorianischen Kalender anders geschaltet wird, verschieben sich immer dann beide Kalender gegeneinander. Im heutigen Iran ist allein dieser überaus genaue neuiranische Kalender offiziell maßgebend. Der gregorianische Kalender wird im Verkehr mit dem westlichen Ausland benutzt und ist de facto Standard im Geschäftsleben, deshalb nennen große Tageszeitungen beide Daten. Auch Afghanistan hat 1957 den neuiranischen Kalender offiziell übernommen. Allerdings verwendet man hier anstelle der persischen Monatsnamen die arabischen Bezeichnungen der entsprechenden Tierkreiszeichen.

Das Hauptfest im Iran ist seit Jahrtausenden der *Nauruz*. Dann begrüßt man feierlich den Frühlingsanfang und das neue Jahr. Ursprünglich feierte man das Erwachen neuen Lebens nach dem Winter. Auch in Teilen der Türkei, in Kasachstan und Afghanistan gilt Nauruz als wichtigstes Fest. Es bewahrt kulturelle Traditionen und ethnische Besonderheiten großer Teile der Bevölkerung.

Nicht von der Kalendergeschichte des Iran zu trennen sind die religiösen Kalender der Zoroastrier. Drei Hauptformen sind gegenwärtig in Gebrauch und werden kontrovers diskutiert: *Fasli*, *Shahanshahi* und *Qadimi*. Alle drei gehen auf den alt-avestanischen Kalender zurück. Am 21. März 1992 deckte sich der Roz-Hormazd-Termin aller drei konkurrierenden Zeitrechnungen. Diese Deckung tritt nur einmal alle 120 Jahre auf. Organisationen der Zoroastrier schlugen aus diesem Anlass vor, weltweit nur noch den Fasli-Kalender zu benutzen, der als Einziger die Harmonie mit den Jahreszeiten bewahrt. Aber einige Gemeinschaften äußerten religiöse Bedenken, und so wird es auch in Zukunft bei unterschiedlichen Kalendern der Zoroastrier bleiben. Die Angelegenheit erinnert an die Probleme der verschiedenen christlichen Gruppierungen mit ihrem Ostertermin.

Die Zeitrechnung der Juden

Vorderasien ist seit Jahrtausenden Schmelztiegel der ältesten Kulturen und zugleich Schauplatz nicht endender Auseinandersetzungen. Die dort ablaufenden Veränderungen erfassten auch und vor allem die religiösen Vorstellungen der Völker. Um 1200 v. Chr. waren in Ägypten und im Iran die ersten monotheistischen Ideen aufgetaucht. Sie erreichten auch jene Stämme, aus denen sich später, geeint durch den Glauben an einen einzigen Gott, das Volk der Israeliten bildete. Nach sieben Jahrhunderten wurde ihre Hauptstadt Jerusalem von Babyloniern erobert und ihr Tempel zerstört. Doch nur 50 Jahre später fiel Babylon in die Hand der Perser, dadurch erhielt der Monotheismus neuen Auftrieb und begann die alte Göttervielfalt zu verdrängen. Fünf Jahrhunderte darauf formte sich auf dem Boden und in der Tradition des Judentums die christliche Lehre und verbreitete sich in der Welt. Nach weiteren sechshundert Jahren verkündete Mohammed eine neue, auf jüdischen und christlichen Elementen basierende Religion; der Islam trat seinen Siegeszug an. Jede dieser großen Religionen brachte eigene dauerhafte Kalendersysteme hervor.

Juden entwickelten sich aus semitischen Völkern, die bereits Ende des vierten Jahrtausends v. Chr. in Mesopotamien gesiedelt hatten. Sie übten beträchtlichen Einfluss auf die Kultur der Alten Welt aus. Heute leben weltweit 17 bis 18 Millionen Juden, die ihr religiöses Brauchtum und ihren eng damit verbundenen Kalender über Jahrtausende bewahrt haben. Im 1948 ausgerufenen Staat Israel bestimmt er die offizielle Zeitrechnung.

Abraham, der legendäre Stammvater der Juden, soll um 2000 v. Chr. mit einer Gruppe von Menschen aus Mesopotamien nach Palästina eingewandert sein. Fruchtbares Land suchend zogen viele weiter bis zum Nildelta. Dort gestattete man ihnen die Ansiedlung, wenn sie dafür Abgaben zahlten und Dienste leisteten. Ihre Nachkommen, unzufriedene Fronarbeiter, scharten sich um 1200 v. Chr. um einen Moses genannten Anführer. Einzelne Forscher vermuten in ihm den Pharao Amenmesse, der erfolglos einen monotheistischen Staatsstreich versucht hatte.

Moses führte seine Anhänger in das Land am Jordan und schloss sie mit verwandten Stämmen zu einer Jahwe verehrenden Kultgemeinschaft zusammen. Daraus entstanden nach und nach die Staaten Israel und Juda. Diese wurden 721 bzw. 587 v. Chr. durch Assyrer und Babylonier liquidiert. Judas Oberschicht wurde nach Babylonien deportiert, konnte aber ihre religiöse und ethnische Eigenart bewahren und erreichte 515 den Wiederaufbau des Tempels in Jerusalem.

Durch Jahrtausende war der Vordere Orient Heimat und Berührungspunkt alter Hochkulturen, und stets sorgte kultureller Austausch für die Verbreitung von Entdeckungen und Ideen. Zu den wertvollsten dieser Ideen gehört die Schrift. Als ihre ältesten Quellen gelten Sumer und das östlich davon gelegene Elam mit seiner Hauptstadt Susa. Zuerst bediente man sich einer Bilderschrift, deren Zeichen bald verallgemeinert wurden. Das führte zu einer Lautschrift auf Silbenbasis. Schließlich reduzierte sich die Bedeutung der Schriftzeichen auf 25 Konsonanten.

Im zweiten Jahrtausend v. Chr. erlebte Ugarit an der nordsyrischen Küste seine Blütezeit. Dort trafen sumerische und ägyptische Schrift zusammen, und ein semitisches Handelsvolk begann, die Wörter seiner Sprache mit Keilschriftzeichen aufzuschreiben. Dabei kümmerte man sich nicht um die ursprüngliche Bedeutung dieser Zeichen, sie wurden einfach als Symbole für die Konsonanten gesetzt. Damit war die Buchstabenschrift erfunden. Diese Schreibweise war Vorläufer des um 1200 v. Chr. entstandenen Keilschrift-Alphabets mit 30 Zeichen der Kanaanäer, die als tüchtige Seefahrer um 1000 v. Chr. aufbrachen, die Welt zu erobern. Wir kennen sie als Phönizier. Das phönizische Alphabet revolutionierte das Schriftwesen und die Kalender. Als es später zu den Griechen gelangte, fügten diese sieben Vokalzeichen in das neue System ein, und das komplette ›ABC‹ war geboren. Parallel zum Phönizischen entwickelte sich die althebräische Schrift. Daraus entstand die heute übliche hebräische ›Quadratschrift‹, die wir auch auf den israelischen Kalendern antreffen. Sie läuft von rechts nach links und hat 22 Zeichen nur für Konsonanten, darin der arabischen 28-Zeichen-Schrift ähnelnd.

Zwischen 1900 und 1400 v. Chr. waren in Vorderasien die biblischen Sagen entstanden. Ein Jahrtausend später wurden sie in althebräischer Schrift aufgezeichnet. Später wurden sie zusammenfassend das *Alte Testament* genannt. Sie entstanden allmählich, beginnend mit der *Thora* (hebräisch: ›Gesetz‹), das die fünf *Bücher Mose* umfasst und aus älteren Teilen zusammengestellt wurde. Als der Schriftgelehrte Esra 458 v. Chr. eine zweite Gruppe Exilanten aus Babylon zurückführte, brachte er die Thora mit und organisierte auf ihrer Grundlage die jüdische Kolonie in Judäa, wodurch er zum Begründer des eigentlichen Judentums wurde. Nach und nach entstand auf der Grundlage der alttestamentarischen Gesetze das wichtigste Literaturwerk des Judentums, der *Talmud* (hebräisch: ›die Lehre‹). Er enthält unter anderem die Vorschriften über den Sabbat sowie die Fest- und Fastentage, und er bildet die Rechtsgrundlage für die Gestaltung des jüdischen Kalenders.

In alter Zeit gewann derjenige der Götter Bedeutung, der eine größere Gemeinschaft, einen Bund von Stämmen zusammenfasste. Als solchen göttlichen Schirmherrn verehrten die Hebräer *Jahwe*. Und es herrschte die Anschauung, dass andere Völker andere Götter hatten. Der Anspruch der meisten heutigen Religionen, einzig wahr und für alle Menschen gültig zu sein, war noch völlig unbekannt. Während der Zeit des Exils begannen die Juden, den Namen ihres Gottes Jahwe nicht mehr auszusprechen und ersetzten ihn durch *Adonaj* (›Herr‹). Die überlieferte Begründung geht davon aus, dass der Name wegen seiner Heiligkeit nicht mehr genannt werden durfte. Die moderne Forschung hat tief wurzelnde geheime Angst vor Zauber und Magie als wirkliche Ursache vermutet. Doch es mag auch sein, dass der Namenswechsel Babylonier oder Perser täuschen sollte. Wie auch immer – Adon war die alte Vegetationsgottheit Vorderasiens, die in Gestalt des Adonis die alten Vorstellungen der Sumerer vom Werden und Vergehen im Gang des Jahres widerspiegelt.

In vor-mosaischer Zeit lebten im Lande Kanaan Ackerbau treibende Völker und teilten das Jahr in den trockenen ›Sommer‹ und den regenreichen ›Winter‹. Am Ende des Bauernjahres, zur Zeit der Ernte wilder Früchte, von Obst und Wein, wurde allgemein ein Herbst-Erntefest gefeiert. Hirtenvölker dagegen waren Nomaden und feierten ein Frühjahrs-Reinigungsfest mit dem Opfer eines jungen männlichen Tieres. Weil es auf alte Mondkulte zurückgeht, fiel es gewöhnlich auf die Zeit des Frühlingsvollmonds. Zwischen Frühjahrs- und Herbstfest schob sich ein drittes, den Schluss der etwa siebenwöchigen Frühjahrs-Erntezeit markierend, das ›Wochenfest‹. Die bisher halbnomadischen Israeliten übernahmen nach ihrer Einwanderung diese drei Feste.

Nach und nach entwickelten sich Handel und Verkehr und erforderten eine genauer unterscheidende Zeitrechnung. Der Mond wies eine einfache Möglichkeit: Wenn die neue Sichel sichtbar wurde, begann der Monat. Als sich die Monate eingebürgert hatten, fixierte man die drei jahreszeitlichen Feste auf sie und bemerkte bald, wie sie sich gegen die Jahreszeiten verschoben. Von Fall zu Fall wurde jetzt eingeschätzt, ob im neu beginnenden Monat eine Ernte zu erwarten sei, und das Begehen des Frühjahrsfestes entsprechend festgelegt. War es noch nicht so weit, wurde ein weiterer Mond abgewartet, ein Monat im Kalender eingeschaltet.

Das Zählen der Monate erfordert einen geregelten Jahresbeginn. Die Bauern betrachteten den Herbst, den Abschluss landwirtschaftlicher Arbeiten vor einer längeren Ruhepause, als Jahresende. Dementsprechend begann das jüdische Jahr – und im religiös-kultischen Bereich gilt das bis heute – ebenfalls im Herbst. Später, vielleicht unter babylonischem Einfluss, wurde der offizielle Beginn des bürgerlichen Jahres auf den Frühling verlegt.

Das Ausrichten der Monate auf den Mondlauf brachte es mit sich, dass man am Abend beobachtete, ob sich ein neuer Mond zeige. Deshalb wurde die Zeit des Sonnenuntergangs als Beginn eines neuen Tages betrachtet. Auch alle Monate und das Jahr beginnen mit Neumond. Nach dem Exil kamen die Monatsnamen der Babylonier bei den Juden in Gebrauch. Die Monate waren 29 oder 30 Tage lang, und ihren Beginn bestimmte einzig die Beobachtung. Ein religiöses Gericht befand nicht nur darüber, wann ein neuer Monat begonnen hatte, sondern gegebenenfalls auch über die Frage, welcher Monat es sei.

Mit der weiteren Ausgestaltung des sozialen und ökonomischen Lebens entstand ein Bedürfnis, die Zeiteinheit des Monats zu untergliedern und überschaubare Zeiträume zu schaffen. In der Geschichte der meisten Völker haben sich durch Übereinkunft und Überlieferung Zyklen mit einer Dauer zwischen drei und zehn Tagen herausgebildet. Innerhalb derselben wurde ein Tag besonders ausgezeichnet und hervorgehoben, teils durch seine ökonomische (Markttage), teils durch religiöse Bedeutung. Ein siebentägiger Zyklus taucht erstmals im achten Jahrhundert v. Chr. in Mesopotamien auf. Dort galt jeweils der 7., 14., 21. und 28. Tag eines Monats als arbeitsfreier Ruhetag. Aber dieser Rhythmus war an den tatsächlichen Mondumlauf gebunden und wurde deshalb immer wieder unterbrochen.

Im sechsten Jahrhundert v. Chr. lernten Juden der Oberschicht im babylonischen Exil den Brauch kennen, am jeweils siebenten Tag die gewöhnlichen Arbeiten zu unterbrechen und einem Gott zu huldigen. Wir wissen nicht, was sie bewog, diesen Sieben-Tage-Zyklus vom Umlauf des Mondes zu lösen. Vielleicht war es ihre Abneigung gegen die Verehrung der Gestirne, vielleicht war es ihr Drang, sich von den ungeliebten Babyloniern abzugrenzen. Jedenfalls führten sie die von Monat und Jahr unabhängige, durchgehende Zählung der sieben Tage ein und schrieben die entsprechenden Regelungen in der *Thora*, ihrem ›Gesetz‹, fest: »Sechs Tage sollst du deine Arbeit tun; aber am siebenten Tag sollst du feiern, auf dass dein Rind und dein Esel ruhen und deiner Sklavin Sohn und der Fremdling sich erquicken« (2. Mose 23,12).

Für den Ruhetag kam die Bezeichnung *Sabbat* auf. Die Herkunft des hebräischen Wortes wird aus dem mesopotamischen schapattu erklärt, das den Vollmondtag bezeichnet haben soll, aber auch die allgemeine Bedeutung ›fertig sein‹ besaß.

Die Regelung des Ruhetages zu begründen und zu untermauern, schrieben die hebräischen Autoren der Schöpfungsgeschichte, Gott habe die Welt in sechs Tagen erschaffen, und sie formulierten: »Gott ruhte am siebenten Tag von seinen Werken […] und segnete den siebenten Tag und heiligte ihn« (1. Mose 2,3). Die Mythenforscherin Barbara Sproul hat sich damit befasst und lässt die Frage offen, »ob sie diesen Text wörtlich verstanden wissen wollten und an eine ›tatsächlich‹ in sechs Tagen erfolgte Schöpfung dachten oder ob sie ihn nur symbolisch verstanden und einen in sich abgeschlossenen Zeitzyklus darzustellen versuchten, eine heilige Woche also, die ihrer eigenen Arbeitswoche entsprach und diese dadurch heiligte.«

Durch die Verbindung des siebenten Tages mit dem neuen Gott Jahwe entstand der Begriff einer Woche, die ununterbrochen durch das Jahr läuft. Abgelöst von den Rhythmen der Natur und von Menschen geschaffen, war sie auf menschliche Bedürfnisse zugeschnitten und damit Ausdruck einer geistigen Revolution. Sabbat war fortan Bezeichnung für den letzten Tag der Woche, der – nach unserer Rechnung – am Freitagabend begann. Die anderen Wochentage hatten keine Namen, sie wurden, am Samstagabend beginnend, von eins bis sechs nummeriert. Als Juden in Kontakt mit Völkern traten, bei denen der Tag morgens begann, entstand die Gewohnheit, auch die Abende vor dem Sabbat und vor anderen Festen besonders zu bezeichnen. Aus diesem ›Vorabend‹-Begriff entwickelte sich später unser Wort ›Sonnabend‹.

Mit dem Entstehen der Thora wurden die angeblich durch Moses verkündeten *mosaischen Feste* als Gesetz festgeschrieben. Drei von ihnen, die Frühjahrsfeier, das Wochen- und das Hüttenfest, kennen wir bereits als Gewohnheit der Kanaaniter. Nun veränderte man per Definition ihren Inhalt. Das Ritual des Tieropfers im Frühling wurde als Pessach dem Gedächtnis an den Auszug aus Ägypten gewidmet. Pessach war bereits mit Massoth zeitlich verknüpft, das seinerseits an den Erntebeginn des Wintergetreides gekoppelt ist und deshalb nur in das Frühjahr fallen kann. Das neue Gesetz stellte es in den Monat Abib. Daraus erwuchs die Notwendigkeit, den Beginn dieses Mondmonats mit der Jahreszeit in Übereinstimmung zu halten. Und hierin besteht das Kernproblem aller jüdischen und späteren christlichen Kalenderrechnung – die Synchronisierung eines Mondkalenders mit dem Sonnenjahr.

Den genauen Festtermin für Pessach bestimmte schließlich *2. Mose* 12,6: »Am 14. Tag dieses Monats soll ein Lamm geschlachtet werden.« Aber 14 Tage nach Erscheinen eines neuen Mondes ist der Vollmond-Termin; wir sehen, dass die Regel auf eingewurzelte Traditionen der ansässigen Stämme Bezug nimmt. Der lunare Charakter des ursprünglichen Opferrituals der Hirtenvölker wird umgemünzt in die Erinnerung an ein Ereignis aus der Geschichte der neuen Gesetzgeber – ein kluger politischer Schachzug, der im weiteren Verlauf der Geschichte des Kalenders noch oft Nachahmer finden sollte.

Etwa sieben Wochen dauerte üblicherweise die Frühjahrsernte in Palästina. Das an ihrem Ende traditionell begangene Erntefest wurde als Wochenfest *Schavuot* auf den 50. Tag nach Pessach festgeschrieben und so interpretiert, dass zu diesem Termin Moses am Berge Sinai die Thora offenbart worden sei. Das herbstliche Erntefest am Schluss der bäuerlichen Saison heißt in *2. Mose* 23,14-16 ›Fest der Einsammlung‹, das man ›im Ausgang des Jahres‹ beging. Es war wohl das ursprüngliche Neujahrsfest des israelitischen Kalenders. Der Brauch, an diesen Tagen in Laubhütten zusammenzukommen, verweist auf die Zeit der Weinlese, wenn die Felder bewacht werden mussten und man zu diesem Zweck Hütten aus Reisig errichtete. Zu den drei alten, nun ideologisch verwandelten und im Kalender fixierten Festen trat *Rosch Ha'schana* (hebräisch ›Anfang des Jahres‹), das eine Folge von zehn Bußtagen einleitet, die mit dem Versöhnungsfest Jom Kippur enden. ›Versöhnung‹ ist hier auf eine vorgestellte Aussöhnung mit Gott bezogen.

In allen frühen Hochkulturen dominierte anfänglich die zyklische Zeiterfahrung. Sie orientierte sich vor allem an den Lebensvorgängen in der Natur, am Lauf der Gestirne und der Jahreszeiten. Auch im frühen Israel war der Rhythmus der großen Feste zunächst am Ablauf des Naturjahres orientiert. Dann aber entwickelten sich erstmalig Ansätze einer geschichtlichen Zeiterfahrung und Zeitdeutung. Die Feste wurden auf – tatsächliche oder behauptete – Ereignisse in der Geschichte des Volkes bezogen, Geschichte in den Kalender verwoben.

Den Menschen damals schien Vergangenes und Zukünftiges in gleicher Weise gegenwärtig. Zeitbegriffe waren noch verschwommen. Das spiegelt sich auch in den Besonderheiten ihrer Sprache und wird in den biblischen Texten erkennbar. Unsere Unterscheidung von Vergangenheit, Gegenwart und Zukunft ist der Sprache des *Alten Testaments* im Grunde fremd. Entsprechende Verbformen bezeichnen keine streng voneinander geschiedenen Abschnitte auf der Zeitleiste. Ein abstrakter Begriff für Zeit hatte sich noch nicht entwickelt.

Dementsprechend benutzte man unterschiedliche Einheiten, um die Dauer von Zeiträumen anzugeben. Als man die alten mündlichen Überlieferungen niederschrieb, verwendete man die aktuell gebräuchlichen Ausdrücke, und dadurch wurde das Bild von der Vergangenheit in zeitlicher Hinsicht beträchtlich verzerrt. Hannes E. Schlag hat sich 1998 mit dem erstaunlichen ›biblischen Alter‹ der Menschen beschäftigt und mit dem Jahresbegriff der Bibel auseinandergesetzt. Er folgert, dass das Lebensalter Methusalems nach Monden gezählt wurde. Die überlieferte Zahl von 969 Einheiten entspricht dann knapp 79 Jahren. Nach einigen Zwischenstufen erwähnt die Bibel auch Bemühungen Jakobs, die kürzesten und längsten

Tage zu zählen; er fand die Tagundnachtgleiche. Nun nannte man sechs Monate ›Jahr‹, und Jakobs 147 biblische Jahre schrumpfen auf 73½. Erst Moses kannte das Sonnenjahr der Ägypter, und von nun an erscheinen in der Bibel reale Altersangaben.

Später drängten fortschrittliche Kräfte zu einer Reform des jüdischen Kalenders. Man bringt sie gewöhnlich mit dem Patriarchen Rabbi Hillel II. in Verbindung und datiert sie auf das Jahr 358. Ihr endgültiger Abschluss scheint erst im zehnten Jahrhundert erreicht worden zu sein. Dieser Kalender wird bis heute nahezu unverändert benutzt. Grundsätzlich besteht jedes Jahr aus zwölf Monaten, die abwechselnd 29 und 30 Tage lang sind. Da dieses Mondjahr nur 354 Tage umfasst, wird in einem 19-jährigen Zyklus siebenmal ein ganzer Monat zugeschaltet, um Einklang mit dem Jahreszeitenwechsel zu schaffen. Von dieser grundsätzlichen Zählweise entstehen auf Grund der komplizierten jüdischen Festtagsregelung gravierende Abweichungen. Sie führen unter anderem zur Existenz von sechs verschiedenen Jahreslängen.

In Zusammenhang mit dem sich entwickelnden Geschichtsbewusstsein begannen die Juden, die Jahre durchgehend zu zählen. Auch diesen Brauch hatten sie bei den Babyloniern kennen gelernt. Zuerst tauchte die 597 v. Chr. beginnende jüdische *Ära nach dem Exil* auf. Als sich mit Alexanders Feldzügen griechische Kultur verbreitete, verwendete man auch eine Reihe von Ären griechischer Städte in Palästina.

Wie später auch die anderen Religionen der ›geschichtlichen Gottesoffenbarung‹ (Christentum und Islam) gehen Juden davon aus, dass die Welt zu einem bestimmten Zeitpunkt aus dem Nichts ins Dasein getreten ist und einmal zugrunde gehen wird; die dazwischenliegende Zeit umfasst die ›Weltgeschichte‹. Folgerichtig berechnete man die Jahre nach der Erschaffung der Welt. Rabbi Hillel II. nahm im vierten Jahrhundert den 7. Oktober 3761 v. Chr. als Datum der Erschaffung Adams an. Aber erst im elften Jahrhundert setzte sich dieses Datum als Epoche der jüdischen *Kalenderära nach der Erschaffung der Welt* endgültig durch und ist in Israel sowie in den Synagogen der Diaspora bis heute verbindlich.

Seit 338 n. Chr. wird der Monatsbeginn nicht mehr beobachtet, sondern minutengenau errechnet. *Moled* (hebräisch: ›Geburt‹) heißt diese komplexe Datum-Zeit-Angabe. Der jüdische Kalender beginnt mit dem *Moled Tischri* des Jahres 1 der Weltära. Das ist der Ausgangspunkt einer fortlaufenden ›ewigen Rechnung‹, mit der man den Moled Tischri jedes beliebigen Jahres berechnen kann. Dieser zeigt zugleich Wochentag und Tageszeit an, zu denen regulär das Neujahrsfest Rosch Ha'schana beginnen müsste. Aber es gibt Situationen, in denen Rosch Ha'schana nicht mit dem Moled übereinstimmen darf. Dann beginnt das neue Jahr erst später.

Anders als im Christentum wirken sich die religiösen Gebote in Israel sehr direkt auf das öffentliche Leben aus. Der Tag der Juden beginnt am Abend. Komplizierte Beobachtungen und Berechnungen sind nötig, um die vorgeschriebenen genauen Gebetszeiten einzuhalten; die Vorschriften basieren auf dem ›Eintritt der Nacht‹, und Strenggläubige haben Jahrhunderte hindurch an Definitionen und Berechnungen gearbeitet. Inzwischen gibt es eine bürgerliche Regel, die 18 Uhr nach unserer Zählweise festlegt. Den Tag teilt man in 24 gleiche Teile, die von 1 bis 24 gezählt werden. Jede dieser Stunden hat 1080 chalakim und jeder davon 76 regaim (›Augenblicke‹).

Der Schabbat (Sabbat, Schabbes), wöchentlicher Ruhe- und Feiertag, beginnt am Freitagabend ›mit Einbruch der Dunkelheit‹ und endet am Samstagabend. Die Rabbiner haben 39 Arten der am Schabbat verbotenen Arbeit definiert, darunter das Einschalten des Kochherds oder das Anlassen eines Motors. Folglich kursieren am Schabbat keine öffentlichen Verkehrsmittel, ebenso am ersten und letzten Tag der zahlreichen mehrtägigen Feste.

Im September/Oktober wird mit Rosch Ha'schana das jüdische Jahr eröffnet. Dieses Fest der Einkehr und Besinnung leitet zehn Bußtage ein, die mit dem Versöhnungsfest Jom Kippur am 10. Tischri enden. Jom Kippur ist der wichtigste und heiligste Tag, den auch nichtgläubige Juden einhalten. Dann herrscht im ganzen Land absolute Verkehrsruhe, alle Lokale sind geschlossen, und selbst die Radio- und Fernsehsender werden abgeschaltet. Wenig später feiert man Sukkoth, das siebentägige Laubhüttenfest.

Der traditionelle Kalender war nicht immer der Einzige, dessen sich Juden bedienten. In den letzten zwei bis drei vorchristlichen Jahrhunderten benutzten die *Essener*, eine sektenartig abgesonderte Bevölkerungsgruppe, eine besondere Zeitrechnung, die mit einer Jahreslänge von 364 Tagen operiert. Das entspricht genau 52 vollen Wochen, weshalb die Feste stets auf den gleichen Wochentag und nie auf einen Sabbat fallen. Dadurch werden die Hauptprobleme des konkurrierenden Kalenders auf einfache Weise umgangen, die komplizierten Festtagsregeln und durch sie bedingte wechselnde Jahreslängen vermieden. Für die Stabilität des Kalenders im Sonnenjahr sorgen von Zeit zu Zeit eingefügte Schaltwochen.

4.2 Das vorchristliche Europa

Die kretisch-minoische Kultur

Vor etwa sechs Jahrtausenden begann von der Westküste Kleinasiens aus die Besiedlung der Ägäischen Inseln. Auf Kreta konnte sich, in den Traditionen des Vorderen Orients wurzelnd, ab etwa 2600 v. Chr. relativ ungestört eine eigenständige Kultur entwickeln. Nach dem König Minos der griechischen Sage hat sie um 1900 der englische Archäologe Sir Arthur Evans ›minoisch‹ genannt. Ab etwa 2000 v. Chr. errichteten die Minoer auf Kreta Paläste, deren Ruinen zu ergiebigen Fundstätten der Archäologen geworden sind. Hier wurde 1908 der *Diskos von Phaistos* geborgen, der heute zu den Attraktionen des archäologischen Museums von Heraklion gehört. Die tönerne Scheibe von nur etwa 15 cm Durchmesser wurde um 1675 v. Chr. hergestellt. Erst 1997/98 identifizierte der Kölner Informatiker und Hobby-Archäologe Bernd Schomburg die rätselhafte Scheibe als astronomisches Kalendarium und entschlüsselte ihren Inhalt.

Der Diskos enthält Regeln für astronomische Beobachtung und Kalenderrechnung. Er weist auf zwei den Minoern bekannte Zeitrechnungen hin und verknüpft beide miteinander, das Sonnenjahr zu 360 plus 5 Tagen und eine ›Jahrtausend‹-Rechnung. Daneben müssen sie einen rituellen Mondkalender benutzt haben. Ihre langfristige Zeitrechnung basiert auf der Periodizität des Planeten Venus, der in jeweils acht Erdenjahren 13 Umläufe um die Sonne vollendet. Durch die wechselnde Reihenfolge von ›Abendstern-Jahren‹ und ›Morgenstern-Jahren‹ entstehen vierjährige Venusperioden. Diese haben die Minoer ›Große Tage‹ genannt und aus ihnen das ›Große Jahr‹ von viermal 364 gleich 1456 Jahren gebildet. Der entsprechende Zeitraum des Diskos umfasst die Jahre zwischen 2778 und 1323 v. Chr.

Die Existenz eines solchen Begriffs belegt die Fähigkeit der Minoer, sich große Zeiträume konkret vorzustellen. Eine auf langfristigen kosmischen Zyklen basierende Zeitmessung erlaubt es, Zeitpunkte innerhalb eines sehr langen Zeitraumes eindeutig zu bestimmen. Dabei bestehen prinzipielle Ähnlichkeiten zur Periodizität des ägyptischen Sothis-Jahres. Hierbei ist bemerkenswert, dass die Ägypter die 1460-jährige *Sothis-Periode* vermutlich selbst nicht gekannt haben. Es war der römische Gelehrte Consorius, der im Jahre 138 n. Chr. die Jahre 139 n. Chr. und 1321 v. Chr. als Ende einer *Apokatastasis* errechnete. Das griechische Wort bedeutet ursprünglich ›Rückeinsetzung, Wiederherstellung‹ und meinte in diesem Zusammenhang, dass nach Ablauf der Sothisperiode der Beginn des Kalenderjahres wieder genau auf den Sothisfrühaufgang fällt. Weil die Ägypter keinen Schalttag benutzten, bewegte sich ihr Neujahrstag im Lauf einer solchen Periode durch alle Jahreszeiten.

Diesen entscheidenden Nachteil vermied das minoische Kalendersystem. Umso mehr erstaunt die Tatsache, dass der Sonnen-Venus-Zyklus in Europa für Jahrtausende in Vergessenheit geriet. Eine der Ursachen liegt in eben dem von Consorius benutzten Begriff der Apokatastasis. Der Ausdruck gelangte als Apokatastasis panton (Allversöhnungslehre) ins Christentum und meinte hier die Überzeugung, dass die Verdammnis der Sünder nach dem Tode nicht ewig dauere, sondern dass alle Menschen nach einer gewissen Frist der Bestrafung oder Läuterung das ewige Leben zurückerhalten. Bald aber setzten sich gegensätzliche religiöse Auffassungen durch: Gott werde beim Jüngsten Gericht die Sünder mit ewiger Verdammnis bestrafen. Nun galten die Anhänger der Apokatastasis-Lehre als Häretiker. Der Begriff geriet in Verruf, und mit ihm verschwand die Vorstellung wiederkehrender langfristiger Zyklen aus der Zeitrechnung.

Außer der Anbindung des Sonnenkalenders an die 1456-jährigen Sonne-Venus-Zyklen bezieht der Diskos alte Überlieferungen ein, darunter eine Aussage zum ›Anbeginn der Zeitrechnung‹, als die Sternbilder um etwa zwei Monate (bzw. 60 Grad) verschoben erschienen. Das verweist, bei einer Wanderung von einem Grad aller 72 Jahre infolge der Präzession, auf einen Zeitpunkt um 5700 v. Chr. als erstes Jahr einer untergegangenen Zeitrechnung. Das wieder verknüpft den Kalender mit Berichten von der Sintflut. Tatsächlich gehen Wissenschaftler heute davon aus, dass nach dem Ende der letzten Eiszeit vor rund 7700 Jahren der Spiegel des Mittelmeeres so weit gestiegen war, dass das Wasser den Bosporusdamm durchbrach und über 100 m tief in den kleinen Binnensee stürzte, der heute das Schwarze Meer ist. Es ist nicht auszuschließen, dass sich der biblische Sintflutbericht auf dieses Ereignis bezieht, und es lag durchaus nahe, ein so einschneidendes Ereignis zum Ausgangspunkt einer fortlaufenden Jahreszählung zu wählen.

Griechenland

Teile Griechenlands sind seit der Altsteinzeit besiedelt. Um 2000 v. Chr. wanderten indoeuropäische Stämme ein und verschmolzen mit den Eingesessenen. Dann erschienen aus den Weiten Asiens die Etrusker in Europa. Das Bild der Welt veränderte sich völlig in dieser Zeit, in die der Kampf um Troja fällt, die Irrfahrten des Odysseus und die Eroberung des ›Gelobten

Landes‹ durch die Israeliten. Nur die Ägypter konnten die andrängenden ›Seevölker‹ abwehren und die Kontinuität ihrer Kultur bewahren.

Im zweiten Jahrtausend hatte sich die Bevölkerung Griechenlands schnell vermehrt und in der zergliederten Landschaft verstreut ausgebreitet. Man lebte in Gentes und Phratrien, durch Verwandtschaft mütterlicherseits vereint. Alle Mitglieder einer Phratrie beriefen sich auf ihre Abstammung von derselben Gottheit, hatten gemeinsame Heiligtümer und Feste. Das prägte ihre Mythen, die sich aus alten Naturkulten entwickelten, und ihre Kalender.

Arbeitsteilung, Geldwirtschaft, Kauf und Verkauf des privateigen gewordenen Bodens zerstörten die Gentilordnung. Stadtstaaten entstanden, und in ihnen bildete sich eine Vielfalt von Dialekten, Göttern, Kulten und Maßsystemen heraus. Nahezu jede Stadt besaß ihren eigenen Kalender, wobei sich gutnachbarliche Beziehungen in kalendarischen Ähnlichkeiten widerspiegeln. Am Ende des zweiten Jahrtausends gab es drei größere Volksgruppen mit drei verschiedenen eigentümlichen Systemen religiöser Feste. Diese spiegeln sich später in drei relativ einheitlichen Kalender-Gruppen wider: den ionischen, den westgriechischen und den thessalisch-böotischen Kalendern.

Unser Bild von der griechischen Religion ist entscheidend durch die Dichtungen Homers und Hesiods geprägt. Homer soll im neunten Jahrhundert v. Chr. gelebt haben und ist nach antiker Überlieferung der Verfasser von *Ilias* und *Odyssee*. Die uns aus diesen Epen bekannte Welt der Griechen war deutlich hinter den ihr vorausgehenden Hochkulturen zurückgeblieben. Es herrschte ein primitives Zeitverständnis. So war ›Zeit‹ für Homer noch gänzlich an konkretes Handeln gebunden und kein abstrakter Begriff. Daraus folgt sein Unvermögen, das in den Epen geschilderte Geschehen als parallelen Ablauf mehrerer Handlungsstränge koordiniert darzustellen. Eine derartige Aufgabe lässt sich erst mit einem von den Geschehnissen abstrahierten Zeitbegriff bewältigen.

Zur Zeit des Hesiod um 700 v. Chr. hatten sich die Verhältnisse in Griechenland gewandelt. In seinem Lehrgedicht ›Werke und Tage‹, wird die Entwicklung in Zeitaltern angenommen, die vom goldenen (einer glückseligen, schuld- und kummerlosen Urzeit) über silbernes, ehernes, heroisches zum jetzigen eisernen immer schlechter werden.

Mit der sich entwickelnden Klassengesellschaft wurde auch die Götterwelt der Griechen rangmäßig geordnet. An der Spitze standen nun die auf dem Berg Olymp wohnenden, daher olympisch genannten Zwölfgötter mit dem Hauptgott Zeus. Ihre Zahl, die Monde des Sonnenjahres reflektierend, ist offensichtlich ein Erbe der alten Kulturen des Vorderen Orients. Zeus, ursprünglich Gott des Himmels, bestimmte neben dem Wetter auch den Gang von Tag und Nacht.

Schließlich übernahm der aus Asien stammende Apollon die Rolle des Sonnen- und Hauptgottes und verdrängte weitgehend die mit dem Mond verbundenen Muttergottheiten. Im siebenten Jahrhundert v. Chr. konkurrierten andere Ideen erfolgreich mit der offiziellen Religion der Polis. Alter Volksglauben lebte auf, und neue, Homer noch nicht bekannte Gottheiten erschienen. Die vielfältige griechische Götterwelt wurde immer stärker durchmischt.

Von verschiedenen Vegetationsgottheiten im Vorderen Orient berichtet ihr Mythos, dass der Gott gestorben und danach zu neuem Leben erwacht sei. Dieses Auferstehen habe die Wiederkehr der Vegetation zur Folge. Eine solche Göttin, Persephone, die mit den Jahreszeiten kommt und geht, hatten die Griechen bereits sehr früh kennen gelernt. Im griechischen Mythos von Hades geraubt, wird sie Gefangene und Königin der Unterwelt, doch sie darf mit Zeus' Erlaubnis den größeren Teil jedes Jahres auf der Welt zubringen. Später, im römischen Kult, heißt sie Proserpina.

Adonis, ein typischer Vegetationsgott, stammt aus Syrien. Auch sein Mythos berichtet vom jahreszeitlichen Sterben im Hochsommer nach der Ernte und vom Wiederauferstehen im Frühling. Die Adonisfeste der Griechen wurden entsprechend teils mit Klage, teils mit Jubel begangen, sie markieren den Wechsel der Jahreszeiten im Kalender. Als die Griechen den Kult der Kybele übernahmen, wurde diese zur ›Großen Mutter‹, über alle Lebewesen herrschend und ihnen Fruchtbarkeit schenkend. Kybeles Geliebter Attis (Atys) scheint als Natur- und Frühlingsgott dem Adonis eng verwandt, Tod und Auferstehung repräsentierend. Jedes Jahr Ende März beging man ein fünftägiges Attis-Fest.

In Ägypten kannte man seit ältesten Zeiten den Horus und verband seine vielfältigen Aspekte mit Zyklen von Zeit. Eine seiner Erscheinungsweisen ist Harpokrates, der erst spät in den Mythen der Ägypter auftaucht und dort das neue, verjüngte Jahr verkörpert. Ebenfalls spät erscheint im Reigen der griechischen Götter Apollon, und um 500 v. Chr. identifiziert ihn Herodot als Harpokrates. Sehr schnell übernahm er die Rolle des Hauptgottes; die Griechen verehrten in ihm die geistige Macht von Ordnung, Maß und Einsicht.

Die Griechen kannten *Chronos* als Gott der Zeit. In seinem Namen wurzeln zahlreiche Begriffe unserer Gegenwartssprache wie chronisch, Chronik oder Chronometer. Später entwickelten sich aus den Mythen der vielgestaltigen ›auferstehenden‹ Götter besondere Kulte, die Mysterien. Eines davon, die Orphik, sieht in Chronos den Urheber alles Existierenden und setzt ihn mit der selbst nicht alternden, alles umschließenden und alles verschlingenden Zeit gleich. Einen gegensätzlichen Zeitbegriff personifizierten die Griechen in Kairos, dem Gott des ›günstigen Augenblicks‹.

Im siebenten Jahrhundert v. Chr. wurde die Macht der Könige in Griechenland von adligen Führern, den Tyrannen, und nachfolgend von demokratischen Strukturen abgelöst. Im Lauf der folgenden zwei Jahrhunderte entwickelte sich die Polis. Eine neue Weltsicht entstand, und viele Phänomene konnten nun mit Mitteln der kritischen Vernunft gedeutet werden. Die alten Kulturen Ägyptens und Mesopotamiens hatten durch astronomische und mathematische Beobachtung umfangreiches Material angehäuft. Jetzt verarbeiteten die Griechen es theoretisch und begründeten damit das wissenschaftliche Denken. Dieser Prozess setzte eine Entwicklung des Bewusstseins in Gang, die die Zeit von der einzelnen Handlung ablöst.

Im sechsten Jahrhundert v. Chr. waren Athen, Korinth und Sparta die führenden Poleis und stritten um die Vormacht in Griechenland. Zugleich aber suchten die Perser ihr Reich nach Westen auszudehnen. Schließlich eroberte Alexander der Große das Reich der Perser und gründete zwischen Balkan, Nil und Indus sein Weltreich. Wohl auf Anregung von Aristoteles wurde er auf allen seinen Feldzügen von Ingenieuren und Geographen begleitet, die eine ungeheure Menge an Informationen sammelten. Das regte den Umschwung der griechischen Wissenschaft vom Spekulativen ins Empirische an. Unter anderem erhielten die Griechen genauere Kenntnis von der babylonischen Astronomie und Mathematik.

Homer hatte im neunten Jahrhundert v. Chr. bereits Winter, Frühling und Sommer unterschieden. Hesiod beschrieb um 700 v. Chr. die Horen, drei Göttinnen der Naturordnung und Gesetzmäßigkeit, die allgemein als Verkörperung der Jahreszeiten aufgefasst werden. Die Bezeichnung *Horen* kommt von ora (›Jahreszeit, Tageszeit, Stunde‹), dem Zeitbegriff schlechthin, der den Frühling, den Nachmittag oder sonst irgendeine bestimmte Zeit meinte. Das Wort entstand aus dem indogermanischen iero (›gehen, Lauf, Verlauf‹) und ist von daher mit unserem Wort ›Jahr‹ verwandt. Die Vierteilung in Frühling, Sommer, Herbst und Winter erwähnt erstmals Hippokrates um 420 v. Chr.

Die Zeitrechnung der Griechen war seit ältester Zeit auf den Mond bezogen. Schrittweise gelang es ihnen, den Mondkalender mit den Mondphasen zu synchronisieren. Im siebenten Jahrhundert v. Chr. kamen sie zur *lunisolaren Oktaeteris:* Acht Sonnenjahre eines Zyklus wurden durch fünf Mondjahre zu 354 und drei Schaltjahre zu 384 Tagen dargestellt. Dieses gebundene Mondjahr schien zunächst ziemlich gut mit den Sonnenjahren übereinzustimmen, doch bereits nach 80 Jahren erschien der Vollmond am Neumondtermin. Schließlich fand der in Athen lebende Astronom und Mathematiker Meton 432 v. Chr. eine befriedigende Lösung des Problems. Der nach ihm benannte *Metonsche Zyklus* umfasst 6939 Tage in 19 Sonnenjahren. Diese Tage wurden 235 Mondmonaten zugeordnet. Indessen war der 19-jährige Mond-Sonnen-Zyklus bei Indern und Babyloniern lange vor Meton bekannt.

Die ›amtlichen‹ Kalender Griechenlands waren ungeachtet ihrer Synchronisation mit dem Sonnenlauf ein Mondkalender, unbrauchbar für die Planung landwirtschaftlicher Arbeiten. Im fünften Jahrhundert v. Chr. kam deshalb die Verwendung des *Parapegmas* auf, einer Art Steckkalender, mit dem man den Zusammenhang zwischen dem jeweiligen ›amtlichen‹ Kalender und dem natürlichen Sonnenjahr herstellen konnte. 1902 wurden erstmals Bruchstücke eines solchen Kalenders bei Ausgrabungen in Milet (Kleinasien) gefunden. Ursprünglich waren die Parapegmen ›Kalendersteine‹ mit 365 Markierungen für die Tage des Jahres, neben denen man die Sternbilder des Tierkreises und andere Erscheinungen des Himmels notierte. Angaben über die Witterung und die jahreszeitlich bedingten Arbeiten ergänzten diese öffentlich aufgestellten Steinplatten zum Bauernkalender. Schließlich versah man die Steine neben den Inschriften mit 365 Löchern, in welche hölzerne Stäbe gesteckt werden konnten. Diese trugen die Tagesdaten des jeweiligen bürgerlichen Kalenders.

Für eine fortlaufende Zählung von Jahren bestand zunächst kein Bedarf. Die einzelnen Städte führten gesondert Listen ihrer Könige, Priester, Oberbeamten oder Wettkampfsieger. Erst die überregionale Bedeutung verschiedener panhellenischer Feste veranlasste eine übergreifende Zählung der Jahre. Besondere Bedeutung dafür erlangten die in Olympia abgehaltenen Olympischen Spiele. Seit 776 v. Chr. zeichnete man deren Sieger öffentlich auf. Mittels der Listen, die dabei entstanden, konnte man den Zeitpunkt von Ereignissen durch eine gemeinsame Ära ausdrücken, ohne die örtlich höchst unterschiedlichen Formen der Zeitrechnung zu berücksichtigen.

Ungeachtet der Präsenz eines Mondkalenders werden die Griechen die Länge des Sonnenjahres mit annähernd 365¼ Tagen gekannt haben, bevor sie im siebenten Jahrhundert v. Chr. zur lunisolaren Oktaeteris kamen. Vielleicht haben sie gewusst, dass man einem Sonnenkalender in jedem vierten Jahr einen Tag hinzufügen muss, um ihn mit dem Gang der Jahreszeiten in

Übereinstimmung zu halten. Harald Braem vermutet, genau das habe den ursprünglichen Anlass für die Olympischen Spiele gegeben.

Zahllose andere Feste der Griechen dienten der Götterverehrung, und sie bestimmten die Ausprägung der Kalender. Häufig wurden die Monate nach dem wichtigsten Fest bezeichnet, das in ihnen zu begehen war. Jede Stadt hatte darüber ihre eigenen Auffassungen, die sich überdies von Zeit zu Zeit ändern konnten. Um das elfte Jahrhundert v. Chr. ging man zu einem *altionischen Urkalender* über. Auffällig ist, dass er kaum Feste im Spätherbst und Winter verzeichnet. Es mag sein, dass man in der kühlen, regnerischen Jahreszeit schlicht keine Lust zu allgemeinen Festlichkeiten hatte, schließlich fanden sie im Freien statt. Es mag auch sein, dass man diese ungemütlichen Monate vor der Reform überhaupt nicht im Kalender mitzählte – wozu sollte man es auch tun, wenn keine Feste einzutragen waren? Auch bei den Römern begann das Jahr erst im März, wenn mar-is, die Naturkraft, erwachte, und es endete nach zehn Monden im december mensis.

Später tauchten *Zwölfgötterkalender* auf, vielleicht dem Vorbild der ägyptischen Monatsgötter folgend. Als Erster in Griechenland hatte wohl Platon um 330 v. Chr. in Zusammenhang mit seinem Idealstaat die Idee geäußert, die zwölf Monde des Jahres nach Göttern zu benennen. Die dafür ausgewählten Gottheiten wechselten im Lauf der Zeit.

Bei den Philosophen des klassischen Griechenlands finden wir die ersten bedeutsamen Ausführungen über die Zeit. Solon hatte um 600 v. Chr. die Lebensdauer des Menschen zum Grundmaß der Zeit gewählt und sie in zehn Phasen zu sieben Jahren geteilt. Als der Ionier Herodot von Harlikarnass um 450 v. Chr. die Geschichte der Perserkriege erzählte, verglich er die grundverschiedenen Geschichtsbilder und Zeitbegriffe von Babyloniern, Ägyptern und Hellenen miteinander. Der ›Vater der Geschichtsschreibung‹, wie ihn Cicero vier Jahrhunderte später nannte, datierte die Ereignisse durch ihre relative Gleichzeitigkeit.

Doch in allem frühen Denken bestimmte die konkrete Handlung, was sich als zeitliche Einheit zusammenfassen ließ. Außerhalb dessen, was als zusammenhängendes Geschehen verstanden werden konnte, ließ sich Zeit nicht denken. Das begrenzte den Umfang der vorstellbaren Zeit. Weiter als drei Generationen konnte man nicht zurückdenken, alles andere verlor sich im Unbestimmten der ›Vorzeit‹.

Es war Platon, der um 400 v. Chr. wohl als Erster zu Einsicht in das Wesen von Zeit gelangte. Weil sie nicht der täglichen Erfahrung entsprach, konnte er sie nur in bildhaften Vergleichen in seinem berühmten Dialog

Timaios mitteilen. Der Schöpfer habe das All als bewegliches Abbild des ewig Göttlichen hergestellt. Um es dem Urbild noch ähnlicher zu machen, schuf er außerdem die Zeit als ein »nach der Zahl fortschreitendes Abbild der in Einheit beharrenden Ewigkeit«.

Platons Schüler und größter Widersacher Aristoteles hatte es unternommen, die Gesetze des menschlichen Denkens und Sprechens zu erforschen. Dabei gliederte er Zeit nach den Regeln der griechischen Sprache, ausgehend von einer bestimmten Gegenwart, verbunden mit einer bestimmten Vergangenheit und ausblickend in eine unbestimmte Zukunft. Dieser psychologischen Zeit ordnete er, wie auch politischer und historischer Zeit, keine Zahlen zu. In seinen Betrachtungen zur Physik aber definierte er Zeit als ›Zahl der Bewegung in Bezug auf das Frühere oder Spätere‹.

Die Anschauungen Herodots, Platons und des Aristoteles entstammten unterschiedlichen geistigen Welten, basierten auf Regeln der Menschen, der Götter und der Natur. Die Kalenderrechnung berührte sie alle und setzte ihre Elemente in immer kompliziertere Verhältnisse. Immer deutlicher trat ihre Unvereinbarkeit zu Tage.

Aus der Verschmelzung griechischen, orientalischen und jüdischen Gedankenguts war die hellenistische Weltkultur mit ihren großen Zentren Alexandria, Athen, Pergamon, Antiochia und Rhodos entstanden. Aber ungeachtet ihrer kulturellen Gemeinsamkeiten kämpften die hellenistischen Staaten so lange gegeneinander, bis sie zu keiner Verteidigung gegen fremde Eroberer mehr fähig waren und Griechenland zur römischen Provinz wurde. Alexandrias letzter großer Astronom war der in Griechenland geborene Claudius Ptolemäus. Etwa 150 n.Chr. schuf er mit dem *Almagest* eine umfassende Enzyklopädie der Astronomie. Während seine Lehre das geozentrische Weltbild zementierte, bildeten seine Forschungen über die Länge von Monat und Jahr für mehrere Jahrhunderte die Grundlage aller weiteren einschlägigen Versuche.

Von Italern und Latinern zum Römischen Reich

Wie Griechenland wurde die von der Natur begünstigte Apenninenhalbinsel sehr früh besiedelt. Auch hier entwickelten sich Hirten- und Bauernreligionen, deren älteste Götter Naturerscheinungen verkörpern. Viele von ihnen sind mit Zeitbegriffen verbunden. Einer davon und zuständig für Fruchtbarkeit und Vegetation war *Mars*. Wenn mar-is, die männliche Naturkraft, erwachte, begann das Jahr der Römer mit Martius mensis, dem Marsmonat, unserem März. Erst viel später, mit der Ausprägung patriarchaler Verhältnisse entwickelte sich Mars zum Kriegsgott.

Als altitalische Naturgottheit hatte Mars keineswegs eine bevorzugte Rolle gespielt. In ältester Zeit dominierte das weibliche, durch Muttergottheiten verkörperte Element die religiösen Vorstellungen. Eine der alten, einst mächtigen Göttinnen der Römer war *Majesta.* Ihre Gestalt vermischte sich mit Maia, einer Erd- und Naturgöttin der Griechen. Der Majesta als Göttin des Wachstums in der Natur opferten die Römer am ersten Tag desjenigen Monats, den sie dann nach der Maia als ›Maius‹ benannten. Auch *Juno* war eine der alten Mutter- und Mondgottheiten, und nach ihr erhielt der Monat Iunius (Juni) seinen Namen. Als höchster Gott der Römer ist uns *Jupiter* geläufig. Sein Beiname tonans kommt von lat. tono (›donnern, dröhnen‹), das auch Ursprung unseres Wortes ›Donner‹ ist. Im Kontakt zwischen Römern und Germanen ging dieser Beiname als ›Donar‹ auf den südgermanischen Gewittergott über, und nach ihm benennen wir unseren Donnerstag.

Penaten waren Schutzgötter, welche über die Hauswirtschaft wachten: Janus für die Tür und Vesta für den Herd. Dazu kam *Terminus* als Gott der Grenzen des Ackers, und Terminalia war sein Fest am 23. Februar. Später ging der Begriff von räumlichen auf zeitliche Grenzen über. Termin hieß zuerst der Tag der Gerichtsverhandlung, dann jeder festgesetzte Zeitpunkt. Janus blickt mit zwei Gesichtern gleichzeitig vor und zurück, bewacht den Ein- und Ausgang des Hauses wie der Stadt. Ähnlich dem Terminus wurde er mit sich entwickelndem Zeitbewusstsein auch für zeitlichen Anfang und Ende zuständig; nun wurde der Januskopf mit einem jugendlichen und einem bejahrten Gesicht, vor- und rückwärts blickend, dargestellt. Ihm weihte man den Anfang des Gebets, die ersten Stunden des Tages und die ersten Tage des Monats.

Zehn Monate hatte das ursprüngliche Römerjahr. Latiner, Sabiner und andere Stämme der ältesten Zeit teilten vielleicht ein rohes Naturjahr in zehn ungleich lange Abschnitte, wie die Feldarbeiten sie erfordern. Als man später die gewohnten zehn Abschnitte an zehn Monde band, blieb ein ›Rest des Jahres‹, nämlich diejenige Zeit des Winters, in der es keine Feldarbeit gab. Auch ist nicht auszuschließen, dass eine natürliche Barriere die Monatszahl begrenzte: die Anzahl der Finger. Was man nicht abzählen kann, taugt nicht als Ordnungsbegriff.

Die zehn Monate der Römer hießen Martius, Aprilis, Maius, Iunius, Quintilis, Sextilis, September, October, November und December. Aber wirkliche Namen besaßen nur die ersten vier, ab Quintilis (›der fünfte‹) wurde einfach abgezählt, wie es die Römer auch mit ihren Kindern hielten. Damals endete das Gefühl der Menschen für Zahlen bei vier; was darüber hinausging, war ›viel‹. Das Jahr begann regelmäßig im März mit dem wieder erwachenden Kreislauf der Natur, doch die Länge der einzelnen Monate war schwankend und folgte keinen erkennbaren Regeln.

Aber die meist an die Jahreszeit gebundenen Feste sollten pünktlich begangen, die Äcker mussten rechtzeitig bestellt werden. Dafür erwiesen sich derartige Kalender schlechterdings als unbrauchbar. Um 700 v. Chr. führte man deshalb ein reguläres Mondjahr ein. Die Urheberschaft wird dem König Numa Pompilius zugeschrieben. Von ihm berichtet die Sage, dass er gute Gesetze unter Beratung der Nymphe Egeria gab; es mag etruskischer Einfluss gewesen sein. Zwölf Monate von 29 und 30 Tagen wechselten nun einander ab, so kam man auf 354 Tage. Die eingefügten neuen Monate nannte man Ianuarius und Februarius. Schon nach Ablauf weniger Jahre konnte man auch mit dem neuen Zwölf-Monats-Kalender die Termine für Saat und Ernte nicht mehr bestimmen. Deshalb wurde ihm von Zeit zu Zeit eine gewisse Zahl von Tagen eingefügt.

Der Jahresanfang blieb noch über sechs Jahrhunderte beim März. Allerdings gab es trotzdem keinen einheitlichen Jahresbeginn, denn während bei den Latinern die Monate mit Neumond begannen, zählten die Sabiner ab dem Vollmondtermin. Als das schnell wachsende Rom Teile ihrer Kulturen integrierte, flossen auf diesem Wege Elemente der unterschiedlichen Kalendersysteme zusammen.

Bevor im siebenten Jahrhundert v. Chr. die Latiner begannen, sich über Italien auszubreiten, blühte im Süden der Halbinsel die Hochkultur einer griechischen Kolonie und im Norden jene der Etrusker. Beide beeinflussten nachhaltig den kulturellen Werdegang des künftigen Römerreichs. Zu dieser Zeit wuchs aus Siedlungen der Latiner und Sabiner die Stadt Rom zusammen. Um 510 v. Chr. vertrieben die Römer den letzten etruskischen König und begründeten ihre Republik mit jeweils zwei Konsuln als oberste Beamte. Diese hatten für jeweils ein Jahr die Staatsgewalt. Weil ihr Amtsantritt nicht mit dem kalendarischen Jahresanfang übereinstimmte, existierte eine selbstständig gezählte Folge ihrer Amtsjahre. Der Kalender geriet unterdessen immer mehr in Unordnung.

Als die Republik die weltliche Macht des Königtums beseitigte, mussten die sakralen Aufgaben der Könige weitergeführt werden; sie gingen an den Rex sacrorum, den ›Opferkönig‹ im Kollegium der Pontifices, über. Viele Städte Latiums wie Griechenlands hatten damals einen solchen Titularkönig mit Priesterpflichten. Wenn die Zeit nahte, zu der man den neuen Mond vermutete, hielt der Pontifex minor am Abend Ausschau nach der schmalen Sichel und meldete ihr Erscheinen dem ›König‹. Am folgenden Tage wurde das Ereignis durch die Priester ausgerufen. Von diesem Ausrufen erhielt der Tag des neuen Lichts seinen Namen *Kalendae,* abgeleitet von lat. calo (›ich rufe‹). Daraufhin versammelten sich Volk und Senat von Rom und brachten ein Dankopfer für die ›ans Licht bringende‹ Iuno Lucina dar.

Das lateinische Wort für den ganzen Monat ist mensis, es verweist auf den Mond und seinen alten griechischen Namen mene. Den Tag des Vollmonds nannte man den *Idus,* abgeleitet von idos (›Gestalt, Bild‹). Die Römer setzten den Vollmond in die Mitte des Monats und konnten demzufolge ihren Monatsbeginn, den nicht sichtbaren Neumond, stets nur schätzen.

Kalendae und Idus teilten den Monat in zwei natürliche Hauptabschnitte. Wollte man diese weiter untergliedern, so wäre die Bildung vier gleicher Teile nahe liegend. Wir wissen nicht, was die Menschen der damaligen Zeit veranlasste, sich auf drei ungleiche Abschnitte zu beschränken. Jedenfalls nahm das Ausrufen des neuen Mondes an den Kalendae auf einen solchen dritten Höhepunkt des Monats Bezug: Der Priester kündigte an, wie viel Tage noch bis zum Viertelmond zu zählen seien. Zu diesem Termin versammelte sich erneut das Volk, und der Rex sacrorum verkündete den Tag des Idus, an dem der volle Mond erscheinen würde, und ordnete die Feste des Monats an. Schrittweise kam man zu dem Schluss, dass es vom Viertel- bis zum Vollmond regelmäßig noch acht Tage dauere. Weil man den Ausgangstag mitzählte, kam man auf neun und nannte diesen dritten Haupttag Nonae.

Spätestens im vierten vorchristlichen Jahrhundert besaß dann Rom einen verbindlichen Kalender. In dessen sieben ›Normalmonaten‹ mit 29 Tagen fällt Nonae auf den 5. und Idus auf den 13. Tag, ebenso im 28-tägigen Februarius. Die vier restlichen Monate (Martius, Maius, Quintilis, October) haben 31 Tage, in ihnen fällt Nonae auf den 7. und Idus auf den 15. Tag. Die übrigen Tage werden, jedes Mal nach einem Haupttag neu beginnend, unter Bezug auf den folgenden abgezählt. Das ›Herunterzählen‹ der letzten Monatstage auf den Neumondtermin war im sechsten Jahrhundert bei den Griechen aufgekommen. Die Römer übertrugen das Prinzip, wir nennen es heute Count-down, auf alle drei Monatsabschnitte.

Diese Zählweise wurde sinngemäß in den julianischen Kalender übernommen und hielt sich bis ins Mittelalter. So kompliziert sie uns erscheint – es war für die Menschen der damaligen Zeit recht praktisch, ohne Rechnung sogleich zu wissen, wie viel Tage noch bis zur Fälligkeit von Steuern, Schulden oder Zinsen blieben. Zu jener Zeit bürgerten sich in Rom die Iden als Kündigungs- und Zahltage ein, und es war üblich, Schulden zum Termin der Kalendae zu tilgen. Sie waren in einem öffentlichen Schuldbuch verzeichnet, das deshalb den Namen calendarium erhielt. Dieses Instrument der Händler und Geldverleiher wurde schließlich zu einem allgemeinen Weiser durch das Jahr, zum Kalender.

Mit der Expansion des Reichs und der Verschmelzung mit fremden Völkern drangen neue Götter in großer Zahl nach Rom ein. Entsprechend groß war die Zahl der ihnen gewidmeten Feste. Das prägte das öffentliche Leben der Stadt. So beruht denn auch ihr Kalender auf dem fas, der religiösen Grundordnung, und heißt deshalb *Fasti. Dies fasti* waren jene Tage, an denen offizielle Angelegenheiten vor Gericht erledigt werden konnten. Die Fasti wurden jeweils für ein Jahr im Voraus bestimmt und später auch auf steinernen Tafeln öffentlich bekannt gemacht. Der Begriff ging von der religiösen Ordnung auf die Tage und von diesen auf die Listen bzw. Tafeln über. Die steinernen Fasti zeigen die Tage des Jahres, und außer den Gerichtstagen sind die Kalendae, Nonae und Idus, die Feste und die Spiele besonders markiert. Es waren also komplette Kalender, die den Umgang der Bürger mit den Göttern, mit der weltlichen Obrigkeit und miteinander regelten.

Erst die Könige, dann die Patrizier kontrollierten die Liste der dies fasti. Im Bunde mit den Priestern bestimmten sie die Gestaltung des Kalenders. Aber die Priester hielten die Information über Monate und Tage zurück, der Kalender war als Instrument politischer Macht nicht öffentlich. Erst im Jahre 304 v. Chr. machte Flavius, Schreiber eines Gerichtsbeamten, den ersten Kalender öffentlich bekannt. Trotzdem war der Kalender, weil über die Fasti jährlich neu entschieden wurde, nicht vor willkürlichen Änderungen sicher. Einerseits erprobte man unterschiedliche Verfahren der Schaltung, andererseits verfälschten die Priester aus politischem oder wirtschaftlichem Interesse den Ablauf des Schaltverfahrens.

Neben diesen Instrumenten der Herrschaft existierte ein Bauernkalender, naturbezogen geordnet wie seit Jahrhunderten. Außerdem gliederte eine alte Gewohnheit die Zeit der Menschen in und um Rom ganz unmittelbar. Die Landleute der Umgebung trafen sich in gewissen Zeitabständen an einem zentral gelegenen Platz, um Waren und Neuigkeiten auszutauschen. Ein Zeitraum von acht Tagen pendelte sich dafür ein. Vom Ereignis nundinor (›handeln, Markt halten‹) ging das Wort auf den Zeitraum, das *nundinum,* über. Die Nundinen und ihr Zyklus wurden indessen nie offiziell anerkannt, galten als plebejisch.

Nach siegreichen Feldzügen expandierte auch die Sklavenwirtschaft und zerrüttete das Kleinbauerntum. Zahlreiche Bauern zogen in die Stadt Rom und wurden allmählich zu proletarius, Angehörigen der untersten Bürgerklasse. Revolutionen zogen das Ende der Republik nach sich. Die darauf folgende Regierung des Augustus brachte Rom wieder Ruhe, und etwa zu dieser Zeit entwickelte sich die durchgehende Jahreszählung. Man bezog sie auf jenen Zeitpunkt, zu dem der Sage nach die Stadt Rom gegründet wurde. Der römische Historiker Marcus Terentius Varro berechnete den 21. April 753 v. Chr. Die ›Jahre der Stadt‹ haben sich lange bis in mittelalterliche Chroniken erhalten.

Nach und nach hatte sich unter den Römern die abergläubische Idee verbreitet, dass Unglück drohe, wenn die Nundinen mit den Kalenden des Januar zusammenträfen. Und die Patrizier befürchteten, dass sich zu viel aufrührerisches Volk in Rom versammeln könnte, wenn die Markttage auf die Nonae fielen. Das veranlasste Versuche, den Kalender mit dem Nundinenzyklus zu koordinieren. Man veränderte die Oktaeteris erneut, und die Handhabung der Kalenderregeln wurde immer verworrener. Der Kalender entfernte sich immer mehr von den natürlichen Jahreszeiten. Dazu kamen Willkür und Machtmissbrauch durch die Priester. Rückblickend spottete Voltaire im 18. Jahrhundert: »Die römischen Feldherren siegten immer, aber sie wussten nie, an welchem Tag.« Das sich ausdehnende Staatswesen und der Handel erforderten dringend ein geregeltes, überschaubares System der Zeitmessung.

Das Zeitalter des Hellenismus hatte, auf den Sonnenkalender der Ägypter zurückgreifend, eine Kalenderrechnung hervorgebracht, die das Jahr mit 365¼ Tagen bestimmte. Gajus Julius Cäsar, später Alleinherrscher in Rom, begegnete als Heerführer in Ägypten dieser Idee. Er beauftragte die Einführung eines einheitlichen neuen Kalenders im Römischen Reich. Man legte das Normaljahr zu 365 Tagen fest und bestimmte jedes vierte zum Schaltjahr mit 366 Tagen. Letzteres ergibt sich, wenn immer 30-tägige mit 31-tägigen Monaten abwechseln. In den Normaljahren wurde deshalb der Februar auf 29 Tage gekürzt. Mit dem 1. Januar 45 v. Chr. trat der neue Kalender in Kraft, und man nannte ihn den *julianischen Kalender*. Leider war er von vornherein mit einem vermeidbaren Fehler behaftet: Das julianische ist gegenüber dem tropischen Jahr um 11 Minuten 14 Sekunden zu kurz. So gering diese Differenz erscheint, summiert sie sich doch auf einen vollen Tag in jeweils 128 Jahren.

Schon bald verursachte der Kult um die Person des Kaisers Veränderungen am Kalender. Es begann damit, dass der Senat den Namen des Monats Quintilis in ›Iulius‹ änderte, um Cäsar zu würdigen. Als dann Oktavian bedeutende Siege errang, ehrten ihn die Senatoren 27 v. Chr. mit dem Titel Augustus (›der Erhabene‹) und beschlossen zugleich die Umbenennung des Monats Sextilis in ›Augustus‹. In Zusammenhang damit wurde angeblich auch die Länge der Monate verändert. Damit Kaiser Augustus nicht gegenüber Julius Cäsar zurückgesetzt sei, sollte sein Monat nicht kürzer als der Juli sein. So wurde dem August ein Tag angehängt und zum Ausgleich der Februar auf 28 Tage verkürzt. Aber nun folgten drei Monate mit 31 Tagen aufeinander, und man vertauschte die bisherige Dauer von September bis Dezember. Allerdings deuten neuere Forschungsergebnisse darauf hin, dass diese oft nacherzählte Geschichte erst um das 14. Jahrhundert erfunden wurde. Es war wohl so, dass in den Jahren der Reformvorbereitung der ursprüngliche Plan durcheinandergeriet. Wie dem auch sei, mit dem ärgerlichen Ergebnis sind wir bis heute konfrontiert. Bei einer im Jahr 2001 vom Autor in Berlin durchgeführten Umfrage zum Sprachgebrauch in Zusammenhang mit Kalender und Uhrzeit wussten nur 77 von 123 Erwachsenen, wie viel Tage der Monat Juni hat.

Um die gleiche Zeit wie der Sonnenkalender kamen hoch entwickelte Sonnen- und Wasseruhren nach Rom. Augustus hatte einen Obelisken aus Ägypten in die Stadt bringen und auf dem Marsfeld aufstellen lassen. Sein Schatten zeigte auf einem Liniennetz am Boden die Monate und die Stunden an, und daneben war der neue Kalender eingemeißelt – Demonstration kaiserlicher Macht, die nun auch die Zeit beherrschte. Der julianische Kalender blieb bis zu Gregors Reform von 1582 unverändert in Gebrauch, einige Länder benutzten ihn offiziell bis 1923. Mehrere orthodoxe Nationalkirchen verwenden ihn noch heute.

Beginnend im ersten Jahrhundert n. Chr. erlebte die Verehrung der Sonne in Rom mit dem Mithraskult einen bedeutenden Aufschwung, was einen orientalisch geprägten Trend zum Monotheismus einleitete. Dann teilte Kaiser Diokletian das Reich in Ost- und Westrom. Sein Nachfolger Konstantin I. erklärte Byzanz zur neuen Hauptstadt, die nun Konstantinopel genannt wurde. Geschickt sicherte er sich die Unterstützung der Anhänger der verschiedenen Religionen, bevorzugte wechselnd heidnische Kulte, Anhänger des Mithras sowie Christen. Sein *Mailänder Toleranzedikt* von 313 stellte die Gleichberechtigung der verschiedenen Religionen her. Aber schon 380 erklärten die Kaiser Gratian (Westrom) und Theodosius (Ostrom) gemeinsam das Christentum zur alleinigen *Staatsreligion*. Die daraus resultierende Vereinigung von Kirche und Staat veränderte alle Bereiche des Lebens in Europa von Grund auf. Christliche Feiertage erschienen jetzt offiziell im römischen Sonnenkalender, allen voran das auf Jesu Tod und Auferstehung bezogene Osterfest samt seinen komplizierten Berechnungsregeln, die auf dem jüdischen Mondkalender basieren.

Als zwei Jahrhunderte zuvor Juden im südlichen Italien siedelten, hatten sie die durchgehend gezählte Siebentagewoche mitgebracht. Andere Einwanderer aus dem Vorderen Orient vermittelten den Brauch, die sieben Tage nach den ›Planeten‹ zu benennen. Deren Reihenfolge Saturn – Sonne – Mond – Mars – Merkur – Jupiter – Venus blieb bis heute unverändert in den Namen der Wochentage bewahrt. Die Gestirne repräsentierten Götter, und als sich die neuen Ideen mit den religiösen Vorstellungen der Einheimischen vermischten, gab man ihnen die Namen bedeutender Gottheiten der Römer.

Der Gebrauch der neuen Zeiteinheit bürgerte sich schnell ein, und die Römer bildeten den Ausdruck septimana (›sieben Morgen‹), worauf die heutigen Worte für ›Woche‹ in den romanischen Sprachen zurückgehen. Um 200 hatte sich die siebentägige Planetenwoche im Römerreich allgemein durchgesetzt. Ihre Tage hießen dies saturni (Saturn, Samstag), dies Solis (Sonne, Sonntag), dies lunae (Luna, Montag), dies martis (Mars, Dienstag), dies mercurii (Merkur, Mittwoch), dies jovis (Jupiter, Donnerstag) und dies veneris (Venus, Freitag). Die achttägigen Nundinen verschwanden, als Konstantin 321 das Verlegen der Markttage auf den Sonntag gestattete und den Gewerbebetrieb sowie Gerichtssitzungen an diesem Tage verbot.

Zivilisation zwischen Balkan und Skandinavien

Im Gegensatz zu den mediterranen Kulturzentren hatte man sich Mittel- und Westeuropa lange Zeit als von Barbaren bewohnten Urwald vorgestellt. Aber schon lange vor der griechisch-römischen Antike existierte dort eine blühende Hochkultur. In Zusammenhang mit dem Kult einer allgemeinen Ur- und Erdmutter entwickelte sich bereits im 6. Jahrtausend v. Chr. die altbalkanische Schrift. Als es vor einigen Jahrzehnten gelang, das Alter der geheimnisvollen Megalithbauten an Westeuropas Küsten einigermaßen zuverlässig zu bestimmen, zeigte es sich, dass die Älteren von ihnen lange vor den ägyptischen Pyramiden errichtet wurden.

Markante Zeugen der frühen Kultur des Nordens sind aufrecht stehende Langsteine (Menhire) und von Steinblöcken gebildete Kreise (Cromlechs). Das mächtigste erhaltene Cromlech ist *Stonehenge* in Südengland. Etwa 3000 v. Chr. schaufelten hier die ältesten Bewohner Englands einen ringförmigen Erdwall. Vor seiner Eingangsöffnung richteten sie Menhire auf, in denen man Beobachtungssteine für die Sonnenwenden vermutet. Nachfolgende Kulturen errichteten drei Steinkreise im Innern des Walls und bauten sie mehrfach um. Heute kaum noch bestritten ist die Annahme, die Anlage bilde einen Sonnenkalender, mit dessen Hilfe man die Zeiten für Kulthandlungen und Feste bestimmen kann.

Auch viele andere Bauwerke erfüllten Aufgaben eines Observatoriums und Kalenders. So fallen im vielleicht 5000 Jahre alten Grab von Newgrange an der Ostküste Irlands die Sonnenstrahlen einzig am kürzesten Tag des Jahres bei Sonnenaufgang für einige Minuten durch den Eingangstunnel bis in die Grabkammer. Das zunehmende Interesse an der Archäo-Astronomie und neue technische Möglichkeiten brachten in den letzten Jahrzehnten weitere und zum Teil noch ältere ›Kalender-Anlagen‹ zum Vorschein. Eine davon gehört zu der zwischen 4800 und 4600 v. Chr. errichteten jungsteinzeitlichen Siedlung Meisternthal in Bayern.

Auch die Bronzezeit Mitteleuropas erscheint heute in neuem Licht. Einer breiten Öffentlichkeit bekannt ist die *Himmelsscheibe von Nebra,* deren Alter man mit modernen Datierungsmethoden auf 3600 Jahre bestimmt hat. Ihr Bezug zu astronomisch-kalendarischen Beobachtungen wird kaum noch bezweifelt. Es scheint, als hätte es auch in Europa eine abgesonderte Gruppe sternkundiger Priester gegeben. Darauf deuten auch vier mysteriöse Kegel aus papierdünn getriebenem Goldblech, die zwischen 1300 und 1000 v. Chr. hergestellt wurden und sich in verschiedenen Museen befinden. Man deutet sie heute als imposante Kopfbedeckungen. Im Berliner Museum für Vor- und Frühgeschichte untersuchte Wilfried Menghin die in das Material getriebenen Zeichen, die lange als bloßer Zierrat angesehen wurden. Er interpretierte sie als eine Art ›astronomisches Codesystem‹, mit dessen Hilfe kalendarisches Wissen gespeichert wurde. Abgegrenzte Zeichenreihen verweisen auf synchrone solare und lunare Zyklen. Menghin schreibt: »Die 1739 Kreisringe und Zeichen des Berliner bzw. die 1737 Zähler des Ezelsdorfer Goldhutes stehen für die, nach moderner Rechnung, 1735 Tage eines Zeitzyklus von vier Jahren und neun Monaten, welcher in der Vervierfachung als Grundlage des Zählschemas für den 19-jährigen Mondzyklus verwendet werden kann.«

Diesen Zyklus von 6939 Tagen erkannte Meton aus Athen 432 v. Chr., und er ist nach ihm benannt. Doch auch die Babylonier wussten schon im sechsten Jahrhundert v. Chr., dass 19 Jahre vergehen, ehe die Stellung der Sonne wieder ziemlich genau mit den gleichen Mondphasen zusammentrifft. Inder und Chinesen scheinen den Zyklus noch weit eher gekannt zu haben – warum nicht auch die Nachfahren der Steinzeit-Astronomen Mitteleuropas?

Die ›alte Welt‹ Europas mit ihrer vorwiegend matriarchalen Kultur und Religion reichte bis weit nach Osteuropa. Als gegen Ende der Eiszeit, um 10.000 v.Chr., Jäger aus Westeuropa den Tierherden in die nun eisfreien Gebiete an der Ostsee folgten, dehnte sich der Lebensraum nach Norden aus. Weiter südlich aber, im Steppengürtel von der Ukraine bis China, lebten Hirtennomaden in patriarchal strukturierten Gemeinschaften. Von hier drangen sie immer wieder nach Westen vor, erreichten das Schwarze Meer, Griechenland, Russland, das Baltikum und schließlich die Küsten des Atlantiks. Sie brachten eine andere Kultur und neue Götter mit, die das Leben der Menschen im alten Europa von Grund auf veränderten.

Jahrtausende vergingen. Die kulturelle Entwicklung der Menschen nördlich von Kaukasus, Karpaten und Alpen unterlag ungleich härteren Bedingungen als im mediterranen Klima. Das Überleben ihrer Sippen hing unmittelbar von der wärmenden Sonne und der Fruchtbarkeit von Mensch und Tier ab. Folgerichtig standen Verehrung der Sonne und Heiligung der Zeugungskraft am Anfang ihrer Religionen. Auf diesem Stand der Entwicklung, kaum der Urgemeinschaft entwachsen, begegneten die Menschen des Nordens der Kultur des Römerreichs. Das stimulierte einerseits den Fortschritt ihrer kulturellen Entwicklung und führte andererseits zum Untergang bestehender gesellschaftlicher Einrichtungen.

Das vierte bis sechste Jahrhundert Europas ist durch die Völkerwanderung geprägt. Die Bewegung germanischer und anderer Völker nach dem Westen und Süden Europas führte 476 den Untergang des Weströmischen Reichs herbei und bereitete das Mittelalter vor. Daneben aber bewirkten die Züge der Völker den Transport kultureller Elemente. So breitete sich als eine Ausstrahlung des Etruskischen in Mitteleuropa die Runenschrift aus. Die Namen einiger gemeingermanischer Runen haben Bezug zu kalendarischen Begriffen: d bedeutet dagaz (›Tag‹), r steht für jera (›Jahr‹), und ng symbolisiert ingwaz, den ›Gott des fruchtbaren Jahres‹. Mit eingekerbten Runen beschrifteten die Skandinavier ihre hölzernen Kalenderstäbe.

Die kulturelle Erschließung *Osteuropas* durch nördliche indogermanische Völker begann im ersten Jahrhundert v.Chr. von Südschweden aus. In einer zweiten Welle erschienen die Wikinger. Sie gründeten im neunten Jahrhundert Kiew und Nowgorod. Von hier aus führten ihre Fahrten bis Konstantinopel. Von dort kommende christliche Missionare sorgten um dieselbe Zeit für die byzantinische Prägung der Kirchen Osteuropas.

Die *Kelten*, eine große Gruppe indogermanischer Völker, beherrschten im Altertum weite Teile Europas von Irland bis Rumänien. Von Cäsar wissen wir, dass sie die Nächte, nicht die Tage zählten. Dieses Konzept müssen auch die Germanen benutzt haben. Es überlebt in der englischen Bezeichnung fortnights (›vierzehn Nächte‹), die zwei Wochen meint, und im Dialekt des Frankenlandes taucht mitunter noch heute der Begriff vürnächt für ›vorgestern‹ auf. Entsprechend zählte man die Winter, nicht die Jahre. Auch die Germanen maßen Lebensalter und große Zeiträume, wenn überhaupt, an den vergangenen Wintern.

Die Götterwelt der Kelten ist von verwirrender Vielfalt. Sie verehrten Schöpfer- und Lebenskräfte als oft schemenhafte Wesen und trennten kaum zwischen realem Diesseits und spirituellem Jenseits. Das Leben war für sie ein ewiger Kreislauf, in dem der Tod nur als kurze Unterbrechung vorkommt. Der Götterwelt übergeordnet ist die vage Idee einer ›Mutter der Götter‹ und ihr männliches Gegenstück, dessen Name Dagda ›der gute Gott‹ bedeutet. Die Vereinigung dieser beiden gegensätzlichen Elemente wurde mit dem Fest *Samhain* gefeiert. Dann begann mit dem neuen Winter ein neues Jahr, und der Stamm versammelte sich, um seine Kräfte zu erneuern und die Fruchtbarkeit seiner Felder und Herden zu sichern. Entsprechende Rituale kannten z.B. die Sumerer als ›heilige Hochzeit‹.

Samhain fiel auf den ersten November des römischen Kalenders. An seinem Vorabend glaubte man die Tore zur Anderwelt offen und die Toten geisterhaft zurückgekehrt. So begingen die Lebenden das Fest gemeinsam mit den Verstorbenen des Clans. Doch auch die Geister der Fremden, die ein Krieger im Kampf getötet hatte, konnten dann erscheinen und Rache nehmen. Hatte man aber dem Getöteten den Kopf – als vermuteten Sitz der Seele – abgetrennt und ihn an der Feier teilnehmen lassen, so war dieser versöhnt. Später wurden angedeutete Gesichter in Rüben geschnitten, und diese nahmen stellvertretend für die Köpfe am Fest teil. Dann wandelte das Christentum die Feier der Kelten mit ihren verehrten Ahnen in ein Fest für seine als Märtyrer gestorbenen Heiligen. In den USA wurde Allerheiligen zu Halloween und die Rüben durch Kürbisse ersetzt.

Ein anderer bedeutender keltischer Hauptgott war Bel, Gott des Lichtes, der über die helle Jahreshälfte herrscht. Anfang Mai am Ende des Winterhalbjahres beging man ihm zu Ehren das große Fest *Beltaine*, ein Gegengewicht zu Samhain. Zu diesen beiden Halbjahresfesten wurden alle Herdfeuer gelöscht, auf den Berggipfeln neue heilige Feuer rituell entzündet und von hier aus die Flamme in die Häuser getragen. Als eigentliches Winterende aber wurde *Imbolc* betrachtet, ein häusliches Fest mit Zeremonien am Herdfeuer.

Weiter tritt Lugh aus der Fülle der Gottheiten hervor. Ähnlich dem germanischen Wotan entdeckte er die Schriftzeichen und gewann dadurch magische Kräfte. Das ihm geweihte Fest *Lughnasad* Anfang August gehört zu den wichtigsten des keltischen Kalenders. Ursprünglich wird es das ›Fest der ersten Früchte‹ zu Ehren der alten Muttergottheiten gewesen sein.

Zum Sonnenjahr in direkter Beziehung steht Cernunnos, der Gott mit dem Hirschgeweih, der die Sonne im Frühling repräsentiert. Die Reihe unserer Tierkreis-Sternbilder beginnt am Frühlingspunkt mit dem Widder, die Gallier erkannten darin einen Hirsch. Sie und die Griechen benannten nach ihm den entsprechenden Monat. Bei den Sumerern repräsentierte das gleiche Sternbild die uralte ›auferstehende Gottheit‹ Dumuzi. Wir finden die vier religiösen keltischen Hauptfeste zwischen den astronomisch fixierten Eckpunkten des Sonnenjahres eingeschoben. Man erkennt sie noch in den heutigen Monatsnamen Irlands.

Bäume spielen weltweit eine besondere Rolle in den Mythen und Kulten. In den Kalendern slawischer Völker gibt es noch heute Birken-, Linden- und Kirschenmonate, und die Sabier in Syrien hatten einen Dattelmonat. Oft wird von einem angeblichen *Baumkalender* der Kelten berichtet. Hauptquelle dieser Überlieferung ist freilich nur eine alte Dichtung. Die 13 Monate tragen die Namen von Runen des Ogham, des keltischen ›Baumalphabets‹. Der 23. Dezember aber heißt ›Das Geheimnis des unbehauenen Steins‹ und gehört zu keinem der Monate. In dem ›unbehauenen Stein‹ dürfen wir einen Menhir vermuten, mit dessen Schatten die Druiden den Zeitpunkt der Winter-Sonnenwende bestimmten. Anscheinend haben sie mit seiner Hilfe den Übergang von einem ursprünglichen Mond- zum Sonnenjahr vollzogen und ihren Baumkalender astronomisch synchronisiert. Das stützt die Annahme, dass die alten Megalithbauten Kalenderzwecken dienten. Kelten haben sie nicht errichtet, aber benutzt.

Die meisten Archäologen und Historiker akzeptierten lange nur einen anderen keltischen Kalender, für den sie greifbare Beweise besitzen. 1897 wurden im ostfranzösischen Burgund die Reste einer Bronzetafel aus dem letzten vorchristlichen Jahrhundert gefunden, die mit lateinischen Schriftzeichen graviert ist. Dieser *Coligny-Kalender* lässt einen Zyklus von 62 lunaren Monaten erkennen, die abwechselnd 29 und 30 Nächte lang sind. Seine Basis bilden fünf Mondjahre, deren 60 Monate durch zwei Schaltmonate ergänzt wurden. Solche Zyklen waren auch in China bekannt.

Aufzeichnungen der Druiden über ihre Kalender und ihre Feste wurden nie gefunden, vermutlich gab es sie nicht. Cäsar bestätigt in seiner Schrift über den gallischen Krieg, sie hätten ihre Geheimlehren lyrisch verbrämt, in Versen verschlüsselt. Wer ihre Kenntnis vollständig erwerben wollte, musste bis zu zwanzig Jahre memorieren. Das hat verblüffende Ähnlichkeit mit den Praktiken der babylonischen Chaldäer, die ihr geheimes astronomisches Wissen im Epos vom Helden Gilgamesch verbargen – so jedenfalls die Vermutungen von Werner Papke.

Das östliche Europa ist von *Balten und Slawen* besiedelt. Ihre Kulturen einschließlich der Kalender haben zahlreiche Gemeinsamkeiten, zeigen aber auch deutliche Unterschiede. Sie fußen auf der Existenz vor-indogermanischer Kulturen in ihrem heutigen Siedlungsgebiet, deren Spuren sich bei den erst im 15. Jahrhundert christianisierten Balten besonders gut erhalten haben. Oft gibt es direkte Beziehungen zwischen der Götterwelt und den Kalendern einer ethnischen Gruppe. Aber auch dann, wenn wir davon nichts bemerken, weil die Monate oder Wochentage nicht nach Göttern benannt sind – immer waren die religiösen Anschauungen eines Volkes mit seinen Zeitbegriffen verknüpft, mit seinen Vorstellungen von Morgen und Abend, von Tagen, Nächten, Monaten oder von der Dauer des Lebens.

Drei Etappen in der Entwicklung der Glaubensvorstellungen sind bei Balten und Slawen noch erkennbar. Am Beginn steht die frühe matriarchale Stammesorganisation der Jäger und Sammler mit primitiven Fruchtbarkeitskulten. Die zweite Etappe wird durch das Matriarchat auf der Basis von Ackerbau gekennzeichnet. Hier entwickelten sich die Kulte der weiblichen Gottheiten, die Sonne, Mond, Erde, Wasser und Fruchtbarkeit repräsentieren. Sie waren für die Geburt, das Leben und den Tod der Menschen, Tiere und Pflanzen verantwortlich. Solche Denkmodelle implizieren eine Vorstellung von zyklischer Zeit. Die dritte Etappe war die Periode des patriarchalen Stammes-Systems und seines Zerfalls, dem die Klassengesellschaft folgte. Nun errangen die männlichen Hauptgötter ihre Vorherrschaft. Die Übergänge zwischen diesen Phasen waren fließend.

Bei den Slawen ist *Mutter Erde* von alters her bekannt. Sie ist die universelle Quelle des Lebens. Archäologische Funde belegen den Kult einer Fruchtbarkeitsgöttin in Osteuropa bereits vor 30.000 Jahren. Bis ins 19. Jahrhundert kannte der Volksglaube eine Erdgöttin namens Ziedu mate, deren wichtigstes Fest zur Erntezeit Mitte August gefeiert wurde. Die Christianisierung hat den Termin mit einem Marienfest überdeckt.

Die Sonnengottheit wird ursprünglich weiblich gewesen sein – sie bringt das Leben hervor. Der Mond war dann ihre natürliche männliche Ergänzung. Diese Rollenverteilung hatte anfangs nichts damit zu tun, ob Sonne oder Mond als oberste Gottheit verehrt wurden. Wer den Acker bestellt und wer in kalten Gegenden lebt, fürchtet und liebt am stärksten die Sonne. Nomaden verehrten überwiegend den Mond. Erst als sich die Gesellschaft nach patriarchalen Grundsätzen formte, wurde Sonne männlich und führend. Im gleichen Moment wechselte auch das Geschlecht des Mondes. Bei Griechen und Römern tauchen Selene und Luna auf, und in den indoeuropäischen Mythen wird der Mond gewöhnlich durch weibliche Gottheiten repräsentiert. Der baltische Mondgott Meness ist männlich und deshalb untypisch für Europa. Er dürfte ein Beleg dafür sein, wie lange sich Elemente matriarchaler Kultur bei den Balten erhielten.

In der Periode der patriarchalen Klassengesellschaft entwickelte sich das Bild eines obersten Gottes als Schöpfer und Herr des Universums und allen Lebens. Er ging aus Himmels- und Wettergöttern hervor. Als ältester dieser Art im pan-slawischen Pantheon wird Svarog beschrieben. Er gab den Menschen das Feuer aus den Wolken. Ortsnamen belegen seinen Kult in Russland, Polen, Tschechien, und auch Schwerin in Mecklenburg war ein slawischer ›Ort des Swarzyn‹. Nach gewisser Zeit trat Svarog seine Macht an Dazbog ab, den Gott der Sonne. Das slawische Wort bog meint heute ›Gott‹ schlechthin. Jeden Morgen neu geboren, fährt Dazbog über den Himmel, bis er abends als alter Mann stirbt. Zwölf Pferde ziehen seinen Wagen durch seine zwölf Königreiche, die Sternbilder oder Stunden. Seine Gefährtin ist die schöne Mondgöttin Myesyats. Dieser Name ist das slawische Wort für ›Monat‹ – polnisch miesiaz, russisch mesjaz usw. Schließlich entwickelte sich die Vorherrschaft eines Sturm- und Donnergottes; Perunu übernahm die Rolle Svarogs. Als Haupt- und Schöpfergott war er das slawische Pendant des germanischen Thor und des Jupiter oder Zeus der Antike.

Eine Reihe bedeutender Feste bestimmte die Kalender der Slawen und Balten. Als markante Punkte im Jahr wurden zuerst die beiden Sonnenwenden erkannt. Mit der Wintersonnenwende verbunden ist Koliada. Der Name scheint von kolo abgeleitet, was ›Kreis‹ bedeutet und die Sonne meint. Damit wäre es als Hauptfest der Sonne identifiziert, für das man sich zwei Wochen Zeit ließ – das Landwirtschaftsjahr ruhte. Später ging der Festtermin auf die christlichen Weihnachtsfeiern über.

Wenn zur Mittsommerzeit die Sonne ihre größte Kraft entfaltete, wurden an wenigen heiligen Plätzen die Sonnenwendfeuer entzündet und von dort aus das neue Feuer im Land verteilt. Doch die traditionellen Feuerfeste vereinen zwei heilige Elemente, Feuer und Wasser. Kupalo ist der Name des Mittsommerfestes in Polen, und Kupala ist die ›Wassermutter‹ der Pflanzen. Die Sommersonnenwende wird bei allen indogermanischen Völkern gefeiert. Hauptbestandteil all dieser Feste ist ein das Leben symbolisierendes Feuer. Das Christentum vereinnahmte den verbreiteten Festtermin als ›Johannistag‹, und unter Einfluss der Orthodoxie wurde er in slawischen Ländern zum ›Tag des heiligen Ivan Kupala‹.

Verschiedene Feste sind dem Erwachen der Natur aus dem Schlaf des Winters gewidmet. Lada, die ursprüngliche ›Große Mutter‹, ist in den Mythen der Russen und der Balten Gemahlin des obersten Gottes. Im Russischen erscheint ihr Name als Leto (›Sommer‹), polnisch bedeutet lato ›Sommer‹, und lata sind ›Jahre‹. Lada lebt im Jenseits, bis sie im Frühling zur Erde zurückkehrt. Mit Dazbog mythisch verbunden, ist sie identisch mit den ›auferstehenden‹ Gottheiten der Völker Vorderasiens.

Um das Jahr 98 schrieb Tacitus in Rom nieder, was er aus zweiter Hand von den Bewohnern des Nordens gehört hatte. Seine Schrift *De origine et situ Germanorum* ist die älteste ausführliche Quelle über Germanien. Sie erwähnt den Kult der Muttergöttin Nerthus in Dänemark und beschreibt Tyr als obersten, mit Mars vergleichbaren Himmels- und Kriegsgott. Bei den Angelsachsen hieß er Tiw, daher kommt der spätere Tagesname Tuesday. Um das achte Jahrhundert wurde Tyr von Odin (südgermanisch: Wotan) abgelöst.

Die Götter der Germanen leben in zwei Familien: *Wanen* und *Asen*. Wanen sind mit den ursprünglichen Belangen der Menschen verbunden, mit Jahreszeiten und Fruchtbarkeit; Nerthus und Njord gehören zu ihnen. Im Lauf der Zeit wurden sie durch die Asen verdrängt. Deren Oberhaupt Odin wurde der Gott der herrschenden Klasse, verehrt von Königen und Kriegern. Aber jene, die sich als Siedler niederließen, bevorzugten als gemäßigte Alternative seinen Sohn Thor, der gegen Ende der Wikingerära bedeutender als Odin wurde. Dem nordgermanischen Donnergott Thor entspricht Donar der Südgermanen. Als diese die römische Siebentagewoche übernahmen, benannten sie den Tag seines römischen Pendants Jupiter nach ihm. Das den Wanen zugehörige Paar Frey und Freya hatte Fruchtbarkeit symbolisiert. Dann wurde Freya – nun als Frigg – Gemahlin Odins, und nach ihr ist der Freitag benannt.

Auf Island verfasste der Gelehrte Snorri Sturluson um 1225 ein Lehrbuch für junge Skalden, die *Edda*. Die darin gesammelten Mythen beschreiben die Schöpfungsgeschichte des Nordens. In der Edda gaben die ersten Götter der Welt ihre Ordnung, die Zeiten und die Jahreszeiten. Dann hielten sie Rat und »für Nacht und Neumond wählten sie Namen, benannten Morgen und Mittag auch, Dämmerung und Abend, die Zeit zu messen«.

Die widersprüchliche Einheit von Tag und Nacht, Sommer und Winter wird in den Mythen auf vielfältige Weise dargestellt. Manchmal erscheinen Tages- und Jahreszeiten als Probleme von Liebespaaren: Sigurd, obwohl Herr der Sonne, darf seiner Geliebten, der Morgenjungfrau Brünhild, nur einmal täglich begegnen. Njörd und seine Geliebte Skadi halten es, ungeachtet aller gegenseitigen Zuneigung, nur für wenige Monate des Jahres miteinander aus. Die längste Zeit des Jahres lebt sie in ihrer frostigen Heimat und er in sommerlich-sonnigen Gefilden. Freyr, der sanftmütige Gott der Sommersonne, bringt das Herz seiner Geliebten, der Eisriesin Gerda, durch die Wärme seiner Liebe zum Schmelzen.

Auch die ›auferstehenden‹ Götter Kleinasiens finden ihre nördliche Entsprechung. Balder, der Asengott, Produkt indogermanischer Sonnenverehrung, ist zur Sommersonnenwende gestorben und kehrt zur Julzeit wieder. Dann wird die Mistel, die ihm den Tod brachte, zum Festsymbol. Die immergrüne Pflanze zeigt an, dass Dunkel und Wintertod der Natur überwunden werden und ein neuer Zyklus des Lebens beginnt. Im altskandinavischen Märchen liegt Brynhild im Erdreich in tiefem Winterschlaf und wartet auf ein Erwachen im Frühling. Im Nibelungenlied wird Brünhilde, wegen Ungehorsams von Gott Odin in einen tiefen Zauberschlaf versenkt, durch den Helden Sigurd befreit. Letztlich vertreten diese Gestalten Himmelsgott und Erdgöttin.

Aus den religiösen Festen der nordischen Völker entwickelten sich die festen Eckpunkte ihrer Kalender. Drei große allgemeine Opferfeste standen sicher in engem Zusammenhang mit den Höhepunkten des bäuerlichen Jahres. Jan de Vries hat sie in seiner *Altgermanischen Religionsgeschichte* (1970) verglichen mit einem Säeopfer, einem Ernteopfer und einem Dreschopfer. Der altnordische Ausdruck *Blot* bezeichnet solche Opferrituale. Islands Sagas berichten von einem disablot im Herbst, dem vetrarblot zu Winteranfang, dem jolablot zu Mittwinter und dem sigrblot zum Frühlingsanfang. Das *disa-blot* war ein Opfer für die Disen, weibliche Mächte oder Ahnengeister, die als Naturwesen die Wachstumskräfte der Erde fördern. Die Zusammenkünfte anlässlich der Disenopfer boten Gelegenheit, auch die anderen Angelegenheiten des Stammes zu behandeln, sie entwickelten sich zum *Ding* (ahd. thing), was etwa ›Zusammenziehung von Menschen‹ bedeutet.

Die germanische Stammesversammlung auf der Dingstätte erhielt rechtliche und politische Bedeutung. Drei- oder viermal im Jahr versammelten sich an bestimmten, nach dem Mondstand festgesetzten Tagen alle freien Männer des Gaues. Da jedermann den Tag des Dings wußte und ebenso, dass er sich dabei einzufinden hatte, so wurden diese Versammlungen die ›Ungebotenen Dinge‹ genannt. Aus den Dingen entwickelte sich das Gerichtswesen. Eine bedeutsame Frist im mittelalterlichen Rechtswesen war jene von *Jahr und Tag*. Nach ihrem Ablauf trat Gewohnheitsrecht in Kraft. Zunächst meinte sie wörtlich ein Jahr und einen Tag. Später zählte man die Zeit zum nächsten Ding hinzu und kam auf ein Jahr und sechs Wochen. Endlich wurde noch die Dauer des Dings dazugerechnet, und nun dauerte ›Jahr und Tag‹ ein Jahr, sechs Wochen und drei Tage. Dieses Ganze hieß auch *Sachsenjahr*. Die Gewohnheit, zu feststehenden Ding-Terminen rechtliche Beziehungen zwischen den Menschen zu ordnen, lebt weiter in der britischen Einrichtung der *quarter days*. Noch heute ist es üblich, Mieten oder Pachten zu solchen Vierteljahresterminen zu bezahlen.

Auch bei den germanischen Völkern folgte einer Frühzeit ein entwickeltes Matriarchat und darauf das patriarchale Stammes-System. Immer wieder sind in diesem Prozess Elemente der älteren Kulturen, Bruchstücke ihrer Ideen und Mythen in die jeweils aktuellen Vorstellungen eingeflossen. Betrachten wir unter dieser Voraussetzung die vier Jahrpunkte und beginnen mit der *Julzeit*. In den langen, dunklen Tagen um die Wintersonnenwende erlischt das Leben in der Natur weitgehend. Es ist die Zeit des Sterbens, in der man der Toten gedenkt und die Ahnen verehrt. Diese Zeit bezeichnet das nordische Mehrzahlwort jól, von dem das Julfest seinen Namen hat. Andererseits nennt das uralte Gulathingsgesetz ausdrücklich die Förderung der Fruchtbarkeitskräfte als Zweck des Julfestes. Das bestätigt seinen Zusammenhang mit landwirtschaftlichen Tätigkeiten, und es ist anzunehmen, dass es nach Abschluss des Dreschens gefeiert wurde. Eine solche zeitlich unbestimmte Festlegung führte zu großen Unterschieden des Festtermins an verschiedenen Orten. Wie der ebenso vage bestimmte ›Mittwinter‹ schwankte er innerhalb eines längeren Zeitraums und wurde wohl durch Mondphasen fixiert.

Man vermutete enge Beziehungen zwischen dem Wachstum der Pflanzen und dem Wirken der Totengeister. Das disa-blot zeigt uns den Zusammenhang zwischen Fruchtbarkeitskult und Ahnenverehrung. Im Lauf der Zeit trat ein Sonnenkult als dritte Komponente neben diese beiden, und das Julfest wurde auf einen bestimmten Termin des Sonnenjahres fixiert, auf die Wintersonnenwende. Als der römische Jahresbegriff in das Leben germanischer Völker eindrang, wurde die Diskrepanz zwischen Mond- und Sonnenjahr deutlich. Man bemerkte bald, dass man beide annähernd miteinander harmonisieren konnte, wenn man den zwölf Mondmonaten weitere zwölf Tage hinzuzählte. Daher kommt der Name *Zwölfnächte* für die Julzeit, und das ist der Ursprung des Volksglaubens, dass es sich dabei um eine besondere Zeit ›zwischen den Jahren‹ handle. Das dem Tyr geweihte Opferfest zur Wintermitte mag Ausgangspunkt der Anschauung gewesen sein, dass die Zwölfnächte ›geweihte Nächte‹ seien. Hier finden wir den wirklichen Ursprung unseres Wortes ›Weihnachten‹. Und der in der Julzeit praktizierte Ahnenkult gab den Anlass, dass es noch heute den Deutschen als wichtigstes Familienfest gilt.

Der nächste große Eckpunkt des Jahres ist der Termin der *Frühlings-Tagundnachtgleiche.* Mit ihm verknüpfte die christliche Kirche ihr Hauptfest Ostern. Auch hier wird der Sieg eines Sonnengottes (Jesus) über die Dunkelheit (den Tod) gefeiert. Aber der Termin dafür war in jüdischer Tradition auf andere Weise bestimmt, an den Frühlingsvollmond gebunden. Sehr bald hat die Kirche diesen Zusammenhang zu lösen versucht und das Fest auf den darauf folgenden Sonntag verschoben. Doch selbst der Name ›Ostern‹ führt uns zurück zum alten Sinngehalt: Eine freudvolle Frühlingsfeier, das Fest des zunehmenden Lichts, war der germanischen Lichtgöttin Ostara gewidmet.

Alle indogermanischen Völker feiern die *Sommersonnenwende,* und Hauptbestandteil dieser Feiern ist überall ein Feuer, von dem gesagt wird, es symbolisiere das Leben. Aber zu diesem Termin überschreitet die Sonne ihren höchsten Stand, von jetzt an nehmen die Lebenskräfte ab – es ist der Zeitpunkt, an dem Balder stirbt. Der Tod des Gottes entspricht den kürzer werdenden Tagen. Einen ganz anderen Charakter hat der Feuerbrauch beim Beltaine der Kelten, dem großen Fest am Ende des Winterhalbjahres, das sie dem siegreichen Sonnengott Bel widmeten. Auch Germanen feierten zu Ehren Sunnas, der personifizierten Sonne, und zwar dann, wenn sie ihre größte Kraft entfaltet, eben zur Mittsommerzeit. Nach Einführung des Christentums ersetzte der Märtyrertod des Johannes das jährliche Sterben des Balder. Man legte sein Fest auf den 24. Juni und entzündete nun ›Johannisfeuer‹.

Mit dem *Herbstpunkt des Jahres,* der Nachtgleiche am 21. September, scheint keines der alten Feste unmittelbar verbunden. Der Termin wird von zwei benachbarten Ereignissen überdeckt, der Ernte im Spätsommer und dem Beginn des Winters. Die Kelten zelebrierten Anfang August Lammas, das später dem Lugh geweihte und Lughnassadh genannte Fest der ersten

Ernte, zu Ehren ihrer Muttergottheit. Auch germanische Nachbarstämme haben um diese Zeit für Odin und Frigg geopfert. Beda teilt uns aus dem achten Jahrhundert das Wort hálaegmónath als den englischen Namen für September mit, und wir dürfen annehmen, dass er deshalb ›heilig‹ hieß, weil in diesem Monat das Ernteopfer stattfand.

Man beobachtete die Aufeinanderfolge des zu- und abnehmenden Mondes im Abstand von jeweils 14 Nächten. Den Wechsel zwischen beiden Phasen nannte man in Skandinavien vika, althochdeutsch hieß er wichan. Das meinte ursprünglich ›weichen‹ im Sinne von ›Platz machen‹ und entwickelte sich zur allgemeineren Bedeutung ›Reihenfolge, regelmäßig wiederkehrender Zeitabschnitt‹. Schließlich entstanden die spezialisierten Worte ahd. wohda, engl. week und schwedisch vecka; sie alle bezeichneten den Zeitraum von 14 Nächten. Als dann die Germanen von den Römern die siebentägigen Zeitabschnitte übernahmen, gingen diese Ausdrücke darauf über. Dieser Prozess begann noch vor dem Eindringen des Christentums im die germanische Welt.

Nicht nur die Idee der siebentägigen Woche als solcher breitete sich mit den Römern in Europa aus. Sehr schnell wurden auch die sieben lateinischen Tagesnamen in andere europäische Sprachen übersetzt oder auf Grund von Ähnlichkeiten nachgebildet. Im germanischen Gebiet tauschte man die in den Tagesbezeichnungen enthaltenen Götternamen in der Regel gegen die Namen vergleichbarer einheimischer Gottheiten aus. Das Verfahren war ein erprobter Bestandteil imperialer römischer Politik, es schonte die religiösen Gefühle der unterworfenen Völker, und man erreichte eine bessere Akzeptanz des römischen Kalenders. Das wieder trug zur Integration der eroberten Gebiete in das riesige Reich bei. Im Ergebnis flossen antikes, germanisch-heidnisches und christliches Gedankengut im Kalender zusammen.

Die so entstandene Namensreihe ist bei allen Völkern Nord- und Mitteleuropas sehr ähnlich, was ihre schnelle Verbreitung durch lebhafte Kommunikation bezeugt. In den Sprachen Skandinaviens erhielt sich die altnordische Namensreihe nach Sonne, Mond, Tyr, Odin, Thor, Frey/Freya und Loki. Daneben bildete sich bei den Angelsachsen eine parallele Reihe, in welcher an Stelle von Tyr und Odin die südgermanischen Formen Tiw und Wotan stehen. Das führte zu den englischen Namen Tuesday und Wednesday.

Weil sich der ursprüngliche Himmelsgott Tyr zum Kriegsgott wandelte, wurde er Mars gleichgesetzt, und deshalb konnte ›Tyrs Tag‹ den römischen ›Marstag‹ ersetzen. Außerdem hatte sich am Niederrhein Mars Thingsus

(›der Ding-Beschützer‹) als Beiname des Mars entwickelt. Daraus entstand im frühen Mittelalter dingesdach als Vorstufe zum niederländischen Dinsdag und unserem Dienstag. Saturn wurde gegen die Gottheit Saetere ausgetauscht. Der sich daraus ergebende saeteres-daeg scheint der wirkliche Ursprung des englischen Saturday wie des holländischen Zaterdag zu sein.

Im Kirchenlatein hatte man, um die Erinnerung an heidnische Götter auszulöschen, media hebdomasie (›Mitte der Woche‹) als neutrale Benennung eingeführt. Während sich die entsprechenden Lehnübersetzungen bei den Skandinaviern nicht halten konnten, blieb es in Deutschland beim ›Mittwoch‹. Auch die Slawen verwenden seitdem Formen, die auf sseredina nedeli (›Mitte der Woche‹) zurückgehen.

In Island gab es lange Zeit eine besondere Form der Zeitrechnung, die gänzlich auf Wochen basiert. Als die Insel im neunten Jahrhundert von Norwegen aus kolonisiert wurde, kannten Norweger ein Jahr von 364 Tagen und die siebentägige Woche. Sechs Winter- und sechs Sommermonate hatten je 30 Tage, und um auf volle Wochen zu kommen, fügte man jährlich im Sommer vier Ergänzungstage ein. Ab dem Jahre 955 wurde eine ganze Woche in jedem siebenten Jahr eingefügt. Später schaltete man fünfmal in 28 Jahren. Da das *alt-isländische Jahr* stets aus vollen Wochen besteht, treffen die Anfänge der Monate immer auf die gleichen Wochentage. Aber noch am Anfang des 20. Jahrhunderts rechneten die Isländer vorzugsweise nach Wochen und Wintern, die Bezeichnung nach Monaten und Jahren ist ihnen nebensächlich. Die Datierung erfolgte durch Halbjahr, Woche und Wochentag, z.B. sagte man »der Freitag, an dem die vierte Sommerwoche vorüber war«. Das Alter eines Menschen wurde in Wintern gemessen; das ist beim Vieh noch jetzt gebräuchlich.

Die jahreszeitliche Bindung der Feste brachte die Definition bestimmter Mondmonate hervor. Beispielsweise besaß der Mond, der auf die Wintersonnenwende folgte, eine herausgehobene Bedeutung. Das führte in Norwegen und Schweden zu einer primitiven Jahrform, die nicht strikt zwischen Jahreszeiten und Monatsnamen unterschied. Mit der Konsolidierung des Christentums in den germanischen Gebieten verbreiteten sich die römischen Monatsnamen und ersetzten nach und nach die alten Bezeichnungen. Zugleich löste sich der Monatsbegriff vom Mond und wurde zunehmend auf die kalendarische Einheit bezogen. Nur das Wort erinnert noch an den alten Zusammenhang.

4.3 Christentum und Kalender

Die Christen, der Sonntag und das Osterfest

Seit dem zweiten Jahrhundert v. Chr. hatte Rom die Länder um das Mittelmeer unterworfen. Bei den unterdrückten Völkern erwuchs aus dem Elend das Hoffen auf einen Erlöser. Um das Jahr 30 trat in Judäa eine Gestalt in Erscheinung, die einschneidende Veränderungen im Verlauf der Geschichte bewirken sollte: *Jesus* aus Nazareth. Die von ihm verkündeten Gedanken stellten Sabbatgebote und die Ordnung der jüdischen Woche in Frage. Das bedrohte die Macht der Priester, und man denunzierte ihn bei der römischen Besatzungsmacht. Als er zur Feier des Pessachfestes nach Jerusalem kam, machte man ihm wegen ›Verführung des Volkes‹ den Prozess und schlug ihn ans Kreuz. Seine Anhänger gründeten eine judenchristliche Gemeinde, und daraus entwickelte sich das Christentum als Religion, die sich auf Jesus als ihren Stifter beruft. Bald darauf tauchten sonderbare und widersprüchliche Berichte über seine Auferstehung und Himmelfahrt auf. Beide Erscheinungen werden heute als zwei Darstellungsformen ein und desselben Vorgangs interpretiert.

In der Bevölkerung des Römischen Reichs waren verschiedene orientalische Kulte heimisch geworden. Kaiser Konstantin I. sicherte sich geschickt die Unterstützung der Anhänger der verschiedenen Religionen. Auf dem Boden seines Mailänder Toleranzedikts schufen nun christliche Priester zur Sicherung ihrer eigenen Machtansprüche eine einheitliche hierarchische Organisation, die christliche Gesamtkirche. Als schließlich Gratian und Theodosius 380 das Christentum zur alleinigen Staatsreligion erklärten, war die Basis für seinen unaufhaltsamen Siegeszug geschaffen.

Die frühen Christen fanden ihr Zeitverständnis noch im Horizont alttestamentarischer Überlieferungen. Dann entstand der darüber hinausweisende Gedanke der Herrschaft Christi über Raum und Zeit. Augustinus, Bischof von Hippo, erklärte die Bildung eines Gottesstaates zum Ziel allen Daseins und Geschichte als einmaligen, darauf gerichteten Prozess. Damit war zugleich ein linearer Zeitbegriff formuliert, der das Denken Europas nachhaltig beeinflusste.

Währenddessen hatte sich die siebentägige Woche in Rom etabliert. Als *Planetenwoche* wurden ihre Tage nach Göttern der Römer benannt. Sie begann mit dem Tag des jüdischen Sabbat, dem späteren Sonnabend, der nun dies saturni hieß. Ihm folgte dies solis, der Tag der Sonne. Die Mitglieder der christlichen Urkirche waren an die jüdische Ordnung der Woche gewöhnt. Sie nummerierten die Wochentage von eins bis sechs und gaben ausschließlich dem Sabbat als siebentem einen Namen. Aber es war überliefert, dass Jesus Christus an einem Tage nach Sabbat auferstanden sei. Deshalb feierten sie diesen als ›Tag der Auferstehung des Herrn‹ und bevorzugten ihn für ihre gottesdienstlichen Versammlungen. Er wurde zum Zentrum des christlichen Kalenders. Dann aber wurde aus der populären Planetenwoche die Bezeichnung ›Tag der Sonne‹ übernommen.

Einzige Ruhepunkte im Arbeitsjahr der Römer waren zu jener Zeit die hohen religiösen Feste; man opferte den Göttern einen ganzen oder halben Arbeitstag. Nur in babylonisch-jüdischer Tradition war der Sabbat ein Ruhetag im eigentlichen Wortsinn. Die Zusammenkünfte der Christen dagegen mussten vor oder nach der Tagesarbeit stattfinden, und man legte sie auf den frühen Sonntagmorgen.

Als erste Etappe auf dem Weg zur christlichen Staatsreligion untersagte Kaiser Konstantin I. im Jahr 321 die Gerichtssitzungen und den Gewerbebetrieb in Städten am Sonntag. Nun wurden Funktionen des Sabbats in den Sonntag integriert. Unterdessen bemühten sich die Kleriker um eine christlich dominierte Alternative zur Planetenwoche. Sie benannten dies solis, den Tag der Sonne, als *dies dominica,* den ›Tag des Herrn‹, und deklarierten ihn als ersten Wochentag. Die anderen Wochentage zählten sie von zwei bis sechs durch.

Der Kontakt zu keltischen und germanischen Völkern veränderte die Namen der Wochentage. In der Folge bekämpfte die Kirche ihre Benennung nach den nordischen und den Planetengöttern heftig, aber letztlich erfolglos. Nur in Portugal und Brasilien, bei Griechen und ansatzweise in slawischen Sprachen werden heute die Wochentage auf ›christliche‹ Weise gezählt. Die Bezeichnung Sonntag hat sich insbesondere in den germanischen Sprachen durchgesetzt, während Slawen den ›Nicht-Arbeitstag‹ (nedjelja) betonen.

Seit ältester Zeit hatten die Menschen einesteils das Wiedererwachen der Natur im Frühjahr freudig begrüßt, andernteils die Befreiung von der Last des Winters mit Ideen von Reinigung und Sühne verbunden. Die Juden deuteten die alten damit verknüpften Rituale zu einem Befreiungsfest ihres Volkes um. Sie feierten Pessach am 14. Nissan, nach ihrer Tradition war dieser Termin allein vom Mond abhängig und konnte ursprünglich auf jeden beliebigen Wochentag fallen. Unterdessen fanden sich Urchristen zusammen und feierten Jesu Todestag zu seinem Andenken, vielleicht von seinem Märtyrertod begeistert. Nach der Überlieferung war er an einem Tage vor Sabbat gestorben, doch die judenchristlichen Gemeinden in Kleinasien legten den Termin dieser Gedächtnisfeier auf den ihnen vertrauten 14. Nissan.

Bei den Heidenchristen, die nicht an die Gesetze und Gebräuche des Judentums gewöhnt waren, hatte sich dagegen vornehmlich die Lehre von Christi Auferstehung verbreitet, und sie interpretierten nun die ihnen altvertrauten Frühlingsfeiern als Fest dieser Auferstehung. Das geheimnisvolle Geschehen wird sie an die zahlreichen ›auferstehenden Götter‹ der Naturreligionen erinnert haben. Ihr Festtermin wanderte ebenfalls auf den 14. Nissan. So gruppierten sich in der Mitte des zweiten Jahrhunderts um den Termin von Pessach zwei Feiern unterschiedlichen Charakters zum Gedächtnis an Tod und Auferstehung Christi.

Die verschiedenen christlichen Gemeinden setzten unterschiedliche Akzente für das Fest. Judenchristen Kleinasiens betonten den Tod Christi am Kreuz und feierten Passah zum Termin des Frühlingsvollmondes am 14. Nissan. Aber andere Überlieferungen berichten von Christi Auferstehung am darauf folgenden Sonntag. Heidenchristen, besonders jene in Rom, bevorzugten diesen Termin, denn sie wollten unabhängig davon werden, wann jüdische Priester den Beginn ihres Monats Nissan festlegten.

Seit Konstantin das Christentum favorisierte, wurde die Osterfeier im Römischen Reich offiziell. Früher hatten jahreszeitliche Feste und Landwirtschaft zur Anpassung des Kalenders an den Sonnenlauf gedrängt. Nun, da der amtliche Kalender endlich ein Sonnenjahr beschrieb, musste das julianische Jahr wegen dieses Festes wieder zum Mondumlauf in Beziehung gesetzt werden. Der Sonnenkalender, die alttestamentarische Passahfeier beim Frühlingsvollmond und der neutestamentarische Sonntag als Wochenbeginn waren miteinander zu verschmelzen, Elemente aus drei verschiedenen Weltbildern. Aus den dabei angewandten Methoden ergaben sich Meinungsverschiedenheiten, die bis heute anhalten. Im Jahre 325 beschloss das erste große christliche Konzil in Nicäa die bis heute gültige Regel, die das Fest veränderlich, doch innerhalb fester Grenzen in den Kalender einfügt: Ostern ist am ersten Sonntag, der auf den ersten Vollmond nach der Frühlings-Tagundnachtgleiche folgt und soll nie mit dem Beginn des Passahfestes zusammenfallen.

Aber die neue Regel war mit einem entscheidenden Problem behaftet: Der Termin der Tagundnachtgleiche konnte zu damaliger Zeit nicht exakt vorherbestimmt werden. Die mit Rom verbundenen Westkirchen hielten am 25. März fest, dem bei der Einführung des julianischen Kalenders 45 v. Chr. angenommenen Datum. Dagegen hatten die in Nicäa dominierenden Alexandriner ihre astronomischen Kenntnisse genutzt, um die seit Cäsars Zeiten im Kalender entstandene Verschiebung der Tagundnachtgleiche zu korrigieren, sie nahmen den 21. März als festen Stichtag an. Die meisten östlichen Kirchen schlossen sich ihnen an. Beide streitenden Parteien aber fielen einem folgenschweren Fehler zum Opfer, der beim Ausarbeiten des julianischen Kalenders entstanden war, nämlich seiner jährlichen Abweichung um 11 Minuten 14 Sekunden von der wahren Jahreslänge.

Auch das Eintreffen des Vollmonds wurde mit unterschiedlichen Methoden berechnet, und daraus ergaben sich weitere Meinungsverschiedenheiten. Man vermutete eine zyklische Wiederkehr des Frühlingsvollmonds am gleichen Wochen- und Monatstag und erstellte Tabellen für die entsprechenden Zeiträume. Die ersten dieser Ostertafeln nahmen eine Wiederholung nach acht Jahren an. In Alexandria benutzte man den 19-jährigen Metonschen Zyklus und nannte diesen Zeitraum *Mondzirkel.*

Hatte man so den ersten Vollmondtermin nach der Tagundnachtgleiche bestimmt, so waren sein Wochentag und der darauf folgende Sonntag zu ermitteln. Nach jeweils 28 Jahren trifft ein Monatstag im julianischen Kalender wieder auf denselben Wochentag, das ergibt sich als Produkt aus der Zahl der sieben Wochentage mit dem vierjährigen Schaltzyklus. Diese 28-jährige Periode nannte man *Sonnenzyklus.* Aus der Kombination mit dem Mondzirkel ergibt sich der Osterzyklus von 19 mal 28 gleich 532 Jahren, nach welchen der Frühlingsvollmond wieder auf das gleiche Monatsdatum und zugleich auf denselben Wochentag fällt.

Später entstand das Bedürfnis, unabhängig von solchen komplett vorausberechneten Tafeln den Ostertermin eines beliebigen Jahres zu bestimmen. Als Hilfsmittel dafür entwickelte sich ein System miteinander korrespondierender Tabellen. Eine Hauptrolle darin spielt die Ordnungszahl der Jahre im 19-jährigen Mondzyklus, man hat sie *Goldene Zahl* genannt. Darauf basieren *ewige Mondkalender.* Kennt man endlich den Ostertermin eines Jahres, so sind damit zugleich die meisten anderen beweglichen Feste der Christen bestimmt, die eine feststehende Zahl von Tagen vor bzw. nach Ostern eintreten.

Byzanz und die Ostkirchen

Byzanz, das heutige Istanbul, wurde als griechische Kolonie gegründet und gelangte später unter römische Herrschaft. 395 löste sich das Byzantinische (Oströmische) Reich von Westrom. Hinsichtlich der Jahreszählung orientierte man sich nun an einem neu aufgekommenen östlichen Brauch und zählte ab der ›Erschaffung der Welt‹. Verschiedene solcher Weltären fixierten die Geburt Christi unterschiedlich auf Jahreszahlen zwischen 5500 und 5969. Bemerkenswert daran ist die zeitliche Nähe ihres Starttermins zu jener alten Überlieferung, auf die der kretisch-minoische ›Diskos von Phaistos‹ verweist und die mit dem ›Sintflut‹-Ereignis am Bosporus um etwa 5700 v. Chr. korrespondiert. Schließlich gelangte man im siebenten Jahrhundert zu einer einheitlichen *byzantinischen Ära* mit einer Epoche am 1. September 5509 v. Chr. Diese war in Russland bis zum Jahre 1700 in Gebrauch. Die griechische Kirche benutzte sie bis ins 18. Jahrhundert, Rumänen und Serben noch länger.

Infolge der Teilung des Römischen Reichs entstanden deutlich differenzierte christliche Ost- und Westkirchen. Im Byzantinischen Reich entwickelten sie sich zu überwiegend *orthodoxen Kirchen.* 451 trennten sich die koptische, syrische, äthiopische und armenische Kirche von Byzanz, sie werden heute ›altorientalische‹ Kirchen genannt, und für uns ist daran interessant, dass sie wiederum eigene Kalender entwickelten.

Kopten sind die Nachkommen der alten Ägypter. Seit 30 v. Chr. stand Ägypten unter römischer Herrschaft, und 380 wurde das Christentum Staatsreligion. Ab 640 begann die Herrschaft der Araber über Ägypten. Heute leben noch fast zehn Millionen Kopten. Sie blieben Christen und behielten den alten ägyptischen Sonnenkalender in der Form der alexandrinischen Zeitrechnung bis heute. Das freie Mondjahr der Araber, den Bedürfnissen von Nomaden und Viehzüchtern entsprechend, war für sie als Ackerbauern völlig unbrauchbar.

Während der Römerherrschaft war die Jahreszählung nach der *Ära Diokletian* eingeführt worden. Ihre Epoche ist der 12. September 284 n. Chr. Die von dem grausamen Kaiser verfolgten Christen nannten sie die *Ära der Märtyrer*, und unter diesem Namen blieb sie bei den Kopten in Gebrauch. Am 11.9.2000 anno Domini begann ihr Jahr 1717 anno Diocletian. Im Lauf der Zeit gewöhnten sie sich daran, Monatsnamen und die Ziffern des Datums mit arabischen Zeichen zu schreiben, auch deren Aussprache wurde arabisiert. Die großen Tageszeitungen Ägyptens präsentieren heute das aktuelle Datum auf drei Kalender bezogen (einschließlich der drei Jahreszahlen), aber in vier Varianten: muslimisch und koptisch in arabischer Schrift sowie gregorianisch in lateinischer und arabischer Schrift.

Die Kultur des geographisch relativ isolierten *Äthiopiens* blieb durch Jahrtausende byzantinisch geprägt. Die äthiopische Kirche ist eine Sonderform des koptischen Christentums. Sie befolgt orthodoxe Riten und besteht auf ihrem eigenen Kalender, der noch heute offizieller Staatskalender Äthiopiens ist. Man folgt der Ordnung des koptischen Jahres, besitzt aber eigene Monatsnamen. In jedem Monat werden dreizehn Tage nicht mit dem Datum, sondern mit den Namen von Heiligen bezeichnet.

Zur Jahreszählung benutzte man zunächst wie die Kopten die diokletianische Märtyrer-Ära. Als man dann im Westen begann, die Jahre ab Christi Geburt zu zählen, stellten die Äthiopier eigene Berechnungen an, die einen um acht Jahre späteren Geburtstermin Jesu ergaben. Das führte zur äthiopischen Ära, deren Jahr 2000 in der Nacht zum 11. September 2007 unserer Zeitrechnung beginnen wird. Aber man wird davon auch im Lande selbst keine besondere Notiz nehmen, denn volkstümlich werden keine Jahreszahlen benutzt. Die Jahre tragen stattdessen Namen, die man aus dem Neuen Testament entnahm. In nur vierjährigem Zyklus folgen Johannes-, Matthäus-, Markus- und Lukasjahre aufeinander.

Um 500 v. Chr. gelangte das ägyptische ›Wandeljahr‹ von 365 Tagen nach Persien und in dessen Kolonie *Armenien*. Seine zwölf 30-tägigen Monate werden durch fünf Epagomenen (persisch: Gatha-Tage, armenisch: Aveliats) ergänzt. Heute wird angenommen, dass in älterer Zeit eine gemeinsame Zeitrechnung der Völker des nördlichen Kaukasus existierte. Alte Monatsnamen beziehen sich auf die Gottheit Tishtrya, den ›Regenbringer‹ aus dem alt-iranischen Avesta, auf das alt-iranische Mithra-Fest und auf die Heuernte. Die sieben Wochentage zählte man einfach ab, wobei sich die jüdische Tradition erhielt, die Zählung auf den Sabbat zu beziehen.

Schon früh nahmen Kaukasus-Albaner, Georgier und Armenier das Christentum an. Zur Bestimmung der Ostertermine griffen sie zunächst auf Berechnungen anderer Kirchen zurück. Wer die Daten für das Fest selbst bestimmen wollte, musste vor allem eine durchgehende Jahreszählung besitzen. Die Armenier aber zählten bis dahin die Jahre nach ihren Königen. Nun errichteten sie die am 11. Juli 552 mit dem Monat Nawasardi beginnende ›große armenische Ära‹.

Um die Mitte des siebenten Jahrhunderts wurde das Land von Persien und Byzanz annektiert. Um die kulturelle Eigenständigkeit des Volkes bewahren zu helfen, ließ das Oberhaupt der armenischen Kirche um 666 eine Kalenderreform vorbereiten. Der von ihm beauftragte Mathematiker Anania Shirakatsi erarbeitete ein Modell, das die altüberlieferte Zuordnung der Monate und das Kalenderschema ›12x30+5‹ unberührt ließ. Schaltjahre sollten dadurch realisiert werden, dass man in jedem vierten Jahr den

›Aveliats-Monat‹ von fünf auf sechs Tage verlängerte. Dieser Entwurf hätte die Synchronität mit dem julianischen Kalender gewährleistet und zugleich die nationale Selbstständigkeit der armenischen Zeitrechnung bewahrt. Allein der Katholikos starb über seinen Plänen, und der Shirakatsi- Kalender wurde zwar Jahrhunderte hindurch von Gelehrten beschrieben, doch nie benutzt.

Die armenische Kirche zog es vor, zwecks Festrechnung intern den julianischen Kalender zu verwenden. Seit ihrer Trennung von der griechischen Kirche im sechsten Jahrhundert besitzt sie einen eigenständigen Kirchenkalender. Acht Abschnitte gliedern dieses Kirchenjahr. Es beginnt heute am 6. Januar mit dem Fest der Theophanie, das dem Epiphanie-Begriff der römischen Kirche entspricht.

Die Woche in Europa

Die nach Planetengöttern benannte siebentägige Woche hatte im Römischen Reich Anerkennung gefunden. Sie verbreitete sich von zwei Zentren, von Rom und von Byzanz ausgehend, in Europa. Die romanischen Sprachen knüpften direkt an die lateinischen Namen der Wochentage von Montag bis Freitag an. Daneben konnte sich hier die kirchliche Benennung des Sonntags als ›Tag des Herrn‹ durchsetzen. Im griechisch-byzantinischen Raum wurden die Wochentage zunächst nach den Planeten benannt. Dann fanden mit der Verbreitung des Christentums ab dem vierten Jahrhundert byzantinisch-kirchliche Bezeichnungen Eingang ins Griechische und haben sich bis heute erhalten.

Den slawischen Völkern wurde die siebentägige Woche wahrscheinlich erst zusammen mit dem Christentum bekannt. Auf eigene alte Gottheiten bezogene Tagesnamen sind nicht überliefert. Zu den fremden Götternamen der Planetenwoche hatte man keine Beziehung, und es war wohl am einfachsten, die Tage bis zum subbota (Sabbat) durchzuzählen. Dass dieses Abzählen selbstständig entstand und nicht dem römisch-klerikalen Beispiel folgte, ist dadurch belegt, dass man nicht mit dem Sonntag, sondern mit dem folgenden Arbeitstag zu zählen beginnt. Den Sonntag nannten sie eindeutig-einfach ›Nichtarbeitstag‹: ne delej (›mache nichts‹) wurde zu Formen von nedjelje usw. Nur in Russland heißt der Sonntag woskressenje, das ist auf die Auferstehung Christi bezogen. Sreda bedeutet ›Mittwoch‹, es steht kurz für sseredina nedeli (›Mitte der Woche‹). Ähnlich sagen Esten, Finnen und Sami ›halbe Woche‹.

Betrachten wir nun kurz die Wochentagsnamen im deutschen Sprachgebiet und seinem germanisch-keltischen Umfeld. Als die babylonische Planetenwoche ins Römische Reich gelangte, wurde einer ihrer Tage zu Ehren des Sonnengottes *dies Solis* benannt. Dann feierten christliche Gemeinden an diesem Tag die Auferstehung Jesu und nannten ihn deshalb *Tag des Herrn.* Das übernahmen romanische Völker in ihre Sprachen (ital. domenica, frz. dimanche usw.), Germanen bevorzugten die Sonne.

Der nächste Tag der Planetenwoche hieß in Rom *dies Lunae,* der ›Tag des Mondes‹. Romanische Sprachen blieben bei der römischen Göttin, Germanen bildeten den *Montag.* Dabei handelt es sich nicht um eine direkte Entlehnung, sondern man setzte die römische Mondgöttin Luna ihrer germanischen Entsprechung Mani gleich, deren Name dem Wort ›Mond‹ nahe verwandt ist.

Dem lateinischen *dies Martis* (Tag des Mars) entspricht das griechische *hemera Areos* (Tag des Ares). Beiden Gottheiten weihte man einen Tag in ihrer Eigenschaft als Kriegsgott, was wohl als ›Beschützer‹ verstanden wurde. Romanische Sprachen bewahrten den Mars. Die griechische Namensform gelangte unter dem Einfluss der Missionierung durch die Goten bis nach Bayern. Daraus entstand hier der Ertag oder Erchtag. Im benachbarten alemannischen Gebiet bezog man sich auf *Zio,* die althochdeutsche Namensform des Kriegsgottes, und bildete daraus Ziestag und Zistig, im Dialekt spricht man noch heute vom Ziischdig. Auf die Gottheit Zio geht auch der englische Tuesday zurück. Im Kontakt der Römer zu den Nordgermanen hatte sich Mars Thingsus (›der Dingbeschützer‹) als Beiname des Mars entwickelt. Als sich die Planetenwoche am Niederrhein etablierte, entstand daraus der dingesdach. Die neue Bildung wandelte sich zum *Dienstag,* der sich allgemein verbreitet und seit dem 17. Jahrhundert die oberdeutschen Mundartwörter verdrängt hat.

Der *dies Mercurii* (Tag des Merkur) veränderte sich in den romanischen Nachfolgesprachen des Latein nur gering. Südgermanen gingen bei der Namensbildung von *Wodan* aus. Diese Form ist in den Niederlanden als Woensdag und in England als Wednesday erhalten. Von der nordgermanischen Namensform *Odin* kommt der schwedisch/dänische onsdag. Kirchenlateinisch hatte man *media hebdomasie* (Mitte der Woche) als neutrale Tagesbezeichnung eingeführt. Als deutsche Lehnübersetzung entstand daraus Mittwoch.

Abgeleitet vom griechischen *pempte hemera* (fünfter Tag) und durch gotische Missionierung vermittelt ist der bayerisch-österreichische Pfinztag. Im 18. Jahrhundert setzte seine Verdrängung durch *Donnerstag* ein. Dieses Wort bezieht sich wie auch engl. Thursday auf den germanischen Gewittergott Thor (Donar), der die Stelle Jupiters einnahm. Der römische *dies Jovis* (Jupiters Tag) blieb in romanischen Sprachen erhalten.

Auch der römische ›Venustag‹ *dies Veneris* existiert in den romanischen Namen unmittelbar weiter. Die Venus der Römer, aus uralten Fruchtbarkeitskulten entstanden, fand ihre natürliche Entsprechung in der germanischen Fruchtbarkeitsgöttin Freya. Daher kommen *Freitag* und engl. Friday.

Aus dem lateinischen Namen *dies Saturni* (Saturntag) seien durch fast wörtliche Übernahme der englische Saturday und der niederländische Zaterdag entstanden, glaubten die Sprachforscher lange. Neuere Untersuchungen deuten jedoch auf eine germanische Gottheit Saetere, die an Stelle des Saturn gesetzt wurde.

Neben der Form ›dies Saturni‹ wurde auch das Wort *Sabbat*, zunächst Name des Ruhetages der Juden, zum Namen dieses Tages schlechthin und erhielt sich mit geringen Veränderungen in den romanischen Sprachen. Die Volkssprache der Griechen verschliff das Wort zu sambaton, und in dieser Form gelangte es als Lehnwort zu germanischen Stämmen. Dort wandelte es sich zu *Samstag* und hat sich vorwiegend am Rhein und in Süddeutschland eingebürgert.

Überall, wo der Mond die Zeitrechnung regulierte, begann der Tag am Abend. Auch in den frühchristlichen Gemeinden begann der feierliche Sabbat am Abend, und das änderte sich nicht, als sie den Sonntag zu ihrem Ruhetag machten. Als sie im Römerreich in Kontakt mit Völkern kamen, deren Tag morgens begann, wurde es erforderlich, auch den Abend vor dem allgemeinen Ruhetag besonders zu bezeichnen. So entstand unter anderem der ›Heilige Abend‹ vor Weihnachten und insbesondere unser Wort *Sonnabend* – der Abend vor Sonntag. Später ging der Ausdruck auf den ganzen Tag über. Er verbreitete sich kaum über den norddeutschen Raum hinaus.

Der Einfluss der Massenmedien und die zunehmende Mobilität der Bevölkerung verwischen die regionalen Unterschiede im Gebrauch der Formen Samstag und Sonnabend immer mehr. Bei einer im Jahr 2001 vom Autor in Berlin durchgeführten Umfrage zum Sprachgebrauch in Zusammenhang mit Kalender und Uhrzeit zeigten sich dennoch gravierende Unterschiede. Nur 25% der in Berlin/Brandenburg ansässigen Befragten (86 Personen) benutzen vorzugsweise ›Samstag‹, von den Auswärtigen (37 Personen) verwenden lediglich 15% die Form ›Sonnabend‹.

Schon die ersten christlichen Gemeinden betrachteten den Tag nach Sabbat als ›Tag der Auferstehung des Herrn‹. In ihrem Kalender spielte er eine zentrale Rolle, und sie nannten ihn ›erster Tag der Woche‹, bevor sich die Bezeichnung ›Tag der Sonne‹ aus der römischen Planetenwoche durchsetzte. Deshalb beginnt die Woche in christlicher Tradition mit dem Sonntag. Indessen sind die meisten europäischen Länder in den letzten Jahren aus praktischen Gründen zum Montag, dem ersten Arbeitstag der Woche, übergegangen.

Ab 1. Januar 1976 hat die Bundesrepublik Deutschland offiziell den Wochenbeginn auf Montag festgelegt. Zugleich wurde als erste Woche eines Jahres diejenige bestimmt, in die mindestens vier der ersten sieben Januartage fallen. Diese Definition wurde 1992 von der Europäischen Union als EN 28601 übernommen. Damit ist der Wochenbeginn am Montag für den wirtschaftlich-technischen Bereich verbindlich festgeschrieben. Die europäische Entscheidung folgte einer schon lange gängigen Auffassung, die sich sprachlich im Begriff des *Wochenendes,* englisch weekend, französisch fin de semaine, widerspiegelt. Als Bruch mit der christlichen Tradition oft kritisiert, wird sie in den Kirchenkalendern bis heute gewöhnlich ignoriert. Auch sind keineswegs alle Länder dieser Reform gefolgt.

Der Begriff des Wochenendes hat sich gewandelt. Mit der fortschreitenden Verkürzung der wöchentlichen Arbeitszeit in den Industriestaaten verschob sich sein Beginn von Samstagabend auf Samstagmittag und hat in den letzten Jahrzehnten in Deutschland den Freitagabend erreicht. Dass das Wochenende spätestens am Montagmorgen beendet sein sollte, steht außer Zweifel. Dass dem nicht immer so war, bezeugt der Begriff des *Blauen Montag.* Schon 1515 erließ man in der Mark Brandenburg und 1550 in Nürnberg Anordnungen gegen Trinkgelage, Faulenzen und Prügelei an Montagen. Andererseits ertrotzten sich die Handwerksgesellen im Spätmittelalter einen freien Tag, um eigene Angelegenheiten zu regeln, und prägten dafür den Ausdruck ›Guter Montag‹. Daraus wurde z. B. in Schwaben ›Guter Tag‹ als übliche Bezeichnung für Montag.

Das Zählen der Jahre

Bevor man Jahre zählen oder teilen konnte, musste zunächst der *Jahresbegriff* als solcher entstehen. Das Vergehen der Zeit wurde anfänglich ganz allgemein benannt, stets aber in Verbindung mit irgendeinem konkreten Geschehen. Aus der indogermanischen Partikel ei (›gehen‹) entwickelte sich iero (›Lauf, Verlauf, Gang‹), und das bezog man auf den Lauf der Sonne, den täglichen wie den jährlichen. So konnte sich das Wort sowohl zum germanischen *Jahr* (engl. year, schwed. år, holländisch jaar) umbilden als auch zum vielseitigen griech. *hora* (›Jahreszeit, Tageszeit, Stunde‹). Aus dem althochdeutschen hiu tagu (›an diesem Tage‹) entwickelte sich das Wort *heute.* Entsprechend wurde aus hiu jaru (›in diesem Jahre‹) das mhd. hiure. Aber nur in Österreich entstand daraus der Ausdruck *heuer.*

Um sich in der Abfolge der Jahre orientieren zu können, zählt man diese von einem festgelegten Ausgangspunkt an, der *Epoche* heißt. Mit ihr beginnt eine *Kalenderära.* Ehe sich eigentliche Kalenderären herausbilden konnten, musste es allgemein verbreitete Kalender geben. Bis dieses Stadium erreicht war, orientierte man sich an den Regierungsjahren des Staatsoberhauptes, den Amtsjahren von Beamten oder der Dienstzeit von Priesterinnen.

Aus Ägypten kam der Brauch, in einem mehrjährigen Zyklus die von den Untertanen zu entrichtenden Steuern festzulegen. Im sechsten Jahrhundert wurde in Byzanz ein 15-jähriger Zyklus eingeführt und angeordnet, die Jahre innerhalb der Zyklen zu zählen und mit ihrer laufenden Nummer, der *Indiktion,* zu benennen. Der Wechsel der Indiktion trifft aber nicht mit dem Jahresanfang zusammen, drei verschiedene Stichtage waren im Römischen Reich in Gebrauch.

Schließlich entwickelten sich ›echte‹ Kalenderären, deren Jahre durchgehend, über die Regierungszeit eines einzelnen Herrschers hinaus, gezählt wurden. Unsere Kalenderära ist jene ›nach Christi Geburt‹. Etwa im vierten Jahrhundert hatte sich die christliche Gesellschaft in Ost- und Westrom dogmatisch gefestigt, und die weltlichen Verhältnisse wurden für sie wichtig. An Stelle der überlieferten ›Zeit der anderen‹ schuf sie sich ihre eigene Zeit. Im Jahre 354 fertigte der päpstliche Schreiber Philocalus einen Kalender, der die herrschende römische Zeitrechnung erstmals mit der Geburt Christi verkettet.

Um das Jahr 530 bezog der skythische Abt Dionysius Exiguus in seiner Ostertafel die Jahre auf Christi Geburt zurück und erdachte eine auf ›das Jahr der Fleischwerdung des Herrn‹ gegründete neue Jahreszählung. Ziemlich willkürlich legte er den Anfang seiner Zeitrechnung auf den 1. Dezember des vermuteten Geburtsjahres und ließ am folgenden 1. Januar das Jahr 1 ›unseres Herrn Jesus Christus‹ (anno Domini nostri Jesu Christi) beginnen. Damit war die Geburt Christi auf den 25. Dezember ›des Jahres, das dem Jahre 1 vorangeht‹, gesetzt. Wie wir heute wissen, irrte Dionysius bei der Berechnung des Geburtsjahres. Die meisten Historiker nehmen inzwischen 5 oder 7 v. Chr. als tatsächlichen Termin an. Zum Glück blieben ihre Erkenntnisse ohne praktische Konsequenzen; niemand denkt heute ernsthaft an eine Korrektur der Jahreszählung – die Folgen wären chaotisch.

Zur Zeit des Dionysius gab es indessen kein Staatswesen mehr, das die neue Ära hätte in Kraft setzen können. Das Römerreich war zusammengebrochen, und so übernahm die Kirche die Zuständigkeit für die ›natürliche Zeit‹ und den Kalender.

Die frühen Kirchenväter aber hielten nichts von Sternkunde und Beobachtung des Himmels. Die Chronisten in den Klöstern datierten nach unterschiedlichen lokalen Ereignissen. Nur zögerlich wurde die neue Ära allgemein bekannt und löste die Zählung nach römischen Kaisern ab. Seit dem siebenten Jahrhundert ist sie in Britannien nachgewiesen, in Spanien dauerte es bis zum 14. Jahrhundert.

Viel schwieriger als die Datierung ›nach Christi Geburt‹ gestaltete sich das Datieren von Ereignissen, die länger zurücklagen. Die Entwicklung der Mathematik im Abendland war hoffnungslos zurückgeblieben. Griechen und Römer kannten keine Null; sie fürchteten einen Begriff, der das Nichts zu repräsentieren schien. Aber hin und wieder gab es ein Bedürfnis, mittels der christlichen Ära Geschehnisse vor Jesu Geburt zu datieren. Beda versuchte 731 in seiner *Kirchengeschichte des englischen Volkes* an manchen Stellen, für kleine Zeiträume rückwärts zu zählen. Doch erst gegen Ende des 13. Jahrhunderts tauchten solche Angaben öfter auf, und mit dem Buchdruck wurde die Zählweise allgemein bekannt. Dabei geschah es, dass man auf das Jahr ›1 vor‹ das Jahr ›1 nach‹ Christi Geburt folgen ließ.

Erst D. Petavius verhalf um 1630 der christlichen Ära für die Zeit vor Christus zum Durchbruch. Das war prinzipiell neu, eine Ära, die von einem Fixpunkt ›in der Mitte‹ ausgeht, von dem aus nach beiden Richtungen gerechnet wird. Noch Martin Luther hatte zwar die Zeit ›nach Christus‹ gezählt, aber die Jahre davor rechnete er in jüdischer Tradition ab ›Erschaffung der Welt‹. Erst im Lauf des 17. Jahrhunderts setzte sich die Zeitrechnung vor und nach Christi Geburt überall in Europa endgültig durch. Im Unterschied zur Passionsära des Victorius, die den Tod Christi zum Ausgangspunkt nahm, wurde sie als *Inkarnationsära* bezeichnet. Ursprünglich schrieb man die vollständige Formel ›anno dominicae incarnationis‹, gefolgt von der römischen Jahreszahl. Im Lauf der Jahrhunderte schrumpfte das auf A. D., wurde später zu n. Chr. – ›nach Christus‹ und mit der Ausprägung der atheistischen Weltanschauung zu u. Z. – ›unserer Zeitrechnung‹. Im Englischen verwendet man gewöhnlich CE, was nach Belieben als Abkürzung für ›Christian Era‹ oder ›Common Era‹ gelesen werden kann. In Österreich ist n.d.Z. (›nach der Zeitenwende‹) üblich. Von dieser ›gewöhnlichen‹ Zählung unterscheidet sich jene der Astronomen. Streng mathematisch orientiert kennt sie ein Jahr Null, es entspricht dem Jahr 1 v. Chr. historischer

Zählweise. Alle anderen Jahre v. Chr. werden mit einem Minuszeichen versehen, das Jahr 2 v. Chr. heißt also bei den Astronomen ›-1‹. Erstmals taucht diese Zählung 1627 beim französischen Astronomen Denis Petau auf.

4.4 Die Welt des Islam

Noch Jahrhunderte nach dem Aufkommen des Juden- und des Christentums waren bei den Wüstenstämmen Arabiens animistische Anschauungen vorherrschend. Einer ihrer uralten heiligen Dinge ist ein schwarzer Stein in Mekka, zu dem schon damals alljährlich Tausende pilgerten. Die in dauernder Fehde miteinander liegenden Stämme vereinbarten jährlich mehrere Monate der Waffenruhe, um allen ihren Angehörigen den Besuch des Steins zu ermöglichen. Dieser Brauch prägte maßgeblich ihre Kalender.

Auf der Halbinsel Arabien beobachtet man drei Haupt-Jahreszeiten: Regen-, Dürre- und heiße Zeit sowie drei Zwischenzeiten. Hieraus entstanden ›Doppelmonate‹. Zur Orientierung über den Lauf des Jahres diente der Mond. Ein neuer Mond-Monat begann zwei bis drei Tage nach Neumond, wenn das ›Neulicht‹ sichtbar wurde. Tag, Monat und Jahr fangen also mit einem Abend an.

Die heiligen Zeiten wanderten mit den Monaten nach und nach durch alle Jahreszeiten. Doch ursprünglich waren sie jahreszeitlich geprägt, und es bestand wohl der Wunsch, Pilger- wie Handelszüge zu dafür günstigen Zeiten zu unternehmen. Auch das ursprüngliche Frühlingsfest sollte seinen Bezug zur Jahreszeit behalten. Das erreichte man durch gelegentliches Einfügen eines Schaltmonats. Bis zum Jahre Hidschra 9 bestand das Amt des Kalammas, der darüber zu befinden hatte. Arabische Astronomen führten schon früh eine zyklische Rechnung ein, um das Mondjahr zu ordnen. So kamen auch Formen einer regelmäßigen Schaltung in Gebrauch.

Um den Monat genauer zu untergliedern, orientierte man sich am Fixsternhimmel. Dazu benutzten Araber die *Mondstationen.* Das sind die Namen von 27 Himmelsgegenden, durch die der Mond im Laufe eines synodischen Monats immer wieder geht. Zu ihrer Beschreibung wählte man helle Sterne. Sie bilden einen verlässlichen Kalender für das freie Mondjahr, und manche Wüstenbewohner benutzen sie bis heute. Auch bei den Indern hatten sie Kalenderfunktion, und in China sind sie für die Wahrsagerei von Bedeutung.

Einer der zahlreichen Götter Arabiens gelangte im Lauf der Zeit in eine Führungsrolle und wurde einfach nur noch als al-ilah (›der Gott‹) bezeichnet. Dadurch wurde das Wort zum Namen Allah. Um das Jahr 610 trat in der Wüstenstadt Mekka ein Händler mit der Erklärung an die Öffentlichkeit, der Engel Gabriel habe ihn beauftragt, die religiösen Traditionen der Juden und der Christen zu vervollkommnen. Aber sein Ruf zu einem gerechten sozialen Leben stieß auf wenig Gegenliebe bei der herrschenden Gesellschaft in der alten Handelsmetropole, und es schien ihm geraten, seinen Heimatort zu verlassen. 622 trat er die später berühmte Hidschra (›Reise‹) an und wanderte mit wenigen Getreuen aus. In Medina gründete er die Umma, die ›Gemeinde der Gläubigen‹. Unter seinem Beinamen Mohammed bekannt geworden, stand er im Ruf eines klugen Führers, gewann Ansehen und Macht und konnte bald große Teile der arabischen Halbinsel unter seiner Führung einen. Nach Mohammeds Tod 632 stritten seine möglichen Nachfolger um die Macht. Das führte zu einer Spaltung der Muslime in *Schiiten* (heute 10 bis 15%) und *Sunniten* als ›rechtgläubige‹ Vertreter der Tradition. Manche Schiiten benutzen ein Sonnenjahr statt des Mondkalenders, das reflektiert eine alte iranische Tradition.

Der Islam basiert auf der Einheit von weltlichem und religiösem Leben. Grundlage jeglichen muslimischen Rechts – und damit auch des Kalenderwesens – ist der *Koran.* Den Text habe Mohammed durch göttliche Offenbarung empfangen, heißt es. 20 Jahre nach seinem Tod, um 650, wurden die zunächst nur mündlich überlieferten Worte erstmals niedergeschrieben. Ein Muslim ist, wer sich den Regeln des Islam unterwirft.

Das Kalifenreich wuchs schnell und beherrschte um 720 ganz Nordafrika, Sizilien und Spanien sowie Vorderasien bis zum Industal. Als die Araber in der kriegerischen Tradition ihrer Wüstenstämme, von religiösem Eifer getrieben, eine Vielzahl von Völkern unterwarfen, wurden zahllose Kunstwerke und Bibliotheken vernichtet. Andererseits nahmen sie Teile der fremden Kulturen auf und bewahrten sie. Im Gegensatz zum Christentum ließ das Weltbild des Islam Platz für ein Streben nach der Erkenntnis der Welt. In Bagdad erlebten Astronomie und Mathematik vom neunten Jahrhundert an eine neue Blüte. Zahlreiche Wissenschaftler beschäftigten sich mit der Bestimmung der Zeit, entwickelten äußerst genaue Messinstrumente und Methoden, mit denen sich die Gebetszeiten exakt feststellen ließen. Al-Fargani entwickelte um 850 die Astronomie zu einer selbstständigen Wissenschaft und beschäftigte sich ausführlich mit Chronologie und Kalenderrechnung. Sein Hauptwerk ist die Zusammenfassung des etwa 150 in Alexandria entstandenen *Almagest* von Claudius Ptolemäus, einer umfassenden Enzyklopädie der zeitgenössischen Astronomie. Über das Sammeln und Bewahren hinaus wurden die Araber auch zum Vermittler von Kultur zwischen Orient und Abendland. Später spielten arabische Schriften eine entscheidende Rolle bei der Übertragung antiken und orientalischen Wissens an das Europa der Renaissance.

Für die Zeitrechnung der betroffenen Völker hatte das Aufkommen des Islam einschneidende Konsequenzen. Gewisse Stellen des Koran werden gewöhnlich als Verbot der Einschiebung eines Schaltmonats in den islamischen Mondkalender gedeutet. Es ist denkbar, dass damit sowohl Einflüsse fremder Zeitrechnungen als auch Elemente einer Sonnenverehrung unterbunden werden sollten. Dementsprechend ging man zu einem reinen Mondkalender über. Das islamische Mondjahr besteht aus zwölf Monaten mit – theoretisch – abwechselnd 29 und 30 Tagen, hat also insgesamt 354 Tage. Deshalb schieben sich die Monate und die Feiertage der Muslime gegenüber dem Sonnenlauf jedes Jahr um durchschnittlich rund elf Tage vor und kehren nach annähernd 33 Sonnenjahren auf den Ausgangspunkt zurück. Zwar heißt der erste Monat des Jahres al-Muharram (›der Heilige‹), doch der wirklich heilige Monat der Muslime ist der Fastenmonat *Ramadan*. Sie übernahmen die Sitte des Fastens an bestimmten Tagen von den Juden. Als die gegenseitigen Beziehungen unfreundlich wurden, ersetzten sie es durch das Fasten im Monat Ramadan.

Bis heute bestehen die geistlichen Führer in den meisten islamischen Ländern darauf, den Beginn der Monate durch Beobachtung des Mondes zu ermitteln. Daraus aber kann sich stets eine Abweichung von einem Tag ergeben. Deshalb wurde mit mathematisch-astronomischen Mitteln ein vollständiger islamischer zyklischer Kalender entwickelt. Das erste Problem bei dieser Aufgabe besteht darin, dass die Dauer einer Lunation, die Zeit zwischen zwei aufeinander folgenden Neumonden, nicht konstant ist. Das zweite ergibt sich daraus, dass das Neulicht und nicht der Neumond bestimmt werden muss. Hier gelangt die mathematische Chronologie an ihre Grenzen. Die Berechnung basiert auf der durchschnittlichen Dauer einer Lunation, für die man 29 Tage, 12 Stunden und knapp 44 Minuten zugrunde legte. Das ergibt in 30 Jahren genau elf Tage, die als Mond-Schalttage in den Kalender eingefügt werden.

Im Jahr 638 begründete der Kalif Omar die Zählung der Jahre ab der Hidschra, der Auswanderung des Propheten aus Mekka. Der Überlieferung zufolge begann diese Reise am 13. Rabi 1, das ist am 24. oder 25. September des Jahres 622 n. Chr. Weil das islamische Jahr mit dem sichtbaren Neulicht des Muharram beginnt, trifft demnach der Anfang des Jahres 1 der neuen Zeitrechnung auf Donnerstag, den 15. Juli julianischer Zählung. Dies ist der heute allgemein benutzte Stichtag für den Beginn der Ära ›nach der Hidschra‹. Andere bestehen auf Freitag, den 16. Juli 622. Die Epoche der islamischen Ära, der Tag ihres Beginns, ist durch Rückrechnung von einer Reihe beobachteter Neulichttermine bestimmt worden. Benutzt man dazu unterschiedliche Werte der Lunation, die nur um Sekunden voneinander differieren, so ergeben sich die zwei unterschiedlichen Epochen des Kalenders.

Die mittlere Abweichung des zyklischen islamischen Kalenders beträgt einen Tag in 2500 Jahren. Doch obwohl er damit die größte für einen Mondkalender denkbare Genauigkeit erreicht, kann er nicht den religiös-rechtlichen, auf Beobachtung gegründeten Kalender ersetzen. Seine Voraussagen gelten stets nur als unverbindlicher Anhalt dafür, ob das Neulicht am betreffenden Abend voraussichtlich gesehen werden kann. Undenkbar für strenggläubige Muslime ist eine Verfahrensweise wie im Christentum, wo das Osterdatum durch einen Rechenalgorithmus bestimmt wird und man dessen bekannte Fehler zugunsten einer verbindlichen Regelung bewusst in Kauf nimmt.

In der Praxis berechnen aber heute nahezu alle islamischen Staaten ihren Kalender. Auch dabei können durchaus Abweichungen voneinander auftreten. Der offizielle Kalender Saudi-Arabiens basiert seit geraumer Zeit auf astronomischen Berechnungen. 1999 beschloss man dort eine neue Definition, die bis heute gültig ist: Wenn am 29. Tag eines Monats der Mond in Mekka später als die Sonne untergeht, beginnt in diesem Augenblick der neue Monat. Anderenfalls folgt ein 30. Monatstag. Ägypten hat sich zu einer ähnlichen Regelung entschlossen; hier beginnt ein neuer Monat am Abend des 29. Tages, wenn der Mond in Kairo frühestens fünf Minuten nach der Sonne untergeht. Dennoch liegt formell die letzte Entscheidung über die Festtermine der Ägypter immer beim Groß-Sheikh von Al-Azhar in Kairo. Malaysia, Singapur, Brunei und Indonesien definierten in den 1990er-Jahren einen einheitlichen Kalender. Seitdem gelten hier drei Bedingungen für den Monatsbeginn nach 29 Tagen: Bei Sonnenuntergang muss das Mondalter acht Stunden überschreiten, der direkte Bogenabstand von Sonne und Mond am Himmel größer als drei Grad sein und die Höhe des Mondes über dem Horizont mindestens zwei Grad betragen.

Zur Zeit Mohammeds hatte sich bereits die siebentägige Woche von Vorderasien her in Arabien verbreitet und verdrängte langsam die traditionellen Drei-Nächte-Einheiten. Al-Jum'ah, der Freitag, ist für Muslime der herausgehobene Wochentag wie der jüdische Sabbat oder der christliche Sonntag. Aber im Unterschied zu diesen handelt es sich nicht um einen Tag allgemeiner Arbeitsruhe. Jum'ah beginnt mit dem Sonnenuntergang am Donnerstag und endet am Freitagabend. Das Freitagsgebet in der Moschee gehört zu den grundlegenden Pflichten eines Muslims.

Die abendländische Definition des Tages teilt die Erde in zwei Gebiete mit unterschiedlichen Wochentagen. Deren Grenzen sind zum einen jene Linie, an der es gerade null Uhr ist, und zum anderen der 180. Längengrad als Datumsgrenze. Nach den islamischen Vorschriften beginnen die Tage mit Sonnenuntergang. Das hat den Vorteil, dass jeder den Zeitpunkt ohne weiteres bestimmen kann. Nachteilig ist, dass geographische Längengrade nicht als Grenze zwischen den Tagen dienen können. Das liegt daran, dass der Terminator, die Grenzlinie zwischen Tag und Nacht auf der Erdkugel, seine Form mit dem Wechsel der Jahreszeiten ändert. Streng nach den islamischen Kalenderregeln muss es deshalb auf der Erde gleichzeitig drei verschiedene Datierungen geben.

Damit würden zwangsläufig, im Gegensatz zum abendländischen Kalender, auch drei verschiedene Wochentage nebeneinander existieren. Heute befinden sich die muslimischen Führer in dem Dilemma, entweder mit mehreren Datierungen nebeneinander zu leben oder aber, bei Einführung einheitlicher Kalender für größere Regionen, Abweichungen von den bisherigen religiösen Vorschriften zu akzeptieren.

Konsequenzen hat das vor allem für die *Festzeiten*. Hauptereignis des islamischen Jahres ist der Fastenmonat Ramadan. Ihm folgt das üppige drei- bis viertägige ›Kleine Fest‹ Eid el Fitr. In der Türkei heißt es ›Kleiner Bayram‹ und wird volkstümlich Seker Bayram, das Zuckerfest, genannt. Gut zwei Monate nach Ramadan beginnt die Hadsch, die Pilgerfahrt nach Mekka, die jeder Muslim nach Möglichkeit einmal im Leben antreten soll. Am Schluss des Pilgerfestes in Mekka, am 70. Tag nach dem Ende des Ramadan beginnt das drei- bis fünftägige ›Große Fest‹ Eid el Adha (türkisch: Kurban Bayram), bei dem ein Schaf rituell geschlachtet wird.

Als 1453 Mehmed II. Konstantinopel einnahm, war der Untergang des Byzantinischen Reichs besiegelt, und das islamische *Osmanenreich* stieg zur Großmacht auf. Bereits vor dem islamischen Kalender galt in großen Teilen der Türkei ein reines Mondjahr mit 354 Tagen. Mond-Schalttage fügte man im jeweils 2., 5. und 7. Jahr eines achtjährigen Zyklus ein, so dass nach dessen Ablauf die Neumonde wieder auf den gleichen Wochentag fielen. Die

Türken besaßen einen darauf aufgebauten ›immerwährenden Kalender‹, den *rus-name* (›Tagebuch‹) mit Tafeln zum Berechnen von Kalenderdaten und Tabellen mit den Gebetszeiten. *Sal-names* waren Jahrbücher, deren Kalenderteil stets die islamische Datierung enthielt und oft auch zusätzlich den Kalender der christlichen Minderheit.

Weil der Ackerbau von den natürlichen Jahreszeiten abhängt, benutzten große Teile der Bevölkerung verschiedene am Sonnenjahr orientierte Zeitrechnungen. Auch wurden die Steuern gewöhnlich nach der Ernte erhoben, und daraus ergab sich ein besonderes Steuerjahr. Seit 980 ist in Anatolien der für diesen Zweck geschaffene *Maliyye-Kalender* belegt. Dann führte ihn das Osmanische Reich als amtlichen Steuerkalender ein, und er blieb bis zum 20. Jahrhundert in Gebrauch. Als Atatürk die moderne Türkei gestaltete, wurde 1926 die abendländisch-christliche Jahreszählung eingeführt, man hat sie hier als *internationalen Kalender* bezeichnet.

An den Handelsplätzen der nordafrikanischen Küste hatte der Kalender Europas frühzeitig an Einfluss gewonnen. Nach dem Entstehen arabischer Nationalstaaten führten diese mehrheitlich den gregorianischen Kalender ein und legten neue Feiertage auf seiner Basis fest. Daneben aber bestimmen weiterhin der Ramadan und die islamischen Hauptfeste das öffentliche Leben. In Ägypten hatte die britische Protektoratsverwaltung nach dem 1. Weltkrieg den gregorianischen Kalender in Kraft gesetzt, den auch König Faruk beibehielt. Dann führte die Republik Ägypten 1953 wieder die Zeitrechnung ›nach der Hidschra‹ ein. Libyen dagegen benutzte eine Jahreszählung, die zunächst von der Geburt des Propheten im Jahre 570 n.Chr. ausging. Im Januar 2001 wurde die Epoche des *libyschen Kalenders* erneut verändert, nun zählt man ab dem Tode Mohammeds (632) nach Mondjahren.

Aus muslimischen Sekten entwickelte sich 1863 die Religionsgemeinschaft der *Bahai*. Ihre Lehre basiert auf islamischer Tradition, bezieht aber Elemente aller Weltreligionen ein. Sie führten einen neuen Kalender ein, den sie *Badi* (›den Wundervollen‹) nennen. Der Badi-Kalender beruht auf dem Sonnenjahr, das in 19 Monate zu je 19 Tagen eingeteilt wird. Dadurch ergeben sich 361 Tage, die durch vier Zusatztage ergänzt werden. Die Anpassung ans Sonnenjahr erreicht man durch einen Schalttag alle vier Jahre und eine bedarfsweise ›Neueinstellung‹ des Jahresanfangs. Die neunzehn Tage tragen die gleichen Namen wie die neunzehn Monate, sie sind von den wichtigsten der Attribute Gottes abgeleitet. Als Feiertag gilt den Bahai jeder Monatserste. Ähnlich wie bei den Juden am Sabbat kreisen Gemeinschaftsleben und Religionsausübung um diesen Tag. Der Monat Alá wird als Fastenzeit begangen. Im Unterschied zum islamischen Ramadan fällt er stets in die Jahreszeit gemäßigten Klimas (März). Die Bahai und ihr Kalender haben in Nordamerika eine gewisse Verbreitung gefunden.

4.5 Europa im Mittelalter

Etwa im Zeitraum zwischen den Jahren 500 und 1500 verschmolzen die Vorstellungen der Antike mit der Begriffswelt von Kelten, Germanen und Slawen sowie den Ideen des Christentums. Daraus entstand der Begriff eines kulturell geschlossenen christlichen Abendlandes. Gleichzeitig wuchsen Zeitvorstellungen und Zeitrechnungssysteme zu einem einheitlichen europäischen Kalenderwesen zusammen.

Während das Römerreich unterging, erstarkte seine Kirche, löste sich vom Staat und wurde zu einer selbstständigen Macht in Europa. Ihr Anspruch, die unsterblichen Seelen der Menschen zu beherrschen, führte zu einem neuen Zeitkonzept. Bischof Augustinus von Hippo stellte Platons Vorstellung von der allgegenwärtigen Zeit als etwas ständig Bewegtem sein eigenes Ideal entgegen, die ›heilige Zeit‹. Er erklärte das Reich Gottes als zeitlosen und unbeweglichen Ort. Zeitrechnung und Kalender ließ Augustinus einzig als profanes Hilfsmittel bei der Bestimmung des Ostertermins gelten. Diese Haltung war typisch für den allgemeinen Niedergang in jenen Jahren.

Aber in einem der christlichen Klöster, Monte Cassino bei Neapel, organisierte ein Abt die regelmäßige Benutzung von Uhren und lehrte seine Schüler, sie zu bauen und instand zu halten: Benedikt von Nursia. Einheitliche Regeln für den Tagesablauf der Mönche sollten ihren Glauben und Disziplin stärken. Benedikt erkannte die Uhr als geeignetes Hilfsmittel. Um 540 verfasste er einen Leitfaden für den Ablauf des klösterlichen Lebens. Basis war einerseits der christliche Kalender mit seinen Festen und Heiligentagen, andererseits diente der Tagesplan der römischen Armee zum Vorbild. Bestimmte Zeiten für das Arbeiten, Essen und die Ruhe wurden allen Mönchen einheitlich vorgegeben. Und damit jeder die Zeit kannte, wurden zu bestimmten Stunden bestimmte Gebete laut gelesen. Zeit hatte dem mittelalterlichen Menschen bisher nichts bedeutet. Als sich die *Benediktinerregel* über die Klöster Europas verbreitete, entstand ein neuer Sinn für Zeit, der die Mönche deutlich von den Laien unterschied. Mit der Vorstellung von christlicher Frömmigkeit verband sich jetzt der Begriff der Pflichterfüllung nach einer strengen zeitlichen Ordnung. Es mag sein, dass damit ein grundlegendes Element für spätere Vorstellungen von der Ökonomie der Zeit geschaffen wurde.

Anderthalb Jahrhunderte später lebte im englischen Benediktinerkloster Jarrow ein bedeutender Theologe und Historiker, der Mönch Beda, gestorben 735 mit dem Beinamen Venerabilis (›der Ehrwürdige‹). Durch glückliche Umstände hatte er im entlegenen Jarrow zahlreiche wissenschaftliche Schriften vorgefunden und verfasste nun grundlegende Werke zur christlichen Zeitrechnung. In seiner bedeutenden Chronologie der britischen Geschichte übernahm er die Datierung nach den ›Jahren des Herrn‹.

Beda begriff Zeit als real und messbar und erklärte, was unter Moment, Stunde, Tag, Monat, Jahr, Jahrhundert und Zeitalter zu verstehen sei. Mit einer von ihm entworfenen sehr genauen Sonnenuhr ermittelte er die wahren Termine der Tagundnachtgleichen und kam zu dem Ergebnis, dass die zu 365¼ Tagen angenommene Jahreslänge anzuzweifeln sei, aber zu einer genaueren Bestimmung reichten seine Messmittel nicht aus. Dazu kamen die Schwierigkeiten der mathematischen Verarbeitung. Beda betrachtete die Stunde als göttliches Gebot und lehrte seine Schüler, dass man kürzere Zeiteinheiten nicht benötige. Der tief gläubige Mann zählte und rechnete mit den Fingern als ›gottgegebener Methode‹ und verwendete nur ausnahmsweise einfache Brüche. Auch die Teilung des Tages in 24 gleiche Stunden benutzte er lediglich als wissenschaftliches Hilfsmittel; anderen erklärte er, wie untauglich dies für den Alltag sei.

Natürlich fielen ihm die Widersprüche auf, und zu ihrer Erklärung erfand er eine Theorie von drei Kategorien der Zeit: Neben naturgegebener Zeit wie Mondumlauf und Sonnenjahr gebe es von Autoritäten vorgegebene Zeit wie siebentägige Woche oder 31-tägige Monate, und über allem stehe Gottes Zeit. Diese dialektische Lösung erlaubte ihm, gleichzeitig wissenschaftlich zu arbeiten und an göttliche Allmacht zu glauben.

Auf dem Kontinent unterstützte Kaiser Karl der Große Bestrebungen, den Kalender zu reformieren. Die Jahre wurden nach der christlichen Ära gezählt, und man folgte der neu aufgekommenen Sitte, die Tage des Monats fortlaufend zu nummerieren. Karl führte neue, in fränkisch-deutscher Sprache nach Jahreszeiten und Festen benannte Monatsnamen ein. Doch auf längere Sicht konnte sich diese Neuerung nicht durchsetzen, kirchliche Macht bewirkte eine Standardisierung der Kalender Europas.

Die allmächtige Kirche nahm für sich in Anspruch, im alleinigen Besitz der Wahrheit zu sein, vor allem auch in Fragen der Zeit. Abweichende Meinungen wurden erstickt, und nur vereinzelt durchbrachen einige Zeit-Rechner die mittelalterliche Stumpfheit. So versuchte um 980 Abbo von Fleury,

Abt eines Benediktinerklosters an der Loire, eine Zählung der Jahre vor und nach der Geburt Christi mit einem ›Platzhalter‹ zwischen Plus und Minus. Auf der Reichenau am Bodensee wirkte im elften Jahrhundert Hermann der Lahme. Mit einer selbst entwickelten Säulen-Sonnenuhr kontrollierte er die überlieferten Tabellen und gelangte zu der Vermutung, dass der offizielle Kalender der Kirche vielleicht doch nicht ganz den Gesetzen der Gestirne entsprach.

Unterdessen entstand die neue wirtschaftlich-politische Ordnung des Feudalismus und setzte sich in Europa allgemein durch. Dann ging das Lehnswesen allmählich in die Adels- und Ständeherrschaft über. Ohne dass es eigentlich dem Wesen der neuen Ordnung entsprochen hätte, veränderte sich doch in ihrem Gefolge langsam der geistige Horizont. Reichtum häufte sich in den Häusern der Herrschenden. Der Handel mit Luxusgütern brachte vielerlei Informationen über andere Kulturen und erforderte die Beschäftigung mit den Zahlzeichen und Kalendern der Fremden. Doch wurden das Rechnen mit arabischen Ziffern, der Umgang mit der Null und mit Bruchzahlen nicht vor Mitte des 14. Jahrhunderts an den Universitäten gelehrt – europäische Kalenderrechnung hatte mit ganzzahligen Verhältnissen auszukommen. Aber schließlich entstand ein neues Weltbild und begann den Glauben in den Hintergrund zu drängen.

Ein normannischer Mathematiker, Alexander von Villedieu, definierte um 1200 ein Nebeneinander von zweierlei Wahrheit in Bezug auf die Zeitmessung. Er trennte die ›richtige‹, die wissenschaftliche Zeitmessung von der ›gewöhnlichen‹ Kalenderrechnung als Mittel, die Zeit nach den Gepflogenheiten der Kirche einzuteilen. Eine ähnliche doppelte Wahrheit hatte bereits der Araber Ibn Ruschd geäußert, der Gott als eine Art von Verkörperung der Naturgesetze erklärte. Zwar sei dieser der Lenker allen Geschehens, könne aber nicht darin eingreifen; allein die Naturgesetze hielten den Verlauf der Zeit aufrecht. Das missfiel Moslems wie Christen gleichermaßen.

Dann legte der italienische Theologe Thomas von Aquin um 1270 dar, dass Zeit und Universum nicht, wie von Aristoteles behauptet, unendlich sein können, sondern durch Gott in Bewegung gebracht seien. Zum Thema Kalenderrechnung erklärte er, sie wäre minderwertige mechanische Arbeit. Damit bestätigte er, was der berühmte Peter Abaelard schon um 1140 behauptet hatte: Philosophie kann mehr leisten als Natur. Infolgedessen verschwand die Zeitrechnung aus den Universitäten. Die alten Fehler blieben im Kalender.

Nach offizieller Lehrmeinung des Hochmittelalters galt die Wissenschaft als ›Magd der Theologie‹. Dennoch erlebte die Zeitrechnung schon im späten zwölften Jahrhundert einen Sprung. 1143 stellte der anonyme Verfasser eines *Salzburger Computus* das Verfahren der Zeitrechnung auf indische Ziffern um, und bald darauf drang auch das Dezimalsystem in die gelehrte Komputistik ein.

Johannes Sacrobosco schrieb gegen 1230 das erfolgreichste astronomische Lehrbuch des ganzen Mittelalters. Er nutzte den *Almagest* des Ptolemäus, der mittlerweile aus dem Arabischen ins Lateinische übersetzt war. Dadurch konnte er die Fehler des Sonnen- wie des Mondzyklus im Lunisolarkalender sehr genau nachweisen und schlug vor, alle 288 Jahre einen Schalttag wegzulassen. Doch im Übrigen empfahl er, die Abweichungen hinzunehmen und berief sich auf den schon von Dionysius Exiguus benutzten falschen Vorwand, das Konzil von Nicäa habe den Zyklus vorgeschrieben und Veränderungen verboten.

Eine gegensätzliche Haltung bezog der Franziskanermönch Roger Bacon, der die Gelehrten seiner Zeit zum Messen und Experimentieren aufforderte. Sonderbar mutet uns heute seine Motivation an: Er drängte auf schnelle Beseitigung der Fehler im Kalender, weil er an das bevorstehende Ende der Welt glaubte. In den *Alfonsinischen Tafeln* der Hofastronomen des Königs von Kastilien war um 1250 das tropische Jahr präzise bemessen. Davon ausgehend kritisierte Bacon die fehlerhafte Osterrechnung und verlangte 1267 vom Papst, die Jahrpunkte durch eine veränderte Schaltung um einen Tag in 125 Jahren vorwärts zu schieben.

Gegen 1300 durchdrang, vom Handel ausgehend, ökonomisches Denken das Leben in den Städten und förderte den Sinn der Menschen für lineare Zeit. Genau diesen Trend erfasste Papst Bonifazius VIII., als er das Jahr 1300 zum ›Jahrhundertjahr‹ bestimmte. Zugleich begründete er damit eine Tradition: Jubeljahre sollten künftig in regelmäßigen Abständen die Übermacht Roms und des Papsttums dokumentieren.

1344 beschloss überraschend Papst Clemens VI. in Avignon, dass der Kalender reformiert werden solle, und lud Experten zu gemeinsamer Beratung ein. Firminus de Bellavalle und Jean de Meurs von der Pariser Sorbonne bezogen Stellung zu den Abweichungen des Kalenders: Man könne diesen leicht mit dem Sonnenlauf in Übereinstimmung bringen, indem man einige Tage daraus entferne. Es sei aber zu bedenken, dass sich dann die Festtermine gegenüber der Ostkirche verändern würden. Beide regten an, stattdessen den Mondkalender zu korrigieren. Für die Reform wurde das Jahr 1349 gewählt. Doch dann unterbrach die Pest das gesamte gesellschaftliche Leben Europas. Binnen zweier Jahre starb ein Drittel der Bevölkerung. Die Ärzte an der Sorbonne erklärten die Gründe aus dem Kalender: Eine am 20. März 1345 eingetretene dreifache Konjunktion von Saturn, Jupiter und Mars habe die Seuche verursacht. Darüber gerieten die Reformpläne in Vergessenheit.

Dennoch veränderte das 14. Jahrhundert die Wahrnehmung der Zeit entscheidend. Die Stunde kam als Maßeinheit auf, und die Tage wurden gleichförmig geteilt. Wohl irgendwann im Lauf des 13. Jahrhunderts, niemand hat es aufgezeichnet, wurde die erste mechanische Räderuhr mit einer Hemmung gebaut. Bald wiesen Glocken auf den städtischen Türmen allen Bürgern die Zeit. In der Gegend um Pisa kam der Brauch auf, sie stündlich zu läuten. Damit drang unüberhörbar die Uhrzeit als neuartiger Begriff ins Bewusstsein der Allgemeinheit. 1362 ließ Frankreichs König Karl V. in seinem Palast eine Uhr aufstellen und bestimmte sie zum Standard; alle anderen Uhren sollten künftig nach dieser einen gestellt werden. Neben der Kirche nahm ein weltlicher Herr Macht über die Zeit für sich in Anspruch.

Als 1415 das große Konzil in Konstanz zusammentrat, schlug der französische Astronom und Kardinal Pierre d'Ailly erneut eine Kalenderreform vor. Wie schon für 1349 geplant, sollten vier Tage aus dem Mondkalender eliminiert werden. Einer der rivalisierenden Päpste soll tatsächlich die Reform verfügt haben, doch in den Wirren der innerkirchlichen Machtkämpfe ging das Dekret verloren. 1436 tagte erneut ein Konzil, nun in Basel. Hier schlug der Philosoph und Mathematiker Nikolaus von Kues vor, zu Pfingsten 1439 eine ganze Woche ausfallen zu lassen und das Jahr künftig alle 304 Jahre um einen Tag zu kürzen. Aber die Kirchenführer waren wiederum durch politische Schwierigkeiten belastet und hatten für Zeitrechnung keine Zeit.

Die Ordnung des Jahres

Der Begriff des Jahres war aus der Beobachtung der wiederkehrenden Abläufe in der Natur entstanden. Nach Ort und Klima verschieden, wählte man unterschiedliche, mehr oder weniger markante Erscheinungen als Beginn eines neuen Zyklus. Nach und nach ging man zu astronomisch bestimmbaren Fixpunkten über. Den Babyloniern galt die Frühlings-Tagundnachtgleiche als Jahresbeginn, der Herbstanfang den Syrern, der längste Tag des Jahres den Athenern und der kürzeste den Böotiern. Asiaten bevorzugten den Aufgang bestimmter Sternbilder und wählten davon ausgehend Vollmondtage oder Neumondtermine.

Überall verband sich der Jahreswechsel mit magischen Praktiken und religiösen Handlungen. Das römische Jahr war seit 45 v. Chr. wohlgeordnet und begann mit dem 1. Januar. Was aber für die alten Römer selbstverständlich war – nämlich aus diesem Anlass dem Gotte Janus ein Trankopfer darzubringen –, war der christlichen Kirche ein Dorn im Auge. Im Jahre 576 erklärte die Synode von Tours die Neujahrsfeier am 1. Januar als Ketzerei und drohte mit Exkommunikation. Zu dieser Zeit gliederte bereits eine ganze Reihe kirchlicher Feste und Heiligentage das Jahr. Mehr oder weniger willkürlich wurde hier der eine, dort ein anderer zum Jahresanfang bestimmt, und im Ergebnis dessen existierten während der Ausprägung des Christentums und im Lauf des Mittelalters über Jahrhunderte nebeneinander viele verschiedene *Jahresstile.*

Zwischen 531 und 1000 kam das Zählen der Jahre nach Christi Geburt langsam in Gebrauch. Dieses Ereignis zugleich als Jahresanfang zu wählen, war nur eine von vielen Möglichkeiten. Urchristen in Alexandrien hatten zuerst die Epiphanie, das Erscheinen Gottes unter den Menschen, gefeiert. Sie legten den Jahresanfang auf den 6. Januar (*Epiphanien-Stil*). Dabei blieb es bis zum vierten Jahrhundert, dann erst trat das Fest der Geburt in den Vordergrund, und mit ihm rückte der Jahresbeginn auf den 25. Dezember. Dieser *Nativitäts-* oder *Weihnachtsstil* tauchte im Frankenreich auf, verbreitete sich weit in Deutschland und war in Brandenburg bis zum Anfang des 17. Jahrhunderts üblich.

Die Römer hatten das Jahr zunächst mit dem 1. März, dann mit dem 1. Januar begonnen. Teils festlich, teils ausgelassen lärmend begingen sie die Kalenden des Ianuarius. Als das Christentum in Rom zu Macht und Ansehen gekommen war, kämpfte der Klerus gegen den heidnischen Brauch an, fand als Alternative die Feier des Tages der Beschneidung Christi und setzte das neue Christenfest auf den 1. Januar. Der hiernach benannte Zirkumzisionsstil setzte sich im Lauf des 14. bis 16. Jahrhunderts allgemein durch. Zum ersten Mal obligatorisch festgesetzt wurde er 1564 in Frankreich. Päpstliche Anerkennung als Jahresanfang erfuhr der 1. Januar erst 1691 durch Innozenz XII.

Orientalische Christen zählten zunächst den April als ersten Monat des Jahres. Das fußt auf dem Nissan als Monat des jüdischen Passahfestes. Demgegenüber rechnete man in großen Teilen des Abendlandes ab dem 1. März. Eine andere altchristliche Anschauung berechnete die Menschwerdung Christi vom Datum der Empfängnis an, die man auf den 25. März festlegte. Mit dem Aufblühen des Marienkults bildete sich in Italien der darauf bezogene *Annunciationsstil* mit Beginn am 25. März, dem Festtag ›Mariä Verkündigung‹. Mit dem Kult verbreitete sich die Zählweise auch in Südwestdeutschland, der Schweiz und Spanien.

Das bewegliche Osterfest erscheint höchst ungeeignet, als Ausgangspunkt des Jahres zu dienen. Und doch konnten sich im Mittelalter entsprechende Rechnungen verbreiten. Hauptsächlich in Frankreich waren die *drei Osterstile* (Karfreitag, Karsamstag, Ostersonntag) zwischen dem elften und dem 16. Jahrhundert weit verbreitet. Bei solcher Rechnung entstehen ›Osterjahre‹ schwankender Länge, und in jenen mit mehr als 365 Tagen treten gleiche Monatsdaten zweimal auf.

Ist heute in Europa von Jahreszeiten die Rede, so stellt sich automatisch die Vorstellung von vier Teilen des Jahres ein. Doch das war nicht immer so. Bei den Germanen entwickelte sich ein Ausdruck für ›Jahr‹ erst spät. Im Vordergrund standen getrennte Begriffe für die beiden Halbjahre ›Sommer‹ und ›Winter‹, sie vereinten sich allmählich zu einem Ganzen mit zunächst noch sehr unbestimmter Länge. Das heißt, es gab eine ursprüngliche *Zweiteilung* des Jahres, und sie hielt sich lange. Bei vielen Völkern Mitteleuropas bildeten sich drei markante Festtermine heraus: der Beginn der neuen Vegetationsperiode, Mittsommer und ein Totenfest zu Winterbeginn. Daraus resultierte eine *Dreiteilung* des Jahres. Neben dieser Tradition vollzog sich ein allmählicher Übergang zu *vier Hauptfesten:* ein Frühlingsfest, Mittsommer, ein Erntefest im Herbst und, unterschiedlich bei den Völkern, das Totenfest am Winteranfang oder die Sonnenwendfeier zu Mittwinter. Später verband die christliche Kirche ihre Feste mit den im Volk verwurzelten Terminen: Ostern (Frühlingsfest), Johanni (24. Juni, Mittsommer), Michaeli (29. September, Erntefest) und Martini (11. November, Totenfest) bzw. Weihnachten (Mittwinter). In anderen Kulturen wird die Vierteilung des Jahres wesentlich eher sichtbar. Ein Kalendermosaik aus Thysdrus (heute El Djem in Tunesien) aus dem dritten Jahrhundert gruppiert seine zwölf Monatsbilder in viermal drei und stellt zu jeder Gruppe ein zusätzliches Jahreszeitenbild.

Mit dem Eindringen der vier Jahreszeiten in das Bewusstsein einer breiten Öffentlichkeit mussten die Kalendermacher ihren Beginn angeben. Die Grenzen zog man meist entsprechend der deutlichen Wetteränderung, das war territorial unterschiedlich. Aber bereits die Römer hatten die astronomischen Jahrpunkte näherungsweise im Kalender fixiert und ihren Beginn auf jeweils zwölf Tage vor den Kalenden des Januar, April, Juli und Oktober festgeschrieben. Die dadurch gebildeten Abschnitte des Jahres nannte man *Quartal*, der Begriff ging später auf die uns geläufige Jahresteilung in viermal drei vollständige Monate über.

In Zusammenhang mit der Religionsausübung entwickelten sich auch andere Systeme der Jahresteilung. Ausgehend von der alten Dreiteilung kannte die Kirche ursprünglich auch drei Fastentermine. Erst die Synode zu Seligenstadt 1028 bestimmte vier Fasten, diese Regel bestand bis 1908. Die vier kirchlich definierten Jahresteile heißen *Quatember*. Mit dem Aufkommen des Feudalismus wurde es üblich, zu den Quatember-Terminen den Grundzins an die kirchlichen Lehnsherren zu entrichten. Andere Grundherren folgten dem neuen Brauch, und mit ihm ging der Quatember-Begriff auf die bürgerliche Zeitrechnung über. Dabei verschoben sich die üblichen Termine auf Ostern, Johannis (24. Juni), Michaelis (29. September) und Weihnachten. In der britischen Einrichtung der *quarter days* lebt bis heute die Gewohnheit, zu feststehenden ehemaligen Ding-Terminen rechtliche Beziehungen zu ordnen. Sie sind noch immer Stichtage für Beginn und Ende von Miet- und Pachtverträgen.

Aus dem indogermanischen menot hatte sich ›Mond‹ als Name des Himmelskörpers entwickelt, dessen sichtbare Phasen die Zeit des Menschen gliedern, seit es einen Zeitbegriff gibt. Das Auftauchen eines neuen Mondes ließ sich am besten beobachten, und mit ihm begann ein neuer Zeitabschnitt. So erhielt das Wort nach und nach die zusätzliche Bedeutung ›Mondwechsel‹. Der Begriff spaltete sich ab und wurde zu ›Monat‹.

Solche Gliederung des Jahres in Kalender-Monate lernten die Germanen und Slawen erst von den Römern kennen. Sie hatten sich zwar zeitlich am Gestaltwechsel des Mondes orientiert, benutzten ihn aber nicht zur Jahresteilung. Der Unterscheidung von Jahreszeiten schloss sich bei ihnen eine weitergehende Differenzierung nach Erscheinungen der Natur und Erfordernissen der Landwirtschaft an. Als das Prinzip der zwölf Kalendermonate eines Sonnenjahres in Mitteleuropa bekannt wurde, übertrug man die Namen dieser sechs oder acht Teile auf einige der Monate. Dabei geschah es, dass benachbarte Völker die gleichen Bezeichnungen für verschiedene Monate verwendeten. Im neuen, weit ausgedehnten Frankenreich entstand schließlich Verwirrung aus den unterschiedlichen Monatsnamen,und Karl der Große veranlasste eine einheitliche Namensreihe: Wintarmanoth, Hornung, Lentzinmanoth, Ostarmanoth, Winnemanoth, Brachmanoth, Heuvimanoth, Aranmanoth, Witumanoth, Windumemanoth, Herbistmanoth, Heiligmanoth.

Diese fränkischen Monatsbezeichnungen, von Witterungserscheinungen und Feldarbeiten abgeleitet, traten in Konkurrenz zu den inzwischen relativ verbreiteten lateinischen Namen. Nach einigen Jahrhunderten stellten sich, den allgemeinen sprachlichen Veränderungen folgend und von Nachbarvölkern beeinflusst, langsame Veränderungen ein. 1473 führte Johann Küngsperger (Regiomontanus) in seinem *Nürnberger Kalender* eine Namensreihe ein, die als gemeindeutsch für das 15. bis 17. Jahrhundert betrachtet wird: Jenner, Hornung, Merz, April, Mei, Brachmond, Heumond, Augstmond, Herbstmond, Weinmond, Wintermond und Christmond. Daneben existierte eine große Vielfalt volkstümlicher Monatsnamen.

Aber nach und nach setzten sich, zuerst bei Völkern mit romanischen Sprachen, die vom Lateinischen abgeleiteten Namen durch. Während der napoleonischen Herrschaft am Ende des 18. Jh. verbreiteten sie sich schnell über Mitteleuropa. Ein Versuch des ›Deutschen Sprachvereins‹ von 1927, zu deutschen Monatsnamen zurückzukehren, fand in der Öffentlichkeit keinen Anklang mehr. Heute sind die Namen der Monate für Deutschland in Normen festgeschrieben, und ihre Dauer ist, verbindlich für die Europäische Gemeinschaft, in EN 28601 fixiert.

Auch bei den meisten slawischen Völkern gehen die Monatsnamen auf eine Zeit zurück, in der man das Jahr nach Naturerscheinungen und landwirtschaftlichen Arbeiten in ungleiche Abschnitte teilte. Diese Phänomene traten in verschiedenen Gegenden zu unterschiedlicher Zeit ein. Als der Begriff des Kalendermonats als fest begrenzte Einheit zu den slawischen Völkern kam, gingen die alten Namen auf zum Teil unterschiedliche Monate über. Die naturnah in dünn besiedelten Landstrichen lebenden slawischen Völker bewahrten diese Begriffe durch die Jahrhunderte neben dem ›offiziellen‹ julianischen Kalender der russischen Verwaltungszentren mit seinen aus dem Latein entlehnten Monatsnamen. Den Namen Birkenmonat benutzt man noch in Tschechien und der Ukraine für März. In den April und Mai fallen der Blüten- und der Grasmonat, Juni ist meist nach den Kirschen benannt. Juni oder Juli heißen Lindenmonat, ein Sichelmonat meint bei den verschiedenen Völkern teils Juli, teils August. Oktober oder November, in denen das Laub von den Bäumen fällt, heißen Blättermonat.

Neben den großen Festen waren Heiligentage die Eckpunkte alltäglicher kirchlicher Zeitrechnung. Zur Zeit Bedas und Karls des Großen kannte man sehr viele Heilige, doch in der Mehrzahl hatten diese nur örtliche Bedeutung. Einige aber wurden über die Grenzen ihres Klosters hinaus bekannt, und manche entwickelten sich bis hin zu mächtigen nationalen Symbolen. Mönche begannen, damit sie sich die Reihenfolge von Heiligentagen und Kirchenfesten besser merken konnten, die Namen in Versform aneinander zu reihen. Eine der ältesten derartigen Sammlungen ist der *metrische Kalender von York*, der im achten Jahrhundert entstand und 81 Heilige Britanniens verzeichnet.

Es scheint einfach und logisch, die Tage eines Monats von seinem ersten bis zum letzten Tage durchzuzählen. Erste Ansätze dazu gab es im sechsten Jahrhundert bei den Normannen. Doch lange erhielt sich vor allem in den Kanzleien Mitteleuropas die römische Datierung nach Kalenden, Nonen und Iden. In Frankreich kommt sie bis ins 16. Jh. vor. Weil sich wegen der Kompliziertheit dieses Systems häufig Fehler einstellten, begannen die Schreiber der Kanzleien, zusätzlich den Wochentag anzugeben. Die Chronisten dagegen wünschten eine Form der Datierung, die von anderen leichter verstanden werden konnte, und bezogen sich deshalb gern auf die Heiligentage. Von Frankreich her breitete sich dieser Brauch im Lauf des zehnten bis dreizehnten Jahrhunderts bis Norddeutschland aus. In der Umgangssprache hat er sich in Einzelfällen bis heute erhalten; man sagt ›zu Silvester‹ oder ›an Silvester‹ und nicht ›am 31. Dezember‹.

Indessen sind Datierungen nach Heiligentagen oft mehrdeutig. So gibt es z.B. ein volles Dutzend verschiedener ›Peterstage‹, und jeder von ihnen wurde zumindest örtlich zu Datierungen verwendet. Nur einige wenige der kirchlichen Tagesnamen waren weit verbreitet und viele Jahrhunderte hindurch einheitlich auf ein bestimmtes Datum fixiert. Dazu gehört der – oft mit Heiligentagen verwechselte – Tag des Erzengels Michael am 29. September. Zahlreiche davon abgeleitete Begriffe belegen seine weite Verbreitung und allgemeine Gültigkeit. So zahlte man zu diesem Termin die Michelsteuer, veranstaltete Michaelismärkte und hielt Michaelsmessen.

Seit dem 13. Jahrhundert enthielt die Schlussformel der lateinisch geschriebenen Urkunden üblicherweise eine Zeitangabe, die mit dem Wort *datum* begann. Das bedeutete soviel wie ›ausgefertigt am …‹. Später wurde daraus das selbstständige Substantiv ›Datum‹. Das aktuelle Datum wechselt von Tag zu Tag, der Moment des Datumswechsels ist die Schnittstelle zwischen Uhr und Kalender. Seit der Erfindung der Räderuhren hat es sich allgemein durchgesetzt, den Beginn des Tages um Mitternacht anzunehmen. Seit man 1884 die Aufteilung der Erde in *Zeitzonen* vereinbarte, gibt es 24 definierte unterschiedliche Tagesanfänge.

Außer den Zeitzonengrenzen existiert eine ›Stoßstelle‹, bei deren Überschreiten Datum und Wochentag geändert werden müssen. 1830 schlug der Stettiner Kapitän G. Wilcke vor, die Mitte der Beringstraße als Datumsgrenze zu wählen. Erst 1884 folgte die Washingtoner Meridian-Konferenz diesem Vorschlag. Allerdings weicht der tatsächliche Verlauf der Linie aus wirtschaftlichen und politischen Gründen örtlich vom 180. Längengrad ab. Westlich der *Datumsgrenze* zählt man als Datum und Wochentag einen Tag mehr als östlich davon. Überschreitet man sie ostwärts, d.h. der Sonne entgegen, so wird die Zeit dort für 24 Stunden ›angehalten‹ und das aktuelle Datum nach seinem Ablauf noch einmal gezählt. In der Gegenrichtung wird die Uhr bzw. der Kalender um 24 Stunden vorgestellt.

Die Kalenderreform von 1582

Als sich Europa im 15. Jahrhundert langsam von der Pest erholte, kündigte sich auch das Erwachen neuen geistigen Lebens an. Von Italien ausgehend vollzog sich die als Renaissance bezeichnete große kulturelle Wende vom Mittelalter zur Neuzeit. Vom Humanismus begleitet und mit der Reformation geschichtlich verbunden, erfasste sie alle Lebensbereiche. Ein Zeitalter der Erfindungen und geographischen Entdeckungen begann.

Bis dahin waren Bücher und Kalender kostbare Einzelstücke. Jeder höher Gebildete musste deshalb in der Lage sein, für jedes Jahr den Kalender neu zu berechnen und die Festtage zu bestimmen. Als Hilfsmittel dienten *immerwährende Kalender*, Tafeln für *Goldene Zahlen* und für *Sonntagsbuchstaben*, die oft in Gebetbücher und Ähnliches aufgenommen wurden. Das änderte sich um 1450, als Gutenberg den Druck mit beweglichen Lettern erfand. Jetzt konnten Kalender in großer Zahl hergestellt werden, und allmählich wurden sie zum Gegenstand des täglichen Lebens.

Aber solche Zeitplaner erfordern konkret auf ihren Ausgabeort bezogene Daten; unter anderem erwarteten die Bürger die verlässliche Angabe der eintretenden Mondphasen. Doch die nach kirchlichen Vorschriften berechneten Daten waren weit von der Realität entfernt. Dessen ungeachtet verwendeten immer mehr Menschen den Kalender der Kirche als individuellen Zeitplaner für Politik, Arbeit und persönliche Zwecke, und die Fehler darin wurden immer offenkundiger.

Auch in Rom war man sich inzwischen der Fehler in der Zeitrechnung bewusst, und der Gedanke von der Notwendigkeit einer Kalenderreform gewann Raum. Ein fränkischer Gelehrter, Johannes Müller, der sich den Sitten der Zeit gemäß nach seinem Geburtsort ›der Königsberger‹ latinisiert Regiomontanus nannte, hatte die Räderuhr als Hilfsmittel in die messende Astronomie eingeführt. Als er 1474 in einer Schrift die Fehler der herkömmlichen Kalenderrechnung aufzeigte und die Abweichungen der kirchlichen Osterrechnung belegte, berief ihn Papst Sixtus IV. als Ratgeber nach Rom. Doch kurz darauf fiel er dort einer Seuche zum Opfer.

Die Kirche hatte unterdessen ein neues Problem, den aufkommenden Protestantismus, der ihre Herrschaftsinteressen bedrohte. Wycliff in England, Hus in Böhmen und Luther in Wittenberg waren gegen die kirchliche Autorität angetreten. Daraus entstand eine Bewegung, der zur Jahrhundertmitte die Hälfte aller Christen des Westens anhing. Zugleich mit der Reformation entwickelten sich Anlässe zu künftigen neuen Verwirrungen des Kalenders, noch ehe seine bekannten Fehler beseitigt waren.

Währenddessen arbeitete der Domherr Nikolaus Kopernikus in Frauenburg bei Danzig an seinem neuen Modell der Welt, das die Sonne in den Mittelpunkt der Planetenbahnen setzt. Aber die Astronomen jener Zeit interessierten sich mehr für seine Messungen der Mondphasen und der Jahreslänge. Kopernikus ermittelte die Länge des tropischen Jahres mit 365,2425 Tagen. Fünf Jahrzehnte später engagierte Kaiser Rudolf II. in Böhmen den Astronomen Tycho Brahe und nach dessen Tod Johannes Kepler als Berater. Die wissenschaftliche Arbeit beider gipfelte in Keplers drei Gesetzen der Planetenbewegung, die das kopernikanische Weltbild entscheidend vervollkommneten. Keplers *Rudolfinische Tafeln* ersetzten 1627 die bislang gebräuchlichen *Preußischen Tafeln* von Reinhold aus dem Jahre 1551 und dienten bis ins 18. Jahrhundert als Grundlage der meisten astronomischen Rechnungen sowie den Protestanten bis 1775 zur Kalenderrechnung. Auch in Florenz beschäftigten die herrschenden Medici einen Hofmathematiker. In dieser Stellung führte Galileo Galilei (1564-1642) die mathematisch-experimentelle Methode der Naturwissenschaft zur Reife. Er erweiterte den Anwendungsbereich der Mathematik vom Raum auf die Zeit und führte das Pendel für Zeitmessungen ein.

Der 1572 zum Papst gewählte Gregor XIII. war bemüht, die Autorität der Kirche wiederherzustellen und den Protestantismus zu zerschlagen. Bald nach seinem Amtsantritt setzte er eine Kalenderkommission ein. Deren führender Kopf war, obwohl formell nicht ihr Leiter, der bayerische Jesuit Christoph Clau (Christopher Clavius). Dieser renommierte Mathematiker und Astronom hing zwar dem alten ptolemäischen Weltbild an, aber ungeachtet dessen übernahm er astronomische Daten von Kopernikus und Galilei. Den endgültigen Entwurf der Reformpläne fertigte der italienische Arzt Aloigi Giglio (Aloysius Lilius).

Zwei Ziele verfolgte die Reform, die Korrektur des Sonnen- und eine Verbesserung des Mondkalenders. Um also erstens den eigentlichen, den Sonnenkalender in Ordnung zu bringen, war die Abweichung des Äquinoktiums zu beseitigen und seine künftige Verschiebung zu verhindern. Die Regel des julianischen Kalenders, alle vier Jahre einen Tag einzuschalten, war über das Ziel hinausgeschossen. Ein Umlauf der Erde um die Sonne dauert etwa 674 Sekunden weniger, als ein julianisches Jahr im Durchschnitt lang ist. Der Kalender blieb deshalb in 128 Jahren einen Tag hinter den wahren Tagundnachtgleichen zurück. Um den richtigen Termin wiederherzustellen, schlug Lilius vor, entweder unauffällig zehn Schalttage im Lauf von 40 Jahren auszulassen oder ›gewaltsam‹ zehn Kalendertage auf einmal zu überspringen.

Die römische Kirche interessierte an der Berichtigung des Sonnenkalenders nichts als die Rückführung des Osterfestes auf den in Nicäa bestimmten Termin. Das sollte nun schnellstens geschehen, und man entschied sich für die einmalige Korrektur, indem man auf Donnerstag, den 4. Oktober 1582 unmittelbar Freitag, den 15. Oktober 1582 folgen ließ. Sodann wurde vorausschauend geregelt, wie der bereits entstandene Fehler zu beseitigen sei, falls der Übergang erst zu späteren Terminen erfolge: Bei Einführung des neuen Kalenders bis vor dem 1. März 1700 (julianisch) sind zehn Tage, bis 1. März 1800 elf, bis 1. März 1900 zwölf und bis 2100 dreizehn Tage auszulassen. Durch diese Korrektur fällt der 21. März wieder auf denselben Tag, den man in Nicäa als Fixpunkt der Frühlings-Tagundnachtgleiche angesehen hatte.

Schließlich sorgte man dafür, künftige Verschiebungen des Termins zu vermeiden. Im Lauf von 400 Jahren müssen dazu drei Schalttage ausfallen. Eine einfache Lösung der Aufgabe wurde gefunden und ist die noch heute gültige Schaltregel: Alle ohne Rest durch vier teilbaren Jahre sind Schaltjahre, die Säkularjahre (die vollen Hunderter) aber nur dann, wenn sie ohne Rest durch 400 teilbar sind.

Schwieriger als das Angleichen der durchschnittlichen Jahreslänge war es, die Berechnung der Mondphasen zu korrigieren. Auf astronomische Tafeln wollte man wegen ihrer Kompliziertheit nicht zurückgreifen und außerdem die mit kirchlicher Tradition verbundene zyklische Rechnung nicht aufgeben. Also blieb es bei einer nur näherungsweisen Bestimmung der Mondphasen. Dieser zweite Hauptteil der Kalenderrechnung dient ausschließlich dazu, den Termin des christlichen Osterfestes zu bestimmen.

Technisch bestimmte man die Neumondtage mit dem *immerwährenden julianischen Kalender* anhand der *Goldenen Zahl.* Lilius ersetzte im neuen Kalender die Goldenen Zahlen durch *Epakten.* Am Prinzip hat das nichts geändert, jedem Jahr im 19-jährigen Zyklus ist nun eine Epakte zugeordnet, doch lässt es sich mit diesen einfacher umgehen. Kirchliche Ostertafeln sind seitdem in Brevier und Missale enthalten. Sie zeigen den Epaktenzyklus zur

Bestimmung des Frühlingsvollmonds sowie die Sonntagsbuchstaben zum Ermitteln des Ostersonntags, der darauf folgt. Historiker und Chronologen benutzen seit langem Tabellen, in denen die Osterdaten vergangener und künftiger Jahre zuverlässig verzeichnet sind. Nur wenige ›Kalendermacher‹ haben sich einer Formel bedient. Seit aber Computer zu alltäglichen Gebrauchsgegenständen wurden, sind sie mit Kalenderprogrammen ausgestattet, die Schalttage und Osterdaten mittels entsprechender Algorithmen bestimmen.

Am 1. März 1582 endlich wurde die päpstliche Bulle *Inter gravissimas* veröffentlicht, damit war der neue Kalender beschlossen. Eine offizielle wissenschaftliche Begründung sollte gesondert erscheinen, doch es kam nicht dazu, und erst 1603 veröffentlichte Clavius ein entsprechendes Werk.

4.6 Kalender der Neuzeit

Der gregorianische Kalender und die Welt

Nach wiederholten vergeblichen Anläufen wurde die Kalenderreform in Rom durchgeführt. Auf den 4. Oktober 1582 (julianisch) folgte unmittelbar der 15. Oktober 1582 (gregorianisch). Aber dies bedeutete keineswegs, dass man nun überall in Europa so rechnete. Lediglich in Italien, Spanien und Portugal gelang es, wenn auch mit örtlichen Ausnahmen, die neuen Kalender rechtzeitig zu drucken und an den Kirchentüren auszuhängen. Die anderen katholischen Gebiete folgten nach und nach bis Ende 1584. Zunächst hatte die Umstellung kuriose Folgen. Eine große Zahl von Menschen fühlte sich um zehn Tage betrogen. Kaufleute beklagten den Verlust von Zinsen, andere den Raub von Lebenszeit, und manche fürchteten Gefahr, weil die Gedenktage ihrer Schutzheiligen ausfielen.

In den protestantisch beherrschten Gebieten stieß der neue Kalender, weil vom Papst verfügt, von vornherein auf wenig Gegenliebe. Die Anhänger Luthers und Calvins fühlten sich provoziert, fürchteten eine Bedrohung ihrer ›evangelischen Freiheit‹ und blieben bei den bisherigen Datumsangaben. Von 1582 bis 1699 waren in Deutschland (und in der Schweiz bis 1812) beide Kalenderstile nebeneinander üblich. In Gegenden, wo Katholiken und Protestanten nahe beieinander wohnten, entstand besondere Verwirrung hinsichtlich des gültigen Datums. Eine gespannte Situation entwickelte sich vor allem an solchen Tagen, an denen die einen feierten, während die anderen arbeiten mussten. Das führte 1584 in Augsburg zu Straßenrevolten, die sich erst nach zwei Jahren wieder beruhigten.

1699 endlich beschlossen die Reichsstände die ›Calender-Verbesserung‹. In den reformierten Gebieten Deutschlands folgte auf Sonntag, den 18. Februar Montag, der 1. März 1700. Die schwedischen Provinzen in Deutschland schlossen sich an, ebenso die evangelischen Niederlande, Dänemark und Norwegen. Aber die deutschen Protestanten hatten 1700 nur die eigentliche Kalenderrechnung ›neuen Stils‹ übernommen. Den Ostertermin bestimmten sie auf astronomischer Grundlage und benutzten dazu noch lange die von Kepler berechneten rudolfinischen Tafeln. Im Ergebnis dessen wich ihr Osterfest in mehreren Jahren von dem der Katholiken ab.

Die Schweden übernahmen zwar die protestantische Osterrechnung, unterließen aber die Streichung der zehn Tage. 1700 folgten sie plötzlich der gregorianischen Schaltregel und übersprangen einen Tag. 1712 suchten sie den julianischen Kalender wiederherzustellen, wozu sie einen 30. Februar als Zusatztag erfanden. 1753 gingen sie dann endgültig zum neuen Kalender über.

Zwischen dem 2. und 14. September 1752 wurden in England und allen seinen Kolonien die inzwischen aufgelaufenen elf Tage übersprungen. Obwohl das Gesetz detailliert die Modalitäten des Übergangs regelte, kam es zu Demonstrationen, in denen die Menschen ›ihre elf verlorenen Tage‹ zurückforderten. Unruhen in Bristol kosteten gar Menschenleben. Gleichzeitig mit den Tagesdaten änderte sich auch der Zeitpunkt des Jahreswechsels vom 25. März auf den 1. Januar. Das Jahr 1751 hatte infolgedessen in England nur neun Monate. Die Spuren des alten englischen Jahres reichen bis in die britische Gegenwart: Das Steuerjahr der Engländer beginnt am 6. April. Dieser Termin entspricht dem alten Jahresanfang am 25. März zuzüglich der Tage, die beim Wechsel des Kalenders ausfielen.

Die Russen hatten 988 mit dem griechisch-orthodoxen Glauben die byzantinische Ära übernommen. Dann orientierte Zar Peter der Große das Land nach Westen und führte den julianischen Kalender ein. Auf den 31. Dezember 7208 ›nach Erschaffung der Welt‹ folgte der 1. Januar 1700 ›nach der Geburt Jesus Christus‹. Als später Kurland und Litauen zu Russland kamen, wurde dort der gregorianische Kalender wieder abgeschafft – hier zählte man die betreffenden zwölf Tage zweimal. Erst die Revolution von 1917 brachte den Übergang zum gregorianischen Kalender. Das Land musste inzwischen 13 Tage überspringen, auf den 31. Januar 1918 folgte der 14. Februar, weshalb die Sowjetunion in den folgenden Jahrzehnten ihre Oktoberrevolution alljährlich im November feierte.

Nach Amerika gelangte der gregorianische Kalender mit den jeweiligen Kolonialmächten: Süd- und Mittelamerika wechselten 1582 mit Portugal und Spanien, das Mississippi-Gebiet folgte 1582/83 mit Frankreich. Die britischen Gebiete an der Ostküste mussten bis 1752 warten, und Alaska wechselte den Kalender, als es die USA 1867 von Russland erwarben. Japan übernahm den westlichen Kalender 1873. China erlaubte ab 1911 die Benutzung des gregorianischen neben dem traditionellen Mondkalender, seit 1949 ist er offiziell allein gültig.

Nicht nur die Protestanten, auch die orthodoxen Ostkirchen standen 1582 dem neuen Kalender des Papstes in Rom feindlich gegenüber, und sie sind weitgehend dabei geblieben. Als sich im Ergebnis des Ersten Weltkrieges die Balkanstaaten neu formierten, lebten hier orthodoxe mit römisch-katholischen Christen in enger Nachbarschaft, und die voneinander abweichenden Feiertage riefen Konflikte hervor. Ein Kompromiss sollte 1923 die Probleme lösen, doch es kam zu keiner Einigung. Zur Debatte stand ein Vorschlag des serbischen Mathematikers Milutin Milankovic, der als *neuer julianischer* oder *neuer orientalischer Kalender* bekannt ist. Dieser entspricht völlig dem gregorianischen mit Ausnahme der Schaltregel für die Säkularjahre. Das eröffnete die Möglichkeit, für die nächsten acht Jahrhunderte die gleiche Zeitrechnung wie die übrige Christenheit zu benutzen, ohne deshalb den gregorianischen Kalender zu verwenden.

Als Erste setzte die griechisch-orthodoxe Kirche 1924 den ›neuen julianischen Kalender‹ in Kraft, nachdem Griechenland seine zivile Zeitrechnung durch Einführung des gregorianischen Kalenders reformiert hatte. Dem schlossen sich verschiedene orthodoxe Nationalkirchen an. Aber sie alle bestimmen das Osterfest weiter auf der Basis des julianischen Kalenders. Das bedeutet in der Praxis, dass diese Kirchen *simultan zwei Kalender* benutzen – den gregorianischen für die feststehenden und den julianischen für die beweglichen Festtermine. Gänzlich beim julianischen Kalender verharren bis heute die Kirchen von Serbien und Russland sowie die orthodoxe Kirche von Jerusalem und verschiedene Klöster in Griechenland.

1997 wurde erneut vorgeschlagen, die Diskrepanzen hinsichtlich der Osterrechnung beizulegen. Alle christlichen Kirchen sollten sich einer astronomisch exakten Berechnung der Frühlings-Tagundnachtgleiche und des folgenden Vollmondes anschließen. Für das Inkrafttreten der neuen Methode wäre das Jahr 2001 besonders günstig gewesen, als zufällig beide Ostertermine zusammentrafen. Doch die angestrebte Übereinkunft ist wiederum gescheitert. Indes verwendet auch die Mehrzahl aller Nichtchristen, d. h. die große Mehrheit aller Menschen überhaupt, nach wie vor ihre traditionellen

Kalender für religiöse und kulturelle Zwecke, ungeachtet dessen, dass sich der gregorianische Kalender praktisch weltweit als einheitliches Zeitrechnungssystem durchgesetzt hat.

Andere Reformideen

Der gregorianische Kalender stellt keineswegs ein logisch in sich geschlossenes System dar. Die im Prinzip willkürlich festgelegte siebentägige Woche korrespondiert weder mit dem Sonnenjahr noch mit seinen Monaten. Das hat verschiedene Komplikationen hervorgerufen und immer wieder Anlass zu neuen Reformvorschlägen gegeben. Seine Monate und Quartale sind ungleich lang. Im Lauf des 20. Jahrhunderts erwies sich deshalb die Woche für viele Zwecke als Planungsinstrument besser geeignet, denn sie hat – wenn man von den Wochenfeiertagen absieht – stets die gleiche Zahl von Arbeitstagen. So kam das fortlaufende Zählen der Wochen des Jahres in Gebrauch. Zugleich entstanden Schwierigkeiten aus der Tatsache, dass sich das Jahr nicht in eine ganze Zahl von Wochen teilen lässt. Zunächst bürgerte es sich ein, die Nummerierung mit der Eins für diejenige Woche zu beginnen, in die der 1. Januar fällt. Erstmalig 1943 wurde diese Regel für Deutschland als DIN-Norm fixiert. In der DDR blieb es bis 1989 bei dieser Festlegung. Für die Bundesrepublik trat 1976 eine andere, heute noch aktuelle Regelung in Kraft. In Zusammenhang mit der Festlegung des Montags als Wochenbeginn wurde als erste Woche eines Jahres diejenige bestimmt, in die mindestens vier der ersten sieben Januartage fallen. 1988 definierte eine internationale Norm als erste Kalenderwoche diejenige, welche den ersten Donnerstag des Jahres enthält – was freilich auf dasselbe hinausläuft. Dennoch bewirkt die Neuregelung keine einheitliche Praxis. Teils akzeptieren nicht alle Länder – allen voran die USA – den Wochenbeginn mit Montag, teils hat eine dritte Variante in verschiedenen Staaten Verbreitung gefunden. Dort gilt als erste Woche diejenige, die den 7. Januar enthält. Da es nach den gültigen Normen keine ›halben‹ Wochen gibt, gehören manche Tage ihrer Kalenderwoche nach zu einem anderen Jahr als es ihrem üblichen Datum entspricht, z.B. gehörte der 2. Januar 2000 in Deutschland noch zur 52. Kalenderwoche 1999.

Dass er das Jahr nicht in eine ganze Zahl von Wochen und auch nicht in gleichlange Monate teilt, gehört zu den entscheidenden Mängeln des gregorianischen Kalenders. Eine erste diesbezügliche Reformidee ist aus dem Jahr 1745 bekannt, als ein Brite aus der Kolonie Maryland seine Vorstellungen über eine alternative Kalenderreform darlegte. Sein Projekt, das er King George II. zu Ehren den *georgianischen* Kalender nannte, griff auf das Konzept der ägyptischen Epagomenen zurück – das Einfügen von Tagen, die keinem Monat und keiner Woche zugehören. Das Jahr besteht hiernach aus 52 vollen Wochen und wird in 13 Monate zu 28 Tagen gegliedert. Ein Zusatztag, in Schaltjahren zwei, ergänzt es auf 365 bzw. 366 Tage. Dadurch fällt ein bestimmter Wochentag in allen Monaten und Jahren stets auf denselben Tag des Monats. Doch die Veröffentlichung des Vorschlags in London verhallte ohne Echo.

1789 begann mit der Erstürmung der Bastille die Französische Revolution. Eine neue Zeit sollte beginnen und mit ihr eine neue, selbst geschaffene Zeitrechnung. Ein Bedürfnis der Revolutionäre, den Kalender zu verbessern, dürfte es kaum gegeben haben. Vielmehr waren sie antiklerikal eingestellt, und daraus entsprang der Wunsch, sich vom christlichen Kalender zu lösen. Zunächst wurde in vier Etappen die Jahreszählung verändert, bis der Konvent 1793 die *Ära der Franzosen* einführte, die mit der Gründung der Republik am 22. September 1792 beginnt.

In dieser Situation fiel eine bereits 1787 von Pierre Sylvain Maréchal geäußerte Idee auf fruchtbaren Boden. Er wollte die kirchlichen Heiligenfeste durch Gedenktage für berühmte Männer ersetzen und die Monate in Dekaden statt in Wochen gliedern. Das entsprach aktuellen wissenschaftlichen Bestrebungen nach einer Umstellung aller Maßeinheiten auf das Dezimalsystem. Deshalb griff der Mathematiker Gilbert Romme den Gedanken auf, und infolge seiner Initiative wurde gleichzeitig mit der neuen Ära der neue Kalender beschlossen. Er gliederte das Jahr in zwölf Monate zu je 30 Tagen. Ihre Namen waren von jahreszeitlichen Erscheinungen abgeleitet. Dem Jahr der Republik fehlten damit noch fünf Tage zum Sonnenjahr. Sie wurden an den zwölften Monat angehängt und hießen Sansculotiden zu Ehren der Sansculotten, der Vertreter der Revolution.

Der Staatsstreich Napoleons bereitete der ersten Republik der Franzosen 1799 ein Ende. Sein Konkordat mit dem Papst bestätigte ihm die Herrschaft über Frankreich und Teile Europas. Im Gegenzug war die kirchliche Macht in Frankreich wiederherzustellen, und dazu gehörte die Restauration des christlichen Kalenders. Als ersten Schritt gab man 1802 die Teilung der Monate in Dekaden wieder auf. Dazu muss gesagt werden, dass diese neue Einheit selbst auf dem Höhepunkt der revolutionären Begeisterung umstritten blieb. Besonders in ländlichen Gegenden stieß sie auf Ablehnung. Zu schwerwiegend war der Eingriff in die Gefühlswelt der Menschen und zu drückend die Verlängerung der Arbeitsperiode von sechs auf neun Tage. 1805 kehrte das Land in allen Einzelheiten zum gregorianischen Kalender zurück. Im Mai 1871 während der Pariser Kommune erinnerte man sich noch einmal des Revolutionskalenders und benutzte ihn für kurze Zeit.

Den nächsten ernsthaften Anlauf zu einer Kalenderreform unternahm 1834 ein italienischer Abt, der Philosoph und Mathematiker Marco Mastrofini. Wie schon der unbekannte Erfinder des ›georgianischen Kalenders‹ regte er an, den letzten Tag des Jahres aus der Wochentagszählung auszuklammern. Doch im Unterschied zu dessen Modell sollte sein Jahr aus 13 Monaten zu 28 Tagen bestehen, was einen festen Zusammenhang zwischen Wochentag und Datum ermöglichte. Eben das schien dem französischen Philosophen Auguste Comte ein wichtiges Mittel zum Ritualisieren kollektiver Erinnerung. Comte ist vor allem als Begründer des Positivismus bekannt, einer ›Religion ohne Gott‹, die allein Menschen verehrt, die für das Wohl der Gesamtheit wirkten. Sein Vorschlag eines *Calendrier positiviste* von 1849 widmet deshalb die Tage des Jahres den großen Gestalten der westlichen Religion, Philosophie, Literatur, Wissenschaft und Industrie. Doch sein Versuch, mit einem neuen Kalender eine neue gesellschaftliche Epoche vorzubereiten, scheiterte.

Mehr Erfolg erzielte der Berliner Kirchenhistoriker Ferdinand Karl Wilhelm Piper mit seinem Projekt, einen neuen und einheitlichen Kalender für die evangelische Kirche zu erstellen. Er ließ die bestehende Zeitrechnung unangetastet und ersetzte lediglich die katholischen Tagesheiligen durch Namen bedeutender Männer, die sich um die Kirche verdient gemacht hatten. Sein *Evangelischer Kalender* erschien jährlich von 1850 bis 1870 und verkaufte sich gut.

Unter den Bedingungen der Industriegesellschaft und des Welthandels wurden gegen Ende des 19. Jahrhunderts die Nachteile des gregorianischen Kalenders immer deutlicher: Die Monate haben eine ständig wechselnde Zahl von Sonn- und Arbeitstagen, es gibt keinen geordneten Zusammenhang zwischen Wochentagen und Monatsdaten, Feiertage fallen auf wechselnde Wochentage und manche außerdem auf wechselnde Daten. Nun tauchten die verschiedenartigsten Reformpläne auf. An Mastrofini knüpften mehrere Entwickler von 13-Monats-Kalendern an. Moses Cotsworth war für Eisenbahngesellschaften in Großbritannien und Kanada tätig, deren Abrechnungen und Fahrpläne von den Unregelmäßigkeiten des Kalenders besonders betroffen waren. Er entwarf deshalb ein eigenes Modell des Jahres mit 13 Monaten zu 28 Tagen und einem Extratag. Befürworter seines Plans gründeten 1924 die ›International Fixed Calendar League‹. 1929 tagte ein ›Nationales Komitee für die Vereinfachung des Kalenders‹ in den USA und schlug die Einführung dieses Kalenders vor. Aber allzu fremdartig erschienen die 13 Monate vor allem den christlich Orientierten.

Andere Reformwillige suchten eine Lösung auf der Basis vier gleicher Quartale von je 91 Tagen. Ein aussichtsreicher Vorschlag wurde ab etwa 1912 von dem französischen Astronomen Camille Flammarion unterstützt. Hiernach sollte der jeweils erste Monat eines Quartals 31, die übrigen je 30 Tage enthalten und jedes Quartal mit einem Sonntag beginnen. Der auch bei diesem Modell entstehende zusätzliche Tag sollte als ›Neujahrsfest‹ außerhalb der Wochen und Monate nach dem 30. Dezember eingefügt werden.

Noch zahlreiche weitere Vorschläge zielten auf die Einführung eines neuen, weltweit einheitlichen Kalenders. Mit dem 1919 gegründeten Völkerbund in Genf war erstmals ein Forum entstanden, das die Leitung einer derartigen Aufgabe übernehmen konnte. Ein 1923 hier eingesetzter Ausschuss richtete eine Anfrage an die Nationen zur Reformierung des Kalenders. 1927 waren mehr als 130 verschiedene Vorschläge eingegangen, doch viele davon hatten keine Beziehung zu den realen Gegebenheiten von Tradition, Religion und praktischer Handhabung.

Neben die Bemühungen zahlreicher Gremien um eine Kalenderreform traten die Aktivitäten einer Privatperson, der unverheirateten Millionenerbin Elisabeth Achelis. Sie begeisterte sich spontan für die Idee eines ›Weltkalenders‹ à la Flammarion mit zwölf Monaten, gleichen Quartalen und einem zusätzlichen ›World Day‹. 1930 gründete, organisierte und finanzierte sie die ›World Calendar Association‹. Darüber geriet der 13-Monate-Plan ins Abseits. Dann aber brachte der Ausbruch des Zweiten Weltkrieges 1939 die internationalen Kontakte praktisch zum Erliegen.

Inzwischen waren, von der Weltöffentlichkeit nahezu unbemerkt, neue praktische Versuche zum Ersatz der herkömmlichen Wochen und zur Installation anderer Jahreszählungen unternommen worden. 1917 war Russland zum gregorianischen Kalender übergegangen. Lenin hatte es als Ziel des Kalenderwechsels bezeichnet, »in Einklang mit allen zivilisierten Ländern der Welt zu sein«. Aber die dringende Notwendigkeit, die Produktion zu steigern, Arbeitsplätze und Maschinen an jedem Tag des Jahres mit Menschen zu besetzen, veranlasste die Sowjetregierung, ab 1929 eine *gleitende Fünftagewoche* einzuführen. Für den Einzelnen stellte sich das so dar, dass auf je vier Arbeitstage ein Ruhetag folgte. Fünf parallele, gegeneinander versetzte Zyklen durchliefen das Jahr. Das spaltete die Gesellschaft in fünf Gruppen von Menschen, die sich nach ihrem Ruhetag unterschieden.

Das neue Zeitregime ersetzte nicht eigentlich den gregorianischen Kalender, doch praktisch hatten die Namen der Wochentage keine Bedeutung mehr. De facto war der Sonntag als einheitlicher Ruhetag abgeschafft. Aus dem fünftägigen Zyklus der Arbeitstage ergab sich zwanglos ein Monat von 30 und ein Jahr von 360 Tagen. Zur Angleichung an das Sonnenjahr kamen jährlich fünf Sondertage hinzu, sie waren die allgemeinen Feiertage im Lande. Trotz dieser rigorosen Maßnahmen wollte sich der gewünschte Erfolg nicht einstellen, und 1940 kehrte man sang- und klanglos zur Siebentagewoche zurück. Neben den Kalenderexperimenten hatte man parallel zur normalen Jahreszählung begonnen, die Jahre – nach Art der französischen Revolutionsära – ab der Oktoberrevolution zu zählen. Ein offizieller Kalender aus der frühen Stalinzeit belegt den Beginn des ›Jahres XI der proletarischen Revolution‹ am 7. November 1927.

Auch in Italien zählte man zur Zeit der Herrschaft Mussolinis die Jahre seiner Ära ab dem 28. Oktober 1922, dem Tag des Marsches auf Rom. Die neue Jahresbezeichnung kam zum normalen Datum als Zweitzählung hinzu. Sie endete 1944 mit dem Ende des Faschismus in Italien. In Deutschland hatte sich der Nationalsozialismus darauf beschränkt, den christlichen Charakter der Zeitrechnung zu verwischen. Die Datierung ›vor bzw. nach Christus‹ wurde durch die Formel ›vor/nach der Zeitwende‹ ersetzt. Der Brauch der Diktatoren, sich mit einer eigenen Ära in der Geschichte zu verewigen, fand eine Fortsetzung im kommunistischen Nordkorea. Die Volksrepublik zählt heute die Jahre ab 1912, dem Geburtsjahr ihres Gründers Kim Il Sung.

Nach 1945 trat die neu gegründete UNO als Forum für Kalenderangelegenheiten an die Stelle des Völkerbundes. 1954 kündigte sie eine Wiederaufnahme der Bemühungen um eine Welt-Kalenderreform an, doch die Mitgliedsländer zeigten kein Interesse mehr. 1962 griffen noch einmal zwei Politiker die Frage auf. Von Adenauer und de Gaulle initiiert, prüfte ein Expertenausschuss die Möglichkeit eines ›Europakalenders‹. Das Ergebnis war wenig überraschend: Frankreichs Vertreter dachten an den Revolutionskalender, Deutschland sprach sich für das Flammarion-Modell aus, die anderen wünschten keine Änderung.

Seitdem wurde eine Vielzahl mehr oder weniger origineller Reformpläne entwickelt. Zumindest interessant ist der Plan einer Neuntagewoche des in Argentinien geborenen Carlos Varsavsky. Er trennt fünf Extratage vom Jahr ab und teilt die verbleibenden in zehn Monate zu 36 Tagen. Das ergibt vier neuntägige Wochen, die jeweils wieder aus dreitägigen Grundeinheiten bestehen. Eine solche Woche kann bequem in sechs Arbeits- und drei freie

Tage, nach Wunsch aber auch im umgekehrten Verhältnis geteilt werden. Die zweite Variante scheint geeignet, zusätzliche Arbeitsplätze zu schaffen. Aber ein solches Modell ähnelt eher dem Schichtplan eines Industriebetriebes denn einem Kalender. Wollte man es tatsächlich realisieren, so wäre die Gesellschaft in drei ›Volksgruppen‹ gespalten, die sich durch ihren Ruhetag unterscheiden.

Andere Entwürfe wollen das Auftreten überschüssiger ›blank days‹, die zu keiner Woche und keinem Monat gehören, vermeiden. Schon 1930 präsentierte James Colligan seinen ›Reformkalender‹ mit 13 Monaten zu 28 Tagen. 71 Schaltjahre im Lauf von 400 Jahren würden einen zusätzlichen Schaltmonat von sieben Tagen erhalten. Der Long-Sabbat-Kalender (Rick McCarthy 1996) dehnt stattdessen einige Samstage und Sonntage auf je 36 Stunden aus. Die Uhrzeit kann man an diesen ›Ausnahmetagen‹ bis 35:59 durchzählen oder man benutzt eine Teilung in dreimal zwölf Stunden. Clinton Andersons ›Pragmatic Civil Calendar‹ von 1998 ersetzt den ›ewigen Kalender‹ für sämtliche Jahre durch deren zwei, die jeweils in Normal- und Schaltjahren gültig sind. Das Gemeinjahr besitzt gleiche Quartale nach der Formel ›31+30+30‹ und genau 52 Wochen. In Schaltjahren werden sieben der 30-tägigen Monate um einen Tag verlängert, so ergeben sich 53 volle Wochen.

Eine Großausstellung zur Jahrtausendwende in Berlin konfrontierte die Besucher mit dem Projekt einer ›kosmologischen Kalenderreform‹ des Wieners Werner Schimanovich. Der begleitende Text behauptet, sie sei »wegen der heutigen sozialökonomischen und ökologischen Probleme« unabdingbar. Aber der Vorschlag zeichnet sich weder durch Originalität noch durch Bezugnahme auf irgendeine kulturelle Tradition aus. Zwölf Monate zu 30 Tagen werden durch ›Jahreswechsel-Feiertage‹ ergänzt und die Monate in zehntägige ›Wochen‹ geteilt.

Inzwischen ist das Internet zu einem Forum für Kalendererfinder jeglicher Couleur geworden. Weil unter den Rahmenbedingungen irdischer Tage und Jahre kaum noch wirklich neue Varianten gefunden werden können, richtet sich das Interesse mittlerweile auf Entwürfe für andere Planeten. So existieren schon Kalender, welche die Umläufe mehrerer Monde sowie den zeitversetzten Aufgang von zwei Sonnen berücksichtigen.

Es bleibt die Frage, ob wir tatsächlich einen neuen Kalender brauchen. Der Tag und das Jahr, diese beiden von der Bewegung der Erde im Raum abhängigen Haupt-Rhythmen, haben die Entwicklung der Lebewesen entscheidend mitbestimmt, und einzig an diesen ist nicht zu rütteln. Seit der

Mensch ein Bewusstsein von Zeit besitzt, zählt und unterteilt er diese beiden Grundeinheiten. Aber auf welche Weise Menschen das tun und welche anderen Zyklen sie außerdem beobachten, ist überwiegend das Ergebnis ihrer eigenen Entscheidungen. Indessen wurden auch diese nicht zufällig getroffen. Den größten objektiven Einfluss darauf hatten die Jahreszeiten in ihrer nach den verschiedenen Klimazonen unterschiedlichen Ausprägung. Je nach ihrem Verlauf gab es verschiedenartige Möglichkeiten, Nahrung zu gewinnen, und daraus entstanden örtlich unterschiedliche Kulturen. Mit ihnen entwickelten sich magische Praktiken und wurden zu religiösen Zeremonien. An den Jahreslauf gebunden, gliederten sie die Zeit und prägten die unterschiedlichen Kalendersysteme. Deshalb repräsentiert jeder Kalender eine bestimmte Kultur und kann nicht ohne weiteres ersetzt werden.

Andererseits ist eben dies im Lauf der Geschichte immer wieder geschehen. Nach jeder Eroberung eines Gebietes verbreitete sich darin der Kalender der Sieger. Nur im Gefolge kolonialer Expansion konnte der gregorianische Kalender große Teile der Welt erobern. Die betroffenen Menschen wurden nicht gefragt, ob Europas Art, die Zeit einzuteilen, für sie interessant oder vorteilhaft sei. Oft war die Austilgung vorhandener Kalender Bestandteil eines kulturellen Genozids. Mit dem wachsendem Selbstbewusstsein jener Völker, die wir heute noch ›dritte Welt‹ nennen, wird vielleicht in diesen der Wunsch nach einem veränderten Kalender erwachen. Das wäre nichts Ungewöhnliches, denn Zeitrechnungen leben und verändern sich, werden aktuellen Erfordernissen angepasst.

Niemand wird bestreiten, dass der erreichte Entwicklungsstand der Menschheit eine weltweit einheitliche Zeitrechnung erfordert. Aber das bedeutet nicht, dass ein ›Weltkalender‹, wie immer er beschaffen sei, der Einzige sein muss. Neben einem ausschließlich nach pragmatischen Gesichtspunkten gewählten und weltweit akzeptierten Rechnungssystem können beliebig viele Kalender existieren, die den unterschiedlichen kulturellen und religiösen Bedürfnissen Rechnung tragen. Es wäre Chauvinismus, zu erwarten, dass der westliche Kalender für alle Zeiten die Rolle des einigenden Bandes spielen muss. Für seine Beibehaltung spricht freilich die Tatsache, dass er bereits weltweit benutzt wird. In absehbarer Zeit wird für die Organisation des Zusammenlebens der Menschen auf der Erde sicher kein neuer Kalender benötigt. Nichts deutet darauf hin, dass eine für alle Völker, alle Religionsgemeinschaften, alle Interessengruppen befriedigende Lösung gefunden werden kann. Noch weniger ist zu erwarten, dass mit seiner Hilfe irgendeines der zahlreichen wirklich wichtigen Probleme der Menschheit gelöst werden könnte.

Scaligers Universalära und die Computerzeit

Seit man überhaupt die vergangene Zeit zählt, geschieht es von einem willkürlich gewählten Zeitpunkt aus. Zu verschiedenen Zeiten und in verschiedenen Gegenden der Erde gab es die unterschiedlichsten Zählweisen. 1583, ein Jahr nach Gregors Kalenderreform, veröffentlichte Joseph Justus Scaliger in Paris die Idee einer ›Universalära‹. Der Calvinist und erbitterte Rivale von Clavius wollte die drei gängigsten Jahreszyklen der Antike auf einen gemeinsamen Nenner bringen. Deshalb multiplizierte er die Basiszahlen des Sonnen- und des Mondzirkels sowie des Indiktionenzyklus miteinander (28 x 19 x 15) und gelangte so zu einer Periode von 7980 Jahren. Innerhalb dieser, so seine Idee, werden die Tage fortlaufend gezählt. Stunden, Minuten und Sekunden werden als dezimale Bruchteile des Tages ausgedrückt. Es gibt keine Zählung einzelner Jahre und demzufolge keine Probleme mit Tagesbruchteilen, Mittelwerten der Jahreslänge und Schaltjahren mehr. Den Startpunkt der neuen Tageszählung legte er in das Jahr, in dem alle drei Zyklen zum letzten Mal gemeinsam den Wert Eins hatten, auf den Mittag des 1. Januar 4713 v. Chr.

Scaliger nannte seine neue Universalära die julianische, und eine darauf bezogene Tagesangabe heißt *julianisches Datum* (JD). Es ist überliefert, er habe den Namen gewählt, um damit seinen Vater Julius Scaliger zu ehren. Andere Quellen behaupten, er wollte sich aus Protest gegen die gregorianische Reform auf den julianischen Kalender beziehen. Wie auch immer, mit diesem genial erdachten System kann erstens astronomisch exakt datiert werden. Zweitens erlaubt es, große Zeitintervalle mühelos zu bestimmen, ohne die ungleiche Länge von Monaten und Jahren berücksichtigen zu müssen. Deshalb ist es bis heute in Gebrauch.

Das julianische Datum lautete für den 1. Januar um 12 Uhr Weltzeit im Jahre 2000 = 2.451.545,0. Weil solche Zahlen unhandlich sind, wurde das *modifizierte julianische Datum* (MJD) eingeführt. Es hat sich in der Raumfahrt schnell durchgesetzt. Sein Starttermin, sein ›Tag 1‹, ist der 17. November 1858 Null Uhr Weltzeit. MJD 0,0 ist identisch mit JD 2.400.000,5. Dann begann die NASA, gekürzte julianische Tageszahlen (Truncated Julian Date, TJD) zu verwenden. Sie entstehen als Rest einer Division von (JD minus 0,5) durch 10.000. Die erste dieser Zeitskalen ›TJD Null‹ startete am 24. Mai 1968 um Null Uhr, das zweite am 10. Oktober 1995 und die dritte wird am 25. Februar 2023 beginnen. Die Firma IBM benutzt indessen den Begriff *Julian Date* für die Anzahl der Tage, die im jeweils laufenden Jahr bereits vergangen sind.

In immer größerem Umfang wurden Jahre und Tage gezählt, Daten und Zeiträume berechnet. Computare war das Wort der Römer für ›zusammenrechnen, an den Fingern abzählen‹. Im vierten Jahrhundert erschien das davon abgeleitete ›computus‹ zum ersten Mal mit einer eigenständigen Bedeutung, als es Julius Maternus in Sizilien für astrologische Berechnungen von Planetenbahnen benutzte. Cassiodor verknüpfte im sechsten Jahrhundert Zeitrechnung mit der Bestimmung des Ostertages, und nun bedeutete computus ›Osterberechnung‹, meinte das Verfahren selbst wie auch die Vorschrift dafür. Im Lauf des Mittelalters wurde es zur allgemeinen Bezeichnung von Lehrbüchern oder Schriften über Kalenderrechnung auf astronomischer Grundlage.

Der seit dem 14. Jahrhundert sich entwickelnde Bau von Uhren verband die Zeit mit Mechanismen und Automaten und bereitete den Weg für Rechenmaschinen. 1897 in den USA wurde erstmals eine mechanische Rechenmaschine ›Computer‹ genannt. Heute prägen elektronische Computer unseren Alltag und sind auch für die bequeme Berechnung von Zeitabschnitten ein inzwischen selbstverständliches Hilfsmittel. Dafür benutzen sie noch immer das von Scaliger erdachte Prinzip und speichern Datumsangaben als fortlaufende Zahl von Tagen. Wie die verschiedenen Kalender, so gehen auch unterschiedliche Computersysteme von einem jeweils anderen Bezugspunkt der Zeitrechnung aus. Auch die Ursachen dafür sind durchaus ähnlich: Ging es bei der Vielfalt der Kalender um die politische Macht von Priesterkasten, Kirchen oder Fürsten, so handelt es sich nun um wirtschaftliche Macht miteinander konkurrierender Hersteller.

Der Jahrhundert-Begriff

Das lateinische Wort *saeculum* war ursprünglich auf die Dauer eines Menschenlebens bezogen. Später meinte es einen langen Zeitraum von unbestimmter Dauer. Christliche Kirchenväter engten den Begriff auf die ›diesseitige‹ Welt ein, das führte zur Bedeutung ›weltlich, heidnisch‹. Als kirchenrechtlicher Terminus bezeichnete es schließlich einen Zeitraum von 100 Jahren. Erst seit etwa 1750 wird es als ›Jahrhundert‹ übersetzt. Gleichzeitig damit entstand die deutsche Schreibweise Säkulum.

Säkularfeiern entstanden bei den Sabinern in Rom, wird vermutet. Nächtliche Opfer sollten die Menschen von den Vergehen ihrer Vergangenheit reinigen. Öffentlich wurden sie zum ersten Mal 249 v. Chr. begangen. Der Staat übernahm den bis dahin privaten Kult und gab 146 v. Chr. die zweite große öffentliche Säkularfeier. Als Livius seine berühmte Geschichte Roms verfasste, begann er mit der Gründung der Stadt im Jahre 753 v. Chr. Das gab Anlass, die ›Jahre der Stadt‹ zu zählen. Als man 47 n. Chr. unter Claudius den Abschluss ihres achten Jahrhunderts mit Säkularspielen beging, erhielt ›saeculum‹ zum ersten Mal die Bedeutung ›Jahrhundert‹. Die Tausendjahrfeier Roms, das millennium, verzögerte sich um ein Jahr bis 248.

Gegen 1300 erklärte der anonyme Verfasser der *Mainauer Naturlehre* Zeitbegriffe und schrieb, tausend Jahre würde man ›ewig‹ nennen, hundert ›die Welt‹ und fünfzehn seien die Indiktion. Damals hatte sich die Zählung der Jahre ab Christi Geburt nach langem Zögern gerade durchgesetzt, ihre Schreibung mit arabischen Ziffern dagegen in Europa kaum begonnen. Erst deren Nullen machten später das Erreichen des vollen Hunderts optisch auffällig. Trotzdem rückte dieser Umstand ins Bewusstsein einer breiteren Öffentlichkeit, nachdem – damaligem Brauch entsprechend – am 25. Dezember 1299 das Jahr 1300 begonnen hatte. Im Februar bestimmte es Papst Bonifaz VIII. nachträglich zum ›Jahrhundertjahr‹. Ein vollkommener Ablass von allen Sünden sollte gewährt werden. Was die ›runde‹ Wiederkehr von Christi Geburt feiern sollte, erinnerte aber auch an die Säkularfeiern der Römer und nicht zuletzt an den Brauch der Juden, nach Ablauf von siebenmal sieben Jahren ein ›Erlassjahr‹ zu verkünden. Für das Jahr 1400 benutzte man denn auch die in jüdischer Tradition gründende Bezeichnung ›Jubeljahr‹. 1500 schließlich wurde zum ›Heiligen Jahr‹ erklärt, und bei diesem Namen blieb es bis vorerst 2000.

In Zusammenhang mit dem herausgehobenen Jahrhundertjahr erschien auch der Jahrhundertbegriff als Raster für das Ordnen historischer Geschehnisse. Der aus Spanien stammende Arnaud de Villeneuve benutzte um 1300 als Erster die heute übliche Form der von Christi Geburt an durchnummerierten Jahrhunderte. Doch erst nach der Reformation gelangte dieser Begriff ins Bewusstsein der Öffentlichkeit.

Der Begriff vom Jubilaeum saeculare im Sinne einer weltlichen Jahrhundertfeier kam erstmals gegen 1700 auf. Damit verbanden sich Zweifel, ob der Jahresanfang 1700 oder 1701 hervorzuheben sei. Aber vielen Menschen war inzwischen klar, dass die Zeitrechnung mit dem Jahre 1 beginnt und folglich das Jahrhundert erst mit Ablauf des Jahres 100 endet. Im Allgemeinen setzten sich auch 1900 noch die gebildeten Schichten durch, und die Mehrzahl der Länder Europas feierte den 1. 1. 1901. Inzwischen hat sich der Kult um die Nullen weitgehend verbreitet, und der Beginn des Jahres 2000 mutierte zum Event.

Der Jahrhundertbegriff ist als ›offizielles‹ Zeitmaß in der westlichen Welt mit ihrem gregorianischen Kalender etabliert. Um die Jahrhunderte zu charakterisieren, stellt eine vorwiegend politisch orientierte Geschichtsbetrachtung herausragende Ereignisse und Entwicklungen zusammen. Daraus definiert sie ein Gerüst von leitenden Gedanken, das aber den tatsächlichen Strom menschlicher Ideen, ihre Verkörperungen und ihre Überlagerungen nur ungenügend abbildet. Beschränkt man sich auf bestimmte Teilbereiche und zieht zeitliche Grenzen entsprechend ihren typischen Erscheinungen, so entsteht eine völlig andere Gliederung in Zeitalter spezifischen Charakters, die sich keineswegs mit den Jahrhunderten decken. So haben zahlreiche Fachleute den Jahrhundertbegriff als ordnendes Kriterium für ihr Gebiet längst fallenlassen.

Von Tontafeln zum Notebook

Das altlateinische Wort calendae kommt von calare (›rufen‹) und bezeichnete zunächst den Tag, an dem in Rom das Sichtbarwerden des neuen Mondes ausgerufen wurde und der als erster Tag des Monats galt. Mit Aufkommen des julianischen Kalenders ging der Ausdruck auf den Monatsersten schlechthin über. Das mittellateinische ›Calendarium‹ bedeutete bereits stark verallgemeinert die Einteilung der Zeit in bestimmte Perioden. Heute nennen wir jedes System, mit dem man größere Zeiträume auf logische Weise in Einheiten wie Jahre oder Tage teilen kann, Kalender.

Außerdem aber meint Kalender den Gebrauchsgegenstand zur Einteilung des täglichen Lebens, ein Verzeichnis der Zeitrechnung. Der in diesem Sinn älteste Kalender ist in den Ruinen des alten Babylon gefunden worden. Er ist wahrscheinlich 3700 Jahre alt und ein Steckkalender, ein aus Ton gebranntes Täfelchen mit Löchern für die Tage und Monate. Griechen benutzten seit dem fünften Jahrhundert v. Chr. steinerne Steckkalender, die den Zusammenhang zwischen ›amtlichem‹ und Bauernkalender herstellten. Diese Parapegmen trugen außerdem Angaben über die Stellung der Gestirne und jahreszeitlich bedingte Arbeiten.

In Rom war es üblich, ausstehende Zahlungen am jeweils ersten Monatstag, zum Termin der calendae, zu leisten. Das darüber öffentlich geführte Verzeichnis hieß calendarium. Später kombinierte man das Instrument der Händler und Geldverleiher mit den Verzeichnissen der Gerichts- und Feiertage zu einem allgemeinen Weiser durch das Jahr, zum Kalender. Eigentlicher Ausgangspunkt dafür waren die *Fasti,* römische Gerichtstage, die für jeweils ein Jahr im Voraus bestimmt wurden. Kalender des Altertums wurden in Stein gemeißelt, in Holz, Knochen oder Metall geritzt, auf Pergament und Papyrus geschrieben, auf Wände gemalt oder aus Mosaiksteinen zusammengesetzt.

Dadurch entstand früh eine Verbindung zwischen Kalender und bildender Kunst. Aus den Hochkulturen Ägyptens und Babyloniens kennen wir bildhafte Verkörperungen der Jahreszeiten und Tierkreiszeichen. Die älteste bekannte Darstellung eines Zyklus von zwölf *Monatsbildern* entstand im ersten vorchristlichen Jahrhundert in Athen. Die Klöster des Mittelalters bewahrten die Tradition der Monatsbilder in den liturgischen Handschriften. Dabei wurden die einzelnen Monate zunehmend in Form von Schilderungen ländlicher Arbeiten oder anderer jahreszeitlicher Tätigkeiten dargestellt. Seit dem 12. Jh. erscheinen Monatsbilder dieses Charakters in Westeuropa als Bestandteil der Architektur von Kirchen. In den Gotteshäusern orthodoxer Christen findet man eine Bilderwand, deren wichtigster Teil die zwölf Hauptfeste des Kirchenjahres darstellt. Manchmal wird ihnen eine Reihe von Monats- oder Kalenderikonen angefügt. Im häuslichen Leben der Gläubigen besaßen kleinformatige Monatsikonen unmittelbar Kalenderfunktion.

Als Kalender noch mühsam von Hand geschrieben oder gar in Stein gemeißelt werden mussten, wurde ein einzelnes Exemplar viele Jahre benutzt; Einjahres-Kalender waren äußerst selten. Jahreskalender in Tabellenform stellen deshalb die Monate in zwölf ähnlich gegliederten Spalten dar, ohne die Wochentage direkt anzugeben und ohne die beweglichen Feste zu markieren. Doch ›ewige Kalender‹ im engeren Sinn sind erst Systeme aus mehreren Tabellen, mit deren Hilfe sich für jedes beliebige vergangene oder zukünftige Jahr bestimmen lässt, auf welchen Wochentag ein Datum fällt.

Erst der Buchdruck ermöglichte die allgemeine Verbreitung von Kalendern. Jetzt erhielten viele Menschen Zugang zu ihnen. Selbst Analphabeten konnten sie benutzen, denn an ihren einfachen Zeichen konnte man die Tage abzählen. Feiertage erkannte man an den dazugehörigen Bildern. Solche pragmatische Gestaltung ist bis in die Gegenwart aktuell. Ein thailändischer Tages-Abreißkalender für 1999 bildet nicht nur gleichzeitig drei kalendarische Systeme ab (neben dem gregorianischen den chinesischen und den Thai-Mondkalender), sondern markiert aus gutem Grund deren sämtliche Festtage durch bildliche Darstellungen. Und weil es sich als bequem und übersichtlich erwiesen hat, zeigen viele Kalender Europas auch heute noch z. B. die Mondphasen oder die Tierkreiszeichen in Gestalt kleiner Symbole und heben die Sonntage farblich hervor.

Bald erschienen auch gedruckte Kalender in Buchform. Außer der Angabe der Fest- und Heiligentage im eigentlichen Kalendarium enthielten sie nun auch Zusammenstellungen von Legenden der christlichen Heiligen. Damit wurden Kalender zu volkstümlichen ›Lesebüchern‹. Ein ganzes Kalenderjahr umfassen auch die *Almanache.* Das arabische Wort al-manah bedeutet ›Wetter‹. Es bezeichnete ursprünglich die Tafeln, auf denen man den jahreszeitlichen Verlauf der Witterung darstellte. Im Mittelalter meinte es kalenderartige astronomische Tafeln, die für die astrologische Praxis benötigt wurden und die sich in Deutschland ab dem 13. Jahrhundert verbreiteten. Im 16. Jh. ging dann der Ausdruck auf regelmäßig erscheinende Jahrbücher über.

Handbücher für die verschiedensten Zwecke wurden und werden mit Kalendarien ausgestattet. Nach und nach wuchs die Zutat zur Hauptsache, und der Name Kalender ging auf das ganze Büchlein über. Wahrscheinlich ältester Vorläufer dieser Gattung ist ein Staatshandbuch der Stadt Rom, der *Chronograph vom Jahre 354,* das neben einer Liste der Konsuln, astronomischen Tabellen und vielem anderem auch einen Kalender enthält.

Aus den ersten gedruckten Einblattkalendern des ausgehenden 15. Jahrhunderts entstanden die sogenannten Bauernkalender, und diese führten zum Begriff des Volkskalenders. Bis gegen 1800 hatte man die kaum veränderte Druckerpresse Gutenbergs benutzt. Kalender in großen Auflagen konnten erst mit den von Friedrich Koenig ab dem Jahr 1812 produzierten eisernen Schnellpressen hergestellt werden. So wurde das 19. Jh. zur großen Zeit des Volkskalenders. Im Jahre 1859 zählte man in Frankreich 395 verschiedene Kalendertitel, in Deutschland mögen es noch mehr gewesen sein.

Der bekannteste aller Bauern- und Volkskalender ist zweifellos der *Hundertjährige Kalender.* Der gelehrte Abt Moritz Knauer war überzeugt, dass die Rhythmen der Gestirne das irdische Geschehen beeinflussen. Um den Bauern seiner Umgebung Hinweise für Saat und Ernte, aber auch für die Gesundheit von Mensch und Tier zu geben, führte er von 1652 bis 1658 ein präzises Wettertagebuch. Unter dem Titel eines *immerwährenden praktischen Wirtschaftskalenders* veröffentlichte er die Ergebnisse. 1701 verwandelte der geschäftstüchtige Verleger v. Hellwig aus Erfurt den ›immerwährenden‹ in einen ›hundertjährigen‹ Kalender. Seine Geschäftsidee hat ihre Wirksamkeit bis in unsere Tage behalten.

Altüberliefertes Wissen bestimmte eine Reihe von *Lostagen,* von denen aus man Wetterprognosen abgeleitet hat. Solche Bauernregeln entstanden durch langjährige Beobachtung in bestimmen Gebieten, und dort haben sie einen gewissen Wahrheitswert. Seit Carl von Linné im 18. Jahrhundert beschäftigen sich Naturwissenschaftler unter der Bezeichnung Phänologie mit den jahreszeitlichen Lebensvorgängen der Pflanzen. Heute kennt der *phänologische Kalender* Mitteleuropas neun streng an den Standort gebundene Phasen, die man ›natürliche Jahreszeiten‹ nennt.

Der Buchdruck ermöglichte den Jahreskalender als individuellen Zeitplaner prinzipiell für alle, die Schnellpresse machte gedruckte Verzeichnisse der Zeitrechnung zum alltäglichen Gebrauchsgegenstand. Seit der Mitte des 16. Jahrhunderts gibt es Schreibkalender mit freiem Platz für eigene Eintragungen neben den kalendarischen Daten. Aus ihnen entwickelten sich die heute üblichen Werkzeuge zum Zeit-Management.

Vorher benutzte man Kalendertabellen, die viele Jahre hindurch Gültigkeit besaßen. Solche ›ewigen‹ oder ›immerwährenden‹ Kalender benötigt man auch weiterhin, um z.B. den Wochentag für beliebige Daten zu ermitteln. Prinzipiell können solche und ähnliche chronologische Aufgaben mit Tabellenwerken, mechanischen Hilfsmitteln oder mathematisch-analytischen Verfahren gelöst werden. Kalendertabellen gehen auf älteste astronomische Tafeln zurück. Die einfachste mögliche Form eines immerwährenden gregorianischen Kalenders ist indes ein Satz von 14 verschiedenen Jahreskalendern, auf denen die Jahre der Gültigkeit vermerkt sind. Sie unterscheiden sich durch den Wochentag am Jahresbeginn und dadurch, ob sie einen 29. Februar enthalten oder nicht. Auch sieben solcher Tabellenkalender genügen, wenn eine zusätzliche Hilfstabelle ihre jeweilige Geltungsdauer angibt. Bewegliche Feste fallen bei diesem System freilich unter den Tisch.

Auch die tönernen Steckkalender der Babylonier und die steinernen Parapegmen der Griechen waren ›ewige Kalender‹. Gleichzeitig markieren sie den Übergang zu den mechanischen Kalender-Vorrichtungen. In strengem Sinn betrifft diese Bezeichnung erstmals jenen Mechanismus, der als ›Himmelsuhr von Antikythera‹ bekannt wurde. Das um das Jahr 82 v.Chr. hergestellte Gerät besitzt ein metallenes Räderwerk, das mit einer Handkurbel angetrieben werden konnte und vermutlich als astronomisches Rechenwerk diente. Seine verschiedenen Skalen zeigen unter anderem Monatsnamen und Tierkreis-Sternbilder sowie Angaben zu Mondphasen und Planeten. Einzelheiten dazu werden im Kapitel über frühe mechanische Uhren behandelt. Die erstaunlichen Kenntnisse und Fertigkeiten seiner unbekannten Schöpfer gingen zunächst verloren.

Viele Jahrhunderte hindurch nutzte man vielfältige einfache Möglichkeiten zur Anzeige des Datums. Im Moskauer Historischen Museum sieht man hölzerne Kalender des 16. bis 18. Jahrhunderts. Diese Tabellen besitzen ›Spalten‹ in ganz wörtlichem Sinn: Entlang ihrer Monatsreihen ist das Holz gekerbt, sodass man spitze Stäbchen zur Kennzeichnung des aktuellen Tages hineinstecken kann. Auch die Tabellenwerke der ›ewigen Kalender‹ wurden mit der Zeit mechanisiert. Zunächst begann man, die Tabellen mit beweglichen Scheiben, Linealen usw. auszurüsten. Derartige Vorrichtungen sind z. B. als ›Mondanzeiger‹ aus dem 14. Jahrhundert bekannt.

Kalender sind Hilfsmittel zum Messen von Zeit und insofern von Uhren nicht zu trennen. Wie uns die Uhr jede beliebige Stunde und Minute zeigt, so weist sie auch den Augenblick, in dem ein neues Jahr oder Jahrhundert beginnt. Und wie ein Tag einerseits die kleineren Zeiteinheiten zusammenfasst, ist er andererseits Basisgröße des Kalenders. Sonnenuhren lassen am unmittelbarsten diese Einheit jeglicher Zeit, die Verbindung zwischen großen und kleinen Zeitabschnitten erkennen. Spätestens die Griechen im sechsten Jahrhundert v. Chr., wahrscheinlich die Babylonier und Ägypter Jahrhunderte vor ihnen benutzten den Gnomon, um aus der Länge seines Schattens sowohl die Mittagsstunde als auch die Jahrpunkte zu bestimmen. Eine der größten Sonnenuhr-Kalender-Anlagen wurde im 13. Jahrhundert in Mittelitalien in der Nähe von Andria errichtet. Der gesamte Innenhof des Castello de Monte ist mit seinen Umfassungsmauern so abgestimmt, dass die horizontale Schattengrenze zur Mittagsstunde präzis den Gang der Jahreszeiten angibt.

Auch die großen astronomischen Kunstuhren des 15. Jahrhunderts waren Uhr und komplexe Kalender zugleich. Viele Tischuhren des 16. bis 18. Jahrhunderts besaßen kalendarische Elemente. Manche enthalten eine 29-teilige Mondscheibe, die monatlich von Hand reguliert wurde. Im 18. Jahrhundert kamen Datumsscheiben auf, deren arabische Ziffern in einem Fenster des Zifferblatts sichtbar sind. Später zeigte eine zweite Scheibe auch die Wochentagsnamen. Hochkomplizierte mechanische Taschenuhren besitzen ein Kalenderwerk mit einem Mechanismus für das Osterdatum. Zur Selbstverständlichkeit wurde die Integration eines ›ewigen Kalenders‹, als die Mikroelektronik hochgenaue Quarzuhren für den täglichen Gebrauch ermöglichte und sich die digitale Anzeige verbreitete.

Seit 1970 kann jedermann in Deutschland die Zeittelegramme des Senders DCF 77 empfangen. Jede Minutenfolge enthält eine komplette Datum-Zeit-Information. Solche Kalender-Uhren werden durch mikroelektronische Schaltkreise realisiert, die jenen in den Computern gleichen. Ob als Großrechner eines Rechenzentrums, als Server im Netz, als PC auf dem Arbeitstisch, als Laptop ›auf dem Schoß‹ oder als elektronisches ›notebook‹ in der Tasche – mindestens steckt eine ›Systemuhr‹ mit integriertem Kalender darin. Besondere Software greift auf diesen verborgenen zentralen Zeitgeber zurück und stellt dem Benutzer eine vielfältige Palette von Hilfsmitteln zur Zeitplanung bereit. Aus der Armbanduhr mit Datumsanzeige ist ein Multifunktionsgerät mit integrierter Datenbank geworden. Das ermöglicht z.B. die Verwaltung und Anzeige von Tages- oder Wochen-Arbeitsplänen samt damit verbundener Terminerinnerung, oder die parallele Anzeige eines zweiten anderen Kalendersystems.

In den letzten Jahrzehnten wurden praktisch alle wichtigen Bereiche der Gesellschaft unabhängig vom geschriebenen Wort organisiert. Die moderne Zivilisation wird durch digital gespeicherte und verarbeitete Informationen aufrechterhalten. Geeignete Computerprogramme zeigen wahlweise Tages-, Wochen-, Monats- oder Jahres-Kalendarien. Für sogenannte Organizer hat sich ein gleitender Sieben-Tage-Kalender zur Planung und Verwaltung der persönlichen Termine als günstig erwiesen. Jedes erdenkliche Beiwerk befriedigt die unterschiedlichsten Ansprüche, seien es spezielle Ferien- bzw. Urlaubskalender, Wochennummern, Zeitzonen oder Mondphasen. Die Zeiten des Auf- und Untergangs von Sonne und Mond werden selbstverständlich auf den Ort des Benutzers bezogen berechnet.

Kalender existieren in den Computern in der Regel nicht als feststehende, gespeicherte Tabellen, sondern ihre Daten werden bei Bedarf berechnet. Als Ausgangspunkt dafür dient teils ein systeminterner Fixpunkt, den man ›time zero‹ nennt, und teils das von der geräteeigenen Uhr aktuell gehaltene Datum. Für diese Berechnungen wurden spezielle Algorithmen entwickelt, die man als eine besondere Form ›ewiger Kalender‹ auffassen kann.

Viele Astronomen und Mathematiker, darunter auch qualifizierte Amateure, haben sich mit analytischen Lösungen der Kalenderberechnung beschäftigt. Der württembergische Lehrer Christian Zeller veröffentlichte 1882 einen Algorithmus zum Bestimmen des Wochentages für ein gegebenes Datum. Die ›klassischen‹ Osterformeln für den gregorianischen Kalender hatte der Mathematiker, Astronom und Physiker Carl Friedrich Gauß im Jahre 1800 formuliert. Aber erst der Osteralgorithmus des Franzosen J.-M. Oudin aus dem Jahre 1940 kam ohne Ausnahmeregeln und Hilfszahlen aus.

4.7 Zeit und Kalender in anderen Kulturen

Die Vorstellungen einer Gesellschaft von der Zeit basieren auf der unmittelbaren Zeiterfahrung ihrer Mitglieder. Diese Erfahrung betrifft immer die jeweilige Gegenwart. Der Zeitbegriff wurde stets in genau dem Umfang ausgebildet, den das erreichte Niveau des Lebens in der jeweiligen Gegenwart erforderte. Deshalb leben historisch ungleich entwickelte Gesellschaften in unterschiedlichen Zeiten. So kennen primitive Gesellschaften keinen abstrakten Begriff von Zeit; dort existiert nur die konkrete Zeit der Handlung, des augenblicklichen Geschehens. Erst heute ist Zeit fast überall abstrakte Welt-Zeit und den meisten Menschen gemeinsam. Deshalb hat jede Kultur ihre eigene, ganz einzigartige Zeit. Erst 1992 hat der Freiburger Soziologe Günter Dux die zusammenhängende Logik dieser Entwicklung durch die Epochen der Menschheit aufgedeckt und fundiert dargelegt.

Subkontinent Indien

Die ersten Keimformen von Naturwissenschaft entstanden in Wechselwirkung mit magischen Praktiken und religiösen Vorstellungen. Vor mehr als 6000 Jahren hatten Menschen in Mesopotamien und Ägypten, und wahrscheinlich schon lange vor ihnen in Indien, raum-zeitliche Vorstellungen, die zur Grundlage für Astronomie und Mathematik wurden. Handelsbeziehungen zwischen ihnen waren von Kulturaustausch begleitet. Jahrtausende später wurden ihre Kenntnisse vom antiken Griechenland aufgegriffen, theoretisch verdichtet und gelangten mit Alexanders Feldzügen wieder bis nach Indien. Dann wurden sie in den Zentren der islamischen Welt gesammelt und gelangten von dort aus nach Europa zu den Vordenkern der Renaissance. Jede dieser Kulturen trug dazu bei, Wissen anzusammeln, bis schließlich ein Niveau erreicht war, das den gregorianischen Kalender ermöglichte. Indien hatte außerdem Handelsbeziehungen zu China. Daraus ergab es sich, dass auch die Kalender Mittel- und Ostasiens keine unabhängige Entwicklung erfuhren. Überall flossen Ideen vieler Völker zusammen, vereinten sich zu einem Strom der Kultur der Menschheit.

Die ersten bedeutenden Kulturen konnten sich herausbilden, als in den Gebieten der großen Flüsse Städte entstanden. Im zweiten vorchristlichen Jahrtausend erschien eine Hochkultur am Huangho, um 3100 am Nil, um 4400 zwischen Euphrat und Tigris. Seit 1974 kennen wir *Mehrgarh,* die älteste bislang entdeckte Siedlung im Industal, deren tiefste Schichten bis auf

7000 v. Chr. zurückgehen. Ihre kulturelle Eigenständigkeit gipfelte in einer eigenen Schrift sowie in einer auf hohem Niveau stehenden Astronomie und Zeitrechnung. Etwa 1800 v. Chr. begann aus Gründen, die bis heute nicht definitiv bekannt sind, ihr langsamer Untergang.

1921 gruben Archäologen die Stadt Harappa im Tal des Indus aus. Damals ging man davon aus, dass die Harappa-Kultur um 1500 v. Chr. von Ariern unterworfen wurde, die später den Hinduismus begründeten. Mit diesem Ereignis ließ man die *vedische Zeit* beginnen. Sie ist nach den ältesten Werken der indischen Literatur benannt. Neue Erkenntnisse widerlegen die in ihrem Kern rassistische Theorie, schließen indessen nicht aus, dass fremde Zuwanderer die Entwicklung der Induskultur mit beeinflusst haben.

Die nebeneinander bestehenden Indus- und mesopotamischen Kulturen – oder ihre noch unbekannten gemeinsamen Vorgänger – reichen vermutlich viel weiter als sechs Jahrtausende zurück. Wichtige Beweise dafür liefern ihre Systeme der Zeitmessung. Deren Analyse vermag vieles aufzudecken, was archäologische Funde allein nicht preisgeben, denn Kalender regeln sämtliche Aktivitäten einer jeden organisierten Kultur. Grundlage solcher ursprünglichen Kalender sind Tafeln der Bewegung von Himmelskörpern, so einfach sie anfangs sein mögen.

Schon vor Jahrtausenden entstand das auf der Sechzig basierende ›babylonisch‹ genannte Zahlen- und Kalendersystem. Wir wissen heute, dass es beiden, der indischen und der mesopotamischen Kultur eignet, und es ist schwer zu entscheiden, welche von ihnen es zuerst benutzte. Augenscheinlich beruht es auf der Beobachtung der Bewegung von Planeten. Jupiter und Saturn begegnen sich alle 60 Jahre an derselben relativen Position im Tierkreis. Mehr noch: Jupiter benötigt zwölf Sonnenjahre, um einmal den Tierkreis vollständig zu durchlaufen, teilt ihn also in zwölf Abschnitte. Saturn durchläuft ihn einmal in 30 Jahren. Das legt nahe, jedes Zeichen in 30 Abschnitte, ›Grade‹, zu teilen. Dann bewegt sich Saturn um ein Grad in jedem Zwölfteljahr, und ein Umlauf erfasst 360°, erfordert 360 Zwölfteljahre, ›Monate‹. Konsequenterweise wurde die Sechzig, Symbol des gemeinsamen Haupt-Zyklus von Jupiter und Saturn, zur Bezugsgröße des Zahlensystems. Deshalb benutzte man sie später zur weitergehenden Unterteilung der Winkel und der Zeitabschnitte. Aus der 60 und der 360 ergab sich die Sechs als herausgehobene Zahl. Sie erscheint in den Kalendern Indiens als Anzahl von Jahreszeiten und von ›Wochen‹-Tagen.

Auch den Indern war das solare Schema des zwölfteiligen Tierkreises vertraut, wie zahlreiche Motive der Veden belegen. Aber die ältesten Tagesnamen Indiens beziehen sich auf die *Nakshatra*, die ›Mondstationen‹. Das sind markante Sterne entlang der Mondbahn. Ihre Anzahl 27 entspricht der Dauer des siderischen Mondumlaufs. Irgendwann verband man sie der Reihe nach mit neun planetaren ›Herrschern‹. Das sind die sieben ›Planeten‹, ergänzt um *Rahu* und *Ketu*, die beiden theoretischen, nicht sichtbaren ›Knoten‹ der Mondbahn. Ähnlich den sieben Wochentagen in Babylonien ergab sich daraus eine ununterbrochene Folge neuntägiger Wochen.

Mit dem Ketu hängt ein Zyklus von Planetenkonjunktionen zusammen, aus dem man abgeleitet hat, dass eine darauf basierende Jahreszählung – die *Laukika-Ära* in Kaschmir – schon um 6700 v. Chr. begonnen haben könnte. Das greift zurück bis in jene Zeit, als die Weltmeere nach dem Ende der letzten Eiszeit noch im Ansteigen begriffen waren. Dieser Prozess veranlasste die Menschen zum Rückzug in höher gelegene Siedlungszentren. Die Erinnerung daran wurde in vielfältigen Formen überliefert – warum sollte nicht auch eine Zeitrechnung überliefert sein, die in dieser Epoche entstand?

Die Götterwelt der Veden symbolisiert eine naturnahe, zyklische Zeitauffassung von Werden und Vergehen. Maha-Devi, die ›Große Göttin‹, war aus einer Muttergottheit der Frühkulturen hervorgegangen. Das Ende des Matriarchats beschränkte ihre Rolle darauf, Gattin Schiwas zu sein. Doch seither erscheint sie, mächtiger denn je, in Gestalt der Kali. Dieser Name kommt vom altindischen kala, und das ist – die Zeit, die alles hervorbringt und alles verschlingt.

Das Weltbild des *Hinduismus* geht von drei miteinander wirkenden Grundprinzipien aus, die als drei Hauptgötter vorgestellt werden: Brahma erschafft das Universum durch Energie und Leidenschaft, Wischnu erhält es durch das Prinzip der Güte, und Schiwa zerstört es durch Finsternis. Schiwa wird meist mit dem heiligen Stier Nandi dargestellt, dessen Gehörn man als Symbol für die Mondsichel interpretiert. Schiwa ist der ›offizielle‹ (weil männliche) Herr der Zeit und damit der Zerstörung, zugleich aber Schöpfergott. Als Nataradja (›Herr des Tanzes‹) steht er für den Tanz des Lebens, der die Balance zwischen Zerstörung und Schöpfung herstellt. Mit seinem Tanz schafft er die Welt, doch wenn er müde wird, versinkt sie ins Chaos. Daher folgt auf die Zeit der Schöpfung unvermeidlich eine Phase der Zerstörung.

Die *Hindu-Zeitrechnung* hat die gesamte ›Zeit der Welt‹ kalenderartig gegliedert und in einen Zusammenhang mit den Schöpfungsmythen gesetzt. Danach ist die Existenz von Zeit überhaupt an das Leben eines Brahma gebunden. Ein Brahma-Leben währt 100 Brahmajahre zu je 360 Tagen und 360 Nächten, zusammen 7200 Kalpas. Wenn Brahma stirbt, vergeht noch einmal die gleiche Dauer bis zu seiner Wiedergeburt. Während dieser Pause existiert weder Götter- noch Menschenzeit, und erst nach ihrem Ablauf beginnt ein neuer Zyklus von Zeit und Leben. Ein einziger Brahma-Tag, ein Kalpa, umfasst tausend Maha Yuga (›Große Weltalter‹), und jedes von diesen entspricht mehr als vier Millionen Menschenjahren.

Nach und nach profilierte sich das ›zivile‹ Jahr der vedischen Zeit. Anfänglich wurde es, ebenso wie im Iran, zu den Sonnenwenden zweigeteilt. Das Rig-Veda beschreibt aber auch eine Teilung durch die Tagundnachtgleichen. Dann unterschied man drei Jahreszeiten: die warme Zeit, Regenzeit, kühle Zeit. So teilt die Landbevölkerung im Punjab noch heute das Jahr. In südlicheren Regionen herrscht ein stärker differenziertes Klima, und hier gelangte man zu sechs Jahreszeiten. Der praktischen Zeitrechnung diente etwa ab dem zwölften Jahrhundert v. Chr. ein 354-tägiges Normaljahr, in das von Zeit zu Zeit eine siebenter Abschnitt eingeschoben wurde. Durch weiteres Teilen erhielt man dann eine Annäherung an zwölf bzw. 13 Mondwechsel im Lauf des Sonnenjahres.

Ein Sonnenjahr ist die Dauer einer Umdrehung der Erde um die Sonne. Anschaulicher ist es, sich die Erde als fest stehend vorzustellen. Dann wandert die Sonne um sie herum und erreicht nach einem Jahr wieder ihren Ausgangspunkt. Je nachdem, wie man diesen Referenzpunkt wählt, lassen sich zwei verschiedene Jahreslängen definieren, das tropische oder das um gut 20 Minuten längere siderische Jahr. Anders als in der Zeitrechnung des Westens folgt der Sonnen-Teil des traditionellen Hindu-Kalenders dem siderischen System. Zwölf *Rasi* (Sternzeichen) gliedern die Ekliptik in zwölf gleiche Abschnitte je 30°. Die Länge der Sonnenmonate hängt davon ab, wann die Sonne das nächste Rasi erreicht. Für die Berechnung dieses Augenblicks haben sich in Indiens Regionen vier verschiedene Regeln herausgebildet. Ihre Koexistenz hat dazu geführt, dass derselbe Monat örtlich und in verschiedenen Jahren eine unterschiedliche Zahl von Tagen hat.

Die in zwölf Rasi gegliederte ›solare‹ Ekliptik wird von der ›lunaren‹ Ekliptik überlagert, die man in 27 Nakshatra teilt. Es fiel auf, dass im Lauf des Jahres zwölf dieser Mondstationen durch die zwölf Vollmondnächte besonders herausgehoben werden. Daraus entstand der Brauch, auch die Monate nach den Nakshatra zu benennen. Diese aus vedischer Zeit stammende Namensreihe ist von Sri Lanka bis Nepal verbreitet und noch heute Bestandteil des indischen Nationalkalenders.

Das Verfahren schlug eine Brücke zwischen lunaren und solaren Sternbildern und führte zu lunisolaren Kalendern, die Sonnenjahre mit Mondmonaten vereinen. Aber zwölf Mondmonate sind etliche Tage kürzer als ein Sonnenjahr. Zwischen beiden Systemen einen Ausgleich zu finden, gelang nicht ohne Komplikationen. Der alte Name des Schaltmonats weist darauf hin, er bedeutet ›Herr der Bedrängnis‹. Zunächst fügte man Schaltmonate in regelmäßigen Abständen ein. Dieses Prinzip des mechanisch-rechnerischen Vorgehens, das auch Babylonier und Griechen bevorzugten, findet seine Fortsetzung in den Schalttagsregeln unseres gregorianischen Kalenders. Indische Astronomen legen stattdessen der Schaltung die wahren Positionen von Sonne und Mond zugrunde. Bei diesem Verfahren kommt es vor, dass innerhalb desselben Sonnenmonats zwei Neumonde erscheinen. Dann entstehen zwei Mondmonate gleichen Namens, die man durch eine Zusatzsilbe unterscheidet. Manchmal aber führt das Verfahren zu einem ›negativen Schaltmonat‹. Dann fällt der Name des betreffenden Sonnenmonats in der Jahresreihe aus.

Mondmonate können entweder bei Neumond oder bei Vollmond beginnen. Die Daten der Hindufeste werden heute allgemein nach einem Neumond-Kalender bestimmt. Nach und nach begann man auch, den Monat in eine helle und eine dunkle Hälfte entsprechend dem Mond zu gliedern. Mit dem nach Halbmonaten organisierten Kalender korrespondiert eine eigentümliche Art des Fingerzählens, die noch heute in Bangladesch vorkommt. Der Engländer Nathaniel Halhed hat um 1800 über sie berichtet: »Die Bengali bedienen sich ihrer Fingerglieder zum Rechnen, wobei sie mit dem unteren Glied des kleinen Fingers beginnen und bis zum Daumen fortfahren, dessen Ballen auch als ein Punkt zählt, sodass die ganze Hand die Zahl 15 enthält. Interessant ist, dass in diesem System jede Hand die Anzahl der Tage des (halben) Hindumonats angibt.«

Außerdem teilt man in Indien einen Mondmonat in 30 *Tithis,* eine besondere Art von Tagen, die es nirgends sonst gibt und die sich auf den scheinbaren Abstand zwischen Sonne und Mond bezieht. Ein Tithi beginnt immer dann, wenn dieser Abstand genau 12° beträgt. Wir finden in dieser Definition die mit der Umlaufzeit von Saturn und Jupiter verbundenen Zahlen 30 und 12 wieder. Zum Ordnen des täglichen Lebens sind Tithis nicht geeignet, denn ihre Dauer schwankt beträchtlich. Dagegen hängt der Beginn der meisten religiösen Zeremonien und Feste noch heute von bestimmten Tithis ab.

Auch die (Sonnen-)Tage innerhalb des Mondmonats werden abhängig von den Tithis nummeriert. Jeder Tag erhält die Nummer desjenigen Tithis, in dem der Sonnenaufgang stattfindet. Manchmal geschieht es, dass ein Tithi erst nach Sonnenaufgang beginnt und vor dem nächsten schon beendet ist; dann wird die Nummer dieses kurzen Tithi ausgelassen. Andererseits kommt es vor, dass ein langes Tithi zwei Sonnenaufgänge überdeckt; dann erhalten beide Tage die gleiche Nummer.

Eine von Monaten unabhängige, durchgehende Tageszählung in neuntägigem Rhythmus hatte sich aus den Nakshatra ergeben. Aber für regelmäßige Märkte scheint ein kürzerer Zyklus günstiger. In Südindien bildete sich eine sechstägige Woche heraus, die bei den Tamilen noch heute bekannt ist. Ab dem neunten Jahrhundert tauchte dann von Nordwesten her die siebentägige Woche in Indien auf, und für geraume Zeit existierten beide Systeme nebeneinander.

Außer Hindus befolgen in Indien Buddhisten, Jainas, Juden, Moslems, Parsen und Sikhs ihre jeweiligen religiösen Zeitrechnungen. Sie verehren eine unüberschaubare Vielfalt von Gottheiten und Heiligen, deren Feiertage sich durch das Jahr ziehen. Manche von ihnen wurzeln schon in ältesten Kulturstufen.

Die Ideologie des Brahmanismus drückte sich in despotischen Herrschaftsformen aus, und als Gegengewicht dazu entwickelten sich verschiedene philosophische und religiöse Lehren, darunter im sechsten Jahrhundert v. Chr. der *Buddhismus*. Sein Aufkommen kann als eine ethische Reform verstanden werden, die moralische Tugend als Mittel propagiert, die Erlösung zu erreichen. Darin ähnelt der Buddhismus durchaus dem späteren Christentum. Gautama Buddha trat etwa zur Zeit Zarathustras auf. Beider Lehren sahen die Welt als Werk des Bösen. Während aber der Zurvanismus lehrte, sich dem Schicksal, der ewigen Zeit zu ergeben, propagierte Gautama die Überwindung des irdischen Daseins durch Selbstüberwindung. Entsprechend brachte der Buddhismus auch eine andere Vorstellung von den Weltzeitaltern hervor. Hierin ist das lineare Element, die Begrenzung durch das Leben des Brahma, aufgehoben. Nach buddhistischer Anschauung unterliegen die Welten einem Zyklus von vier Weltaltern.

Streng genommen gibt es keine spezifisch buddhistische Zeitrechnung. Was als ›buddhistischer Kalender‹ bekannt ist, sind ältere Systeme, die von Buddhisten benutzt und beschrieben wurden. Einer der buddhistischen Texte, das *Agganna Suttanta*, enthält einen Schöpfungsmythos, der die natürlichen Zeiteinheiten beschreibt: Als die ersten Bewohner auf der Erde erschienen, verschwand das ihnen eigene Leuchten. Mond und Sonne traten hervor, und die Konstellationen der Gestirne wurden sichtbar. Nun konnten sie den Tag und die Nacht wahrnehmen, dann die Monate und ihre Hälften, schließlich die Jahreszeiten und die Jahre.

Gautama selbst benutzte gelegentlich einen ›Wochen‹-Begriff, eine siebentägige Einheit als bequeme Zeiteinheit, das bezeugen unter anderem die Regeln für die Lebensführung der Mönche. Doch wesentlich häufiger wird die natürliche, mit dem Wachsen und Abnehmen des Mondes verbundene Einheit des Halbmonats benutzt. Als buddhistische Besonderheit bildete sich ein weiterer Zeitbegriff für ›vierzehn Tage‹, der nicht den üblichen Halbmonat meint, sondern sich um den Vollmond gruppiert. Eine Hauptrolle in der buddhistischen Zeitwahrnehmung spielt die Regenzeit mit speziellen Regeln für die Mönche.

Heute werden buddhistische Kalender in verschiedenen Teilen der Welt sehr unterschiedlich berechnet. Verbreitet ist ein Mondkalender, dessen Jahre mit dem Vollmond zwischen November und Dezember beginnen. Andere berechnen den Jahresbeginn, wenn die Sonne im April das Sternbild Widder erreicht, manche benutzen überhaupt den gregorianischen Kalender. So ist in Sri Lanka der offizielle Neujahrstag auf den 14. April fixiert. Die heute verbreitetste Jahreszählung der Buddhisten beginnt mit dem Todesjahr Gautama Buddhas 483 v. Chr.

Im Buddhismus hat, wie auch im Hinduismus, der Weltprozess keinen Anfang in der Zeit. In zyklischem Wechsel von Schöpfung und Zerstörung entsteht ein Universum nach dem anderen. Innerhalb dieser gibt es ein zeitliches Geschehen, doch es ist für die Menschen nur von begrenztem Interesse, nämlich insofern, als es Möglichkeiten bietet, den Kreislauf der Wiedergeburten zu überwinden und in die zeitlose Fülle, das Nirvana, einzugehen.

Daraus resultiert eine besondere Auffassung der Inder von Zeit, die aus westlicher Sicht oft als fehlendes Zeitgefühl missverstanden wird. In abendländischer Überheblichkeit, nicht nur in den Jahren kolonialer Herrschaft, wurde – und wird manchmal noch heute – ein anders geartetes Zeitverständnis als Mangel abqualifiziert. Die spezifischen Zeitvorstellungen der Inder treten unter anderem in den indischen Sprachen, vor allem im klassischen Sanskrit, hervor. Zeitformen der Verben sind darin kaum ausgeprägt. Zu den Merkwürdigkeiten des modernen Hindi gehört, dass es jeweils nur eine Vokabel für ›gestern‹ und ›morgen‹, für ›vorgestern‹ und ›übermorgen‹ gibt.

Eine dem Buddhismus recht ähnliche, doch weniger einflussreiche Reformbewegung ist der *Jainismus.* Gegenstand besonderer Verehrung durch die Jainas sind die 24 Tirthankara, heilige Personen, die mit den 24 Halbmonaten des Jahres assoziiert sind.

Die monotheistische Religion der *Sikhs* wurde erst vor 500 Jahren von Nanak Dev, ihrem ersten Guru, im Punjab gestiftet. Mit seiner Geburt im

Jahre 1469 beginnt ihre *Nanakshahi-Ära*. Religiöse Verfolgung veranlasste 1699 die Gründung ihrer kämpferischen ›Gemeinschaft der Reinen‹, der *Khalsa*. Deren 300-Jahr-Feier war Anlass für die Sikhs, eine neue religiöse Zeitrechnung einzuführen. Bis 1998 hatten sie ihre Festtermine nach einem Hindu-Mondkalender bestimmt, seit 1999 benutzen sie *Nanakshahi Jantri*, der auf den gregorianischen Kalender fixiert ist.

Kolonialbehörden und eingewanderte Europäer in Indien verwendeten generell den gregorianischen Kalender und seine christliche Ära. In der großen Zahl relativ unabhängiger Kleinstaaten aber waren noch in der zweiten Hälfte des 20. Jahrhunderts etwa 20 verschiedene Arten der Jahreszählung in Gebrauch. Weit verbreitet war die 57 v. Chr. beginnende *Vikram-Ära*, sie galt offiziell in den meisten Staaten Nordindiens. Ähnliche Bedeutung besaß die *Shaka-Ära* vorwiegend in Zentralindien. Sie beginnt im Jahre 78 n. Chr. und wurde 1957 in Indiens ›Nationalen Einheitskalender‹ übernommen.

Neben Händlern erschienen seit dem 16. Jahrhundert christliche Missionare in Indien, und diese nahmen den deutlichsten Einfluss auf die Zeitrechnung. 1713 regte ein Herr v. Dobbeler in Deutschland an, die Angehörigen der hallisch-dänischen Mission in Ostindien mögen künftig selbst Kalender anfertigen, um den Einfluss der Brahmanen zu verringern. Mit der Machtübernahme durch die britische Krone begann 1858 die Modernisierung des Landes im westlichen Sinn. Doch als es 1949 unabhängig wurde, existierten auf dem Territorium der Indischen Union mehr als 30 unterschiedliche örtliche Kalendersysteme.

Als wichtige Basis gesamtstaatlichen Lebens bemühte sich die junge Republik intensiv um einen einheitlichen Kalender. Unter anderem wurde auf ihre Initiative 1956 noch einmal das Projekt einer Welt-Kalenderreform bei den Vereinten Nationen behandelt. 1957 führte das Land dann einen reformierten Lunisolar-Kalender als *Nationalen Einheitskalender* ein. Er basiert auf 365-tägigen Jahren, und seine Schaltjahre stimmen mit denen des gregorianischen Kalenders überein. Die Jahre werden nach der 79 n. Chr. beginnenden traditionellen Saka-Ära gezählt. Inzwischen benutzt man im staatlich-öffentlichen Bereich weitgehend den gregorianischen Kalender und die Jahreszählung n. Chr. Sie dringen immer stärker ins Alltagsleben ein.

Eine Sonderrolle in der Zeitrechnung des indischen Subkontinents spielen die ›importierten‹ Kalender der Muslime und der Zoroastrier. Zahlreiche Anhänger der Religion Zarathustras wollten nicht zum Islam konvertieren und wanderten deshalb zwischen dem siebenten und zehnten Jahrhundert von Persien nach Indien aus. Dort werden sie Parsen genannt. Sie benutzen im Prinzip den neu-avestanischen Kalender ihrer Heimat. Als dessen komplizierte Schaltung in Vergessenheit geriet, entstanden drei Haupttypen von Kalendern der Zoroastrier: *Fasli*, *Shenshai* und *Qadimi*, die bis heute für Kontroversen innerhalb der Religionsgemeinschaft sorgen.

Die Muslime in Indien benutzten zuerst auch hier ihren reinen Mondkalender. Davon zweigte um das Jahr 1345 die Ära *Shahur-san* ab, die zwar von der Hidschra ausgeht, aber Sonnen- statt Mondjahre zählt. Ähnlich verhält es sich mit dem Kalender *Bangla Sone* (Bengali-Kalender). Seine von Jahr zu Jahr schwankende Monatslänge wird von verschiedenen Gemeinschaften in Bengalen unterschiedlich berechnet, sodass sie manchmal das gleiche Fest in verschiedenen Monaten feiern.

Nach dem Ende der Kolonialherrschaft 1949 kam der überwiegende Teil Bengalens zu Pakistan und erklärte sich 1971 zum unabhängigen Bangladesh. 1967 erzielte man auch hier Übereinkunft für den nichtreligiösen Bereich und führte den *neu-bengalischen Kalender* ein. Länge und Namen seiner Monate stimmen mit dem neu-indischen System überein, doch ihr Anfang ist um jeweils sieben Tage vorgezogen. Das Jahr beginnt dafür einen Monat später. Ähnliche, nur gering abweichende Lösungen fand man auch in Nepal und Sri Lanka. Ein ›Bengali-Datum‹ kann deshalb noch heute vier verschiedene Tage bezeichnen.

Unterdessen wird von großen Teilen der Bevölkerung ein ganz anderes Medium als Weiser durch das Jahr akzeptiert. Seit 1870 gibt ein privater Verleger das *Gupta Press Panjika* heraus, ein Jahrbuch mit wichtigen Adressen, Telefonnummern, Haushaltstipps usw. Es fehlt in praktisch keinem Haushalt. Das darin benutzte Schema der Zeitrechnung, eine Abart des Bengali-Kalenders, bildet de facto den Standard für ganz Bengalen.

China und Japan

China ist seit der Altsteinzeit besiedelt, und bereits im dritten Jahrtausend v. Chr. betrieb man im Tal des Hoangho Ackerbau. Hier gefundene Keramiken aus der Jungsteinzeit zeigen Bandmuster aus sichelförmigen Zeichen im Wechsel mit Kreisen, die man als Darstellungen des Mondes deutet. Andere Gefäße zeigen Kreise, die in vier Quadranten geteilt sind. Manchmal sind darin Mondsicheln eingezeichnet. Offensichtlich ist der viergeteilte Kreis Symbol einer auf den Mondphasen beruhenden Ordnung der Zeit, die sich mit der Ordnung des Raumes vereint.

Im zweiten Jahrtausend entstanden in China Sklavenhalterstaaten, die neben Ägypten, Mesopotamien und Indien zu den frühesten Zentren menschlicher Kultur zählen. Zur Keimzelle des Chinesischen Reichs wurde das Reich der Shang-Könige. Die Legende erzählt, die göttliche Shang Di habe versehentlich ein Vogelei verschluckt und neun Monde darauf den Begründer der Dynastie geboren. Bemerkenswert ist daran die Bezugnahme auf den Mondkalender.

Die komplexe chinesische Kosmologie kennt fünf Kardinalpunkte der Welt. Sie repräsentieren die vier Himmelsrichtungen und zugleich die vier Jahreszeiten. Dazu kommt die Mitte als Synonym für China selbst. Seit mindestens dem zweiten Jahrhundert v. Chr. werden die Richtungen durch vier übernatürliche Tiere am Himmel repräsentiert. Das sind nichts anderes als Sternbilder. Überall in der Welt haben Menschen in ihrer Vorstellung helle, einander benachbarte Sterne so durch Linien miteinander verbunden, dass daraus Bilder entstanden, die sie mit Tieren oder Gegenständen ihres Alltags assoziierten. Babylonier, Ägypter und Griechen benutzten die scheinbare Bahn der Sonne durch den Gürtel der Fixsterne als Grundlinie ihrer astronomischen Messungen. Anders die Chinesen. Ihnen galten der Polarstern und die ihn umgebenden zirkumpolaren Sterne, die niemals hinter dem Horizont verschwinden, als die wichtigsten Himmelskörper, als Kaiser und Fürsten des Himmels. Vom Polarstern ausgehend, dachte man sich vier (und später weitere) Linien durch markante Sterne bis hinab zum Himmelsäquator und teilte durch diese Raum und Zeit. Das Wissen über die Bewegungen am Himmel wurde von den Priestern streng gehütet. Dem Kaiser aber fiel die Aufgabe zu, jährlich die Ordnung von Raum und Zeit des Kosmos durch Zeremonien in einer besonderen ›Kalenderhütte‹ zu erneuern.

Im Einklang mit dem Kosmos zu leben ist auch der eigentliche Sinn des *Daoismus*, einer im sechsten Jahrhundert v. Chr. entstandenen archaisch-mythologischen Philosophie. Aus ihr ging der chinesische *Universismus* hervor, eine der großen Weltreligionen. Sie basiert auf der Lehre vom Dao, dem ewigen Weltgesetz. Hiernach existiert die Welt in Perioden, deren jede sechs mal sechzig mal dreihundertsechzig Jahre dauern soll.

Als die alten chinesischen Historiker in der Han-Periode eine Geschichte Chinas schufen, setzten sie an ihren Beginn den mythischen Kaiser Fu Xi. Er soll um 2800 v. Chr. regiert haben und wird als Kulturheros beschrieben, der den Kalender erfand. Auch vom Kaiser Yao ist überliefert, er habe 2357 v. Chr. eine geordnete Zeitrechnung eingeführt. Lange Zeit haben westliche Historiker das als Legenden abgetan. Inzwischen geben archäologische Funde Grund zu der Annahme, dass man sehr wohl bereits im dritten, wenn nicht im vierten Jahrtausend im westlichen China eine Methode des Ausgleichs zwischen Sonnen- und Mondjahr kannte. Eine kleine Tonfigur, die man als den gehörnten Mond interpretiert, ruht auf einer sternförmigen Grundplatte mit 19 Zacken, von denen 13 besonders markiert sind. Diese Anordnung kann kaum anders denn als Modell eines lunisolaren Kalenders gedeutet werden. In einem Zyklus von 19 Jahren wird ein Ausgleich zwischen Mond- und Sonnenjahr hergestellt, wenn dieser Zeitraum 13 gewöhnliche Jahre mit zwölf Monaten und sechs Schaltjahre mit 13 Monaten enthält.

Spätestens um 200 v. Chr. wurde ein Kalender eingeführt, der das Jahr in 24 *Chi* teilt. Dieser Begriff, den man teils als ›Knoten‹, teils als ›Abschnitt‹ übersetzt hat, ist in Analogie zu den verdickten Blattansätzen der Bambusstängel gebildet; möglicherweise verweist er auf die Benutzung entsprechender ›Bambuskalender‹. Europäische Unkenntnis hat die Chi als ›Doppelwochen‹ bezeichnet. Tatsächlich gehen sie auf die hellen und dunklen Lunarperioden zurück und werden dementsprechend in zwei Kategorien geschieden, in je zwölf *Jie* und *Chung*. Die Reihe der Chung enthält die vier solaren Jahrpunkte.

Ursprünglich war der Zyklus der 24 Chi auf die Wintersonnenwende fixiert. In dieser einfachen Form ist das System noch im 20. Jahrhundert auf dem Lande häufig verwendet worden und als ›chinesischer Bauernkalender‹ *Sui* bekannt. Im Lunisolarkalender *Nian* dagegen werden die solaren Chi von Mondmonaten überlagert. Der Ablauf des Chi-Zyklus wird mit dem Mond synchronisiert, indem er jeweils am chinesischen Neujahrstag neu beginnt. Dieser fällt in der Regel auf den zweiten Neumond nach der Wintersonnenwende.

Im Unterschied zu anderen typischen Mondkalendern, die auf der Beobachtung des sichtbaren Neulichts beruhen, wurden die Bewegungen der Sonne und des Mondes in China von Anfang an vorausberechnet. Kurze Jahre habe 12 Mondmonate und 353, 354 oder 355 Tage, lange Jahre haben 13 Monate und 383, 384 oder 385 Tage. Die Monate beginnen mit dem astronomischen Neumond. Dabei bezieht man sich seit 1929 einheitlich auf den 120. Längengrad. Kurze und lange Monate von 29 bzw. 30 Tagen folgen unregelmäßig aufeinander.

Neben den zweimal zwölf Chi gewannen Einheiten von jeweils 60 Zeitzyklen größte Bedeutung für das chinesische Kalenderwesen. Jedoch haben die Chinesen nie wie die Babylonier im Sexagesimalsystem gerechnet. Anders als dort ergab sich bei ihnen die Sechzig aus einer Verknüpfung der zwölf

Chung mit den traditionellen ›fünf Elementen‹. Man kann diese als ein System von fünf Phasen einer Entwicklung verstehen. Sie bestimmen nach chinesischer Auffassung die Zyklen des Wechsels alles Seienden. Seit Anbeginn bezog man sie vor allem auch auf den Ablauf zeitlicher Zyklen. Der traditionelle chinesische Kalender zeigt vier Jahreszeiten als jeweils von einem der ›Elemente‹ geprägt, während das fünfte die Zwischenzeiten bestimmt. Nach und nach bildete sich aus der einfachen Zuordnung von Elementen zu Zeitabschnitten ein komplexes Kalendersystem, das die Zahl 60 impliziert.

Seit langem ist das östliche Denken von der Dualität des *Yin* und *Yang* durchdrungen, Sinnbildern für komplementäre Kräfte des Universums. Durch ihren Einfluss ergeben sich aus den fünf Elementen die ›Zehn himmlischen Stämme‹. Ihnen stehen die ›Zwölf irdischen Zweige‹ gegenüber. Irgendwann führte man die ›Stämme‹ mit den ›Zweigen‹ zusammen, kombinierte sie fortlaufend miteinander, bis 60 Paare entstanden. Die unveränderliche Abfolge dieses Zyklus wurde zu einer Grundeinheit des fernöstlichen Kalenders. Zuerst hat man ihn für eine Einheit von 60 Tagen verwendet, diese ist schon in den frühesten astronomischen Aufzeichnungen zu finden und wird noch immer häufig in chinesischen Kalendern verzeichnet. Wie unsere Wochen läuft sie unbeeinflusst von Monat und Jahr in steter Folge ab. Für die Bezeichnung von Jahren wird der 60er-Zyklus seit der Han-Dynastie (um die Zeitenwende) ununterbrochen benutzt.

Um die recht abstrakten zwölf ›Zweige‹ den einfachen Menschen anschaulich zu machen, bildete man sie als mehr oder weniger stilisierte Tiere ab. Der chinesische Name dieser Reihe von Symbolen bedeutet so viel wie ›zwölf Abschnitte‹. Im Westen hat man den Begriff, vom flüchtigen Anschein ausgehend, als ›chinesischer Tierkreis‹ übersetzt und damit eine nicht vorhandene Analogie zu den Sternbildern des babylonisch-europäischen Tierkreises suggeriert. Die zwölf Tierzeichen haben mit geringen Veränderungen ganz Ostasien erobert. Jeder 60-Jahres-Zyklus beginnt mit einem ›Jahr der Ratte‹, das in zwölfjähriger Folge wiederkehrt, also 1984, 1996, 2008 usw. Eine vollständige Kombination gelangt indessen nur selten ins Bewusstsein der Öffentlichkeit des Westens.

Mit seinem astronomischen Lunisolarkalender verfügte China zwar über ein hervorragendes Zeitrechnungssystem, doch dessen optimale Nutzung erforderte sehr genaue astronomische Berechnungen. Dafür aber fehlten die Voraussetzungen, und im Ergebnis dessen entfernte sich der amtliche Kalender im Lauf der Jahrhunderte immer wieder von den Jahreszeiten. Das änderte sich, als im 13. Jahrhundert der Mongole Kublai-Khan ganz

Ostasien eroberte. Als Kaiser von China beauftragte er eine Reform des Kalenders. Man benutzte nun ein Lot für Schattenmessungen und bestimmte damit die Sonnenwendpunkte und die Äquinoktien sehr genau. 300 Jahre vor der gregorianischen Kalenderreform kannte man die Jahreslänge mit 365 Tagen, 24 Minuten, 25 Sekunden.

Seit langem wussten die Chinesen, dass die Zeitmessung umso genauer ausfällt, je höher der Schattenstab ist. Doch je länger der Schatten wird, desto schwächer ist er. Sie benutzten deshalb einen dunklen Raum, in dessen Dach sich ein winziges Sonnenloch befand. So entstand ein gewissermaßen ›negativer Schatten‹, ein scharf begrenzter Lichtfleck, der so genau vermessen werden konnte, dass sich daraus der jeweilige Tag im Jahr bestimmen ließ. Auch kannten sie den Zusammenhang zwischen der Länge des Mittagsschattens und der geographischen Breite. Das ermöglichte ihren Schiffen, auf allen Ozeanen der Welt zu navigieren. Auf ihren letzten großen Reisen 1421/23 vermochten sie schließlich, durch gleichzeitige Beobachtung derselben Mondfinsternis an verschiedenen Plätzen auch den Längengrad dieser Orte zu bestimmen.

Für den amtlichen Gebrauch zählte man die Jahre innerhalb der Regierungszeit der Kaiser. Die letzte kaiserliche Ära Chinas endete 1911. Dann zählte man im *Guomindang-Kalender* die ›Jahre der Republik‹. Seit dem Jahr 39 (1950) setzt Taiwan diese Zählweise bis heute fort. Die Volksrepublik China (ab 1949) datiert amtlich gregorianisch. Mit dem westlichen Kalender gelangte das Konzept der Woche nach China.

Ungeachtet der Verwendung des gregorianischen Kalenders für Verwaltungszwecke ist der chinesische Lunisolarkalender lebendige Tradition im Leben der Völker Chinas, Japans, Koreas, der Mongolei, Vietnams und Tibets sowie in chinesischen Gemeinschaften weltweit. Er bestimmt besonders auch die traditionellen Feste, deren älteste und wichtigste an den Wechsel der Jahreszeiten gebunden sind. Ihre genauen Termine aber werden durch die Mondphasen bestimmt. Häufig fallen sie auf den Tag des Vollmonds, das ist stets der 15. eines Mondmonats. Außerdem veranlasste uralte Zahlenmystik, dass man dem Zusammentreffen gleicher Tages- und Monatszahlen (1.1., 2.2., 3.3. usw.) besondere Bedeutung beimisst. Deshalb sind auch diese Daten von alters her bevorzugte Festtermine.

Die Verwendung derselben Zeitrechnung in verschiedenen Ländern bedeutet aber nicht zwangsläufig, dass auch ihre konkreten Kalender übereinstimmen. So entstanden z.B. 1984/85 signifikante Abweichungen zwischen den Kalendern Vietnams und Chinas. Damals begann das neue Jahr in Vietnam einen Monat eher.

Japans traditionelle Religion, der *Schintoismus*, verehrt Naturphänomene, unter denen Sonne und Mond eine herausragende Rolle spielen. Beide machten Zeit erkennbar und berechenbar, und es wird auch in Japan eine selbstständige Entwicklung einfacher Kalender gegeben haben. Vom dritten Jahrhundert an sind Kontakte der frühjapanischen Staaten mit dem Festland bekannt, und es gab häufige Kalenderreformen. Aus dem sechsten Jahrhundert wird von der Ankunft kalenderkundiger Männer aus Korea berichtet. Um diese Zeit tauchten die ersten geschriebenen Kalender in Japan auf. Ein Bedürfnis zum Zählen der Jahre entstand für Zwecke der Verwaltung, und man nummerierte sie wie China innerhalb von Regierungsperioden der Kaiser.

Um das Jahr 700 wurde wieder einmal ein neues lunisolares Kalendersystem chinesischen Ursprungs in Japan eingeführt. Aber während Chinas Astronomen zu dieser Zeit bereits die Unregelmäßigkeiten der Mondbewegung berücksichtigten, fanden in Japan exakte Methoden astronomischer Beobachtung und Berechnung nur geringe Akzeptanz. Man interessierte sich für Kalender unter vorwiegend astrologischen Gesichtspunkten. Für die ländliche Bevölkerung waren dagegen die konkreten Jahreszeiten entscheidend. Deshalb erhielten die Mondmonate in Japan besondere, auf die Jahreszeit bezogene Namen.

Nach und nach hatte sich die Kenntnis der sexagesimalen Zyklen auch in Japan verbreitet. Außer zur Jahreszählung verwendete man sie auch zum Kennzeichnen der Tage. Doch deren wichtigster Aspekt war es hier, entweder ›gut‹ oder ›ungünstig‹ zu sein. Als um das Jahr 800 die Kunde von der Siebentagewoche und ihrer Beziehung zu den ›Planeten‹ die Inseln erreichte, wurde der Charakter des Sonntags als allgemeiner Ruhetag schlicht nicht verstanden. Eine derartige Einrichtung war – wie auch in China – völlig unbekannt. Folglich richtete sich das Interesse auf die ›magischen‹ Eigenschaften der sieben Tage. Erst 1873 kam die westliche Siebentagewoche in offiziellen Gebrauch.

Als die Meiji-Restauration 1868 das Shogunat beseitigte, bestand die neue Verfassung aus lediglich fünf Artikeln, und einer davon lautete: »Es soll auf der ganzen Welt nach Wissen gesucht werden, um die Grundlagen der kaiserlichen Herrschaft zu stärken.« Zu den ersten konkreten Auswirkungen gehörte die Einführung des gregorianischen Kalenders ab 1873. Die Jahre aber zählt man noch heute nach der jeweils aktuellen japanischen Ära. Lediglich im internationalen Verkehr wird die westliche Jahreszählung benutzt. Seit Japans Beitritt zum Weltpostverein (1877) erhalten z.B. ins Ausland gehende Postsendungen einen zusätzlichen Stempel mit einer Datumsangabe im ›europäischen Stil‹.

Auch auf der südostasiatischen Halbinsel sind vor allem die Flusstäler früh besiedelt worden. In mehreren Wellen wanderten aus dem Norden kommende Stämme in das Gebiet ein. Dennoch blieb der Einfluss Chinas auf die kulturelle Entwicklung gering. Im Gegensatz dazu hat ihre Berührung mit der Kultur Vorderindiens deutliche Spuren auch in den Kalendern hinterlassen.

Auf dem Territorium des heutigen Myanmar gründeten im Jahr 628 die Pyu ihre Hauptstadt. Sie zählten die Jahre ab 78 n. Chr., dem Jahr eines großen Konzils der Buddhisten, das die Spaltung von Theravadas und Mahayanas besiegelte. Weil dieses Treffen in Nordindien unter der Schirmherrschaft des berühmten Kani-shaka stattfand, ist sie allgemein als *Shaka-Ära* bekannt. Sie hat sich außer in Indien auch in ganz Südostasien weit verbreitet. Nach den Pyu kamen die Burmesen und errichteten 849 ihre Hauptstadt Bagan. Der aus dieser Zeit stammende lunisolare *Burma-Kalender* hat noch heute große sozio-religiöse Bedeutung. Er ist in Halbmonate gegliedert.

Gegen Ende des 13. Jahrhunderts errichteten die Thai mehrere Kleinstaaten in Hinterindien, in denen sich bedeutende Zentren einer eigenständigen Kultur entwickelten. Mit buddhistischen Mönchen gelangten verschiedene Formen des indischen Mondkalenders hierher. Daraus entwickelte sich der lunisolare Thai-Kalender. Im Lauf seines Jahres wechseln sich ›vollständige‹ Monate von 30 Tagen mit ›beschnittenen‹ 29-tägigen ab. Dieser Kalender kennt drei Typen von Jahren mit 354, 355 oder 384 Tagen. Die Monate beginnen mit Neumond, aber die Tage werden innerhalb von Halbmonaten gezählt, wobei man die Perioden des wachsenden und des abnehmenden Mondes unterscheidet. Ein vollständiges Datum nach diesem traditionellen Thai-Kalender besteht aus den Angaben der Mondperiode, des Tages, der Monatsnummer und der Jahresbezeichnung.

Ähnlich dem chinesischen 60-jährigen Zyklus bildeten die Thai Jahresnamen aus den zwölf Tierzeichen und zehn anderen Symbolen, benutzen aber im Unterschied zu China alle 120 möglichen Kombinationen. Für die Dauer eines Menschenalters waren solche Datumsangaben ausreichend und eindeutig. Für Aufzeichnungen, die längere Zeiträume beschrieben oder die dauerhaft bewahrt werden sollten, diente eine Jahreszählung, die sich auf das vermutete Todesjahr Gautama Buddhas bezieht und mit dem Jahr 543 v. Chr. beginnt.

1889 wurde ein Sonnenkalender eingeführt, der im Prinzip dem gregorianischen Kalender entspricht – ausgenommen den Jahresbeginn, der auf den 1. April fixiert wurde. Gleichzeitig setzte König Rama V. zum Zählen der Jahre die ›*Bangkok-Ära*‹ in Kraft, die mit dem Gründungsjahr der Stadt 1782 beginnt. Aber schon 1913 wechselte man wieder zur buddhistischen Zählweise. 1941 wurde dann der Jahresbeginn auf den 1. Januar festgesetzt und zugleich die westliche Jahreszählung als zusätzliches System neben der buddhistischen offiziell anerkannt. Bis heute sind beide nebeneinander in Gebrauch. Während z.B. Bankbelege normalerweise westlich datiert sind, weisen Poststempel das Jahr der buddhistischen Ära aus.

Manche aktuellen Kalender Thailands unterteilen den Mondmonat zusätzlich noch anders. Sie gliedern ihn in die drei Perioden des ›wachsenden Mondes‹, des ›hellen Lichts‹ und des ›alten Mondes‹. Jede umfasst neun regulär gezählte Tage, denen besondere Ergänzungstage folgen. Einige Monate erhalten dadurch 30, andere 29 Tage. Daraus entstehen Normaljahre von 352 Tagen. Schaltjahre enthalten einen zusätzlichen Monat. Interessant sind Tages-Abreißkalender aus Thailand (1999), die dieses einer ›neuntägigen Woche‹ ähnelnde System parallel zum gregorianischen und zum traditionellen Thai-Mondkalender zeigen.

Indonesien

Das Land der 13.000 Inseln zwischen Südostasien und Australien liegt im Schnittpunkt ältester Handelswege des Meeres. Menschen und Kulturen kamen und gingen hier wie Ebbe und Flut. Die Hauptinseln Sumatra und Java empfingen kulturelle Impulse überwiegend aus Indien, Borneo dagegen mehr aus China. Später wurde Java stark vom Islam geprägt, während seine kleine Nachbarinsel Bali noch überwiegend Hindutraditionen bewahrt. Neben Mohammedanern, Hindus und Christen huldigt ein großer Teil der Einwohner uralten Glaubensvorstellungen. Alles dies hinterließ deutliche Spuren in den Kalendern Indonesiens. Ihre Vielfalt ist nur mit derjenigen Indiens zu vergleichen.

Die heute noch benutzten Kalendersysteme bzw. Ären sind:

- der gregorianische Kalender (hier *Masehi* genannt) in Verbindung mit der christlichen Ära. Er dominiert das moderne Leben und ist für geschäftliche Angelegenheiten maßgebend.
- der muslimische Kalender. Er ist der zivile Alltagskalender der Bevölkerungsmehrheit.
- der *Java-Kalender*. Ein großer Teil der gedruckten Kalender Indonesiens

nennt heute neben dem Masehi-Datum mindestens die Tagesnamen dieser eigentümlichen Zeitrechnung. Die Tage im Java-Kalender beginnen mit Sonnenuntergang und seine Jahreszählung mit dem Jahr 78 n. Chr.

- ein buddhistischer Mondkalender. Buddhisten in Indonesien folgen den Regeln des Theravada-Buddhismus, ihr Jahr beginnt im April, und die höchsten Feiertage fallen auf Vollmondtermine.
- *Imlek,* eine Sonderform des chinesischen Lunisolarkalenders. Die Jahre folgen im zwölfjährigen Tierzyklus aufeinander.

Der muslimische Kalender erscheint in seinen beiden Hauptformen *Ru'ya* und *Hisabi.* Ru'ya ist die traditionelle Methode, die auf Beobachtung des Neumondes am Westhimmel unmittelbar nach Sonnenuntergang basiert. Hisabi ist ein berechneter Mondkalender. Ein 30-jähriger Zyklus, der mit dem Jahr 1 n. H. beginnt, enthält 19 gewöhnliche und 11 Schaltjahre.

Der Java-Kalender ist diejenige eigenständige Entwicklung, in der noch Reste ursprünglicher kultureller Traditionen in Erscheinung treten. Zu seinen Hauptbestandteilen gehört *Pawukon,* das wahrscheinlich älteste in Indonesien benutzte Zeitrechnungssystem. Das ist eine Zyklus von 210 Tagen, den man auf zehn verschiedene Arten gliedern kann. Mit den Teilzyklen und ihren Kombinationen bestimmen noch heute viele Indonesier die günstigen Termine für jeden erdenklichen Zweck. Ursprünglich bildete er wohl das allgemeine Bezugssystem für alle praktischen Aufgaben einschließlich des Ackerbaus.

Rund gerechnet 210 Tage dauert die sommerliche Regenzeit im größten Teil Javas. Diese Zeit bestimmte einst den Jahresbegriff. Später kam man hier zu einem Landwirtschaftskalender, der das Jahr in zwölf ungleich lange *Mangsa* teilt. Es fällt auf, dass die ersten zehn Mangsa-Namen von javanischen Zahlworten abgeleitet sind, die beiden letzten aber sind Sanskrit-Ausdrücke. Die ersten zehn Mangsa umfassten wohl ursprünglich die Ackerbauperiode, und die restliche Zeit wurde nicht mitgezählt. Erst als Einwanderer das zwölfgeteilte Jahr mitbrachten, wurde es üblich, die ›tote Zeit‹ als Monate der Fremden mit fremden Namen mitzuzählen. Die Dajak, Ureinwohner Borneos, haben noch im 20. Jahrhundert die Mangsa mit einem Schattenstab bestimmt.

Irgendwann löste sich das 210-tägige Pawukon gänzlich von den natürlichen Zyklen. Es entwickelte sich zu einem dauerhaften Bezugssystem für religiöse Zeremonien, Markttage, persönliche Jahrestage, für besondere Vorhaben sowie für allgemein gute bzw. schlechte Tage. Pawukon-Zyklen begannen 2004 am 30. Mai und 26. Dezember, 2005 am 24. Juli, 2006 am 19. Februar und 17. September. Balinesen feiern ihren Geburtstag alle 210 Tage, und noch heute leben in Indonesien zahlreiche Menschen, deren Geburtstag nicht in ein westliches Datum übersetzt werden kann, weil die Pawukon-Zyklen weder gezählt noch benannt werden.

Aus Sicht des Europäers fällt als Erstes die Teilbarkeit der 210 Tage in 30 siebentägige Abschnitte *Wuku* ins Auge. Dieser siebentägige Rhythmus hat nichts mit unserer Woche zu tun. Ein Datum im Pawukon-Kalender ist durch Angabe des Tages- und des Wuku-Namens eindeutig bestimmt, aber durch das Fehlen einer Jahreszählung nicht in einen größeren zeitlichen Rahmen einzuordnen.

Außer den Wuku gliedern noch neun andere Rhythmen das Pawukon. Alle Teilzyklen laufen parallel nebeneinander her, und zu jedem gehört jeweils eine eigene vollständige Reihe von Tagesnamen. Nächst der siebentägigen besonders bedeutend ist die fünftägige Woche *Pasaran*. Sie entstand, als sich regelmäßige Markttage an zentral gelegenen dörflichen Plätzen herausbildeten. Das Wort dafür kam mit den Indern auf die Inseln, es geht auf persisch pasar (›Markt‹) zurück.

Wichtige Termine innerhalb des Pawukon-Zyklus ergeben sich durch die Kombination verschiedener Wochenzyklen. Ein vollständiger Zyklus aus Kombinationen der Fünf- mit der Siebentagewoche dauert 35 Tage und heißt *Wetonan*. Der darauf basierende Kalender ist das bevorzugte Werkzeug der ›Astrologen‹ Indonesiens. Auf Bali ist es undenkbar, ein Haus zu bauen, ein Geschäft zu gründen oder wichtige Zeremonien wie Leichenverbrennung oder Zahnfeilen abzuhalten, ohne den geeigneten Termin mit Hilfe eines Spezialisten bestimmt zu haben. Scharen kalenderkundiger Männer ernähren sich allein vom Wissen um die komplizierten Regeln des Pawukon, und der Zulauf zu diesem Gewerbe führt zwangsläufig zur Erfindung immer neuer, noch komplizierterer kalenderartiger Systeme.

Neben dem gesellschaftlich determinierten Pawukon-System mit seinen von Zyklen der Natur unabhängigen Einheiten entwickelte sich der *Sunda-Kalender* in zwei Hauptformen, als Sonnenkalender *Kala Sura* und als Mondkalender *Kala Candra*. Auf Bali haben sich beide eng mit spezifischen Formen hinduistischen Glaubens verbunden. Die Ursprünge des Sonnenkalenders liegen im Siedlungsgebiet der Sundanesen auf Java. Von ihnen ist überliefert, dass sie auf heiligen Plätzen steinerne Säulen aufstellten und aus deren Schatten die Termine für landwirtschaftliche Arbeiten bestimmten. Diese Säulen wurden *lingga* genannt. Es ist offensichtlich, dass es sich dabei um das Lingam der Hindus handelt. Dieses Phallussymbol repräsentiert Schiwa, den altindischen Schöpfergott und ›Herrn der Zeit‹. Von der Funktion her ist das lingga ein Gnomon und dem oben beschriebenen *Mangsa*-Stab der Dajak verwandt.

Der Mondkalender Kala Candra war – ungeachtet zahlreicher Veränderungen – Jahrhunderte hindurch der am meisten für offizielle Datierungen benutzte Kalender Indonesiens. Die Namen seiner zwölf Monate sind von den Mangsa hergeleitet. Sie beginnen am Tag nach Neumond, und man unterscheidet die Hälften des wachsenden und des abnehmenden Mondes, wie es auch im lunisolaren Thai-Kalender und bei indischen Mondkalendern der Fall ist. Gewöhnlich bringt man Mondjahre durch das Einfügen von Schaltmonaten in Übereinstimmung mit den Jahreszeiten. Kala Candra, und kein anderer Kalender sonst, synchronisiert außerdem die Monate durch *Doppeltage* mit dem tatsächlichen Mondumlauf. Dazu wird jeder Mondmonat mit 30 Sonnentagen angenommen. Da er aber in Wirklichkeit kürzer ist, lässt man alle neun Wochen zwei Mondtage gleichzeitig auf einen Sonnentag fallen. Ein solcher Tag heißt *Ngunalatri*, das bedeutet ›Extra-Nacht‹. Er trägt im Kalender die Daten von zwei Mondtagen.

Aus Versuchen, den 354-tägigen Mondkalender mit dem Sonnenjahr in Übereinstimmung zu bringen, entstand das *Windu*, ein achtjähriger Zyklus, in dessen Verlauf dreimal ein Schaltmonat in das Mondjahr eingeschoben wurde. Nach dem Eindringen des Islam in Indonesien wurde das Windu in reine Mondjahre umgewandelt und die Schaltmonate abgeschafft. Stattdessen fügte man nun einzelne Schalttage ein, um Übereinstimmung mit der durchschnittlichen Dauer der Mondumläufe herzustellen. Wenn auch das Windu heute nicht mehr im Sinne einer Zeitrechnung benutzt wird, besitzt es doch für traditionell gesinnte Javanesen eine gewisse spirituelle Bedeutung. Für Personen und Unternehmen beginnt mit ihrer Geburt bzw. Gründung ein ›individuelles Windu‹, dessen Ende nach acht Jahren mit einem rituellen Fest begangen wird, vergleichbar den ›runden‹ Geburtstagen der Europäer in jedem zehnten Jahr oder den Feiern der Chinesen im jeweils zwölften Jahr nach Ablauf eines Tierzyklus.

Kalender bei Naturvölkern

Die erste große Wanderung des Menschen bewegte sich von Afrika ostwärts über Indien und erreichte vor 60.000 Jahren über damals noch vorhandene Landbrücken Australien. Dann wurden die Bewohner des ›fünften Kontinents‹ bis 1788 von der Entwicklung in der übrigen Welt abgeschnitten. Der Zeitbegriff der Aborigines, der Ureinwohner, ist grundverschieden von unserem. Als Wildbeuter und Sammler lebten sie in Übereinstimmung mit der Natur, mit den Zyklen des Jahres, aber sie zählten sie nicht und prägten auch den Begriff ›Jahr‹ nicht aus. Deshalb haben sie nie Kalender benutzt, und jedes Bestreben, die Zeit in Tage oder Stunden einzuteilen, ist ihnen im Grunde völlig fremd.

Was das Denken der Aborigines Australiens beschäftigt, ist ›die erste Zeit‹, doch wie alle frühen Kulturen haben sie keinen Begriff dafür. Wenn sie es heute englisch sagen, ist es *the dreaming* (›die Traumzeit‹). Das ist ein zeitlicher Treffpunkt zwischen Vergangenheit, Gegenwart und Zukunft. Alles, was ist, kommt aus jener Zeit in die Gegenwart hinein. Das dreaming ist für sie Ursprung des Lebens selbst, Zeit und Raum der Ahnen ebenso wie der ungeborenen Kinder.

In frühesten Entwicklungsstufen des Menschen verschmolzen geträumte mit gesehenen Bildern. Als man später den Unterschied erkannte, wurden trotzdem beide weiter als real angesehen. Man vermutete die Existenz einer Traumwelt ›hinter‹ jener, die im Wachen wahrnehmbar ist. Zum sichtbaren Anfang irgendeines Geschehens gesellte sich ein unsichtbarer in der Traumzeit.

Wie die Ur-Australier besaßen auch die Bewohner der Mentawai-Inseln nördlich von Sumatra kein Wort für ›Jahr‹, und niemand kannte sein Alter, bevor die Regierung Indonesiens seit etwa 1980 die jungen Leute zum Schulbesuch zwang. Bis dahin gab es keinen Zweck, zu dem sie einen Jahresbegriff benötigt hätten. Diese Eigenart teilen sie mit allen Völkern, deren kulturelle Entwicklung noch nicht die Stufe des Ackerbaus erreicht hat. Aber unabhängig davon haben solche Menschen schon sehr früh den Himmel beobachtet und seine Phänomene auf ihre Art gedeutet.

Leo Frobenius berichtet von einem uralten Mondmythos, der an den Küsten des Indischen Ozeans in mannigfachen Abwandlungen überliefert wurde. Er erzählt vom Mond und seinen zwei Frauen, der Sonne und dem Abendstern. Von der eifersüchtigen Sonne vergiftet, siecht er dahin und stirbt. Der treue Abendstern aber folgt ihm in die Unterwelt, um ihn zu erlösen. So weit die mystische Einkleidung der immer wiederholten Erfahrung, dass der Mond in regelmäßigem Rhythmus ›abnimmt‹, sodann verschwindet und schließlich neu am Himmel erscheint. 20 Mondperioden sind ungefähr ein Venusjahr. 247 Tage erscheint der Planet als Abendstern, dann nach zweiwöchiger Pause für 245 Tage als Morgenstern. Eine erneute Pause von 78 Tagen schließt seinen Zyklus von rund 584 Tagen ab.

Zunächst war es noch überflüssig, die Monde und die Sonnen- oder Sternenjahre zu zählen oder einen Kalender niederzuschreiben, denn sämtliche Ereignisse konnten direkt am Himmel abgelesen werden. In vielen der sehr alten Gesellschaften bestimmte der Mond die Zeitrechnung. Andere benutzten einen reinen Sonnenkalender. In beiden kann die Zeit sehr einfach gemessen werden, durch simples Zählen der Tage bis zum Eintritt des nächsten Vollmonds oder der nächsten Sonnenwende. Schwierigkeiten entstanden erst, als man versuchte, das Sonnenjahr in Mondzyklen zu teilen. Der Sprung auf diese Stufe konnte erst erfolgen, nachdem die Kultur ein gewisses Niveau erreicht hatte, der Übergang zur Agrarwirtschaft vollzogen war.

In Polynesien gibt es keinen ausgeprägten Klimawechsel, hier wurde das Jahr lediglich zweigeteilt. In Gebieten mit einer deutlichen Regenzeit erfolgt eine Dreiteilung. In nördlichen Breiten ergeben sich vier abgegrenzte Jahreszeiten, in manchen Gegenden wie Indien auch sechs. Auf den Nikobaren aber wird alles von den Winden bestimmt, hier kennt man nur Monsun-Halbjahre.

Doch auch gesellschaftlich organisierter Ackerbau erfordert nicht zwingend entwickelte Kalender, auch ein primitives Naturjahr kann den praktischen Erfordernissen genügen. Auf den melanesischen Inseln kannte man noch um 1900 kein Jahr im Sinne eines fest begrenzten Zeitraumes. Zeit wurde nach den Mondumläufen zwischen Aussaat und Ernte angegeben. Auch die auf Sumatra lebenden Batak kannten um diese Zeit ausschließlich ein Ackerbaujahr von neun benannten Monaten, das mit der Reisernte endet. Die drei folgenden Monate fassten sie unter der Bezeichnung ›Überfluss (an Nahrung)‹ zusammen.

Kalender primitiver Gesellschaften existieren nur in Gestalt ständiger Beobachtung der Umwelt. Sie wurden nicht niedergeschrieben und erfordern keine Berechnungen. Das Sonnenjahr ziehen sie insofern in Betracht, als es aus dem Wetter, aus der Blüte bestimmter Pflanzen usw. folgt, aber sie zeichnen nicht exakt die Jahrpunkte auf, wie es ein ›richtiger‹ solarer Kalender erfordert. Manche der von ihnen als Bezugspunkt benutzten Naturphänomene sind außerdem vom Mond beeinflusst, z. B. ist die Vermehrung des nahrhaften Palolo-Meereswurms in bestimmten Vollmondnächten ein Schlüsselereignis im Kalender zahlreicher Pazifikinseln.

Neuseeland wurde zwischen dem zwölften und vierzehnten Jahrhundert in mehreren Wellen durch Maoris von Tahiti aus besiedelt. Ihre Priester-Gelehrten beobachteten den heliakischen Aufgang markanter Sterne und verkündeten davon abhängig den Kalender. Außer einigen auf der Osterinsel entdeckten Ansätzen scheint es in dem ganzen Siedlungsgebiet des Pazifik keine geschriebenen oder sonst materialisierten Kalender gegeben zu haben. Nur ausnahmsweise, wenn eine Frist eingehalten werden soll, zählt man die Nächte auf den Karolinen und den Marshallinseln mittels Knoten in einer Schnur. Am ältesten scheint diese Tradition der Knotenschnüre in Asien zu sein. Bergvölker einiger japanischer Inseln benutzten sie bis in die jüngste Vergangenheit für Finanz- und Kalenderrechnungen des Alltags. Herodot schildert, dass der Perserkönig Dareios den Ioniern einen Kalender empfohlen habe, der aus Knotenschnüren gebildet wurde.

Viel früher als in Ostasien erschienen Europäer und Araber in Afrika. Viele seiner Völker unterlagen schnell dem Einfluss der fremden Hochkulturen, und nicht nur ihre Kalender, auch sie selbst gerieten in Vergessenheit. Archäologische Funde, die bis ins sechste Jahrhundert v. Chr. zurückreichen, bestätigen die Existenz großer Reiche in West- und Zentralafrika. Aber die meisten Sachzeugen ihrer Kultur verfielen rasch im feucht-warmen Klima. Deshalb besitzen wir nur geringe, meist bruchstückhafte Kenntnisse von ihrer Zeitrechnung.

Ihre Lebensweise als Jäger, Sammler, Ackerbauern oder nomadisierende Viehzüchter bestimmte ihren Umgang mit der Zeit. Erst der Kontakt mit Nachbarn machte es erforderlich, sie genauer zu bestimmen. Aus unterschiedlichen Interessen verfolgte man die Phasen des Mondes und den Stand der Sonne; ihre Rolle als Zeitmesser entwickelte sich daraus erst relativ spät. Wo man den Mond verehrte, kam man schneller zu entwickelten Kalendern. Nicht sesshafte Stämme begünstigen das Mondjahr. Treten im Klima die Jahreszeiten deutlich hervor, so wird eher ein Sonnenjahr gewählt. Es wird dort benötigt, wo man Naturgötter verehrt; dort sind die Feste jahreszeitlich gebunden. Die Ägypter kamen aus anderen Gründen zwingend zum dreigeteilten Sonnenjahr: Nilflut, Fruchtbarkeit, Trockenzeit.

Die Regenzeit in Afrika ist regional sehr verschieden. Dementsprechend differenziert sind die Kalender der dort lebenden Menschen. Buschmann-Völker in Namibia und Botswana vollziehen an Vollmondtagen die wichtigsten ihrer Rituale. Von Cagn, dem mächtigsten ihrer Geister, der die Welt ordnete, starb und auf wunderbare Weise wiedergeboren wurde, berichtet ein Mythos, den sie immer während eines Rituals erzählen, durch das die jungen Männer initiiert werden. Auch sie müssen in ihrer Jugend symbolisch sterben und als verantwortliche Mitglieder ihrer – für sie ewigen – Gruppe wiedergeboren werden. Der Brauch bezeugt, dass sie sich wiederkehrender Rhythmen des Lebens bewusst sind. Aber darüber hinaus gibt es keinerlei

Hinweise auf irgendeine Art von Zeitrechnung, und es scheint auch keinen Zweck zu geben, für den sie einen Kalender benötigen würden.

Im Gegensatz dazu zählen die mit ihnen verwandten Hottentotten Tage. Sie benutzen dafür gebündelte Stäbchen, von denen täglich eins entfernt wird. Hererostämme in Namibia besitzen bereits den Begriff des Jahres. Ihr Wort dafür bedeutet zugleich ›Regen‹, und es beginnt für sie mit der stürmischen Zeit, wenn das Laub von den Bäumen fällt. Auch für ›Tag‹ und ›Sonne‹ benutzen sie ein und denselben Ausdruck.

In Zimbabwe im südöstlichen Afrika leben die Bai-la. Ihr Jahr ist in drei Zeiten geschieden, die klimatisch bedingt und landwirtschaftlich geprägt sind. Sie teilen das Jahr nach Mond-Monaten, aber die dafür benutzten Bezeichnungen sind nicht immer genau bestimmt, und manchmal überlappen sie einander. Bantuvölker im Inneren des Kongo haben eine viertägige Marktwoche. Im Ewe-Land hielt man Märkte an jedem fünften Tag, dann ruhten die übrigen Arbeiten. Bei den Ɓalao im Norden Benins bestimmt dieser Rhythmus noch heute das gesamte Leben.

Im Sudan am weißen Nil leben die Nuer, deren Lebensweise durch die Rinderzucht geprägt ist. Sie besitzen keine speziellen Ausdrücke für Zeiträume, ihre Worte *mai* (›trocken‹) und *tot* (›nass‹) benennen zugleich die Jahreszeiten. An ihrem Beispiel hat der englische Anthropologe Edward Evans-Pritchard alternative Zeitkonzepte untersucht. 1939 lenkte er die Aufmerksamkeit der Fachwelt auf die unterschiedlichen Zeitkonzepte der Völker und initiierte ihre weitere Erforschung. Seine zentrale These lautet sinngemäß: Zeit ist ein kulturelles Konstrukt, und jede Lebensweise, jede Kultur bringt eine ihr eigene adäquate Zeitauffassung hervor. Zeitrechnung geht immer aus dem sozialen Bezug hervor.

Den Nuer sind abstrakte Zeitbegriffe völlig unbekannt. Evans-Pritchard hat beobachtet und dargestellt, wie trotzdem zeitliche Strukturen ihre täglichen und jahreszeitlichen Aktivitäten beeinflussen. Ihre ›Uhr‹, das ihren Tagesablauf bestimmende Element ist das Rindvieh: »Ich komme zurück nach dem Melken«, »Ich gehe, wenn die Kälber heimkommen«. Und ihr Kalender ist der jahreszeitliche Wechsel der ökologischen Bedingungen: »Wir wandern ins Bergland, wenn es heiß wird.«

Eine solche Anschauungsweise hat unter anderem die Konsequenz, dass – für uns gleiche – Zeitabschnitte eine unterschiedliche Wertigkeit besitzen. Der Abstand zwischen zwei Ereignissen wird als kurz oder lang empfunden je nach deren Bedeutung. Ebenso richtet sich die Reihenfolge überlieferter Ereignisse nach ihrem sachlichen Zusammenhang und ihrer Wichtigkeit, nicht nach der chronologischen Aufeinanderfolge. Auch das Ereignis selbst nimmt scheinbar viel oder wenig Zeit in Anspruch je nach seiner Wertigkeit; bedeutende Unternehmungen ›dauern lange‹ in der Überlieferung.

Das älteste bekannte Kulturzentrum Sibiriens ist das Flusstal der Angara westlich vom Baikalsee. Hier grub man eine mindestens 15.000 Jahre alte Knochenplatte aus, die den in Frankreich gefundenen ›Kommandostäben‹ ähnelt. Die darin eingeritzten Zeichen sind als kalendarische Aufzeichnung jahreszeitlicher Ereignisse und des klimatischen Wechsels gedeutet worden. Die Menschen mussten ihr Leben an den wiederkehrenden Erscheinungen ausrichten, am Schmelzen des Eises, am Erscheinen von Fischschwärmen in den Flüssen, am Reifen der Früchte oder am Wechsel der Weideplätze der Wildtiere. Oft waren rechtzeitige Wanderungen nötig, um daran teilzuhaben. Es bedurfte eines Spezialisten, der die Anzeichen deuten konnte. Diese Aufgaben erfüllte üblicherweise der Schamane. Schamanistische Auffassungen bildeten sich heraus, als die Menschen noch keine Vorstellung von Zeit als Kontinuum besaßen, das Vergangenheit mit Zukunft verbinden würde.

Etliche Völker in Sibiriens nördlichen Regionen lebten bis in die jüngste Zeit als Jäger und Sammler. Auch hier hat sich gezeigt, dass diese Gesellschaftsform keinen Jahresbegriff kannte. Für Menschen auf diesem kulturellen Niveau dauerte ein Jahr zu lange, um überblickt zu werden, um es als zyklische Erscheinung geistig zu realisieren. Einzig die Tatsache des Wechsels zwischen Sommer und Winter hatte für sie eine wesentliche Bedeutung.

In allen primitiven und archaischen Gesellschaften fehlt ein abstrakter Begriff von Zeit; es existiert nur die konkrete Zeit der Handlung, des augenblicklichen Geschehens. Hier ist ›Zeitrechnung‹ an Aufgaben orientiert, an notwendigen Verrichtungen, die zu einer dafür geeigneten Zeit getan werden müssen. Wo Menschen erst beginnen, kalenderartig Zeiträume zu benennen, beziehen sie sich auf ihnen nahe liegende Ereignisse. Das sind in der Regel nicht die Bewegungen der Himmelskörper. Zuerst werden sie sich an den wiederkehrenden Veränderungen der Witterung und im Leben der Pflanzen und Tiere orientiert haben. Erst mit zunehmender sozialer Ordnung entstand ein Bedürfnis nach Vergleichbarkeit der Beobachtungen, nach Definitionen für zeitliche Erscheinungen

Die sibirischen Khanty orientierten sich gänzlich am Schnee. Ihre zeitlichen Begriffe sind z.B. ›wenn es noch keinen Schnee gibt‹, ›nach dem ersten Schneefall‹ oder ›wenn der Schnee zu schmelzen beginnt‹. Die Finnin Hanna Snellman hat daran grundsätzliche Betrachtungen zum Zeitbegriff der Völker im hohen Norden geknüpft. Aus den ungleichmäßigen Phasen ihres

Lebens ergibt sich eine ursprüngliche, ›nichtlineare‹ Zeit. Snellman setzt diesen Begriff in Gegensatz zur ›östlichen‹ zyklischen und zur ›westlichen‹ linearen Zeit.

Ein anderes Modell eines solchen ›nichtlinearen‹ Kalenders orientiert sich bei Nomaden des Nordens an Elch und Rentier. Charakteristische Erscheinungen des Lebenszyklus der Tiere wie das Schälen ihres Geweihs, die Brunft oder das Kalben kennzeichnen die entsprechende Jahreszeit. In Felszeichnungen der Komi, die einen frühen Kalender repräsentieren, markiert das Bild eines Rentiers den entsprechenden Zeitraum. Später wurden solche Begriffe zu Monatsnamen. So heißt der Mai heute bei den Ewenken ›wenn das Ren kalbt‹. Die sibirischen Jakuten benutzten noch um 1930 Monatsnamen wie Laich-Monat, Fichtenrinde-Monat, Heugabel-Monat oder ›Das Eis bricht‹.

Vor vielleicht 35.000 Jahren begann die Einwanderung des Menschen in Amerika. Damals verband eine Landbrücke Sibirien mit Alaska, mehrfach war sie vorübergehend eisfrei und konnte von asiatischen Jägern passiert werden. Zahlreiche kreisförmig angelegte Plätze in Nordamerika sind eiszeitlichen Steinsetzungen Eurasiens vergleichbar, von denen aus Gestirne beobachtet und Jahreszeiten bestimmt wurden. Sie sind als *medicine wheels* bekannt. Das hängt mit dem Begriff des ›Medizinmanns‹ der nordamerikanischen Indianer zusammen. Man hat sie inzwischen als steinzeitliche Kalender interpretiert. Prototyp solcher Anlagen scheint das etwa 2000 Jahre alte ›Moose Mountain Wheel‹ im Südosten Albertas zu sein. Es könnte zur Beobachtung des heliakischen Aufgangs von Aldebaran, Rigel und Sirius gedient haben.

Solche Plätze belegen die für Indianer sehr bedeutsame Einheit von Ort und Zeit. Ursprünglich schien den Menschen das jenseits der Gegenständlichkeit liegende, das sinnlich nicht Erfahrbare an bestimmten geheimnisvollen Orten fixiert. Bei Australiens Aborigines sind das die heiligen Plätze, an denen sich ›Traumzeit‹ materialisiert hat. Bei den Eurasiern dagegen wurde der Platz dieses ›Jenseitigen‹ im Raum immer unbestimmter und verschwand im nach und nach aufkommenden Begriff von der Zeit. Die großen Religionen des Westens wurzeln in einem – als geschichtlich aufgefassten – Zeitbegriff, während sich die nordamerikanischen Religionen auf Orte beziehen. Das hat sich bei Ackerbauern stärker ausgeprägt als bei Jägern. Der Rand ihres Lebenskreises, der Raum ›draußen‹, wird mit Vergangenheit und Alter assoziiert. Andere Indianervölker sehen im Gegensatz dazu die übernatürlichen Mächte im Mittelpunkt der Welt konzentriert. Das ist stets der Ort, an dem sie selbst leben. Aus alledem entstand die Meinung, die Indianer Nordamerikas hätten in einer mythischen Welt ohne lineare Zeitvorstellungen gelebt.

Doch die enge Bindung der Zeit an den Raum besagt keineswegs, dass zwischen beiden überhaupt nicht unterschieden wird; ein Zeitverständnis würde sonst gänzlich fehlen. In der Sprache der Dakota-Indianer bedeutet das Wort *dehan* sowohl ›hier, an diesem Ort‹ als auch ›heute, zu dieser Zeit‹, ohne dass es deshalb zu Missverständnissen käme. Bei den Hopi gliedern 13 Zeremonien, *Katcina* genannt, das Jahr. Sie werden immer dann abgehalten, wenn die Sonne beim Auf- oder Untergang einen von 13 bestimmten Punkten am Horizont trifft. Ihre Zeit wird also über Orte definiert.

Die Cherokee im Südosten der USA waren sesshaft und besaßen eine fortgeschrittene Ackerbaukultur. Daraus resultierend, benutzten sie ein Lunisolarjahr. In mehrjährigem Zyklus gab es Jahre mit 354, 355 und 383 Tagen, die Dauer der Monate wechselte unregelmäßig zwischen 29 und 30 Tagen. Auf besondere, sonst nirgends bekannte Weise näherten sich die in den Rocky Mountains lebenden Sarsi einem Lunisolarjahr. Sie teilten das Sonnenjahr in 35 Abschnitte zu sieben und 15 Abschnitte zu acht Tagen. Mit einem derartigen System kann man sich gut den Mondmonaten annähern, Folgen wie 7–7–7–8 oder 7–8–7–8 ergeben 29 bzw. 30 Tage.

Indianer zählen besondere Ereignisse und auch das Alter von Personen gewöhnlich nach den vergangenen Wintern, aber zehn oder zwölf Jahre heißen nur noch ›lange her‹. Doch einzelne Stämme haben chronologische Aufzeichnungen über die Folge von Jahren geführt. Gekerbte Kalenderstäbe sicherten das Einhalten der Zyklen mehrjähriger Feste. Die Kiowa haben einen auf Büffelhaut gezeichneten Kalender, der 1833 beginnt. Seine Bilder laufen spiralförmig von außen nach innen und berichten vom jeweils wichtigsten Ereignis des Jahres. Breite schwarze Striche stellen die Winter dar.

Über die Kulturen der Naturvölker Südamerikas ist wenig bekannt. Günter Dux hat vergleichende Studien bei verschiedenen Völkern, unter anderem im Amazonasgebiet angestellt. Die dort isoliert lebenden Macu sind Jäger, Fischer und Sammler. In ihrer Sprache haben sie weder einen Ausdruck für Gleichzeitigkeit noch für Dauer. Das entspricht ihrer Lebensweise. Zeit gibt es in ihrer sozialen Organisation nur gebunden an das reale, konkrete Geschehen. Dux hat festgestellt, dass die Herausbildung eines operationalen Zeitbegriffs erst dann erfolgt, wenn entsprechende Anforderungen auftreten. Auch bei Kindern in hoch entwickelten Gesellschaften ist nicht das Alter entscheidend, sondern die Kompetenz entwickelt sich mit den Aufgaben, die die Umwelt stellt.

Ab etwa 1000 v. Chr. traten auf der Halbinsel Yukatán die Maya in Erscheinung. Den Höhepunkt ihrer Entwicklung erlebten sie zwischen 250 und 850 n. Chr. Dann waren die *Tolteken* von ungefähr 850 bis 1200 das führende Element. Ihre Nachfolger, die *Azteken*, sahen in den Tolteken die Erfinder von Kalender und Schrift.

Eines der bedeutendsten Zeremonialzentren der Maya und der Tolteken ist Cichén Itzá im Norden der Halbinsel Yucatán. Dort entstand eine der größten Pyramiden Mexikos. Vor etwa 1000 Jahren wurde sie mit einer zweiten überbaut. Ihre neun Stockwerke symbolisieren neun Schichten der Unterwelt, bewohnt von neun ›Herren der Nacht‹, die uns als wichtige Kalendergötter begegnen. 52 Platten schmücken jede der vier Fassaden, sie entsprechen einem heiligen Kalenderzyklus der Maya von 52 Jahren. Jede der vier Treppen, die auf die Pyramide führen, hat 91 Stufen. Rechnet man zu ihrer Summe noch die oberste Plattform hinzu, so ergibt sich 365 als Zahl der Tage im Sonnenjahr. Die ganze Pyramide ist ein riesengroßer ›Ewiger Kalender‹.

Das zeugt von hohem astronomischen Wissen. Die Maya konnten Sonnen- und Mondfinsternisse vorhersagen, den Lauf der Venus minutengenau bestimmen – und kannten doch weder Gnomon noch Wasseruhr. Das Wissen jener Zeit hatte völlig andere Hintergründe als alles Forschen unserer Wissenschaft. Es war Bestandteil eines Kultus, der das gesamte Dasein einbezog. Vorgänge am Himmel waren nicht ›Naturereignisse‹ im Sinne unserer Zeit, sondern sakrales Geschehen, das in kultischen Handlungen seine Entsprechung finden musste. Deshalb wurde das Wissen darüber von der Priesterkaste streng gehütet und bewahrt.

In der Kultur der Maya hat sich die zyklische Auffassung von der Zeit extrem ausgeprägt. Sie mag ihre Wurzeln im ebenso extremen Wechsel von Feuchte- und Dürreperioden haben. Fällt in den tropischen Halbwüsten der lang ersehnte Regen, so wird eine ganze Welt wiedergeboren. Grundsätzlich aber blieb ihr Zeitbegriff an die Handlungslogik gebunden. Ihre einzigartigen Vorstellungen von der Zeit zeigen uns einige ihrer Hieroglyphen. Da sehen wir eine Kette einander ablösender Zeitgötter, die auf ihrem Rücken die Zeit schleppen. Am Ende eines jeden Tages übernimmt ein neuer Träger die Last.

Parallel zur Mayakultur entwickelte sich jene der *Zapoteken* im Tal von Oaxaca im Schnittpunkt wichtiger Handelswege. Ihr zentraler Kultplatz lag auf einem Plateau des ›Weißen Berges‹ Monte Albán. Hier übten sie den Sonnenkult, und hier errichteten sie etwa im vierten Jahrhundert v. Chr. ein Observatorium, um den Lauf der Sonne vorherbestimmen zu können. Ihre Kenntnis des Sonnenkalenders präsentierten sie eindrucksvoll: Zwischen den Wendekreisen steht die Sonne zweimal jährlich im Zenit. Immer genau dann, am 8. Mai und am 5. August, erleuchtete ein Sonnenstrahl alle vier Innenwände. Diese Festtage des Lichts waren eine Demonstration der Macht der Priester. Von hier breitete sich die Kenntnis von Kalender und Schrift über große Teile Mittelamerikas aus, und überall stand sie im Dienst des rituellen Kalenderwesens. Um 500 näherte sich der Sonnenkult seinem Ende. Neue Herrscher bezogen den Monte Albán, sie standen mit den Tolteken in Verbindung. Für sie symbolisierten der Morgen- und der Abendstern das Gleichgewicht der göttlichen Kräfte. Neue Tempel wurden nun diesen beiden geweiht.

Nordöstlich von Mexico-Stadt stehen die zwei größten freigelegten Pyramiden Amerikas. Als Nahua-Völker um 100 v. Chr. den Ort besiedelten, setzten sie diese Sakralbauten wieder zu Sonne und Mond in Beziehung. Ihre Bezeichnungen Sonnen- und Mondpyramide haben sich bis heute erhalten. Die Stadt an ihrem Fuße nannten sie *Teotihuacán*, ›den Ort, wo man zum Gott wird‹. Hier prägte sich der Sonnenkult in extremer Weise aus. Grenzenlose Verehrung paarte sich mit grenzenloser Furcht, die Sonne könne nicht wiederkehren. Um ihr Kraft für den Aufstieg am Himmel zu geben, wurde ihr des Nachts das Blut von Menschen dargebracht. Die so Geopferten galten als Auserwählte, die selbst den Göttern gleich wurden. Ihre Priester sorgten für das Aufgehen der Sonne, für die Existenz des folgenden Tages, hielten die Zeit in Gang. Das hatte Bedeutung für ganz Mesoamerika. Teotihuacán wurde sein bedeutendstes Kultzentrum und zog Pilgerströme von weither an.

Das Erbe von Teotihuacán übernahmen andere Nahuas, die *Azteken*. Sie gründeten um 1370 auf künstlichen Inseln im See von Mexico die Doppelstadt Tenochtitlán-Tlatelolco, die bald zur Metropole ihres Reiches wurde. Viele Jahrhunderte nach den Maya begannen die Azteken zu schreiben. Auch bei ihnen konzentriert sich der Schriftgebrauch auf mythologische und religiöse Bereiche, worin Kalender eine überragende Rolle spielen. Zu den wenigen erhaltenen Handschriften der Nahua-Völker aus dem 15. und frühen 16. Jh. gehören Wahrsage- und Festkalender mit Darstellungen der religiösen Jahresfeste.

Aus der letzten Phase der aztekischen Hochkultur stammt der berühmte, 24 Tonnen schwere Kalender- oder Sonnenstein. 1790 bei Bauarbeiten in den Ruinen von Tenochtitlán wiederentdeckt, ist er heute eine der Hauptattraktionen im Historischen Museum der Stadt México und gilt als Wahrzeichen des ganzen Landes.

Bis zu ihrer Unterwerfung durch christliche Eroberer benutzten alle Kulturen Mesoamerikas das gleiche Zeitrechnungssystem, das auf dem Nebeneinander zweier Kalender beruht. Beide basieren auf einer 20-tägigen Grundeinheit, die in den Mayasprachen *uinál* heißt. Wie das Zahlwort uinic (›zwanzig‹) geht es auf uin (›Mensch‹) zurück. Seit jeher hat sich der Mensch als das Maß aller Dinge genommen. Viele Personen benutzen zum Zählen ihre zehn Finger, und manche Völker haben daraus ihr dezimales Zahlensystem abgeleitet. Die Zentralamerikaner nahmen die Zehen hinzu und entwickelten ihr vigesimales Zahlensystem mit der Basis 20.

Die Hieroglyphen der zwanzig Tageszeichen waren in ganz Mesoamerika weitgehend gleich. Ihre gesprochenen Namen aber wurden in die jeweilige Sprache übersetzt. Das erinnert an die Schrift- und Kalenderzeichen Chinas, die ebenfalls bei völlig unterschiedlicher Aussprache einen stets gleichen Inhalt ausdrücken. Beide Kalender Mesoamerikas verwenden diese 20 Tagesnamen. Der eine fasst 18 aufeinander folgende 20-tägige Einheiten zusammen. So entsteht ein 360-tägiges Rundjahr, das den Alltagskalender *Haab* bildet. Seine 18 Abschnitte, in gewisser Weise unseren Monaten vergleichbar, erhielten selbstständige Namen und Zeichen. Auf sie folgen fünf Ergänzungstage, die ähnlich den Epagomenen der Ägypter als unheilträchtig galten. Und wie das ägyptische ›Wandeljahr‹ wird auch der Haabkalender der wirklichen Länge des Sonnenjahres nicht gerecht und driftet deshalb durch die Jahreszeiten.

Der andere, der kultische Zeremonialkalender *Tzolkin*, kombiniert die 20 Namen – oder besser gesagt die damit assoziierten 20 Götter – mit einer Folge von 13 Zahlen-Göttern zu einem Zyklus von 260 Tagen. So verstanden die Menschen jeden einzelnen Tag als Götterpaar. Die 260 verschiedenen Doppelnamen werden gebildet, indem zwei Zählkreise ineinandergreifen ähnlich den Zahnrädern eines Getriebes. Auf 1A, 2B, 3C … bis 13M folgen 1N, 2O, 3P usw. Das gleiche Prinzip benutzen auch Chinesen bei ihrem 60er-Zyklus. Im Gegensatz dazu verbinden ›normale‹ Zeitrechnungen ihre Tageszahlen und Monatsnamen nach dem Schema 1A, 2A, 3A … 1B, 2B, 3B usw. miteinander. Weshalb man aber die 13 und die 260 als Grundzahlen des kultischen Kalenders wählte, ist bisher nicht schlüssig erklärt; es gibt zahlreiche einander widersprechende Hypothesen.

Nicht nur die 20-tägige Basiseinheit verband die beiden parallel laufenden Kalender miteinander. Weil weder die Jahre des Haab noch die Zyklen des Tzolkin fortlaufend gezählt wurden, wiederholten sich ihre Tagesbezeichnungen schon nach kurzer Zeit. Deshalb gab man Kalenderdaten als Kombination beider Zählungen an. Aus dieser Praxis ergab sich die ›Kalenderrunde‹ von 18.980 Tagen. Sie entspricht genau 52 Sonnenjahren zu 365 und 73 Tzolkin-Zyklen zu 260 Tagen.

Das Fehlen einer fortlaufenden Zählung bedeutet keineswegs, dass man die Jahre nicht benannt hätte; man unterschied die Haab-Jahre anhand desjenigen Tzolkin-Namens, der auf ihren ersten Tag fiel. Nur vier von den 20 Zeichen kommen dafür überhaupt in Frage, man hat sie deshalb *Jahresträger* genannt. Sodann wurden die vier Jahresträger mit den Zahlen von 1 bis 13 kombiniert. Dadurch entstanden 52 verschiedene Namen für die Jahre. In der Vorstellung der Azteken erreichten beim Ablauf der 52 Jahre sämtliche göttlichen Perioden gleichzeitig ihr Ende. Deshalb befürchteten sie den Untergang der ganzen Welt, den nur göttliche Kraft und Vermittlung durch die Priester verhindern konnten. Dann vollzogen sie an heiligem Ort die Zeremonie des ›neuen Feuers‹, das bedeutendste ihrer Feste.

Fünf Merkmale besaß jeder Tag der 52-jährigen Kalenderrunde: Nummer (1 bis 13) und Tageszeichen (1 bis 20) des Tzolkin, Tagesnummer (1 bis 20) und ›Monat‹ (1 bis 18 bzw. 19) des Sonnenjahres, und dazu einen von 52 Jahresnamen. Aber auch die Kalenderrunden wurden nicht fortlaufend gezählt. Um trotzdem darüber hinausgehende Zeitpunkte eindeutig zu identifizieren, entwickelten die Maya ein Stellensystem von Zeiteinheiten. Es basiert auf wiederholter Multiplikation mit 20 (Tabelle 5).

Einheit	*entspricht*	*Tage*	*Rundjahre*
kin	–	1	–
uinál	20 kin	20	–
tun	18 uinál	360	1
katun	20 tun	7.200	20
baktun	20 katun	144.000	400

Tabelle 5: Die kalendarischen Einheiten Mesoamerikas

Man sieht, dass an einer Stelle die vigesimale Ordnung durchbrochen wurde; ein *tun* hat 18 *uinàls* statt 20 und 360 Tage statt 400. Der Grund dafür ist offensichtlich: Ein tun ist ein Rundjahr. Der Name bedeutet wörtlich ›Stein‹ und meint in übertragenem Sinne den Datumsstein, eine Zeitmarke.

Diese Einheiten bilden das System der ›*Langen Zählung*‹. Es fand seinen schriftlichen Ausdruck in fünf aneinandergereihten Hieroglyphen, von denen jede mit einem numerischen Koeffizienten versehen ist – in die Bild-Zeichen der Zeiteinheiten wurde jeweils ein Zahlzeichen eingebettet. Zur Umschreibung dieses Systems mit unseren ›arabischen‹ Ziffern werden die fünf Stellen durch Punkte voneinander getrennt. In dieser Schreibweise hätte also ein Tzolkin-Zyklus die Länge 0.0.0.13.0. und ein Haab-Jahr 0.0.1.0.5. Mit diesem Verfahren können 13 baktun dargestellt werden, etwa 5125 mittlere Sonnenjahre. Zahlreiche steinerne Monumente der Maya sind auf diese Weise genau datiert. Das älteste von ihnen stammt aus dem Jahre 600 v. Chr.

Die langfristige Zeitzählung der Maya beginnt an einem fiktiven Startpunkt, mit einem ›Tag Null‹, der auf ein Kalenderdatum 4 Ahau 8 Cumku fällt und auf unterschiedliche Daten um das Jahr 3113 v. Chr. berechnet worden ist. Die ›Lange Zählung‹ hat im Allgemeinen das Datum der ›Kalenderrunde‹ nicht ersetzt, sondern ergänzt. Eine typische Maya-Datierung sieht – in unsere Schriftzeichen übertragen – z. B. so aus: ›12.18.16.2.6, 3 Cimi 4 Zotz‹. Darin ist ›12.18.16.2.6‹ die Notation der Langen Zählung, ›3 Cimi‹ das Tzolkin-Datum und ›4 Zotz‹ das Haab-Datum.

Im Jahre 1519 betraten die Konquistadoren Mexiko. In ihrem Gefolge nahmen Mönche ihre Tätigkeit zur Christianisierung des Landes auf. Bald darauf wurde das Versäumen der sonntäglichen Messe mit Hieben bestraft, die Ordnung des christlichen Kalenders den Indianern buchstäblich eingepeitscht.

Vor 20.000 Jahren tauchten Menschen an Südamerikas Pazifikküste entlang der Anden auf und begannen im Lauf des dritten Jahrtausends v. Chr. mit dem Ackerbau. Ständiger Wechsel zwischen Überschwemmungen und Dürre veranlassten ihren Rückzug landeinwärts. Dort besiedelten sie die Flussoasen in der Atacama-Wüste und erbauten um 300 v. Chr. die Stadt Nazca (sprich: Naska). Ihre Bewohner schufen die berühmten Scharrbilder, von denen einige auf astronomische Beobachtungen zurückgehen. Heute weiß man, dass sich die Sternbilder von Löwe, Hund und Großem Bär am südlichen Himmel zum Bild eines Affen vereinen. Und wenn diese Konstellation sichtbar wurde, nahte die Zeit, in der die Flüsse aus den Bergen Wasser in die ausgetrockneten Wüstentäler führten. Das erlaubt den Schluss, dass die Kultur von Nazca einen ›Himmelskalender‹ benutzte, um das Herannahen jahreszeitlicher Erscheinungen vorherzubestimmen.

Bemalte Gefäße der Nazcana tragen auf ihrem Umfang in acht Felder geteilte Bänder, deren Ausmalung den Jahreslauf darstellt. Diese Kalender bilden auf ideale Weise die endlosen Zyklen der Zeit ab. Markant hervorgehoben ist der stilisierte Affe, exakt dem riesigen Scharrbild entsprechend, der offensichtlich die wichtigste Zeit des Jahres repräsentiert. Drei der acht Abschnitte zeigen Bilder von Dürre und Not – sich gegenseitig fressende Hunde, Kinder angreifende Vögel, Erwachsene anfallende Katzen. Dann kommt das Bild des Affen, ihm schließen sich Darstellungen eines mit Wasser gefüllten Tales und trächtiger Tiere an. Dem folgen Maiskolben, die Erntezeit symbolisierend. Alles drehte sich um den Affen, das sehnlich erwartete, Wasser versprechende Zeichen vom Sternenhimmel. Das erinnert an die Ägypter, denen der Sirius die Nilflut ankündigte.

In der Gegend von Cuzco (sprich: Kusko) im mittleren Andenraum wurde etwa um 1200 die indianische *Inka*-Dynastie begründet. Sie behaupteten sich in lokalen Machtkämpfen, verbündeten sich mit den *Quechua* (sprich: Ketschua) und übernahmen deren Sprache, die sie zu einer lingua franca der Anden, einem allgemeinen Verständigungsmittel, entwickelten. Unter dem Inka Viracocha besaßen sie einen Mondkalender, in den in jedem dritten Jahr ein 13. Monat eingeschaltet wurde. Manche Gelehrte glauben Hinweise auf eine neuntägige ›Woche‹ entdeckt zu haben, die als Basis für die Organisation gemeinschaftlicher Arbeiten gedient haben soll. Drei solcher Einheiten würden der Zeit entsprechen, die der Mond jeweils sichtbar ist.

In erstaunlichem Umfang besaßen die Inka Kenntnis von der Bewegungen der Planeten, die ihnen als Götter galten. Eine Konjunktion von Saturn und Jupiter, ihre scheinbare Begegnung am Himmel, erfolgt alle 20 Jahre und diente als Zeitmaß ihrer Astronomen. Der Ort dieses Zusammentreffens weicht stets ein wenig von der vorhergehenden Position ab, wandert durch den Tierkreis und erreicht nach 40 Konjunktionen (800 Jahren) wieder die Ausgangsstellung. Deshalb wurde die 40 zur heiligen Zahl der Inka, 40 Drehungen hatten die Tänze der Priester in den Tempeln, und in 40 Einheiten wurden ihre Stämme gegliedert. Aber Viracocha war der Untergang des Reichs prophezeit, die Sterne hatten einen Weltuntergang, ein Ende der Zeit angekündigt.

1438 ging die Macht auf seinen Sohn Pachacuti (sprich: Patschakuti) über, dessen Name ›Wandel der Zeit‹ bedeutet. Unter seiner Herrschaft entstand ein straff organisiertes theokratisches Großreich. Er führte einen Ackerbaukalender ein, der das Sonnenjahr in zwölf gleiche Abschnitte teilt. Östlich und westlich der Stadt Cuzco wurden Steinsäulen errichtet. Vom Sonnentempel aus gesehen markierten sie die Orte des Sonnenauf- und -untergangs in den Monaten. Um die Tag- und Nachtgleiche festzustellen, standen vor den Tempeln der Sonne kunstvoll bearbeitete Schattensäulen.

Die neue Ordnung des Kalenders war ein Aufbegehren gegen die Macht der Götter, das drohende Unheil. Menschliches Handeln sollte den Lauf der Gestirne verändern. Und war die Zeit feindlich, meinte Pachacuti, so musste man sie anhalten. Sein ›Krieg gegen die Zeit‹ begann. Eine gewaltige Skulptur wurde in Fels gemeißelt, *Inti-Huatana* (›Anbindung der Sonne‹), sie sollte den Gestirnen keinen Handlungsspielraum lassen. Soweit die Überlieferung der Indianer. Vielleicht hat es sich wirklich so zugetragen, vielleicht ist es eine allegorische Umschreibung seiner Kalenderreform – bezeichnet doch huata, jenes Wort für ›festbinden‹, zugleich das Sonnenjahr.

Wie dem auch sei, als 1527 die prophezeite Konstellation der Gestirne eintrat, landeten die Spanier im Nordwesten Südamerikas und brachten die tödlichen Pocken. El Ninho und ein blutiger Bürgerkrieg verwüsteten das Land. Erst danach erschien Pizarro mit 170 Konquistadoren, und die Inka ergaben sich dem prophezeiten Geschick, dem Ende der Zeit. 50 Jahre später waren fünf von sieben Millionen Leben ausgelöscht.

5 Höhepunkte im Lauf der Zeiten

5.1 Momente zwischen Erinnern und Hoffnung

Feste und Erinnerung

In der mittelitalienischen Landschaft Latium entstand vor 2500 Jahren aus italischen Dialekten die lateinische Sprache. Mit dem Aufstieg Roms zur Weltmacht verbreitete sie sich weit, durchdrang und verdrängte zahlreiche andere Sprachen. Denkgewohnheiten und Kalender folgten alsbald. Die italische Sprachpartikel fes bezeichnete damals religiöse Handlungen. Priester setzten die Termine dafür fest und regelten damit das öffentliche Leben. In ihrer Sakralsprache meinte der Ausdruck *fesiae* die für religiöse Handlungen bestimmten Tage. Später gelangte das Priesterwort in die Sprache der Beamten und veränderte sich zu *feriae* mit der Bedeutung ›geschäftsfreie Feiertage, Ruhetage‹. Parallel dazu entwickelte sich in der Umgangssprache des Volkes *festa* als allgemeine Sammelbezeichnung für Feste und Feiern. In dem Maße, wie Nachbarvölker und besetzte Länder den römischen Kalender kennen lernten, übernahmen sie auch damit verbundene Benennungen. So heißt ›Feiertag‹ heute in Frankreich jour de fête, in Spanien dia de fiesta, in Italien giorno de festivo und in England festive day.

Andere bezogen sich auf die Heiligkeit der religiösen Verrichtungen und nannten die entsprechenden Termine ›heilige Tage‹. Aus den ›holy days‹ der Engländer wurde das Wort holiday, dessen Bedeutung sich nach und nach von ›Feiertag‹ auf ›freier Tag‹ und ›Ferien‹ ausdehnte. Ähnlich entwickelte sich vom slawischen svet (›heilig‹) das polnische swieto (›Fest‹). Hier meint das Wort noch die heiligen christlichen Feste im engeren Sinn; das ist der Brauch der von der römisch-katholischen Kirche geprägten Völker. Anders im byzantinisch-orthodox beeinflussten Kulturkreis. Von russisch prasdnij (›müßig‹) kommt prasdnik (›Festtag, Feiertag‹). Entsprechend geht bei den Griechen arjia (›Feiertag‹) auf arjos (›untätig, langsam‹) zurück. Im Deutschen wurde feria zu ›Feier‹ und festa zu ›Fest‹. Im 16. Jahrhundert leitete die Fachsprache der Juristen von feriae die ›Ferien‹ ab. Das Wort bezeichnete zunächst die Tage, an denen keine Gerichtssitzungen abgehalten wurden. Erst viel später eroberte der Begriff auch das Schulwesen.

Das Bedürfnis nach regelmäßigen Ruhetagen hatte zur siebentägigen Woche geführt. Die Juden widmeten ihren arbeitsfreien Tag dem Gottesdienst, hielten den Sabbat. Ihr Tag begann am Abend, und als sie in Kontakt mit Völkern traten, bei denen der Tag morgens anbrach, entstand die Gewohnheit, auch die Abende vor dem Sabbat und vor anderen Festen besonders zu bezeichnen. Zwar benannte der Begriff ›Abend‹ von Anfang an den Teil des Tages, an dem die Sonne unterging, doch im Lauf der Zeit benutzte man das Wort auch im Sinne von ›Vorabend‹ und meinte damit ausdrücklich den Abend vor einem Fest. Erst später erfasste das Wort den ganzen Tag vor einem Fest, und deshalb sagen wir Heiligabend und Sonnabend. Der Sprachgebrauch im Englischen unterscheidet deutlicher den Vorabend ›eve‹ z.B. in ›Christmas Eve‹ vom allgemeinen ›evening‹.

In der alten Kirche begannen die Feste mit der Vesper des vorhergehenden Tages, ab etwa dem zwölften Jahrhundert folgte man dann der astronomischen Rechnung von Mitternacht zu Mitternacht. Spuren des alten Gebrauchs sind das (evangelische) Einläuten der Feste am Vorabend und die katholischen Vigilien, Gottesdienste am Vorabend hoher Feste. Bei orthodoxen Christen beginnt der liturgische Tag noch immer am Abend vorher. Ihre ›Nachtwache‹ ist Einleitung zu Sonn- und Festtagen. Im profanen Bereich entstand durch Umdeutung des mhd. firabent (›Vorabend eines Festes‹) der Begriff Feierabend, Ruhezeit nach der Tagesarbeit. Ab dem 18. Jahrhundert war er allgemein verbreitet. Später umfasste der Ausdruck auch die Ruhezeit am Lebensabend.

Wie die Feste verliefen und wann sie zu begehen waren, regelten die Priester auf der Grundlage überlieferter sozialer Gewohnheiten. Seit den ältesten Zeiten der Menschwerdung hatten sich allgemeine Verhaltensregeln herausgebildet, die Sitte. Bei den verschiedenen Völkern entstanden unterschiedliche Bräuche. Gegenüber der Sitte betonen sie äußerliche Formen und waren oft durch die Erfordernisse magischer Handlungen bestimmt. Als sich religiöse Systeme entwickelten, erstarrten die auf Götter bezogenen Bräuche zu Riten, kultischen Handlungen mit bestimmtem, festgesetztem Verlauf. Deren weitere Ausgestaltung führte zu förmlichen, feierlichen Zeremonien.

Der gemeinsame Verzehr der Jagdbeute festigte den Zusammenhalt der urzeitlichen Sippe. Darauf basierten die Kulte der ältesten Jägervölker. Stämme von Tierzüchtern Vorderasiens verzehrten im ersten vorchristlichen Jahrtausend beim Kult des Attis und der Großen Mutter das Fleisch geopferter Tiere. Bei benachbarten Ackerbauvölkern traten Brot und Wein an die Stelle von Fleisch und Blut eines Opfertiers. Der Mithraskult kannte ein sakrales Mahl mit Brot und Wein, und ebenso das Judentum seit alttestamentarischer Zeit. Gemeinsames Essen und Trinken aber blieben wesentlicher Bestandteil von Festlichkeiten, gleich welchen Charakters, und bei allen Völkern der Erde.

Solange es noch keine schriftliche Überlieferung gab, vermittelten Feste die Sitten und Bräuche den nachfolgenden Generationen. Gemeinschaftliches Erleben speiste das kulturelle Gedächtnis der Völker. Nicht zuletzt deshalb waren die Feste der Alten – in heutigen Begriffen ausgedrückt – eindrucksvolle multimediale Inszenierungen mit Gesang, Feuer, Reden, Menschen. Und dabei sein war alles – damals wie heute.

Viele der Feier- und Gedenktage in unserem Kalender sind sehr alt. Sie wurden von Menschen geprägt, deren Lebensbedingungen und Geisteswelt uns heute oft unverständlich erscheinen. So kommt es, dass wir uns manchmal gar nicht bewusst sind, was eigentlich den Anlass zu einer Feier gegeben hat. Ursprünglich waren Festtage mit Erscheinungen eines Wechsels in der Natur verbunden, mit Mond, Sonne und Jahreszeiten. Später wurden sie an geschichtliche Ereignisse bei den verschiedenen Völkern geknüpft. Altüberlieferte Feste sind tief im Bewusstsein der Völker verwurzelt. Sie tragen dazu bei, das Bestehende in der Gesellschaft zu konservieren. Ändern sich die Machtverhältnisse, so erwachsen daraus neue Anlässe zu Festen. Zugleich verbreiten sich neue Ideologien und stellen die überlieferten Werte in Frage. Nicht jeder kann oder will sich dann umgewöhnen. Geschickte Manipulation verband deshalb seit jeher neue Inhalte mit altgewohnten Formen und Terminen der Feste, füllte ›neuen Wein in alte Schläuche‹. Dennoch, oder vielleicht eben deshalb, lebt eine vage Erinnerung an älteste Zeiten manchmal noch nach Jahrtausenden in den Festbräuchen der Völker. Viele einfache Naturgesellschaften zeigen ein erstaunliches Beharrungsvermögen. Von den Industriegesellschaften mehr oder weniger aufgesaugt oder abhängig gemacht, existieren sie und bewahren Reste ihrer Identität in den Festen. Und die inzwischen untergegangenen sehr alten einfachen Kulturen haben eben dort ihre Spuren hinterlassen.

Beredtes Beispiel für die Dauerhaftigkeit kollektiver Erinnerung und das Weiterleben ältester Bräuche ist die christliche Osterfeier. Ein Erntefest ackerbauender Stämme Kleinasiens (rituelles Brotbacken) wuchs mit einem Reinigungsfest von Hirtenvölkern (Opfern eines Lammes) zu einem Frühjahrsfest semitischer Einwanderer zusammen. Diese deuteten es zum jüdischen Befreiungsfest Pessach um. Dann begingen aus dem Judentum hervorgegangene Urchristen den gewohnten Termin zum Gedächtnis an den Tod Jesu (Karfreitag). Andere, die sogenannten Heidenchristen, folgten anderen religiösen Traditionen. Sie bevorzugten es, Christi Auferstehung um diese Zeit zu feiern (Ostern), und knüpften damit an die Kulte der jährlich auferstehenden vorderasiatischen Vegetationsgötter (Attis, Adonis, Tammuz) an. Schließlich verbreitete sich das christliche Ostern im Römerreich und trat an die Stelle eines altgermanischen Frühlingsfestes. Ungeachtet dieser vielfachen Verwandlung und Vermischung hat die Volkskultur uralte Riten mit seinem Termin verbunden und bis heute bewahrt. So überdauerte der Brauch, gefärbte Eier als Fruchtbarkeitssymbole zu überreichen, den Untergang ganzer Weltreiche. Er überlebte die Macht antiker Priester, jüdischer Gesetzgeber, römischer Kaiser, katholischer Päpste und kommunistischer Diktatoren.

Im 18./19. Jahrhundert löste die Industrialisierung in Europa die bürgerlich-agrarischen Lebensformen auf. Der nicht mehr überschaubare gesellschaftliche Produktionsprozess entfremdete den Menschen von der Arbeit und die Menschen voneinander. Das gemeinsame freudvolle Erleben der alten Feste ging verloren, beschränkte sich auf den engsten Familienkreis. Kommerzialisierte neue Feste schufen einen Pseudo-Ersatz. Aber Feste sollen auch sinnliche Bedürfnisse der Menschen befriedigen, und daran scheint es in ihrer heutigen Flut zu mangeln. Was als Nostalgie gern belächelt wird, hängt wohl damit zusammen: Sehnsucht nach Lebensbedingungen, die der Natur näher, dem Menschen gerechter sind. Viele glauben, solche Bedingungen in der Vergangenheit erlebt zu haben. Freilich verklärt oft die Erinnerung die Vergangenheit. Auch das ist kein Zufall. Der Mensch könnte es nicht aushalten, mit einer ständigen Erinnerung an erlittene Ärgernisse, Mühen, Ungerechtigkeiten, Beleidigungen, Qualen und nicht zuletzt an das Unrecht, das er selbst seinen Mitmenschen zufügte, zu leben. Er vergisst. Und deshalb ›war früher alles besser‹. Das ist die lebenswichtige Kehrseite von Erinnerung und Gedächtnis.

Die Gegenwart des Festes

Feste verwandeln die alltägliche Zeit der Gegenwart in *Festzeit*. Aber es ist nicht der Anlass als solcher, der Termin im Kalender, der den Festtag vom Alltag unterscheidet. Festzeit entsteht erst durch entsprechendes Handeln der Beteiligten. Es ist bei allen Völkern uralte Sitte, festliche Ereignisse durch festliche Kleidung, Schmuck, Schneiden der Haare und Ähnliches zu akzentuieren. Manche Religionen schreiben ausdrücklich rituelle Waschungen vor. Vergangene Jahrhunderte kannten die Sitte des Badetages, um die Feier des Sonntags vorzubereiten; im altnordischen Kalender gab sie dem entsprechenden Wochentag seinen Namen.

Feste und Feiern sind stets Gemeinschaftserlebnisse. Sie bestärken die Bindungen innerhalb einer Gruppe und grenzen zugleich ihre Mitglieder von anderen ab. Die Angehörigen vieler Gemeinschaften haben an bestimmten Festen teilzunehmen, ob es dem Einzelnen gefällt oder nicht. Diese Pflicht kann religiös oder staatsbürgerlich motiviert sein und direkt auferlegt werden. So war im alten Rom die Teilnahme an einer großen Zahl von Festen Staatsdienst der freien Bürger. Oder die Pflicht wird zum ethisch-moralischen Wert erklärt und ihre Befolgung mit einer gewissen Selbstverständlichkeit erwartet. Auf solcher Pseudo-Freiwilligkeit basierten beispielsweise die Aufmärsche zum 1. Mai in den Staaten des ehemaligen Ostblocks. In streng islamischen Ländern sind religiöse und staatsbürgerliche Pflichten praktisch identisch. Gewöhnlich dienen solche Zwänge der Durchsetzung und Bestätigung von Macht. Und stets bestimmten die jeweiligen Machthaber, was als Fest zu gelten hatte. Manchmal wurde blutig darum gekämpft, manchmal wird es ›demokratisch‹ zwischen Staat, Kirche und Organisationen der Arbeitnehmer ausgehandelt. Man denke an die Streichung arbeitsfreier Feiertage aus den Kalendern in den Ländern der Bundesrepublik Deutschland als Ausgleich für die Finanzierung einer Pflegeversicherung 1995 oder an die Eliminierung traditioneller kirchlicher Feiertage zugunsten arbeitsfreier Sonnabende in der DDR 1967.

Vielfältige Elemente gestalten den Verlauf eines Festes. Zu den ältesten und wichtigsten gehören Musik und Tanz, denn sie sind ursprüngliche Gemeinschaftserlebnisse. Aber eine ganz besondere Rolle im festlichen Zeremoniell spielt *Feuer*. Wildtiere fürchten es, und unsere ältesten Vorfahren betrachteten es scheu. Als man das Feuer des Blitzschlags mit dem der Sonne in Zusammenhang brachte, schien es vom Gestirn, also von der Gottheit selbst gesandt. Demzufolge war Feuer heilig.

Zu zwei hauptsächlichen Zwecken wurden zeremonielle Feuer entfacht, und beide sollten auf magische Weise günstige Bedingungen für das Gedeihen von Mensch, Tier und Pflanzen erzeugen. Der erste war, die Sonne durch ›Vorbildwirkung‹ zu neuem Leben zu erwecken, zu mehr Aktivität zu veranlassen. Die kleine Flamme sollte auf die große Licht- und Wärmequelle am Himmel einwirken. Der andere Zweck bestand darin, mittels der Kraft des Feuers schädliche Einflüsse auszuschalten. Man verbrannte ihre Urheber, den Dämon einer Krankheit oder einen ›Stellvertreter‹ des Winters. Eine dritte wichtige Gruppe zeremonieller Feuer waren Fruchtbarkeitszauber. Ähnlich den auferstehenden Göttern des Orients endete das Leben der Baumgeister mit dem Laubfall, das der Korngeister nach der Ernte. Um neues Grün herbeizuzwingen, mussten die alten Geister jungen, kraftvollen Nachfolgern Platz machen und wurden in magischen Zeremonien symbolisch verbrannt.

Die Beobachtung des jährlichen Sonnenlaufs führte schnell zur Kenntnis der Sonnenwendtermine. Das Abnehmen von Wärme und Licht mitten im Sommer löste Besorgnis aus und veranlasste Gegenmaßnahmen; die Wintersonnenwende weckte neue Hoffnung, die zu bestärken war. Zwischen beiden Sonnenwenden liegen Sommer- und Winterbeginn, sie sind die wichtigsten Eckdaten im Kalender der Hirtenvölker. Dementsprechend gibt es vier Termine für Feuerzeremonien. Bei den Kelten waren Beltaine im Mai und Samhain im Oktober die Haupt-Feuerfeste, bei germanischen Völkern das Sommerfest am meisten verbreitet. Ein alt-germanischer Sonnenzauber sollte die rechtzeitige Befreiung der gefangenen Wintersonne bewirken.

Das Brauchtum Europas hat unzählige Erinnerungen an alte Feuerkulte dadurch bewahrt, dass es sie mit christlichen Festen verband. So wurden Fruchtbarkeitszauber häufig zu ›Osterfeuern‹. Feuer zur Sommersonnenwende entzündete man allgemein am Abend des Johannistages (23. Juni). Bei den keltischen Bewohnern Schottlands loderten im 19. Jahrhundert noch die ›Halloweenfeuer‹ bei jeder Familie.

Oster- und Johannisfeuer verbreiteten sich über ganz Europa. Die Bauern tanzten um sie herum und sprangen darüber hin. Sich dem Rauch auszusetzen habe reinigende Kraft, glaubten sie. Die christliche Kirche selbst ist nicht frei von solcher Feueranwendung, hier schwenkt man Behälter mit glimmendem Weihrauch. Trotzdem bekämpfte sie diese Bräuche intensiv. Zuerst verurteilte sie das Feueranzünden mittels geriebener Hölzer. Als die Verbote erfolglos blieben, arrangierte man sich. Eine Chronik aus dem Jahre 1184 erwähnt den ›Christblock‹ – der alte heidnische Julklotz, das Sonnenwendfeuer am heimischen Herd, war nun als Abgabe der Gemeinde an ihren Pfarrer zu entrichten. Wenn es gelang, den ›Weihnachtsklotz‹ zwölf Nächte lang am Brennen zu halten, dann sollte er reichen Segen bringen.

Für andere Hochkulturen hatte Feuer existenzielle Bedeutung. Die Azteken glaubten an periodische Weltuntergänge. Sie fürchteten, die gegenwärtige Welt würde am Ende eines 52-jährigen Kalenderzyklus durch Feuer vernichtet. Also löschte man stets zu diesem Zeitpunkt alle Feuer im Lande. Wurde dann beobachtet, dass das Sternbild ›Feuerbohrer‹ den Meridian überschritt, so war die Gefahr für diesmal überstanden. Nun wurde unter Menschenopfer neues Feuer gebohrt und durch Läufer im Reich verteilt. Ein neuer Zyklus der Zeit konnte beginnen.

Feste und Wünsche

Als sich in der Geisteswelt des Menschen eine Vorstellung von Zukunft entwickelte, war sie mit Hoffnung verbunden. Das Hoffen erwies sich als Triebkraft kultureller Entwicklung. Ohne Hoffnung auf Beute hätte kein früher Fleischesser die Gefahren der Jagd auf sich genommen, ohne Hoffnung auf Ernte kein Ackerbauer das Saatkorn dem Boden anvertraut. Hoffnung nährt auch die Fantasie. Man hoffte, die Erscheinungen der Natur magisch beeinflussen zu können, hoffte auf die Hilfe der Ahnen. Nur deshalb konnten aus magischen Handlungen die ersten einfachen Feste entstehen. Relativ häufig hatten die Magier Erfolg: Regel fiel, die Sonne stieg höher, neues Grün spross. Das nährte neue Hoffnung. Später entwickelte sich die Klassengesellschaf, und jetzt nährten Religionen die Hoffnung auf Erlösung von der Mühsal irdischen Daseins, kündeten von einer besseren jenseitigen Welt. Als sich ihr Potenzial zu erschöpfen begann, richteten Atheisten ihre ebenso irrationalen Hoffnungen auf ein friedliches, glückliches Leben in der realen Welt. Und immer waren die Feste Spiegelbild der jeweils herrschenden Ideologie und ihre Teilnehmer voller Hoffnung.

Betrachten wir unter diesem Aspekt kurz einige der ältesten bedeutenden Feste der Menschheit. Schon vor fünf Jahrtausenden feierte man entlang des Nils, wenn seine Leben spendenden Wasser zu steigen begannen, die ›Nacht des Tropfens‹. Man hoffte auf die Fruchtbarkeit der Felder. Der Brauch erhielt sich bei den Kopten bis ins 20. Jahrhundert. Und ihr Monat Paopi bekam seinen Namen vom viertausendjährigen Fest des Opet, bei dem der Gott einen Thronfolger zu zeugen und dadurch das ewige Leben des Pharao zu sichern hatte. Man hoffte auf die Fruchtbarkeit der Gemahlin des Herrschers.

Anhänger der Religion des Zoroaster begehen seit über 3.000 Jahren in ihrem Monat Tir das Tiragan-Fest. Es markierte einst das Sichtbarwerden des Sterns Sirius am Morgenhimmel, das den Beginn der Regenperiode im Iran ankündigte. Bis heute bespritzt man sich dort an diesem Tage, gegenseitig mit Wasser. Der volkstümliche Brauch geht auf magisches ›Regenmachen‹ zurück und kündet von der Hoffnung auf reichliche Ernte.

Vor 2.500 Jahren begann in Persepolis im Iran die Tradition glanzvoller Neujahrsfeste. Delegationen aller 28 Völker des Weltreichs der Perser entrichteten zum festlichen Anlass ihren Tribut und begründeten die Tradition der Neujahrsgeschenke. Sie hofften, damit ihren obersten Herrscher zu beschwichtigen. Bis heute wird im Iran das Nouruz-Fest an diesem traditionellen Neujahrstermin der Frühlings-Tagundnachtgleiche festlich begangen. Etwa ebenso alt ist das altpersische Mithra-Fest, auf das der Monat Mihr und das Mihragan-Fest der Zoroastrier zurückgehen. Doch seinen Ursprung hat es in der weit älteren Verehrung des Sonnengottes Utu der Sumerer. Sie hofften, dass sich die Sonne wieder höher und für längere Zeit am Himmel zeigen möge.

Viele der großen Götterfeste der griechischen Antike gehen auf Adonis, Kybele und Attis zurück, mit dem Wechsel der Jahreszeiten verbundene Vegetationsgötter Vorderasiens. Aus ihnen entstanden die Mysterienkulte des ersten vorchristlichen Jahrtausends. Die überregionale Bedeutung der Olympischen Spiele veranlasste ab 776 v.Chr. eine durchgehende Zählung der Jahre bei den Griechen. Zahllose Feste der Römer dagegen haben nur ausnahmsweise Spuren in der Geschichte hinterlassen.

Im biblischen Land Kanaan markierten schon vor drei- oder viertausend Jahren zwei Feste den Wechsel der Jahreszeiten. Im Frühjahr zelebrierten Hirtenstämme ein Reinigungsfest mit einem Tieropfer, während den Acker bebauende Völker die Getreideernte feierten, das spätere Massoth der Juden. Beide verbanden sich zu einer gemeinsamen Feier in der Zeit des Frühlingsvollmonds. Im Herbst gab es ein allgemeines Erntefest des Einsammelns und Pflückens. Dazu kam ein drittes am Schluss der siebenwöchigen Frühjahrs-Erntezeit. Israeliten übernahmen nach ihrer Einwanderung diese drei Feste.

Dann bezog man sie vor 2.500 Jahren auf Ereignisse der jüdischen Geschichte, erfüllte sie mit völlig neuen Inhalten. Das alte Ritual des Tieropfers im Frühling galt nun als Pessach dem Andenken an die Flucht aus Ägypten. Das herbstliche Erntefest hat seither als Laubhüttenfest Sukkoth an den anschließenden Zug der Israelis durch die Wüste zu erinnern. Das Erntefest im Frühjahr aber verknüpfte man mit einem abstrakten Begriff von höherer Macht: Schawuot am 50. Tag nach Pessach sei der Termin, zu dem Moses am Sinai ›das Gesetz offenbart‹ wurde. Jetzt wurden die drei ideologisch verwandelten und im Kalender fixierten Termine in der Thora als Gesetz festgeschrieben. Das sind die Hauptfeste der Juden bis heute.

Als sich aus jüdischem Glauben die christliche Religion entwickelte, wurde einigen der alten Festtermine erneut eine andere Bedeutung unterlegt. Pessach galt ab dem zweiten Jahrhundert der Erinnerung an Christi Auferstehung von den Toten. Schawuot wandelte sich im dritten Jahrhundert vom Tag, an dem Moses das jüdische Gesetz empfing, in das Datum der Herabkunft des Heiligen Geistes auf die Apostel. Dazu trat im vierten Jahrhundert die Feier der Geburt Jesu, die man kurzerhand auf den Tag des Mithrasfestes in Rom festlegte, um den Einfluss einer weiteren konkurrierenden Religion auszuschalten. Das sind die drei höchsten Feste der Christen.

Seit im siebenten Jahrhundert der Islam entstand, gilt seinen Anhängern der Fastenmonat Ramadan als Hauptereignis des Jahres. Zum Vorbild dienten dem Propheten jüdische Fastenbräuche. Heute ist der Ramadan die größte kollektive Veranstaltung auf der Erde; eine Milliarde Menschen diszipliniert sich gemeinsam. Bald darauf beginnt der Monat der Pilgerfahrt nach Mekka. Das geht auf einen Brauch zurück, den arabische Nomaden schon viele Jahrhunderte vor Mohammed übten; sie trafen sich einmal jährlich am heiligen Stein. Beim anschließenden ›Großen Fest‹ id al-adha, türkisch heißt es Kurban Bayram, wird ein Schaf rituell geschlachtet, um an die Opferbereitschaft ihres Stammvaters Ibrahim zu erinnern. Doch die Legende von Abraham steht schon im Alten Testament der Juden, und der eigentliche Ursprung des Brauchs ist noch weit älter – das Ritual des Tieropfers der Hirten im Frühling.

Die Wurzeln des Hinduismus und seiner Feste reichen bis etwa 1500 v. Chr. zurück. Sein Weltbild geht von drei miteinander wirkenden Grundprinzipien aus, die als drei Hauptgötter vorgestellt werden: Brahma erschafft, Vishnu erhält und Shiva zerstört das Universum. Vishnu, der Erhalter, wird in ganz Indien an jedem elften Tag der hellen Mondperiode verehrt. Im Süden feiert man drei Tage lang das Erntedankfest Pongal. Dann opfern die Tamilen dem Sonnengott den ersten frisch geernteten Reis in einer Feuerzeremonie. Sie entspricht der Sonnenwendfeier der Völker im kalten nördlichen Klima. Dort im Norden, wo die Jahreszeiten stärkeren Einfluss auf das tägliche Leben haben, feiert man im Januar/Februar das Frühlingsfest Holi. Zu Ehren Krishnas, der bedeutendsten Verkörperung des Vishnu, bespritzt man einander fröhlich mit Wasser und Farbe. Das Wesentliche aber, auf uralter magischer Zeremonie beruhend, geschieht am Vorabend. Dann werden – stellvertretend für den strengen Winter – Bildnisse der Dämonin Holika verbrannt. Nur in jedem zwölften Jahr feiern die Hindus das größte Fest der Welt, es bezieht sich auf Brahma und die Schöpfung. 2001 reisten

70 Millionen Pilger zum Maha-kumbh-mela, dem ›Großen Krugfest‹ an der Mündung des Yamuna in den Ganges. Dort haben die Götter, der Schöpfungslegende zufolge, etwas aus dem Krug mit Lebenselixier verschüttet, das nun bei bestimmten Konstellationen der Gestirne nachwirkt und die Gläubigen von den Sünden der Vergangenheit befreit.

Vermutlich im sechsten Jahrhundert v. Chr. trat in Nordindien Gautama Buddha auf und lehrte die Überwindung des Erdendaseins durch Selbstüberwindung. Die buddhistische Lehre entwickelte sich auf Ceylon und in Ostasien weiter. Höchster Feiertag ihrer 300 Millionen Anhänger ist Visaka Pudscha im Mai. Dann gedenkt man der Geburt, der Erleuchtung und des Todes des Buddha. Etwa ebenso alt ist der Daoismus, aus dem der chinesische Universismus entstand. Mit buddhistischen Elementen vermischt, erfuhr er in Ostasien eine weite Verbreitung. Viele seiner traditionellen Feste gelangten auch in andere Länder, und überall wird noch heute ihr Termin nach dem Mondkalender bestimmt. Uralte Zahlenmystik misst dem Zusammentreffen gleicher Tages- und Monatszahlen besondere Bedeutung bei. Besonders wichtig und so alt wie die chinesische Kultur selbst sind das Neujahrsfest am 1.1. und das Fest der Ahnen am 3. 3.

Doch die ursprünglichsten aller Feste finden wir bei den letzten Überlebenden der kleinen Völker mit einer traditionellen Kultur. Sie haben eine erstaunliche Lebenskraft bewiesen. Die Quitzol in Mexikos Sierra Madre begehen jährlich nach Ernteabschluss das ›Fest der Urmutter Erde‹. Anschließend pilgern sie zur Küste des Ozeans, um beim darauf folgenden Vollmond von der Wassergöttin Regen zu erbitten. In ihrem Selbstverständnis sorgen die Zeremonien der Schamanen für den Fortbestand der Welt, für einen neuen Kreislauf der Natur. Maya-Indianer im Hochland von Guatemala erinnern sich an ein uraltes Erntefest, das von den katholischen Eroberern mit christlichen Ritualen überdeckt wurde. Vor ihren Hausaltären beten diese Menschen noch heute zur Mondgöttin und verehren nach altem Brauch den Mais als Gottheit. In Peru, im Kernland eines indianischen Vielvölkerstaates, sind Züge der Erdgöttin Pachamama in die christliche Mariengestalt eingeflossen. Derart bemäntelt, blieben Riten aus vorspanischer Zeit lebendig.

Mehrere Hundert Glaubensrichtungen werden in den USA praktiziert. Jede befolgt ihre eigenen Rituale bei Taufe, Heirat, Beerdigung und zahllosen Anlässen dazwischen. Ihre Palette reicht von Adventisten über Baptisten, Hinduisten, Juden, Methodisten bis zu Zeugen Jehovas. Dazu gesellen sich zahlreiche Sekten. Trotz dieser Vielfalt befriedigen sie nicht die unterschiedlichen Bedürfnisse der multinationalen Gesellschaft an Feiern und Festen. Auch die üblichen Angebote der Unterhaltungsindustrie bieten nicht jedem die gewünschte Alternative. Geschäftstüchtige Manager entdeckten die Marktlücke und erfanden ein neues großes Fest. Einer Generation, die mit Fernsehen, Computerspielen und Internet aufgewachsen ist, sollen Feiertage mit ›echten Empfindungen und menschlichen Beziehungen‹ geboten werden. Die Attraktionen des Spektakels sind aus dem Repertoire der großen alten Feste entlehnt – Musik, Tanz, Feuer, Rauschgift, Sex, und den Teilnehmern wird ›Nahrung für die Seele‹ versprochen – gegen 200 Dollar Eintritt, versteht sich. Seit 1991 reisen alljährlich Anfang September einige zehntausend US-Bürger in die Wüste von Nevada und gründen für sechs Tage eine Campingstadt, in der nahezu alles erlaubt ist. Das Verbrennen einer Puppe als Höhepunkt gab der Superfete ihren Namen ›Burning Man‹. Werbung im Internet machte sie bekannt. Nun endlich könne unbeeinflusst von Spießigkeit und Materialismus richtig frei gefeiert werden. Der Versuch ist nicht so neu, wie er sich ausgibt. Auch andere Gruppen haben weltweit spektakuläre Treffen organisiert, aber ob mehrtägiges Rockkonzert oder Love-Parade, im Hintergrund stand oft auch der gewöhnliche Kommerz.

Ganz anders geartet und doch wesensverwandt zeigt sich die moderne Festidee einer traditionellen Kultur. 1944 besetzten US-Truppen das kleine Atoll Bikini inmitten des Stillen Ozeans. Bald darauf wurden die Bewohner auf unfruchtbare Nachbarinseln umgesiedelt, und 1946 zündeten die USA auf dem Atoll die erste Atombombe der Nachkriegszeit. Fritz Kramer hat 50 Jahre später an Ort und Stelle untersucht, wie das früher noch sehr naturnah lebende, nun gänzlich entwurzelte und von Almosen lebende Volk seine traumatische Erfahrung verarbeitet hat. Er konstatiert deutliche Parallelen zur Integration christlicher Feste in die Kulturen des alten Europa. Die Ereignisse sind in die eigene Mythologie integriert und mit Bruchstücken fremder Riten vermischt. Die gütige einheimische Gottheit Jebro ist mit Jesus Christus verschmolzen. Ihr Gegenspieler Etao, der das Feuer brachte, wird als Erfinder der Atombombe angesehen. Zum Termin des Weihnachtsfestes führt man eine Art verfremdetes Krippenspiel auf: Die Explosion eines kleinen Sprengkörpers zerlegt eine mit christlichen Symbolen verzierte Holzkiste. Dabei kommt ein ›magischer Baum‹ aus Metall zum Vorschein, den man anschließend mit alltäglichen ›Geschenken‹ behängt: Lebensmittel-Konserven aus den USA.

Die Unterschiede zwischen derartigem mythischen Denken und den scheinbar rationalen Antrieben europäischer Gegenwartskultur sind viel geringer als man denkt. Neue Rituale haben auch in Westeuropa beim psychischen Bewältigen der atomaren Bedrohung in den Jahren nach 1950 eine Rolle gespielt. Die Ostermärsche der Atomkriegsgegner fanden nicht zufällig zu diesem Termin statt, und auf dem Höhepunkt des Wettrüstens waren Menschen- und Lichterketten rituelle Ausdrucksformen des Hoffens auf Frieden.

5.2 Die Feiertage der Christen

Tag der Sonne – Tag des Herrn

Seit etwa dem zweiten Jahrhundert sprachen die Juden den Namen ihres Gottes Jahwe nicht mehr aus. Sie ersetzten ihn durch Adonai (›der Herr‹), und dieser Gewohnheit folgten später auch die Christen. Die in jüdisch-christlicher Tradition überlieferte Begründung für dieses Verhalten geht davon aus, dass der Name wegen seiner Heiligkeit nicht mehr genannt werden durfte. Indessen scheint der wahre Grund weit tiefer zu wurzeln. Menschen wenig entwickelter Kulturstufen haben Angst vor Zauber und Hexerei. Unter anderem wird geglaubt, abgetrennte Teile einer Person könnten zu schädlichen magischen Praktiken benutzt werden. Das umfasst nicht nur abgeschnittene Nägel oder Haare, sondern auch den Schatten oder eben den Namen eines Menschen.

Später lasen christliche Gelehrte in gutem Glauben, aber fehlerhaft die Zeichen JHWH der vokallosen semitischen Schrift als ›Jehova‹; dieser Name Gottes blieb in der protestantischen Kirchensprache üblich. Aber in der lutherischen Bibel wird Gott ausschließlich ›der Herr‹ genannt, und daraus ergab sich die Bezeichnung *Herrenfeste* für jene Feiertage, die in besonderer Weise mit der Person Christi verbunden sind. Zu ihnen gehören Weihnachten, Karfreitag, Ostern, Himmelfahrt und Pfingsten, in zweiter Linie Epiphanias und Fronleichnam, vor allem aber der Sonntag als ›Herrentag‹.

Jeder von uns erlebt 52 und manchmal 53 Sonntage im Jahr, doch die meisten nehmen sie nicht als eigentliche Feiertage wahr. Seit vielen Jahrhunderten setzt der arbeitsfreie Tag Akzente im Ablauf der Wochen, seit wenigen Jahrzehnten ist der Sonntag einer von zwei regelmäßig ›freien‹ Tagen. In der römischen Planetenwoche war der dem Sonnengott geweihte Sonntag der zweite Tag, irgendeiner von sieben. Juden hoben den Sabbat als besonderen Tag heraus, er allein ist wichtig für ihre gottesdienstlichen Verrichtungen, und auf ihn hin zählten sie die anderen Tage ab. Deshalb wurde Sonntag der erste Tag ihrer Woche, ohne selbst irgendwie bedeutend zu sein. Dieser gewohnten Ordnung folgend, betrachtete ihn auch die christliche Urkirche als ersten Tag der Woche. Aber weil überliefert war, dass Christus an einem Sonntag auferstanden sei, nannte man ihn den ›Tag des Herrn‹. An Stelle des jüdischen Sabbats wurde er zum bevorzugten Tag des Gottesdienstes. Kaiser Konstantin I. bestimmte ihn 321 zum öffentlichen Ruhetag. Der Gedanke, dass die Arbeitsruhe ein wesentliches Element der Sonntagsfeier sei, begann sich aber erst vom sechsten Jahrhundert an durchzusetzen. Nun wurden Verstöße dagegen streng bestraft.

Christlicher Glauben, bedingte, einer Gemeinde anzugehören und am Gottesdienst teilzunehmen. Schon im *Neuen Testament* (Hebr. 10, 25) findet sich die Mahnung, den Versammlungen nicht fernzubleiben. Seit ab dem vierten Jahrhundert der sonntägliche Gottesdienst der Reichskirche zugleich Staatskult war, gehörte die Teilnahme daran zur Dienstpflicht der Soldaten. Im Mittelalter galt diese Forderung für die gesamte Bevölkerung, und man begründete sie mit dem dritten Gebot ›Du sollst den Feiertag heiligen‹. Dem wurde Nachdruck verschafft: Alle dem Gottesdienst Fernbleibenden zu prügeln und kahl zu scheren, verlangte eine ungarische Kirchenordnung aus dem Jahre 1016.

Durch die Einführung öffentlicher Ruhetage wurde der Kalender zum Repräsentanten großer sozialer Gruppen. Die Einhaltung der Sonntagsruhe durch die Christen und des Sabbats durch die Juden scheidet die Anhänger beider Religionen voneinander, zugleich schließen sie die Angehörigen derselben Gruppe in der Dialektik von ›wir‹ und ›die anderen‹ enger zusammen. Gruppenzugehörigkeit stiftet Identität. Einige Jahrhunderte nach den Christen richteten die Muslime den Freitag als ihren Hauptgebetstag ein. Kommunistische Parteien bevorzugten den Montag als regelmäßigen Versammlungstermin.

Heute wird die einheitliche allgemeine Sonntagsruhe als tiefgreifende Leistung der westlichen Zivilisation angesehen. Ihr Sieben-Tage-Rhythmus bestimmt den Takt in einem großen Teil der Welt. In der Tat hat sie einen bedeutsamen kulturellen Aspekt, und viele soziale Errungenschaften der Arbeitswelt sind mit diesem Zeitraster verbunden. Doch mit dem Ende der Industriegesellschaft stehen diese wieder zur Disposition. Noch allerdings genießt der Sonntag in Deutschland staatlichen Schutz. 1949 übernahm das Bonner Grundgesetz fast wörtlich Artikel 139 der Weimarer Reichsverfassung von 1919: »Der Sonntag und die staatlich anerkannten Feiertage bleiben als Tag der Arbeitsruhe und der seelischen Erhebung gesetzlich geschützt.«

In der Mitte des zweiten Jahrhunderts gruppierten sich um den Termin des Frühlingsvollmonds zwei christliche Feiern unterschiedlichen Charakters, an Tod und Auferstehung des Gottessohnes erinnernd. In diesen Jahren war im gesamten Römischen Reich der Kult der Großen Mutter und des Attis verbreitet. Rom feierte offiziell den Tod des Attis am 24. und seine Auferstehung am 25. März, dem Tag, den man seit Einführung des julianischen Kalenders als Termin der Tagundnachtgleiche, als Frühlingsbeginn annahm. Die Griechen bevorzugten indessen den grundsätzlich gleichartigen, doch weniger rohen Adoniskult. Auf die Feier des jahreszeitlichen Sterbens und Wiederauferstehens dieser vorderasiatischen Vegetationsgottheit ging jetzt die Vorstellung vom Tod und der Auferstehung Jesu über. Adonis (›der Herr‹) vereinigte nun in einer Person das Wesen des göttlichen Vaters und des göttlichen Sohnes. Noch heute erinnern die in Griechenland und Süditalien geübten eigentümlichen Osterbräuche an jene des Adoniskults.

Als ab 313 das Christentum im Römischen Reich toleriert wurde, sollte Ostern im julianischen Kalender fixiert werden. Doch in einem hoch entwickelten Beamtenstaat wie Rom konnte man sich nicht darauf einlassen, Feiertage erst im Ergebnis einer Mondbeobachtung festzulegen. Die Berechnung des Osterdatums wurde deshalb eine dringliche Aufgabe. Seit im Jahre 325 das erste große christliche Konzil in Nicäa zusammentrat, wird ihre einheitliche Lösung angestrebt, ist aber bis heute nicht erreicht worden. Nur die Kirchen des Westens folgen der in Nicäa getroffenen Entscheidung. Danach wird das Osterfest am ersten Sonntag nach dem Frühlingsvollmond gefeiert, und als fester Termin des Frühlingsanfangs wird der 21. März angenommen. Als äußerste Daten für Ostern ergeben sich daraus der 22. März und der 25. April. Es gibt also 35 mögliche Tage für das Osterfest, und man hat dementsprechend 35 Kalender aufgestellt. Für jedes beliebige Jahr kann man daraus den passenden entnehmen.

Mit den Beschlüssen von Nicäa war eine wichtige Aufgabe zur Stiftung christlicher Identität erfüllt, das christliche Ostern vom jüdischen Pessach getrennt. Doch als römische Heerscharen germanische Gebiete erreichten, begegnete ihnen ein wiederum anders geartetes Frühlingsfest. Hier feierte man alljährlich voller Freude das Fest des zunehmenden Lichts und weihte es der Lichtgöttin Eostrae. Ihr Name wurde von Beda im achten Jahrhundert als Ostara überliefert, und hierauf wird der Name ›Ostern‹ zurückgeführt. Sofort begannen eifrige Missionare mit der Übertragung christlichen

Gedankenguts auf dieses im Bewusstsein der germanischen Völker verwurzelte Jahreszeitenfest.

Bei Sprachforschern ist heute die Herkunft der Bezeichnung Ostern umstritten. Recht wahrscheinlich ist, was Karl Weinhold schon 1869 äußerte: Beda habe Eostre für Eâstre gesetzt, dem das altgermanische austrô zugrunde liegt. Das wiederum stammt von einer indogermanischen Wurzel ›aus‹, von dieser kommen außerdem das griechische eos (›Morgenröte‹), das slawische utro (›Morgen‹) und das deutsche ›Ost‹, das die Himmelsrichtung des Sonnenaufgangs und auch seine Tageszeit angibt. Demnach ist der Begriff der Morgenröte, des aufsteigenden Tageslichts, auf die Zeit des Wiedererwachens der Natur übergegangen – ob personifiziert als Göttin vorgestellt oder nicht. In Deutschland entwickelte sich der Name des Festes zu ›Ostern‹, in England zu ›Easter‹.

Alle anderen germanischen Sprachen entlehnten den kirchenlateinischen Namen pascha. So sagen die Niederländer pasen, die Schweden påsk und auch in Russland heißt es pas-cha. Die romanischen Sprachen bildeten frz. pâques und italienisch Pasqua. Im Spanischen hat das Wort die übergreifende Bedeutung ›Fest‹ angenommen: Pascua de Resurrección (›Fest der Auferstehung‹) meint Ostern, Pascua de Navidad (›Fest der Geburt‹) benennt Weihnachten, und Pascua del Espiritu Santo (›Fest des Heiligen Geistes‹) ist Pfingsten.

Der Gottesdienst in der Osternacht gilt als der bedeutendste des ganzen Jahres. Er wird mit einer Lichtfeier eröffnet, die nach der neuesten katholischen Ordnung mit dem Segnen eines Holzfeuers vor der Kirche beginnt. Im zwölften Jahrhundert hatte sich die Kirche den heidnischen Brauch des Frühlingsfeuers zu Eigen gemacht. Daran wird die Osterkerze entzündet und in die Kirche getragen. An der oft mannshohen Kerze wurde, da Ostern der Anfang des Kirchenjahres war, die tabella paschalis befestigt. Auf dieser Tafel waren die chronologischen Merkmale des Jahres verzeichnet: Jahreszahl, Indiktion, Epakte, Goldene Zahl, das nächste Osterdatum sowie Namen und Regierungsjahr des Landesfürsten. Die Osterkerze war der Wegweiser für das Jahr.

Einige orthodoxe Kirchen bestimmen den Termin des Osterfestes nach dem julianischen Kalender und teilweise nach abweichenden Rechenvorschriften. Dadurch kann der Festtermin im Einzelfall bis zu drei Wochen von dem bei uns üblichen abweichen. 1998 z.B. feierte man den Ostersonntag in Westeuropa am 12. und in Griechenland am 19. April.

Vielen gilt der Freitag vor Ostern als höchster Feiertag. Er wird als Todestag Jesu angesehen und als Trauertag begangen. Sein Name *Karfreitag* sei vom ahd. kara (›Klage‹) abgeleitet, wird allgemein angenommen. Auch ›Stiller Freitag‹ wurde früher oft gesagt, weil an ihm Lustbarkeiten und Feiern verboten waren. Dem entspricht das tschechische Velký pátek. Das dänische Langfredag (›langer Freitag‹) nimmt Bezug auf das strenge Fasten, das den Tag besonders lang erscheinen ließ. Griechen sagen megali paraskjevi (›großer Freitag‹ im Sinne von ›bedeutend‹), und die Angelsachsen sprechen vom ›good friday‹, vom guten Freitag. Das ist der Auffassung geschuldet, dass an diesem Tag Versöhnung zwischen Gott und dem Menschen geschaffen wurde.

Ähnlich Karfreitag wurde auch Gründonnerstag von mhd. gronan (›greinen, weinen‹) abgeleitet. Als man das Trauern auf die ganze Woche ausdehnte, erhielt sie den Namen *Karwoche.* Sie beginnt mit dem Sonntag vor Ostern. Der Überlieferung im Neuen Testament zufolge zog Jesus an diesem Tage auf einem Esel reitend feierlich in Jerusalem ein, während ihm die Volksmenge mit Palmzweigen entgegenging. Daher erhielt der Tag, zuerst um 600 in Spanien und Gallien, die Bezeichnung Palmsonntag.

Zur kirchlichen Osterfeier gehört das *Abendmahl.* Die Teilnehmer verzehren in Gestalt einer geweihten Oblate symbolisch den Leib Christi und etwas Wein als Verkörperung seines Blutes. Der Brauch setzt uralte vorchristliche und weltweit geübte Opferrituale fort. In frühen Kulturstufen wurden Feldfrüchte als von einem Geiste beseelt angesehen, und dessen Verzehr war eine magische Handlung, die künftige neue Ernten sichern sollte. Azteken buken Götterbilder aus Teig und aßen sie rituell. Korngeister wurden manchmal in menschlicher, manchmal in tierischer Gestalt dargestellt, bei einem Erntefest getötet und verzehrt. In Mitteleuropa vertrat häufig das neue Korn selbst den Korngeist und wurde deshalb rituell verspeist. Entsprechende ›Feste der neuen Ernte‹ kennen naturnah lebende Völker bis heute. Ob der erste Reis beim Pongol-Fest in Südindien, ob die neue Yamswurzel bei den Onitsha am Niger, ob die ersten Kürbisse bei Zuluvölkern Südafrikas, überall werden Erstlingsfrüchte rituell gegessen.

Oft sind solche Feste mit Reinigungszeremonien verbunden, zu denen das *Fasten* gehört. Im vorderasiatischen Kult des Attis wurde während einer bestimmten Frist alles Gemahlene als Teil des zermalmten Korngottes angesehen und nicht angerührt. Der Brauch fand in die jüdischen Festvorschriften Eingang und kam von dort zu den Christen. Es ist Ausdrucksform des überall verbreiteten Prinzips, dass besondere Vorhaben auch besondere Vorbereitungen erfordern. Zwischen Menschen und Göttern muss Einverständnis hergestellt werden, wenn der Korngott zu versöhnen ist, wenn eine gemeinsame Jagd erfolgreich verlaufen oder der Bau eines Bootes gelingen soll, wenn überhaupt Unheil abzuwenden ist. Dann hilft ein Tabu, ein Meidungsgebot. Viele Tabus sind auf bestimmte Zeiträume begrenzt und deshalb mit dem Kalender verbunden.

Jüdische Fastentage waren der Montag und der Donnerstag. Christen wählten, um sich davon abzusetzen, den Mittwoch und den Freitag. Zur Erklärung berief man sich auf den Verrat durch Judas an einem Mittwoch und auf Jesu Tod am Freitag. Außerdem übte man das Fasten vor Ostern, im Advent und vor den Aposteltagen sowie die ›Vierteljahresfasten‹ zu den Quatember-Terminen. Bereits die Ordensregeln des Augustinus aus dem fünften Jahrhundert empfehlen das Fasten als Mittel, den eigenen Körper und seine Begierden zu beherrschen. Im siebenten Jahrhundert übernahmen Muslime die Sitte; ihr Fastenmonat Ramadan gehört als Form kollektiver Selbstdisziplinierung zu den Grundlagen des Islam.

Zum Anfang des fünften Jahrhunderts kam die 40-tägige Vorbereitungszeit vor Ostern auf. Von dem lateinischen Wort Quadragesima (›Vierzig Tage‹) leiten sich in den heutigen romanischen Sprachen quaresima, carême usw. als Bezeichnung dieser Zeit her. Das deutsche ›Fastenzeit‹ betont den Brauch des Fastens. Im evangelischen Bereich sagt man überwiegend Passionszeit, das auf lat. passio (›Leiden, Erdulden‹) zurückgeht. Der englische Name lent indessen blieb gänzlich religionsneutral, er kommt wie das deutsche Lenz von lengthen, dem Längerwerden der Tage.

Die Quadragesima begann in Rom mit dem sechsten Sonntag vor Ostern und endete am Gründonnerstag. Die 40 Tage bildeten einen eigenständigen Zeitraum der Buße, Fastenzeit waren sie erst in zweiter Linie. Diese ursprüngliche Unabhängigkeit von Ostern deutet auf ihren Zusammenhang mit einem anderen vorchristlichen Brauch, dem Reinigungsfest februa des antiken Rom. Es war dem Februus geweiht, dem alten Unterweltsgott der Etrusker. In Gallien kam die Sitte auf, öffentlich Büßende zu Beginn der Bußzeit aus der Kirche zu vertreiben. Sie erhielten ein sackartiges Bußgewand und wurden mit Asche bestreut. Diese Zeremonie galt schon Ägyptern, Israeliten und Griechen als ausdrucksvolle Gebärde der Klage und gelangte im achten Jahrhundert in kirchlichen Gebrauch.

Später wurde der Charakter der 40 Tage als Bußzeit immer mehr zurückgedrängt, und man verstand sie vornehmlich als Fastenzeit. Nun wurden auch Karfreitag und Karsamstag in die Zählung einbezogen und ihr Beginn auf Mittwoch vor dem ersten Fastensonntag festgesetzt, den Aschermittwoch. In der Ostkirche fastet man nur von Montag bis Freitag, hat aber dafür vier große Fastenzeiten: Die vorösterliche Zeit ab der zehnten Woche vor Ostern, das Petersfasten vom Sonntag nach Pfingsten bis zum Peter-

Pauls-Tag am 29. Juni (12. Juli), das Marienfasten vom 1. (14.) August bis Mariä Himmelfahrt am 15. (28.) August) und das mit dem 15. (28.) November beginnende Weihnachtsfasten.

Die Osterfeier erstreckte sich im frühen Mittelalter auf die ganze Osterwoche und wurde im Laufe der Entwicklung schrittweise verkürzt. Vor allem im europäischen Norden mit seinen Klima- und Arbeitsbedingungen war eine zweiwöchige Arbeitsruhe (einschließlich der Karwoche) unrealistisch. Das Konzil von Konstanz 1094 beschränkte die Feierzeit auf drei Tage, Friedrich II. verfügte 1773 für Preußen endgültig die Abschaffung der dritten Feiertage zu Ostern, Pfingsten und Weihnachten.

Himmelfahrt und Pfingsten

Einige Zeit nach dem Tod des historischen Jesus tauchten vielfältige Berichte über seine *Auferstehung* und *Himmelfahrt* auf. Der diesbezügliche Text des Neuen Testaments (Lukas 24) scheint ein Versuch, die Auferstehung mit Sprachmitteln ihrer Zeit zu veranschaulichen. Vielleicht auch sollte die bildhafte Schilderung den neuen Glauben deutlicher von den Mythen der vorchristlichen ›auferstehenden Götter‹ unterscheiden. Wie dem auch sei, die Auferstehung Christi feiert man am Ostersonntag, und 40 Tage später folgt das Fest seiner Himmelfahrt.

Im vierten Jahrhundert tauchte Christi Himmelfahrt als eigenständiger Festtermin auf. Der Wunsch nach einer gewissen Symmetrie der Zeit um Ostern, ein Bezug zur 40-tägigen Fastenzeit mag dabei eine Rolle gespielt haben. In vielen Ländern Europas sowie in ganz Deutschland ist Christi Himmelfahrt gesetzlicher Feiertag, jedoch nicht in Italien, Portugal, Spanien und Großbritannien. In Preußen war er von 1773 bis 1789 und in der DDR von 1967 bis 1990 weggefallen. Seit alters waren am Himmelfahrtstag Flurumgänge der Männer üblich, in denen man eine Nachwirkung alter germanischer Bräuche vermutet. Bereits im Mittelalter entwickelten sich daraus fröhliche Wanderungen, die im 19. Jh. zu ›Herrenpartien‹ mit Pferd und Wagen wurden. Das 20. Jahrhundert verband den Tag zunehmend mit einer Tradition alkoholseliger Ausflüge, und örtlich erhielt er ein an die Faschingszeit erinnerndes Gepräge.

Sieben Wochen dauerte die Frühjahrs-Getreideernte am östlichen Mittelmeer, und sieben Wochen nach dem Fest des ersten Korns feierte man das ›Wochenfest‹, um den Göttern für die Ernte zu danken. Juden verbanden es mit der Erinnerung an die Gesetzgebung im Sinai, nannten es Schawout und legten es auf den 50. Tag nach Pessach. Dann veränderte das Christentum erneut die Bedeutung des Festes, ersetzte den immateriellen Vorgang, durch den angeblich Moses die Gebote empfing, durch den noch diffuseren Begriff von der ›Ausgießung des Heiligen Geistes‹. Neuzeitliche Erklärungsversuche sprechen von geistigen Früchten einer seelischen Ernte, die der Heilige Geist den Aposteln gespendet habe.

In Jerusalem gedachte man seit dem dritten Jahrhundert am 50. Tag nach Ostern der Geistsendung wie auch der Himmelfahrt Christi. Erst nach dem vierten Jahrhundert prägte sich Pfingsten stärker als selbstständiges Fest aus. Wie das Osterfest erhielt auch der Pfingsttag eine eigene Festwoche, die im Lauf der Zeit auf drei und schließlich auf zwei Tage schrumpfte. Heute ist der Pfingstmontag in Europa überwiegend amtlicher Feiertag, jedoch nicht in Italien, Portugal, Spanien und Großbritannien.

Der Name des Festes ergab sich aus dem Kalender selbst: Das altgriechische *pentekóste* bedeutet ›der fünfzigste Tag‹. Als Bischof Wulfila im vierten Jahrhundert die Bibel ins Gotische übersetzte, schrieb er paintekuste. Daraus wurde unser ›Pfingsten‹ und niederländisch Pinksteren. Einige slawische Völker bewahrten die Erinnerung an ihre alten heidnischen Feste zum Sommerbeginn in den Namen. In Tschechien ist zwar der offizielle Name Svatodusni svatky (›Heiliggeist-Fest‹), doch gewöhnlich sagt man Letnice, das kommt von letne (›Sommer‹), und bei unseren polnischen Nachbarn heißt es Zielone Swiatki (›Grünes Fest‹).

Ähnlich Ostern verband sich auch die Pfingstzeit mit zahlreichen vorchristlichen Bräuchen. Vieles von dem, was man schon seit Jahrhunderten nur noch als Schaustellung auf mancherlei Festen im Frühsommer aufführt, war einmal ernstes magisches Ritual. Dazu gehört die Einsetzung von Pfingstkönig und Pfingstbraut. Man glaubte die Vermehrung der Pflanzen durch die Vereinigung von Männern und Frauen gefördert, die sich als Vegetationsgeister maskierten. So spielte bei den großen Mysterienfesten der Antike zu Eleusis die Vereinigung des Zeus mit der Getreidegöttin Demeter eine wichtige Rolle. Auch die griechische Artemis, die römische Diana waren Personifikation des blühenden Lebens der Natur und vereinigten sich in heiligen Hainen alljährlich mit dem ›König der Wälder‹.

Die rituelle Vereinigung des Gottes mit der Göttin, des Königs mit seiner Braut verschwand in dem Maße, wie religiöse Zeremonien die magischen Praktiken ablösten. Dennoch wurden sie bei Naturvölkern bis ins 20. Jahrhundert ausgeübt. Für die Bevölkerung einiger Sundainseln bei Neuguinea repräsentiert die Sonne das männliche Prinzip. Einmal im Jahr zu Beginn der Regenzeit steigt upu-lera (›Herr Sonne‹) herab, um die weiblich vorgestellte Erde zu befruchten. Bei dieser Aufgabe assistieren ihm Männer und Frauen nach Kräften und sehen ihre sexuelle Aktivität als wesentlich für den Erfolg des Festes an. Spuren solcher Praktiken haben sich auch in Europa lange erhalten. Frazer berichtet von einem Brauch, der im ausgehenden 19. Jahrhundert in der Ukraine nicht selten war. Dort segnen orthodoxe Priester am Sankt-Georgs-Tag (23. April) auf den Feldern die grünende Saat. Anschließend legten sich junge Paare auf den Acker und rollten eng umschlungen miteinander auf dem Boden umher.

Die Festzeit um Weihnachten

Seit Anbeginn nahmen unsere Vorfahren die zyklisch wiederkehrenden Veränderungen in der Natur wahr. Geister und Götter schienen dafür verantwortlich. Im Jahreslauf sterbend und wiederauferstehend, verkörperte Osiris die Vegetation auf den Feldern Ägyptens. Herodot (um 450 v. Chr.) und Plutarch (um 100 n. Chr.) berichten von Trauerfeiern und dem Fest seiner Wiedererweckung. Um die Zeit der Wintersonnenwende mischte man Lehm mit Getreidekörnern, formte daraus sein Abbild und begrub es. Wenn dann die grünen Triebe aus dem Grabe sprossen und das Bild reproduzierten, so war der Gott auferstanden. *Epiphanie* nannten die Griechen dieses Sichtbarwerden an der Oberfläche. Als die Urchristen dieser Gegend begannen, das Erscheinen ihres Gottes unter den Menschen zu feiern, übernahmen sie den Ausdruck. Ihrer jüdischen Tradition gemäß dachten sie dabei nicht an die Geburt, sondern an das anschließende Vorzeigen des Kindes vor der Gemeinde im Tempel.

Ungefähr um diese Zeit des Jahres begingen die Alexandriner auch das Fest eines alten Stadtgottes, und es war Sitte, aus diesem Anlass rituell Wasser aus dem Nil zu schöpfen. Als dann die Kunde von der *Taufe Jesu* im Jordan eintraf, brachte man sie mit der Wasserzeremonie in Verbindung. So rückte auf ihren Termin, den 6. Januar, ein neues christliches Gedenkfest. Nach dem Verständnis dieser Gläubigen entsprach die Taufe der eigentlichen Geburt Jesu Christi als Sohn Gottes, denn mit der Taufe sei das Göttliche auf ihn gekommen. Der Charakter dieses Tages entwickelte sich örtlich verschieden. In Ägypten und Syrien betonte man stärker den Aspekt der Taufe, in Jerusalem das Geburtsfest Christi. In den orthodoxen Ostkirchen ist er ein besonders hoher Festtag und nimmt auf beide Aspekte Bezug.

Wie Osiris war auch Isis ursprünglich eine Fruchtbarkeitsgottheit der Ägypter. Beider Sohn Horus galt als Erscheinungsweise des Sonnengottes am Tage. Er bewirke den täglichen Gang der Sonne, wurde geglaubt, und Isis genoss als Mutter des hochverehrten göttlichen Lichtbringers besonderes Ansehen. Die allgemeine Horusverehrung führte dazu, dass sich sein Name mit den Eigenschaften vieler anderer Gottheiten verband. Die spätere ägyptische Mythologie kennt eine ganze Reihe von Verkörperungen des Horus, darunter jene des Harpokrates, der das noch junge Jahr darstellt und dessen Erscheinen stets mit einem Geburtsfest begrüßt wurde. Die Ägypter haben Isis oft mit dem Horuskind auf dem Arm dargestellt, und wir dürfen annehmen, dass sich die Szene auf Harpokrates–Horus bezieht. Später wurde sie zum Vorbild christlicher Darstellungen der Madonna.

In der indo-iranischen Götterwelt spielte der Sonnengott Mithra eine wichtige Rolle. Ursprünglich die Natur aus der Zeit des Schlafs erlösend, entwickelte er sich zur allgemeinen Erlösergottheit Mithras, die den Menschen Hoffnung gab. Seit Jahrhunderten wiederkehrende Kriege, der Zerfall der Wirtschaft und allgemeines Elend hatten den Erlöserreligionen in Vorderasien den Boden bereitet. Die neue Mithras-Religion verbreitete sich rasch. Sie nahm Elemente des Kults verschiedener Sonnengötter, der orientalischen ›Großen Mutter‹ sowie von Isis und Horus auf. Am Tag der Wintersonnenwende verkündeten Mithras-Priester in Syrien und Ägypten: ›Die Jungfrau hat geboren! Das Licht nimmt zu!‹, und in Ägypten zeigte man den Gläubigen das Bild eines Kindes, das die neu geborene Sonne symbolisierte. Der Tag fiel auf den 25. Dezember des julianischen Kalenders.

Römische Legionäre verehrten Mithras seit dem ersten Jahrhundert n. Chr. und verbreiteten seinen Kult im ganzen Römischen Reich. Dabei erfuhr er eine kriegerische Prägung und wurde zum ›sol invictus‹, zum unbesiegbaren Sonnengott.

Um 275 ließ Kaiser Aurelian einen Sonnentempel in Rom errichten und erklärte, dessen Gott, nicht der Senat habe ihn eingesetzt. Nun feierte auch Rom am 25. Dezember den Geburtstag des Mithras. Damit begann ein orientalisch geprägter Trend zum Monotheismus, der 380 in der Einführung des Christentums als Staatsreligion gipfelte.

Unterdessen hatte sich bei den Christen im östlichen Römerreich und den angrenzenden Gebieten das Epiphanias-Fest am 6. Januar eingebürgert. Aber das Geburtsfest des Mithras am 25. Dezember zog mit Lichterglanz und Musik die Menschen magisch an, und auch viele Christen nahmen daran teil. Als es sich dergestalt zu einer harten Konkurrenz entwickelte, erklärte man seinen Termin kurzerhand zum Geburtstag Jesu. Die Christen setzten dem heidnischen Sonnengott ihre ›wahre Sonne‹ entgegen, lenkten die Andacht der Gläubigen von Mithras zu Christus um.

Im nördlichen Europa zeigt sich der Winter für die Menschen besonders hart. Selbst an Schwedens Südküste dauern seine längsten Nächte mehr als 18 Stunden, und die Sonne erhebt sich nur um sieben Grad über den Horizont. Den ersten dort siedelnden Menschen schien es unumgänglich, die Lebenskraft der Sonne in der Wintermitte durch magische, mit Feuer verbundene Rituale zu stärken. Nachdem sich religiöse Vorstellungen entwickelten, wurden daraus Opferfeuer. Allmählich aber nahmen die Zeremonien den Charakter von Freudenfeuern an.

Als Gott der Sonne verehrte man Freyr und stellte ihn von einem Strahlenkranz umgeben dar, den Speichen eines Rades gleich. Davon ausgehend, wurde das Rad zu seinem Symbol, als Runenzeichen heißt es Jul. Wenn sich nach der Wintermitte der Lauf des Sonnenrades am Himmel erkennbar gewendet hatte, loderten auf den Bergen die Freudenfeuer. Freyr zu Ehren ließ man brennende Räder in die Täler hinabrollen und feierte das Julfest. Zwölf Nächte soll es gedauert haben. Als der julianische Kalender Nordgermanien erreichte, rückte Jul auf den Termin des Christfestes. Aber die christliche Deutung der Sonnenwendfeier blieb weitgehend auf den Gebrauch innerhalb der Kirche beschränkt. Das drückt sich nicht zuletzt im Namen des Festes aus – es blieb bei der alten Bezeichnung Jul.

Vielen germanischen Völkern galten die Mittwinternächte als heiligste Zeit des Jahres. Die mhd. Fügung ze wyhen nahten (›in den heiligen Nächten‹) verweist noch unmittelbar darauf. Sie ist Ursprung des deutschen Namens *Weihnachten.* Ihm entspricht auch das tschechische vánoce (›geweihte Nacht‹). Es fällt auf, dass in den germanischen Sprachen auch alle anderen Bezeichnungen für das Fest neutral bleiben oder sich zwar auf Christus, nicht aber auf seine Geburt beziehen: Heilige Nacht, Heiliger Abend, Christnacht, Christmas (englisch), kerstmis oder kersfest (niederländisch).

In Parallele zu Ostern erhielt auch das Weihnachtsfest eine eigene Vorbereitungszeit. Ähnlich dem griechischen epiphaneia wurde das lateinische Wort *adventus* (›Ankunft‹) in vielfältigen Bedeutungen gebraucht, für die Ankunft einer Gottheit im Tempel, für den ersten offiziellen Besuch eines Herrschers, für die Thronbesteigung eines Kaisers und schließlich für die Ankunft Christi unter den Menschen. Diese Vorbereitungszeit begann ursprünglich am 11. November. Da man nach östlicher Sitte an den Samstagen und Sonntagen das Fasten unterbrach, ergaben sich wieder genau 40 Fastentage bis zum Erscheinungsfest am 6. Januar. Im Westen blieben die

Grenzen der Adventszeit lange fließend, bis man zu vier Adventssonntagen kam.

Auch das Weihnachtsfest umfasste bald mehrere Feiertage, die meisten Länder behielten zwei. In einigen, z.B. in Österreich, blieb der 26. Dezember ausdrücklich der Tag des heiligen Stephan, in anderen wurde er unter protestantischem Einfluss zum ›zweiten Weihnachtstag‹. Als in England 1644 Puritaner die Macht ergriffen, schafften sie die Weihnachtsfeiertage wegen ihres heidnischen Ursprungs gänzlich ab. Dabei blieb es für 16 Jahre, während deren es zu bürgerkriegsähnlichen Aufständen kam. Das nächste Mal war es die Französische Revolution, die zwischen 1793 und 1805 Weihnachten samt allen anderen christlichen Feiertagen aus dem Kalender entfernte. Dann strich Fidel Castro auf Kuba 1969 das Fest aus dem Kalender. Den Vorwand lieferte eine Volksinitiative zum Einbringen einer Rekordernte an Zuckerrohr. Erst 1998 konnten die Kubaner wieder den 25. Dezember als arbeitsfreien Feiertag begehen.

Nichts hat sich im Deutschland des 19. und 20. Jahrhunderts so sehr mit der Vorstellung von Weihnachten verbunden wie der geschmückte *Lichterbaum.* Der Wunsch, sich immerwährenden Lebens zu versichern, mag die Menschen veranlasst haben, Zweige von immergrünen Gewächsen in die Wohnung zu legen. Nach altrömischer Sitte geschah das zum Jahresanfang in der Nähe der Sonnenwende und ging wie das Schenken später auf Weihnachten über. Der Brauch, zu Weihnachten Lichter zu entzünden, hängt ohne Zweifel mit Festen zur Sonnenwende zusammen. Die kleine Flamme eines Kienspans oder Öllämpchens übernahm in magisch-kultischen Handlungen die Rolle des Sonnenwendfeuers, man beschwor mit ihr die Wiederkehr des Lichts.

Kinder in allen Teilen der christlich geprägten Welt warten gespannt auf Weihnachten. Um ihnen einerseits die Zeit zu verkürzen und andererseits die Spannung zu steigern, ließen sich die Eltern manches einfallen. Im 19. Jahrhundert war es in vielen Familien Brauch, vom 1. Dezember an durch tägliche Kreidestriche über der Tür das Herannahen des Festes anzuzeigen. Das ist die älteste Form eines *Adventskalenders.* In seiner klassischen Gestalt erfand ihn die Frau des Pfarrers Lang in Maulbronn um 1890. Sie zeichnete 24 Felder auf ein Stück Karton und legte in jedes ein Gebäckstück, um ihrem kleinen Sohn ›das lange Warten auf das Christkind zu versüßen‹. Dieser erinnerte sich 1908 daran und bedruckte, inzwischen in einem Verlag tätig, einen Bogen mit 24 Feldern und einen anderen mit ebenso viel Bildchen, die ausgeschnitten und eingeklebt werden mussten.

Später versah man ein Deckblatt mit perforierten Fensterchen. Wurde eines geöffnet, so kam ein Bildchen zum Vorschein oder eine kleine Süßigkeit. Als die Gigantomanie unserer Zeit den Adventskalender erfasste, wurde auf der Leipziger ›Weihnachtsmesse‹ 1998 das bisher größte Exemplar seiner Art aufgestellt. Es gelangte mit 857,21 Quadratmetern als größter Kalender der Welt ins Guinness Book of Records. Im Jahr 2000 erreichte der Adventskalender die virtuelle Welt der Computer; in seinen Fenstern konnte an jedem der 24 Tage ein neues interaktives Spiel gestartet werden.

Auch hinsichtlich der *Feier des 1. Januar* entwickelten sich innerhalb der Christenheit widersprüchliche Ansichten, aus denen ziemlich unübersichtliche Verhältnisse resultieren. Seit dem siebenten Jahrhundert v. Chr. begann das Jahr der Römer am 1. März, und am 1. Januar 45 v. Chr. trat der julianische Kalender in Kraft. Nach und nach gingen Bräuche sowohl vom alten Jahresbeginn als auch von den Saturnalien (17. bis 21. Dezember) auf den neuen Jahreswechsel über. Man beging die ersten Januartage mit ausgelassenem Treiben und verteilte Geschenke.

Als sich die christliche Kirche entwickelte, suchte sie dem entgegenzuwirken, ordnete für die ersten drei Januartage Bußgottesdienste und Fasten an. Und eine Messe zum Jahresbeginn in der altspanischen Liturgie verkündete Christus als ›Herrn der Zeit‹. Dann begann die römische Kirche, am 1. Januar ein Marienfest zu feiern, und schließlich erklärte man den Termin zum Oktavtag von Weihnachten. In Gallien und Spanien, die stärker in jüdischer Tradition wurzelten, feierte man am 1. Januar das Fest der Beschneidung des Herrn. Als das im 14. Jahrhundert von Rom übernommen wurde, beging man den Tag als ›Fest der Beschneidung des Herrn und Oktav von Weihnachten‹. Die jüngste Kalenderreform von 1969 ließ das Marienfest wieder aufleben. Zugleich aber soll an diesem Tage auch der Namensgebung Jesu gedacht werden. Ein solches Fest gab es seit 1721 zu wechselnden Terminen. Nun erscheint der 1. Januar im deutschen Regionalkalender der Katholiken unter der vollständigen offiziellen Bezeichnung ›Neujahr, Oktavtag von Weihnachten, Namensgebung des Herrn, Hochfest der Gottesmutter Maria‹.

Martin Luther hatte heftig gegen die Feier des Neujahrstages polemisiert und gefordert, stattdessen über Namen und Beschneidung Jesu zu predigen. Für ihn begann das neue Jahr mit Weihnachten. So wenig die Reformierten den gregorianischen Kalender akzeptieren wollten, so wenig achteten sie den inzwischen weit verbreiteten einheitlichen römischen Jahresanfang. Heute steht es evangelischen Gemeinden frei, den 1. Januar als Neujahrstag oder als Tag der Beschneidung und Namensgebung Jesu begehen. Orthodoxe Christen feiern am 1.(14.) Januar den Tag der Beschneidung Christi. Für die Mehrheit der Weltbevölkerung – Chinesen, Inder, Muslime, Nichtreligiöse – ist die Frage indessen gänzlich bedeutungslos.

Das am *6. Januar* begangene Fest heißt im evangelischen Bereich Epiphanias, also ›Tag der Erscheinung‹. Doch am gebräuchlichsten ist in Deutschland der Name Dreikönigstag. Als Christen den Tag des Mithrasfestes, den 25. Dezember, zum Geburtsfest ihres Gottes deklarierten, wollten sie den bereits von ihnen besetzten Termin 6. Januar, den Tag des Wasserschöpfens in Alexandria und der Auferstehung des Osiris, nicht aufgeben. Die Ostkirche behielt deshalb beide Termine gleichberechtigt bei. Erst seit der Liturgiereform von 1969 feiert die orthodoxe Welt die Geburt nur noch in der Nacht zum 25. Dezember – aber nach dem julianischen Kalender, also vom 6. zum 7. Januar gregorianischer Rechnung. Das gibt bei Außenstehenden zu häufigen Verwechslungen Anlass. Der 6.(19.) Januar stellt als Theophanie die Taufe Jesu in den Mittelpunkt.

Die römisch-katholische Kirche hatte den 6. Januar als Geburtstag nie akzeptiert, konnte und wollte aber den Festtermin nicht ignorieren. Deshalb besann sie sich der Legende von den Weisen aus dem Morgenland: Jüdische Gelehrte kommen, von einem astronomischen Phänomen geleitet, um den neugeborenen künftigen König der Juden anzubeten und ihm mit Geschenken zu huldigen. Ursprünglich hatte man in Rom und Nordafrika die Anbetung der Weisen mit dem Geburtsfest verbunden, nun setzte man die Erinnerung daran auf den 6. Januar und nannte ihn ›drei weisen tag‹. Seit dem achten Jahrhundert ist von den heiligen drei Königen die Rede. Nur in Baden-Württemberg, Bayern und Sachsen-Anhalt ist der Dreikönigstag noch offizieller Feiertag.

Häufig wurde der 6. Januar im Mittelalter als ›der dreizehnte Tag‹ bezeichnet. Das ergab sich beim Abzählen der Tage nach der Christnacht. Dies wiederum geht auf die ältere Sitte zurück, die Nächte im fraglichen Zeitraum zu zählen, und daher rührt die Bezeichnung ›Zwölften‹ für den 6. Januar. Im Alpenraum kennt man die Perchtennächte zwischen Thomasnacht (21. Dezember) und Dreikönig. Sie sind nach einer Frauenfigur aus der germanischen Mythologie benannt. Bei germanischen Völkern begannen die Zwölfnächte mit der Nacht vor der Sonnenwende. Angelsachsen feierten diese als ›Mutternacht‹, das greift vermutlich über die Ahnenverehrung hinaus auf den vor-indogermanischen Kult der Großen Mutter zurück. Am Morgen des 1. Januar sind diese zwölf Nächte vorbei. Sie fallen in die Julzeit des Nordens.

Christliche Frauentage beziehen sich ausschließlich auf die Mutter Jesu. Der Marienkult entstand im Osten, und seine Spuren weisen nach Ägypten, wo Juden um 400 v. Chr. neben anderen Gottheiten eine ›Himmelskönigin‹ verehrten. Seine starke Entwicklung ist nur durch das Nachwirken einer uralten, tief im menschlichen Wesen verwurzelten Ur-Mutter zu erklären. Wir finden die alles erschaffende Erdgöttin im Mittelpunkt früher Religionen als ambivalentes Wesen, das über Leben und Tod bestimmt. Bis ins frühe Mittelalter begegnen uns ihre Töchter noch in ganzheitlicher Gestalt, als Tara, Perchta oder Hel, Hulda, Holle. Christlicher Einfluss spaltete sie in eine von der Kirche tolerierte Holde, Huldvolle und in die Un-Holdin, die böse Hexe. Den positiven Teil der Rolle übernahm *Maria.*

Die ältesten Marienfeste begleiteten Weihnachten bzw. Epiphanie; man kannte das ›Gedächtnis der Gottesmutter‹ am 26. Dezember und ein römisches Marienfest am 1. Januar. Im siebenten Jahrhundert verzeichnete man in Rom schon vier Marienfeste. Der Katholizismus des Mittelalters stellte Maria als Himmelskönigin an die Spitze der Heiligen. Während die Reformation im Lauf der Zeit immer stärker von der Marienverehrung abrückte, wurde noch 1950 vom Vatikan Mariens leibliche Himmelfahrt bestätigt. Mindestens zwanzig Marienfeste mit teils örtlicher, teils allgemeiner Bedeutung sind allein im deutschen Sprachraum belegt. Einige davon wurden aufgrund markanter Daten oder durch ihre Volkstümlichkeit zu Bezugsgrößen der Zeitrechnung und Datierung, zu Fixpunkten im Kalender. In kalendarischer Reihenfolge sei eine Auswahl genannt.

Im Anschluss an Jesu Geburt unterlag seine Mutter den üblichen jüdischen Vorschriften. Nach diesen gilt die Wöchnerin bei der Geburt eines Knaben sieben Tage als unrein, und weitere 33 Tage soll sie daheim bleiben. Maria erschien nach Ablauf der 40 Tage mit dem Jesuskind in der Öffentlichkeit. Das gab im sechsten Jahrhundert Anlass für das Fest ›Mariä Reinigung‹. Da der 6. Januar als Geburtstag galt, fiel es auf den 14. Februar. Wo sich später der 25. Dezember als Geburtsfest Christi durchsetzte, wurde es entsprechend auf den 2. Februar vorgezogen.

In der Stadt Rom waren um das sechste Jahrhundert Prozessionen mit Fackeln im Lauf des alten ›Reinigungsmonats‹ Februar üblich, die vorchristliche Sühnerituale abgelöst hatten. Auf diese ging nun der Anlass ›Reinigung Mariens‹ über. Als sich das Fest von Rom aus verbreitete, wurde die Lichterprozession beibehalten, und in Zusammenhang damit segnet man an diesem Tag in den katholischen Kirchen den Kerzenvorrat für das Jahr. Daraus entstand die volkstümliche Bezeichnung ›Mariä Lichtmess‹. Offiziell heißt das Kirchenfest seit 1970 ›Darstellung des Herrn‹. Im bürgerlichen Leben erlangte Lichtmess dadurch Bedeutung, dass früher an diesem Tag die Dienstboten entlohnt wurden und ihre Stellen wechselten oder einige Tage arbeitsfrei hatten.

Das Lukasevangelium erzählt, ein Engel habe Maria verkündet, sie sei zur Gottesmutter berufen. Daran knüpft das Fest, dessen volkstümlicher Name ›Maria Verkündigung‹ lautet. Sein Termin, der 25. März, ist ausgelöst vom Fest der Geburt Christi am 25. Dezember und liegt neun Monate davor. Protestanten betonen seinen Charakter als Christusfest, und auch im neuen katholischen Messbuch wird es ›Verkündigung des Herrn‹ benannt. Früher galt das Fest in einigen Gegenden als Frühlingsanfang. Eine Verordnung des Frankfurter Rates aus der Mitte des 15. Jahrhunderts über die Tagelöhne bestimmt: »Man soll zwei Zeiten im Jahr unterscheiden, nämlich die Sommerzeit, die mit Mariä Verkündigung (25. März) beginnt und bis Mariä Geburt (8. September) dauern soll, sowie die Winterzeit.« 1999 erhielt der 25. März eine neue aktuelle Bedeutung, als ihn die Regierungen einer Reihe spanisch und portugiesisch sprechender Länder als ›Tag des ungeborenen Kindes‹ ausriefen, der Initiativen gegen die Abtreibung gewidmet ist.

Im überwiegenden Teil Westeuropas ist einer der Frauentage noch heute offizieller Feiertag: Mariä Himmelfahrt am 15. August. Das gilt in Deutschland nur noch für Bayern und das Saarland, und nicht für Dänemark, Großbritannien und die Niederlande. Dieses Fest wurde um 600 durch Kaiser Maurikios in Byzanz eingesetzt. Zahlreiche mittelalterliche Formen seines Namens wurden zur Datierung verwendet.

Am 7. Oktober wird das Fest ›Unsere Liebe Frau vom Rosenkranz‹ gefeiert. Es wurde gestiftet, um eines Sieges über die Türken am 7. Oktober 1571 zu gedenken. Sein Name bezieht sich auf den Glauben, dass das Beten eines ›Rosenkranzes‹ den Sieg herbeigeführt habe. Dieser Ausdruck meint den Brauch der Katholiken, eine Folge von Gebeten (Ave Maria und Vaterunser) mittels einer Rosenkranz genannten Perlenschnur abzuzählen. Außerdem gilt der ganze Oktober als ›Rosenkranzmonat‹ und ähnlich der Mai als ›Marienmonat‹.

Am 8. Dezember beging man seit dem siebenten Jahrhundert im Osten das Fest ›Empfängnis der heiligen Anna‹, der Mutter Marias. Offiziellen Rang in Rom erhielt es 1476 als ›Fest der Empfängnis der unbefleckten Jungfrau Maria‹. Das Mittelalter in Deutschland kannte den Tag verbreitet als ›Frauentag im Winter‹. 1970 wurde der Tag zum ›Hochfest der ohne

Erbsünde empfangenen Jungfrau und Gottesmutter Maria‹ bestimmt und der umschreibende Name ›Mariä Erwählung‹ festgelegt.

Im antiken Griechenland meinte das Wort martys ganz allgemein den Zeugen vor Gericht. Das hellenistische Vorderasien kannte bereits jene martyres, die mit dem Opfer ihres Lebens Zeugnis für jemanden ablegten. Sie genossen Hochschätzung und Verehrung. Im zweiten vorchristlichen Jahrhundert gelangte das Judentum zu der Auffassung, der Tod solcher ›Blutzeugen‹ in den Glaubenskämpfen der Makkabäerzeit habe eine vorbildhafte Bedeutung für das ganze Volk. Als dann der Jude Jesus von Nazareth unter dem Vorwurf der Gotteslästerung hingerichtet und viele seiner Anhänger getötet wurden, meinte Martyrium ein ›Blutzeugnis für die Wahrheit der christlichen Religion‹. Heute umfasst der Ausdruck Märtyrer jeden wegen seiner Überzeugung Getöteten. Um die Mitte des zweiten Jahrhunderts begann die Verehrung christlicher Märtyrer an ihren Gräbern. Hier mischte sich ehrendes Gedenken mit Freude, denn sie galten als erlöst von den Nöten des irdischen Daseins. Den Todestag des Märtyrers sah man als Beginn ewigen Lebens im Himmel, als seinen eigentlichen Geburtstag an. Die neue Sitte traf mit einem alten Brauch des antiken Totenkults zusammen: Am Geburtstag eines Verstorbenen versammelte sich seine Familie am Grab und hielt dort ein Totenmahl. Austausch unter den Christengemeinden sorgte dafür, dass auch fremde Märtyrer in den eigenen Festkalender aufgenommen werden konnten. Dadurch wuchs ihre Zahl rasch an, und um den Überblick zu behalten, wurden Verzeichnisse angelegt. Beda kannte im achten Jahrhundert Tausende von Namen. Nach kritischer Sichtung verdichtete er sie zu einem ersten historischen Martyrologium, führte die Zeitrechnung mit Geschichtsschreibung und Liturgie zusammen und setzte 114 Heiligennamen in den Ablauf des Kirchenjahres. Von hier an begann das Mittelalter, seine Werktage zu Namenstagen von Heiligen zu machen.

Nach und nach wurde der Heiligendienst der Christen kirchlich geordnet. Bald galt die Verehrung nicht mehr allein den Märtyrern, auch bedeutende Bischöfe und Kirchenlehrer wurden als Heilige verehrt. Seit 993 führt man die Kanonisation durch, den Prozess der Heiligsprechung in zwei Etappen, der durch den Papst abgeschlossen wird. Alle anerkannten Märtyrer bzw. Heiligen werden seitdem in einem offiziellen Kalender erfasst. Der Wunderglaube und die Not des Mittelalters ließen sie zu spezialisierten Helfern für die verschiedensten Gelegenheiten, Berufe oder Orte werden. Dadurch begann eine Inflation von Heiligenfesten, sie überwucherten den liturgischen Kalender und drängten die Christusfeste zurück.

Die Reformatoren erkannten die wirtschaftlichen und sozialen Probleme, die sich aus dieser Fülle ergaben. Luther schrieb 1520: »Wollte Gott, dass in der Christenheit kein Feiertag wäre als der Sonntag, dass man unserer Frau und der Heiligen Feste alle auf den Sonntag legte. Dann unterblieben durch die Arbeit der Werktage viele böse Untugenden, würden auch die Länder nicht so arm und ausgezehrt. Aber nun sind wir mit vielen Feiertagen geplagt.« Der aus Deutschland stammende Reformator Martin Bucer nahm als Gutachter Einfluss auf die Gestaltung des Common Prayer Book, des liturgischen Buchs der Kirche von England. Auch er plädierte dafür, die Feiertage insgesamt abzuschaffen und nur noch den Sonntag zu begehen. Im Lauf des 16. Jahrhunderts bildete sich der lutherische Festkanon heraus. Alle Heiligen-, Marien- und Aposteltage, für die es keinen biblischen Anhalt gab, verschwanden. Aber es gab auch eine nicht geringe Zahl evangelischer Märtyrer. Neue kamen vor allem im 20. Jh. dazu, sie sind im erstmals 1963 erschienenen *Evangelischen Namenkalender* enthalten.

An dieser Stelle sollen – in kalendarischer Reihenfolge – einige Heiligentage Erwähnung finden, die auch für den bürgerlichen Kalender Bedeutung haben oder eine besondere Rolle im Brauchtum spielen. Um die Mitte des 19. Jahrhunderts waren in den Kalendern sechs Heilige namens *Valentin* aufgeführt. Jener, den man jetzt am 14. Februar verehrt, war nach der heute am meisten verbreiteten Auffassung im dritten Jahrhundert ein Priester in Rom oder in Terni und soll am Klostergarten vorbeikommende junge Leute mit Blumen beschenkt haben. Sein Fest entwickelte sich zuerst in England. Dort galt im 15. Jh. der Valentinstag als Frühlingsbeginn, und an diesem Tage wurden junge Leute ›auf Probe‹ für einen Sommer verheiratet. Im England des 19. Jahrhunderts sandten sich Menschen, die einander mochten, anonyme Briefe und scherzhafte Geschenke. Auch in Frankreich und Nordamerika wurde er zum Festtag der Jugend und der Liebenden. Inzwischen scheint er fest in der Hand der Blumen- und Süßwarenhändler.

Georgentag war, unterschiedlich in den Diözesen, der 23., 24. oder 25. April und galt in der alten Zeit der Zweiteilung des Jahres als Sommerbeginn. Noch am Beginn des 20. Jahrhunderts hatten Landkinder ab hier traditionell barfuß zu gehen. Der heilige Georg, als Drachentöter überliefert, stammte aus Kleinasien und soll im vierten Jahrhundert als Christ den Märtyrertod gestorben sein. Sein Fest ist der höchste religiöse Feiertag der Sinti und Roma, die ihn als ihren Schutzheiligen betrachten. Diejenigen von ihnen, die aus Osteuropa kommen, sind orthodoxe Christen und bestimmen deshalb den Termin des Festes nach dem julianischen Kalender, sodass sie es am 6. Mai (gregorianisch) feiern.

An einem 1. Mai um das Jahr 780 starb die heilige *Walpurga*. Auch dieser Termin galt in alter Zeit als Sommeranfang. Solche Zeiten des Übergangs waren seit jeher und überall mit magischen Ritualen verbunden, die der Abwehr des Bösen dienen sollten. Die Inuit im Norden Alaskas wählten das Wiedererscheinen der Sonne nach der Polarnacht, um böse Geister aus den Wohnstätten zu vertreiben. Die Inka vollzogen entsprechende Zeremonien zu Beginn der Regenzeit. Von vielen Völkern Afrikas wird aus dem 19. und 20. Jh. von jährlichen Festen der Austreibung von Teufeln und Dämonen berichtet. Hier wählte man häufig Vollmondtermine, während viele Völker Südasiens eine ›Nacht des schwarzen Mondes‹ bevorzugten. Im christlichen Europa erhielten sich dem entsprechende Bräuche, indem sie sich mit Kirchenfesten verbanden. In Albanien gab es noch um 1900 Fackelumzüge am Ostersonnabend zum Austreiben der ›bösen Kore‹. Schlesische Bauern vertrieben am Karfreitag die Hexen mit Besenstielen und Lärm aus Haus und Hof. Seinen Höhepunkt aber erlebte das Hexenaustreiben am 1. Mai und seinem Vorabend. Dann findet nach altem Volksglauben auf dem Blocksberg im Harz ein Hexenfest statt. Als nun die heilige Walpurga in den Kalendern erschien, machte der Volksmund die fromme Äbtissin prompt zur Namenspatronin für das Hexenfest: Walpurgisnacht.

›*Die Eisheiligen*‹ ist ein Sammelname für drei Kalendertage, in Norddeutschland die Tage der heiligen Mamertus, Pankratius und Servatius (11. bis 13. Mai), auch ›Gestrenge Herren‹ und in Österreich ›die Eismänner‹ genannt. Im Süden gesellt sich zu Pankratius, Servatius und Bonifatius (12. bis 14. Mai) noch die ›kalte Sophie‹ (15. Mai). An diesen Tagen treten, durch langjährige Temperaturbeobachtung belegt, häufig Kälterückfälle auf.

Johannes der Täufer trat im Jahre 29 am Jordan als Bußprediger auf und vollzog die Taufe an Jesus. Seltsamerweise feiert man weniger seinen Tod als Märtyrer am 29. August, sondern meist den 24. Juni als angeblichen Tag seiner Geburt. Dieser Zeitpunkt nahe der Sommersonnenwende lässt vermuten, dass der bedeutende Heilige – darin der Walpurga ähnlich – in späteren Jahrhunderten seinen christlichen Mantel über eine Reihe heidnischer Zeremonien zu breiten hatte. Alle indogermanischen Völker feierten die Sommersonnenwende, und Hauptbestandteil ihrer Feste ist ein Feuer. Es symbolisiert das Ende eines Abschnitts im ewigen Kreislauf des Lebens, den Beginn einer neuen Umdrehung des Rades der Zeit. Germanen verstanden es als Balders Todesfeuer. Von hier ab rollte das Rad der Sonne am Firmament wieder abwärts. Nach Einführung des Christentums ersetzte der Märtyrertod des Johannes das jährliche Sterben des Balder. Nun wurde das ›Johannisfeuer‹ in der Johannisnacht entzündet.

In den Kalendern des Mittelalters ist Johanni einer der markantesten Termine. Der Tag repräsentiert sowohl die alte Zwei- als auch die spätere Vierteilung des Jahres im Verein mit Ostern, Michaelis und Weihnachten. Die Bezeichnung Sommerjohanni unterschied den Tag von anderen Johannesfesten. Dem entsprechen altertümliche Formen wie ›Jans daghe in den vogelzanc‹ (im Vogelsang, niederländisch 1298) oder ›Sunte Johannis baptiste to myddensomere als he geboret wart‹ (1378 Mecklenburg). Schließlich gab der Tag auch dem ganzen Monat Juni den Namen Johannismonat. Wie selbstverständlich man den Namen synonym zum Datum oder Zeitraum benutzt hat, bezeugt das Beispiel der um diese Zeit reifenden Johannisbeere. Auf das Fest des Evangelisten Johannes am 27. Dezember bezieht sich die Datierung ›sente Jansavent als hi gehovet (enthauptet) was‹ (1278) und der Brauch der Johannsminne.

Die *sieben Schläfer* waren nach der Legende sieben Brüder in Ephesos, die 251 während einer Christenverfolgung in eine Höhle flohen, dort eingemauert wurden und am 27. Juni 446 wieder zum Leben erwachten, um Zeugnis für die Auferstehung der Toten zu geben. Bauern haben seit jeher Wetterphänomene mit bestimmten Kalendertagen in Zusammenhang gebracht. Nach dem Volksglauben soll Regen am Siebenschläfertag sieben Wochen anhalten. Bei der gregorianischen Reform blieb der Heiligentag auf dem bisherigen Datum, der Stichtag für die Wetterregel verschob sich auf den 7. Juli. Meteorologische Statistiken haben diese Erfahrung im Prinzip bestätigt.

Als Jahrpunkt des Herbstes spielt Matthei am 21. September eine Rolle, das Fest des heiligen *Matthäus,* der als Verfasser des nach ihm benannten Evangeliums galt. Der Name bzw. das Datum sind oft verwechselt worden mit dem Gedenktag des Apostels Matthias, der auf den 24. Februar (in Schaltjahren 25. Februar) fällt. Oft gelingt ihre Identifizierung nur, wenn Zusätze benutzt wurden wie ›in den vasten, im lenz, vor vaschanges‹ bzw. ›op Matheis der das eis bricht‹ oder ›Mathies dag der da macht die winbeeren suss‹. Bis heute gibt es in Tirol den traditionellen Matthiasmarkt im September.

Einer ungebrochenen Popularität in deutschsprachigen Ländern erfreut sich *Sankt Martin,* der am 8. November 397 starb. Dass sein Festtag auf den 11. November geriet, soll damit zusammenhängen, dass zu diesem Termin eine achtwöchige Vorbereitungszeit auf das Fest der Erscheinung am 6. Januar begann, ein Vorgänger der heutigen Adventszeit. Aber der Termin weist auch auf den alten Jahresbeginn der Kelten Anfang November und ihr Fest Samhain. In Schottland gehört Martinmas noch heute zu den ›quarter days‹, uralten Zins- und Rechtsterminen. Auch im westlichen Deutschland entwickelte sich der Martinstag zu einem wichtigen Vertrags-, Abgaben- und Markttermin im bürgerlichen Leben. In Süddeutschland markierte er den Beginn der Winterwirtschaft mit verringerten Arbeitskräften. Jeweils an einem Martinstag wurden die Antilleninseln Sint Maarten und Martinique von holländischen bzw. französischen Seefahrern entdeckt.

Um 1900 versuchten Protestanten, alte Martinsbräuche zu reformieren. Teils bezog man sie kurzerhand auf den zehnten November als Geburtstag Martin Luthers, teils betonte man den elften als seinen Namenstag. Heute ist der 11. November vor allem Beginn der Karnevalssaison. In den Hochburgen Köln, Mainz oder Düsseldorf beginnt pünktlich am 11.11. um 11 Uhr 11 die ›fünfte Jahreszeit‹. Die Sitte des Schmausens und Feierns an diesem Tage hängt mit dem anschließenden Beginn einer 40-tägigen Fastenperiode zusammen, die sich – unter Auslassung der Sonnabende und Sonntage – bis zum Fest Epiphania am 6. Januar erstreckte.

Der 13. Dezember ist Gedenktag der heiligen *Lucia* aus Syrakus. Im Burgenland und in Kroatien setzt man an diesem Tag eine ›Tellersaat‹ aus Getreidekörnern an. Der Brauch erinnert an den ägyptischen Isiskult, bei dem das grünende Getreide die Auferstehung, die Epiphanie des Osiris repräsentiert. In Schweden sind dagegen Bräuche auf diesen Termin gerückt, die mit der Julzeit und einer Feier der Wintersonnenwende zusammenhängen. Dabei verteilt ein Mädchen als lichtergeschmückte ›Lussibrud‹ Geschenke. Den Jahresreigen der Heiligentage vollendet Silvester am 31. Dezember. Im Jahre 335 starb der Papst gleichen Namens.

Insgesamt war eine Unzahl von Heiligentagen bekannt und viele von ihnen nur örtlich bedeutend. Nichtsdestoweniger wurden sie zur Datierung verwendet, und deshalb kann ein Tagesname auf ganz verschiedene Daten hinweisen. Zum Beispiel kommt der Name Adalbert in Grotefends Verzeichnis mittelalterlicher Tagesnamen siebenmal vor. Schon bald konnten die Christen ihrer zahlreichen Märtyrer nicht mehr einzeln gedenken. Im Osten beging man deshalb seit dem vierten Jahrhundert zu verschiedenen Terminen ein ›Gedächtnis aller Märtyrer‹, und heute gilt in der orthodoxen Kirche der Sonntag nach Pfingsten als ›Sonntag aller Heiligen‹. Ein Allerheiligenfest am 1. November ist zuerst für England und Irland in der Mitte des achten Jahrhunderts bezeugt. Heute begeht es die katholische Kirche als Hochfest.

Neben den Heiligen gedenkt die katholische Kirche auch der Apostel Christi sowie anderer biblischer Personen. 15 solcher Festtage sind heute im Messbuch enthalten. Bekanntestes Apostelfest ist wohl das Hochfest für Petrus und Paulus am 29. Juni. Andreas gab im Mittelalter am Niederrhein dem Dezember seinen Namen: Andriesmaent und Andresmond.

Auch abstrakten Themen der christlichen Lehre widmete man Feste. Dazu gehört der Tag der heiligen Dreifaltigkeit (Trinitatis), der Sonntag nach Pfingsten. Das Fest stützt das Dogma von der Trinität. Sie bezeichnet die Beschaffenheit eines Gottes, der aus drei unterschiedlichen Bestandteilen besteht – Vater, Sohn und Heiliger Geist – und dennoch eine Einheit bildet.

Ein anderes der kirchlichen Dogmen ist die Lehre von der Transsubstantiation. Sie besagt, dass sich durch die liturgische Weihe Brot und Wein in Leib und Blut Christi verwandeln. Diesem Vorgang ist das Fest Fronleichnam gewidmet. Der Name bedeutet so viel wie ›Leib des Herrn‹, er ist aus mhd. vron oder fron (›Herr‹) und lichnam (›lebendiger Leib‹) zusammengesetzt. Der neue römische Kalender hat es auf Donnerstag der zweiten Woche nach Pfingsten festgesetzt. Staatlicher Feiertag ist es nur in Österreich, der Schweiz, Spanien und Portugal sowie in den deutschen Bundesländern Baden-Württemberg, Bayern, Hessen, Nordrhein-Westfalen, Rheinland-Pfalz und im Saarland. In Mecklenburg-Vorpommern, Sachsen und Thüringen kommen Gemeinden mit überwiegend katholischer Bevölkerung in den Genuss des freien Tages.

Die Welt des christlichen Glaubens ist von einer großen Zahl transzendenter Wesen bevölkert. Zu ihnen gehören die *Erzengel*, eine besonders hervorgehobene Gruppe unter den ›Boten Gottes‹, und einige von ihnen erhielten eigene Festtage im Kalender, so Michael am 29. September. Dieser Michaelistag wurde im Mittelalter häufig zur Datierung verwendet und markierte einen der Quatembertermine. Michelsmonat meint entsprechend den September.

Eine weitere Gruppe von Festen bezieht sich auf Ereignisse in der Kirchengeschichte. Feiern zum Andenken an die Einweihung eines Gotteshauses gehen auf jüdische Tradition zurück, auf die Einsetzung des ›Festes der Tempelweihe‹ (Chanukka) nach 165 v. Chr.. In der christlichen Kirche entstand der entsprechende Begriff Kirchweihmesse, woraus der Volksmund Kirchweih und Kirmes formte. Diese Feier entwickelte sich zu einem der größten dörflichen Feste.

Am Vorabend des Allerheiligenfestes 1517 ließ Doktor Martin Luther seine Thesen gegen den Ablasshandel öffentlich verkünden. Damit begann die Reformationsbewegung. 1667 ordnete der Kurfürst von Sachsen den 31. Oktober als Gedenktag der Reformation an. Bis heute behandeln die Länder Brandenburg, Mecklenburg-Vorpommern, Sachsen und Sachsen-Anhalt diesen Tag als Feiertag. Demgegenüber anerkennen Baden-Württemberg, Bayern, Nordrhein-Westfalen, Rheinland-Pfalz und das Saarland das Fest Allerheiligen am 1. November. In den Gemeinden Thüringens gilt entsprechend der jeweiligen Bevölkerungsmehrheit das eine oder das andere Fest als Feiertag. Wird im Zuge von Verwaltungsreformen ein Dörflein in den Nachbarort eingemeindet, so ändert sich manchmal auch sein Kalender.

Das christliche Kirchenjahr

Die großen Feste der Völker waren ursprünglich stets am Ablauf des Naturjahres orientiert. Juden haben sie auf Ereignisse in der Geschichte ihres Volkes bezogen. Sie interpretierten eine Reihe mehr oder weniger realer Geschehnisse als Taten eines Gottes und verknüpften sie zu einer zusammenhängenden ›Heilsgeschichte‹. Diese beginnt mit der Erwählung des Volkes Israel durch Gott, setzt sich in der jeweiligen Gegenwart fort und strebt auf ein Ziel zu. Aber als die Teile dieser Geschichte formuliert wurden, hatten die Menschen einen anderen als den uns geläufigen Zeitbegriff. Er ist uns bereits in Zusammenhang mit dem Zeitverständnis der alten Ägypter begegnet. Die Bücher des *Alten Testaments* wurden in semitischen Sprachen verfasst. Deren Verbformen trennen nicht streng Vergangenheit, Gegenwart und Zukunft im Sinne unseres linearen Zeitverständnisses voneinander, sie betonen stattdessen stärker die vollendeten und unvollendeten Aspekte. Auf solchem Zeitbegriff basierend, gewannen die jüdisch-christlichen Feste einen Doppelcharakter: Man gedenkt der Taten Gottes in der Vergangenheit und feiert sie zugleich in der Hoffnung auf eine zukünftige Vollendung. Solche Denkweise ermöglicht, Vergangenes wie Zukünftiges als gegenwärtig wirksam zu verstehen; Geschichte wird dadurch für die Gläubigen lebendige Gegenwart.

Griechische Philosophen der Antike unterschieden zwischen ›chronos‹, der gleichförmig dahinfließenden Zeit, und ›kairos‹, dem ausschlaggebenden Zeitpunkt, von dem der Erfolg einer zu treffenden Entscheidung abhängt. Das *Neue Testament* der Christen beschreibt Chronos als begrenzten Zeitraum und trennt ihn einerseits vom ›aion‹, der grenzenlosen Zeit der Ewigkeit. Andererseits erklärt es den Kairos als durch ein bestimmtes Geschehen, durch göttlichen Eingriff zur ›Heilszeit‹ qualifiziert. Kairos gewinnt hier eine definierte zeitliche Ausdehnung, nämlich die Zeit zwischen Geburt und Himmelfahrt Christi. Außerdem aber umfasst er die erwartete

›Endzeit‹ seiner Rückkunft. Damit werde das Reich Gottes als etwas Gegenwärtiges und Zukünftiges zugleich verkündet, erklärt die Kirche. Ihre Formel ›schon und noch nicht‹ deutet an, die Zukunft Gottes sei fern und nah zugleich. Dies alles fügt sich nicht in die alltägliche Zeiterfahrung, und man hat versucht, den göttlichen Kairos mit den Mitteln des Chronos abzubilden; das Ergebnis ist das Kirchenjahr.

Christliche Gemeinden hatten, je nach ihren Ursprüngen, zunächst jüdische oder heidnische Festtermine weiter gepflegt und dann mit christlichen Inhalten verbunden. Ausschlaggebend für die Entwicklung eines spezifisch christlichen Festjahres waren die Siebentagewoche, die Ausprägung des Osterfestkreises und die Herausbildung einer Gruppe von Festen, die mit der Geburt Jesu zusammenhängen. Der Osterfestkreis, Opfertod und Auferstehung Christi repräsentierend, basiert auf alten Frühlingsfesten des Vergehens und Wiederauferstehens der Natur in Verbindung mit dem jüdischen Passah. Im Weihnachtsfestkreis schlugen sich vor allem Einflüsse der hellenistischen Umgebung des Ostens nieder.

Ab dem dritten Jahrhundert beging man jährliche Feste der christlichen Märtyrer. Durch Einbeziehung anderer Heiliger häuften sie sich und traten in eine gewisse Konkurrenz zu den Festen der Christusgeschichte. Dazu kamen Ideenfeste und kirchengeschichtliche Feiertage. Schließlich verzeichnete die römische Kirche im 14. Jahrhundert um die 50 gebotene Feiertage. Einerseits suchte man ihre Zahl zu beschränken, andererseits führten Päpste auch neue Feste ein. Weltliche Regierungen beklagten wirtschaftliche Schwierigkeiten infolge ihrer übergroßen Zahl. Trotz dieser Fülle konnte das Kirchenjahr nicht das Naturjahr verdrängen. Die wichtigsten der christlich definierten Feste sind primär durch markante Erscheinungen in der Natur bestimmt. Ostern hat Züge eines Frühlingsfestes, um Weihnachten spielt die Lichtsymbolik der Wintersonnenwende eine große Rolle, Pfingsten und der Johannistag sind mit Bräuchen des sommerlichen Sonnenwendfestes verknüpft.

Seit 380 war die christliche zugleich eine staatliche Kirche und deshalb eine Unterscheidung zwischen Kirchen- und weltlichem Jahr gegenstandslos. Auch der gregorianische Kalender von 1582 wurde nach den Bedürfnissen christlicher Osterrechnung gestaltet und kraft päpstlicher Autorität eingeführt. Ungefähr um diese Zeit taucht das Wort ›Kirchenjahr‹ auf und bezeichnet die evangelische Ordnung des Jahres. Daneben ist ›liturgisches Jahr‹ verbreitet. Beide Bezeichnungen meinen die besondere Gliederung, die das Jahr durch die Abfolge der kirchlichen Feste und Festzeiten erfährt. Im Lauf der Zeit bildeten sich Regeln für die Ordnung der Kirchenfeste heraus. Daraus entstanden die im Mittelalter am meisten in Mitteleuropa verbreiteten Zeitweiser: Kirchliche Messbücher. Durch ihren Gebrauch wurde gewährleistet, dass in den Tausenden christlicher Gemeinden die Feste in einheitlicher Folge begangen wurden. Im Übrigen richteten sich auch viele landwirtschaftliche Arbeiten nach bestimmten Terminen, die man auf Heiligentage fixierte. De facto war es Aufgabe der Priester, den Kalender zu verkünden.

Die Liturgie schreibt vor, welcher Gesang an welchem Sonntag den Gottesdienst eröffnet. Daraus entwickelte sich die Gewohnheit der Geistlichen, die Reihe der Sonntage einfach nach den Anfangsworten dieser Gesänge (*Introitus misse*) abzuzählen. Weil kirchenlateinisch gesungen wurde, entstanden und verbreiteten sich so die lateinischen Sonntagsnamen. Die Messbücher, kalenderartige Verzeichnisse der Sonntage und ihrer Introitus, heißen *Missilien.* Maßgebend für die katholische Kirche ist das Missale Romanum. Darüber hinausgehend verzeichnet das *Calendarium Romanum* (der ›römische Kalender‹) alle Festtage eines Jahres der katholischen Kirche.

Seit der Reformation bemühte sich auch die katholische Kirche um eine Reform ihres Festkalenders. Erstmals 1568 wurde ein Universalkalender mit 158 Heiligenfesten erstellt, das erwähnte Calendarium Romanum. Bald aber erlebten die Feste der Heiligen und der Mutter Gottes einen neuen Aufschwung. Dazu hat die Gesellschaft Jesu (Jesuiten) als Träger der päpstlichen Gegenreformation entscheidend beigetragen. Die Ordensregeln ihres Gründers Ignatius von Loyola empfehlen unter anderem das strikte Einhalten »der zur bestimmten Zeit für jeden Gottesdienst und für jede Andacht angeordneten Stunden wie auch aller kirchlichen Tageszeiten« sowie der »Verordnungen der Kirche in Bezug auf die Fast- und Abstinenztage, wie in der Fastenzeit, an den Quatembertagen, an den Vigilien, am Freitag und am Samstag«. Bald war der Kalender wieder mit Festen überfrachtet, und erst die fortschreitende Aufklärung ermöglichte eine Reduzierung.

Im Ergebnis des 2. Vatikanischen Konzils wurde 1970 ein neuer römischer, der *Generalkalender* eingeführt, der die Heiligenfeste deutlich reduziert. Daneben wurden Regionen, Diözesen und Orden eigene Kalender ausdrücklich gestattet. Einen neuen *Regionalkalender* für das deutsche Sprachgebiet hat der Vatikan 1972 bestätigt. Er setzt sich zusammen aus dem Generalkalender und einer Anzahl eigener Feiern, die für das gesamte deutsche Sprachgebiet typisch und von Bedeutung sind.

Das Kirchenjahr beginnt in der griechischen Kirche mit dem 6. Januar (Erscheinung oder Taufe Christi), in der englischen mit dem 25. März (Mariä

Verkündigung) und in den Ostkirchen mit dem 1. September (erstes Auftreten Jesu in Nazareth). In der römisch-katholischen und in der protestantischen Kirche aber ist sein Anfang, auf den bürgerlichen Kalender bezogen, beweglich; er fällt auf den ersten Adventssonntag, der zwischen dem 27. November und 3. Dezember liegt.

Weil der Ostertermin zwischen dem 22. März und dem 25. April schwankt, ergibt sich in jedem Jahr eine unterschiedliche Zahl von Sonntagen zwischen den beiden Festkreisen. Zwischen Epiphanie und Ostern sind 10 bis 15 und von Pfingsten bis zum Beginn des neuen Kirchenjahres 23 bis 28 Sonntage möglich. Sie werden auf unterschiedliche Weise gezählt. Das alte römische Messbuch zählte die *Sonntage nach der Epiphanie* (Erscheinung) bis zum Eintritt der sogenannten Vorfastenzeit (neun Wochen vor dem Osterfest), das waren im Höchstfall sechs Sonntage. Dem entspricht die evangelische Zählweise bis heute.

Die darauf folgenden Sonntage bis Ostern trugen nach der alten Ordnung besondere lateinische Namen, ebenso diejenigen bis zum Pfingstfest. Heute werden sie als ›Fastensonntage‹ (evangelisch: ›Sonntage der Passionszeit‹) bzw. als ›Sonntage der Osterzeit‹ (evangelisch: ›Sonntage nach Ostern‹) abgezählt. Zwischen Pfingsten und Advent nummerierte das römische Messbuch die *Sonntage nach Pfingsten.* Die Zählung der evangelischen Kirche beginnt eine Woche später, am Sonntag *Trinitatis.* Auch die Schreiber kirchlicher wie weltlicher Kanzleien im Mittelalter benutzten mit Vorliebe die vom Introitus abgeleiteten lateinischen Sonntagsnamen. Sie notierten das Datum eines Ereignisses mit ihrer Hilfe als ›Dienstag nach Trinitatis‹ usw.

Liegt nun der Ostertermin früh im Jahr, so fallen bis zu vier ›Sonntage nach Erscheinung‹ aus. Diese ausgefallenen Feste schob man in der alten katholischen Zählung gegen Jahresende zwischen dem 23. und dem 24. Sonntag nach Pfingsten wieder ein. Demgegenüber endet im evangelischen Bereich die Zählung der Sonntage nach Trinitatis bereits vor Beginn der Adventszeit, denn die drei letzten Sonntage des Kirchenjahres gelten hier als eigenständige Feste. Nicht genug der Verwirrung – die ältere evangelische Ordnung erlaubte außerdem, die Sonntage vom 29. September an nach Michaelis statt nach Trinitatis zu zählen. Dabei entsprach der 1. Sonntag nach Michaelis dem 19. Sonntag nach Trinitatis. Auch eine Zählung der Sonntage nach Johannis (24. Juni) kommt in einigen neueren evangelischen Ordnungen vor. Die katholische Kirche hat nach dem 2. Vatikanischen Konzil die Liturgie und mit ihr das Kirchenjahr neu geordnet. Dabei wurde die bisherige Zählung nach Epiphanie und nach Pfingsten aufgegeben. Die 33 oder 34 Sonntage dieser ›allgemeinen Kirchenjahreszeit‹ werden als *Sonntage im Jahreskreis* durchgezählt.

Die meisten beweglichen Feste hängen direkt oder indirekt von Ostern ab. Außerhalb jeder christlichen Liturgie geht dem österlichen Fasten der *Karneval* voraus, und Karnevalssonntag ist Estomihi, der siebente Sonntag vor Ostern. An drei Tagen wurde vor dem 19. Jahrhundert gefeiert: an diesem ›Großen Fastabend‹, am Donnerstag davor, dem ›Kleinen Fastabend‹ (heute Weiberfastnacht), und am eigentlichen Fastenabend, dem Dienstag danach. Als nach 1823 in Köln der Karnevalsumzug eingeführt wurde, kam der Rosenmontag dazu, und wenn heute von ›drei tollen Tagen‹ die Rede ist, so sind gewöhnlich Sonntag, Montag und Dienstag als abschließender Höhepunkt der Karnevalssaison gemeint.

Der Begriff *Fastnacht* bezeichnet zunächst diesen Dienstag, und ›Nacht‹ wird hier im Sinne von ›Vorabend‹ (der ganzen Fastenzeit) gebraucht. In weiterem Sinne meint Fastnacht die auch als Fasching oder Karneval bekannte Saison des allgemeinen Frohsinns, eine sozial wirksame ›fünfte Jahreszeit‹. Die eigentliche Fastnachtszeit liegt zwischen Dreikönig und Aschermittwoch. Die schwäbisch-alemannische Fasnet zwischen Bodensee und Schwarzwald hat ihren Höhepunkt eine Woche später als rheinischer Karneval und bayerischer Fasching. Das kommt daher, weil in alter Zeit auch das Fasten später, nämlich am Dienstag nach Invocavit, begann.

Das *orthodoxe Kirchenjahr* beginnt jeweils am 1. September. Dieser Beginn orientierte sich am byzantinischen Jahresanfang und hängt mit der Einführung von Steuerzyklen unter Kaiser Diokletian zusammen, den Indiktionen. Unabhängig davon feiert die russischen Kirche auch einen Neujahrsgottesdienst am 1. Januar neuen Stils. Es gibt hier keine besondere Advents- und Weihnachtszeit. Den Mittelpunkt des Kirchenjahres bildet die 50-tägige österliche Freudenzeit mit ihren acht Sonntagen von Ostern bis Pfingsten.

Der bürgerliche Kalender und die unbeweglichen Feste des orthodoxen Jahres werden von drei Zyklen überlagert. Zunächst ist jeder Wochentag einem bestimmten Thema gewidmet: Der Montag den Engeln, Dienstag dem Gedächtnis Johannes des Täufers und der Propheten; Mittwoch und Freitag (Fastentage) dem Kreuz Jesu, Donnerstag den Aposteln und Samstag allen Heiligen und den Verstorbenen. Sodann gibt es einen Acht-Wochen-Zyklus, der mit dem Fest Antipascha am Sonntag nach Ostern beginnt. Er wird durch das ganze Jahr weitergeführt und strukturiert die Zeit zwischen Pfingsten und der folgenden Vorfastenzeit. Jedem der Sonntage (und der ganzen Woche danach) ist einer der acht ›Kirchentöne‹ zugeordnet, in dem die Gesänge der betreffenden Woche vorgetragen werden. In den kirchlichen Kalendern findet man zu jedem Sonntag die entsprechende Angabe. Den dritten Zyklus bilden die beweglichen Feste. Er umfasst 18 Wochen, zehn vor und acht nach Ostern. Alle orthodoxen Kirchen bestimmen den Ostertermin nach dem julianischen Kalender, ungeachtet dessen, dass einige von ihnen (Griechenland, Rumänien, Bulgarien) im Übrigen den gregorianischen Kalender benutzen. Das aber bedeutet, dass es für die nicht beweglichen Feste keine panorthodoxe Gemeinsamkeit gibt.

Bei den Protestanten bildete sich im Lauf des 16. Jahrhunderts der *lutherische Festkanon* heraus. Er umfasste die Christusfeste einschließlich Beschneidung (1. Januar), Epiphanie (6. Januar), Darstellung (2. Februar), Verkündigung (25. März) und Heimsuchung (2. Juli). Dazu kamen die Tage der Apostel und Evangelisten: Johannes der Täufer (24. Juni), Michaelis (29. September) und regional auch Maria Magdalena (22. Juli) sowie Allerheiligen (1. November). Einige kleinere Feste wurden auf den darauf folgenden Sonntag verlegt. Die Aposteltage galten als ›halbe Feiertage‹, an denen zwar Gottesdienst stattfand, die aber nicht generell arbeitsfrei waren. Fronleichnam und Mariä Himmelfahrt (15. August) wurden anfangs noch beibehalten. Heute haben die einzelnen Landeskirchen jeweils eigene Festordnungen. Sie übernahmen nur die Hauptfeste der alten abendländischen Kirche: Weihnachten, Karfreitag, Ostern, Himmelfahrt und Pfingsten. Dazu kommt das Neujahrsfest sowie ein Buß- und Bettag.

In England löste sich im 16. Jahrhundert, eher politisch als theologisch begründet, die katholische Kirche Englands von Rom, nahm Elemente des Protestantismus auf und bildete sich zur *anglikanischen Kirche*, die bis heute Staatskirche ist. Ihre liturgische Praxis richtet sich nach dem 1549 zusammengestellten *Common Prayer Book*, das die Feste nach ihrem Rang unterscheidet. Das Kirchenjahr beginnt mit Ladyday am 25. März (Mariä Verkündigung). Markante Zeitpunkte darin sind Good Friday (Karfreitag), Easter (Ostern), Whitsunday (Pfingsten), Holy Rood (Fest der Kreuzerhöhung) am 14. September, All Saints Day (Allerheiligen) am 1. November und Christmas. Besondere Beachtung genießen die Nationaltage der einzelnen Länder des Vereinigten Königreichs, die auf den Gedenktag des jeweiligen Schutzheiligen fallen.

Zum Abschluss der Betrachtungen über die Feiertage der Christen bleibt noch ein katholisches Fest zu behandeln, das den Rahmen aller Kirchenjahre sprengt, das *Jubeljahr*. In mehrjährigem Abstand gefeierte Feste kannte schon das Altertum. Griechen begingen in jedem vierten Jahr verschiedene panhellenische Feste, darunter die Olympischen Spiele. Römer brachten in fünfjährigem Zyklus ein feierliches Reinigungsopfer dar. 52 Jahre dauerte der Großzyklus der Zeitrechnung bei den Völkern Mesoamerikas. Dann vollzogen ihre Priester an heiligem Ort die Zeremonie des ›neuen Feuers‹, das bedeutendste aller ihrer Feste.

Juden hatten ihre Sabbatregel auch auf die Jahre übertragen und ließen in jedem siebenten Jahr die landwirtschaftlichen Flächen unbebaut ruhen. Nach Ablauf von sieben mal sieben Jahren war das Sabbatjahr zugleich ›Erlassjahr‹, in welchem Schulden erlassen und Leibeigene freigelassen wurden. Schon im ersten Jahrhundert war der Brauch faktisch abgeschafft. Später übernahm und modifizierte ihn die christliche Kirche. Nun wurden fromme Pilger von ihren Sünden frei gesprochen, wenn sie die Gräber der Apostel Petrus und Paulus in Rom besuchten. Das galt erstmals für das Jahr 1300. Ursprünglich auf die Säkularjahre festgesetzt, folgte doch – in Rücksicht auf das fünfzigste Jahr des Alten Testaments – schon 1350 das nächste Ablassjahr. Zwei Millionen Pilger strömten jetzt nach Rom, und die Kirche gewann Beachtung und Macht. Nun beschloss man unter Berufung auf die Zahl der irdischen Lebensjahre Christi eine 33-jährige Folge und feierte 1390 nachträglich das für 1383 bestimmte Jubeljahr. Inzwischen gab es einen Gegenpapst in Avignon, der seinen Anhängern die Teilnahme daran verbot. Über diesem Streit geriet das Säkularjahr aus dem Blickfeld, und für 1400 wurde offiziell kein Jubeljahr verkündet. Das nächste folgte 1423, 33 Jahre nach dem von 1390. Dann folgte 1450, und seit 1475 feiert man ›wegen der Kürze des Menschenlebens‹ alle 25 Jahre. Die offizielle Bezeichnung ist seitdem ›heiliges Jahr‹. 1800 fielen die Veranstaltungen wegen der napoleonischen Besetzung aus. 1825 sollte wieder Roms Bedeutung unterstreichen, 1850 und 1875 fielen aus. 1900 und 1925 erlebten die heiligen Jahre einen erneuten Aufschwung. Das veranlasste den Vatikan zu einem außerordentlichen Jubeljahr. Einerseits feierte man Pius XI. Goldenes Priesterjubiläum, andererseits die Aussöhnung des Heiligen Stuhls mit dem italienischen Staat des 1922 an die Macht gekommenen Benito Mussolini. Ein weiteres Sonderjubiläum 1933 gedachte des im Jahre 33 vermuteten Todes Christi. Dann folgten die Heiligen Jahre 1950, 1975 und 2000.

5.3 Bürgerliche Feier- und Gedenktage

Praktisch sämtliche Ereignisse, die von alters her Anlass zu öffentlichen Feiern gaben, gerieten in der westlichen Welt unter den Einfluss der christlichen Kirchen. Die alten Feste bestimmten seit ihrem Entstehen wesentlich die Ordnung des Lebens, den Gang der Jahre. Teils wurden sie nun unterdrückt und verschwanden, teils wurden sie in Kirchenfeste umgewandelt und ihr alter Sinn von neuen Inhalten überdeckt. Bestenfalls blieben ihre Spuren im Brauchtum erhalten. Zu diesen verwandelten alten kamen völlig neue kirchliche Feiern, deren Vielzahl den Ablauf des öffentlichen Lebens maßgeblich beeinflusste. Deshalb machten weltliche Herren schon früh ihren Einfluss geltend, die Zahl der arbeitsfreien Feiertage zu begrenzen. Daraus ist in den modernen Staaten der Begriff der *gesetzlichen Feiertage* hervorgegangen. Er umfasst ausgewählte Festanlässe, die als prinzipiell arbeitsfreie Tage begangen werden können.

Je nachdem, in welchem Umfang die Trennung von Kirche und Staat realisiert war, trat zu den gesetzlichen Feiertagen kirchlicher Natur eine Reihe rein weltlicher Feier- und Gedenktage. Manche Monarchien feiern den Geburtstag des Herrschers, Republiken begehen gewöhnlich den Jahrestag ihrer Proklamation als Staatsfeiertag. Nahezu alle Staaten feiern den Beginn eines neuen Jahres. Andere Feiertage lassen sich nicht streng entweder der kirchlichen oder der weltlichen Sphäre zuordnen. Sie entstanden meist dann, wenn weltliche Herrscher in starkem Maße kirchlichen Belangen Rechnung trugen. Oft haben sie zu religiösen Traditionen Bezug. Dazu gehören Bußtage und Totenfeste. Manche Feiertage sind speziell bestimmten Personengruppen gewidmet, z.B. den Frauen, Kindern oder Angehörigen gewisser Berufe. Auch das ist religiös bedingte Tradition: Viele der zahlreichen Feste Roms waren hochspezialisierten Göttern gewidmet und wurden stets nur von Teilen der Bevölkerung begangen.

Schließlich gibt es neben den Festen eine unübersehbare Zahl von Gedenktagen. Eine Reihe von ihnen gilt – aus unterschiedlichem Blickwinkel – als offiziell. Manche wurden von Staaten oder staatlichen Organisationen zum Gedenktag erklärt, einige von internationalen Organisationen und wieder andere von privaten Interessengruppen. Das Festlegen solcher Tage lenkt die Aufmerksamkeit der Öffentlichkeit auf ausgewählte Teile der Geschichte und blendet dafür andere aus dem Bewusstsein aus. Wenn so geprägte Kalender langfristig in Gebrauch bleiben, werden sie zum Träger einer Art von ›kollektivem Gedächtnis‹, das die individuellen Erinnerungen manipuliert. In diesem

Sinne reflektieren Kalender die wahre oder die von einer herrschenden Macht gewünschte kollektive Identität ihrer Benutzer. Anders gesehen: Feiertage im Kalender helfen, Menschengruppen in Nationen zu integrieren.

Der Begriff *bürgerliche Feiertage* ist nicht fest umrissen. Früher war er teilweise synonym zu gesetzlichen Feiertagen, wir verwenden ihn heute darüber hinausgehend für andere Feste, soweit sie nicht vordergründig religiös motiviert sind. Oft fallen sie auf Sonntage und sind deshalb ohnehin arbeitsfrei. Zurückgehend auf die Rechte der Landesfürsten im Mittelalter, werden gesetzliche Feiertage in der Bundesrepublik Deutschland durch Landesrecht bestimmt. Die Länder haben dazu Feiertagsgesetze erlassen. Einzige Ausnahme ist der im Einigungsvertrag von 1990 festgeschriebene ›Tag der Deutschen Einheit‹ am 3. Oktober. Aus dieser Rechtspraxis resultieren länderweise unterschiedliche Regelungen. Bei Neujahr, Karfreitag, Oster- und Pfingstmontag, Christi Himmelfahrt, den zwei Weihnachtstagen und beim 1. Mai war man sich einig. Der Dreikönigstag (6. Januar) ist in Baden-Württemberg, Bayern und Sachsen-Anhalt gesetzlicher Feiertag, Mariä Himmelfahrt am 15. 8. nur noch in Bayern und im Saarland. Ein ›Buß- und Bettag‹ als gesetzlicher Feiertag existiert seit 1995 allein im Freistaat Sachsen.

Als weiteres Beispiel sei Großbritannien angeführt. Hier ist das, was wir gesetzliche Feiertage nennen, als *bank holidays* bekannt, weil an diesen Tagen die Banken geschlossen bleiben. Bank holidays im engeren Sinne sind einfach arbeitsfreie Tage ohne besonderen Festanlass. Um 1830 schloss die Bank of England noch an 40 Heiligen- und Jahrestagen. Der ›Bank Holidays Act‹ von 1871 legte erstmals bürgerliche Feiertage verbindlich fest; 1971 traf man einige Änderungen, die seit 1965 erprobt wurden. Seitdem gibt es in England und Wales sechs solcher Tage: Neujahr, Ostermontag, May Day (der erste Montag im Mai), je einen bank holiday am letzten Montag im Mai und im August sowie Boxing Day, den zweiten Weihnachtstag. Feiertage nach Gewohnheitsrecht sind Good Friday (Karfreitag) und Christmas Day (erster Weihnachtstag). In Nordirland kommen hinzu St. Patrick's Day (17. März, seit 1903) und der Jahrestag der Schlacht am Boyne (12. Juli, seit 1926). Schottland hat zusätzlich den 2. Januar (seit 1971), außerdem sind Good Friday und Christmas Day festgeschrieben. Der bank holiday am letzten Maimontag hat 1971 den beweglichen Whit Monday (Pfingstmontag) ersetzt, den es allerdings nicht in Schottland gab.

Betrachten wir einige der bürgerlichen Feiertage im Einzelnen und beginnen mit dem 1. Januar als *Neujahrstag*. Der Beginn eines neuen Jahreszyklus wurde seit ältester Zeit kultisch begangen. Welchen Termin man dafür wählte, hing mit Vorstellungen von einem Ur-Anfang zusammen, die sich in Schöpfungsmythen spiegeln. In der Regel basieren sie auf dem natürlichen Kreislauf des Jahres und dem Wechsel der Jahreszeiten. In vielen Religionen sollen rituelle und magische Handlungen einen Neubeginn sichern, der als Erneuerung der Welt und als Neuschöpfung des Lebens verstanden wurde. Häufig wurde ein Kultdrama vollzogen, das symbolisch die Wiederholung der Kosmologie darstellen sollte. Die Hethiter hatten ein mehrtägiges Fest, zu dessen Termin die Götter das Schicksal von Himmel und Erde neu bestimmten.

Das Jahr der Römer begann seit dem siebenten Jahrhundert v. Chr. zum Frühlingsbeginn mit dem 1. März. Dann trat am 1. Januar 45 v. Chr. der julianische Kalender in Kraft. Irgendwann dazwischen, im Allgemeinen wird das Jahr 153 v. Chr. angegeben, verlegte man den allgemeinen Wechsel der Staatsämter, insbesondere den Amtsantritt der Konsuln auf die ersten Januartage und schuf damit ein einheitliches ›Amtsjahr‹. Seitdem kann man von einem Jahresanfang am 1. Januar sprechen. Dieser Termin scheint willkürlich festgelegt, es gibt in der Tat keine heute relevanten astronomisch oder jahreszeitlich bedingten Gründe. Den Premierentermin des julianischen Kalenders allerdings hatte man so gewählt, dass sein erster Neujahrstag auf den ersten Neumond nach der Wintersonnenwende traf.

Teils festlich, teils ausgelassen begingen die Römer die Kalenden des Januar. Als das Christentum in Rom an Einfluss gewann, kämpfte die Kirche mit geringem Erfolg gegen die heidnischen Bräuche an und führte als Alternative die Feier der Beschneidung Christi am 1. Januar ein. Zugleich suchte man den formellen Beginn eines neuen Jahres auf Christus zu beziehen. Aus diesem Bemühen entstanden Jahresanfänge am 25. Dezember (Christi Geburt) und 25. März (Maria Empfängnis), die lange nebeneinander standen und mit 1. März und 1. Januar konkurrierten. Erst allmählich ab dem zwölften Jahrhundert wurde aus dem Beschneidungsfest am 1. Januar ein allgemein kirchlich gefeierter Tag. Diese Entwicklung festigte seine Rolle als Jahresanfang. Mit der gregorianischen Reform verschob sich der ganze Kalender und mit ihm natürlich auch das Jahresende. Einige aber legen bis heute Wert darauf, wenigstens für diesen Termin am julianischen Kalender festzuhalten: In Urnäsch im schweizerischen Halbkanton Appenzell-Ausserrhoden feiert man das ›alte Silvester‹ am 13. Januar.

Im bürgerlichen Leben hatte sich der 1. Januar, obwohl päpstliche wie landesfürstliche Kanzleien davon abwichen, das ganze Mittelalter hindurch als Jahresbeginn erhalten. Den Namen ›neujarsdag‹ benutzte man zwar bei allen Jahresanfängen, doch der Brauch einer festlichen, nichtkirchlichen Feier verband sich dauerhaft mit dem 1. Januar. Zugleich rückten alte Bräuche auf diesen Termin, die teilweise aus vorchristlicher Zeit stammen. Dazu gehörte jener der Geschenke zum Jahreswechsel, der erst im 19. Jahrhundert auf Weihnachten überging.

Die spätantike Feier der Januarkalenden fand zunächst in der christlichen Kirche einen erbitterten Gegner. Noch nach Jahrhunderten galten Verbote von Tanz und Vermummung. Aber die Sitte der Römer, das neue Jahr lärmend und ausgelassen zu begrüßen, erwies sich als unausrottbar. Sie konzentrierte sich auf den Vorabend, in die Neujahrsnacht am Ende des alten Jahres. Der 31. Dezember 335 war Todestag des Papstes Silvester I. und ist ihm seit seiner Heiligsprechung im Jahre 813 geweiht. Später wurde sein Name zum Synonym fröhlichen Feierns am Jahresende.

In vielen Kulturen ist der Jahreswechsel eine Zeit der Besinnung und Reinigung. In reduzierter Form ist diese Gewohnheit vielen von uns vertraut – man fasst gute Vorsätze. Römer hatten den Februar als Buß- und Reinigungsmonat am Jahresende. Der Gedanke ging über in die vorösterliche Bußzeit der Christen. In der Reformationszeit kamen *Bußtage* als eine regelmäßig wiederkehrende Einrichtung auf. Man hielt sie vierteljährlich, dann auch monatlich und selbst wöchentlich. 1546 erfolgte in Frankfurt am Main an jedem Mittwoch eine ›Vermahnung zum Gebet‹, und bald wurden Bußtage dieser Art Bestandteil evangelischer Kirchenordnungen. Während des Dreißigjährigen Krieges kam es örtlich sogar zur Festsetzung einer täglichen Bußstunde.

Daneben wurde unregelmäßig aus besonderem Anlass zu Bußtagen aufgerufen. Im vorchristlichen Rom ordnete das Staatsoberhaupt in Kriegs- und Notzeiten besondere Sühnetage an. Im Mittelalter veranlassten weltliche Herren das Erbitten göttlicher Hilfe bei öffentlichem Notstand. Kaiser Karl V. rief die Christenheit zum gemeinsamen Gebet, als die Türken vor den Toren Wiens standen. Dem schlossen sich auch Protestanten an, und 1532 wurde in Straßburg der erste evangelische Bußtag gefeiert.

Schließlich setzten die Landesobrigkeiten Termine für regelmäßige Buß- und Bettage nach Gutdünken fest. Daraus ergab sich, dass es 1878 in 28 deutschen Ländern Bußtage zu 24 unterschiedlichen Terminen gab. 1893 einigte sich eine Mehrheit auf den Mittwoch vor dem letzten Sonntag nach Trinitatis. Ein Erlass Hitlers verlegte ihn 1939 auf einen Sonntag. Die Mehrzahl der deutschen Länder stellte ihn nach Kriegsende als arbeitsfreien Feiertag wieder her. Einzelne Landeskirchen behielten zusätzliche Buß- und Bettage.

So kennt die Evangelisch-Lutherische Landeskirche Sachsens noch heute neben dem Bußtag im Herbst einen weiteren im Frühjahr. In der DDR war der ›Buß- und Bettag‹ als Feiertag seit 1967 zugunsten arbeitsfreier Sonnabende entfallen. Ab 1995 existiert er in ganz Deutschland nicht mehr als gesetzlicher Feiertag außer im Freistaat Sachsen, dessen Bürger dafür einen erhöhten Beitrag zur Pflegeversicherung entrichten müssen. Bayern behielt den Termin als einen ›stillen Tag‹, an dem die Schulen geschlossen sind. Dänemark begeht den 25. April als ›Tag des großen Gebets‹, und die Schweiz hat einen ›eidgenössischen Bettag‹ am dritten Sonntag im September.

Mit dem Bewusstsein von der Zeit erlangte der Mensch auch ein Bewusstsein vom Tod. Doch schien das Ende der physischen ›diesseitigen‹ Existenz nicht zwangsläufig mit einem Ende der Persönlichkeit verbunden, und man glaubte an ein Weiterleben in einer ›jenseitigen‹ Welt. Das wurde zum Ausgangspunkt für *Totenfeste*. Zwischen der Welt der Lebenden und dem Reich der Toten vermutete man eine Übergangsphase. Beim nordischen Totenmahl saß man 30 Tage beisammen, erst dann übernahm der Erbe das Besitztum. Litauer und Pruzzen hielten am dritten, sechsten, neunten und 40. Tag nach einer Beerdigung ein Mahl. Christus wandelte zwischen Auferstehung und Himmelfahrt 40 Tage ›untot‹ umher, wurde geglaubt. Die katholische Kirche im Mittelalter kannte die Lehre vom Fegefeuer als Zwischenzustand und hielt deshalb am siebenten und am 30. Tag eine Seelenmesse für Verstorbene. Der Islam kennt religiöse Zeremonien am dritten, siebenten, 40. und 52. Tag sowie nach Ablauf eines Jahres, die insbesondere auch einen Schutz der Hinterbliebenen vor schädlicher Beeinflussung durch den Toten bezwecken.

Zu bestimmten Terminen im Jahr kehren die Geister der verstorbenen Ahnen auf die Erde zurück, wurde angenommen. Dann begingen die Iraner für zehn Nächte das ›Fest der Seelen‹ am Winterende. Athen kannte eine große Totenfeier im Frühling. Die Römer gedachten zu drei Zeiten im Jahr ihrer verstorbenen Angehörigen. Bei den nördlichen Germanen gehörte ein Totenfest zu Winterbeginn zu den Hauptereignissen des Jahres. Kelten begrüßten um diese Zeit mit dem Fest Samhain das neue Jahr, es fiel auf den ersten November nach dem römischen Kalender. An seinem Vorabend kehren nach altem Glauben die geisterhaften Toten zurück. In dieser Nacht aßen und tranken die Menschen gemeinsam mit den Geistern ihrer Ahnen, feierten den Abschluss des Jahres, dem gleich darauf der Winter folgte. Dann unterlegte christlicher Einfluss dem alten Brauch neue Gedanken. Aus der Feier mit den Ahnen, für alle Toten wurde ein Fest der Christen für die als Märtyrer Gestorbenen, für alle ihre Heiligen – Allerheiligen. Seit dem neunten Jahrhundert wird es als katholisches Fest gefeiert und blieb auf dem 1. November.

Als das Allerheiligenfest im Mittelalter langsam bekannt wurde, lag der Gedanke nahe, auch anderer verstorbener Christen zu gedenken. Daraus entstand der Gedenktag ›Allerseelen‹ am 2. November. Doch erst seit 1915 ist er für die gesamte römische Kirche offiziell. Die protestantische Kirche hielt ein Totenfest am Sonntag vor dem ersten Advent. Der Gedanke entwickelte sich aus dem Gedenken an die Gefallenen der Befreiungskriege gegen Napoleon. Theologen haben immer wieder die Berechtigung eines ›Totensonntags‹ bestritten. Die evangelischen Kirchen sprechen heute vom ›Letzten Sonntag des Kirchenjahres‹, ›Sonntag vom Jüngsten Tage‹ oder Ewigkeitssonntag, und für Katholiken ist es der Christkönigssonntag.

Totengedenken als staatlicher Feiertag bezieht sich fast immer auf Kriegsopfer des eigenen Landes. 1920 regte der Volksbund Deutsche Kriegsgräberfürsorge an, einen besonderen Gedenktag für die Gefallenen des Ersten Weltkrieges einzurichten. Ab 1925 wurde der Tag am zweiten Fastensonntag vor Ostern begangen. 1934 bestimmten ihn die Nationalsozialisten als ›Heldengedenktag‹ zum Staatsfeiertag. Die Bundesrepublik Deutschland erneuerte 1950 das Gefallenengedenken und erweiterte seinen Begriff. Der neue Volkstrauertag wurde als ›nationaler Trauertag zum Gedenken der Opfer des Nationalsozialismus und der Toten beider Weltkriege‹ auf den Sonntag vor dem allgemeinen Totensonntag verlegt. In der DDR war der zweite Septembersonntag offizieller Gedenktag für die Opfer des Faschismus.

Besondere Bedeutung haben Ahnenverehrung und Totengedenken von alters her in Asien. Traditionell bevorzugt man hier für wichtige Anlässe die Termine mit gleicher Tages- und Monatszahl, was auf die chinesischen Mondmonate bezogen wird. Der 3.III., 6.VI. und 10.X. ist in China von alters her dem Totengedenken gewidmet. Dann soll Feuerwerk an den Gräbern die bösen Geister vertreiben. Südkorea bestimmte den 6.6. – nun nach gregorianischem Kalender – zum Heldengedenktag für die Toten des Krieges von 1950/53. Weltweit gedenkt man am 6. August der Opfer des Abwurfs der ersten Atombombe – 1945 durch die USA auf Hiroshima.

Zu den ältesten Ritualen der Menschheit gehört auch der *Erntedank*. Dabei verbinden sich Dankopfer mit dem Wunsch nach weiteren Wohltaten der Gottheit. In Ägypten mischte sich Freude über den Erntesegen mit Trauer um den bei der Ernte getöteten Korngeist. Auch die Vegetationsgötter Vorderasiens starben nach der Ernte. Ihre Feste markieren am deutlichsten den

Wechsel der Jahreszeiten im Kalender. In Palästina feierte man ein Herbst-Erntefest zur Zeit des Einsammelns wilder Früchte und eines im Frühjahr zur Getreideernte. Aus beiden Anlässen haben sich Hauptfeste der Juden entwickelt, auf eines von ihnen geht Pfingsten zurück. Die Göttinnen des Erntesegens im nördlichen Europa erweisen sich als Aspekte einer umfassenden Muttergottheit und der Erntedank als ergänzendes Gegenstück zu den Fruchtbarkeitskulten.

Kelten kannten ursprünglich ein ›doppeltes Erntefest‹. Im Abstand von neun Tagen begingen sie ein Fest der Brigantia, der ›Mutter der Ernten‹, und einen ›Tag des Gottes der Ernte‹. Später rückte die Verehrung des patriarchalen Sonnengottes Lugh beim Fest Lughnassadh in den Mittelpunkt der Erntezeit. Auch germanische Nachbarstämme haben um diese Zeit für Odin und Frigg geopfert. Im achten Jahrhundert hieß der September in England hálaegmónath (›heiliger Monat‹), und zwar deshalb, weil in ihm das Ernteopfer stattfand. Auch im Baltikum, wo wichtige Elemente eines archaischen Mutterkults bis ins 19. Jahrhundert überdauern konnten, fallen diese in die Erntezeit. In Litauen ist Gelines Mitte August das Hauptfest der ›Mutter Erde‹, in Belarus heißt es Zaziuki und bezieht sich auf die alte Erdgöttin Mokosh.

Auch in Deutschland gab es vielfältige Bräuche der Erntezeit, die als Zeichen dankbarer Verehrung göttlicher Kräfte erkennbar sind. Oft führt ihre Spur zur alten Erdenmutter und den verstorbenen Ahnen. Das christliche Mittelalter hat die alten Erntefeste in Beziehung zu Heiligentagen gesetzt, wobei sich allgemein der Tag des Erzengels Michael am 29. September durchsetzte. Für Preußen wurde 1773 der Sonntag nach Michaelis festgelegt, und dabei blieb es bis heute in den meisten evangelischen Kirchen.

1620 wanderte eine Gruppe englischer Puritaner mit der legendären ›Mayflower‹ nach Nordamerika aus. Sie gründeten eine Kolonie im heutigen Massachusetts und gaben ihr eine als demokratisch bezeichnete Verfassung. Das bereits dort lebende Volk der Wampanoag wurde dabei allerdings ›vergessen‹, folgerichtig bald vertrieben und nahezu ausgerottet. Zuvor jedoch lehrten diese Menschen die Ankömmlinge den Anbau von Mais und ließen sie 1621 an ihrem traditionellen dreitägigen Erntedankfest teilnehmen. Die Kolonisatoren übernahmen den Brauch und unterlegten ihm christliche Inhalte. Seit 1863 wird der Danksagungstag (Thanksgiving) in den USA jährlich am vierten Donnerstag im November begangen und gilt heute als wichtigstes Fest.

Im Hochland von Guatemala haben Maya-Indianer vom Stamm der Quiche überlebt. Hier pflanzten die christlichen Eroberer Kirchen auf die

Fundamente ihrer Tempel und übernahmen ebenfalls ihr uraltes Erntedankfest. Seit mehr als vier Jahrhunderten verläuft nun die Feier nach katholischem Ritus, doch die Menschen verehren nach altem Brauch den Mais als Gottheit. Die Quitzol inmitten Mexikos begehen jährlich das ›Fest der Urmutter Erde‹ mit Erntedank-Ritualen. Dem folgt eine Pilgerreise zur Küste des Pazifik. Dort stellen sie beim darauf folgenden Vollmond ihre Kinder der Wassergöttin vor, um Regen zu erbitten. Dabei trägt das kleine Volk in seinem Selbstverständnis die Verantwortung für die Welt. Seine Schamanen sorgen für einen neuen Kreislauf der Natur, für ein neues Jahr. Die großen Erntefeste Asiens beziehen sich meist auf den Reis und folgen in der Regel ebenfalls dem Mondkalender. So hat Korea am 15. Tag des achten Monats das dreitägige Chuseok-Fest zum Ernteabschluss.

Erst in der Neuzeit entstanden mit den Nationalstaaten auch ihre *nationalen Feiertage*. Ein Teil der deutschen Staaten gedachte alljährlich mit offiziellen Feiern des Sieges in der Völkerschlacht bei Leipzig am 18. Oktober 1813 über Truppen Napoleons. Dieser Jahrestag wurde für einige Zeit auch kirchlich begangen, in Hamburg bis 1863. Dann stiftete Preußen ein Krönungsfest zur Erinnerung an den 18. Januar 1861, an dem sich Wilhelm I. selbst die Königskrone aufsetzte. Das 1871 entstandene Kaiserreich erkor sich den 2. September als ›Sedanstag‹ zum Nationalfeiertag. Der Sieg der Deutschen über französische Truppen bei Sedan am 1. September 1870 hatte am darauf folgenden Tage zur Gefangennahme Kaiser Napoleons III. geführt. Wieder wurde prunkvoll gefeiert, einige Jahrzehnte auch in den Kirchen. Sehr populär war ›Kaisers Geburtstag‹ am 27. Januar, während der Regierungszeit Wilhelms II. (1888-1918) zwar kein staatlicher Feiertag, aber schulfrei und wohl eben deshalb von Generationen Heranwachsender als Freudentag verinnerlicht. Ab 1920 beging dann die Weimarer Republik am 11. August ihren ›Verfassungstag‹. Die Nationalsozialisten feierten von 1933 bis 1945 am 20. April den Geburtstag des ›Führers‹. Die DDR zelebrierte bis 1989 den Jahrestag ihrer Gründung am 7. Oktober 1949 als ›Tag der Republik‹. Als am 17. Juni 1953 in dem ostdeutschen Staat Arbeiterunruhen blutig niedergeschlagen wurden, nahm das die westdeutsche Bundesrepublik zum Anlass, von 1954 bis 1990 dieses Datum unter dem Namen ›Tag der Deutschen Einheit‹ zu feiern. Nach dem Beitritt der Länder der DDR zur BRD am 3. Oktober 1990 rückte der Feiertag auf diesen Termin. Zur Stiftung einer nationalen Identität der Deutschen hat auch er wohl kaum beigetragen. Bereits 2004 dachten Politiker öffentlich über seine Abschaffung nach.

Im Gegensatz dazu haben manche anderen Nationalfeiertage eine lange Tradition und sind weltweit berühmt wie der 14. Juli, der Jahrestag der Französischen Revolution von 1789. Diesem Beispiel folgend, feierten schon viele Staaten den Jahrestag des Beginns einer Revolution oder der Ausrufung der Republik. Eine große Zahl solcher Feiertage entstand nach der Auflösung der Kolonialreiche und im Gefolge der Neuordnung Europas nach beiden Weltkriegen. Die meisten von ihnen sind inzwischen wieder aus den Kalendern verschwunden und durch neue Gedenktage ersetzt worden. Die Volksrepublik China feiert ihre Gründung im Jahre 1949 gleich zwei Tage lang, am 1. und 2. Oktober mit dem Fest Guoqingjie. Indien hat einen ›Tag der Republik‹ am 26. Januar, der 1930 zum ersten Mal als illegales Fest der antikolonialen Bewegung unter der Bezeichnung ›Unabhängigkeitstag‹ begangen wurde. Seit 1950 wird daneben der 15. August als tatsächlicher Jahrestag der Unabhängigkeit gefeiert. Manchmal ist die Frage eines Nationalfeiertags nicht leicht zu entscheiden, wenn Volksgruppen unterschiedlicher Sprache und Kultur zusammenleben. Das kleine Belgien begeht deshalb den 11. Juli als flämischen und den 27. September als französischen Gemeinschaftstag, zu denen sich der 21. Juli als gemeinsamer Nationalfeiertag gesellt. Monarchien setzen andere Prioritäten. So feierte Thailand 1999 fünf Staatsfeiertage: die Gründung der regierenden Dynastie, den Krönungstag des amtierenden Königs, dessen Geburtstag sowie den seiner Gemahlin und schließlich den Geburtstag eines 1910 verstorbenen Herrschers. Bei manchen Völkern haben ›inoffizielle‹ Nationalfeiertage einen größeren Stellenwert. Irland z.B. feiert am 17. März den Tag seines Nationalheiligen St. Patrick.

Viele nationale Feiertage beziehen sich auf kriegerische Ereignisse, Friedenstage kommen seltener vor. Am 1. Sextilis des Jahres 30 v.Chr. zog Julius Caesar mit seinen Soldaten kampflos als Sieger in Alexandria ein. Der hundertjährige römische Bürgerkrieg war beendet, Ägypten unter die Herrschaft Roms gekommen. Eine Blüteperiode der Wissenschaften und Künste begann. Man ehrte den Cäsar mit dem Titel Augustus (›der Erhabene‹), benannte den Monat Sextilis in Augustus um und verband den Termin mit einem Friedensbegriff. 1891 wählten die Helvetier den 1. August zu ihrem Nationalfeiertag. Allerdings erinnert die Nationalfeier der Schweiz primär an den Bundesbrief vom 1. 8. 1291, betont aber zugleich das Wesen des Tages als Friedensfest. Auch in Deutschland gibt es ein Friedensfest, freilich ganz anderen Charakters. Einzig für die Stadt Augsburg hat er Geltung als gesetzlicher Feiertag. Hier erinnert der 8. August an den Abschluss des ›zweiten Religionsfriedens‹ am 25. September 1555, der die Gleichberechtigung der Reichsstände herstellte, gleich ob sie sich zum Katholizismus oder zur Augsburgischen Konfession bekennen. Bei Einführung des Gregorianischen Kalenders rückte das Datum auf den 8. August. Pazifistisch gesinnte Kreise setzten sich seit der Mitte des 19. Jahrhunderts wiederholt für Friedens- bzw. Antikriegstage ein. Nach den beiden Weltkriegen mehrten sich die Aktionen, und 1967 erklärte Papst Paul VI. den 1. Januar zum kirchlichen Weltfriedenstag. Im Jahre 1981 schließlich bestimmte eine Resolution der Vollversammlung der Vereinten Nationen den 21. September zum Internationalen Friedenstag.

Lange bevor es Staaten gab, hat man die *Mütter* verehrt. Von ihrer Fruchtbarkeit und der des Bodens hing das Überleben der Sippe ab. Folglich standen Erd- und Muttergottheiten im Mittelpunkt früher Religionen. Die Verehrung der göttlichen Ur-Mutter vermischte sich mit Ahnenkult. Nordgermanen feierten eine der Mittwinter-Nächte als ›Nacht der Mütter‹. Als aus der mutterrechtlich organisierten Gens jene nach Vaterrecht erwuchs, galt die Frau nicht mehr als die große Spenderin allen Lebens. Sie geriet in die Rolle des Gefäßes, in dem die Kinder des Mannes heranwuchsen. Folgerichtig erschien der Christengott in männlicher Gestalt, und seine Herrenfeste prägen unseren Kalender. In Maria verehrt das Christentum die Mutter des Herrn, nur in dieser Rolle gewinnt sie Bedeutung, und ausschließlich darauf beziehen sich die christlichen Frauentage. Im 13. Jahrhundert bestimmte Heinrich III. in England den Sonntag Lätare zum ›Mothering Day‹. Doch nicht die menschlichen Mütter sollten gefeiert werden, sein Dank galt der ›Mutter Kirche‹. Nach und nach geriet der königliche Wille in Vergessenheit, oder das Volk begann ihn zu ignorieren. Aus dem Jahre 1644 ist überliefert, dass am ›Mothering Day‹ zu Mittfasten die erwachsenen Kinder mit Geschenken zur Mutter nach Hause zurückkehrten und gemeinsam feierten.

Noch lange blieb die Verehrung der Mütter eine private Angelegenheit. Das schien sich zu ändern, als Ann Jarvis aus Philadelphia am 12. Mai 1907, dem Sonntag nach dem zweiten Todestag ihrer Mutter, mit Freunden eine private Gedenkfeier durchführte und man diese im folgenden Jahr als offiziellen Gottesdienst wiederholte. Nun rief sie die Öffentlichkeit auf, einen jährlichen ›Memorial Mother's Day‹, einen Fest- und Gedenktag für alle Mütter, einzuführen. 1914 erklärte der US-Kongress den zweiten Sonntag im Mai als ›Mother's Day‹ zum offiziellen Feiertag. Mexiko übernahm den Brauch und feiert heute den Muttertag sogar zwei Tage lang. Durch die Heilsarmee gelangte der amerikanische Muttertag ab 1917 nach Europa. Zuerst fand er in der Schweiz, dann in Norwegen und Schweden Zustimmung. Parallel dazu entstand in Großbritannien eine Muttertagsbewegung, die an den alten Mothering Day anknüpfte. In Österreich propagierte die Frauenrechtlerin Marianne Hainisch den Muttertag und konnte 1927 seine Anerkennung als offiziellen Feiertag durchsetzen.

In Deutschland ergriff der Verband der Blumenhändler die Initiative und beschloss 1923 eine Werbekampagne für den Muttertag. 1933 wurde er im Dienste der nationalsozialistischen Ideologie offiziell eingeführt. Wegen dieser Verstrickung verschwand der Muttertag im Osten Deutschlands für 40 Jahre von der Bildfläche, ersetzt durch den Internationalen Frauentag am 8. März. Im Westen wurde er bald nach dem Krieg mit seinen privaten Inhalten wiederbelebt, wobei man sich auf das Beispiel der Schweiz und Österreichs berufen konnte. Bei aller Popularität ist er nicht unumstritten, muss er doch nur zu oft als Alibi für jene herhalten, die ihren Müttern im Alltag nur wenig Aufmerksamkeit schenken.

Angeregt durch Ann Jarvis' Initiative zur Einführung des Muttertages schlug Sonora Dodd aus Washington einen Vatertag vor. Zu Ehren ihres verwitweten Vaters, der fünf Kinder allein aufgezogen hatte, veranstaltete sie am 19. Juni 1910 die erste Vatertagsfeier. Doch es dauerte bis zum Jahre 1966, bevor der dritte Sonntag im Juni in den USA zum ›Father's Day‹ erklärt wurde. Unmittelbar darauf wurde er von Österreich übernommen.

Nicht nur Mütter, auch Großmütter haben in einigen Ländern ihren traditionellen Feiertag. Die Türkei feiert den ›Omatag‹ Nineler günü am 30. Oktober, Bulgarien seinen ›Babin Den‹ am 20. Januar und Polen am 21. Januar. Hier folgt ihm noch ein Opatag am 22. Januar. In einigen Staaten der USA feiert man am vierten Sonntag im Oktober den Tag der Schwiegermütter. Die ehemalige Sowjetunion beging den 1. Dezember als ›Tag der Rentner‹, während die UN den 1. Oktober zum ›Internationalen Tag der älteren Personen‹ erklärte.

Kurz nachdem die Idee des Muttertages aufgekommen war, hatte die Sozialistische Partei in den USA einen allgemeinen Nationalen Frauentag am 28. Februar ausgerufen. Auf Anregung von Clara Zetkin versammelten sich ab 1911 Frauen in Deutschland, Dänemark, Österreich und der Schweiz, um gleiche Entlohnung und das Wahlrecht zu fordern. Diese Veranstaltungen wurden jährlich wiederholt und 1914 auf den 8. März verschoben. 1917 bestimmte Lenin per Dekret, dass dieser Tag in Russland als Frauentag zu feiern sei. Nach 1945 wurde er als ›Internationaler Frauentag‹ in der UdSSR gesetzlicher Feiertag und in allen Staaten des Ostblocks offiziell begangen. Heute begeht man das Datum als von der UN deklarierten ›Internationalen Tag der Frauenrechte‹.

1945 erklärte die Internationale Demokratische Frauenföderation den 1. Juni zum ›Internationalen Tag des Kindes‹. 1954 empfahl auch die UN einen Weltkindertag, ohne dafür ein bestimmtes Datum vorzugeben. Später bezeichnete sie den 20. November, an dem 1959 die ›Deklaration der Rechte der Kinder‹ und 1989 eine erweiterte ›Konvention der Rechte der Kinder‹ verabschiedet wurden, zum ›Universal Children's Day‹. Inzwischen begehen über 160 Staaten an unterschiedlichen Terminen einen Kindertag.

Als internationaler Feiertag der Arbeiter gilt der Erste Mai. Seine Geschichte begann 1886 in Chicago, als die Polizei einige Arbeiter tötete, die an diesem Tage für einen achtstündigen Arbeitstag demonstrierten. Daraufhin beschloss die American Federation of Labor, den Ersten Mai als sozialen Feiertag zu begehen. Seit 1918 wurde der Erste Mai in zahlreichen Ländern zum gesetzlichen Feiertag erklärt. Die USA aber bestimmten, um den Gedanken der internationalen Solidarität zu unterlaufen, den ersten Montag im September als Labor Day. Dieser ›Tag der Arbeit‹ hat einen gänzlich anderen Charakter, zu seinem Termin endet die Reisesaison und der Schulbetrieb beginnt. In Großbritannien ist der ›May Day‹ ein Bankfeiertag am ersten Montag im Mai mit einem altüberlieferten volkstümlichen Maifest.

In den Kalendern der ehemaligen sozialistischen Staaten fallen Ehrentage der Berufsgruppen auf. Typische DDR-Kalender verzeichneten 20 solcher Daten wie Tag des Bauarbeiters, des Eisenbahners, des Lehrers usw. mit teils festen, teils beweglichen Terminen. Zu den bürokratischen Stilblüten gehört ein ›Tag der Werktätigen des Bereiches der haus- und kommunalwirtschaftlichen Dienstleistungen‹ am dritten Samstag im September. Daneben standen in den Kalendern die ›Märtyrer- und Heiligentage‹ der Kommunisten: Geburts- und Todestage von Führern der Arbeiterbewegung. Von Zeit zu Zeit verschwand der eine oder andere von ihnen sang- und klanglos aus dem Kalendarium, andere folgten nach. Ein DDR-Wandkalender ›Landschaften unserer Heimat‹ von 1983 verzeichnet 24 derartige Gedenktage.

Kalender werden durch soziale Regeln bestimmt. Sie verändern sich wie die Gesellschaft, die sie benutzt. Trotzdem bleiben politisch motivierte, irgendwann willkürlich eingefügte Feier- und Gedenktage letztlich Fremdkörper im ›gewachsenen‹ Kalender. Die Mehrheit der Bevölkerung hat in der Regel kein Interesse an den Lebensdaten obskurer Machthaber oder an Jubiläumstagen politischer Ereignisse. Um ungeachtet dessen diese Daten im Bewusstsein jedes Einzelnen zu verankern, werden sie ständig auch außerhalb des Kalenders wiederholt. Das ist der Grund für den eigentümlichen Brauch, Straßen und Plätze nach ihnen zu benennen. Den Anfang machte vermutlich die Republik Uruguay im 19. Jahrhundert und benannte die Geschäftsstraße ›18. Juli‹ in Montevideo nach dem Jahrestag ihrer ersten Verfassung von 1830, und Berlin hat seit 1953 eine Straße des 17. Juni.

Zunehmend wird der Brauch geübt, ganze Wochen oder Monate unter ein bestimmtes Motto zu stellen. Beispielsweise ist die erste Oktoberwoche in Japan die ›Woche der Zeitungen‹ und in den USA die ›Nationale Woche für die Sicherheit der Schulbusse‹ oder ›Woche zur Bewahrung der geistigen Gesundheit‹. Umfangreicheren Vorhaben werden ganze Monate gewidmet. Auf den Oktober z.B. erheben in den USA über 50 verschiedene, mehr oder weniger offizielle Aktionen Anspruch. Er erscheint unter anderem als ›Nationaler Monat der Zahnhygiene‹, ›Monat der Vorsorge gegen Kriminalität‹, ›Monat der betriebssicheren Autobatterie‹ oder als ›Adoptiere-ein-herrenloses-Haustier-Monat‹. Ständig kommen neue Anlässe hinzu.

Auch die Vereinten Nationen propagieren ›Internationale Wochen‹, z.B. die am 21. März beginnende ›Woche der Solidarität mit den gegen Rassismus und Rassendiskriminierung kämpfenden Völkern‹ oder die ›Internationale Weltraumwoche‹ ab dem 4. Oktober. Entsprechend wurden ›Internationale Jahre‹ ausgerufen, unter anderem 2004 zum ›Internationalen Reis-Jahr‹ oder 2006 zum ›Internationalen Jahr der Wüsten‹. Anspruchsvolle Aufgaben erfordern langfristige Anstrengungen und deshalb gibt es auch Internationale Jahrzehnte. So erklärten die Vereinten Nationen die Jahre 1995–2004 als ›Dekade für Menschenrechtserziehung‹ und 2003–2012 zur ›Dekade der Alphabetisierung‹.

5.4 Persönliche Festanlässe

Seit der Antike unterschied man drei Stufen des menschlichen Lebens: Jugend, Erwachsensein und Alter. Dem entspricht in der neueren Zeit eine rationalistische, einseitig auf die Arbeitswelt bezogene Auffassung von drei Teilen eines Menschenlebens: Ausbildung, Erwerbsleben und Ruhestand. Sie ist mit der Industrialisierung entstanden. Im ersten großen Lebensabschnitt hat man seit langem weitere Etappen unterschieden. Diese haben besondere Bedeutung für den Einzelnen, vor allem Beginn und Ende der Schulzeit sind wesentliche Einschnitte im kindlichen Leben. Erst in jüngerer Zeit hat die Gerontologie, die Altersforschung, auch für die ›zweite Lebenshälfte‹ drei Phasen definiert: Übergang, Ruhestand und hohes Alter.

Menschen erleben die Dauer eines Zeitabschnittes relativ, bewerten sie nach einem persönlichen Maßstab, abhängig von der Dauer ihres bisherigen Lebens. In der Regel können sich erst Schulkinder unter dem Begriff eines Jahres überhaupt etwas vorstellen. Im Alter von zehn Jahren ist das noch immer ein Zehntel ihres bisherigen Lebens, und erst mit fünfundzwanzig ist sein Anteil daran auf vier Prozent gesunken. Durch diesen Effekt gewinnen bestimmte Etappen wie Schule, Lehre, Studium zusätzliche Bedeutung. Sie machen die Dauer des Lebens für den jungen Menschen überschaubar, und ihr Abschluss bildet natürliche Höhepunkte im Leben der einzelnen Person. Aus der Sicht seiner Familie ist die Geburt eines Menschen solch ein Höhepunkt. Das war nicht immer so; noch vor einem Jahrhundert war es auch in Europa durchaus üblich, dass eine Frau im Lauf ihres Lebens zehn bis fünfzehn Kinder gebar.

Seit ältester Zeit wappnen sich Menschen durch magische Handlungen gegen böse Einflüsse. Daraus bildeten sich Riten zum Schutz des Einzelnen und zum Vertreiben des Bösen aus der Gemeinschaft. Sie konzentrierten sich vor allem auf die entscheidenden Wendepunkte, auf die Übergänge zwischen den Phasen des Lebens: Geburt, Pubertät und Tod. Mit der Einzelehe kam die Hochzeit hinzu. Geburtsriten bezogen sich einerseits auf die Mutter, die als ›unrein‹ mit einem Tabu belegt wurde, andererseits auf das Kind, dessen Leben zu schützen war. Manche Völker, z. B. in China, wiederholten solche Rituale monatlich oder jährlich bis zum Ende der Kindheit. Andere erhofften sich lebenslange Hilfe von persönlichen Schutzgeistern. Die Bürger Roms feierten in jedem Monat, jeweils am Tage der Geburt des Hausherrn, ein Fest zu Ehren der Laren. Diese Schutzgeister des Hauses besaßen darin einen Schrein, der dann geschmückt und parfümiert wurde. Die Menschen kleideten sich festlich und bewirteten Freunde.

Bei der römischen Aristokratie kam der Brauch auf, den Monat der Geburt, den eigentlichen *Geburtstag*, aus der Reihe dieser Hausfeste besonders herauszuheben. Im Mittelalter übernahm der europäische Adel diese Geburtstagsfeier. Bei ihm entschied Geburt über Erbfolge, Besitz und Macht, deshalb entwickelte sich dieser Tag als Fest mit besonderer Bedeutung. Später wurde die Sitte, den Geburtstag zu feiern, von reichen Bürgern übernommen. Aber es dauerte noch lange, bis auch das ›gemeine Volk‹ die Lebensjahre zählte. In vielen ländlichen Gegenden Europas wurde der Geburtstag erst gegen Ende des 19. Jahrhunderts in den Reigen der Familienfeste aufgenommen. Bis dahin hatte man sich auf Taufe, Hochzeit und Beerdigung beschränkt, und diese drei Daten, nicht die Geburt, wurden seit dem Mittelalter in den Kirchenbüchern verzeichnet. Standesamtliche Eintragungen und Geburtsurkunden gibt es in Deutschland erst seit 1878.

Heute ist es in der westlichen Welt allgemein üblich, Geburtstage zu feiern, und ihre Termine gehören zu den wichtigsten Daten in den individuellen Kalendern. Aber im Privatleben vieler Christen ist bis heute nicht der Geburtstag, sondern der Namenstag von Bedeutung. Das ist nach orthodoxem Brauch seit jeher der Kalendertag des Heiligen, auf dessen Namen man getauft wurde. Als die Jesuiten in der Gegenreformation die Heiligenverehrung belebten, propagierten sie den Namenstag, und nun begannen auch einfache Menschen, den Gedenktag des Namenspatrons als ›eigenen‹ Namenstag zu feiern. Seit dieser Zeit gibt es die einfache Unterscheidung: Protestanten feiern Geburtstag, Katholiken eher den Namenstag. In früheren Jahrhunderten fielen die beiden Tage oft zusammen. Es war weit verbreitet, das Kind einfach nach dem Heiligen zu nennen, an dessen Gedenktag es geboren wurde. Buddhisten hingegen verehren die Ahnen, nicht die Lebenden. Sie feiern deshalb keine Geburtstage, sondern besuchen die Gräber ihrer Vorfahren an deren Todestag.

Menschen sind gesellschaftliche Wesen, und ihr eigentliches Leben beginnt mit ihrer sozialen Eingliederung. Seit ältesten Zeiten ist sie mit der *Namensgebung* verbunden. Manche türkischen Frauen folgen noch jetzt der alten Tradition, einem Neugeborenen bei der Abnabelung den besonderen ›Nabel-Namen‹ zu geben. Am siebenten Lebenstag nehmen Muslime ihre Kinder in die Gemeinschaft der Gläubigen auf. Dabei wird dem Baby, meist während eines Essens in der Familie, sein regulärer Vorname verliehen. Anders bei Völkern Südostasiens, die noch in ältesten Glaubensvorstellungen verharren. Dort zaubern die Phi, wandernde Geister, die Kinder in den Mutterleib. Ihnen muss das Kind am dritten Tag nach der Geburt mit einer Münze abgekauft werden. Dieser Brauch wird im ländlichen Norden Thailands noch regelmäßig geübt. Auf Bali erhält das Kind an seinem ersten Geburtstag – dem 210. Tag nach dem traditionellen balinesischen Pakuwon-Kalender – einen neuen Namen, um böse Geister zu verwirren. Chinesen vollziehen traditionell am hundertsten Lebenstag den ersten Haarschnitt als feierliche Zeremonie, und in der Türkei ist das freudige Ereignis des ersten Zahnes Anlass zu einem großen Fest.

Die Taufe ist diejenige Zeremonie, mit der Christen ein neues Mitglied in ihre religiöse Gemeinschaft aufnehmen, ein Reinigungs- und Einweihungsritus. Sie entstand im Urchristentum aus den rituellen Waschungen orientalischer Religionen. Aus der kirchlichen Zeremonie entwickelte sich ein üppiges Fest, das im späten Mittelalter ein wiederholtes Verbot des übermäßigen Feierns »bei Taufschmaus und Kindelbier« nach sich zog.

Die Taufe ist das erste von sieben Haupt-Ritualen, die den Eintritt in eine jeweils neue Gemeinschaft von Gläubigen begleiten. In der katholischen Kirche heißen sie Sakramente, die Orthodoxie gebraucht das griechische Wort Mysterion. Es handelt sich dabei um Taufe, Firmung (orthodox: Myronsalbung), Eucharistie (Abendmahl, bei Katholiken auch Kommunion, d.h. ›Gemeinschaft‹), Buße (heute Beichte), Ehe, Priesterweihe und ›letzte Ölung‹. Protestanten anerkennen nur Taufe und Abendmahl. Parallelen findet man u.a. in den 16 Sanskâras des Hinduismus, die an einem männlichen Angehörigen der höheren Kasten vorgenommen werden, z.B. beim ersten Scheren der Haare, bei Eheschließung, Umzug ins neue Haus oder der Einführung bei einem brahmanischen Lehrer.

Im Kalender vieler Völker spielen *Initiationsriten* eine wichtige Rolle. Initiation meint allgemein die Aufnahme eines Neulings in eine Gemeinschaft, speziell diejenige von Jugendlichen in den Kreis der Männer oder Frauen. Das sind Höhepunkte im Leben der gesamten Kultgemeinschaft. Der eigentlichen Initiation gehen Unterweisungen und eine Prüfung voraus. Verbreitet ist das Beschneiden der Vorhaut bei Jungen, teils dient sie als Härteprobe und teils verleiht sie ein bleibendes Statuszeichen. Bei den Ndebele in Südafrika kampieren heute die Anwärter für zwei Monde naturnah in den ›Bergen der Männlichkeit‹ und erwerben traditionelles Wissen. Auch die Dogon am Niger haben einen solchen Jungen-Monat. Bei den Massai in Ostafrika versammeln sich die erwachsenen Männer des Dorfes am Vorabend des Beschneidungsfestes und zelebrieren traditionell bemalt die alten Tänze. Muslime nehmen die Beschneidung meist beim Erreichen des Schulalters vor. In manchen Dörfern ist sie noch heute ein öffentlicher Ritus, das ›Fest der kleinen Söhne‹. Juden verlegten sie auf den achten Tag nach der Geburt. Deshalb werden jüdische Knaben mit einer besonderen Zeremonie, der Bar-Mizwa-Feier, in die religiöse Gemeinschaft aufgenommen, sobald sie mit 13 Jahren ›religionsmündig‹ sind. In anderen Kulturkreisen werden beim Eintritt der Pubertät die Zähne befeilt oder die Haut tätowiert. Noch vor wenigen Jahrzehnten war bei deutschen Corpsstudenten die Mensur verbreitet. Als Symbol der Zugehörigkeit zu ihrer Gemeinschaft schlugen sie sich Narben ins Gesicht.

Christliche Kirchen verstehen ihre spezifischen, der Initiation entsprechenden Zeremonien als Akt der Festigung und Bestätigung des Taufbündnisses. Darauf verweisen die Bezeichnungen Firmung (katholisch) und Konfirmation (protestantisch). Die Firmung entstand im zwölften Jahrhundert als relativ selbstständiger Übergangsritus für Siebenjährige und ging aus einer die Taufe abschließenden rituellen Salbung hervor, wie sie die Orthodoxen noch heute ausführen. Die Protestanten des 16. Jahrhunderts lehnten die Firmung ab, setzten ihrer Konfirmation eine Unterweisung voraus und verschoben sie auf ein Alter von mindestens zwölf Jahren. Dem folgte ab 1910 auch der katholische Brauch. Konfirmation und Erstkommunion entwickelten sich zum Familienfest.

Aus Kreisen fortschrittlicher evangelischer Bürger waren in Deutschland freireligiöse Gemeinden entstanden, die um 1850 einen ›freiheitlichen Religionsunterricht‹ für ihre Kinder organisierten, der im Alter von 14 Jahren mit einer Jugendweihe abschloss. Das war zugleich eine Feier zur Schulentlassung. Die Praxis ging auf Freidenkervereine über, die den Begriff freireligiös im Sinne ›frei von Religion‹ verstanden. In diesem Sinne entwickelten sich Jugendweihen der Arbeiterbewegung, die 1933 einem Verbot durch die Nazis unterlagen. Um 1955 wurde die Jugendweihe in der DDR wiederbelebt und zum Instrument politisch-ideologischer Erziehung ausgebaut. 1989 erreichte sie 97 Prozent der Schülerinnen und Schüler der 8. Klassen. Im Osten Deutschlands nehmen heute fast die Hälfte aller Vierzehnjährigen an Jugendweihe oder Jugendfeier teil. Sie feiern einen ›besonderen Tag‹, ein Fest des familiären Zusammenhalts, aus dem alles vordergründig Weltanschauliche getilgt ist.

Das antike Griechenland kannte die Ephebeia als Altersstufe zwischen Kindheit und Mannesalter. Mit ihrem Ende erwarb der Ephebe die politischen und kulturellen Rechte und Pflichten eines Bürgers der Polis. Dem entspricht der heutige juristische Begriff der Volljährigkeit, der insbesondere mit Wahlrecht und Wehrpflicht verbunden ist. Die größte Bedeutung dürfte sie inzwischen als ›Führerscheinalter‹ besitzen. In der BRD wird seit 1975 die Volljährigkeit mit 18 Jahren erreicht, vorher bildete das 21. Lebensjahr die Grenze. Japan entlässt alljährlich am 20. Januar die Generation der 20-jährigen mit feierlichem Pomp ins Erwachsenenalter. Im buddhistisch geprägten Thailand wird ein junger Mann erst gesellschaftlich akzeptiert, wenn er in der Shinbyu-Zeremonie als Novize in ein Kloster aufgenommen wurde. Das setzt voraus, mindestens einmal für eine Regenzeit in einem Kloster religiöse Unterweisung zu erfahren. Bei den Massai in Ostafrika erhebt eine festliche Zeremonie die Männer von etwa 20 Jahren in den Rang der ›älteren Krieger‹. Am Ende ihrer Kriegerzeit mit etwa 30 Jahren dürfen sie dann heiraten. In Europa schließt Volljährigkeit die Heiratserlaubnis ein. Um 1800 galt am Niederrhein ein Mädchen ›von dusend weeken‹ (im Alter von tausend Wochen) als mannbar.

Am *Hochzeitstag* denken die meisten Eheleute alljährlich an dieses Ereignis in ihrem Leben zurück. Als besonderer Höhepunkte gelten seit langem die Silberne Hochzeit, vielleicht in Anlehnung an die 25-jährige Folge der kirchlichen ›Jubeljahre‹. Nach 50 Ehejahren feiert man die Goldene Hochzeit, das eigentliche Ehejubiläum im alten Wortsinn. Nach 60 Jahren hat sich erwiesen, dass die Ehe fest wie ein Diamant ist, und nach weiteren fünf Jahren spricht man von der ›Eisernen Hochzeit‹. Wenn ein Paar seinen 70. Hochzeitstag gemeinsam erlebt, feiert es die ›Gnadenhochzeit‹. Am 100. Hochzeitstag schließlich, bei der ›Himmelshochzeit‹, gedenken die Nachkommen ihrer verstorbenen Voreltern. An Bauernhochzeiten nahm früher das ganze Dorf teil, und ›herrschaftliche‹ Eheschließungen gaben gelegentlich Anlass zu großen Volksfesten. Seit im Oktober 1810 in München auf der Wies'n die Hochzeit des späteren Königs vom Volk gefeiert wurde, gibt es dort alljährlich das weltbekannte Oktoberfest.

Seit dem 18. Jahrhundert kennen wir den ›Jubilar‹, eingedeutscht aus lat. ›iubilarius‹. Ursprünglich meinte der Begriff denjenigen, der 50 Jahre ›im gleichen Stand lebt‹. In Ostasien feiert man – wenn überhaupt – ›besondere‹ Geburtstage im Zwölfjahres-Rhythmus. Als Ereignis gilt hier das Erreichen von 60 Lebensjahren. Europäer betonen jedes zehnte Jahr. Wohl in Anlehnung an die kirchlichen ›Jubeljahre‹ entwickelte sich der Brauch, auch das 25. Jahr besonders hervorzuheben. Daneben begann man, Jubiläen bereits Verstorbener öffentlich zu feiern. Teils bezieht man sich dabei auf das Geburts-, teils auf das Todesdatum. Jedes Jahr beschert uns eine große Auswahl solcher Ereignisse. Der einst persönliche Begriff des Jubiläums ging auch auf allgemeine Ereignisse und Sachzeugen der Vergangenheit über. Definierte man um 1900 Jubiläum noch als ›die Erinnerung an ein Ereignis, das vor 25, 50, 100 etc. Jahren stattfand‹, so meint heute das Wort eher in kalendarischem Sinn den Gedenktag, Ehrentag sowie die Gedenkfeier und den festlichen Jubel.

6 Gemessene Zeit

Im Abschnitt über Kalender bei Naturvölkern sind Zeitordnungen beschrieben, in denen noch niemand daran denkt, Zeit durch Vergleich mit allgemeinen, abstrakten Einheiten zu messen. Jede Vorstellung von Zeit war ursprünglich mit konkretem Geschehen verbunden. Zeitpunkte wurden durch den Eintritt bestimmter Ereignisse markiert, und alle Begriffe von Dauer waren durch einzelne soziale Tätigkeiten bestimmt.

Unser heutiger, von den konkreten Ereignissen abgelöster abstrakter Zeitbegriff versteht Zeit als einheitliches Ganzes. Sei es die Regierungsperiode eines Königs längst vergangener Reiche, sei es der Herzschlag eines Menschen eben jetzt – es ist immer dieselbe Zeit. Größte wie kleinste Zeitabschnitte sind unlösbar miteinander verknüpft, und der Sekundenzeiger der Uhr kündet vom Anfang eines neuen Jahrtausends ebenso wie vom Beginn neuer Minuten.

Der Übergang von der Ereigniszeit primitiver Gesellschaften zu einem System der gemessenen Weltzeit ist ein komplexes Phänomen sozialer Zeit. Unter diesem Gesichtspunkt wird sich ein späteres Kapitel mit der Frage beschäftigen, wie und warum er sich vollzog. Hier wird der Prozess aus vorwiegend ›technischer‹ Sicht betrachtet und zunächst gezeigt, wie nach und nach die elementaren Voraussetzungen für das Messen von Zeit entstanden. Dem schließt sich eine Darstellung der Methoden und Instrumente der Zeitmessung an.

6.1 Tage und Nächte

Zu den sicherlich ältesten Begriffen von Zeit gehören der Tag und die Nacht. Sollen beide unterschieden werden, so denkt man wohl zuerst an Helligkeit und Dunkel. Ihr steter Wechsel steuert seit Anbeginn des Lebens die biologischen Abläufe. Das Wort ›Dunkel‹ wurzelt im idg. tem, daran erinnern noch russ. temnota (›Finsternis‹) und engl. dim. Auch düster, finster und

Dämmerung gehen darauf zurück. Doch noch das mhd. tunkel wurde nur im Sinne von ›dunstig, neblig‹ benutzt.

Auch ein gegensätzlicher Begriff entwickelte sich erst spät. Das idg. kel (›rufen, schreien‹) ging von Gehörtem auf Gesehenes über und wurde als Gegensatz zu dunkel verwendet. Noch mhd. hel bedeutete sowohl ›laut tönend‹ als auch ›glänzend‹. Den Ausdruck ›Helligkeit‹ prägte erst das 16. Jahrhundert. Von kel kommt auch griech. kalein (›rufen, nennen‹) und lat. calare (›ausrufen, zusammenrufen‹) und daher unsere Begriffe Kalender und Reklame.

Aus dem ständigen Wechsel von Tagen und Nächten entstand einerseits eine Vorstellung von immer wiederkehrendem Erscheinen und Vergehen, andererseits reifte die Erkenntnis des nicht wiederholbaren Geschehens. Daraus bildete sich langsam die Auffassung von Zeit als stetem Fortschreiten, innerhalb dessen sich alle Veränderungen vollziehen. Tage, Mondmonate und Sonnenjahre gliederten das einfache, eng mit der Natur verbundene Leben. Für Küstenbewohner werden außerdem die Gezeiten des Meeres eine Rolle gespielt haben. Im Lauf des Tages unterschied man den Morgen, die Mittagszeit und den Abend, und es gab keinen Grund für eine weitergehende Unterteilung. Erst sehr viel später ersann man Hilfsmittel, um Teile des Tages messen zu können. Heute werden der Zeitmessung die praktischen Einheiten Jahr, Tag, Stunde, Minute und Sekunde zugrunde gelegt. Daneben benutzt man die willkürlich festgelegten Monate und Wochen, um Tage in zweckmäßige Gruppen zu ordnen.

Eine Schlüsselfunktion beim Messen der Zeit hat die Spanne zwischen zwei Sonnenauf- oder -untergängen. Als ältester vom Menschen wahrgenommener zeitlicher Rhythmus wurde der Tag einerseits zur Basis jeglicher Kalender und andererseits Grundlage des Teilens der Zeit in kleinere Einheiten. Für Jahrtausende bildete er im menschlichen Leben eine natürliche Grenze zwischen ›kurzen‹ und ›langen‹ Zeitabschnitten. Heute ist diese Grenze verwischt, und es scheint, als hätte die Sekunde ihre Rolle übernommen. Nicht ›in sieben Tagen mit dem Dampfschiff über den Atlantik‹ ist die Devise, sondern ›in sieben Sekunden von Null auf Hundert‹.

Begriffe für die Tageseinteilung entwickelten sich langsam. Überwiegend war man mit dem Nahrungserwerb beschäftigt. Zeit zum Ausruhen war, wenn es dunkelte, und sobald das Licht des neuen Tages es erlaubte, begannen Jagd und Sammeln von neuem. Als noch Sonne und Mond Gegenstand religiöser Verehrung waren, zeigten diese selbst den rechten Zeitpunkt dafür an. Später erinnerten Glocken die Masse des Volks an die festgesetzten Verrichtungen. Nur Angehörige der reichsten Oberschicht gestalteten den Tag nach ihren augenblicklichen Bedürfnissen. Auch sie bedurften keiner

Stundeneinteilung. Aus heutiger Sicht waren gleichmäßige Einteilungen des Tages erst für das Leben in einer städtischen Zivilisation und für gemeinsame Arbeit in Werkstätten nützlich. Doch vielleicht erforderte der Kult der als Götter verehrten und gefürchteten Gestirne bereits viel früher eine geregelte Unterteilung des Tages.

Die mit dem Benennen von Zeitabschnitten auftretenden begrifflichen Schwierigkeiten zeigen sich noch heute in dem Satz ›Die Hauptteile des Tages sind Tag und Nacht‹. Sein scheinbarer innerer Widerspruch ist der historischen Entwicklung geschuldet. Abhängig von der Art des Kultes brachten verschiedene Kulturen unterschiedliche Definitionen des Tagesanfangs hervor. Es schien überlebenswichtig, zuerst den Göttern zu huldigen; erst danach konnte man die Ängste und wirklichen Gefahren der Dunkelheit überstehen und später im Sonnenlicht sich wärmen und Nahrung beschaffen. Deshalb begann bei vielen Völkern der Tag am Abend. Zu jener Zeit, als man noch die einheitliche Sprache der indogermanischen Völker benutzte, bildete sich nok als Begriff für den abends beginnenden Zeitraum zwischen zwei Sonnenuntergängen heraus. Daraus entstand außer unserem *Nacht* das slawische notsch, lat. nox, span. noche, ital. notte, frz. nuit, engl. night und schwed. natt.

Wie die Germanen in alter Zeit nicht Jahre, sondern Winter, also die dunklen und gefahrvollen Zeitabschnitte zählten, so rechneten sie nach Nächten. Nacht als Benennung des 24-stündigen Tages begann abends, schloss den Vorabend ein. Das kommt heute noch in den Tagesnamen Weihnacht und Fastnacht zum Ausdruck, und in der englischen Umgangssprache hat der Ausdruck fortnight (›vierzehn Nächte‹) für ›zwei Wochen‹ diese Gewohnheit bewahrt. Bei den meisten Völkern regulierte zuerst der Mond ihre Zeitrechnung, und deshalb begann die ›Nacht‹ mit seinem Erscheinen bzw. dem Anbruch der Dunkelheit. Anders die Ägypter: Ihr Jahr begann, wenn Sothis morgens mit der Sonne aufging, und logischerweise war der Sonnenaufgang Startpunkt für den Tag. Homer zählt ebenfalls die Tage nach Morgenröten. Die Griechen gingen aber dann zum allgemein verbreiteten abendlichen Beginn der Tageszählung über. Erst später, mit Einführung des julianischen Kalenders, kehrten sie zum morgendlichen Tagesanfang zurück. Juden und Muslime blieben bis heute beim Mondkalender und damit auch beim Tagesanfang zur Zeit des Sonnenuntergangs.

Während in Babylons Volkskalender der Tag bei Sonnenuntergang begann, rechneten seine Astronomen ab Mitternacht. Auch den Chinesen war der Tagesbeginn um Mitternacht schon im Altertum geläufig. Ptolemäus begann um 150 n. Chr., die Tage von Mittag bis Mittag zu zählen. Dadurch konnte er einen Wechsel des Datums während seiner nächtlichen Sternbeobachtungen vermeiden. Dieses Verfahren blieb bei den Astronomen bis 1924 in Gebrauch. Auch der nautische Tag der Segler begann traditionell am Mittag; die britische Royal Navy wechselte 1805 die Zählweise.

Parallel zu nok, der Nacht, entwickelte sich bei den indogermanischen Völkern ein anderer Wortstamm aus der Wurzel dheg (›brennen‹). Dazu gehört din (›der Tag‹) des modernen Hindi, in allen slawischen Sprachen sagt man djen, und aus lat. dies (›Tageslicht, Tag‹) wurden span. dia, ital. giorno und frz. jour. Englisch sagt man day, holländisch/schwedisch/dänisch dag und schon im Althochdeutschen hieß es tag. Das germanische Wort bezeichnete demnach ›die Zeit, in der die Sonne brennt‹. Als später Traditionen der Ägypter in die indogermanische Kultur einflossen, wechselten die Bedeutungen; ›Nacht‹ meinte nur noch die Zeit der Dunkelheit und ›Tag‹ umfasste den gesamten Zyklus.

Die hellenistische Kultur hatte, auf den bewährten Sonnenkalender der Ägypter zurückgreifend, 238 v. Chr. in Alexandria eine auf dem Sonnenjahr von 365¼ Tagen basierende Kalenderrechnung eingeführt. Diese gelangte nach Rom und wurde dort mit Beginn des Jahres 45 v. Chr. als julianischer Kalender in Kraft gesetzt. Um die gleiche Zeit kamen hochentwickelte Sonnenuhren nach Rom. In den nächsten Jahrhunderten erlebte der Sonnenkult einen beträchtlichen Aufschwung und dominierte den Mondkult. Damit rückte das Sonnenlicht, das Tageslicht, der lichte Tag in den Vordergrund. Das Interesse am Mond und an der Nacht ließ nach, man begann die Tage statt der Nächte zu zählen, und sie begannen am Morgen. Im Volk wurde es üblich, die Tageszählung mit dem Sonnenaufgang zu beginnen.

Dies, das Wort für den lichten Tag, meinte nach und nach auch den ganzen, am Morgen beginnenden Tag. Später wurde der Begriff durch die Bezeichnung *dies naturalis* präzis unterschieden, das christliche Kirchenrecht bevorzugte ›dies legitimus‹. Daneben entstand in Rom eine andere ›amtliche‹ Zählweise. Wegen gewisser sakraler Handlungen, die man nach Einbruch der Nacht vornahm, wurde der offizielle Beginn des neuen Tages auf Mitternacht verschoben. Diese Zählweise ging später als *dies civilis* in die römische Rechtspflege ein und verbreitete sich im gesamten Abendland. Doch erst nach Erfindung der Räderuhren setzte sich der mitternächtliche Beginn der Stundenzählung allgemein durch. Im deutschen Sprachgebrauch wurde *Tag* zum Namen dieser 24-stündigen Periode, bezeichnet aber nach wie vor auch heute noch die Zeit zwischen Auf- und Untergang der Sonne, den ›lichten Tag‹ im Unterschied zur Nacht.

Die meisten heute geläufigen Ableitungen von ›Tag‹ beziehen sich auf den lichten Tag. Die alte Rechtssprache benutzte Tag im Sinne ›festgesetzter Termin‹. Das Wort ging auf die Gremien über, die an solchen bestimmten Tagen zusammentraten, Landtag, Reichstag oder Bundestag. Das Zusammentreffen selbst heißt Tagung, und ›sie tagen‹ sagt man seit dem 14. Jahrhundert dazu. Nicht Erledigtes wird vertagt, dieser Begriff erschien erst Ende des 19. Jh. als Rückbildung aus dem französischen ajourner. Seit langem führten Kaufleute ein Journal, im 17. Jh. ersetzte ›Tagebuch‹ das Wort. Derweil Handwerker und Bauern ihr Tagewerk verrichten, ›stiehlt der Tagedieb dem Herrgott die Zeit‹, urteilte die beginnende Neuzeit über Müßiggänger. Verdächtig waren auch all jene, die ohne ersichtlichen Grund ›die Nacht zum Tage machen‹ – eine Erscheinung, die mittlerweile ›an der Tagesordnung‹ ist, eine Redewendung, die man Ende des 18. Jh. aus ordre du jour, einem Ausdruck des Parlaments der Französischen Revolution, übersetzte. ›Sich betagen‹ indessen wird seit dem 14. Jh. für ›alt werden‹ benutzt.

Um Tage zu zählen oder zu teilen, braucht man einen feststehenden Ausgangspunkt. Als Tag im Sinne unserer Kalenderrechnung bezeichnen wir die Zeit, während der sich die Erde einmal vollständig um ihre Achse dreht. Astronomisch ist der *mittlere Sonnentag* die Zeit zwischen zwei aufeinander folgenden Kulminationen der fiktiven mittleren Sonne, reicht also von einem Höchststand der Sonne zum nächsten, von Mittag zu Mittag. Der juristische Begriff des *bürgerlichen Tages* entstand aus dem 24-stündigen dies civilis der Römer, er beginnt und endet um Mitternacht. Nur am Äquator sind der lichte Tag und die Nacht während des ganzen Jahres gleich lang. An allen anderen Orten schwankt ihre Länge zwischen den Sonnenwendterminen. Auf der nördlichen Halbkugel ist die längste Nacht am 22. Dezember, die kürzeste am 21. Juni, sie dauert auf dem 60. Breitengrad nur 5 Stunden und 30 Minuten. Jenseits des Polarkreises herrscht die Polarnacht und scheint die Mitternachtssonne.

Der Sonnenauf- bzw. -untergang trennt den Tag von der Nacht. Astronomisch sind die beiden Zeitpunkte als jene Augenblicke definiert, in denen der Mittelpunkt der Sonne den Horizont passiert. Nach gewöhnlicher Auffassung geht aber die Sonne einige Minuten eher auf und später unter, nämlich dann, wenn ihr oberer Rand am Horizont erscheint bzw. dahinter verschwindet. Außerdem ist die Sonne wie alle Gestirne infolge der Brechung der Lichtstrahlen in der Atmosphäre noch kurze Zeit nach ihrem Untergang bzw. schon vor dem eigentlichen Aufgang sichtbar. Die in Kalendern vermerkten oder in Zeitungen veröffentlichten Zeitpunkte berücksichtigen heute beide Effekte. Entsprechende Berechnungen nehmen 16 Bogenminuten für den Sonnenradius und 34 für die Lichtbrechung an.

Morgen und *Abend* kennzeichnen die Grenzbereiche, innerhalb deren sich Tag und Nacht voneinander scheiden. Das Wort Morgen (schwed. morgon, engl. morning) kommt vom idg. mer (›flimmern, schimmern‹) und meinte ursprünglich den ersten Schimmer des Tageslichts; morgen bedeutete zuerst ›am Morgen‹, dann den ›Morgen des nächsten Tages‹ und schließlich ›am nächsten Tag‹. Seit dem 15. Jahrhundert wird Morgen im Sinne von Osten benutzt, ›Morgenland‹ und ›Abendland‹ kommen erstmals in Luthers Bibelübersetzung vor. Das alte Feldmaß Morgen schließlich meinte so viel Acker, wie ein Mann an einem Morgen pflügen kann.

Das Wort ›Abend‹ geht wie niederländisch avond, engl. evening und schwed. afton auf idg. epi (›nach, hinter‹) zurück, worin auch ›After‹ wurzelt. Das Wort bezeichnet also den ›hinteren Teil des Tages‹. Daneben bildete sich die Bedeutung ›Vorabend eines Feiertages‹ – Feierabend, Sonnabend, Heiligabend, weil der Tag abends begann.

Der Ausdruck *Dämmerung* meinte ursprünglich nur die abendliche Übergangszeit zwischen Tageshelligkeit und Dunkel und ging erst später auf das Morgengrauen über. Das Wort geht auf das untergegangene mhd. demere zurück, mit dem auch ›diesig‹ verwandt ist. Zu der Wortgruppe gehört ferner das englische to dim (›dunkel werden, abblenden‹), wonach der ›Dimmer‹, der elektronische Helligkeitsregler, benannt ist. Weil sich eine Reihe gesetzlicher Vorschriften auf den Eintritt der Dämmerung beziehen, hat man diese unterschiedlich definiert. Es herrschen

- bürgerliche Dämmerung, wenn die Sonne bis zu 6° unter dem Horizont steht (nach älterer Definition: solange man bei Tageslicht noch lesen kann),
- nautische Dämmerung bis 12° und
- astronomische Dämmerung bis 18° (bis auch lichtschwächere Sterne mit bloßem Auge sichtbar werden).

In alter Zeit kannten die germanischen Sprachen aber auch ein besonderes Wort als Oberbegriff für Tag und Nacht, das *Etmal.* Laut Duden 1989 bezeichnete es im Mittel-Niederhochdeutschen »eine wiederkehrende Periode«. In den *Deutschen Sagen* der Gebrüder Grimm ist zu lesen: »Da brachte man die Herren zusammen. Da standen sie ein Etmal in der Runde« Hier meint das Wort die Zeit von Tag und Nacht. Dann ging das Etmal in die Seemannssprache über und benannte erst die Zeit von Mittag zu Mittag, dann auch die in dieser Zeit zurückgelegte Strecke. Die seemännisch-astronomische Navigation kennt das ›Mittagsbesteck‹ als Positionsbestimmung zur Zeit des höchsten Stands der Sonne. Die von einem Mittagsbesteck zum nächsten gesegelte Strecke ist das ›Etmal‹ des Tages. Fährt man westwärts, dann vergehen zwischen zwei Ortsbestimmungen etwas mehr als 24 Stunden, bei Fahrt nach Osten etwas weniger. Heute wird beim Fahrtensegeln oft die seit der letzten Übernachtung zurückgelegte Strecke, bei Offshore-Rennen die in beliebigen 24 Stunden zurückgelegte Strecke als Etmal bezeichnet.

6.2 Die Zeiten des Tages

Tagsüber erscheint der Himmel durch die Streuung des Sonnenlichts in der Erdatmosphäre blau. Am Morgen treffen die Strahlen schräg auf, ihr Weg durch Luft und Wasserdampf ist länger, und dadurch wird der Rotanteil des Lichts sichtbar. Am Abend verstärkt Staub den Effekt. Wo das ›gefilterte‹ Licht direkt trifft, scheint es gelb – so erblicken wir Sonne und Mond. Diese Verfärbungen, sie werden auch von Pflanzen wahrgenommen, gaben den Menschen von alters her Anhaltspunkte für die Tageszeiten.

Zu den Begriffen Morgen und Abend kam der *Mittag*, das Wort ist aus ahd. mitti tac (›mittlerer Tag‹) zusammengewachsen. Eine weitere Unterscheidung fand im Deutschen erst nach dem 16. Jahrhundert in den Begriffen Vormittag und Nachmittag Ausdruck. Gegen 1300 schrieb der anonyme Verfasser der *Mainauer Naturlehre*, Ärzte würden vier Teile des Tages unterscheiden, jeweils drei Stunden vor und nach Mitternacht, Sonnenaufgang, Mittag und Sonnenuntergang, und diese Teile hätten wie die Jahreszeiten die Eigenschaften der vier Elemente – kalt, warm, feucht und trocken.

Wenn die Sonne schien, orientierte man sich an Länge und Richtung der Schatten. An geeigneten Orten benutzte man ›Tagesmarken‹ in der Umgebung. Die Sonne, egal wie hoch sie steht, passiert einen feststehenden Punkt am Horizont immer wieder nach genau einer Erdumdrehung, also stets zur selben Tageszeit. In Skandinavien entwickelte sich daraus ein spezifisches System der Zeitrechnung. Von einem festen Beobachtungspunkt aus, gewöhnlich der Mitte eines Gehöfts, teilte man den ›Sonnenring‹, also den ganzen Kreis des Horizonts, in acht gleiche Abschnitte, die átt oder eykt genannt wurden. Das ist eine sehr natürliche Art des Teilens, denn sie entsteht nach und nach durch wiederholtes Halbieren. Für jede dieser Richtungen wurden markante Punkte am Horizont wie Felsspitzen oder einzelne Bäume ausgewählt, die man dagmark oder eyktarmark nannte. Anhand des Sonnenstandes über diesen Marken konnte die Tageszeit identifiziert werden.

Der Name átt benennt ›das Achtel‹ des Tageskreises und bezeichnet unmittelbar die Zeit, in welcher die Sonne von einer Tagesmarke zur nächsten wandert. Die sinngleiche Bezeichnung eykt lehrt uns, dass es sich dabei um keine abstrakte Größe, sondern um sehr konkrete Ereigniszeit handelt: Das Wort ist dem altnordischen eykr verwandt, dem unser ›Joch‹ entspricht, ein Hilfsmittel für die Feldarbeit, in das man die Ochsen einspannte. Nach einer gewissen Zeit bedurften die Tiere einer Ruhepause, ein eykt war also die Zeit einer ›Arbeitsschicht‹ der Zugtiere.

In der Tagesmitte (middag oder hádegi, ›hoher Tag‹) wurde eine größere Pause vor allem für die Menschen eingelegt. Später ging eykt, das Wort für die Arbeitsperiode, auf die Pause über: In der norwegischen Umgangssprache bedeutet heute ykt oder økt so viel wie ›eine mitgebrachte Mahlzeit in der Mittagspause einnehmen‹. Eine ähnliche Umdeutung hat auch das deutsche Wort Rast erfahren, es bezeichnete früher die Wegstrecke zwischen zwei Pausen und ging dann auf den Zeitraum der Pause über.

Im Weiteren vermischte sich das Wort für die Markierung (mhd. mail, ›Fleck, Zeichen‹) mit dem für den Zeitpunkt (mhd. mal). Eine *Tagesmarke,* eine Markierung in der Umgebung, hieß deshalb auch Mal. Da nun ein besonderer, markierter Zeitpunkt die Zeit des Essens anzeigte, entwickelte sich aus der allgemeinen Bedeutung ›Zeitpunkt, festgesetzte Zeit‹ des Wortes die spezifische Bedeutung ›Essen‹: englisch meal, schwedisch mål, deutsch Mahl. Die Position der Sonne zu diesem Zeitpunkt bekam den besonderen Namen hádegistad oder middagsstad. Midnaetti ist der Name der Tagmarke, welche jenseits des Polarkreises die Richtung zur Mitternachtssonne anzeigt.

Zwischen Mitternacht und Mittag gab es sechs weitere Tagmarken:

- Die erste heißt ótta, sie fällt in die Nachtzeit vor dem ersten Morgengrauen. Das besitzt ein alt-englisches Pendant, dessen schottische Dialektversion oachenin noch um 1900 benutzt wurde.
- Die zweite ist rismál, der Ausdruck meint den Zeitpunkt des Aufstehens (vgl. engl. rise).
- Die dritte heißt dagmál, die ›Tagmarke‹ schlechthin.
- Auf Mittag folgt undorn, etwa die ›Mitte des Nachmittags‹ bezeichnend. Seine nord-britischen Dialektformen oanders, aunders und andrum bezeichneten bis zum Ende des 19. Jh. einen Nachmittagsimbiss.
- Miðr aptann, die ›Mitte des Abends‹, ist die nächste der Tagmarken.
- Die letzte Tagmarke vor Mitternacht heißt náttmál, die ›Nachtmarke‹.

Solche Tageszeit-Bezeichnungen erscheinen unter anderem in der *Wöluspa* (›Der Seherin Ausspruch‹), einem Teil der *Edda*, der ›Großmutter der germanischen Mythen‹. Karl Simrock hat sie 1851 übersetzt:

»Hochheilge Götter hielten Rat.
Der Nacht und dem Neumond gaben sie Namen,
Hießen Morgen und Mitte des Tags,
Under und Abend, die Zeiten zu ordnen.«

Die Zeitordnung der christlichen Klöster im Mittelalter mag durch diese Teilung des Tages in acht Abschnitte beeinflusst worden sein. Gewöhnlich wird allerdings angenommen, dass sie von Regeln des römischen Heeres abgeleitet wurde; wir kommen später darauf zurück. Jedenfalls aber hinterließ die aus Rom eindringende 12-Stunden-Zählung eine deutliche Spur im System der skandinavischen Tagmarken: Neben die Bezeichnung undorn trat non (›die neunte Stunde‹).

Viele Namen markanter landschaftlicher Punkte in Norwegen gehen auf ihre Funktion als Tagmarke zurück. Nach der Tagesmitte heißen z.B. Middagsfjeld, -haugen oder -horn; in Schweden findet man das Middagsberget und in Island einen Hádegisbrekkur. Auf andere Tagmarken beziehen sich z.B. Nonsfjeld und Rismaalsfjeld in Norwegen sowie Dagmálahóll, Eyktargnipa, Miðaptansdrangur und Undornsfell in Island.

Auch aus dem keltischen Wales ist eine alte Einteilung des Tages in acht dreistündige Abschnitte überliefert. Diese ›walisischen Stunden‹ (old Welsh tides) heißen pylgaint (Frühe), bore (Morgen), anterth (Vormittag), nawn (Mittagszeit), echwydd (Nachmittag), gwechwydd (Abend) und ucher (Nacht) sowie dewaint (Mitternacht).

Stunden-Begriffe der Alten, der Klöster und der Städte

Heute lernt fast jedes Kind die Zwölfteilung der Uhr als etwas Selbstverständliches kennen. Sie fußt auf einer mehr als vier Jahrtausende währenden Tradition. Basis des Zahlensystems der Babylonier war die Sechzig, und sechsmal 60 Tage (zuzüglich der Epagomenen) zählte ihr Jahr. Irgendwann hatte einer ihrer genialen Denker die Schattenspur eines senkrechten Stabes aufgezeichnet, betrachtete nun das Bild und komplettierte es in Gedanken zum vollen Kreis. Dann fiel ihm ein, dieses Abbild des ganzen Tages in gleichmäßige Abschnitte zu teilen. Die geläufige Zahl – sechsmal 60 – bot sich an. Seine Linien im Sand teilten nun sowohl den vollen Winkel als auch den vollen Tag in 360 Grade. In den astronomischen Tafeln Babylons finden wir den Tag in sechs Abschnitte geteilt, die aus jeweils 60 ›Zeitgraden‹ bestehen. Jeder Zeitgrad dauerte vier unserer Minuten. Aber für das alltägliche Leben war eine andere Einteilung des Jahres besser geeignet. Die ungefähre Dauer der Mondmonate hatte eine Gliederung in zwölf Abschnitte zu 30 Tagen nahegelegt. Dieses Verfahren übertrug man auf den Tag und teilte ihn in zwölf gleichlange ›Doppelstunden‹, biru genannt. Wie die Monate wurden auch sie mit den zwölf Sternbildern des Tierkreises verknüpft. Die Tage der Babylonier begannen abends.

Anders verfuhren die Ägypter, die seit 2776 v. Chr. den amtlichen Sonnenkalender besaßen. Auch sie teilten das Jahr in zwölf Monate zu 30 Tagen. Zur Benutzung der Zwölf gelangte man durch einfachste Beobachtung von Sonne und Mond. Auch wenn man gelegentlichen kulturellen Austausch zwischen Ägypten und Babylonien in Betracht zieht, braucht sie keines vom anderen entlehnt zu haben. So lag es auch in Ägypten nahe, diesen geläufigen Wert zum Teilen des Tages zu benutzen. Doch eine entscheidend andere Voraussetzung des Teilens führte zu entsprechend anderen Ergebnissen: Man teilte sowohl das Tageslicht als auch die Dunkelheit in jeweils zwölf gleichlange Abschnitte. Die wirkliche Dauer dieser ›Stunden‹ wechselte deshalb mit dem Gang der Jahreszeiten.

Auch die ›ägyptischen Stunden‹ wurden durch Gottheiten repräsentiert. Göttinnen der Tagesabschnitte tragen das Abbild der Sonnenscheibe über dem Kopf, jene der Nacht einen Stern. Die Tage begannen in der Morgendämmerung.

Dieser Stand der Einteilung des Tages war vielleicht um 2000 v. Chr. erreicht. Um die zwölf Teile genauer zu bestimmen, beobachtete man die Bewegung der Schatten, wie sie jeder fest stehende Gegenstand wirft. Erhaltene ägyptische Sonnenuhren aus der Zeit um 1500 v. Chr. benutzten die Schattenlänge eines Blocks, der später auch nach der jahreszeitlich wechselnden Sonnenhöhe eingerichtet wurde. Babylonier maßen Länge und Richtung des Schattens eines senkrechten Stabes.

Der Schatten eines Menschen aber wurde mit magischer Scheu behandelt. Das war veranlasst durch eine seltsame Gleichsetzung von Schatten, Zeit und Leben. Einige Völker in Äquatornähe verließen mittags ihre Hütten nicht aus Angst, die Seele könnte verloren gehen, wenn kein Körperschatten fällt. Ein Mythos der Mangaianen Polynesiens berichtet von einem Helden, der aus diesem Grund nur mittags erschlagen werden konnte. In Malaya gab es keine Beerdigung zur Mittagsstunde, weil man fürchtete, das Leben der Trauernden würde sich sonst ebenso verkürzen wie ihr Schatten.

Erst das aufgeklärte Griechenland benutzte die Länge des eigenen Körperschattens regelmäßig zur Zeitmessung.

Nachts aber gab es keinen Schatten. Trotzdem ist die genaue Teilung der Nacht möglicherweise älter, weil für Astronomen wichtiger als eine Teilung des Tages. Babylonier unterschieden anfangs lediglich den Sternenaufgang, die Mitte der Nacht und die Morgendämmerung. Die Astronomen Ägyptens hingegen beobachteten 36 helle Sterne südlich des Tierkreises, die sie in Gruppen zu zwölf ordneten. Die Sterne einer Gruppe gingen nacheinander während der zwölf Nachtstunden auf und dienten seit etwa 2100 v. Chr. zur Zeitbestimmung bei Nacht. Erste Hinweise darauf gaben ›Sternuhren‹, die man auf der Innenseite von Sargdeckeln fand. Freilich dienten diese offensichtlich nur zu religiösen Zwecken, hatten dem Verstorbenen im Totenreich die Zeit zu weisen. 36 Balken stehen für die Dekaden eines Jahres, waagerecht sind sie in zwölf Stunden-Abschnitte gegliedert.

Außerdem verwendeten Ägypter wie Babylonier zur praktischen Zeitmessung während der Nacht Wasseruhren. Um Siedlungen, Nachtlager von Reisenden und militärische Plätze stellte man Wachen auf. Sie sollten, um aufmerksam zu bleiben, regelmäßig abgelöst werden, deshalb ließ man ein mit Wasser gefülltes Gefäß durch eine kleine Öffnung langsam austropfen. War das Wasser verbraucht, dann wechselte der Wachhabende. Eine Nachtwache dauerte bei den Israeliten den dritten und bei den Römern den vierten Teil der Nacht, belegt das Alte bzw. Neue Testament.

Vigilien hießen die etwa dreistündigen Nachtwachen des römischen Heeres. Das Wort kommt von lat. vigil (›wachend, schlaflos‹). Ihm entspricht das germanische Verb wachen. Davon ist Wache abgeleitet, das meint sowohl die Wächter als auch den Zeitraum des Wachbleibens. Wachtmeister hieß im Mittelalter einer der Zunftmeister, der mit der Einteilung der städtischen Nachtwachen beauftragt war. Auch den Römern dienten Gestirne als Zeitmarke in der Nacht. Unter anderem achteten sie – vielleicht nach orientalischem Vorbild – auf den Planeten Venus, der als Morgenstern den heraufziehenden Tag ankündigt. Deshalb nannten sie ihn Lucifer, den ›Lichtbringer‹, abgeleitet von lat. lux (›Licht‹). Phosphorus (›der Leuchtende‹) hieß er bei den Griechen.

Der Tag der Perser wurde noch um 300 v. Chr. recht grob unterteilt, er begann mit dem Sonnenaufgang und umfasste im Sommer fünf, im Winter vier für den religiösen Kult wichtige Abschnitte. Dieses Wechseln kennzeichnet eine Übergangsphase zwischen konstanter Anzahl und konstanter Dauer der Tagesabschnitte, die wohl dem Widerstreit babylonischer und ägyptischer Einflüsse geschuldet ist.

Griechen und Römern übernahmen die von den Jahreszeiten abhängigen, ungleich langen Stunden der Ägypter. Als *Planetenstunden* kommen sie noch in der Literatur des Mittelalters vor. Die sieben damals als Planeten bezeichneten Gestirne galten als Stundenregenten, und zwar in der Reihenfolge ihrer angenommenen Entfernung von der Erde: Saturn, Jupiter, Mars, Sonne, Venus, Merkur, Mond. Die Verknüpfung zwischen Stunden- und Tagesregenten erfolgt dadurch, dass jeweils die erste Tagesstunde dem aktuellen Tagesregenten gehört. Die Regenten der folgenden Stunden schließen sich ihrer Reihenfolge gemäß an. Für den Sonntag hat also die erste Stunde die Sonne, die zweite Stunde die Venus usw. bis zur 24. Stunde – Merkur. Es folgt der Mond für die erste Stunde des neuen Tages (Mond-Tag) übereinstimmend mit dessen Tagesregenten.

Aber die Stunden täglich anders zu benennen, war zu unübersichtlich für den täglichen Gebrauch. Nur deshalb setzte sich in dieser Frage der kirchliche Widerstand gegen den heidnischen Brauch durch, den Siegeszug der Planetenwoche im Römerreich konnte er nicht verhindern. Indessen benutzten Astrologen die Planetenstunden weiter, und an der berühmten Rostocker Uhr von 1472 kann man sie noch heute ablesen. Eine exzentrisch am Stundenzeiger befestigte Scheibe trägt einen Pfeil, der im Lauf des Tages auf die jeweils geltenden Symbole der Himmelskörper zeigt. Diese sind auf einem Ring des Zifferblatts neben dem Ring der Tierkreiszeichen dargestellt.

Auch in Griechenland gab es zunächst nur ganz allgemeine Bezeichnungen für die Tageszeiten wie Morgenröte, Mittag usw. In Herodot's Texten findet man die Zeit des Hahnenschreis, die Marktzeit, den Mittag und das Sich-Neigen des Tages. Aus der Einteilung der Wachen im Feldlager ergab sich eine Vierteilung der Nacht, und sie wurde für den Tag übernommen. Dann war man sehr lange mit dem Abschreiten der Länge des eigenen Schattens mit dem Fuß zufrieden. Einladungen der Griechen konnten etwa die Zeitangabe ›wenn dein Schatten zwölf Fuß misst‹ enthalten. In der von Aristophanes 392 v.Chr. verfassten Komödie *Ekklesiazusen* (›Die Frauenvollversammlung‹) wirft eine Bäuerin ihrem Mann vor, nichts anderes zu tun, als seinen Schatten zu beobachten und zum Essen zu kommen, sobald dieser zehn Fuß erreicht.

Aus dem indogermanischen iero (›gehen, Lauf, Verlauf‹) abgeleitet wurde ora, der Zeitbegriff der Griechen schlechthin, der den Frühling, den Nachmittag oder sonst irgendeine bestimmte Zeit meinen konnte. Horen (griech. horai, lat. horae) waren altgriechische Göttinnen der jahreszeitlichen Wachstumskräfte, dann der drei Jahreszeiten (Frühling, Sommer und Winter). Hesiod beschrieb sie als drei Göttinnen der Naturordnung und Gesetzmäßigkeit. Erst Hipparch gebrauchte das Wort um 140 v.Chr. im Sinne eines Zwölfteltages.

Die Griechen trachteten, die veränderlichen Stunden des lichten Tages zu bestimmen. Neben diesen schufen sich die Astronomen die gleichlangen Stunden. Ihr Hilfsmittel war das horo-skopeion, der ›Stundenschauer‹. Mit diesem Gerät beobachteten sie bei der Geburt eines Menschen die Konstellation der Sterne, um daraus sein Schicksal zu deuten. Das Wort wurde zum spätlateinischen horoscopium und meinte nun die Vorhersage als solche. Durch Schillers *Wallenstein* wurde der Begriff als Fremdwort im Deutschen bekannt.

Auch die Römer unterschieden zunächst nur Hauptteile des Tages nach dem Stand der Sonne. Wegen der Gerichtsverhandlungen und anderer Amtshandlungen mussten die Amtsdiener der Konsuln den Beginn der Hauptabschnitte ausrufen. Das ist der Ursprung einer ›amtlichen‹ Standardzeit. Später wurde der Tag weitergehend unterteilt. Welche Begriffe dabei benutzt wurden und welchen Stunden unserer Rechnung sie ungefähr entsprechen, zeigt Tabelle 6 am Beispiel eines Tages im Frühling.

Name	*Bedeutung*	*Entsprechung*
ante lucem	vor Sonnenaufgang	5–6 Uhr
diluculum	Morgendämmerung	7 Uhr
mane	Morgen	8–9 Uhr
ad meridiem	vormittag	10–11 Uhr
meridies	Mittag	12 Uhr
de meridie	nachmittags	13–15 Uhr
suprema	später Nachmittag	16–17 Uhr
vespera	helle Dämmerung	18 Uhr
crepusculum	Abenddämmerung	18–19 Uhr
prima face	erstes Licht anzünden	20 Uhr
concubium	Schlafenszeit	21 Uhr
nox intempesta	tiefe Nacht	22 Uhr
ad mediam noctem	vor Mitternacht	23 Uhr
media nox	Mitternacht	24 Uhr
de media nocte	nach Mitternacht	1–2 Uhr
gallicinum	Hahnenschrei	3–4 Uhr

Tabelle 6: Teile des Tages der Römer

Von den Griechen bzw. Ägyptern lernten die Römer die Sonnenuhr kennen. Im dritten Jahrhundert v. Chr. übernahmen sie die Gliederung des lichten Tages in zwölf veränderliche Teile und den Ausdruck hora für solch einen Abschnitt. Später wurden sie zur Unterscheidung Temporalstunden genannt. Diese antike Tageseinteilung verbreitete sich im ganzen Abendland. Überall begann man, die Stunden des lichten Tages lateinisch abzuzählen. Prima hora, die erste Stunde, brach mit dem Sonnenaufgang an, und die zwölfte Stunde endete mit Sonnenuntergang. Erst mit der Einführung der Räderuhren im 14. Jahrhundert wichen diese ungleich langen Abschnitte einer gleichmäßigen 24-Stunden-Teilung. In erster Linie aber wurde horae (›die Stunden‹) zum Synonym für die Gebetszeiten des kirchlichen Stundengebets.

Auch die germanischen Völker unterschieden zunächst nur Hauptteile des lichten Tages. Der Rest war Schlafenszeit, man ging in der Tat ›mit den Hühnern ins Bett‹. Ebenso war der ›erste Hahnenschrei‹ keineswegs nur eine Redensart, sondern für die Landbevölkerung ganz reales Signal zum Aufstehen. Und wenn Shakespeare's Romeo beim heimlichen Stelldichein seine Julia beruhigt: »Es war die Nachtigall, und nicht die Lerche«, so war das 1595 keine romantische Geste oder dichterische Umschreibung, sondern Reflexion eines praktischen Brauchs, aus dem man Anhaltspunkte für das Fortschreiten der Nacht gewann.

Das Mittelalter übertrug die römische Tagesteilung auf den vollen, am Morgen beginnenden Tag, der nun ›dies naturalis‹ hieß. Das geschah in den Klöstern, denn die ungleichen, den Jahreszeiten angepassten Stunden entsprachen den Bedürfnissen des Klerus am besten. Die Zeit, sie war in jenen Jahrhunderten keineswegs Gemeingut, wurde faktisch in den Klöstern verwaltet. Eine führende Rolle dabei fiel dem Orden der Benediktiner zu.

Benediktus von Nursia hatte im sechsten Jahrhundert auf Monte Cassino in Umbrien ein Kloster gegründet. Hier lehrte er seine Schüler den Bau von Sonnen-, Kerzen- und Wasseruhren. Nicht mehr allein Askese, sondern Arbeit sollte von nun an das Leben der Mönche bestimmen. Auch widerstrebte ihm, dass einzelne Äbte willkürlich über die Zeit bestimmten, und er wünschte, den gesamten Tagesablauf der Mönche in allen Klöstern einheitlich zu ordnen. Zu diesem Zweck verfasste er um 540 einen Leitfaden, der später als Benediktinerregel bekannt wurde. Nach dem Vorbild des römischen Heeres wurde die Nacht in vier Vigilien geteilt und der lichte Tag entsprechend gegliedert. So entstanden acht Abschnitte, auf die sich die Pflichten des Tages verteilten.

Damit jeder die Zeit kannte, wurden zu bestimmten Stunden bestimmte Gebete laut gelesen. Hora (›die Stunde‹) war zu jener Zeit noch ein ganz allgemeiner Begriff, der nun die acht Gebetszeiten bezeichnete. Als später eine Unterscheidung nötig wurde, nannte man die Gebetszeiten *horae canonicae*, kanonische Stunden, das ist von lat. canon (›Richtschnur, Regel‹) abgeleitet. Tabelle 7 gibt eine Übersicht der ›Stundengebete‹ und zeigt, wie die acht Teile mit den zwölf ungleichen Tagesstunden korrespondieren. Zur Veranschaulichung ist zusätzlich die entsprechende Einteilung in 24 gleichlange Stunden angegeben, und zwar für die Zeit der Tagundnachtgleichen, an welcher die Dauer beider Stundentypen übereinstimmt.

Zeitpunkt	*Stundenbezeichnung*	*Erläuterung*
0 Uhr	das Nokturn (nocturnus)	um Mitternacht
3 Uhr	die Matutine (matutinum)	
6 Uhr	die Prime	die erste der Tagesstunden, beginnt bei Sonnenaufgang
9 Uhr	die Terz	die dritte Stunde
12 Uhr	die Sexte	die sechste Stunde am Mittag
15 Uhr	die None	die neunte Stunde
18 Uhr	die Vesper (vespera)	die zwölfte Stunde, endet bei Sonnenuntergang
21 Uhr	das Kompletorium (completorium)	bei Anbruch der Nacht

Tabelle 7: Die acht Stundengebete

Der erste Gottesdienst des Tages wurde nocturnus, d.h. ›nächtlich‹, abgehalten. Daraus entstand der Ausdruck ›nüchtern‹, was bedeutete, dass man noch nichts gegessen oder getrunken hatte. Doch bei allem religiösen Eifer – nach einiger Zeit nannte die niedere Geistlichkeit das mitternächtliche Nokturn und die missa matutina nur noch ›die Schläfermesse‹. Sie rückten immer mehr gegen Morgen und wurden schließlich vereinigt. Seitdem richtet sich die Zeit der Kirche offiziell nach lediglich sieben Gebetszeiten. Von den geistlichen Nachtwachen, den Vigilien, blieb einzig der Name, er bezeichnet jetzt den Gottesdienst am Vorabend hoher Kirchenfeste.

Matutine basiert auf lat. matutinus (›morgendlich‹). Vigilia bzw. hora matutina hießen die Feier in sehr früher Morgenzeit und die Morgenstunde. Schlechtes Kirchenlatein verballhornte das Wort zu mattina und über mhd. mettin wurde daraus die *Mette* der deutschen Kirchensprache. Das Wort bezeichnet einen besonderen Nacht- oder Frühgottesdienst. Seit 1970 ist die Mette durch die ›Geistliche Lesung‹ ersetzt, die zu jeder Tageszeit ausgeführt werden kann. Daneben gibt es mitternächtliche Feiern wie die Christ-Mette in der Weihnacht. Oft wurden die Begriffe Mette und Messe verwechselt oder synonym gebraucht.

Wenn bei Sonnenaufgang die Zählung der Tagesstunden mit prima hora, der primzeit, begann, sprach man das *Laudes*, das Morgenlob des Herrn. Laudes kommt von lat. laudo (›loben‹), daher auch Laudatio (›Lobrede‹). Laudanum aber wurde ironischerweise zum Wort der Apotheker für Beruhigungs- und Einschlafmittel, später bezeichnete es das Opium. Die Terz (hora tertiarum, terzenzeit) ist das Stundengebet zur dritten Tagesstunde. Ihm schloss sich die Hochmesse (missa cardinalis, hochamt) an. Dann erst folgte das Frühstück (prandium, ientaculum, morgenmal, früe imbiss). Jentaculum (›erste Mahlzeit‹) kommt von ieiunus (›nüchtern, hungrig‹), Imbiss bildete sich aus mhd. inbizen (›reinbeißen‹) und konnte jede Mahlzeit meinen.

Die sechste Tagesstunde ist in den Mittelmeerländern besonders heiß und zur Arbeit ungeeignet – Zeit für eine Mittagsruhe, für die in Spanien aus sexta hora der Ausdruck siesta entstand. Die klösterliche Ordnung übernahm die Gewohnheit, verschob sie aber zur nona hora, ahd. nonenziz, der ›neunten Stunde‹ (heute 15 Uhr). Man sprach die *Non*, das Stundengebet, anschließend gab es eine Mahlzeit. Dem folgte ein Dankgebet und der nonenslap, der ›Neunuhrschlaf‹. Als man später die Non immer mehr in Richtung auf die Mittagszeit verlagerte, entstanden entsprechend die Ausdrücke Mittagessen und Mittagsschlaf. In England wanderte mit der Essenszeit auch der Begriff ›Non‹ von der neunten zur sechsten Stunde, so gelangte der Ausdruck at noon zu seiner heutigen Bedeutung ›12 Uhr mittags‹.

Ursprünglich am Abend war die Vesper (hora vesperarum, vesperzeit) abzuhalten. Dieses auch Abendlob genannte Stundengebet lobt nicht den Feierabend, sondern ist ein Lob Gottes am Abend, soll Dank für den Tag ausdrücken. Das Wort ist urverwandt mit griech. hespéra (›Abendzeit‹). Je weiter nördlich Klöster errichtet wurden, umso mehr verschob sich die Vesper auf den Nachmittag, und im Sommer folgte ihr eine Zwischenmahlzeit, das Vesperbrot.

Im 18. Jahrhundert trennte sich der Ausdruck *Vesper* in Süddeutschland und Österreich als allgemeine Bezeichnung einer nachmittäglichen Zwischenmahlzeit vom Klosterleben ab. Die Vesper trat in Konkurrenz zu einem anderen Imbiss, der im Südosten Österreichs durch Verschiebung von Mittag her entstanden war, der Jause. Dieser Ausdruck bildete sich aus dem slowenischen juzina (›Mittagessen‹). Das gehört zur slawischen Wortgruppe jug (›Süden‹) in der übergreifenden Bedeutung für die Zeit, da die Sonne im Süden steht. Außerdem sagte man in Sachsen Halbahmd (Halbabend). Als gottesdienstliche Handlung ist die Vesper mit der Sterbestunde Christi – nach dem Abendmahl – verknüpft. Sie blieb Bezeichnung für evangelische Abendgottesdienste.

Kurz vor Sonnenuntergang wurde die Reihe der Stundengebete mit dem *completorium* (hora completorii, kumplet, nachtsang) vervollständigt. Ihm schloss sich das Ave-Maria-Läuten an. Das seit dem elften Jahrhundert übliche Gebet ›Sei gegrüßt Maria‹ war nach einer Verordnung von 1326 von jedem Katholiken unter Anschlagen der Glocken am Morgen, Mittag und Abend je dreimal zu verrichten. ›Bedeglocke‹ wurde sowohl der Brauch als auch die ihm entsprechenden Zeiten genannt. Das Abendläuten findet ein Gegenstück in buddhistischen Klöstern, dort zeigen Trommelschläge den Beginn der Abendgebete an. In Mitteleuropa war es das allgemeine Zeichen zum Nachtmahl.

In den mittelalterlichen Klöstern der Benediktiner waren die sieben Stundengebete zu den entsprechenden Terminen laut zu lesen, sodass jeder daran die Zeit erkennen konnte. Terz, Sext und None wurden außerdem ausgerufen. Deshalb war Tag und Nacht ein Mönch mit der Zeitmessung beschäftigt. Nun wurde dieser horo-scopos genannt, ›der die Stunden schaut‹. Die kanonischen Stunden bestimmten fortan Aufstehen, Essen, Arbeit und Ruhezeit. Benedikt hatte sie nach ›Sommerzeit‹ und ›Winterzeit‹ unterschiedlich festgelegt, der Wechsel erfolgte zu Ostern und am ersten November. Diese Regeln verbreiteten sich über die Klöster Europas, und ein neuer Sinn für Zeit kam auf. Er unterschied die Mönche deutlich von den Laien, denen Zeit im Mittelalter praktisch nichts bedeutete. Der Begriff frommen christlichen Glaubens verband sich mit zeitlich streng geordneter Pflichterfüllung. Es mag sein, dass damit ein grundlegendes Element für spätere Vorstellungen von der Ökonomie der Zeit geschaffen wurde.

Die Stundengebete sind im Brevier vereinigt, dem Gebetbuch der katholischen Kleriker. Die in Kreisen des Adels weit verbreiteten und als *Stundenbücher* bekannten Horarien sind dagegen Gebetbücher für Laien. Ihren Hauptinhalt bilden Gebete und Lieder für die einzelnen Tageszeiten. In der Regel geht diesen ein Kalendarium der Heiligen des Kirchenjahres voraus. Das ausgehende Mittelalter war ihre Blütezeit, und berühmte Miniaturmaler haben sie zu Schätzen der Weltkultur gestaltet.

Das Gegenstück der orthodoxen Kirchen zum Brevier ist das Horologion, auf seiner Grundlage wird noch immer in den orthodoxen Klöstern alle drei Stunden das Stundengebet (russ. tschassy) vollzogen. Hier beginnt der liturgische Tag am Abend. Die Feier des Sonntags beginnt mit dem Abendgottesdienst. Ihm folgen der Mitternachtsgottesdienst, die erste, dritte und sechste Stunde, der eucharistische Hauptgottesdienst und die neunte Stunde.

Gekoppelt an die Stundenbezeichnungen, gelangte auch die Sitte fester Essenszeiten und des Vesperbrots aus den Klöstern ins Alltagsleben. Aber auch unabhängig davon entwickelten sich Essensbräuche und Trinkgewohnheiten bestimmter Gesellschaftsschichten zu spezifischen Zeitmarken des Tagesablaufs. Auf den Bauernhöfen im Schweizer Kanton Bern kennt man Znüüni und Zvieri als Zwischenmahlzeiten, das Neunuhr- und das Vieruhrbrot. 1680 begründete Anna, Gräfin von Bedford, den traditionellen britischen ›Five o'Clock Tea‹. In Paris entstand um 1900 die ›heure verte‹ am späten Nachmittag, die ›grüne Stunde‹, zu der man üblicherweise den so gefärbten Absinth trank. Im 20. Jh. schließlich erfanden findige Gastronomen, um den Geschäftsgang zu beleben, die ›Happy Hour‹ mit reduzierten Preisen.

Hand in Hand mit der Verbreitung der schlagenden Räderuhren im 14. Jahrhundert wurden auch die gleichlangen 24 Stunden in Europa bekannt. Aus Gewohnheit behielt man die Zählung von zweimal 12 Stunden bei, im Zifferblatt der Uhren blieben sie aus praktischen Gründen bestehen. Aber während einer Übergangsphase gab es auch andere Lösungen.

Nach altem Brauch der Römer begann die Stundenzählung um Mitternacht. In manchen Gegenden aber, insbesondere in Norditalien sowie im Tessin zählte man die Äquinoktialstunden ab dem Sonnenuntergang. Gewöhnlich verstand man darunter das Ende der Dämmerung, etwa eine halbe Stunde nach dem wirklichen Sonnenuntergang, wenn das Ave-Maria-Läuten das Arbeitsende anzeigte. So pendelte der Anfang des neuen Tages zwischen 5 und 9 Uhr abends. Diese zwar gleichlangen, sich aber trotzdem im Lauf des Jahres verändernden Stunden wurden *italienische Stunden* genannt, in manchen Gegenden aber auch als italische, böhmische oder welsche Stunden bezeichnet.

Der Zahlenkreis der *italienischen Uhr* ist in 24 Stunden geteilt, weshalb sie auch ›die ganze Uhr‹ genannt wird. Im Lauf des Jahres wird die Grundstellung ihres Zeigers mehrfach dem sich verändernden Tageslicht angepasst. Goethe berichtete aus seiner in Verona verbrachten Zeit (während der Italienreise 1786/88) über die damals noch geltenden Regeln: Der ›Startzeitpunkt‹ der Uhr, zu dem man ihren Zeiger auf die 24 stellte, war am Abend beweglich. Vom 15. Mai bis 1. August fiel er auf jenen Zeitpunkt, dem in Deutschland ›9 Uhr abends‹ entsprach. Danach wurde er jeden halben Monat um eine halbe Stunde vorverlegt, um vom 15. November bis 15. Februar auf 5 Uhr nachmittags zu verharren. Ab 1. März gelangte man dann wieder in halbstündigen Schritten zur ›Sommerzeit‹. Die italienische Uhr zeigte also häufig die 23. Stunde, wenn die Sonne tief am Horizont stand und man die Hutkrempe herunterbog, um nicht geblendet zu werden. Bei dieser Gelegenheit soll die italienische Redensart ›il capello sulle venti tre‹ (›den Hut auf 23 Uhr tragen‹) entstanden sein.

Eine alte Zürcher Tradition, das Festwochenende im April, erinnert noch an eine andere Form von Sommerzeit. Dort wird seit Beginn des 16. Jahrhunderts die Feierabendglocke am Großmünster im Sommerhalbjahr um sechs Uhr geläutet. Wenn das zur Tag- und Nachtgleiche nach den düsteren Wintermonaten zum ersten Mal wieder geschah, feierten die Handwerker auf ihren Trinkstuben das ›Sechseläuten‹. Später verband sich der Brauch mit Umzügen der Zünfte zum Sechseläuten-Feuer.

Die italienische Uhr erhielt sich bis zum Anfang des 19. Jahrhunderts. Vereinzelt taucht sie vom 15. bis 17. Jh. auch nördlich der Alpen auf und heißt dann ›böhmische‹ oder ›schlesische‹ Uhr. Auch diese 24-Stunden-Uhren schlugen gewöhnlich nicht öfter als zwölfmal, manche Schlagwerke zählten lediglich bis sechs. Aus einer Vorstellung von totaler Unordnung, falls es einmal anders sei, entstand die Redensart ›nun schlägt's aber 13‹. Doch es mag Ausnahmen gegeben haben. 1439 gebraucht König Albrecht II. von Böhmen in einer Urkunde für die Stadt Schweidnitz den Ausdruck »wenn der zeiger 24 schlegt«.

In Übergangszeiten, nachdem offiziell von der ganzen zur halben Uhr gewechselt wurde, waren umständliche, heute kurios anmutende Erklärungen nötig. So liest man in einem Schriftstück, das die Beerdigung eines Herzogs in Schlesien im Jahre 1587 beschreibt: »October 3, Sonnabend zu Morgen eine halbe Stunde nach 8 Uhr des ganzen Zeigers, das ist ohngeferlich eine Viertheil Stunde vor 3 Schlägen der halben Uhr.« Auch die ›ganze Uhr‹ der Astronomen zählt 24 Stunden, beginnt aber stets um Mitternacht.

Die *halbe Uhr* (auch ›kleine Uhr‹, ›Zwölferuhr‹) kam in der Rheingegend auf und verbreitete sich rasch in Frankreich, Spanien und England. Beginnend etwa 1340, setzte sie sich auch in Deutschland durch. Sie teilt den Tag in zweimal zwölf Stunden, deren Zählung um Mitternacht bzw. Mittag beginnt. Bei den ältesten Exemplaren (z. B. bei der 1574 am Straßburger Münster angebrachten Uhr) war die Zahlenreihe I bis XII tatsächlich doppelt vorhanden, in einem ›Vormittagskreis‹ und einem ›Nachmittagskreis‹

auf dem Zifferblatt. Eine Besonderheit hatten die ›halben Uhren‹ der Stadt Basel: Seit ihrer Erfindung schlugen sie Eins, wenn der Zeiger die 12 erreichte, Zwei auf der Eins usw. Das Signal verkündete also den Beginn der jeweiligen Stunde. Dieser Brauch verschwand erst 1798.

Eine andere Eigenart besaß die um Nürnberg und Regensburg verbreitete ›große Uhr‹. Sie teilte zwar den Tag in 24 gleiche Stunden, ihr Schlagwerk aber konnte verändert werden und berücksichtigte die wechselnde Dauer des lichten Tages. Zur Zeit der Frühlings-Tagundnachtgleiche ließ man sie eine Stunde nach Sonnenuntergang einmal schlagen (›ein or in die nacht‹), zwei Stunden danach zweimal (›zwei or in die nacht‹) usw. Bei Sonnenaufgang (nach zwölf Stunden) schlug die Uhr den *Garaus*, ein auffallendes besonderes Läuten. Eine Stunde später folgte ›ein or auf den tag‹ usw., bis beim Untergang der Sonne wieder Garaus geläutet wurde. Die letzte Stunde unmittelbar vor jedem Garaus wurde speziell benannt, man hieß sie ›ein or gen den tag‹ bzw. ›ein or gen die nacht‹. Nahm nun die Länge des Tageslichts zu, so wurde der morgendliche Garaus eine halbe Stunde vorverlegt, dann auch der Abendgaraus eine halbe Stunde hinausgeschoben; das Schlagwerk zählte jetzt 13 Tages- und 11 Nachtstunden. Das setzte man so lange fort, bis zur Zeit der Sommersonnenwende eine Teilung in 16 zu 8 Stunden erreicht war. Danach verringerte man die Zahl der Tagesstunden wieder schrittweise. In der zweiten Jahreshälfte wiederholte sich die Prozedur entsprechend rückwärts. Die Verlängerung der Tage bzw. Nächte erfolgte stets in halbstündigen Schritten, und die Termine dafür wurden örtlich genau in etwa 3½-wöchigen Abständen festgesetzt.

Das Wort Garaus begegnet heute nur noch in der Wendung ›jemandem den Garaus machen‹. Mhd. gar bedeutete ›bereit gemacht‹ und ›vollständig, ganz‹. Seit dem 15. Jahrhundert gebot in Süddeutschland der Stadtwächter mit dem Ruf ›gar aus!‹ (endgültig Schluss) die Polizeistunde. Der Ausdruck wurde dann auf das Glockenläuten zum Tagesende übertragen. Diese Polizeistunde bestimmt die Zeit, nach der in öffentlichen Gaststätten kein Alkohol mehr ausgeschenkt werden darf. Um die Wende zum 20. Jahrhundert galt ein Uhr nachts in Deutschland als äußerste Grenze. Nur in Großstädten und Badeorten konnte sie zu besonderen Anlässen verlängert werden. Auch Sperrstunde wurde sie genannt, allerdings wird dieser Ausdruck häufiger benutzt, wenn Regierung oder Militär den Ausnahmezustand verkünden und ab dieser Zeit das Betreten der Straßen verbieten.

Rechtzeitig vor der Polizeistunde gaben die Schankwirte ihren Gästen das Ende des Ausschanks durch einen ›Streich‹, einen Schlag auf den ›Zapfen‹, den Hahn des Fasses, bekannt. Dafür entstand im 17. Jahrhundert der Ausdruck *Zapfenstreich.* Waren Soldaten anwesend, ertönten dazu oft militärische Hornsignale wie das bei der Kavallerie übliche ›Retraite‹ (Rückzug). Dann ging der Name Zapfenstreich gänzlich auf die Horn- oder Trommelsignale über, welche die Soldaten abends zur Kaserne riefen. Dieser allabendliche Brauch war bei den Landsknechten des Dreißigjährigen Krieges aufgekommen. Relikte sind der 1813 in Preußen eingeführte ›Große Zapfenstreich‹ und die Handglocke, mit der Berliner Kneipiers traditionell das Ende des Ausschanks ankündigten.

Tages- und Uhrzeiten in der Sprache

Uralte Worte drücken tageszeitliche Begriffe aus und benennen damit verbundene, grundlegend wichtige Verrichtungen. Schon das indogermanische pro (›vorn, voran‹) hatte zeitlichen Bezug. Darauf beruhen griechisch proi (›früh‹) sowie das althochdeutsche fruoi, aus dem sich unser *früh* entwickelte. Das ›in der Frühe‹ gegessene Stück Brot hieß mhd. vruostücke oder morgenbrot. In Bayern gliedert noch heute die ›Brotzeit‹ zusätzlich den Tag, eine zweite Vormittagsmahlzeit. Das stammt aus jenen Tagen, da man morgens als erste Nahrung eine Mehlsuppe aß.

Das Frühstück der Franzosen heißt dejeuner, das hängt mit jeune (›jung‹), dem noch jungen Tag zusammen. Le matin (›der Morgen‹) gründet im lateinischen maturus (›zeitig, früh‹). Dagegen ist frz. demain (›morgen‹), der Begriff für den folgenden Tag, mit lat. mane (›der Morgen‹) verwandt. Ähnlich schwer erklärbare Differenzierungen gibt es in anderen Sprachfamilien. So kommt das russische savtrak (›Frühstück‹) eigenartigerweise von savtra (›morgen‹), während der Morgen, die Frühe usw. stets utro heißen. Das geht auf das altslawische ustro (›der Morgen‹) zurück und dieses auf eine gemeinsame indogermanische Wurzel mit griech. eos (›Morgenröte‹) und dem deutschen ›Ost‹, das sowohl die Himmelsrichtung des Sonnenaufgangs als auch seine Tageszeit angibt.

Le soir heißt in Frankreich die Abendzeit. Soirée ist eine abendliche Veranstaltung, während Matinée auf le matin, den Morgen, Bezug nimmt. Doch manche Matinée beginnt erst, wenn nach deutscher Sitte längst Mittag ist. So wird es heute auch mit ›Nachmittagsvorstellung‹ übersetzt. Und nicht nur am Berliner Ku'damm werben immer mehr Restaurants mit dem Text ›Frühstück bis 16 Uhr‹. Individuelle Lebensgewohnheiten beeinflussen die Interpretation von Zeitbegriffen.

Als im 13. Jahrhundert die ersten mechanischen Uhren erschienen und die Zeit in gleichmäßige Abschnitte teilten, entwickelte sich auch ihr Name *Uhr.* Der sehr allgemeine lateinische Zeitbegriff hora (›Zeit, Jahreszeit; Tageszeit, Stunde‹) ging in altfranzösisch ore, eure und französisch heure über. Daraus wurde englisch hour und erschien im 14. Jahrhundert am Niederrhein als ur[e] (›Stunde‹). Dieser alte Wortsinn aus der Römerzeit ist in der Redewendung ›es ist vier Uhr‹ bewahrt. Erst noch später erhielt Uhr die Bedeutung ›Stundenmesser, Zeitmesser‹, im 19. Jahrhundert wurde sie auf Messgeräte überhaupt wie die Gasuhr (als Verbrauchsmesser) übertragen. Die Stunde heißt heute italienisch ora, spanisch hora und niederländisch uur, dänisch aber time und schwedisch timme (›Zeit‹). Das wahrscheinlich jüngste Wort für die mechanische Uhr bildeten die Tschuktschen im Nordosten Sibiriens. In ihrer noch ganz jungen Literatursprache wird ›Uhr‹ wiedergegeben als ›hämmerndes Herz‹.

Das deutsche Wort *Stunde* benennt erst seit dem 15. Jahrhundert einen mehr oder weniger genau bemessenen Tagesabschnitt. Es hat sich aus einem germanischen Begriff mit der Bedeutung ›stehen‹ entwickelt, bezeichnete also ursprünglich das Stehenbleiben, den Aufenthalt, die Rast oder eine Pause. Ahd. stunta, mhd. stunt meinten noch sehr allgemein einen Zeitabschnitt oder Zeitpunkt, auch die Gelegenheit oder eine Frist. Verwandt sind stunden (›eine Zahlung aufschieben‹), niederländisch stond (›Stunde‹) und schwedisch stund (›Augenblick, Weile‹).

Nur wenige Gelehrte des Mittelalters beschäftigten sich mit den verschiedenen Stundenbegriffen. Die in zwölf *Temporalstunden* zwischen Auf- und Untergang der Sonne geteilte Zeit konnten sie während des ganzen Jahres beobachten, sobald die Sonne schien. Das andere Zeitmaß ließ sich nur zweimal im Jahr, während der Tag- und Nachtgleichen, direkt beobachten. Es teilt eine Umdrehung des Sternenhimmels in 24 *Äquinoktialstunden,* hore equales, die ›gleichen Stunden‹ der Römer. Neben Benedikt von Nursia gehörte auch der fränkische Geschichtsschreiber und Bischof Gregor von Tours zu den Ersten, die sich gründlich damit vertraut machten. Gregor markierte im sechsten Jahrhundert seine Sonnenuhr zum Zeitpunkt eines Äquinoktiums und konnte nun damit die ungefähre Dauer einer Temporalstunde ermitteln. Für die Nächte notierte er, wie oft ein bestimmter Psalm in jeder Hore gesungen werden konnte. Dadurch gelang es, auch die nächtlichen Horen mit Temporalstunden zu vergleichen.

Andere gingen weiter und teilten auch die Stunden. Vor allem den Mondzyklus wollten christliche Zeitrechner damit genauer bestimmen. Langsam keimte bei ihnen der Gedanke, dass das Vernachlässigen der Stundenbruchteile die Ursache der Fehler in den Kalendern sein könnte. Doch sogar Beda, der die Zeitrechnung nach Christi Geburt begründete, schrieb im achten Jahrhundert, dass kein Christenmensch ein anderes Maß benötige als die von Gott gegebene Stunde zwischen Sonnenauf- und untergang. Nur für ›gelehrte Zwecke‹ seien die 24 gleichlangen Stunden von einem Sonnenuntergang zum nächsten zu dulden.

Doch schon im zweiten Jahrhundert hatte der Grieche Claudius Ptolemäus in Alexandria das auf der 60 fußende Sexagesimalsystem der Babylonier hinsichtlich der Bruchrechnung vervollkommnet. Ein Sechzigstel des Stundenabschnitts auf der Sonnenuhr, dieser winzige Schattenstrich, hieß damals *leptos* (›das fein Geteilte‹). Seine Forschungen über die Länge von Monat und Jahr veranlassten ihn, dieses Sechzigstel der Stunde abermals zu teilen. Zur Unterscheidung nannte er es *defterolepto* (›das zweifach Geteilte‹). Neugriechisch heißt lepto die Minute, defterolepto die Sekunde und deftera ist Montag, der zweite Wochentag.

Die Begriffe wurden als pars minuta prima und pars minuta secunda ins Latein übertragen. Pars minuta (›kleiner Teil‹) kommt von minutus (›vermindert, sehr klein‹). Das damit verwandte minutiös (neuerdings auch minuziös) wird heute im Sinne von ›peinlich genau‹ benutzt. Als man es im 18. Jahrhundert aus frz. minutieux entlehnte, hatte es noch die Bedeutung ›kleinlich‹. Prima kommt von primus (›Erster‹), secundus ist von sequi (›folgen‹) abgeleitet und bedeutet eigentlich ›das Folgende‹, später erhielt es die Bedeutung ›zweiter‹.

Neben pars (›das Teil‹) verwendeten die Römer alternativ den bildhaften Ausdruck scrupula, von dem angenommen wird, er gehe auf scrupulus (›spitzer Stein‹) zurück. Vielleicht bezogen sie sich auf das Mosaiksteinchen, Teil des ganzen Bildes, und verglichen es dem Teil des Tages. Außerdem aber verstanden sie den scrupulus in anders übertragenem Sinn als ›Stein des Anstoßes‹ und gaben dem Wort die Bedeutung ›Bedenken‹, worauf sich unser ›Skrupel haben‹ bezieht. Zu denken gibt freilich der Anklang an scripulum, ein altes Winkelmaß, das wohl auf scribo (›ritzen, zeichnen‹) zurückgeht und eine Bogenminute benennt. Wie auch immer, man liest in den alten lateinischen Texten von scrupula prima zu je 60 scrupula secunda, und diese wiederum wurden in 60 Tertien (scrupula tertia) geteilt.

Bequemlichkeit verkürzte die Begriffe zu minuta und secunda. Seit dem 15. Jahrhundert kennt die deutsche Sprache die Worte *Minute* und *Sekunde* in der Bedeutung ›eine sechzigstel Stunde bzw. Minute‹. Nahezu gleich lautend gingen sie in fast alle europäischen Sprachen über. Praktische Bedeutung hatten die als Rechengröße eingeführten Minuten und Sekunden zunächst nicht, erst Räderuhren erlaubten ihre Messung. Bald darauf erwählten die sich schnell entwickelnden Naturwissenschaften die Sekunde als einheitliche Bezugsgröße für Zeit.

Minute und Sekunde beziehen sich stets auf die gleichlangen Stunden, die hore equales. Astrologen und einige Kirchenschriftsteller teilten bis hin zum 14. Jahrhundert auch die hora inaequales, die Temporalstunden, genauer: eine hora in vier puncta, diese in 40 momenta und weiter in 480 unicae (uncie). Das lateinische Wort momentum meinte sowohl die bewegende Kraft als auch die Dauer einer Bewegung. Entsprechend unterscheiden wir im Deutschen ›das Moment‹ von ›dem Moment‹, der wie ›Augenblick‹ umgangssprachlich eine Zeitspanne zwischen einigen Sekunden und wenigen Minuten meint. Diese Verwendung als männliches Substantiv im Sinne von Zeitpunkt ist über das französische le moment zu uns gelangt.

Augustinus soll der Erste gewesen sein, der um das Jahr 400 von einer kleinsten, unteilbaren Zeiteinheit schrieb. Er dachte sich die Zeit aus unendlich vielen *Zeitatomen* zusammengesetzt. Hrabanus Maurus, einflussreicher Klosterlehrer in Fulda, definierte um 850 das Atom genauer: 22.560 von ihnen sollten auf eine Stunde gehen. Andere teilten die Temporalstunden in 480 unicae (uncie) = 21.600 atomi. Außerdem gab es auch eine Teilung des Tages in 60 ›minuta diei‹. Sie dauerten 24 ›normale‹ Minuten und wurden ihrerseits in 60 ›Tages-Sekunden‹ geteilt.

Alle diese Überlegungen entstammen einer Zeit, in der selbst eine Stunde auch nicht annähernd genau gemessen werden konnte. Fromme Christen maßen unterdessen auch kürzere Zeiten am Gebet. So heißt es in einer Konstanzer Chronik von 1295 über ein Erdbeben: Es »weret wohl als lang als ainer ein paternoster und ain ave Maria möcht sprechen« – es währte so lange wie ein Vaterunser und ein Ave Maria. Dass diese Art der Zeitangabe im katholischen Polen noch gegen Ende des 19. Jahrhunderts gängige Praxis war, belegt der Roman *Die Bauern* des Nobelpreisträgers Wladyslaw Reymont in vielfältigen Variationen. Darunter finden sich auch Vergleiche der Zeiteinheiten: »Es ging ein gutes Ave, es ging vielleicht selbst ein ganzes Paternoster vorüber« und »Das alles dauerte ein paar gute Paternoster oder vielleicht auch so lange, wie man einen Rosenkranz betet«.

Seit langem hat die Angabe von Uhrzeiten weitgehend die alten Bezeichnungen der Tagesabschnitte verdrängt. Aber wenn man sich nicht genau erinnert oder wenn ausdrücklich ein gewisser zeitlicher Spielraum bei Verabredungen bewahrt werden soll, kommen die alten Ausdrücke wie ›am späten

Vormittag‹, ›gegen Abend‹ oder ›nach Feierabend‹ zu ihrem Recht. Auch in den Grußformeln existieren die alten Tageszeiten weiter – vorläufig noch, muss angesichts der weltweiten Invasion von ›hallo‹ und ›hey‹ hinzugefügt werden. Traditionell unterscheidet man in Nord- und Mitteldeutschland ›Guten Morgen‹, ›Guten Tag‹, ›Guten Abend‹ und ›Gute Nacht‹. Gewöhnlich vollzieht sich am frühen Vormittag der Wechsel vom ›Morgen‹ zum ›Tag‹. Briten differenzieren weniger, ihr ›good morning‹ geht am Spätnachmittag in ›good evening‹ über. Portugiesen beginnen am frühen Morgen mit bom dia (›Guten Tag‹) und wechseln nach der Siesta zu boa tarde (›Guten Nachmittag‹).

Viele Bewohner des nördlichen Deutschlands grüßen um die Mittagsstunde mit ›Mahlzeit‹, Relikt aus jenen Tagen, da vor dem Essen ein Tischgebet gesprochen und dies nach und nach zur Formel ›gesegnete Mahlzeit‹ verkürzt wurde. Süddeutsche und Österreicher bevorzugen durchgehend das fromme ›Grüß Gott‹ in zahlreichen Abwandlungen bis zum ›Grüezi‹ der Schweizer. Das bayerische ›Pfüati‹ soll eigentlich ›Behüt' dich Gott‹ bedeuten. Zu einem weit verbreiteten Irrtum gibt das ganztägig gebrauchte ›Moin‹ der Ostfriesen Anlass, denn es ist keineswegs ein maulfaules ›Guten Morgen‹, sondern bedeutet ›einen schönen Tag‹ und leitet sich vom holländischen mooi her, was ›schön‹ bedeutet – also maulfaul immerhin doch. Immer noch breitet sich die Sitte ostwärts aus, Bremer und Hamburger grüßen häufig mit ›Moin Moin‹. In den friesisch geprägten Teilen der Niederlande ist das anders, dort hört man ›dag‹ oder ›hoi‹, seltener ›eala‹.

Mehr Genauigkeit herrscht bei schriftlichen Zeitangaben. In alter Zeit waren die Gelegenheiten dafür selten. Auf Briefen aus dem 15. Jahrhundert findet man Beförderungsvermerke der preußischen Post: ›vor Mittag hora VIII‹, ›hora V nach Mittag‹, ›vor Mitternacht h. X‹. Deutsche Poststempel im 19. Jh. unterschieden die Stundenangaben mit den Abkürzungen V, Vm oder M (morgens) für die Vormittagsstunden und N, Nm oder A (abends) für die Nachmittagsstunden. 1887 führte die Deutsche Reichspost (zuerst bei der Berliner Rohrpost) nach schweizerischem Vorbild einen Stempel mit Minutenangabe ein. Hier waren die Datums- und Zeitangaben auf drehbaren Walzen angebracht, sodass sie im Lauf des Tages mühelos geändert werden konnten. Für handschriftliche Zeitangaben bürgerte sich eine eigentümliche Schreibweise ein: Man schrieb die Minutenzahl etwas höher als die Stundenangabe. War der Nachmittag gemeint, so unterstrich man die Minutenziffern, also z.B. $3^{\underline{15}}$ für 15.15 Uhr. Im angloamerikanischen Sprachgebiet bezeichnet der Zusatz ‹am‹ die Vormittagsstunden und ›pm‹ den Nachmittag. Das geht auf das lateinische ante bzw. post meridianus zurück.

In den 1920er-Jahren wurde die 24-Stunden-Zeitrechnung in Deutschland offiziell eingeführt. Aber die mündliche Angabe der Uhrzeit blieb an der zwölfstündigen ›kleinen Uhr‹ orientiert, umgangssprachlich wird weit häufiger ›um acht‹ als ›zwanzig Uhr‹ gesagt. Lange blieben auch die Viertelstunden die gängige kleinere Einheit. Und während bei ›halb acht‹ in Deutschland Einigkeit darüber besteht, dass es sich um sieben Uhr dreißig handelt, scheiden sich bei sieben Uhr fünfzehn die Geister. Süd- und Westdeutsche sagen ›viertel nach sieben‹, Nord- und Mitteldeutsche bevorzugen ›viertel acht‹. Entsprechend ist sieben Uhr fünfundvierzig – ›viertel vor acht‹ oder ›dreiviertel acht‹. Verbreitet sind die Formen ›fünf (Minuten) vor‹ oder ›zehn nach‹ der vollen oder halben Stunde. Andere Möglichkeiten sind aus der Mode gekommen. Die ›Vossische Zeitung‹ berichtete 1838 über die Eröffnung der Berlin-Potsdamer Eisenbahn: »Die Rückfahrt wurde einige Minuten vor drei Viertel auf zwei Uhr angetreten.« Erst das Aufkommen von Armbanduhren mit Digitalanzeige führte zu häufiger Benutzung der korrekten Formen wie ›dreizehn Uhr fünfzehn‹. Aber manche Leute sagen auch ›so viertel halb neun‹ und meinen damit irgendwann zwischen 8:15 Uhr und 8:30 Uhr oder auch etwas später.

Bei einer im Jahr 2001 vom Autor in Berlin durchgeführten Umfrage (insgesamt 123 Personen mit deutscher Muttersprache) verwendeten 76% der langfristig in Berlin und Brandenburg Ansässigen die Formen ›viertel‹ und ›dreiviertel‹, von den ›Zugezogenen‹ nur 37%. Die Benutzer einer Digitaluhr gaben zu 92% die Uhrzeit in der Form ›vierzehn Uhr fünfzehn‹ genau an. Bei den auf eine Analoguhr Blickenden waren es nur 35%, die Übrigen sagten ›viertel‹ bzw. ›viertel nach‹ usw.

Andere Länder – andere Sitten, weiß der Volksmund,und die Uhrzeit ist davon nicht ausgenommen. In Portugal heißt 14:30 Uhr duas e meia (›zwei und halb‹). Griechen sagen mia para tetarto (›ein Viertel vor ein Uhr‹) und Russen bes tschetwerti (›ohne ein Viertel‹) für die 45. Minute. Ägypter kennen auch eine Dreiteilung der Stunde: wi tilt ist der Zeitpunkt 20 Minuten nach der vollen Stunde und illa tilt 20 Minuten davor.

Andere Arten, den Tag zu teilen

Die ländliche Bevölkerung Ostafrikas teilt noch heute den lichten Tag und die Nacht in je zwölf Stunden. Wegen der Äquatornähe hat man wenig Probleme mit den jahreszeitlichen Schwankungen. Entsprechend wird die Zeit in der Suahelisprache mit zwei Zyklen angegeben. Der Tageszyklus

›asubuhi‹ beginnt ungefähr bei Sonnenaufgang und endet mit dem Sonnenuntergang. Mit der kurzen Abenddämmerung beginnt der Nachtzyklus ›jioni‹. Die Zeitangabe saa mbili (›Stunde zwei‹) bedeutet zwei Stunden nach Zyklusbeginn, 8 oder 20 Uhr unserer Zählweise. Meist ergibt der Kontext, was gemeint ist, bei Zweifeln wird der Zyklus genannt. 14.30 Uhr heißt komplett: saa nane na nusu asabuhi (›Stunde acht, und halbe, am Tage‹).

Ähnlich verfährt man in Thailand. Allerdings wird hier traditionell der Tag durch Sonnenauf- und -untergang sowie durch Mitternacht und Mittag in vier Hauptabschnitte gegliedert, deren sechs Stunden man separat abzählt. ›Um zwei‹ kann demzufolge zwei oder acht, vierzehn oder zwanzig Uhr bedeuten. Dieser außerhalb der modernen Geschäftswelt und in ländlichen Gebieten noch heute übliche Brauch macht die Verständigung für Fremde nicht immer leicht.

Chinesische Legenden berichten vom Kaiser Fu Xi, der um 2800 v. Chr. den Kalender erfand, und vom Kaiser Yao, der 2357 v. Chr. die Zeitrechnung eingeführt haben soll. Aber erst die Shang-Dynastie im 17. bis 11. Jh. v. Chr. kannte eine ausgebildete Schrift. Kaiser Huang Ti habe um 2700 v. Chr. Ausrufer ernannt, die die Stunden zu verkünden hatten, ist überliefert. Falls ›Stunden‹ hier den Sonnenaufgang und den höchsten Stand der Mittagssonne meint, ist das vorstellbar. Im Übrigen genügte es außerhalb des kaiserlichen Palastes, die ungefähren Tageszeiten zu benennen.

Irgendwann gelangten die Chinesen ähnlich den Babyloniern – und vielleicht unter frühem Einfluss von dort her – zu einer Teilung des Tages in zwölf ›Doppelstunden‹. Später teilte man sie in Hälften und diese Stunden in vier Einheiten zu 15 fen, den europäischen Minuten entsprechend. Deshalb wohl benutzen Chinesen noch heute gern die Viertelstundenteilung (Tabelle 8).

Zeitpunkt	*Benennung*	*Bedeutung (wörtlich)*
8.15 Uhr	jiudian yike	›acht-Stunde Einviertel‹
6.30 Uhr	liudian ban	›sechs-Stunde Zweiviertel‹
2.00 Uhr	liangdian zhong	›zwei-Stunde ganz‹

Tabelle 8: Uhrzeit-Angaben in China

Von China aus gelangten die Doppelstunden unter dem Namen Toki nach Japan. Hier unterschied man die jeweils erste Stunde shiyo (›die beginnende‹) von sei, der ›richtigen‹. Statt der shiyo und sei unterschied man aber auch in einem parallelen System vier ›obere‹ jo-koku von vier ›unteren‹ ge-koku.

In beiden Fällen wird eine Stunde in vier koku zu 15 bun geteilt und das bun in 60 miyo.

Außerdem führte die Entwicklung in Japan zu den bis ins 20. Jahrhundert hinein benutzten *Neunerstunden.* Man kann sie auf den Zifferblättern alter japanischer Uhren noch entdecken. Es handelt sich dabei um *Toki,* die in neun Einheiten geteilt wurden. Diese Doppelstunden wurden nach dem Ergebnis einer Rechnung benannt, und zwar zählte man die bis zu ihrem Ende insgesamt abgelaufenen Einheiten zusammen. Am Ende der ersten Toki ergibt sich einmal 9 gleich 9, dann zweimal 9 gleich 18, dann 27, 36, 45 und 54. Doch man notierte nur die jeweils letzte Ziffer des Ergebnisses. Durch diese abgekürzte Schreibweise entsteht der Eindruck, die Stunden würden mit fortschreitender Zeit von neun bis vier fallen. Tabelle 9 zeigt die Namen und Dauer der Toki in dieser Zählweise.

Neuner-Ableitung	*Stunde*	*Name*	*Von – bis*	
			vormittags	*nachmittags*
1 x 9 = 0+9	neunte	kokono-tsu-toki	23–1 Uhr	11–13 Uhr
2 x 9 = 10+8	achte	ya-tsu-toki	1–3 Uhr	13–15 Uhr
3 x 9 = 20+7	siebente	nana-tsu-toki	3–5 Uhr	15–17 Uhr
4 x 9 = 30+6	sechste	mu-tsu-toki	5–7 Uhr	17–19 Uhr
5 x 9 = 40+5	fünfte	isu-tsu-toki	7–9 Uhr	19–21 Uhr
6 x 9 = 50+4	vierte	yo-tsu-toki	9–11 Uhr	21–23 Uhr

Tabelle 9: Toki, die japanischen ›Neunerstunden‹

Eigentlich wird der Tag also in zweimal 54 Einheiten (zu durchschnittlich 13,3 Minuten) geteilt. Ungeachtet der Existenz dieser ›Viertelstunden‹ begann man im 19. Jahrhundert, ein Toki in 10 Bun bzw. 100 Rin zu teilen. Zwar folgte diese dezimale Tagesteilung einer Pseudo-Anpassung an europäische Bräuche, doch das neue Bun von durchschnittlich zwölf Minuten machte die Verständigung über die Uhrzeit keineswegs einfacher. So wie das mittelalterliche Europa mit ungleich langen Tages- und Nachtstunden rechnete, waren auch die Toki der Japaner mit der Jahreszeit veränderlich. Japanische Kalender gaben deshalb an jedem 15. Tag die Dauer der Tages- und der Nacht-Toki an.

Ein Jahrtausend hindurch benutzten die Japaner die Wasseruhr zur Anzeige der Toki. In größeren Städten machte man sie durch neun bis vier

Schläge gegen einen Gong bekannt. Im 16. Jahrhundert gelangten dann mechanische Uhren aus Europa nach China und Japan. Zunächst wurden sie als wunderliches Spielzeug angesehen. Dann gelang es auf astrologischer Grundlage, sie für asiatische Verhältnisse brauchbar zu machen: Im 17. Jh. ersetzten chinesische Uhrmacher bei europäischen Uhren die Ziffern durch Tierkreiszeichen. Chinesische Tschi und japanische Toki waren den Zeichen ihres Tierkreises zugeordnet. Die Zählung beginnt mit der Stunde der Ratte um Mitternacht. ›Um Mitternacht beginnen‹ bedeutet nach japanischem Verständnis, dass ihre erste Hälfte von 23 bis 24 Uhr und die zweite von Null bis ein Uhr dauert. Darauf folgen die restlichen elf Zeichen.

Ab etwa Anfang des 18. Jahrhunderts erlaubte die Massenproduktion billiger Uhren in Europa ihren Export nach China, und langsam gewöhnte man sich dort an Zahlen zur Zeitmessung. Japaner aber entwickelten eigene mechanische Uhren für ihre ungleich langen Stunden. Ältere Modelle besitzen ein auswechselbares Zifferblatt, das sich an einem feststehenden Zeiger vorbei dreht. Morgens und abends wurde es ausgetauscht und nach jeweils 15 Tagen ein anderes Paar von Zifferblättern benutzt. Man benötigte also einen Satz von sechs Zifferblättern, und dieser war prinzipiell nur auf einer bestimmten geographischen Breite verwendbar.

Ende des 17. Jahrhunderts wurde auch eine Uhr mit zwei voneinander unabhängigen Hemmungen konstruiert. Hier konnte zwischen Tag- und Nachtbetrieb bequem umgeschaltet werden, aber beide Systeme mussten im Abstand einiger Wochen reguliert werden. Eine interessante Bauform waren Wanduhren, bei denen man die Zeit an der Position ihrer Gewichte ablas. Neben den Toki gab es das alte, in Asien weit verbreitete System der fünf Nachtwachen (Tabelle 10).

Wache	*Name*	*von*	*bis*
1	shoko	19 Uhr	21 Uhr
2	niko	21 Uhr	23 Uhr
3	sanko	23 Uhr	01 Uhr
4	shiko	01 Uhr	03 Uhr
5	goko	03 Uhr	05 Uhr

Tabelle 10: Die japanischen Nachtwachen

Die erste europäische Uhr in Japan soll um 1840 in einer Militärschule benutzt worden sein. Als 1872 das Sonnenjahr den Mondkalender Japans ablöste, ging das japanische Zeitsystem schnell seinem Ende entgegen. Heute wird die Uhrzeit in Japan nach USA-Vorbild im Zwölf-Stunden-System angegeben, und man stellt gozen (a.m., vormittags) bzw. gogo (p.m., nachmittags) der Stundenangabe voran.

Nordindien ist möglicherweise die eigentliche Heimat des ›babylonisch‹ genannten Zahlensystems zur Basis 60, lassen neuere Forschungsergebnisse vermuten. Es verwundert deshalb nicht, dort eine altüberlieferte Teilung des Tages in 60 gleiche Abschnitte vorzufinden. Ein entsprechendes System war den Angehörigen der gebildeten Kasten bis gegen Ende des 19. Jahrhunderts geläufig. Nadi oder Ghati heißt der etwa 24-minütige Tagesabschnitt. Man gliederte ihn weiter in 60 Vinadis oder pala (je 24 Sekunden), teilte das pala in 60 vipala und dies noch einmal in 60 anupala. Diese alte Hindu-Zeitrechnung geht vom Tag als der Zeit zwischen zwei Sonnenaufgängen aus. Außerdem bezieht sie sich auf den etwas längeren siderischen Tag.

Die klassische indische Kosmologie kennt das prana, den Atemzug von vier Sekunden, als Basis jeglicher Zeitrechnung. Von ihm aus führen wechselnde Faktoren zu immer größeren Einheiten: 6 prana bilden ein vinadi, 60 vinadi sind ein nadi, 60 nadi ergeben einen siderischen Tag, oder anders: 360 x 60 Atemzüge sind ein Tag. 6 x (60+1) siderische Tage sind ein siderisches Jahr, das entspricht einem ›Gottestag‹, 6 x 60 Gottestage sind ein Gottesjahr und so fort bis hin zu Jahrmilliarden.

Bei Indiens Buddhisten erscheint das Konzept, den ganzen Tag als Einheit der Berechnung von Monat und Jahr zu verwenden, schon in frühen heiligen Schriften. Im gewöhnlichen Leben aber wurden Tag und Nacht getrennt betrachtet. Die Nächte teilte man in drei Wachen und die Tage in drei Abschnitte: Zuerst trennte der höchste Sonnenstand den Vormittag vom Nachmittag; später kam der ›Beginn des Abends‹ dazu, die Mitte zwischen Mittag und Sonnenuntergang.

Die Länge des eigenen Körperschattens am Mittag wurde zur Einheit für das Messen der Tageszeit. Doch anders als in den Ländern am Mittelmeer hat man sie nicht in Fuß, sondern in Fingerbreiten angegeben. Das zeigen die von Gautama Buddha selbst gegebenen Regeln für die Mönche: Nur einmal täglich dürfen sie Nahrung zu sich nehmen, und zwar dann, wenn der Mittagsschatten wieder länger wird. Die Frist läuft ab, wenn sich ihr Körperschatten um zwei Fingerbreiten verlängert hat.

Andere traditionelle Systeme im indischen Kulturraum teilten den Tag in acht yamas je drei Stunden oder parallel dazu in 30 muhurtas je 48 Minuten. Die südindischen Tamilen bezeichneten mit muhurtham eine Einheit von 90 Minuten. Neben dieser Gliederung in 16 Abschnitte gibt es bei ihnen die Teilung des Tages in 60 naaligai je 24 Minuten. Auch aus diesen Einheiten wurden in mehreren Stufen sehr kleine Zeitmaße abgeleitet. Aber einer realen Zeitmessung haben sie, wie auch die kleinen Teile des pala bei den Hindus, wohl nie gedient; sie finden Erwähnung als allgemeine Phrasen bei religiösen Zeremonien. Den europäischen Minuten- und Sekunden-Begriff kennt man in Indien erst seit der Kolonialzeit. Das zeigt uns das moderne Hindi: ghanta (›die Stunde‹) ist ein eigenes Hinduwort, ihre Teile aber heißen minit und sekend, aus gesprochenem Englisch gebildet.

Doch wissenschaftliche Beschäftigung mit der Zeit hat in Indien eine lange Tradition. Davon zeugen die Verse eines altindischen astronomischen Textes. Sie beschreiben den zickzackförmigen Verlauf einer mathematischen Funktion, welche annähernd die mit der Jahreszeit veränderliche Länge des lichten Tages wiedergibt. Heute wissen wir, dass es sich in Wahrheit um eine abgeleitete Sinusfunktion handelt. Das in Zusammenhang damit angegebene Verhältnis von 2:3 zwischen kürzestem und längstem Tag des Jahres ist korrekt für den 35. Breitengrad, in dessen Nähe wir das nordindische Srinagar finden.

Zum Bestimmen der Dauer von Tagen und Nächten verwendete man Wasseruhren und maß die ausfließende Wassermenge in Muhurtas. Demnach war die von den Jahreszeiten unabhängige Zeiteinheit ursprünglich eine bestimmte Wassermenge, und sie scheint ein vedisches, nicht ein babylonisches Konzept gewesen zu sein.

Allgemeine Verbreitung in Indien und darüber hinaus in ganz Südasien fand jener andere Typ der Wasseruhr, bei der ein kleines gelochtes Gefäß in einem größeren, mit Wasser gefüllten schwimmt und langsam sinkt. Das kann ein ›standardisiertes‹ Tontöpfchen sein oder einfach die Hälfte einer Kokosnuss-Schale. Aber auch diese ›Zeit der sinkenden Kokosnuss‹ von vielleicht drei oder fünf Minuten hat eigentlich noch nichts mit Zeitmessung zu tun, sie bleibt eng an eine bestimmte Handlung gebunden. So setzt sie in den Ereigniszeitkulturen mancher Völker Malaysias noch heute die Zeitgrenze z. B. für einen Wettlauf, bei dem es darum geht, eine möglichst weite Strecke zurückzulegen.

Ghata ist in manchen Sprachen Indiens die Bezeichnung für einen Topf, für ein Gefäß schlechthin. Nach einem Topf, aus dem Wasser ausfließt, heißt in Nordindien der 24 Minuten umfassende Tagesabschnitt ›Ghatika‹. Es werden Araber gewesen sein, die den Begriff nach Nordafrika verpflanzten. In der libyschen Oasenstadt Ghadames besaßen eingesessene Familien das Recht, für eine bestimmte Zeitdauer Wasser aus einem Kanal in ihre Gärten zu leiten. Deshalb teilte man den Tag in 480 Gaddus. Ein Gaddus ist die Zeit, in welcher ein geeichter Topf mit einem engen Loch leer läuft. Ein menschlicher ›Zeitzähler‹ hatte ihn dann neu zu füllen und zwecks Zählung eine Kerbe in ein Palmblatt zu schlagen, 20-mal stündlich. Bis weit ins 20. Jahrhundert existierte diese Einrichtung. Zweifach ist hier die Zeiteinheit mit fließendem Wasser verknüpft, an einen konkreten Zweck gebunden und weit von unseren abstrakten Stunden und Minuten entfernt.

Auch Indianer Mittelamerikas haben das zeitliche Verhältnis zwischen Tag und Nacht beobachtet. Wir wissen nicht, welche Hilfsmittel sie benutzten, aber wir kennen das Ergebnis, es hat in ihrer eigentümlichen Einteilung des Tages seinen Niederschlag gefunden. Handschriften aus den frühen Jahren der spanischen Kolonisierung erwähnen wiederholt die Unterscheidung von dreizehn Teilen des Tages und neun Teilen der Nacht. Dreizehn durch Vögel symbolisierte Gottheiten und neun Nachtgötter repräsentieren sie, und man schrieb ihnen günstigen bzw. ungünstigen Einfluss auf die jeweilige ›Stunde‹ zu. Daneben wurden im Alltagsleben Ausdrücke wie ›Zeit der Dämmerung‹, ›Zeit der Hitze‹ usw. zum Kennzeichnen der Abschnitte des Tages benutzt.

Juden teilen den Tag (jom) in 24 fortlaufend gezählte Stunden (sah) und die Stunde traditionell in 1080 chalakim. Die Zahl 1080 scheint als Produkt von 3 x 6 x 60 mit dem babylonischen Sexagesimalsystem zusammenzuhängen. Weiter wird jedes chalak in 76 regaim (›Augenblicke‹) geteilt. Im bürgerlichen Leben zählt man heute die Stunden ab Mitternacht, wie es international üblich ist. Das Datum dagegen wechselt zum religiös bestimmten Tagesbeginn am Abend, der heute auf 18 Uhr festgesetzt ist. Eine neue Woche beginnt nach dem Sabbat, und ihre Tage haben keine Namen, sondern werden gezählt. Eine jüdische komplexe Wochentag/Zeit-Angabe ›1 d 5 h‹ – erster Tag, fünfte Stunde – entspricht also unserem ›Sonnabend 23 Uhr‹.

Strenggläubige Juden können indessen die vereinfachende Festlegung auf 18 Uhr nicht akzeptieren; ihre Zeremonialgesetze beziehen sich auf die wirkliche Tageslänge. Deshalb benutzen sie Stundentafeln, aus denen die Zeiten für das Morgen- und Abendgebet zu entnehmen sind. Solche Tafeln liegen für unterschiedliche geographische Breiten vor. Darüber hinaus haben unterschiedliche Auslegungen des Talmud abweichend berechnete Tafelwerke veranlasst.

Dieses Problem der richtigen Gebetszeit haben die Muslime pragmatisch gelöst. ›Wenn man einen weißen Faden von einem schwarzen unterscheiden kann‹, sagt der Koran, beginnt der Morgen, und es ist Zeit für das Gebet. Dessen ungeachtet spielen die fünf rituellen Pflichtgebete (salat) eine herausragende Rolle im Alltag muslimischer Staaten. Aber man hat dafür nicht bestimmte Zeitpunkte vorgeschrieben, sondern es wurden – mit Ausnahme des Mittagsgebets – recht flexible, teilweise direkt aneinander anschließende Zeitrahmen gesetzt.

Allerdings sind die möglichen Gebetszeiten in unterschiedlich bewertete Abschnitte unterteilt. Zu bevorzugen ist der Anfang des betreffenden Zeitraums. Jeder erfährt ihn durch den unüberhörbaren Ruf des Muezzins vom Turm der Moschee. Der anschließenden ›noch günstigen‹ Zeitspanne folgt als Drittes die ›erlaubte Zeit‹. Nach dieser gibt es eine zwar noch zulässige, aber bereits missbilligte Frist und endlich eine äußerst kurze Zeitspanne, in der ein Gebet zwar noch begonnen, aber nicht mehr beendet werden kann, die verbotene Zeit. Außerdem ist zu beachten, dass keinesfalls gebetet werden darf, während die Sonne im Zenit oder am Horizont steht. Durch diese Regel soll jeder Anschein einer Anbetung der Sonne vermieden werden.

Folgende vereinfachten Definitionen der *Gebetszeiten* sind geläufig:

- Der Tag der Muslime fängt mit dem vollständigen Untergang der Sonne an, und zugleich beginnt die erste Gebetszeit.
- Zeit für das Nachtgebet ist, wenn die astronomische Dämmerung endet. Dann steht die Sonne 18° unter dem Horizont. Ältere islamische Quellen definieren diesen Zeitpunkt durch allerlei oftmals recht lyrische Umschreibungen.
- Der Zeitraum für das Morgengebet beginnt mit der Morgendämmerung (Sonne 18° unter dem Horizont) und endet mit Sonnenaufgang.
- Zwischen Abend- und Morgengebet kennt man noch den imsak genannten Augenblick, da das erste kaum merkliche Licht die Nacht durchdringt. Bis zu diesem Zeitpunkt darf im Fastenmonat Ramadan morgens gegessen werden; am Abend wird das Fasten nach dem Abendgebet beendet.
- Das Mittagsgebet beginnt, kurz nachdem die Sonne ihren Höchststand erreicht hat. Die älteste bekannte Definition lautet »wenn der Schatten eines senkrechten Stabes wieder länger zu werden beginnt«.
- Der Zeitraum des Nachmittagsgebets beginnt, wenn der Schatten eines senkrechten Gegenstandes gleich ist seiner Länge plus der Schattenlänge zu Mittag.

Grundsätzlich benötigt man keine Hilfsmittel, um die islamischen Gebetszeiten zu bestimmen. Verschiedene Rechtsgelehrte haben ihren Einsatz ausdrücklich abgelehnt. Doch im Mittelalter erlebten Astronomie und Mathematik im islamischen Kulturbereich einen bedeutenden Aufschwung. Höchst präzise Instrumente wurden gebaut und Messmethoden entwickelt, mit denen sich die Gebetszeiten exakt bestimmen ließen. Die Astronomen erstellten umfangreiche Tafelwerke, aus denen Reisende die Gebetszeiten für jeden Ort der Welt und jeden Tag des Jahres entnehmen konnten. Seit der Buchdruck den Orient eroberte, finden sich die Gebetszeiten in den Kalendern und – speziell im Fastenmonat Ramadan – auch in Tageszeitungen. Heute zeigen häufig computergesteuerte Uhren die Gebetszeiten an.

Im islamischen Kulturkreis waren ursprünglich wie im Westen die ungleich langen Temporalstunden verbreitet, die sich ergeben, wenn die Zeit zwischen Auf- und Untergang der Sonne in zwölf gleiche Teile geteilt wird. Sie erlaubten die feste Zuordnung von Gebetszeiten zu Tagesstunden; so wurde das Mittagsgebet mit der sechsten und das Nachmittagsgebet mit der neunten Stunde verbunden. Dann erforderte die Zeitmessung mittels Uhren den Übergang zu gleichmäßig langen Stunden. Weil der Tag weiterhin mit Sonnenuntergang begann, mussten die Uhren täglich neu eingestellt werden. Das war zunächst kein Nachteil, denn die Ganggenauigkeit war ohnehin gering. Als man genauer messen konnte, zeigten die Uhren in Istanbul im Moment des wahren Mittags 4.31 Uhr, wenn es die Zeit der Sommersonnenwende war. Um die Wintermitte fiel dagegen Mittag auf 7.29 Uhr. Im Osmanischen Reich blieb diese Zählweise bis zum Ende des Ersten Weltkrieges üblich. In türkischen Kalendern aus dem 19. Jh. finden sich Umrechnungstabellen von osmanischer zu ›fränkischer‹ Zeit. Nur im Bahn- und Telegraphenverkehr wurde von Anfang an die Osteuropäische Zonenzeit benutzt.

Auch die Zoroastrier in Indien beachten fünf Gebetszeiten und teilen davon ausgehend den Tag in fünf Abschnitte: Hawan von Sonnenaufgang bis Mittag, Rapithwin bis etwa drei Uhr nachmittags, Uzerin bis zum Sonnenuntergang, Aiwisruthrem bis Mitternacht und Ushahin bis zum nächsten Morgen.

Kehren wir zurück nach Europa. Gänzlich abgelöst von religiösen Traditionen, war hier der Kalender der Französischen Revolution entstanden. Als zwischen 1790 und 1805 die Sonntage entfielen, weil man die Wochen durch Dekaden ersetzt hatte, folgte auch die Teilung des Tages und der Stunde dem dezimalen Prinzip. Das scheint auf eine Empfehlung der Astronomen

Delambre und Lalande zurückzugehen. Als der Mathematiker Gilbert Romme den Vorschlag zur Kalenderreform vor dem Konvent begründete, führte er an, wie unbequem die bisherige Teilung der Stunde in 60 Minuten für astronomische Rechnungen sei, und dass mehrere französische Astronomen ihre Instrumente bereits auf Dezimalteilung umgestellt hätten. Auch gäbe es zu astronomischen Zwecken schon entsprechend veränderte Uhren. Man ließ ein neues Dezimal-Sekundenpendel anfertigen und behauptete in der Argumentation, dass dessen Schwingung genau ›mit dem Puls eines Menschen von mittlerer Größe‹ übereinstimme.

Auch Lagrange schätzte in einem Gutachten die Reform positiv ein, wünschte aber eine Änderung der bisherigen Bezeichnungen Stunde, Minute und Sekunde in Dezi-Tag, Zenti-Tag usw. nach dem Vorbild des inzwischen beschlossenen Meters und seiner Unterteilung. Auch merkte er an, die neue Stunde sei für den praktischen Gebrauch zu groß und unbequem; es wäre besser, von der durch die Natur gegebenen Einteilung in Vor- und Nachmittag auszugehen und diese in jeweils zehn Teile zu gliedern. Diese Vorschläge blieben allerdings unbeachtet.

Nun wurden in Paris die Zifferblätter der Uhren übermalt oder ausgetauscht und zeigten nur noch die Zahlen von Eins bis Fünf. Jede der neuen *Dezimalstunden* dauerte 144 der bisherigen Minuten, und eine Dezimalminute entsprach 1,44 gewöhnlichen Minuten. Das Dekret des Konvents von 1793 räumte eine Jahresfrist für den Umbau der Uhren ein. Die noch erhaltenen ›Revolutionsuhren‹ zeigen ein doppeltes Zifferblatt, geteilt von eins bis zehn und zweimal von eins bis zwölf. Das setzte eine Umdrehung des ›Stundenzeigers‹ in 24 der bisherigen Stunden und folglich eine veränderte Konstruktion des eigentlichen Uhrwerks voraus. Minutenzeiger der vorhandenen Uhren büßten ihre Funktion ein, und in den neuen ›Revolutionsuhren‹ drehten sie sich einmal pro Zehnteltag. Bisherige Minuten konnten also ungeachtet des doppelten Zifferblattes nicht abgelesen werden.

Der in der revolutionären Kalenderkommission mitwirkende Lalande hatte sich zunächst als Gegner jeglicher Kalender- und Uhrenreform gezeigt. Nachdem allerdings der Beschluss einmal gefast war, vertrat er 1796 auf dem Gothaer Astronomen-Kongress die Meinung, dass das Dezimalsystem neben Raum- und Längenmaßen, Münzen und Gewichten auch die Zeitrechnung einschließen sollte. Der Vorschlag traf indessen auf taube Ohren, und auch in Frankreich verschwanden nach 1805 die ungewöhnliche Uhr und der neue Kalender sang- und klanglos.

6.3 Zeitmessung im Altertum

Sonnenuhren

Ältester Zeitmesser ist die Sonne, deren Auf- und Untergang Tage von Nächten trennt. Mit ihrer Bewegung verändern sich Richtung und Länge der Schatten so, dass sich an ihnen der Gang der Tage und der Jahre verfolgen lässt. Seit mindestens fünf Jahrtausenden machen Menschen von dieser Eigenschaft Gebrauch. Ägypter lasen aus der Schattenrichtung ihrer Pyramiden die Stunden ab. Später errichteten sie speziell zu diesem Zweck prunkvolle *Obelisken* und weihten sie jener Gottheit, die die Zeit lenkt: Ra, der Sonne. Das Wort Obelisk bedeutet ›versteinerter Sonnenstrahl‹. Um 1500 v. Chr. fand dieser Prototyp der Sonnenuhr seine Vollendung in den ›Nadeln der Kleopatra‹, zwei Kalendersäulen vor einem Tempel in Heliopolis.

Alle alten Hochkulturen von Babylon bis zu den Inka bestimmten aus der Länge der Schatten die Sonnenhöhe. Sie alle verwendeten als Hilfsmittel einen senkrecht stehenden Stab, den die Griechen *Gnomon* nannten. Dieser Name bedeutet ›Kenner‹ oder ›Beurteiler‹ (der Zeit). Das war nicht vordergründig ein Gerät zum Messen der Tageszeit, sondern in erster Linie ein astronomisches Instrument zur Bestimmung der Jahrespunkte und der Schiefe der Ekliptik. Der Schattenstab wird ab dem siebenten Jahrhundert v. Chr. in babylonischen und chinesischen Quellen erwähnt. Die Griechen bestimmten mit seiner Hilfe die geographische Breite des Ortes, und zwar aus dem Längenverhältnis des Gnomons zu seinem Mittagsschatten während einer Tagundnachtgleiche.

Im dritten Jahrhundert v. Chr. kamen in Alexandria *Skaphe* genannte Sonnenuhren auf, die den Schatten eines senkrechten Stifts in eine längliche Rinne (Troguhr), später in eine hohle Halbkugel projizierten. Moderne Bauarten solcher hemisphärischen Sonnenuhren benutzen ein schattenwerfendes Fadenkreuz zur sehr genauen Anzeige der Sonnenzeit. Aristarchus von Samos schloss um 250 v. Chr. aus den mit seiner Skaphe gewonnenen Ergebnissen, dass sich die Erde erstens um sich selbst und zweitens um die sehr weit entfernte sehr große Sonne drehe. Der Gedanke schien 1800 Jahre vor Kopernikus so absurd, dass er keinerlei Folgen zeitigte.

Mit einer entsprechenden Skala versehen, wird der Gnomon zur *Horizontalsonnenuhr*. Auf einem gleichmäßig radial geteilten Halbkreis zeigt die Richtung des Schattens mit den Jahreszeiten unveränderliche Abschnitte des Tages an. Nach babylonischem Vorbild stellte der griechische Philosoph Anaximandros von Milet um 530 v. Chr. die erste Sonnenuhr Griechenlands auf.

Als die Römer im dritten Jahrhundert v. Chr. die Sonnenuhr von den Griechen übernahmen, benötigten sie Stundentafeln, um ihre mit den Jahreszeiten veränderlichen Temporalstunden daran ablesen zu können. Diese Tabellen waren auf einen bestimmten Breitengrad bezogen. Sie gaben in Schritten von jeweils zehn Tagen an, in welchem Verhältnis die zwölf Teile der Schattenskala zueinander stehen mussten. Reiche Bürger Roms hielten sich den horarius, einen gebildeten Sklaven, der die Stunden im Hause auszurufen hatte.

Eine Alternative zum Umrechnen boten großflächige, Horologion oder Solarium genannte Sonnenuhren. Hier übertrug man die Angaben der Tafel auf ein ausgedehntes Liniennetz. Wohl die größte Anlage dieser Art wurde unter Kaiser Augustus auf dem Marsfeld bei Rom errichtet und im Jahre 9 v. Chr. eingeweiht. Als Zeiger verwendete man einen aus dem unterworfenen Ägypten geraubten Obelisken. Die etwa 30 Meter hohe Granitsäule war dort im siebenten Jahrhundert v. Chr. der Sonne geweiht worden. Eine auf ihrer Spitze angebrachte Kugel zeigte nun auf Bronzeeinlagen im Pflaster die Stunden, Tage und Monate an; das Zifferblatt erstreckte sich über eine Fläche von etwa 50 mal 150 Meter.

Zwischen Zeitmessung und astronomischer Beobachtung gibt es gleitende Übergänge, und entsprechend fließend sind die Grenzen zwischen Uhr und astronomischem Messgerät. Neben Uhren dienen Winkelmessgeräte dazu, die Position der Himmelskörper nach Zeit und Ort zu bestimmen. Schon in der Antike war die *Armillarsphäre* (Ringkugel) in Gebrauch. Sie besteht aus mehreren kreisförmigen Ringen, die konzentrisch und gegeneinander drehbar befestigt sind. Richtet man diese nach Horizont, Himmelssphäre und Ekliptik aus, so kann man über eine Visiervorrichtung an Markierungen auf den Ringen die Länge und Breite einer Sternposition ablesen.

Muslimische Gelehrte entwickelten die Armillarsphäre weiter zum scheibenförmigen *Astrolab*, das im elften Jahrhundert über Spanien ins christliche Abendland gelangte. Mit diesem konnte nicht nur die Bewegung der Sterne über Visiereinrichtung und Gradeinteilung gemessen werden, es rechnete auch die beiden Zeitmaße aus. Eine Gradeinteilung am Außenrand zeigte direkt die Äquinoktialstunden, die Temporalstunden erhielt man anhand von Kurven in einer Einlegescheibe. Deshalb bezeichnete es die erste bekannte ins Lateinische übersetzte Gebrauchsanweisung als horologium, Stundenweiser. Nun konnte man die Dauer der ungleichen Stunden bestimmen und sie in gleiche Stunden umrechnen, ohne den Umweg über Wasseruhren zu gehen. Das machte das Astrolab zum frühesten ›Analogrechner‹ der Wissenschaftsgeschichte.

Zusammen mit dem Astrolab war der *Sonnenquadrant* eingeführt worden, dem Viertel einer Astrolab-Rückseite entsprechend. In äquatornahen Zonen rechnete er die Sonnenhöhe in Tagesstunden um. Für mittlere Breitengrade wurde er mit einer verschiebbaren Kalenderskala versehen. Aber die Ablesung erfolgte zunächst an parallelen Geraden, nicht an solchen Kurven, wie sie auf der Vorderseite des Astrolabs standen, und war entsprechend fehlerhaft. 1231 tauchte in Südfrankreich ein auf Kurven umgestellter Quadrant auf. Weil er nur ein Kreisviertel beanspruchte, konnte er größer als ein Astrolab gebaut werden und war deshalb genauer. Zudem fielen alle astronomischen Hilfsmittel weg, sodass es leicht war, mit ihm die Tageszeit bis auf die Viertelstunde genau zu messen.

Viele Jahrhunderte vergingen nach dem Untergang der antiken Reiche, ehe man in Europa wieder Sonnenuhren errichtete. In den Klöstern und Kirchen des Mittelalters sollten die gottesdienstlichen Verrichtungen möglichst gleichzeitig vorgenommen werden. Nur die Sonne konnte eine allgemeine Zeit dafür weisen. Waagerechte eiserne Stäbe an einer Südwand zeigten mit ihrem Schatten an den grob in Stein gemeißelten Zeitlinien die kanonischen Gebetsstunden an. Deshalb bezeichnet man sie als kanoniale Sonnenuhren. Die älteste dieser Art in Deutschland entstand um 820 in Fulda. Das ist die Urform der *Vertikaluhr* mit senkrechtem Zifferblatt, die als Morgen-, Mittags- oder Abenduhr nach Osten, Süden oder Westen gerichtet sein kann.

Die Leistungsfähigkeit der Sonnenuhren verbesserte sich stetig. Auf der Klosterinsel Reichenau im Bodensee erfand der Benediktinermönch Hermann der Lahme um 1050 die *Säulchen-Sonnenuhr*. Unbeeindruckt von Beda's Ratschlägen berücksichtigte er möglichst genau die bisher vernachlässigten Bruchteile der Stunden, um den Kalender von seinen Unstimmigkeiten zu befreien. Hermann hatte mit dem Astrolab die wechselnden Sonnenhöhen im Lauf eines Jahres stündlich gemessen, tabellarisch zusammengestellt und in ein Diagramm umgewandelt. Dessen 24 Säulen, die für jeweils einen halben Monat standen, übertrug er auf eine kleine Walze. Um diese herum zog er wendelförmige Stundenlinien. Oben auf der senkrechten Walze ist ein Schattenstab drehbar befestigt. Stellt man ihn auf das aktuelle Säulchen ein und richtet ihn nach der Sonne, dann fällt sein Schatten entlang der Säule auf die Walze. Diejenige Stundenlinie, die er erreicht, gibt die Zeit an. Ausschlaggebend ist also die Länge, nicht die Richtung des Schattens. Diese einfach herzustellende und einfach zu benutzende ›Hirtenuhr‹ war genauer als alle bisherigen Uhren.

Bei den üblichen Sonnenuhren benutzte man weiter die Radien, die auf einen gleichmäßig geteilten Ziffernkreis trafen. Erst im 13. Jahrhundert erkannte man, dass diese Art von Teilung zu fehlerhaften Ergebnissen führt, und rückte nun die Linien für die Morgen- und Abendstunden enger zusammen. Dadurch wurden die im Jahresverlauf ungleich langen Temporalstunden angemessen abgebildet. Als sich gegen 1350 die gleichlangen Stunden der Räderuhr allmählich durchzusetzen begannen, mussten die Stundenlinien der Sonnenuhr morgens und abends gedehnt und gegen die Mittagslinie hin enger zusammengerückt werden. Das war vom Breitengrad abhängig; eine Erfurter Abhandlung von 1346 bezeugt, dass man entsprechende Tabellen dafür aufstellte. Die älteste nach den neuen Regeln konstruierte Sonnenuhr findet sich am Braunschweiger Dom.

Überwiegend werden Sonnenuhren an der Südwand eines Gebäudes angebracht. Meist aber weicht eine solche Wand von der genauen Ost-West-Richtung ab, und das macht zusätzliche Korrekturen erforderlich. Mit den daraus resultierenden recht komplizierten Konstruktionsaufgaben wurden im Mittelalter und in der frühen Neuzeit oftmals namhafte Gelehrte beauftragt. So konstruierte 1507 der Ingolstädter Astronom Hans Ostermaier eine Sonnenuhr für Regensburg.

Außer den radialen, vom Fußpunkt des Schattenstabes ausgehenden Stundenlinien wurden häufig auch quer dazu verlaufende *Kalenderlinien* angebracht. Von ihnen können die Monate bzw. Tierkreiszeichen sowie die jeweilige Länge der Tage und Nächte abgelesen werden. Die eine Linienschar erfasst die Richtung, die andere die Länge der Schatten. Mathematisch betrachtet entsteht sie durch eine Zentralprojektion der Himmelskugel durch einen schattenwerfenden Punkt. Die täglichen Bahnen der Sonne sind Parallelkreise zum Himmelsäquator. Auf dem ›Zifferblatt‹ entsprechen ihnen infolge der gnomonischen Projektion Kegelschnitte, in Mitteleuropa sind das flache Hyperbelabschnitte.

Meist hat man diejenigen Datumslinien auf Sonnenuhren dargestellt, die eine Grenze zwischen den zwölf Tierkreiszeichen bilden; dazu genügen sieben Linien. Andere ausgewählte Tageslinien sind jene, an denen der Auf- bzw. Untergang der Sonne zur vollen Stunde erfolgt. Auch diese wurden häufig angegeben, gewöhnlich aber nicht durchgezogen, sondern nur verkürzt an den Seiten des Zifferblatts angedeutet. Für eine gut sichtbare Anzeige auf den ›Querlinien‹ sorgt eine kleine Kugel auf der Spitze des Schattenzeigers.

Es ist überliefert, König Ahas von Judäa habe um 730 v. Chr. eine Sonnenuhr mit einem parallel zur Erdachse ausgerichteten Schattenstab bauen lassen. Ein solcher mit der Spitze zum Polarstern zeigender *Polstab* (Polos) wurde in Europa erst am Beginn des 15. Jahrhunderts bekannt. Er muss nach Norden weisen und einen bestimmten Winkel zur Waagerechten einhalten, der mit der geographischen Breite des Aufstellungsortes identisch ist. Es ist also nötig, ihn am Standort der Uhr genau zu justieren. Die Ebene, auf die der Schatten fällt, kann dann beliebig orientiert sein. Wählt man sie aber senkrecht zum Stab (d.h. parallel zur Äquatorebene), dann rückt der Schatten in gleichen Zeitabschnitten stets gleiche Strecken weiter. Man spricht dann von einer *Äquatorial-Sonnenuhr*.

Horizontale Sonnenuhren besitzen oft anstelle des Polos ein rechtwinkliges Dreieck, dessen längste Kante den Schattengeber bildet. In Indien findet man Großuhren, bei denen dieses Dreieck durch eine Mauer realisiert ist. Eine hohe Genauigkeit ergibt sich, wenn der Polos in Form eines Fadens ausgeführt wird. Tragbare Geräte haben stets ein Lot und oft ein klappbares Dreieck. An Stelle der Kugel zeigt eine Kerbe in der Hypotenuse den Monat bzw. das Sternzeichen an.

Die Wiederentdeckung des Polstabs in Europa fällt in die Zeit des Übergangs zu einer neuen Stundenzählung, als die gleichlangen Äquinoktialstunden die veränderlichen Temporalstunden zu verdrängen begannen. An einem Südpfeiler des Doms zu Regensburg kann man zwei eindrucksvolle Zeugen dieses Übergangs sehen. Dort befindet sich eine Sonnenuhr aus dem Jahre 1487 mit waagerechtem Schattenstab und Linien für die Temporalstunden. Unmittelbar darüber sitzt eine Sonnenuhr mit Polstab, welche Äquinoktialstunden angibt. Sie ist mit 1509 datiert.

Manchmal geben zusätzliche schräge Linien auf Sonnenuhren weitere Stundenarten an. Die ›italischen Stunden‹ messen die Zeit seit dem letzen Sonnenuntergang. Das ist zu unterscheiden von den oben beschriebenen ›bürgerlichen italienischen Stunden‹, deren Zählung bei Dunkelwerden bzw. nach besonderer Festlegung begann. Häufig hat man in Deutschland diese Linien rückwärts gezählt und so beschriftet, dass die verbleibenden Stunden bis zum nächsten Sonnenuntergang unmittelbar abgelesen werden können.

Eine weitere auf Sonnenuhren häufige Stundenangabe zählt die seit Sonnenaufgang verstrichenen Stunden. Meist wurden diese als babylonische, manchmal als griechische Stunden bezeichnet, im Norden und Osten Deutschlands sind sie als ›Nürnberger Stunden‹ bekannt. Das arithmetische

Mittel aus diesen und den ›italischen Stunden‹ ist die ab Mitternacht gezählte wahre Ortszeit, und ihre Differenz ergibt die Dauer der Nacht.

Tragbare Sonnenuhren besaß man schon im alten Ägypten. Ein waagerechter Balken trägt am Ende einen senkrechten Querstab. Dreht man diesen zur Sonne hin, dann fällt sein Schatten auf den Längsbalken, der mit Stundenmarkierungen versehen ist. Um 330 v.Chr. entwickelte Parmenio in Alexandria kleine Sonnenuhren zur Benutzung in unterschiedlichen Breiten. Auch die römischen Heere führten transportable Sonnenuhren mit.

Um 1450 begann die gewerbsmäßige Herstellung verschiedenartiger Reise-Sonnenuhren. Kleine aufklappbare Modelle besaßen mehrere Zifferblätter für verschiedene Breitengrade und waren mit einem eingebauten Kompass auszurichten. Äquatorial-Sonnenuhren erhielten einen schwenkbaren Stundenring, den man an einem Winkelbogen auf die Breite des Ortes einstellte. Ab 1650 setzte sich diese Bauform als Reiseuhr allgemein durch. Unmittelbar nach Kriegsende 1945 erlebten Taschen-Sonnenuhren in Deutschland eine Renaissance, sie waren die einzigen damals erhältlichen Uhren.

Je höher der schattenwerfende Gegenstand aufragt, umso schneller wandert die Schattenspitze am Boden und umso kleinere Zeitdifferenzen können genau abgelesen werden. Eine der größten Sonnenuhr-Kalender-Anlagen verbirgt sich im Castell de Monte, einem achteckigen Schloss, das der Stauferkaiser Friedrich II. im 13. Jh. in der Nähe von Andria in Mittelitalien errichten ließ. Der achteckige Innenhof ist mit den Umfassungsmauern so abgestimmt, dass am Tag der Sommersonnenwende um zwölf Uhr die Schattengrenze genau den Winkel zwischen zwischen Mauerwerk und Boden trifft; an der Wand markiert sie den Gang der Jahreszeiten.

Im 1734 eingerichteten Freiluft-Observatorium Jantar Mantar im indischen Rajastan ragt ein steinernes Dreieck 27 m in die Höhe. Samrat Jantra (›wichtigstes Instrument‹) wird es genannt. Sein Schatten bewegt sich in einer Minute um 7 cm. Er fällt auf einen Halbkreis von 30 m Durchmesser, der in Winkelgrade, Stunden und Minuten geteilt ist. Bis etwa 1850 gab man von hier aus der Bevölkerung der nahegelegenen Stadt Jaipur markante Uhrzeiten durch Kanonenschüsse bekannt.

Aus dem Jahre 1844 hat Frazer aus Ghana vom ›Abfeuern der Achtuhrkanone im Fort‹ berichtet. Im 18. Jahrhundert war an Europas Fürstenhöfen eine Sonnenuhr mit automatischer ›Mittagskanone‹ beliebt. Ein kleines Brennglas am Ende einer genau ausgerichteten Röhre lässt bei höchstem Sonnenstand die gebündelten Sonnenstrahlen in eine mit Schießpulver gefüllte Mulde fallen. Der ›Schuss‹ zeigt die Mittagsstunde an.

Loch-Sonnenuhren kehren das Prinzip des Schattenwurfs um. Bei ihnen fällt durch eine enge Öffnung ein Lichtstrahl auf eine dunkle Fläche. Eher als Schmuck denn zur praktischen Zeitmessung wird eine Salzburger Tisch-Sonnenuhr gedient haben. Die Marmorplatte eines kleinen Mittelfußtisches ist an drei Stellen so durchbohrt, dass durch die Löcher Sonnenstrahlen auf die Stundenbänder an der Tischsäule fallen.

Anders der ehemals in Alpenländern häufige einfache ›Bauernring‹. Er besteht aus einem breiten äußeren Metallring mit einem längs eingeschnittenen Schlitz. Darin kann ein innerer Ring, der das Sonnenöhr trägt, entsprechend der Jahreszeit verschoben werden. Außen ist eine Monatsskala und innen das Stundenband eingraviert. Man stellt sich mit dem Rücken zur Sonne und hält den Ring senkrecht an einer Öse hängend so, dass das Sonnenlicht durch das Öhr fallen kann. Die Anzeige wird durch die Höhe des Sonnenstandes bestimmt. Der Bauernring ist vermutlich von dem Wiener Astronomen Georg Peuerbach um 1460 erfunden worden.

Bei der zweifachen Ringsonnenuhr sind zwei Reifen klappbar ineinander gesetzt. Der äußere Meridianring wird nach Süden ausgerichtet und auf einem Schieber das Datum eingestellt. Ein innerer Ring trägt die Stundenskala und wird parallel zum Äquator eingestellt. Solche Uhren entstanden bereits vor 1450. Ein modernisiertes Modell wurde im 17. und 18. Jh. in England gefertigt. Auf seinem äußeren Meridianring ist die Halterung verschiebbar aufgesetzt, mit ihrer Hilfe kann die Polhöhe verändert werden. Quer durch diesen Ring läuft ein Stab mit einem Monatsschieber, in den das Lichtöhr gebohrt ist. Senkrecht dazu ist der Äquatorialring eingesetzt, der die Stundenteilung trägt. Man dreht den Polstab, bis durch das Öhr ein Sonnenstrahl auf die Skala fällt. Eine Feinteilung an der Ring-Innenseite ermöglicht eine Ablesegenauigkeit von zwei Minuten.

Das Prinzip der Loch-Sonnenuhr ist als *gnomonisches Loch* in Bauwerken bekannt. Der Geograph und Mathematiker Paolo del Pozzo Toscanelli konstruierte 1475 in Santa Maria del Fiore, dem Dom von Florenz, einen ›Meridian‹ zur Berechnung der Jahreslänge und der Äquinoktialpunkte. Durch ein kleines ›Sonnenloch‹ in der Kuppel wird ein Lichtpunkt auf den Boden projiziert, der täglich bogenförmig wandert und sich mit den Jahreszeiten verschiebt. Die Gipfelpunkte dieser Bögen bilden die gesuchte Mittagslinie. Sie wurde markiert und ist im Boden des Altarraumes noch heute erkennbar. Ein Jahrhundert später ließ Egnatio Danti weitere Meridiane errichten. Er ist vor allem durch seine Mitwirkung in der Kalenderkommission bekannt, die Gregors Reform von 1582 vorbereitete.

Nicht wenige Kirchen, darunter z.B. die Michaelskapelle im Erfurter

Dom, enthalten besondere Öffnungen, durch die das Sonnenlicht einfällt und an bestimmten Festtagen Heiligenbilder etc. beleuchtet. Manchmal schuf die Natur etwas Ähnliches in den Bergen, das prädestinierte solche Plätze für uralte Sonnenkulte. Pünktlich an jedem 12. März und 1. Oktober bricht kurz vor Sonnenaufgang plötzlich Licht durch das ›Martinsloch‹, ein Felsenfenster im Schweizer Kanton Glarus, und bescheint für wenige Minuten den Kirchturm von Elm. Nach dem julianischen Kalender fiel der Frühjahrstermin mit dem 1. März, dem alten römischen Jahresanfang, zusammen. Das nahm die Elmer Bevölkerung zum Anlass, bis 1798 die Annahme des gregorianischen Kalenders zu verweigern.

Vielfach-Sonnenuhren auf geometrisch komplizierten Körpern (Polyedern) sind seit dem 16. Jahrhundert in Europa verbreitet. Sie vereinen mehrere Uhren unterschiedlichen Typs auf vertikalen, horizontalen und schrägen Flächen. Weit bekannt ist die polyedrische Sonnenuhr von 1780 im Garten von Schloss Sanssouci in Potsdam. Das Deutsche Museum München zeigt in seinem ›Sonnenuhrengarten‹ ein modernes, mit Computerunterstützung berechnetes Polyeder mit 25 verschiedenen Zifferblättern. Sobald hier die Sonne scheint, erreicht sie gleichzeitig mindestens sechs davon.

Die Renaissance liebte repräsentativ-dekorative Sonnenuhren. Obwohl deren Dimensionen Zeitangaben in Minutengenauigkeit erlaubt hätten, wurde davon kein Gebrauch gemacht – es hätte dem noch wenig entwickelten Zeitgefühl nicht entsprochen. Sonnenuhren brauchten nicht genauer zu sein als die damals noch am Anfang ihrer Entwicklung stehenden Räderuhren, etwa Viertelstundengenauigkeit genügte allen Anforderungen.

Typisches Beispiel einer solchen Renaissance-Uhr hinsichtlich Inhalt und Gestaltung ist ein Sonnenuhren-Paar an der Rathausapotheke auf dem Untermarkt in Görlitz. Es geht auf Zacharias Scultetus zurück, dessen jüngerer Bruder Bartholomaeus als Astronom und Mathematiker bei der gregorianischen Kalenderreform mitwirkte und als Autor einer ›Gnomonik‹, eines umfangreichen Werkes über den Bau von Sonnenuhren, bekannt wurde. Allerdings entspricht die heutige Gestalt der Uhren infolge Umbauten am Gebäude nicht mehr der ursprünglichen Fassung von etwa 1550.

Die linke Uhr ist mit dem Titel ›Solarium‹ überschrieben. Sie zeigt mit unterschiedlich ausgeführten Linien verschiedene Arten von Stunden an: die ›modernen‹ gleichlangen Stunden, die ab Sonnenuntergang gezählten Stunden der alten italienischen Uhr, andere ab Nachtbeginn gezählte ›bürgerliche italienische‹ Stunden sowie die auf Sonnenuhren häufigen ›Nürnberger‹ oder ›babylonischen‹ Stunden. Dazu kommen noch Tierkreislinien.

Die andere Uhr ist mit Arachne (griechisch: Spinne) überschrieben und trägt ein kompliziertes Netz aus farbigen Linien, das an ein Spinnennetz erinnert. Hieran ist die von den Jahreszeiten abhängige Sonnenhöhe ablesbar sowie der Azimut der Sonne, ihre Abweichung zur Mittagsstunde von der genauen Südrichtung. Außerdem sind die Reihe der Himmelshäuser und die Aufeinanderfolge der Planetenstunden ablesbar.

Seit es mechanische Turmuhren gibt, wurden diese mittags nach der Sonnenuhr an der Südwand gestellt. Das fand erst ein Ende, als *mittlere Ortszeiten* die von den Sonnenuhren gezeigten *wahren Ortszeiten* ablösten. Den Anfang machte Genf am 1. Januar 1780, 1792 folgte London, 1810 Berlin und 1816 Paris.

Nur an vier Tagen im Jahr steht die Sonne mittags genau im Süden: Mitte April, Mitte Juni, Anfang September und Ende Dezember. Und nur dann ist die wahre gleich der mittleren Ortszeit, an den anderen Tagen können beide bis zu 16 Minuten voneinander abweichen. Will man also die mittlere Ortszeit mit der Sonnenuhr bestimmen, dann ist eine Korrektur zu berücksichtigen. Dafür gibt es drei grundsätzliche Möglichkeiten. Am einfachsten ist es, die abgelesene Zeit mit einer Tabelle umzurechnen. Alternativ kann man deren Werte in ein Netz von Linien auf der Uhr einarbeiten. Das stellt hohe Ansprüche an die Präzision der Ausführung, denn die von einem punktförmigen Schattenwerfer im Lauf eines Jahres gezeichneten Stundenlinien ergeben bei der mittleren Zeit keine Geraden, sondern schmale, einer Acht ähnelnde Schleifen.

Die dritte Möglichkeit erfordert einen beweglichen Schattengeber. Diese Bauform gibt es seit etwa 1800, sie heißt *analemmatische Sonnenuhr*. Das griechische Wort analemma bedeutet so viel wie ›Hilfseinrichtung‹. In Zusammenhang mit der Zeitgleichung ist das Analemma eine lineare Projektion der Winkelverschiebung der Sonnenbahn. Eine solche Sonnenuhr besitzt ein horizontales Zifferblatt und einen verschiebbaren Polstab. Es gibt auch nach diesem Prinzip angelegte große begehbare Gartenuhren, auf deren Zifferblatt ein Mensch die Rolle des Schattenwerfers übernimmt – man stellt sich zur Benutzung einfach auf die entsprechende Datumsmarkierung.

Das Salzburger Museum ›Carolino Augusteum‹ hatte 1994 für eine Sonderausstellung eine große Zahl interessanter Sonnenuhren zusammengetragen, unter denen sich auch zahlreiche Sonderformen befanden. Zu diesen gehört eine Präzisions-Sonnenuhr vom Ende des 18. Jahrhunderts, deren Polstab in einem kardanisch aufgehängten Meridianring fixiert ist. Um ihn ist drehbar ein rechteckiger Rahmen montiert, in dem sich ein Lichtloch und diesem gegenüber ein markierter Zielpunkt befinden. Dreht man von Hand den Rahmen so, dass das Sonnenlicht ins Ziel fällt, dann wird gleichzeitig über ein Getriebe ein Zeigerwerk eingestellt, das die Stunden und Minuten anzeigt. Doch der eigentliche Zweck des Gerätes dürfte kaum die Zeitanzeige gewesen sein, eher zu vermuten ist eine ehrgeizige Demonstration handwerklicher Kunstfertigkeit.

Anders eine Globus-Sonnenuhr vom Anfang des 19. Jahrhunderts, die vielleicht als Lehrmittel diente. Eine mit der Weltkarte bemalte Holzkugel ist von einem Meridian- und einem Äquatorring umgeben. Ein Ausleger trägt ein Sonnenöhr, durch welches ein Sonnenstrahl auf den Äquatorring fällt. Stellt man die Mittagsmarkierung unter den Lichtpunkt, dann kann mit Hilfe des Meridianrings die Uhrzeit der Orte rings um die Weltkugel abgelesen werden.

In unserer Zeit befassen sich Liebhaber der Gnomonik mit dem Bau kleiner Sonnenuhren und erreichen eine Anzeigegenauigkeit von wenigen Sekunden. Dann verdienen solche Geräte die Bezeichnung Helio-Chronometer. Eine häufig auf Sonnenuhren anzutreffende Inschrift verrät, was ein Grund für ihre Beliebtheit sein mag: »Horas non numero nisi serenas« (Ich zähle nur die heiteren Stunden). Aber ein um 1720 in Österreich entstandenes Exemplar verkündet: »Me sol vos umbra regit« (Mich regiert die Sonne, euch der Schatten).

Indessen gibt es auch Sonnenuhren, die für die Benutzung bei Mondlicht bestimmt sind. Grundsätzlich kann bei jeder Sonnenuhr mit Polos oder Punktschattenwerfer auch der Mondschatten zur Zeitablesung verwendet werden. Die wahre Ortszeit ergibt sich, indem zu dieser ›Mondschattenzeit‹ der Mondwinkel addiert wird. Dieser beträgt immer bei Vollmond zwölf Stunden, er wächst an jedem Tag um etwa 48 Minuten. Die meisten der sogenannten *Monduhren* tragen auf dem Zifferblatt eine Tabelle, welche den Mondwinkel für die verschiedenen Mondalter angibt. Auf komfortableren Geräten kann das Mondalter von einem bis zu 28 Tagen mit einer drehbaren Scheibe eingestellt und die wahre Sonnenzeit unmittelbar abgelesen werden.

Die Salzburger Ausstellung zeigte eine interessante Klappsonnenuhr aus Nürnberg von 1643, die zusätzlich zur üblichen Ausstattung einer Reiseuhr vorderseitig zwei weitere kleine Sonnenuhren mit feststehendem Gnomon enthält. Die eine, sie ist beschriftet mit »die welsche Uhr«, trägt die Ziffern 10 bis 23, das sind die bei Sonnenuntergang beginnenden italienischen

Stunden. Die andere, »die grosse Uhr« gibt die Stunden 1 bis 14 an, beginnend bei Sonnenaufgang. Die Rückseite dieser Uhrenkombination trägt eine Monduhr.

Eine gute Alternative zur Monduhr ist das Ablesen der Uhrzeit von den Sternen. Viele Menschen in früheren Jahren verstanden sich darauf. Man stellt sich dazu ein in 24 Stunden geteiltes Zifferblatt rings um den Polarstern vor. Als ›Zeiger‹ dient der Kolurstern (Beta Cassiopeiae). Er steht um Mitternacht senkrecht über dem Polarstern, zeigt also oben null Uhr. Dann bewegt er sich linksherum, entgegen dem üblichen ›Uhrzeigersinn‹. Sechs Uhr ist links, zwölf Uhr ist unten, 18 Uhr ist rechts. Die auf diese Weise festgestellte Sternzeit ist Ortszeit, die mit einer Tabelle leicht auf MEZ oder Sommerzeit berichtigt werden kann.

Andere alte Zeitweiser

Eine von der Sonne unabhängige ›absolute‹ Zeitmessung ist mit Verfahren möglich, die auf dem Durchfluss oder Verbrennen einer Substanz beruhen. Die Bewegung eines stofflichen Mediums lässt dabei die Zeit förmlich ›greifbar‹ erscheinen. So ist die Zeit der frühen *Wasseruhren* noch ganz tätigkeitsbezogen.

Einfachste Formen der Wasseruhr bestehen aus einem beliebigen Gefäß, das sich durch ein möglichst kleines Loch sehr langsam entweder füllt oder leert. Nur die Gesamtzeit dieses Vorgangs bildet ein Zeitmaß, es wird nicht weiter unterteilt. Zu diesem Typ gehört der in Indien und Nordafrika bis ins 20. Jahrhundert benutzte Gaddus, der oben bereits beschrieben wurde. Handwerker in Myanmar benutzen noch heute solche äußerst einfachen Einlaufuhren. Sie legen die Hälfte einer Kokosnussschale, die mit einem kleinen Loch versehen ist, in eine Wasserschüssel. Wenn sie vollgelaufen ist, haben sie das Leder lange genug gewalkt.

Längst besaß man in Ägyptens ›Neuem Reich‹ Stern- und Sonnenuhren, und man muss auch Wasseruhren schon gekannt haben, als der Beamte Amenemhet zwischen 1555 und 1534 v. Chr. zur genaueren Stundenmessung eine verbesserte Wasseruhr konstruierte. Eine Inschrift berichtet, er habe die von Monat zu Monat wechselnde Nachtlänge gemessen und ein Verhältnis der Winter- zur Sommernacht von 14 zu 12 festgestellt. Daraufhin habe er für Amenophis I. eine Wasseruhr gebaut, welche die wechselnde Länge der Stunden berücksichtigt.

Das älteste erhaltene Exemplar stammt aus der Regierungszeit Amenophis III. um 1370 v. Chr. Es wurde im Tempel von Karnak gefunden und ist heute im Kairoer Museum ausgestellt. Seine reich dekorierte Außenseite zeigt unter anderem Listen der Mondmonate, der Kalendersterne (Dekane) und der Planeten. Im Innern bilden zwölf senkrechte Linien, jede aus zehn Punkten bestehend, unterschiedliche Skalen für die Monate. Das Alabastergefäß wurde abends mit ungefähr 20 Liter Wasser gefüllt und tropfte durch ein fein gebohrtes Loch langsam aus. Solche Auslaufuhren konnten ziemlich genau die gesamte Auslaufdauer reproduzieren, versagten aber, wenn diese in gleiche Abschnitte geteilt werden sollte. Man kann aus ›genormten‹ Gefäßen mit Gradeinteilung eine genaue Wasseruhr bauen: Wenn die Wände des Gefäßes eine parabolische Kurve bilden, sinkt der Wasserstand in gleichen Zeiten um gleiche Strecken. Die ägyptischen Gefäße aber waren kegelförmig. Nicht einfacher wurde das Problem durch den Umstand, dass mit dem Wechsel der Jahreszeiten unterschiedlich lange Stunden gemessen werden sollten.

Die Babylonier hatten kein Problem mit jahreszeitlichen Unterschieden, denn sie zählten zwölf gleichlange ›Doppelstunden‹. Ihre Wasseruhren waren zylinderförmig und trugen eine ungleichmäßige Gradeinteilung, die das langsamere Ausfließen bei sinkendem Wasserstand ausgleichen sollte. Um 650 v. Chr. waren solche Modelle auch in Assyrien bekannt.

Im griechischen Kulturkreis erschien die Wasseruhr unter dem Namen *Klepsydra*, das bedeutet ›Wasserdieb‹, und das Wort meinte ursprünglich eine Art Kelle, einen Wasserschöpfer. Mit der Entwicklung der Redekunst, etwa seit Aristophanes um 400 v. Chr., trat sie als Zeitmaß auf und fand in den Schulen der Rhetorik Anwendung. Vor Gericht begrenzte sie die Redezeit für Kläger, Beklagte und Richter zu gleichen Teilen. Aristoteles berichtet auch von einer Befristung nach dem Streitwert. Dabei wurde den Parteien eine bestimmte Zahl von Kannen Wassers zugestanden.

Im Garten der Athener Akademie ließ Platon um 380 v. Chr. eine außergewöhnliche Wasseruhr aufstellen. Aus einem Vorratsgefäß tropfte Wasser in ein zweites. Hatte sich darin eine gewisse Wassermenge gesammelt, so stürzte diese plötzlich in ein drittes, dicht verschlossenes Gefäß. Dann konnte die darin eingeschlossene Luft nur durch eine Pfeife entweichen. Die in der Figur eines Flötenspielers verborgene Konstruktion ist als Weckeruhr interpretiert worden; vielleicht gab sie ja tatsächlich dem arbeitsamen Platon oder seinen Schülern das Signal zum Beenden der Siesta.

Bei der Klepsydra des Äneas im vierten Jahrhundert v. Chr. konnte die Öffnung mit Wachs reguliert werden, um die Durchflussmenge an die veränderliche Länge der Nacht anzupassen. Allerdings bemühte sich Äneas nicht um wissenschaftliche Zeitrechnung, sondern um eine ›Nachrichtentechnik‹ für militärische Zwecke. Doch seine Versuche, synchron laufende Wasseruhren als Grundlage eines optischen Telegraphiesystems mit Fackeln zu verwenden, blieben ohne Erfolg.

Nur ein Jahrhundert später konstruierte Ktesibios in Alexandria eine sehr genaue Einlauf-Wasseruhr. Ihr gleichmäßiges Tröpfeln war einem vorgeschalteten Sammelbehälter zu verdanken, in dem ein Schwimmer-Ventil den Wasserstand annähernd konstant hielt. Eine Wasserleitung am Aufstellungsort sorgte für beständigen Zufluss. Aus den Augen einer allegorischen Figur am Fuß dieses Regulierbeckens tropften ›Tränen‹ und wurden durch Röhren in die eigentliche Uhr geleitet. Hier hob ein Schwimmer auf der Wasseroberfläche im Lauf des Tages eine zweite Figur, deren ausgestreckte Hand auf die Zeitskala wies. Diese Skala befand sich in Gestalt wellenförmiger Linien auf dem Umfang einer senkrechten Säule, die sich in 365 Tagen einmal um sich selbst drehte. Dadurch konnten die im Lauf des Jahres unterschiedlich langen Stunden angezeigt werden.

Integriert in die Uhr war ein Kalenderwerk. Jeweils nach 24 Stunden öffnete der Schwimmer ein Ventil, durch welches alles Wasser aus dem Uhrenbehälter abfloss. Dabei trieb es ein Wasserrad, das über ein Räderwerk die Anzeigesäule um etwa ein Grad drehte. Diese vollzog dadurch im Lauf eines Jahres eine vollständige Umdrehung. Ein in zwölf Felder geteilter Fries an ihrem Oberteil zeigte dabei die jeweilige Monatsgottheit an. Samt ihrem Sockel, der die beiden Wasserbehälter enthielt, ragte die Säule fast drei Meter in die Höhe.

Dass es Ktesibios gelang, Zeit linear abzubilden, eine über 24 Stunden andauernde gleichmäßige Zeigerbewegung zu erzielen, erregt unsere Bewunderung. Umso mehr überrascht der zusätzliche Aufwand, mit dem dann die Rückverwandlung in jahreszeitlich unterschiedliche Abschnitte realisiert wird. Der Grund dafür ist einfach: Das Leben der Menschen war an das Tageslicht gebunden. Ihr enges Verhältnis zur Natur bestimmte das gesamte Denken und das Zeitverständnis, eine abstrakt-gleichmäßige Stundenteilung war ihnen völlig fremd. Noch im Mittelalter wurde versucht, mit der Wasseruhr die Temporalstunden zu messen.

Am antiken Marktplatz von Athen erhebt sich ein zwölf Meter hoher achteckiger Marmorturm, den der Volksmund ›Turm der Winde‹ nennt. Auf seinen Seitenwänden stellen Reliefs die acht antiken Windgötter dar, und auf dem Dach wies eine Wetterfahne die Windrichtung. Die Außenwände tragen Sonnenuhren, und innen enthielt der Turm eine Klepsydra. Die Konstruktion dieser öffentlichen ›Normaluhr‹ aus dem ersten Jahrhundert v. Chr. geht auf den syrischen Astronomen Andronikos von Kyrrhos zurück.

Von den Griechen gelangte die Wasseruhr zu den Römern. Auch dort diente sie unter anderem, durch begrenzte Redezeit vor Gericht und im Senat Gleichheit herzustellen. Zu ihrer Bedienung und Pflege wurde das Amt eines Wasserwarts eingerichtet. Um 150 v. Chr. ließ der Zensor Scipio Nascia in Rom eine öffentliche Wasseruhr aufstellen. Im Feldlager benötigte man die Uhr zum Abmessen der Nachtwachen. Cäsar berichtet, die in England längeren Nächte seien ›durch das Wasser‹ bemerkt worden.

Noch viele nach Ktesibios verbanden Wasseruhren mit mechanischen Vorrichtungen. Um 500 wurde auf dem Marktplatz von Gaza die ›Herkulesuhr‹ aufgestellt, eine monumentale Wasseruhr, an der kleine Herkulesfiguren an einem Gong die Stunden schlugen. Um das Jahr 807 erhielt Kaiser Karl der Große von Kalif Harun ar Raschid eine prachtvoll ausgestattete Wasseruhr aus Messing mit Schlagwerk und mechanisch angetriebenem Figurenspiel zum Geschenk. Ein chinesischer Reisender berichtete um diese Zeit aus Antiochia in Syrien von einer goldenen Wasseruhr in Gestalt einer Waage, die stündlich eine Kugel mit klingendem Ton fallen lässt.

Auch in China war die Wasseruhr seit ältester Zeit bekannt. Hier hat man sie zwischen dem 7. und 14. Jh. zu höchster Perfektion fortentwickelt. Um das Jahr 1090 wurde in den Gärten des Kaiserpalastes von Kai Feng, in der heutigen chinesischen Provinz Hunnan, die ›Himmlische Waage‹, ein gewaltiges astronomisches Uhrwerk, erbaut. Der Mönch Su Song, der sie beschrieben hat, war mit Sicherheit ein erfahrener Astronom und vielleicht selbst ihr Konstrukteur. Ein zwölf Meter hohes hölzernes Gestell trug eine Armillarspäre und einen bewegten Himmelsglobus. Kalenderdaten und Tageszeiten wurden optisch durch zahlreiche Figuren und akustisch durch Trommeln angezeigt. Der ganze Mechanismus wurde durch ein Wasserrad von drei Meter Durchmesser mit 36 Schöpfgefäßen angetrieben. Das wesentlichste Merkmal dieser Uhr war indessen eine Sperrvorrichtung, welche die Bewegung stoppte, während ein Gefäß gefüllt wurde. Das ermöglichte einen insgesamt langsamen Lauf des Räderwerks in gleichmäßigen Schritten. 40 Jahre später transportierte man sie nach Peking, wo sie bald zerfiel.

Die Idee, fließendes Wasser zum Antrieb eines Räderwerks mit Zeiger zu verwenden, lebt fort in unserer ›Wasseruhr‹ zum Messen der verbrauchten Wassermenge. Vor allem aber gab sie wohl den Anstoß zur Entwicklung mechanischer Räderuhren, die durch andere, leichter handhabbare Kräfte angetrieben werden. Eine Übergangsform ist die im 16. Jh. in Europa nachgewiesene Walgeuhr. Den Namen erhielt sie nach einem waagerechten, drehbar gelagerten Balken, um den ein Seil geschlungen wird. Ein Seilende ist mit einem Gewicht beschwert und das andere hält ein mit Wasser gefülltes Gefäß, das langsam austropft, dadurch leichter wird und sich aufwärts bewegt. Dabei gleitet ein Zeiger an einer senkrechten Skala vorbei.

In den Klöstern Europas im Mittelalter dienten Wasseruhren gewöhnlich zur Bestimmung der Gebetszeiten während der Nacht. Auffallend ist ein Brauch von Mönchen der Abtei Villers in Belgien. Hier fand man Schiefertafeln aus der Zeit um 1270 mit Vorschriften für die Regelung der Wasseruhr. Sie zeigen uns den Tag in drei Teile je acht Stunden und jedes der Drittel in 24 Abschnitte zu 20 Minuten gegliedert. Jeder Abschnitt ist mit einem von 24 Buchstaben bezeichnet. Aber diese interne Zeitrechnung diente wohl ausschließlich dem die Wasseruhr bedienenden Klosterbruder, um nach ihrem Gang die Zeitpunkte zum Anschlagen der Glocke zu bestimmen. Vielleicht vermittelte eine Tabelle zwischen den Abschnitten und den im Lauf des Jahres ungleich langen kanonischen Stunden.

Als man um 1250 in Venedig klares Glas herzustellen lernte, kamen *Sanduhren* in Gebrauch, setzten sich aber erst im 15. Jahrhundert allgemein durch. Anstelle des Wassers rieselt feiner Sand durch eine kleine Öffnung. Ihre Urform bestand aus zwei flaschenförmigen Gefäßen, die man durch ein Glasröhrchen miteinander verband. Die mit Kitt abgedichtete Anordnung wurde durch einen hölzernen Rahmen stabilisiert. Erst seit dem 18. Jh. wurden Sanduhrgläser von Glasbläsern in einem Stück hergestellt. Dreht man das Glas bzw. den Rahmen um, so beginnt der Sand vom oberen ins untere Gefäß zu laufen. Die Sandmenge wird auf die zu messende Zeitspanne abgestimmt. Es ist überliefert, dass 1392 auf der Baustelle des Mailänder Doms zwei ›Halbstunden-Uhren‹ zur Regelung der Arbeitspausen Verwendung fanden. Die Genauigkeit der Sanduhr hängt stark von der gleichmäßig feinen Körnung des verwendeten Sandes ab. Deshalb benutzte der Astronom Tycho Brahe um 1570 einen der Sanduhr ähnlichen, jedoch mit Quecksilber gefüllten Zeitmesser. Wie Sand benetzt auch dieses Material – anders als Wasser – die Glaswand nicht.

Die vermutlich erste Beschreibung einer Sanduhr findet sich 1313 in Francesco Barberinos *Documenti d'Amore*, die älteste Abbildung 1338 auf einem Fresko von Ambrogio Lorenzetti im Friedenssaal des Palazzo Pubblico von Siena. Hier hält eine Frauengestalt eine Sanduhr hoch. Sie stellt Temperantia dar, eine der vier von Platon gepriesenen Tugenden. Der Ausdruck kommt von lat. temperamentum, das hier als ›Maß, richtige Mischung, Mäßigung‹ zu übersetzen ist und von dem auch tempus, das Wort für Zeit, hergeleitet wurde. Seitdem gilt die Sanduhr als Symbol für Gleichmaß, Geduld, Bescheidung im Augenblick. Auch die Räderuhr wurde erstmals im Zusammenhang mit der Temperantia gemalt, um 1406 auf einer Illustration zu Heinrich Seuses *Horologium.*

Doch die Sanduhr blieb das bevorzugte Attribut allegorischer Darstellungen. Das mag damit zusammenhängen, dass man ihr Alter in der Vergangenheit oft überschätzt hat. Das belegt z.B. das 1442 entstandene Gemälde »Der heilige Hieronymus im Gehäuse« des flämischen Malers Petrus Christus. Hier ist die erst im 13. Jh. in Gebrauch gekommene Sanduhr einem Manne beigegeben, der im vierten Jahrhundert gelebt hat. Aber auch Lexika des 19. Jahrhunderts haben noch die Erfindung der Sanduhr in die Antike verlegt. Außerdem bevorzugte man sie wegen ihrer hohen Anschaulichkeit. So sieht man in Dürers »Ritter, Tod und Teufel« auf den ersten Blick, wie viel Lebenszeit bereits vergangen und wie viel noch zu erwarten ist. Häufig wurde die Sanduhr in der Renaissance mit der Vorstellung des nahenden Todes verbunden. So zeigt z.B. Barthel Behams um 1535 entstandener Kupferstich »Allegorie auf die Vergänglichkeit« eine Sanduhr, ein Kleinkind und mehrere Totenschädel. Mehrere Stiche des 17. Jahrhunderts zeigen ein ›Tödlein‹ – den Knochenmann mit Sense und Sanduhr. Der anschauliche Ausdruck vom ›Verrinnen der Zeit‹ mag angesichts der Sanduhr entstanden sein.

Als sich – mit dem Erscheinen der mechanischen Räderuhr – die jahreszeitlich gleichbleibenden Äquinoktialstunden langsam durchsetzten, stellte man Sanduhren mit dieser Laufzeit her, und die Bezeichnung *Stundenglas* kam auf. Prinzipiell erlauben Markierungen am Glas auch die Anzeige von Teilzeiten. Weil aber der Sand keine ebene Oberfläche bildet, gestaltet sich die Unterteilung der Gesamtlaufzeit in mehrere gleiche Teile noch schwieriger als bei der Wasseruhr. Versuche mit mehrfach eingeschnürten Glaskolben hatten nur mäßigen Erfolg. Man fand einen Ausweg in der Zusammenstellung mehrerer Sanduhrgläser mit unterschiedlichen Laufzeiten. Gestelle mit zwei bis acht Gläsern kommen vor. So konnte nach dem Umwenden einer Kombination mit vier Gläsern das erste eine Viertelstunde laufen, das zweite eine halbe, das nächste drei Viertel und das letzte endlich eine volle Stunde. Ein solches Exemplar findet sich noch auf der Kanzel der Großgestewitzer Dorfkirche unweit Naumburg an der Saale.

In den Kirchen wurde in jenen Jahren oft und ausdauernd gepredigt. Darunter litt nicht selten die Arbeit auf den Feldern, und es kam zu Klagen der Grundbesitzer. Dem trugen die im Zuge der Reformation in den meisten deutschen Ländern eingeführten Kirchenordnungen Rechnung. In einer solchen aus dem Jahre 1565 heißt es: »Die Morgend wie auch alle anderen Predigten sollen durchaus nicht über eine Stunde dauern, deshalb auf jeder Kanzel eine richtige Sanduhr angeschaffet [...] die bei Betretung umgewendet werden soll.«

Zur Zeitmessung über einen längeren Zeitabschnitt brachte man an den Rahmen mancher Stundengläser ein Zifferblatt und einen Stundenzeiger an. Bei jedem Umwenden wurde dieser um einen Teilstrich weiter gestellt – von Hand, durch einen mit dem Rahmen verbundenen Hebel, eine über die Welle gewickelte Schnur oder über ein Zahnradgetriebe. Eine seltene Kombination zwischen Stundenglas und mechanischem Uhrwerk findet man an der Kunstuhr des Heilbronner Rathauses von 1580; hier dreht eine Engelsfigur stündlich eine Sanduhr.

Sanduhren waren preiswert und zuverlässig. Mehrere Jahrhunderte konkurrierten sie erfolgreich mit den teuren und störanfälligen Räderuhren. Sanduhrmacher waren geachtete Handwerker, deren Zunft in Nürnberg seit 1574 ein eigenes Wappen führte. Noch im Jahre 1801 hatte hier der Handel mit Sanduhren größeren Umfang als der mit federgetriebenen Taschenuhren. In den großen Städten des 16. und 17. Jahrhunderts arbeiteten Sänften- und Laternenträger, die man nach Zeitaufwand entlohnte. Zu diesem Zweck führten sie Sanduhren am Gürtel mit sich.

Während der Französischen Revolution ab 1789 waren Sandgläser in der Nationalversammlung in Gebrauch. Auch aus einer Reihe von Rathäusern und Gerichtssälen Europas ist die Benutzung solcher Redezeit-Uhren überliefert. Die Abgeordneten des britischen Unterhauses wurden bis zum Jahre 1951 zur Abstimmung durch eine Glocke zusammengerufen, die so lange läutete, wie eine auf dem Tisch des Präsidenten stehende Zweiminutensanduhr lief. Auch die Zeit des Schulunterrichts wurde mit der Sanduhr bemessen. Theodor Fontane schrieb 1892 in *Frau Jenny Treibel*, um den einem Lehrer entgegengebrachten Respekt zu kennzeichnen: »Wenn er in die Klasse trat, so hörte man den Sand durch das Stundenglas fallen.«

In der Seefahrt erwiesen sich Sanduhren als relativ unempfindlich gegenüber den ständigen Schiffsbewegungen. Deshalb konnten sie sich lange gegen die mechanischen Uhrwerke behaupten. Voraussetzung für ihre richtige Funktion war allerdings das sofortige Umwenden, sobald das Glas abgelaufen war. Diesen Zeitpunkt nannte man Glasen, er wurde der Mannschaft durch Anschlagen der Schiffsglocke mitgeteilt. Sanduhren mit halbstündiger Laufzeit hatten sich für diesen Zweck durchgesetzt, und die erste halbe Stunde wurde mit einem, die zweite mit zwei Glockenschlägen usw. bezeichnet. Jede der auf See üblichen vierstündigen Wachen (Arbeitsschichten) endete also mit ›Acht Glas‹. Das entsprach den Uhrzeiten 4, 12 oder 20 Uhr. Glasen als traditionelles Zeitmaß blieb in der Seefahrt bis ins 20. Jahrhundert üblich. Die Wachen als Tagesabschnitte erhielten besondere Namen. Als Arbeitsschicht hießen sie je nach Lage See-, Hafen- oder Ankerwache, dienstfrei war die Freiwache. Die am wenigsten beliebte Schicht zwischen null und vier Uhr nannten die Matrosen ›Hundewache‹.

Neben dem Stundenglas hatte jedes Schiff ein Logglas, erstmals wird es 1607 erwähnt. Diese spezielle Sanduhr läuft in 14 oder 28 Sekunden aus und hilft beim Messen der Schiffsgeschwindigkeit auf See. Dazu wirft man einen Schwimmkörper, das Logscheit, über Bord. Während es hinter dem Schiff zurückbleibt, läuft die mit Knoten in bestimmtem Abstand versehene Logleine von einer Rolle ab. Die Zahl der während der Laufzeit des Logglases abgelaufenen Knoten gibt unmittelbar die Geschwindigkeit des Schiffs gegenüber der Wasseroberfläche an. Noch heute ist ›Knoten‹ die dafür gebräuchliche Maßeinheit, sie entspricht einer Seemeile pro Stunde.

Auch an Land wurden zahlreiche Arbeiten durch speziell gefertigte Sanduhren erleichtert. Ein Stich aus dem Jahre 1548 zeigt einen Töpfer vor dem Ofen, der mit der Sanduhr die Brenndauer kontrolliert. Im letzten Viertel des 19. Jahrhunderts dienten Sanduhren zum Ermitteln der Telefongebühren. Damals stellte ein Beamter die Verbindungen von Hand her und drehte bei Gesprächsbeginn eine Uhr um. War sie nach drei Minuten abgelaufen, dann notierte er eine Gebühreneinheit, vergewisserte sich, ob noch gesprochen wurde, und wendete sie ggf. erneut. Zuletzt im Baujahr 1901 wurden Sanduhren in Deutschland als Bestandteil der Vermittlungsschränke geliefert und bis gegen 1910 benutzt.

Eine kleine Sanduhr mit einer Laufdauer von 15 oder 30 Sekunden bemisst die Zeit, in der Krankenschwestern den Pulsschlag eines Patienten zählen. Noch heute können solche Pulsuhren in Apotheken gekauft werden. Lange Zeit war die Dosierung medizinischer Bäder und Bestrahlungen mittels Sanduhr üblich, und in fast jeder Sauna findet man noch immer diesen billigen Zeitmesser, dem Temperatur und Feuchtigkeit nichts anhaben können. Als Eieruhr eroberte die Sanduhr die Küchen. Läuft sie einmal vollständig durch, so ist die zum Hartkochen nötige Zeit vergangen. Es gibt Modelle, die auf drei, vier oder fünf Minuten einstellbar sind und nach Ablauf umkippen, wobei eine kleine Glocke angeschlagen wird.

Gegen Ende des 20. Jahrhunderts erlebte die Sanduhr eine Renaissance als Symbol. Millionen von Computerbenutzern sehen auf ihren Bildschirmen eine stilisierte Sanduhr, während ihre Zeit mit Warten auf den Ablauf bestimmter Funktionen des Betriebssystems vergeht. Doch nichts an diesem Bild verändert sich, und Wartenmüssen, ohne dass ein Fortschritt erkennbar wird, führt schnell zu Frustration. Das berücksichtigte um 1995 ein japanischer Konzern bei seinen Personenaufzügen: Ein Display zeigt den Wartenden z.B. in einem Kaufhaus eine laufende Sanduhr, und noch während die letzten Körnchen fallen, öffnet sich die Tür. Das gehört zu den psychologischen Tricks der Marketing-Experten. Das negative Gefühl ›erst nach …‹ wird ersetzt durch ›schon während …‹ In diesem Moment ist die Wartezeit nicht nur vergangen, sie verschwindet auch aus der Erinnerung, wird aus dem Bewusstsein verdrängt durch die Empfindung, beinahe noch ›vorfristig‹ einsteigen zu können.

Das erzeugt gute Laune, die Kunden fühlen sich gut bedient, kaufen mehr und kommen vermutlich wieder. Nun darf auch der Fahrstuhl mit der schönen Sanduhr etwas mehr kosten.

Auch der Rekordwahn unserer Tage ging nicht spurlos an den Sanduhren vorüber. Das Guinness-Buch verzeichnet als kleinste Sanduhr der Welt ein 1992 gebautes Exemplar von 24 mm Höhe und knapp fünf Sekunden Laufzeit. Die größte Sanduhr steht im Sandmuseum der japanischen Stadt Nima, misst sechs Meter Höhe und läuft ein ganzes Jahr.

Einer anderen Gruppe von Zeitmessern liegt *Feuer* zugrunde: Eine bestimmte Menge einer Substanz verbrennt innerhalb definierter Zeit. Ihre Entwicklung mag mit dem langsamen Schwelbrand eines Seils begonnen haben, in das man Knoten zur Markierung schlang. Chinesen erfanden die langsam verglimmenden Räucherstäbchen. Besonders lange, schraubenartig gewundene Exemplare konnten eine ganze Nacht brennen. Manchmal wurde ihre Masse abschnittsweise unterschiedlich parfümiert, sodass hohe Würdenträger die Teile der Nacht am wechselnden Duft unterscheiden konnten.

Ähnlich den glimmenden Stäbchen brannten in den Klöstern Europas mit Strichmarken versehene Kerzen. Sie haben den Vorteil, die Zeitanzeige mit einer Nachtbeleuchtung zu verbinden. Im 16. Jahrhundert kamen Öluhren auf, die ein Glasgefäß mit Stundenmarkierung besaßen. Ein Docht saugt das Öl daraus ab und leitet es zum Brenner. Doch wie bei Kerzen besteht das Problem darin, dass der Verschleiß des Dochtes zu ungleichmäßigem Verbrauch führt. Außerdem beeinflussen Wind, Temperatur und Materialbeschaffenheit die Brenndauer.

Selbst als Wecker sind Feueruhren geeignet, sie waren bis etwa 1600 in China in Gebrauch. In einem Metallbecken verglomm ein aus Paste geformter Strang. Wenn die Glut sein Ende erreichte, setzte sie Fäden in Brand, wodurch Metallkugeln geräuschvoll in das Becken hinabfielen. Mönche in Europa erzielten den gleichen Effekt mittels in Kerzen eingelegter Steinchen, die nach gewisser Brenndauer herausschmolzen.

Für den individuellen Gebrauch mag ein solches Signal in den meisten Fällen genügen. Wenn aber zu bestimmter Zeit die Aufmerksamkeit vieler Personen erregt werden soll, so ist ein ebenso lautes wie markantes Geräusch vonnöten. Wird es regelmäßig, z.B. stündlich wiederholt, ist außerdem ein gewisser Wohlklang erwünscht. Das Romanfragment *Satyricon* des römischen Schriftstellers Gaius Petronius berichtet aus der Zeit um 50 n.Chr. von einem reichen Manne, der mit der Ausrichtung opulenter Gastmähler Ansehen gewinnen möchte. In seinem Speisesaal ist eine Wasseruhr aufgestellt. Sie wird von einem Sklaven beaufsichtigt, der den Beginn einer neuen Stunde durch Trompetenstöße anzukündigen hat.

In Asien schlug man den Gong, um öffentlich die Stunden zu verkünden. Als besonders geeignet erwies sich die *Glocke*, die im sechsten Jahrhundert aus Nordafrika nach Italien eingeführt wurde und sich rasch im gesamten Europa verbreitete. Besonders früh gelangte sie zu irischen Mönchen, von denen sie den lautmalenden keltischen Namen clocc erhielt. Bei den Iren sahen Germanen die Glocke und übernahmen mit dem Gegenstand auch das Wort. Daher kommen schwedisch klocka und ahd. glocca. Die altenglische Form clucge ging später unter und wurde durch the bell ersetzt, das hängt mit bellow (›brüllen‹) zusammen. Das heutige englische Wort clock wurde aus dem niederländischen klokke entlehnt und ist schnell von der Glocke auf die Wanduhr übergegangen. Die französische Form cloche bildete sich aus dem romanischen clocca.

In Italien tauchte das Wort campana (›Glocke‹) auf und brachte campanile (›Glockenturm‹) hervor. Es wird behauptet, der Name der Glocken sei von der Region Campania abgeleitet. Das lateinische Wort bedeutet ›Ebene‹, und in ihm wurzeln auch Champagne, Champignon, Campus, Camping und Kampf. Schließlich liegt es dem Zeitbegriff *Kampagne* zugrunde, der ursprünglich kriegerisch ›Feldzug‹ bedeutete. Heute benennt das Wort groß angelegte, aber zeitlich begrenzte Aktionen. Werbe- oder Wahlkampagnen sind uns geläufig, in Brandenburg wurde die alljährlich nur einige Monate währende Betriebszeit der Zuckerfabriken so genannt.

Ein verwandter Zeitbegriff ist *Saison*. Das lat. satio (›Aussaat‹) hatte im Vulgärlatein die Bedeutung ›Zeit der Aussaat‹ angenommen. Als seison wanderte das Wort ins Altfranzösische, bildete engl. season und frz. saison (›Jahreszeit‹). Aber es bewahrte die Erinnerung an seinen ursprünglichen Sinn, behielt die Nebenbedeutung ›günstige, geeignete Zeit‹. In diesem engeren Sinn wurde es im 17. Jh. entlehnt und bedeutet heute Hauptgeschäfts- oder -reisezeit. Statistiker beobachten saisonale Schwankungen. Das schließt auch wiederkehrende Zeiten besonders schlechten Geschäftsgangs ein.

Papst Sabianus (604-606) wird die Weisung zugeschrieben, allen Menschen die Stunden des Tages durch Glockenschläge anzuzeigen. Wahrscheinlicher ist, dass Glocken zunächst in den Klöstern die Gebetsstunden verkündeten. Später riefen sie die Stadtbewohner zum Gottesdienst. Bei den Ostkirchen ist es von alters her üblich, mit hölzernen Klappern zum Gottesdienst zu rufen. Davon machte auch die katholische Kirche während der stillen Karwoche Gebrauch. Als neben der Kirche Handel und Handwerk wirtschaftliche und politische Macht gewonnen hatten, beanspruchte die Bürgerschaft Glocken zur Regelung des öffentlichen Lebens. Beginnend in Stadtstaaten wie Mailand und Florenz, erschienen städtische Glocken neben jenen der Kirchen.

Bald gab es sie zu vielfältigen Zwecken: Werkglocken riefen die Gesellen zur Arbeit, Marktglocken die Hausfrauen zum Einkauf, Gemeindeglocken die Bürger zur Zusammenkunft und Ratsglocken die Herren zur Sitzung. Am Abend gebot die Schmiedeglocke, lärmende Arbeiten zu beenden, die Torglocke kündigte das Schließen der Tore und die Weinglocke den Ausschankschluss an. Schließlich mahnte die Feuerglocke zur Nacht, Licht und Glut zu bewahren, oder sie warnte vor ausgebrochenem Brand. Friedrich Gerstäcker erwähnt im 19. Jh. die Negerglocke, die am Abend auf Amerikas Farmen die Sklaven in ihre Hütten bannte. Allmählich erschienen die Glocken mit Uhren verbunden auf den Kirch- und Rathaustürmen. Aber nicht jedem gefällt das häufige Geläut. Das Landgericht Aschaffenburg befand 1998, dass das ›reine Zeitläuten‹ nicht zur christlichen Religionsausübung gehöre. Deshalb sei es zu unterlassen, wenn sich Anwohner dadurch gestört fühlen.

Schließlich prägten Glocken und Schlaguhren auch die Sprache. Die Antwort ›schlag vier‹ auf die Frage nach der Uhrzeit ist heute im Deutschen veraltet. Doch beispielsweise im Hindi wird Uhrzeit stets mit dem Ausdruck badja (›geschlagen‹) angegeben und man fragt ›Kitna badja hai?‹ (›Wie viel geschlagen ist?‹). Aber die Redewendung ›wissen, was die Stunde geschlagen hat‹ bedeutet inzwischen etwas ganz anderes, und ›wem die Stunde schlägt‹ (Hemmingway) hat nichts damit zu tun, dass jemandes ›letztes Stündlein geschlagen hat‹. Sogar ein Wort für ›Zeit verschwenden‹ entstand in Zusammenhang mit der Glocke: Lautmalerisch ahmte man ihren Klang beim Hinundherschwingen nach – bum bum – und leitete daraus im 18. Jh. ›bummeln‹ ab. Zunächst bedeutete es ›hin und her schwanken‹, dann ›schlendern, langsam gehen‹ wie der langsam ausschwingende Klöppel und schließlich ›langsam arbeiten‹ oder ›nichts tun‹.

6.4 Mechanische Uhren

Von der Mühle zum Zeiger- und Läutewerk

Eine der bedeutendsten menschlichen Erfindungen, das Rad, war in Zusammenhang mit Transportaufgaben entstanden. Schon 3300 v. Chr. benutzten die Sumerer vierrädrige Wagen. Nur Völker, zu deren Alltag der Wagen gehörte, konnten sich einen Sonnenwagen am Himmel vorstellen oder die Sonne als feuriges, über das Firmament rollendes Rad. Sie fertigten Sonnenwagen als Kultobjekte und verknüpften den Gedanken an das Rad mit Ideen vom Ablauf der Zeit.

Sehr viel später erwuchs aus dem Handwerk die frühe Maschinenbaukunde und entwickelte das Rad zum Zahnrad. Seine erste Hauptanwendung waren von einem Göpel getriebene Schöpfwerke um 500 v. Chr. im Vorderen Orient. Aristoteles erwähnt Zahnräder um 330 v. Chr., und der römische Architekt Vitruv beschreibt 25 v. Chr. eine Wassermühle mit Zahnrad-Winkelgetriebe. Parallel dazu, spätestens um 250 v. Chr. mit Ktesibios in Alexandria beginnend, entstanden kunstvolle Wasseruhren, deren austropfendes Wasser ein Räderwerk trieb. Nun verband sich das Rad konkret mit der Einteilung der Zeit.

Allerdings richtete sich das Interesse überwiegend auf längere Zeitabschnitte; es bestand kein Bedürfnis, den Tag präziser einzuteilen. Ktesibios' Räderwerk bewegte eine Trommel, bei der die Kalenderfunktion überwog. Auch der als ›Himmelsuhr von Antikythera‹ bekannte Mechanismus ist eigentlich ein mechanischer, mit einer Handkurbel angetriebener Kalender bzw. ein astronomisches Rechenwerk. Im Jahre 1900 fanden Schwammtaucher vor der kleinen griechischen Insel Antikythera nahe Kreta in einem antiken Schiffswrack völlig korrodierte Bronzeklumpen, die zuerst für Überreste einer Statue, dann eines Navigationsinstruments gehalten wurden. Erst 1958 erkannte der Engländer Derek del Solla die herausragende Bedeutung des Fundes, und 1971 brachten Röntgenaufnahmen Aufschluss über das darin enthaltene Zahnradgetriebe. Gegeneinander verschiebbare kreisförmige

Skalen zeigen Monatsnamen und Tierkreis-Sternbilder sowie Angaben zu Mondphasen und Planeten. Augenscheinlich bestand der Zweck des Mechanismus darin, die zyklischen Relationen zwischen den Himmelskörpern darzustellen. Das Instrument erfüllte also alle wesentlichen Funktionen der späteren astronomischen Uhren – ausgenommen die Zeitmessung. Es muss um das Jahr 82 v. Chr. hergestellt worden sein und war etwa zwei Jahre in Gebrauch.

Die erstaunlichen Kenntnisse und Fertigkeiten der Schöpfer des Räderwerkes von Antikythera gingen zunächst verloren. Doch immer wieder tauchte die Idee, mittels sich drehender Räder die Zeit zu messen, in verschiedenen Kulturkreisen auf. Von dem persischen Gelehrten Al-Biruni wird berichtet, er habe am Anfang des elften Jahrhunderts im heutigen Afghanistan einen vergleichbaren Mechanismus entworfen.

In China wurde um das Jahr 1090 die durch Wasser angetriebene ›Himmlische Waage‹ erbaut. Diese Räderuhr ist durch ein herausragend neues Merkmal gekennzeichnet: eine Sperrvorrichtung, die in die Speichen eingreift und die Bewegung stoppt, während ein Gefäß gefüllt wird; eine Hemmung also, die einen insgesamt langsamen Lauf des Räderwerks in gleichmäßigen Schritten ermöglicht. Vorarbeiten dazu sollen bereits im achten Jahrhundert geleistet worden sein. Es wird berichtet, Hsing und Lian Ling-Tsan hätten schon um 725 eine Uhr mit mechanischer Hemmung gebaut.

In Europa geriet eine andere Antriebskraft für derartige Maschinen ins Blickfeld. Wie der Müller mit der Kurbel eine Welle drehte, um ein Seil aufzuwickeln, das den schweren Sack hob, konnte umgekehrt ein hinabziehendes Gewicht die Welle drehen und Räder treiben. Pacificus, ein Mönch aus Verona, soll bereits um 850 an einem solchen Antrieb gebastelt haben, scheiterte aber am Problem der wachsenden Beschleunigung. Wohl erst im Lauf des 13. Jahrhunderts fand man in Europa eine befriedigende Lösung, wobei technisches Wissen aus dem islamischen Raum eine Rolle gespielt haben dürfte. 1240 beschreibt Villard de Honnecourt eine Vorrichtung, in der heutige Fachleute eine mechanische Hemmung vermuten.

Dabei bestand das Ziel der gemeinsamen Bemühungen von Astronomen, Zimmerleuten und Schmieden keineswegs im Bau von Zeitmessgeräten. Man suchte vielmehr einen geeigneten Antrieb für astronomische Modelle und Weckvorrichtungen und fand die *Spindelhemmung* mit der schwingenden *Waag*. Ein Gewicht setzt über eine aufgewickelte Schnur ein Räderwerk in Gang. Daneben sitzt auf einer ›Spindel‹ genannten Achse ein Querstab, pendelnd wie der Balken einer Kaufmannswaage. Zwei mit der Spindel verbundene Zapfen greifen abwechselnd in die Zähne des Gangrades ein und werden von diesen aus dem Weg geschoben. So bezieht die Waag ihre Antriebsenergie aus dem Räderwerk. Sie unterbricht die Drehbewegung jeweils für die Dauer eines Hin- und Herschwingens, zerteilt den Fluss der Zeit in viele gleichmäßige Abschnitte. Durch dieses Prinzip verbindet die mechanische Uhr Zählen und Messen, kombiniert ›digitales‹ Zählen durch die Hemmung mit ›analoger‹ stetiger Anzeige am Zifferblatt.

Digitus ist das lateinische Wort für ›Finger‹. Im achten Jahrhundert beschrieb Beda das Fingerrechnen als ›computus vel loquela digitorum‹. Im zehnten Jahrhundert zählte Gerbert von Aurillac nicht mehr an den zehn Fingern, er verschob Rechensteine in den Dezimalspalten des Abakus. Trotzdem nannte er weiter die Zahlzeichen ›digiti‹. Der Begriff blieb für einstellige Zahlen im engl. digits erhalten. Daher kommt die Bezeichnung *Digitalanzeige* für die Anzeige der Uhrzeit in Ziffern. Digitale Daten aber sind vereinbarte Zeichen, die einen Code des Binärsystems verwenden – Eins oder Null, einen Finger gezeigt oder nicht.

In den Aufzeichnungen des Mönchsordens von Citeaux findet sich die erste Erwähnung eines automatischen *Schlagwerks* in Europa. Dieses Gerät schlug nur einmal nach Ablauf einer bestimmten Zeit. Offenbar gab es also zuerst solche selbstständig arbeitenden Schlagwerke, und die eigentliche Uhr hat sich aus ihnen bzw. parallel dazu entwickelt. Das belegt auch das Beispiel der Londoner St.-Paul's-Kathedrale. Im Jahr 1286 wurden hier mechanische Figuren aufgestellt, die stündlich einmal gegen eine Glocke schlugen, und erst im Lauf des 14. Jahrhunderts ergänzte man diese Vorrichtung durch Zeiger und Zifferblatt. Der älteste bekannte Bericht, der ausdrücklich das Zifferblatt einer mechanischen Uhr erwähnt, stammt aus der Zeit zwischen 1322 und 1325 und bezieht sich auf die Kathedrale von Norwich.

Die vermutlich erste mechanische *Turmuhr* erschien 1284 an der Kathedrale von Exeter in Südengland und 1288 folgte die Westminster Hall zu London. Bald eroberte von hier aus die Räderuhr die Türme der aufstrebenden Städte. 1292 Sens, 1300 Beauvais, 1305 Augsburg, 1309 Mailand, 1340 das Kloster von Cluny und die Kathedrale von Chartres, 1344 Padua, 1352 Triest, 1353 Genua, Florenz und Avignon, 1354 Prag, 1356 Pisa und Bologna, 1358 Venedig und Regensburg, 1370 Paris sind nur einige Stationen ihres schnellen Siegeszuges durch Europa. Gegen Ende des 14. Jahrhunderts verfügten alle größeren Städte über mechanische Uhren.

Die öffentliche Uhr avancierte zum Prestigeobjekt ersten Ranges, sie symbolisierte die Leistungsfähigkeit ihrer Bürger, den modernen Geist und Reichtum der Städte. Ein Beleg für ihren ehrgeizigen Wettstreit findet sich im Archiv der italienischen Stadt Lucca, die 1391 einen Uhrmacher verpflichtete, eine Uhr für ihr Rathaus gleich oder besser zu bauen als jene von Pisa. Aber nicht nur der Bau einer Uhr verschlang umfangreiche Mittel, auch für die laufende Unterhaltung war zu sorgen. Gewöhnlich wurde die Stelle eines Uhrenwärters eingerichtet, der orologiarius oder in Italien governatore hieß, der ›Uhren-Vorsteher‹. Daraus entstand der neue Beruf des Uhrmachers, den man in Köln um 1400 ›uyrcklockenmecher‹ nannte. Oft aber zogen Handwerker, die Uhren herstellen konnten, als Reisende von Stadt zu Stadt und übernahmen Aufträge.

Eigenartig ist, dass es trotz des raschen Aufschwungs der Uhrmacherei nur sehr wenige Zeugnisse des Anfangs dieser Entwicklung gibt. Kaum jemand hat aufgezeichnet, wer die frühen Uhren konstruierte, und selbst die wegweisende Erfindung der Hemmung wird in zeitgenössischen Schriften kaum erwähnt. Erst 1364 verfasste Giovanni d'Dondi in Padua eine detaillierte Beschreibung eines Uhrwerks, in welcher Fachleute eine Spindelhemmung zu erkennen glauben.

Poetisch anmutende Namen wurden für das Hin- und Herbewegen des Waagbalkens gefunden. 1369 vergleicht der Franzose Jean Froissart in seinem Gedicht »Le Orloge Amoureus« die einzelnen Teile der Uhr mit Attributen der Liebe. In dem schwingenden Gebilde sah er ein im Winde tanzendes oder zitterndes Blatt, das Foliot. Wie sein deutsches Gegenstück, die Unruh, hat der Name bis heute Bestand. Der Basler Heinrich Halder nennt es gar ›das Frauengemüt‹. 1385 schreibt er in die Gebrauchsanleitung für die von ihm in Luzern gebaute Turmuhr: »Und so das Frouwengemuete ze balde gat, des dich dunke, so henke die bli kloetzli vaste hin us an das redelin, und so es ze trege gat, so henke si hin in an das redelin, hie mitte macht du es hindern und fürdern wie du wit.« Bli-kloetzli, das waren kleine Bleiklötze, Ausgleichsgewichte, mit denen man den Gang der Uhr reguliert hat.

Aber der Gedanke einer gleichmäßig geteilten Zeit drang nur langsam ins Bewusstsein der Menschen. Zu tief waren die bisher gebräuchlichen ungleich langen Stunden darin verwurzelt. Sie genügten zwar den Ansprüchen des Klerus und der Landleute, doch nicht dem aufblühenden Gewerbe und dem Handel. Die Astronomen benutzten seit dem Altertum die gleichlangen hora aequinoctiales und bevorzugten sie als ›natürliche‹ Stunden. Nun zeigte die neue Uhr sie an. Das enthob die Fachleute der Notwendigkeit, für jede Zeitbestimmung umständliche Messungen mit den Astrolabien oder Quadranten anzustellen. Sie erlaubte jedermann, sei es Tag oder Nacht, die Stunden einfach von einem Zifferblatt abzulesen, das bis heute, an den Vorgänger erinnernd, in Italien quadrante und französisch cadran heißt. Ein ›Zeiger‹ zeigte auf die abzulesende Zahl, und um diese Aufgabe des kleinen

Stabes recht deutlich zu machen, gab man ihm die Form einer Hand mit ausgestrecktem Zeigefinger. In England heißt deshalb der Uhrzeiger bis heute ›the hand‹, in Frankreich sagt man aiguille (›die Nadel‹). Juden in Europa nannten gleich die ganze Uhr nach ihm: séjger, und die Frage nach der Uhrzeit lautet auf Jiddisch ›wifl is der séjger?‹.

Dass sich der Uhrzeiger bezogen auf das Zifferblatt rechtsherum dreht, erscheint uns heute als völlig selbstverständlich. Der Ausdruck ›*im Uhrzeigersinn*‹ ist zum sprachlichen Standard für die Angabe von Drehrichtungen schlechthin geworden. Eine logische Erklärung dafür findet sich in der Tatsache, dass sich auch die Sonne im Lauf des Tages ›rechtsherum‹ um den Beobachter bewegt. Entsprechend besitzt der Schatten eines senkrechten Stabes, einer Horizontal-Sonnenuhr, den gleichen Drehsinn. Indessen kann man sich genauso gut den Stundenzeiger der Wanduhr als Schatten eines waagerechten Stabes vorstellen, der auf eine Südwand fällt. Dieser Schatten aber wandert linksherum.

Tatsächlich bestanden zur Zeit der ersten mechanischen Uhren keineswegs einheitliche Auffassungen über den Drehsinn. Zu den ganz wenigen aus dem 15. Jahrhundert erhaltenen ›Linksläufern‹ gehört die schöne große Uhr an der Innenwand über dem Haupteingang von Santa Maria del Fiore, dem Dom von Florenz. Ihr Zifferblatt präsentiert sich außerdem als typisch italienische ›ganze Uhr‹ mit einer Teilung in 24 Stunden, deren Zählung unten beginnt: Sechs Uhr ist rechts, zwölf Uhr ist oben, 18 Uhr ist links. Vor einigen Jahren tauchten wieder linksdrehende Uhren auf, als Scherzartikel einzig hergestellt, um andere zu verwirren. Doch prinzipiell kann man von ihnen – nach einiger Gewöhnung – die Zeit ebenso korrekt ablesen wie von den üblichen Bauformen.

Seit 1336 schlägt die Uhr die Stunde. Die Mailänder Stadtchronik berichtet, Azzo Visconti habe eine Uhr im Turm der Kirche San Gottardo angebracht, die »in der ersten Stunde einen Ton gibt, in der zweiten zwei Schläge, in der dritten drei und in der vierten vier, und so unterscheidet sie die einzelnen Stunden«. Das war damals durchaus nicht selbstverständlich. Die ursprünglich verwendeten Schlossscheiben-Schlagwerke blieben noch für mehr als drei Jahrhunderte vom Uhrwerk getrennt, sodass Glocke und Zeiger keineswegs immer synchron waren. Das änderte sich erst mit der Erfindung des bis heute in schlagenden Uhren gebräuchlichen Rechenschlagwerks. Der Name kommt von einem gezahnten Bauteil, dessen Form an einen Heu-Rechen erinnert. 1686 gewann Daniel Quare in London einen diesbezüglichen Patentstreit gegen seinen Konkurrenten Edward Barlow.

Man kann folgende *Arten der Schlagfolge* unterscheiden:

- Stundenschlag mit Angabe nur der vollen Stunden.
- Französischer Schlag: Zum Stundenschlag tritt ein einzelner Schlag zu jeder halben Stunde.
- Holländerschlag: Angabe der vollen und der halben Stunden mit voller Schlagzahl, wobei zur Unterscheidung der Halbstunden-Schlag auf einer anderen Glocke erfolgt.
- Dreiviertelschlag: Zwischen dem gewöhnlichen Schlagen der vollen Stunden markieren Einzelschläge die drei Viertelstunden.
- Vierviertelschlag: Ein bis vier Schläge geben die Viertelstunden an. Nach dem vierten Viertel wird die volle Stunde auf einer größeren Glocke geschlagen.
- Wiener Schlag: Ein Vierviertelschlag, bei dem nach jedem Viertel die volle verflossene Stunde nachgeschlagen wird.

Nicht in jedem Fall war die Kopplung zwischen Schlag- und Zeigerwerk auch erwünscht. Das zeigt das oben erwähnte Beispiel der ›Nürnberger großen Uhr‹, deren Schläge die wechselnde Dauer des lichten Tages berücksichtigten. Später dann erhielten Uhren ein eigenes kleines Schlagwerk, das zunächst lediglich dazu bestimmt war, den Glöckner zu wecken oder zu erinnern. Das Läuten der Stunden besorgte nach wie vor ein Mensch.

Das deutsche Wort ohrglock (›uhrglocke‹) ist erstmals 1348 in Frankfurt am Main belegt, woanders sagte man zytglocke. Beides deutet wohl auf ihre Eigenschaft, mit der Zahl der Schläge die Stunden anzugeben. Über die Art ihres Antriebs gibt das freilich keine Auskunft. Erst die Nürnberger Chronik von 1396 benutzt den Namen Orglock in Zusammenhang mit dem Ersatz der Stundenglocke am Turm der Sebaldskirche, die nun mit einer Räderuhr verbunden wird. Schließlich setzte sich die ›halbe Uhr‹ mit zwölfteiligem Zifferblatt und einem damit synchronen Schlagwerk durch.

Überall dort, wo die Räderuhr erschien, entfernte sich die Zeiterfahrung der Bürger von der natürlichen Dauer des lichten Tages und der Nächte. Das schied die neue ›Zeit der Kaufleute‹ von der ›Zeit der Kirche‹, wie 1960 der Historiker Jacques Le Goff formulierte. Zwar standen die gleichlangen Stunden im Widerspruch zum Brauch des Klerus, doch war die neue Uhr im Schoß der Kirche, in den Klöstern entstanden. Auch konnte und wollte sich die Geistlichkeit den Wünschen einflussreicher Bürger nicht verschließen. So erschien die mechanische Uhr gleichermaßen an den Türmen der Rathäuser und der Kirchen. Doch wünschte man zum reinen Zeit-Läuten der weltlichen Uhren ein Gegengewicht. So verordnet die Kirchenordnung für Wolfenbüttel von 1564 »morgends, mittags und abends einen sonderlichen glockenschlag, dadurch das volk vermahnet solle werden, die jungfrau Marien anzuruffen«.

Erstmals markierte die Räderuhr Zeitpunkte, die unabhängig von der Sonne definiert werden konnten. So entstand die Möglichkeit, beliebig lange Zeitspannen reproduzierbar zu messen. Das sollte die Wahrnehmung der Zeit dauerhaft entscheidend verändern. Zu den ersten Ergebnissen gehörten klare Regeln im Arbeitsleben. Hatte es doch vordem beispielsweise in Paris geheißen, Feierabend für die Arbeiter sei dann, wenn man zwei ähnliche Geldstücke im Dämmerlicht nicht mehr unterscheiden könne. Die neu gewonnene Ordnung ging Hand in Hand mit einer allgemeinen Beschleunigung des Lebensrhythmus. Bald schlugen die Uhrglocken schon die Viertelstunde, zum ersten Mal 1389 an der Ratsuhr von Rouen.

Uhren für Städte und Uhren für Bürger

Mindestens so wichtig wie gleichmäßige Zeitmessung war Repräsentation für die reichen Handelsstädte. Ihre *Prunkuhren* erhielten schmückendes Beiwerk, zeigten astronomische und astrologische Daten an. Akustische Spielwerke und mechanisch bewegte Figuren machten sie zu Attraktionen. Die vielleicht früheste komplexe Räderuhr mit astronomischen Anzeigen konstruierte 1327 Richard of Wallingford, Abt im Kloster St. Albans in Hertfordshire.

1472 vollendete Meister Hans Düringer nach nur zweijähriger Bauzeit in der Rostocker Hauptkirche St. Marien eine zwölf Meter hohe astronomische Uhr. Anregung für den Auftrag gaben die in Bad Doberan, Lübeck und Stralsund bereits vorhandenen Kunstuhren, besonders aber jene, die der gleiche Meister bereits in Danzig geschaffen hatte. Vom Hauptwerk werden drei Zeiger bewegt, welche die grundlegenden natürlichen Zeitmaße wiedergeben: Jahr, Mondmonat und den in zweimal zwölf Stunden geteilten Tag. Der Stunden-Doppelzeiger dreht sich einmal in 24 Stunden. Zwei scheibenförmige Mond- bzw. Sonnenzeiger rotieren einmal im siderischen Monat (27,33 Tage) bzw. in 365 Tagen. In einem Ausschnitt der oben liegenden Sonnenscheibe wird auf der darunter liegenden Mondscheibe die Mondphase angezeigt. Die Differenzbewegung der Scheiben entspricht dem synodischen Monat von 29,5459 Tagen. Auf den Scheiben befestigte Zeigerstäbe weisen auf das Mondalter in Tagen sowie auf die Tierkreiszeichen, in denen sich Sonne und Mond gerade befinden. Endlich zeigt der Sonnenstab den laufenden Monat an. Außerdem steuert das Hauptwerk die selbstständig angetriebenen Kalender-, Schlag-, Musik- und Figurenspielwerke. Alle ihre Werke sind bis heute funktionstüchtig und im Wesentlichen original erhalten.

Unter dem Uhren-Zifferblatt befindet sich die separate Kalenderscheibe. In sechs Ringen zeigt sie zunächst die Daten eines ›ewigen Kalenders‹:

- den Namen des laufenden Monats und Zahl seiner Tage;
- den Tag im laufenden Monat (ohne 29. Februar, an diesem Tag muss manuell korrigiert werden);
- den Tagesbuchstaben (A bis G, beginnend mit A am ersten Januar);
- den Tagen zugeordnete Heiligennamen;
- die Sonnenaufgangszeit (für je zwei Tage);
- die Dauer von Tag und Nacht am jeweiligen Datum.

Dann folgen sieben weitere Kreise mit Angaben, die jeweils einem Jahr fest zugehören:

- Jahreszahl (die gegenwärtige Scheibe reicht von 1885 bis 2017);
- Goldene Zahl des Jahres;
- Sonntagsbuchstabe (Tage, deren Buchstabe dem Sonntagsbuchstaben des Jahres entspricht, sind Sonntage. Schaltjahre haben zwei);
- der Sonnenzirkel (Zahlenfolge von eins bis 28);
- die Römerzinszahl (Zahlenfolge von eins bis 15);
- der Fastnachtskreis (Wochen und Tage zwischen Weihnachten und Fastnacht);
- der Osterkreis (das Osterdatum).

Als touristische Attraktionen künden solche Großuhren noch heute vom astronomischen, technischen und mathematischen Wissen des späten Mittelalters. Weit berühmt sind z.B. die Uhren am Altstädter Rathaus von Prag oder an der Frauenkirche in Nürnberg mit ihrem reichen Figurenspiel. Wie mühevoll die Erhaltung solcher Geräte ist, zeigt das Beispiel der 1574 vollendeten Uhr im Münster von Straßburg. Erst nach 15-jährigen Vorstudien konnte der Franzose Jean Schwilgué sie im Jahre 1842 reparieren und wieder in Betrieb nehmen. Über ihrem ›ewigen Kalender‹ erscheinen – statt der Tagesbuchstaben wie in Rostock – die Gottheiten der sieben Wochentage auf ihrem Wagen.

Weniger aufwändige, technisch relativ einfache Lösungen ersetzen den Türmer durch Bronzefiguren, die mit Hämmern an eine Glocke schlagen. Berühmt sind die zwei von Paolo Savin gegossenen ›Mohren‹ auf dem Torre dell'Orologio, dem Renaissance-Uhrturm von 1497 am Markusplatz in Venedig. Ein Gegenstück mit markigen Arbeiterfiguren von Josef Wackerle befindet sich seit 1928 auf dem Leipziger Kroch-Hochhaus.

Aus technischer Sicht sind solche Großuhren die frühesten programmgesteuerten Automaten, Keime der industriellen Revolution. »Die Uhr ist der erste zu praktischen Zwecken angewandte Automat«, hat Karl Marx dazu geäußert. Noch schwer und ungefüge, fanden die ersten Räderuhren nur an großen öffentlichen Gebäuden, Kirchen und Klöstern ihren Platz. Doch mit der Zeit wuchs die Geschicklichkeit der Uhrenbauer. Sie vereinten das Wissen und die Fertigkeiten von Pflug- und Waffenschmieden, Schlossern und Kanonengießern, Goldschmieden und Graveuren. Zentren der Uhrmacherkunst entwickelten sich in Augsburg und Nürnberg, Rouen und Paris, in Genf und London. Zusammen mit der Konzentration des Wissens spezialisierten sich die Gewerbe immer stärker. Als 1544 in Nürnberg die erste Uhrmacherzunft entstand, unterschied man bereits Uhr- von Zeigermachern. Der ab 1450 aufkommende Buchdruck unterstützte die Weitergabe des Erfahrungsschatzes der Handwerker und frühen Techniker. Erstmals tauchten technische Schriften auf, die nicht primär die Kriegstechnik behandelten.

Für den individuellen Gebrauch mussten die Uhren kleiner und transportabel werden. Erste *tragbare Uhren* sollen schon Mitte des 14. Jahrhunderts bekannt gewesen sein. Wie wenig indessen dieser Begriff von ›tragbar‹ unseren heutigen Vorstellungen entspricht, können wir dem Umstand entnehmen, dass der König von Frankreich 1387/89 auf Reisen einen seiner Lakaien speziell als Uhrträger beschäftigte. Andererseits ist aber auch berichtet worden, dass sein Vorgänger König Karl V. bereits 1380 eine nur walnussgroße Uhr besessen habe. Doch das kann sich schwerlich auf einen funktionsfähigen Zeitmesser beziehen, eher auf ein prestigeträchtiges Schmuckobjekt.

Eine der Grundvoraussetzungen für transportfähige Uhren wurde geschaffen, als man um 1410 das herabhängende Gewicht durch eine auf die Antriebswelle gewickelte *Spiralfeder* ersetzte. Die Idee wird dem vielseitig begabten Architekten Filippo Brunelleschi aus Florenz zugeschrieben. Das Hinaufziehen des Gewichts wurde vom ›Aufziehen‹ der Feder abgelöst. Das geschah mit einem besonderen steckbaren Handgriff, dem ›Schlüssel‹ zur Uhr. Doch die Zugkraft einer Feder lässt während ihres Ablaufs immer mehr nach. Ab etwa 1430 sorgte die Erfindung der konischen ›Schnecke‹ für gleichmäßige Antriebskraft. Eine Antriebskompensation mit Schnecke und Kettengetriebe ist bis heute für Präzisionsuhren wie Schiffschronometer oder spezielle Taschenuhren gebräuchlich.

Der Uhrenmechanismus wurde weiterentwickelt und verkleinert, bis Henlein um 1510 kleine tragbare Uhren herstellen konnte. Erfunden, wie man lange meinte, hat er sie wohl nicht. Der 1509 als Meister in die Nürnberger Schlosserzunft aufgenommene Peter Henlein (oder Hele) ersetzte die empfindliche Waag durch ein transportfähiges Schwingungssystem. Er verband die Spindelhemmung mit einem Schwungrädchen, das sich durch die Federwirkung einer Schweinsborste hin- und herdrehte. Diese ersten kleinen Uhren waren zunächst dosen-, dann tonnenförmig. Von hora und dem sich gerade erst entwickelnden Wort ›Uhr‹ abgeleitet, nannte man sie Hörlein, Örlein, Aeurlein, also ›Ührchen‹. Das wurde missverstanden als ›Eierlein‹, und so gelangten sie als ›Nürnberger Eier‹ in die Lexika und Schulbücher.

Erst später, gegen Ende des 16. Jahrhunderts, erhielten sie als Halsuhren tatsächlich eine länglich-ovale Form. Nun war ihr Gebrauch allgemein verbreitet. Wer seine Uhr nicht am Bande um den Hals trug, steckte sie in die Tasche – was damals ›Säckchen‹ oder ›Ranzen‹ bedeutete, denn in Kleidungsstücken gab es noch keine Taschen. Erst als nach 1650 die bequemen Westen mit Taschen in Mode kamen, entstand die flache kreisrunde ›Taschenuhr‹ mit einem Glasdeckel über dem Zifferblatt. Doch zunächst hieß sie für mindestens ein Jahrhundert Sackuhr.

Der ›Sonnenkönig‹ Ludwig XIV. ließ sich als ›Maitre du temps‹ (Herr der Zeit) feiern. Es hieß, er beherrsche durch seine Weisheit die Gegenwart, durch seine Erinnerung die Vergangenheit und die Zukunft durch seine Voraussicht. Zahlreiche Uhren wurden ihm gewidmet, und überall in seiner Umgebung ließ er sie aufstellen. Von seinen Untertanen erwartete er, ›ponctuel‹ zu sein, pünktlich. Das Wort kommt von lat. punctum (›das Gestochene, der Einstich‹) und bezieht sich auf das vom Graveur ins Zifferblatt eingestochene Zeichen, den Punkt, der die volle Stunde markiert. Auch in Deutschland gab es seit dem 16. Jahrhundert die neuen Worte *pünktlich* und *Zeitpunkt.* Der Besitz einer kleinen Uhr wurde zur Prestigefrage, stolz wurde sie gezeigt, weshalb sie in Frankreich bis heute montre heißt. Das Wort kommt von montrer (›zeigen‹) und meinte bis dahin die vom Händler ausgelegte Ware, das Schaufenster. Nur die öffentliche, die Wand- und Turmuhr heißt in Frankreich horloge, ›Stunden-Weiser‹.

Doch noch immer waren die Uhren recht ungenau. Im 15. Jahrhundert konnten Großuhren bei sachkundiger Wartung eine tägliche Abweichung von etwa einer Viertelstunde einhalten. Mittags stellte man sie nach der Sonnenuhr auf die jeweilige Ortszeit. Eine für ihre Genauigkeit entscheidende Entdeckung ist dem Italiener Galileo Galilei zu verdanken. Schon 1581 hatte er bemerkt, dass ein Pendel stets in gleichmäßigem Zeittakt hin und her schwingt. Jobst Bürgi, Hofuhrmacher in Kassel und Prag, benutzte um 1600 – obwohl unbewusst – als Erster einen Pendelmechanismus in einer Uhr. Um verlässliche astronomische Beobachtungen zu ermöglichen, ließ er zwei vertikal angeordnete Waag-Hemmungen gegenläufig schwingen, wobei sich Ungleichheiten kompensieren konnten.

Galilei führte unterdessen die ersten wissenschaftlichen Versuche in Zusammenhang mit Zeitmessung durch. Er fand sein Fallgesetz im Experiment mit Kugeln, die er eine schräge Rinne hinabrollen ließ. Das wirkte sich wie eine Zeitlupenaufnahme fallender Kugeln aus. Dazu sang er Marschlieder. Der gleichmäßige Takt erlaubte ihm, die kurzen Zeitintervalle zu schätzen, denn Messgeräte gab es nicht. Dann baute er sich eine spezielle Wasseruhr. Ein breites Gefäß mit einer großen Wassermenge wurde aufgehängt. Aus einem engen, im Boden eingearbeiteten Rohr floss eine der Zeit proportionale Wassermenge, weil sich die Wassersäule über dem Ausfluss praktisch kaum änderte. Durch Wiegen des ausgeflossenen Wassers konnte er genau auf die vergangene Zeit schließen.

Galilei war die Tatsache bekannt, dass die Schwingungsdauer eines *Pendels* bei kleinen Auslenkungen von seiner Masse und Amplitude unabhängig ist. Einer seiner Schüler, der französische Mathematiker Maren Mersenne, fand 1644 heraus, dass ein Pendel von 994 mm Länge auf Meereshöhe eine halbe Schwingung in genau einer Sekunde vollführt. Auf einem hohen Berg ist die Schwerkraft etwas geringer, und das gleiche Pendel benötigt dort tatsächlich eine etwas längere Zeit. Nachdem die Pendelgesetze bekannt waren, bestand die Möglichkeit zu sekundengenauer Zeitmessung.

Die konstruktive Lösung fand 1657 Christian Huygens in Den Haag: Durch die schrägen Flanken eines Steigrades wird dem Pendel bei jeder seiner Schwingungen ein Antriebsimpuls gegeben. Schon 1637 hatte Galilei ihm brieflich die Idee übermittelt. Der niederländische Mathematiker, Physiker und Astronom, eine Schlüsselfigur der wissenschaftlichen Revolution des 17. Jahrhunderts, entdeckte bei diesen Arbeiten, dass ein Pendel vollkommen gleichförmig schwingt, wenn es sich längs einer Zykloide bewegt. Dadurch verbesserte sich die Genauigkeit der Zeitmessung um das Zehnfache.

Solche Neuerungen sprachen sich schnell in der Fachwelt herum. Als der Londoner Uhrmacher Ahaser Fromanteel von Huygens' Erfindung hörte, sandte er noch im gleichen Jahr seinen Sohn nach Den Haag, um die Herstellung von *Pendeluhren* zu erlernen. Ab 1658 produzierten beide dann zahlreiche Stutzuhren und Boden-Standuhren mit Pendel. Rasch verbreiteten sich die Pendeluhren. Die Deutschen entlehnten den Namen Pendüle aus ihrer französischen Bezeichnung pendule. Pendeloques dagegen waren die zur Zierde an der Taschenuhrkette baumelnden Anhängsel. Eigentlich hießen solche Schmuck-Anhänger breloques, woraus der Volksmund Berlocken machte. Allen diesen Worten sowie auch dem ›Pendel‹ liegt lat. pendere (›hängen‹) zugrunde.

In der Folgezeit wurden die Uhren weiter verbessert. Die Spindelhemmung von 1300 war sehr anfällig gegen Verschleiß. Zudem verlangte sie einen großen Pendelausschlag, und der führt zu ungenauem Gang. Um 1670 erfanden William Clement und Robert Hooke die Ankerhemmung, deren Gestalt an einen Schiffsanker erinnert. Sie vermied die bisherigen Nachteile und ermöglichte zudem einen Gang bis zu 30 Stunden. Britische Astronomen konnten 1673 mit einem Langpendel mit Ankerhemmung bereits Viertelsekunden messen.

Ab 1670 erhielten Uhren generell einen *Minutenzeiger*. Aus dem Blick zum Himmel war der Blick zur Uhr geworden, auf dieses kleine Modell des Himmels, das die zwölf Sternbilder des Tierkreises, die zwölf Monde des Jahres auf das Zifferblatt reduziert. Sein ›Mondzeiger‹ kreist zwölfmal, während der ›Sonnenzeiger‹ eine Umrundung vollendet. An den meisten Renaissance-Uhren weist, gerade umgekehrt wie heute, der große Zeiger die Stunden und der kleine die Minuten, denn noch waren die Stunden das Wichtige, die Minuten eher beiläufig. Von der Uhr am mittelalterlichen Altpörtel, dem Stadttor von Speyer, ist die Uhrzeit auf zwei Zifferblättern abzulesen. Ein großes Zifferblatt gibt die Stunden und ein darunter angebrachtes, sehr viel kleineres die Minuten an. Eine Türmchenuhr im Wiener Uhrenmuseum besitzt ebenfalls zwei übereinander angeordnete Zifferblätter. Das obere ist in die 24 Tagesstunden geteilt, auf dem unteren zeigt der ›Minutenzeiger‹ die Viertelstunden, sie sind mit den römischen Ziffern I bis IV markiert. In 24 Stunden geteilt ist auch das Zifferblatt einer astronomischen Standuhr aus dem 17. Jahrhundert, ihr Minutenzeiger benötigt zwei Stunden für eine Umdrehung, und dementsprechend ist der ›Viertelstunden-Ring‹ zweimal von I bis IV beschriftet.

1675 hatte Huygens die Spiralfederunruh vorgeschlagen, im folgenden Jahr baute Isaac Thuret in Paris die erste Taschenuhr damit. Dieses schwingende System ist physikalisch dem Pendel ähnlich und erreicht nahezu dessen Genauigkeit. Aber es speichert fast ausschließlich Bewegungs- statt Lageenergie und ist deshalb ideal für transportable Uhren. Jetzt konnten auch Taschenuhren einen Minutenzeiger erhalten. Ihren Zifferblättern gab man einen zusätzlichen, äußeren ›Minutenring‹ mit arabischen Zahlen von 1 bis 60 in Fünferschritten. Um 1780 wurden arabische Ziffern auch für die Stunden eingeführt, davor benutzte man allein die römischen Zahlen. Abweichend vom allgemeinen Brauch, die Vier als ›IV‹ zu schreiben, findet man auf den Uhren meist eine ›IIII‹. In der Prager Josefstadt aber, dem alten Judenviertel, hat die Uhr am Rathausturm hebräische Zeichen.

Gegen Ende der Renaissance trat bei den Fürsten das Bildungsstreben zurück zugunsten einer Lust an allerlei Spielzeug, zu dem auch technische Apparate gezählt wurden. Uhren und Automaten avancierten zu Lieblingsobjekten herrschaftlicher Unterhaltung, und insofern wurden die Fürsten zu Förderern von Handwerk und Technik. Bis weit ins 19. Jahrhundert waren reich verzierte Uhren vor allem Schmuck- und Schaustücke. Besonderer Beliebtheit aber erfreuten sich Spielwerke. Diese sogenannten Spieluhren basieren auf einem Federwerk, das jenen der Räderuhren gleicht. Doch treibt es lediglich ein Musik- und manchmal ein Figurenwerk, die Zeit kann es nicht anzeigen.

Oft arbeiten Spiel- und Uhrwerk zusammen. Im Mathematisch-Physikalischen Salon des Dresdner Zwingers steht ein um das Jahr 1580 gebauter Weckautomat. In die Brust eines nachgebildeten Bären ist eine Uhr eingelassen, und wenn sie geht, bewegen sich die Augen des Tieres. Zum Wecken schlägt er auf eine Trommel und bewegt dabei das Maul. Manche dieser Geräte scheinen für die Ewigkeit konstruiert. Im Schloss Sanssouci in Potsdam tickt eine 1791 vom preußischen Ober-Hof-Uhrmacher Christian Möllinger gebaute astronomische Flötenuhr, die um die Zeit des Sonnenauf- und -untergangs ein Morgen- und ein Abendlied spielt. Eines ihrer Zahnräder dreht sich nur einmal in 400 Jahren, hat also noch nie einen Umlauf vollendet.

Nicht nur wegen des spielerischen Effekts, sondern als Alternative zu den noch ungenauen Antriebsarten früher Uhren wurde die Kugellaufuhr erfunden. Bei ihr besteht das ›schwingende‹ System aus Metallkugeln, die auf einer schiefen Ebene abrollen und anschließend durch Federkraft wieder auf das Ausgangsniveau gehoben werden. Bei neueren Konstruktionen bewegen sich viele Kugeln auf mehreren Ebenen durch ein kompliziertes Hebelsystem. Teils wird die Bewegung der Mechanismen auf einen Zeiger übertragen, teils ergibt sich die Zeitanzeige aus dem jeweiligen Aufenthalt der Kugeln. Als wahrscheinlicher Erfinder der Kugellaufuhr gilt Christoph Margraf, der um 1600 in Prag für Kaiser Rudolf II. tätig war. Wenig später baute Johann Sayller aus Ulm mehrere Tischuhren, deren zwei Kugeln in einem Rhythmus von etwa fünf Sekunden abrollten. In der Werkstatt des

Augsburger Automatenbauers Hans Schlottheim entstand um diese Zeit eine berühmte Kugellaufuhr in Form eines ›Turms zu Babel‹.

Nach und nach eroberten Haus- und Zimmer-Uhren die wohlhabenden Haushalte. Auch ihre Fähigkeit, den Besitzer zur gewünschten Zeit zu *wecken,* spielte dabei eine Rolle. Seit der Antike bis ins 15. Jahrhundert hatten Seefahrer und Soldaten zu diesem Zweck lebende Hähne mitgeführt. Bis heute heißt der Wecker im Englischen alarm-clock, das kommt vom italienischen all'arme (›zu den Waffen!‹). Im Berliner Kunstgewerbemuseum sieht man eine Einzeiger-Tischuhr aus dem 16. Jh., auf die ein Klingelwerk aufgesteckt werden kann. Es wird durch den Zeiger ausgelöst. Interessant ist auch ein ›Schwarzwälder Gesindewecker‹ aus der Zeit um 1860, den das Uhrenmuseum Furtwangen zeigt. Hier wird der Weckimpuls der Uhr aus dem bäuerlichen Wohnraum durch einen Schnurzug zu einer Glocke in der Gesindestube übertragen. Solche Verfahren müssen gebräuchlich gewesen sein, auch Zedlers Lexikon von 1747 erwähnt solche »Communication vermittels eines Drats« zwischen Wohn- und Schlafräumen.

Später integrierte man den Wecker ins Uhrwerk und konstruierte besonders laute Weckerwerke. Zu Beginn des 20. Jahrhunderts pries die Werbung stolz den ›Sturmglockenwecker‹ als lauteste Weckeruhr der Welt. Mancher feste Schläfer griff auch zum Armbandwecker, der eine Nadelspitze ins Handgelenk drückte. Kurios mutet ein Wecker mit Zündvorrichtung an, der zur gewünschten Zeit ein Knallplättchen zur Explosion brachte, wobei der Funke zugleich eine Petroleumlampe entzünden sollte. Bei einer anderen Konstruktion löste die Weckuhr ein starkes Federwerk aus, das dem Schläfer die Bettdecke entzog. Eine elegantere Lösung bot schließlich der Repetierwecker, der seine Klingelsignale mit zunehmender Lautstärke und Dauer mehrmals wiederholt.

Auf Reisen bedurfte man besonders der Uhr. Spezielle *Reiseuhren* des 18. und 19. Jh. steckten in einer schützenden Lederhülle und waren mit einem Ring zum Aufhängen im Fahrzeug versehen. Uhren für die Nacht erhielten einen besonders langen Zeiger und ein entsprechend großes halb durchsichtiges Zifferblatt aus Pergament. Dahinter stellt man eine Kerze. Das Gehäuse einer im Wiener Uhrenmuseum ausgestellten Lampenuhr von 1670 ist deshalb mit einem kleinen Schornstein aus Blech versehen.

Für Menschen, die den Stunden der Uhr 1675 noch immer misstrauten, war ein Nocturnal, eine *Sternuhr* aus Frankreich, bestimmt. Sie enthält einen Kompass und mehrere Ringe, die auf das Mondalter (29 Teile) und den Tierkreis (12 Teile) verweisen. Damit sollte des Nachts die Zeit anhand von Mond und Sternen bestimmt werden. Etwa um dieselbe Zeit wurde die

Erfindung eines Monsieur de Villayer bekannt, der das Zifferblatt einer Einzeigeruhr mit verschiedenen Gewürzen beklebte. Im Dunkeln konnte er den Zeiger ertasten und dann durch Lecken die Stunde erkennen.

Weitaus praktischer war die gegen 1680 in London erfundene *Repetieruhr.* Sie repetiert, d. h. wiederholt den Stundenschlag der letztvergangenen vollen oder Viertelstunde ›auf Abruf‹, gewöhnlich mittels Knopfdruck. Diese Möglichkeit basiert auf dem von Barlow und Quare entwickelten Rechenschlagwerk. Später wurden hauptsächlich Taschenuhren mit einem Repetierwerk ausgestattet, um auch im Finstern die Zeit ermitteln zu können.

Um 1720 kam in Wohnungen gut situierter Bürger die *Spindeluhr* in Gebrauch, eine Tisch-Standuhr mit Weck- und Schlagwerk. 1780 kam das kurze Vorderpendel auf, das sich vor dem Zifferblatt in raschem Takt hin und her bewegt. ›Wiener Zappler‹ wurde diese Konstruktion genannt, der Volksmund sagte ›Kuhschwanz‹. Mannshohe Standuhren erschienen als Teil der Wohnung reicher Städter. Gegen 1800 spielten schöne Uhren in der Wohnung der Reichen bereits eine große Rolle; Goethe schrieb von seiner Uhr als dem »Kleinod meiner Seele«. Dabei entwickelten sich vielfältige Formen. An der Wand hängende Pendeluhren mit Schlagwerk wurden ab 1820 beliebt. Es gab Telleruhren, deren Zifferblatt aus einem Porzellanteller bestand, und in Gemälde integrierte Bilder-Uhren. In der Biedermeierzeit nach 1830 häufig war die Darstellung eines Kirchturms mit einer funktionierenden Uhr.

Aber im Haushalt der Mittelschichten spielten Uhren um 1850 noch keine Rolle. Dann jedoch sanken die Uhrenpreise drastisch. 1896 bauten die Gebrüder Ingersoll aus Delta in Michigan die erste Ein-Dollar-Uhr, von der binnen eines Jahres eine Million Stück abgesetzt wurden. Um 1900 war ein Wecker auch in deutschen Arbeiterfamilien normal. Die rigorose Zeitordnung der Industriegesellschaft forderte ihren Tribut an Schlafenszeit, und Wecker wurden zum lebensnotwendigen Gut.

Schlaguhren für Wohnräume hatte man mit Gongscheiben oder Klangstäben aus Metall versehen, gegen die ein Hämmerchen schlug. Auf andere Weise melden *Kuckucksuhren* den Eintritt der vollen Stunde. Seit 1630 hatten Bauern im Schwarzwald zur Winterszeit einfache Uhren mit Holzrädern gefertigt. Gegen 1740 versuchten zwei von ihnen, Franz und Anton Ketterer aus Schönwald, nach dem Prinzip der Orgel einen Hahnenschrei nachzuahmen. Stattdessen kam der von zwei kleinen Blasebälgen erzeugte Kuckucksruf heraus. Später erschien dazu ein geschnitzter Kuckuck in einem Fensterchen.

Diese Uhren wurden weltweit zum Begriff. Über das Leben am Hofe des

1975 abgesetzten äthiopischen Kaisers Haile Selassie berichtete ein Zeitzeuge dem polnischen Journalisten Ryszard Kapuscinski: »Obwohl ich ein hoher Beamter des Hofzeremoniells war, nannte man mich hinter meinem Rücken den Kuckuck des ehrwürdigen Herrn [...] Wenn der Zeitpunkt für den Kaiser gekommen war, dem Protokoll entsprechend von einer Tätigkeit zur nächsten überzugehen, nahm ich vor ihm Aufstellung und verneigte mich ein paarmal. Das war dann für den scharfsinnigen Herrn das Zeichen, dass eine Stunde endete und es Zeit war, die nächste zu beginnen.« Im Kaiserpalast von Addis Abeba galt damals eine besondere Zählung der Stunden. Es waren die Zeit von 9 bis 10 die ›Stunde der Ernennung‹ (oder der Absetzung), von 10 bis 11 die ›Stunde der Geldschatulle‹, von 11 bis 12 die ›Stunde der Minister‹, schließlich von 12 bis 13 Uhr die Stunde des Gerichts und endlich um 13 Uhr die Mittagsstunde.

Nicht nur im Schwarzwald baute man hölzerne Räderuhren. In dem kleinen Uralort Wjatka (dem späteren Kirow) fertigte der Uhrmacher Bronnikow mit seinem Sohn in der zweiten Hälfte des 19. Jahrhunderts zahlreiche Taschenuhren gänzlich aus Holz. Für die Federn verwendete er gehärteten Bambus. Der Engländer John Harrison, ein gelernter Zimmermann, bildete sich autodidaktisch zum Uhrmacher. In seiner Jugend, um 1710, bastelte er mit seinem Bruder hölzerne Standuhren. Später entwickelte er hervorragende Schiffschronometer und erreichte damit eine bisher nicht gekannte Genauigkeit.

Alltagsuhr und Präzisions-Zeitmesser

In diesen Jahren hatte die Entwicklung von Präzisionsgeräten zur Zeitmessung eben begonnen. 1701 wurde die Verwendung von Rubinen als verschleißfreie Lagersteine in Uhren patentiert. Hookes Pendel-Haken-Hemmung (1676) und Edward Barlow's Zylinderhemmung (1695) brachten weiteren Fortschritt, bedurften aber häufiger Wartung. Die ›freien Hemmungen‹ vermeiden diesen Nachteil und sind wesentlich genauer. 1759 hatte Thomas Mudge in London den ›freien Ankergang‹ erfunden, jedoch konnte bei der serienmäßigen Herstellung die dafür nötige Präzision noch nicht erreicht werden. Doch seit Anfang des 20. Jahrhunderts wurde die Mehrzahl aller mechanischen Taschen- und Armbanduhren damit ausgerüstet.

Seit dem Ende des 17. Jahrhunderts baute man besonders genau gehende große Standuhren mit Pendel, die zum Kontrollieren und Justieren, zum ›Regulieren‹ anderer Uhren dienten. Aber die Länge eines Pendels und damit seine Schwingungsdauer schwankt nicht unbeträchtlich mit der Temperatur. 1721 erfand der englische Uhrmacher George Graham ein Kompensationspendel, das diese Längenänderungen ausgleicht. Kurz darauf konstruierte der oben erwähnte Harrison das noch im 20. Jh. gebräuchliche Rost-Kompensationspendel. Dabei sind mehrere parallele Pendelstangen so aneinander befestigt, dass ihre Ausdehnung in entgegengesetzter Richtung erfolgt. Mit zunehmender Genauigkeit der ›Regulatoren‹ wurde die Sekunde immer wichtiger, man zeigte sie deshalb auf einem besonderen Zifferblatt an (Position ›sechs Uhr‹). Nun störte es, dass der Stundenzeiger zeitweilig die ›kleine Sekunde‹ überdeckte. Deshalb wurde auch die Stundenanzeige auf ein kleines separates Zifferblatt verlagert, zentriert lief nur noch der Minutenzeiger.

Der Begriff *Chronometer* (griech. ›Zeitmesser‹) bezeichnet mechanische Präzisionsuhren für astronomische Zwecke. Nur solche Uhren, die amtliche Prüfbedingungen nach ISO-Standards erfüllen, dürfen heute so genannt werden. Eine besondere Rolle spielten dabei transportfähige Schiffschronometer. Hierfür entwickelte Pierre Le Roy in Frankreich ein Gegenstück zum Kompensationspendel, die bimetallische Kompensations-Unruh, sowie zusammen mit Ferdinand Berthoud eine weitere hochpräzise ›freie Hemmung‹. Als erfolgreichster Pionier des Chronometerbaus gilt indessen der schon mehrfach erwähnte John Harrison. 1761 erzielte das von ihm gebaute Modell ›H4‹ nach einer 156-tägigen Testfahrt auf hoher See eine Abweichung von insgesamt nur 54 Sekunden.

Weitere bedeutende Entwicklungen im Bereich der Präzisionsuhren gelangen den Londoner Uhrmachern Thomas Earnshaw und John Arnold. Beide bauten unabhängig voneinander eine weitgehend frei schwingende Chronometerhemmung, für die Arnold 1782 ein Patent erhielt. Ungeachtet dessen wurde Earnshaw's Version die für Chronometer mit Kompensationsunruh gebräuchlichste Hemmung. Schiffschronometer sind empfindliche Instrumente. Seit 1830 werden sie kardanisch aufgehängt, um das Schwanken der Schiffe auszugleichen. Selbst Art und Zeitpunkt des Aufziehens können ihren Gang beeinflussen. Deshalb wurde diese Aufgabe meist einem bestimmten Schiffsoffizier persönlich übertragen. Noch heute muss jedes größere Schiff auf See ein mechanisches Chronometer mitführen, um im Notfall unabhängig von den elektronischen Verfahren zu sein.

Weitere Verbesserungen im Präzisions-Uhrenbau gehen auf den Schweizer Paul Ditisheim zurück, der als Erster den Einfluss von Luftdruck und Erdmagnetismus auf den Gang einer Unruh exakt dokumentierte. Das Problem der Temperaturabhängigkeit wurde durch die Erfindung spezieller Nickel-Stahl-Legierungen prinzipiell gelöst. 1920 erhielt der Franzose Charles-Edouard Guillaume dafür den Physik-Nobelpreis.

Im Unterschied zum Chronometer meint der Begriff *Chronograph* im heutigen Sprachgebrauch Instrumente, die eigentlich *Chronoskop* (›Zeitzeiger‹) heißen müssten, weil sie zwar einen bestimmbaren Zeitabschnitt anzeigen, diesen aber nicht schriftlich fixieren. Im Prinzip handelt es sich dabei um Stoppuhren. Einen echten Chronographen, einen ›Zeitschreiber‹, hatte der Franzose Rieussec 1821 erfunden. Bei diesem Gerät drehte sich das Zifferblatt unter dem mit einem Tintenbehälter versehenen Zeiger, der sich auf Knopfdruck senkte und so Zeitmarken aufschrieb.

Versuche mit *Stoppuhren* gab es seit etwa 1800. Am Anfang stand eine Vorrichtung zum Blockieren des Sekundenzeigers einer Taschenuhr. Leider blieb dabei das ganze Werk stehen und zeigte nach einem gestoppten Vorgang nicht mehr die richtige Zeit. Ab 1820 experimentierte man mit zwei getrennten Sekundenwerken. 1831 präsentierte der Österreicher Joseph Thaddäus Winnerl eine Uhr mit unabhängig vom Gangwerk anhaltbarem Sekundenzeiger. Später konstruierte er ein Werk mit zwei übereinander angeordneten Sekundenzeigern, von denen einer den Beginn, der andere das Ende eines Ereignisses markieren konnte. Noch ließen sich jedoch die Zeiger nicht auf Null stellen. Das gelang Adolphe Nicole, der im Jahre 1844 das auf der Welle des Sekundenrades befestigte Nullstellherz zum Patent anmeldete. Doch erst 1862 konnte eine wirklich brauchbare Taschenuhr mit Stopp-Einrichtung hergestellt werden. Seitdem spricht man von einem Chronographen, wenn ein Gehäuse eine normale Uhr mit einem unabhängig davon arbeitenden Stoppuhr-Mechanismus vereint.

Außerdem besitzen Chronographen zusätzliche rückstellbare Zählzeiger für Minuten und teilweise auch für Stunden, die zugleich mit dem Stoppmechanismus gestartet werden. Mit einem Schleppzeiger-Chronographen (Rattrapante) lassen sich zwei Vorgänge mit gleicher Anfangszeit, jedoch unterschiedlicher Dauer stoppen; der ›normale‹ Stoppzeiger läuft nach dem Stoppen einer Zwischenzeit weiter und wird am Ende der Messung vom stehen gebliebenen ›Schleppzeiger‹ wieder eingeholt.

An das typische Regulator-Zifferblatt mit seinen drei Zeigern erinnert die 1870 in England erschienene ›Terzienuhr‹. Diese große Taschen-Stoppuhr besitzt drei Zeigerwerke für Minuten, Sekunden und Zehntelsekunden. Ungeachtet ihres Namens hatte man die herkömmliche Unterteilung in Sechzigstel zugunsten einer dezimalen Teilung aufgegeben. Kürzere Zeiten als Zehntelsekunden konnten nicht sinnvoll mit mechanischen Antrieben dargestellt werden.

Schiffsoffizieren fiel es schwer, bei starkem Seegang ihre Taschenuhren abzulesen. Das veranlasste die kaiserlich-deutsche Marine, bei Fabrikanten nach einer *Uhr am Handgelenk* anzufragen. 1880 lieferte die Schweizer Firma Girard-Perregaux ein Modell aus Gold am Kettenarmband. Die Idee sprach sich herum, und Sattler nähten Lederarmbänder mit einer Kapsel für die Taschenuhr. Während der Wachen an Bord wurden diese Uhren vorwiegend benutzt. So kam es, dass britische Seeleute das Wort watch (›Wache‹) auf die kleine Uhr übertrugen. Bald meinte watch die Armbanduhr, eine Taschenuhr heißt pocket-watch. Frankreich bildete den Ausdruck ›montre bracelet‹ für die Uhr am Armband. Dann führte der Erste Weltkrieg zu vergitterten Uhrgläsern, Weckern am Armband und Radium-Leuchtziffern. Bald darauf folgte die Armbanduhr mit Stoppvorrichtung. 1936–45 baute man in Deutschland Fliegeruhren. Diese große Armbanduhr mit Stoppsekunde und extralangem Band wurde über der Lederjacke oder auf dem Oberschenkel getragen. Später erhielten auch gewöhnliche Armbanduhren die ›Zentralsekunde‹.

Nach und nach wurden die Uhren immer weniger empfindlich. 1927 durchquerte eine Rolex am Arm einer Schwimmerin den Ärmelkanal. Heute gibt es spezielle Taucheruhren, die in einer Wassertiefe bis zu 300 Metern benutzt werden können. Sie besitzen drehbare, einrastende Ringe zum Einstellen der Start- und Dekompressionszeit sowie Ventile zum Druckausgleich. Auch einfache Uhren tragen nun häufig die Angabe ›Water resist‹. Indessen ist die angepriesene Widerstandsfähigkeit gegen das Eindringen von Wasser meist nur ein Werbeslogan. Seit 1948 gibt es stoßgeschützte Uhren mit elastisch gelagerter Unruh, sie werden als ›shock proof‹ oder ›shock resist‹ gekennzeichnet.

Auch die Bedienung der Uhren wurde einfacher. 1842 erfand der Genfer Adrien Philippe die ›Krone‹, einen Knopf zum Aufziehen, der den separaten Schlüssel der Taschenuhr ersetzt. Daneben gab es schon seit langem Versuche, Vorrichtungen zum *automatischen Aufzug* herzustellen. 1751 baute Le Plat in Paris eine Uhr, die durch die Schwankungen des Luftdrucks aufgezogen wird. Der Schweizer Abraham Louis Perrelet konstruierte um 1770 den ›Hammeraufzug‹ für Taschenuhren. Ein kurzes schweres Pendel wird durch die Erschütterungen beim Tragen bewegt und spannt die Uhrfeder. Um die Mitte des 19. Jahrhunderts stellte Pasquale Andervalt in Triest durch Gasdruck aufgezogene Standuhren her. In einem Druckbehälter neben der eigentlichen Uhr rieselt granuliertes Zink in Salzsäure. Dadurch wird Wasserstoff frei, der einen Kolben in die Höhe treibt und dabei das Antriebsgewicht der Uhr hochzieht. Die kuriose Konstruktion kann im Wiener Uhrenmuseum besichtigt werden. 1948 kamen Automatik-Armbanduhren mit einem verschleißarm rotierenden Schwerkraftaufzug auf den Markt. Die Atmos-Armbanduhr von 1928 wurde aufgezogen durch den Luftdruckunterschied, der infolge von Temperaturschwankungen entsteht. Um 1930 baute die Firma Junghans eine elektro-pneumatisch aufgezogene Uhr. Eine im Minutentakt von der Uhr selbst geschaltete Glühlampe erwärmt Luft, die sich ausdehnt und einen Aufzugs-Kolben bewegt. 1982 erschien auf dem US-Markt die Thermatron, die Körperwärme des Trägers in Antriebsenergie umwandelt.

Auch *Kalenderdaten* wollte man von der Uhr ablesen. Tischuhren wurden ab dem 16. Jahrhundert häufig mit 29-teiligen Scheiben zur Anzeige des Mondalters ausgestattet. Andere besitzen ein Fenster, in dem eine bildliche Darstellung der jeweiligen Mondphase erscheint. Im 18. Jh. wird allgemein die Mond- durch eine Datumscheibe ersetzt. Von Thomas Tompion in London angefertigte Bodenstanduhren geben Datum, Wochentag und Mondphase an. Taschenuhren mit Kalender baute der Pfarrer Philipp Hahn um 1780 im Nebenberuf. Gegen 1900 waren Taschenuhren mit Kalender und Mondphasen-Anzeige beliebt. Moderne mechanische Uhren besitzen Kalenderschaltungen, deren Datumsscheiben sich präzise um Mitternacht bewegen.

Ein echtes Kalenderwerk, das die Länge der Monate und die Schaltjahre berücksichtigt, blieb indessen den Luxusuhren vorbehalten. Spitzenmodelle erhielten einen zusätzlichen Mechanismus für das Osterdatum. Die Genfer Manufaktur Patek, Philippe & Cie. bezeichnet ihr Modell ›Calibre 89‹ als komplizierteste Taschenuhr der Welt. Zu ihren Attraktionen gehören außer dem Osterkalender und der Mondphasen-Anzeige auch eine bewegliche Sternkarte sowie Sonnenauf- und untergangszeiten. Gegründet 1845 von dem polnischen Grafen Patek und dem Genfer Uhrmacher Adrian Philippe, dem Erfinder des Kronenaufzuges, spezialisierte sich das heute noch blühende Unternehmen auf die Herstellung kostbarer Uhren für eine zahlungskräftige Kundschaft.

Auch die Bekanntheit mancher anderen Marke gründet in höchster Handwerkskunst. So erfand Antoine le Coultre, der 1833 in der Schweiz eine Zahnradmanufaktur eröffnete, eine Vorrichtung zum Messen des Mikrometers. Fortan baute man hier außerordentlich genaue Uhren, seit 1937 unter dem Markennamen Jaeger-le Coultre. Zu den berühmtesten Uhrmachern gehört der Franzose Abraham Louis Bréguet, der sich durch unermüdlichen Erfindergeist auszeichnete. Anfangs arbeitet Bréguet für Ludwig XVI., dann für Napoleons Generäle. Ständig ersinnt er neue Verbesserungen, unter anderem das Prinzip stoßfester Lager und der Zapfenlagerung in Rubinen. Er krönt sein Werk mit dem Tourbillon-Drehgehäuse, das die Auswirkungen der Schwerkraft auf die Unruh kompensiert. Am 28. Juni 1801 wurde das erste Exemplar fertig gestellt, dieses Datum tragen die Luxusuhren ›Bréguet Tourbillon‹ noch heute: 7 Messidor an 9 – man rechnete nach dem Kalender der Französischen Revolution, in ihrem neunten Jahr. Auch Voltaire verdiente damals viel Geld mit einer von ihm gegründeten Uhrenfabrik.

Zwischen 1793 und 1805 galt es in Paris, sämtliche Uhren auf die dezimal geteilten Stunden der Französischen Revolution umzustellen. Der Mechaniker Hanin entwarf ein Zifferblatt, das alte und neue Stundenteilung nebeneinander zeigte. Ungeachtet dessen, dass solche Lösung nur für den Stunden-, nicht aber für den Minutenzeiger zutreffend sein konnte, wurden größere Geldbeträge aufgewendet, um diesen Entwurf in der Bevölkerung zu propagieren. Andere Uhrmacher und Mechaniker bauten spezielle Dezimaluhren, einige wurden an öffentlichen Orten aufgestellt. Die beste Lösung waren Modelle mit doppelt beschriftetem Zifferblatt und jeweils besonderen Zeigern für Dezimal- und Zwölferteilung. Man findet solche Seltenheiten noch beispielsweise im Pariser Musée Carnavalet.

Luxusuhren sind ein Lieblingsobjekt der Sammelleidenschaft der Millionäre: Um die 300.000 Euro kostet heute die teuerste jemals hergestellte Serienuhr. Sie hält seit 1929 den Rekord als kleinste mechanische Uhr der Welt. Weniger als ein Gramm wiegt das ganze Werk. Ihr kleinstes Teil, eine geschlitzte Schraube mit vier Gewindegängen, misst ganze 18 Hundertstel Millimeter im Durchmesser. ›La Grande Complication‹ nennt der Schweizer Hersteller Jaeger-le Coultre das Modell. Es gehört zu den Eigenheiten des Uhrmacherhandwerks, zusätzliche Funktionen der Uhr mit dem Ausdruck ›Komplikationen‹ zu bezeichnen, ein Wort, das im Allgemeinen ›ungünstige Beeinflussung‹ meint und hier die Erschwernisse bei Herstellung und Wartung zum Ausdruck bringen soll.

Einen Weltrekord anderer Art hält seit 1999 der Eberswalder Kunstschmied Wilfried Schwuchow, er fertigte die größte ›Taschenuhr‹ der Welt. In dem 20 Tonnen schweren mechanischen Gerät von fünf Metern Durchmesser fahren elektronisch gesteuerte Modellbahn-Lokomotiven umher, um die Funktion von Zeigern zu übernehmen. Der aufgeklappte Deckel fungiert zugleich als Sonnenuhr. Große Schaustücke dieser Art sind gleichzeitig Zeugen handwerklicher Kunst und beliebter Blickfang. Als 1989 ein Juwelier im damals zu Westberlin gehörenden Stadtteil Friedenau sein Geschäft umbaut, wird als Attraktion eine 2,5 m hohe, 2,4 t schwere Pendule hergestellt.

Sie wird ›Berliner Friedensuhr‹ genannt und trägt die Inschrift ›Zeit sprengt alle Mauern‹. Am Tag der Einweihung, dem 9. November 1989, fällt die Berliner Mauer – einer jener unglaublichen Zufälle der Geschichte.

Die Existenz der Uhr hatte die Arbeitswelt geprägt, und im Ergebnis dessen benötigten immer mehr Menschen Uhren. Der daraus entstehende Massenmarkt verlangte nach zuverlässigen, vor allem aber preisgünstigen Erzeugnissen. 1791 entwickelte der englische Uhrmacher Thomas Harland das erste Verfahren zur Serienherstellung einfacher Uhren für den Haushalt. Die maschinelle Massenproduktion von Taschenuhren mit auswechselbaren Teilen leitete Edward Howard um 1850 in den USA ein. Zu dieser Zeit trieb in Schaffhausen das Wasser des Rheins die Werkzeugmaschinen fast kostenlos. Das brachte Fabrikanten auf die Idee, hier Uhren für den Markt der USA billig herstellen zu lassen. Daraus entstand die Schweizer Uhrenindustrie.

Industrialisierung und Uhren sind noch in anderer Weise besonders miteinander verbunden. Aus der Existenz der Uhr resultierte die Möglichkeit zu geregelten Arbeitszeiten, und daraus wiederum entsprang die Forderung nach Pünktlichkeit. Nun war das Einhalten der in Arbeitsordnungen festgelegten Zeiten zu kontrollieren. Die dafür benutzten Geräte sind unter der Bezeichnung *Stechuhr* bekannt. Es handelt sich dabei um Uhrwerke, die mit Vorrichtungen zum Registrieren bestimmter Zeitpunkte, nämlich Beginn und Ende der Arbeits- und Pausenzeiten, ausgerüstet sind.

Den Namen tragen sie vielleicht nach einem speziellen Modell solcher Kontrollapparate, welches zu den betreffenden Zeitpunkten Löcher in einen laufenden Papierstreifen sticht. Das war ein ab 1894 in Massachusetts hergestelltes Gerät zur Wächterkontrolle. Doch die gemeinhin als Stechuhr bezeichneten Kontrolluhren sind eigentlich Zeitstempel, Stempeluhren, die Daten auf Stempelkarten fixieren. Diese Karten aus steifem Karton wurden von den Arbeitern in den Apparat ›hineingestochen‹. Das erklärt wohl besser die allgemeine, volkstümliche Verbreitung des Ausdrucks. Später wurde der Begriff der Stechuhr zur Metapher für die Zeitzwänge in der Industriegesellschaft.

Die technische Entwicklung der Stechuhr begann zu Ende des 18. Jahrhunderts in München. Dort war seit 1784 der Engländer Graf von Rumford als Bayerischer Kriegsminister dabei, Ordnung in der Stadt und ihren Amtsstuben zu schaffen. Unter anderem führte er die Polizeistunde ein. 1789 werden unter seiner Regie Kontrolluhren gebaut, mit denen er die pünktliche Einhaltung der Kanzleistunden seiner Beamten überwacht. Jede

Viertelstunde dreht das Uhrwerk ein neues Segment einer Trommel hinter einem Schlitz, in den die Beamten bei Dienstantritt ihre persönlichen Kennmarken einzuwerfen haben.

In England erhielt 1803 Samuel Day ein Patent auf einen ähnlichen Apparat zur Kontrolle von Nachtwächtern. Gegen 1855 erfand Johannes Bürk aus Schwenningen im Schwarzwald die tragbare Wächter-Kontrolluhr. An bestimmten Kontrollstellen befinden sich Schlüssel, mit denen in der Uhr eine Federzunge betätigt wird. Deren spitzes Ende locht einen kontinuierlich ablaufenden Papierstreifen. Auf der Basis dieser Erfindung entwickelt sich die ›Württembergische Uhrenfabrik‹, die ihre Kontrolluhren bis gegen Ende des 20. Jahrhunderts produziert. 1912 konstruiert Bürks Sohn Richard den Bandschreiber. Nun werden beim Einstecken des Stationsschlüssels das Kennzeichen der Station und die Zeit minutengenau registriert.

Relativ spät erreichen die Kontrolluhren mit den Arbeitern eine neue Zielgruppe. Gegen Ende des 18. Jahrhunderts in England, um 1840 in Deutschland begann die Industrialisierung. 1879 erhält Richard Bürk das Patent auf seinen ›Arbeiter-Kontrollapparat‹, der Markierungen auf eine Walze schreibt. Ab 1897 stempelt dann sein ›Billeteur‹ die Uhrzeit auf eine vom Arbeiter eingeführte Kontrollkarte.

Die Idee für solche Kartenapparate kam aus den USA. Dort konstruierte Willard Bundy einen Schlüsselapparat, der auf einen Papierstreifen die Nummer des Beschäftigten und die Zeiten von Arbeitsbeginn und -ende druckt. Diese Apparate wurden von 1889 bis in die 1920er-Jahre verkauft. Eine weitere wichtige Erfindung gelingt 1894 Daniel Cooper mit dem ›Workman's Time Recorder‹, der die Zeiten auf einer Stempelkarte erfasst. 1900 schließen sich die beiden mit den Brüdern Dey zur International Time Recording Co. zusammen. Daraus entsteht 1924 IBM, die International Business Machines Corporation, die später durch Entwicklung und Herstellung von Rechenmaschinen und Computern bekannt wird. Ende der 1920er-Jahre wird das Prinzip der Löcher erzeugenden Stechuhr wieder aufgegriffen. Man stanzt aus den Stempelkarten Löcher aus und benutzt diese zur maschinellen Zählung der Arbeitsstunden. Diese spezielle Lochkarte bereitet den Weg für die spätere automatisierte Arbeitszeiterfassung und -abrechnung mit Computern.

6.5 Wege zur Weltzeit

1519 machte sich der Portugiese Fernando de Magellan auf die Suche nach einem westlichen Seeweg zu den Gewürzinseln. Nur eines seiner fünf Schiffe kehrte 1521 mit wenigen Überlebenden zurück. Sie hatten die Erde umrundet, ihre Kugelgestalt bewiesen – doch im Schiffstagebuch fehlte ein Tag. Zwar hatte man die Sonnenauf- und -untergänge gewissenhaft gezählt, aber nicht bedacht, dass sich auf der Reise nach Westen jeder Tag ein wenig verlängert. Nach kurzer Zeit war geklärt, dass diese kleinen Differenzen zusammen einen vollen Tag ergeben.

Aus dem Fehlen hinreichend genauer Uhren resultierten nicht nur solche Irrtümer. Viel schwerer wog die Unmöglichkeit einer auch nur annähernd genauen Ortsbestimmung auf See. Methoden zum Ermitteln der geographischen Breite waren schon den Griechen wohlbekannt. Durch Messen der Höhe von Sonne oder Polarstern war sie leicht in Erfahrung zu bringen. Auch dass man den geographischen Längenunterschied zwischen zwei Orten aus der Differenz zwischen ihren Ortszeiten berechnen kann, wusste man in der Antike. Aber die einzig bekannte Methode zu deren Ermittlung war, die Ortszeiten einer Sonnen- oder Mondfinsternis an verschiedenen Punkten der Erde zu vergleichen.

Der Gedanke einer *Standardzeit* kam auf. 1524 schlug der Ingolstädter Mathematiker Peter Bienewitz vor, eine solche durch Beobachtung des Abstands zwischen dem Mond und gewissen Fixsternen zu gewinnen. Ähnliches versuchte Galilei durch Beobachtung der Jupitermonde, die er 1609 mit seinem Fernrohr entdeckt hatte.

Kurz nach der Entwicklung tragbarer mechanischer Uhren, im Jahre 1530, konnte Gemma Frisius, der Kartograph Kaiser Karls V., angeben, wie man mit der Uhr die geographische Länge bestimmt: Durch Beobachten des Meridiandurchgangs der Sonne am Mittag stellt man die Ortszeit fest und vergleicht sie mit einer mitgeführten Uhr. Diese Uhr muss die Zeit des Heimathafens hinreichend genau über Wochen und Monate bewahren. Die Aufgabe, eine solche Uhr zu bauen, wurde zum größten wissenschaftlichen Problem der Zeit. Beträchtliche Preise wurden gegen 1600 von den holländischen Generalstaaten und vom spanischen König für die Lösung des Längenproblems ausgesetzt.

Um 1669 errichtete die Pariser Akademie der Wissenschaften ein eigenes Observatorium. Dort stellte der Italiener Jean Dominique Cassini verbesserte Tafeln der Umläufe der Jupitermonde her. In Greenwich nahe London wurde 1675 die königliche Sternwarte gegründet. Hier berechnete der Brite

John Flamsteed neue Tafeln der Bahn des Erdmondes und einen Katalog von Sternpositionen. Weil aber das Schwanken der Schiffe hinreichend genaue Beobachtungen auf See vereitelt, führten auch diese Anstrengungen nicht zum Ziel. Immerhin wurde in Zusammenhang damit der Nullmeridian von Greenwich als Basis des weltumspannenden Systems der Längengrade definiert.

Unterdessen führte fehlerhafte Navigation immer wieder zu Schiffsunglücken. Als 1704 vier britische Kriegsschiffe mit 2000 Seeleuten unmittelbar vor der Heimatküste auf Grund liefen, setzte das Parlament eine Längengradkommission ein, die erste staatliche Forschungsbehörde der Welt. Nach weiteren zehn Jahren wurde die enorme Summe von 20.000 Pfund Sterling als Prämie für die Bestimmung der Länge auf See ausgesetzt.

Schon 1659 hatte Huygens ein Pendelchronometer hergestellt, doch auf See überlagerten die Bewegungen des Schiffes die Pendelschwingungen. Dann schlugen Huygens und Robert Hooke unabhängig voneinander vor, die Schwingung feiner Spiralfedern zur Gangregelung von Uhren zu benutzen. Auf dieser Basis versuchten sich viele renommierte Uhrenbauer an der Konstruktion genau gehender transportabler Chronometer. In Frankreich stellte Le Roy grundlegende Prinzipien des Uhrenbaus in Frage, um durch anders wirkende Mechanismen die nötige Präzision zu erreichen. Unter anderem entwickelte er eine verbesserte, frei schwingende Hemmung, auf deren Grundlage er 1763 ein tragbares Chronometer vollendete.

Im Unterschied zu diesem Vorgehen gelangte der englische Provinzuhrmacher John Harrison vor allem durch extreme handwerkliche Präzision ans Ziel. Zwischen 1728 und 1770 konstruierte er fünf immer weiter verbesserte Uhren. Sein Exemplar ›H4‹ wich während einer Testfahrt von 156 Tagen Dauer auf hoher See um durchschnittlich nur noch 0,34 Sekunden pro Tag ab. Wegen formaljuristischer Versäumnisse und vielleicht auch unter dem Einfluss von Konkurrenzneid erhielt Harrison erst im 75. Lebensjahr die ausgesetzte Prämie. Während sein preisgekröntes Modell noch 66 englische Pfund wog, hatte sein fünftes Chronometer lediglich das Format einer großen Taschenuhr und erreichte trotzdem die gleiche Genauigkeit.

Nun rückten die Fehler bei der Navigation in die Größenordnung von nur noch einer Seemeile. Das veranlasste England, das Patent für eine Reihe von Jahren geheim zu halten. Zunächst wurden ausnahmslos britische Schiffe mit den neuen Chronometern ausgestattet. Vor der Ausreise wurden diese im Hafen mit einer ›Normaluhr‹ verglichen. Dazu benutzte man besondere Zeitsignale, teils waren es Kanonenschüsse zum Mittag der Ortszeit, teils errichtete man Signalmasten, von denen ein korbartig geflochtener

Zeitball niederging. Seit 1833 gab es diesen auf dem Dach der Sternwarte in Greenwich, ab 1852 einen weiteren, durch ein elektrisches Signal ausgelösten im Londoner Hafen. 1845 installierte das U.S. Naval Observatory in Washington einen Zeitball, der Schiffen wie Einwohnern die genaue Mittagsstunde anzeigte. Nautische Jahrbücher gaben an, zu welcher Stunde der Zeitball in den einzelnen großen Häfen niederging.

Dieser Brauch hielt sich bis gegen Ende des 19. Jahrhunderts und wurde zum Ausgangspunkt für die Entwicklung öffentlicher *Zeitzeichendienste.* Ab 1865 wurden die Feuerglocken Washingtons jeweils um 7, 12 und 18 Uhr durch ein telegraphisch übertragenes Zeitsignal aktiviert. Ähnlich geräuschvoll verbreitet man noch heute die Normalzeit in Thailand: Täglich um 18 Uhr ertönen nicht nur aus Radios und Fernsehern, sondern aus zahllosen Lautsprechern auf öffentlichen Plätzen die Pieptöne des Zeitzeichens, gefolgt von den Klängen der Nationalhymne.

In den ältesten Epochen bestimmten Priester, Städte oder Staaten die Zeit, wie es ihren Bedürfnissen entsprach. Den Reisenden erwarteten hinter der nächsten Grenze andere Wochentage, Monate oder Jahreszahlen, von Stunden nicht zu reden. Instrumente zur Zeitmessung waren rar, teuer und ungenau. Jeder Ort bewahrte seine eigene Zeit, bis ins 19. Jahrhundert wurden die Turmuhren mittags nach der Sonnenuhr an der Südwand gestellt. Die so ermittelte wahre örtliche Sonnenzeit schwankt mit der Unregelmäßigkeit des Sonnenlaufs: Am 12. Februar erreicht die Sonne ihre größte Höhe um 15 Minuten zu spät und am 18. November um 16 Minuten zu früh, bezogen auf die uns geläufige ›mittlere Zeit‹. Am 1. Januar 1780 begann in Genf die Einführung dieser *mittleren Ortszeiten.* 1792 folgte London, 1810 Berlin und 1816 Paris. Dazu musste die Sternwarte des betreffendes Landes die wahre Ortszeit beobachten und mittels der ›Zeitgleichung‹ nach empirischen Tabellen umrechnen.

Solange man zu Fuß ging oder mit Pferden reiste, spielte der Unterschied der Ortszeiten noch keine Rolle. Das änderte sich erst mit der Erfindung der Eisenbahn. Nun kam es auf die Minuten an. Wie aber sollte man sie zählen? Wenn es in London 8 Uhr war, zeigten die Uhren in Dover schon 8.06, in Exeter war es erst 7.42 Uhr. Kurzerhand definierte man in England eine Standardzeit für den internen Bahnbetrieb. Dem Personal jedes Zuges wurde eine Uhr mitgegeben, die sie anzeigte. Und zwei Arten von Fahrplänen wurden geschrieben, die einen mit der neuen landesweiten *Eisenbahnzeit* und die anderen für das Publikum mit den örtlichen Zeiten.

Die Eisenbahnverwaltungen auf dem Kontinent folgten dem Beispiel. Binnen kurzem aber berührten die Bahnnetze der einzelnen Territorien einander, und es wurde nötig, zwecks Unterscheidung die verschiedenen Eisenbahnzeiten zu benennen. Man wählte die Namen von Verkehrsknoten oder Hauptstädten, und bald gab es eine Prager, eine Pariser, eine Hannoveraner Zeit und noch viele andere. Dem Schienen- folgte der Telegraphenverkehr. Wo keine großen Unterschiede zwischen den davon betroffenen Ortszeiten auftraten, wurde die Bahnzeit schnell als *Normalzeit* akzeptiert. England nahm am 1. Oktober 1848 die Greenwicher Zeit allgemein als Normalzeit an. Als ›London Time‹ galt sie fortan auf allen Bahn- und Telegraphenstationen.

Die Sternwarten rechneten damals ihre mittlere Ortszeit auf den Längengrad der Normalzeit um und übertrugen die Zeitzeichen elektromagnetisch an die interessierten Orte. Im Nahbereich konnte das auch durch Signalapparate nach Art des optischen Telegraphen oder durch Zeitbälle in den Häfen erfolgen. Solche Systeme entstanden in England und den USA, sie verbreiteten sich bis Ende des 19. Jahrhunderts weltweit, und ihr Vorhandensein galt als Maßstab für Zivilisation.

Bereits seit 1852 zeigte die Uhr des Schlesischen Bahnhofs in Berlin (heute Ostbahnhof) die genaue ›Berliner Zeit‹, die sie auf elektrischem Wege von der Berliner Sternwarte erhielt. Täglich um acht Uhr wurde von hier die exakte Zeitangabe an alle preußischen Bahnhöfe mit Telegraphenanschluss weitergeleitet. Die ›preußischen Eisenbahnzeitsignale‹ waren damals ein weltweit einmaliger Dienst. Von den Bahnstationen holten sich auch Uhrmacher die genaue Zeit. Um 1915 stand die Mutteruhr für alle deutschen Bahnhöfe in Frankfurt am Main; von hier erfolgte über den Morsetelegraphen ein täglicher Zeitabgleich mit anderen großen Bahnhöfen.

Für öffentliche Uhren in den Stadtzentren fand man auch andere Lösungen. In Paris bestand seit 1879 die Compagnie générale des horloges pneumatiques. In einem unterirdischen Rohrsystem wurde jede Minute impulsweise der Luftdruck erhöht und dadurch die Zeiger der angeschlossenen ›Uhren‹ bewegt. Nach kurzer Zeit kam man davon wieder ab und setzte normale Pendeluhren mit Acht-Tage-Gangwerk ein. Mehrere wurden in einen Ring aus Rohren eingeschleift und stündlich von einer Gruppenuhr gesteuert. Der Impuls bestand jetzt in einer Luftverdünnung, die man durch Auslaufen von Wasser aus dem System erzeugte. Dadurch wurden alle Uhren auf die volle Stunde gestellt und ihr Gangwerk aufgezogen. 1881 waren in Paris 1500 Uhren angeschlossen, die in Säulen auf den Straßen oder an den Wänden von Hotels und Büros zu finden waren.

In manchen Gebieten gab es viele Bahngesellschaften, und keine von ihnen kümmerte sich um die Uhrzeit ihrer Konkurrenz. Das beeinträchtigte die Verkehrssicherheit auf den gewöhnlich eingleisigen Strecken. Allein in dem kleinen Gebiet, das an an den Bodensee grenzt, waren fünf verschiedene ›Normalzeiten‹ in Gebrauch. Kaum ein Reisender konnte sich in den damals erscheinenden ersten Kursbüchern zurechtfinden. Der ›Travellers Official Guide‹ der USA von 1873 enthielt 71 verschiedene Eisenbahnzeiten und im April 1883 immer noch noch 50 ›standards of time‹. Aus Pittsburgh in Pennsylvania (USA) ist überliefert, dass dort die Züge sechs verschiedener Gesellschaften hielten. Im Bahnhof hingen in einer Reihe sieben Uhren, eine für die Ortszeit und die anderen für die verschiedenen Eisenbahnzeiten.

Um dem abzuhelfen, erarbeiteten B. Pierce und Charles F. Dowd 1870 ein Stundensystem, das auf einen bestimmten ›Primären Meridian‹ bezogen werden sollte und die Aufteilung der Erde in 24 *Zeitzonen* vorsah. Zwar fand der Plan das Interesse der American Metrological Society, doch praktische Folgen blieben aus. Schließlich legte 1878 der Engländer Sandford Fleming, Chefingenieur der Canadian Pacific Railways, dem Canadian Institute in Toronto das Projekt vor, die gesamte Erde in 24 Zeitzonen von je 15° Länge entsprechend einer Stunde aufzuteilen. Mit den 24 Buchstaben A bis Y sollte man die Zeiten unterscheiden, und zwar sollte sieben Stunden östlich von Greenwich mit A begonnen werden, Greenwich hätte dann G, Washington M erhalten usw. Die American Metrological Society und die American Society of Civil Engineers befürworteten und verbreiteten diese Idee.

Nur durch Einteilung in solche Zeitzonen konnte der unmerklichen Verschiebung der Zeit nach Westen hin begegnet werden. An ihren Grenzen springt die Uhr unvermittelt um eine volle Stunde vor oder zurück. Das bildet zwar die Realität nur unzureichend ab, doch es ist ein praktikabler Kompromiss. Westlich einer solchen Grenze ist es acht Uhr, östlich davon bereits um neun. Östlich der *Datumsgrenze* ist schon Montag, westlich von ihr noch Sonntag. Ein derartiges System entspricht dem Prinzip zweiwertiger Logik, das seit Aristoteles das westliche Denken prägt. Ja und Nein, Wahr und Falsch sind scheinbar verlässliche Orientierungspunkte, schaffen ein Gefühl der Sicherheit. Vielleicht gründet hier der eigentümliche Effekt, dass wir uns gern der ›genauen Zeit‹ versichern, selbst wenn wir gar nichts vorhaben. In Wahrheit herrschen an den Grenzen der Zeitzonen eher unscharfe Bedingungen. Aus dem Blickwinkel einer ›Fuzzy Logic‹ ist es an irgendeinem Ort der Erde immer mehr oder weniger acht Uhr. Auf dem Zifferblatt einer Analoguhr ist das anschaulich zu erkennen, Digitalanzeigen haben uns davon wieder entfernt.

1882 schlug die Regierung der USA auf diplomatischem Wege einer Reihe von Industriestaaten vor, sich an einer Weltzeitkonferenz in Washington zu beteiligen. England hatte bereits offiziell die Einheitszeit eingeführt, im ganzen Lande galt nun die Ortszeit der Sternwarte von Greenwich. Ihm folgte am 1.1.1879 Schweden mit einer Verschiebung um eine Stunde. In Rom trat im September 1883 die Generalversammlung der europäischen Gradmessungskommissionen zusammen. Auf Antrag der Stadt Hamburg, Knotenpunkt weltweiten Seeverkehrs, beriet man über die Frage der 24 Zeitzonen und empfahl fast einstimmig den Meridian von Greenwich als Ausgangspunkt, nur die Franzosen enthielten sich der Stimme. Das Datum sollte am Mittag wechseln, wie es bei Astronomen üblich war. Im Oktober 1884 versammelten sich dann in Washington Wissenschaftler und Diplomaten aus 25 Staaten und beschlossen, die Tageszählung ab Mitternacht beizubehalten. In der Kernfrage der Zeitzonen dagegen wurde praktisch nichts erreicht. Mit diplomatischer Spitzfindigkeit wurde ein Universaltag empfohlen »für alle Aufgaben, für welche er zweckmäßig erscheinen könne« unter der Bedingung, dass er »in keiner Weise den Gebrauch von Lokal- oder anderer Normalzeit beeinträchtige«.

Aber inzwischen hatten die amerikanischen Eisenbahnverwaltungen der überfälligen Entscheidung längst vorgegriffen. Die Grenzen ihrer verschiedenen ›Normalzeiten‹ reichten von Portland in Oregon an der Westküste bis Charlottetown auf den Prince Edward Islands und differierten bis zu vier Stunden voneinander. Am 11. und am 18. April 1883 tagten in St. Louis und New York zwei Eisenbahnkonferenzen. Vor beiden Gremien begründete F. W. Allen, Sekretär der Southern Railway Time Convention und Herausgeber des Official Railway Guide, seinen Antrag, fünf Zonenzeiten für die USA einzuführen. 60° westlich Greenwich sollte mit der ›Intercolonial Time‹ begonnen werden, und in Schritten von 15° sollten Eastern, Central, Mountain und Pacific Time folgen. Am 18. November 1883 wurden die fünf Zonenzeiten tatsächlich eingeführt. Innerhalb einer kurzen Frist nahm eine große Zahl von Städten die ihrer Lage entsprechende Zonenzeit an.

Damit waren in einem bedeutenden Teil der Welt vollendete Tatsachen geschaffen. Die schon vorhandene *Greenwich Mean Time* (mittlere Greenwichzeit GMT) wurde zum internationalen Maßstab. Astronomen nannten sie *Universal Time* (UT). Deutsch sagte man *Weltzeit* (WZ), und im Weltfunkverkehr war die Bezeichnung *Z-Time,* gesprochen Zulu-Time, als Abkürzung für ›Zero Meridian Time‹ üblich. Man rechnet von ihr ausgehend stundenweise vor- oder rückwärts. GMT ist auf den Nullmeridian bezogen, von dem aus die Erdoberfläche in 24 Zonen geteilt ist. Innerhalb einer solchen Zeitzone gilt die Zonenzeit als konventionelle, bürgerliche Zeit, sie entspricht der Ortszeit des 15., 30. usw. Längenkreises.

In Europa traten als Erste zwei österreichische Astronomen für Flemings Idee der Weltzeit ein, Robert Schram (1884) und Theodor v. Oppolzer (1885). Allerdings wollten sie auf Zonenzeiten verzichten und ausschließlich nach der Greenwich-Zeit rechnen. Fleming verfocht auch weiter seine Hauptziele: Den ›Universaltag‹ mit einer 24-Stunden-Zählung der Uhr. Doch schließlich setzte sich das Zonensystem allgemein durch. Als erstes Land nahm Japan es ab 1.1.1888 an und führte den 135. Längengrad (9 Stunden) östlich von Greenwich als Standardzeit ein. Mit Rücksicht auf einige Inseln wurde diese Entscheidung 1896 auf den 120. Grad entsprechend 8 Stunden geändert. Als Nächste gingen die Eisenbahnen Österreichs 1891 zur *Mitteleuropäischen Zeit* über, und Serbien schloss sich an. Dann begründeten Bulgariens und Rumäniens Bahnen die *Osteuropäische Zeit.* 1892 erhielten die Eisenbahnen Süddeutschlands, Belgiens und der Niederlande die *Westeuropäische* (Greenwich-)Zeit.

Dann endlich schloss sich auch Deutschland der neuen Regelung an. Am 1. April 1893 wurde die mittlere Zeit des 15. östlichen Längengrades (1 Stunde vor Greenwich) für das Deutsche Reich verbindlich. Ausschlaggebend für diese Entscheidung Kaiser Wilhelms war das Drängen des Generals Moltke und dessen Argument, ohne vereinheitlichte Zeit sei kein moderner Krieg zu führen. Nun stimmte Deutschland zeitlich mit den Eisenbahnen des verbündeten Österreich überein.

Frankreich hatte bereits 1891 die verschiedenen Eisenbahnzeiten abgeschafft und die Pariser Zeit eingeführt. Dadurch geriet der weltumspannende Plan der Zeitzonen erneut in Gefahr. Diese Situation nutzten kirchliche Kreise zu einem letzten Versuch, noch einmal Einfluss auf die Zeitzählung zu gewinnen, und schlugen den ›neutralen‹ Meridian von Jerusalem als Ausgangspunkt weltweiter Stundenzählung vor. Endlich 1910 ging Frankreich samt Algerien zur Westeuropäischen Zeit über, nur die französische Marine behielt noch einige Jahre die Pariser Zeit. Danach setzten sich in kürzester Frist die Zonenzeiten weltweit durch, und ›krumme‹ Standardzeiten galten als exotisch. Beispielsweise benutzte Mexiko bis 1922 die Ortszeit der Sternwarte von Tacubaya mit einer Abweichung von 6 h 36 m 27 s, und in Guyana galt die mit 3 h 45 m gegenüber GMT fixierte Ortszeit noch bis 1978.

Die Weltzeit GMT ist gleichzeitig eine der Zonenzeiten. Als Westeuropäische Zeit (WEZ) gilt sie außer in Großbritannien z.B. in Island, Portugal, Marokko und den westafrikanischen Staaten. Im Osten schließt sich ihr die Mitteleuropäische Zeit (MEZ) an, sie geht GMT um eine Stunde voraus.

Sie ist die Zonenzeit für Skandinavien, Deutschland, Frankreich, Spanien, Polen, Ungarn, Tunesien und viele weitere Länder. Die Osteuropäische Zeit (OEZ), die mittlere Ortszeit bei 30° östlicher Länge, ist Einheitszeit für Finnland, Südosteuropa, die Türkei, Syrien, Ägypten, Südafrika und andere. Größere Länder umfassen mehrere Zeitzonen. Die größte Ausdehnung erreichte die ehemalige Sowjetunion mit elf Zeitzonen. Ihr Flug- und Schienenverkehr aber benutzte im gesamten Territorium einheitlich die Moskauer Zeit (drei Stunden vor GMT). Die Uhren der Eisenbahner auf der ›Transsib‹, im unabhängigen Kasachstan und bis nach Samarkand zeigen sie noch heute. China umspannt zwar fünf Zonen, benutzt aber im ganzen Land einheitliche Zeit (GMT minus acht Stunden). Die USA unterscheiden die Atlantic, Eastern, Central, Mountain, Pacific, Hawaii/Aleutian und Samoa-Zone. Außerdem wurde 1983 für das eigentlich vier Zeitzonen umfassende Alaska eine einheitliche Zeit eingeführt.

Unmittelbar aus dem Zeitzonenprinzip ergibt sich die Notwendigkeit einer *Datumsgrenze*, bei deren Überschreiten Datum und Wochentag geändert werden müssen. Man hat dafür den 180. Meridian gewählt, weil hier einerseits die Differenz zum Nullmeridian in östlicher wie westlicher Richtung je zwölf Stunden beträgt und andererseits kein Kontinent von ihr geteilt wird. Lediglich in Nordost-Sibirien, an den Fidschi- und Samoainseln weicht die Datumsgrenze aus politisch-ökonomischen Gründen vom Meridian ab.

Reist man ›der Sonne entgegen‹ von West nach Ost über die Datumsgrenze, so wird die Zeit dort für 24 Stunden ›angehalten‹, indem das aktuelle Datum nach seinem Ablauf noch einmal gezählt wird. In der Gegenrichtung wird das Datum um einen Tag vorgerückt. Dadurch wird bei einer Reise um die Erde scheinbar ein Tag gewonnen oder verloren. Freilich hat der ostwärts Reisende auf seinem Weg mehrfach die Uhr um eine oder mehrere Stunden vorzustellen, sodass seine Tage auf der Reise kürzer werden, in der Summe um genau die ›gewonnenen‹ 24 Stunden. Erfolgt die Reise mit genügend hoher Geschwindigkeit, dann erlebt man binnen 24 Stunden mehrere Sonnenaufgänge. Solche freilich weit kürzeren ›Tage‹ wurden zum ersten Mal beim Raumflug Juri Gagarins am 12. April 1961 Realität.

In Zusammenhang mit Kriegsereignissen werden manchmal vorübergehende Änderungen der Zeitzone vorgenommen. So führte z. B. Deutschland ab 1942 in allen besetzten Ländern die ›Berliner‹ MEZ ein. 1945 benutzten dann die einmarschierenden sowjetischen Truppen in Berlin ihre Moskauer Zeit. Die von solchen plötzlichen Änderungen Betroffenen werden dadurch desorientiert und verunsichert. Ähnliche Auswirkungen hat auch die Anwendung einer *Sommerzeit*, auch hier wird die Uhrzeit gegenüber der regulären Zonenzeit verschoben. Dieser Praxis liegt die Absicht zugrunde, das Tageslicht besser auszunutzen. Werden die Uhren vorgestellt, dann scheint es am Abend länger hell zu bleiben; die tagsüber arbeitenden Menschen fühlen sich wohler, und an künstlicher Beleuchtung kann gespart werden.

Die älteste bekannte Erwähnung dieser Idee findet sich 1784 in einem Essay von Benjamin Franklin. Ernsthaft propagiert wurde die ›Daylight Saving Time‹ (DST) 1907 von dem Bauunternehmer William Willett in London. An je vier Sonntagen im April und im September sollte die Uhr um jeweils 20 Minuten vor- bzw. zurückgestellt werden. Seine private Initiative blieb zunächst ohne Erfolg. Nach Ausbruch des Ersten Weltkrieges kam die britische Regierung aus Gründen der Energieersparnis auf den Gedanken zurück, und im April 1916 wurden Englands Uhren eine Stunde vorgestellt. Binnen weniger Wochen folgten mehrere Länder, darunter Deutschland, diesem Beispiel. Fast alle stellten nach Kriegsende die Maßnahme wieder ein.

Im Verlauf des Zweiten Weltkriegs glaubte man, günstigere Bedingungen für die Kriegführung im Osten zu schaffen, wenn man die einheitliche ›deutsche Zeit‹ stärker den östlichen Ortszeiten annäherte. Deshalb galt nun die ›Sommerzeit‹ zwei Winter hindurch. Nach Kriegsende 1945 konnten sich die Besatzungsmächte nicht einigen, und so endete die Sommerzeit in den drei Westzonen am 16. September, in der Ostzone dagegen erst am 18. November. Großbritannien hatte während des ganzen Krieges die ›Sommerzeit‹ durchgehend benutzt und außerdem im Sommer die ›Double Summer Time‹ (DBST) mit zweistündiger Verschiebung eingeführt. Deutschland verwendete diese ›Hochsommerzeit‹ im Jahre 1947.

1950 begannen drei Jahrzehnte ohne Sommerzeit, 1980 führte sie dann die Bundesrepublik Deutschland wieder ein. Sie beginnt am letzten Sonntag im März und endete bis 1995 am letzten Sonntag im September. Die DDR schloss sich widerwillig dieser Regelung an, die entsprechende Verordnung formuliert: »zur besseren Ausnutzung der Tageshelligkeit für die Produktion und die Freizeitgestaltung der Bürger«. Die Schweiz dagegen lehnte zunächst die Sommerzeit ab, führte sie aber ab 1981 wegen Schwierigkeiten im Verkehrswesen gegen den Willen ihrer Bevölkerungsmehrheit ebenfalls ein. Erst von 1984 datiert die Verordnung des Schweizer Bundesrats über die Sommerzeit.

1996 trat eine einheitliche Regelung der Europäischen Union in Kraft. Seitdem beginnt die Sommerzeit jeweils am letzten Sonntag im März um

02:00 Uhr, dann werden die Uhren eine Stunde vorgestellt. Sie endet am letzten Sonntag im Oktober. Die Stunde von 02:00 bis 02:59 Uhr heißt dann ›zwei Uhr (A)‹ und um 03:00 (A) werden die Uhren auf 02:00 (B) zurückgestellt.

In den USA wurde die DST mit einstündiger Verschiebung im März 1918 generell eingeführt. In Zusammenhang damit wurden nun endlich auch die 1883 von den Eisenbahnen eingeführten Zonenzeiten offiziell und staatlich verbindlich. Aber schon ab 1919 überließ man die Anwendung der DST wieder örtlichen Regelungen. Im 2. Weltkrieg galt sie erneut USA-einheitlich vom 9. Februar 1942 bis 20. September 1945, um dann wiederum von unterschiedlichen Regelungen in den einzelnen Staaten abgelöst zu werden. Erst der ›Uniform Time Act‹ von 1966 vereinheitlichte Beginn und Ende der DST auf den letzten Sonntag im April bzw. Oktober. Während der Ölkrise 1974/75 wurden erneut Ausnahmen beschlossen: 1974 begann DST am 6. Januar und 1975 am 23. Februar. Seit 1987 wird DST regelmäßig vom ersten Sonntag im April bis zum letzten Sonntag im Oktober angewendet.

In der südlichen Hemisphäre kommt die Sommerzeit dann in Frage, wenn bei uns Winter herrscht. Australien hat drei Zeitzonen, die (Stand 2001) durch unterschiedliche Schaltung der Sommerzeit in den Bundesstaaten effektiv sechs verschiedene Zeitregionen bilden. Bezugspunkt ist Eastern Standard Time (EST), sie gilt in Queensland ganzjährig. New South Wales und Victoria ändern sie vom letzten Sonntag im Oktober bis zum dritten Märzsonntag in Sommerzeit, während Tasmanien bereits Anfang Oktober die Uhren eine Stunde vorstellt. Central Standard Time (CST) ist gegenüber EST eine halbe Stunde (!) zurück. Ganzjährig gilt sie im Northern Territory, in South Australia mit Sommerzeit vom letzten Sonntag im Oktober bis zum dritten Märzsonntag. Ebenso schaltet Westaustralien, doch hier herrscht Western Standard Time (WST, gegenüber EST zwei Stunden zurück). Weitere Staaten schalten die Sommerzeit an noch anderen Stichtagen. Nur für Länder in Äquatornähe ist die Frage gegenstandslos, weil Tag und Nacht ganzjährig annähernd gleich lange dauern. De facto hat sich die Welt in den letzten Jahrzehnten von einer tatsächlichen Weltzeit eher entfernt. Sogenannte ›Weltzeituhren‹, die konzipiert wurden, um die aktuelle Uhrzeit an verschiedenen Orten der Erde anzuzeigen, können diesen Zweck in der Regel nicht mehr erfüllen.

Die ursprünglich von der Sommerzeit erhoffte Wirkung – Betriebe sollten ganzjährig bei Tageslicht produzieren und dadurch Strom sparen – ist im

Allgemeinen ausgeblieben. Elektrizitätswerke können den Effekt nicht bemerken, er geht in den normalen Schwankungen des Stromverbrauchs unter. Zu den wirtschaftlichen Gewinnern scheint einzig die Freizeitindustrie zu gehören, deren Umsatz an den längeren Abenden deutlich gestiegen ist. Nicht zu übersehen sind die negativen Auswirkungen. Landwirte können die Tagesrhythmen bei der Tierhaltung nicht abrupt ändern. Viele Menschen leiden unmittelbar unter den Folgen der Umstellung. Ein Großteil der Bevölkerung erreicht in den frühen Morgenstunden am Arbeitsplatz nicht die optimale Leistungsfähigkeit. In den ersten Tagen jeweils nach einem Übergang zur Sommerzeit wurde ein deutlicher Anstieg der Verkehrsunfälle beobachtet. Russische Mediziner konstatieren einen abrupten Anstieg von Herzinfarkten nach der Rückkehr von Sommer- zur Normalzeit. Immer mehr Wissenschaftler fordern deshalb, die Zeitumstellungen abzuschaffen, Eingriffe in die natürliche Synchronisation der inneren Uhren zu vermeiden.

Zeit und elektrische Nachrichtentechnik

Das Wesen der Zeit ist die Bewegung. Jede gleichförmige Bewegung eignet sich als Zeitmaß, besonders aber dann, wenn sie in Gestalt einer Schwingung auftritt, einem sich wiederholenden Zu- und Abnehmen einer physikalischen Größe. Dann kann man die Perioden eines schwingenden Objekts zählen. Weil alle Schwingungen in der Natur gedämpft werden, muss Energie auf das schwingende Teil übertragen werden. Bei den einfachen Räderuhren wurde die mechanische Schwingung von Pendel oder Unruh durch die Energie eines aufgezogenen Gewichts oder einer gespannten Feder in Gang gehalten. In der weiteren Entwicklung benutzte man immer neue Formen von Schwingungen, um immer bessere Uhren zu konstruieren.

Der gezielte Einsatz von Schwingungen verbindet den Uhrenbau mit der Nachrichtentechnik, und beide haben ein gemeinsames Problem, das zeitliche Gleichmaß. Es geht in beiden Fällen darum, Vorgänge miteinander zu synchronisieren, in zeitlichen Gleichklang zu bringen. Uhren sollen z.B. gewährleisten, dass sich Menschen zum vereinbarten Zeitpunkt treffen. Zur Übermittlung von Nachrichten müssen Sender und Empfänger im gleichen Takt arbeiten, um Informationen in ihre Elemente zu zerlegen und sinnvoll wieder zusammensetzen zu können. Schon Aineias im vierten Jahrhundert v.Chr. hatte das mit Wasseruhren versucht. Der Franzose Claude Chappe, dem später die Konstruktion eines erfolgreichen optischen Telegraphen gelang, versuchte in seinen frühen Experimenten um 1780 synchron laufende mechanische Uhren mit Sekundenzeiger einzusetzen.

Eine ausschlaggebende Rolle bei der weiteren Entwicklung der Uhren und der Nachrichtenmittel spielte die *Elektrizität.* Erstmals im Jahre 1800 stellte der Italiener Alessandro Volta eine kontinuierlich arbeitende Stromquelle her. Auf dieser Grundlage experimentierte 1815 Alois Ramis in München mit einer Reihe elektrostatischer Uhren. 1825 gelang William Sturgeon in England die Konstruktion eines leistungsfähigen Elektromagneten. Damit war der Weg für elektromagnetisch angetriebene Uhren bereitet.

Als 1839 Sir Charles Wheatstone in London den ersten brauchbaren Zeigertelegraphen baute, benutzte er als Antrieb eine Art Uhrwerk, dessen Pendel durch zwei abwechselnd erregte Elektromagnete bewegt wurde. Damit hatte er nebenher das Prinzip der einfachen elektrischen ›Nebenuhren‹ entdeckt. Noch im gleichen Jahr konnte der Astronom und Optiker Karl August Steinheil in München mehrere solcher Nebenuhren von einer Hauptuhr aus im Gleichlauf halten. Für Anlagen dieser Art benötigt man eine besonders genau gehende mechanische ›Mutteruhr‹. Deren Pendel betätigt mechanische Kontakte und erzeugt dadurch abwechselnd positiv und negativ gepolte ›Zeitimpulse‹. Über Drahtleitungen und Relais können diese an beliebig viele Nebenuhren übertragen werden, in denen Elektromagnete die Zeiger in Minutenschritten weiterschalten.

Die Erfindung elektrischer Uhren lag in diesen Jahren gewissermaßen in der Luft. 1841 erhielt der Schotte Alexander Bain gemeinsam mit John Barwise ein Patent für eine Uhr mit elektromagnetisch angetriebenem Pendel. Schon 1834 hatte der aus Württemberg stammende Uhrmacher Mathias Hipp ein elektromagnetisch gesteuertes Pendel ersonnen, mit dem er 1841 eine zuverlässige Uhr baute. Das Besondere am Hipp'schen System ist eine spezielle Kontaktanordnung, die nur dann Strom fließen lässt, wenn die Amplitude der Pendelschwingung unter einen kritischen Grenzwert fällt. Dadurch entfallen unnötige und das Pendel störende Impulse, und gleichzeitig steigt die Lebensdauer der Kontakte. Nach einem Intermezzo als technischer Direktor der Schweizer Telegraphenverwaltung gründete Hipp 1860 in Neuchâtel eine Firma für Telegraphen und elektrische Apparate. Hier begann die industrielle Herstellung elektrischer Uhren. 1862/64 entstanden in Genf und Neuchâtel die ersten Leitungsnetze für elektrische Uhren.

Wilhelm Julius Foerster, der 1865 Direktor der Berliner Sternwarte wurde, ließ die dortige Uhr mit elektrischen Kontakten versehen. Zu verabredeten Zeiten wurden nun genaue Zeitsignale über ein Kabel zur Berliner Zentraltelegraphenstation übertragen. Damit begann der öffentliche Zeitdienst in Deutschland. Aber Uhrenanlagen dieser Art mussten mit Strom versorgt werden. Erst als um 1880 in den Städten die ersten Gleichstromnetze auftauchten, eroberten sie Gebäude und Werksgelände. Sie blieben bis gegen Ende des 20. Jahrhunderts verbreitet.

Als man 1884 begann, die Straßen Berlins elektrisch zu beleuchten, führte die Stadtbahn ein von Hipp weiterentwickeltes elektrisches Zentraluhrsystem ein. Bald darauf wurden, ebenfalls durch Foerster angeregt, den Berliner Uhrmachern zu äußerst günstigen Bedingungen von der Sternwarte aus regulierte Normaluhren zur Verfügung gestellt, sodass die außen an ihren Geschäften angebrachten Uhren stets die Normalzeit anzeigten. 1892 begann die Urania-Gesellschaft in Berlin mit dem Aufbau einer Kombination aus Anschlagsäule, Wetterstation und elektrischer Normaluhr. Die letzten 35 dieser ›Urania-Säulen‹ wurden 1923 aus Kostengründen stillgelegt.

Hauptsächlich für Großuhren war eine andere Anwendung der Elektrizität interessant, der *Aufzug* des Gewichts bzw. der Feder. Seit den 1880er-Jahren verwendete man hierfür kleine Elektromotoren, die bei jedem Anlauf die Feder kräftig spannen. Besseren Gleichlauf hat die Uhr, wenn eine schwache Feder in kurzen Abständen aufgezogen wird. In einem von dem Schweizer David Perret entwickelten System steuert die Uhr selbst einmal pro Minute ihren Aufzug. Alternative Lösungen benutzten einen Elektromagneten, der eine Stoßklinke bewegt. Einen interessanten ›Aufzugsmotor‹ besaßen Uhren der Firma ›Elektrozeit‹ (später: Telefonbau & Normalzeit) in den 1930er-Jahren. Darin drehen Magnetspulen einen zweipoligen Anker, der ein Schwungrad in Bewegung setzt, das seinerseits ein kleines Gewicht aufzieht. Das genügt zum Antrieb der Uhr für jeweils einige Minuten.

Bis zu diesem Entwicklungsstand diente die Elektrizität lediglich als Energiequelle für den Antrieb mechanischer Werke. Erst um 1920 mit der Erfindung des *Synchronmotors* durch Warren in den USA und dem Ausbau von Wechselstromnetzen verbreiteten sich ›echte‹ elektrische Uhren. Ihre bekannteste Anwendung fanden sie als Schaltuhren zum Steuern von Beleuchtungsanlagen, zunächst für Gaslaternen wie in Wien, dann bald auch in den bekannten ›Treppenhausautomaten‹. Noch bis gegen Ende des Jahrhunderts schalteten sie Elektroheizungen, die mit preisgünstigem Nachtstrom versorgt wurden.

Diese *Synchronuhren* werden im Gleichlauf mit der Frequenz des Netzes angetrieben. Frequenz meint hier die Anzahl der Schwingungen pro Sekunde, sie wird in Deutschland in Hertz (Hz) bzw. Kilo- und Megahertz angegeben.

Radiotechnikern waren diese Begriffe geläufig, sie konnten aus Induktivität und Kapazität die Resonanzfrequenz eines Schwingkreises berechnen und hatten gelernt, rückgekoppelte Schwingungssysteme mit Röhren zu bauen. Aber die damit erzeugten Frequenzen schwankten relativ stark, und man versuchte, sie durch mechanisch schwingende Bauelemente zu stabilisieren.

Das führte zunächst zu Uhren, deren mechanisch schwingendes System elektromagnetisch beeinflusst wurde. Eine Kondensator-Widerstands-Kombination erzeugte gleichmäßige Impulse zum Anstoßen der Unruh. Diese schwingt in Armbanduhren normalerweise mit einer Frequenz von vier Hertz und ist infolgedessen durch Handbewegungen leicht beeinflussbar. Erheblich verringerte Gangabweichungen von nur noch 0,2 s pro Tag erreichte gegen 1970 die *Stimmgabeluhr*. Nach dem Vorbild des bekannten Hilfsmittels der Musiker baute man Miniaturschwinger mit Frequenzen zwischen 300 und 720 Hz und regte sie elektromagnetisch an. Dieses Prinzip erfordert eine anspruchsvolle Mechanik. Eine an der Stimmgabel befestigte Stoßklinke schiebt ein winziges Zahnrad mit 300 Zähnen bei einem Durchmesser von wenigen Millimetern vorwärts. Der Sekundenzeiger solcher Uhren bewegt sich in nicht mehr erkennbaren winzigen Schritten, und ihr Ticken ist in ein gleichmäßiges Summen übergegangen.

Vor allem aber nutzte man elektrostatisch erregte Eigenschwingungen eines Quarzplättchens. Die Grundlage dafür hatten die Brüder Pierre und Paul-Jacques Curie um 1880 mit der Entdeckung des piezoelektrischen Effekts geschaffen. Nach ersten Versuchen von W. A. Marrison 1927 bauten A. Scheibe und U. Adelsberger in Deutschland 1934 die erste brauchbare *Quarzuhr*. Um 1950 sah eine Quarzuhr für den Laborbetrieb so aus: In einem erschütterungsarm aufgehängten Thermostaten ist ein Quarzkristall untergebracht. Seine Grundfrequenz von 100 kHz regt durch magnetische Beeinflussung eine metallische Stimmgabel an, mit deren verstärkter Frequenz eine Synchronuhr betrieben wird. Der 1-kHz-Synchronmotor treibt zugleich einen kleinen 50-Hz-Generator an und erzeugt mechanisch einen Sekundenimpuls. Die vier abnehmbaren Frequenzen erreichten dadurch die gleiche hohe Genauigkeit von zehn Millisekunden pro Tag; dieser Wert wurde später noch auf eine Millisekunde verbessert.

Solche Normalfrequenzen benutzt man unter anderem dazu, auf dem Bildschirm eines Oszillographen Zeitmarken zu erzeugen. Mit deren Hilfe ist dann die genaue Messung verschiedenster Vorgänge möglich. Auf Grundlage der 1897 von Karl Ferdinand Braun erfundenen Elektronenstrahlröhre hatte André Blondel den ersten Oszillographen gebaut und damit ›die Zeit sichtbar‹ gemacht.

Mit der Entwicklung der Halbleiterelektronik veränderten sich auch die Alltags-Uhren. 1948 hatten Bardeen, Brattain und Shockley den Transistor erfunden, und bald darauf gab es elektronisch gesteuerte Kleinuhren. Zunächst besaßen sie ein einfaches rückgekoppeltes Schwingungssystem mit Transistor. 1954 entwickelte M. Hetzel eine Armbanduhr mit transistorgesteuerter Stimmgabel-Elektronik. Um 1960 begann die Fertigung integrierter Schaltungen (›Chips‹), und gegen 1970 kamen spezielle *Uhrenschaltkreise* auf den Markt. Nun waren Quarzuhren für den täglichen Gebrauch möglich. Kurze Zeit galten sie als Statussymbole, dann sorgte ihr relativ geringer Preis bei hoher Ganggenauigkeit für rasche Verbreitung. Bis 1975 dauerte die Zeit dieser echten Digitaluhren.

In weniger industrialisierten Ländern provozierte ihre Existenz die Herstellung rein mechanischer Digitalanzeigen; an Stelle der Zeiger bewegte das Uhrwerk Ziffernscheiben. Schon einmal, im 18. Jahrhundert, waren solche Anzeigen in Mode gewesen. Sehr bekannt war die vom Hofuhrmacher Johann Gutkaes um 1840 gebaute Uhr in der Dresdner Semper-Oper, deren digitales Anzeigewerk alle fünf Minuten weiterschaltete.

Zur Ziffernanzeige der neuen kleinen Digitaluhren dienten zunächst Leuchtdioden (light-emitting diodes, LED), die wegen ihres hohen Stromverbrauchs nur auf Knopfdruck leuchteten. 1972 erschien die erste Flüssigkristallanzeige (liquid-crystal display, LCD). Deren Ziffern sind zwar ständig sichtbar, erfordern aber eine äußere Lichtquelle. Nun bekamen Uhren eine LED, um damit bei Nacht das LCD zu beleuchten. Hybriduhren besitzen ein analoges Zifferblatt, in das ein LCD-Feld integriert ist, das Datum, Wochentag, die Weckzeit, eine andere Zeitzone oder weitere Daten anzeigt.

Bei den Armbanduhren hatte sich die digitale Anzeige vorübergehend durchgesetzt. Aber eine im Jahre 2001 vom Autor in Berlin durchgeführte Umfrage ergab, dass 74 von 123 Personen eine Analog-Armbanduhr, 18 eine Digital-Armbanduhr, acht ein Handy mit Zeitanzeige, zwei eine Taschenuhr und 21 keine Uhr bei sich hatten. Mehrere Gründe scheinen für diese Renaissance der Analoguhr verantwortlich zu sein. Wer einmal an das ›klassische‹ analoge Zifferblatt gewöhnt ist, empfindet es als bequemer. Es ist in der Tat viel leichter und es geht auch schneller, auf dem Zifferblatt abzuzählen oder abzuschätzen, wie viel Zeit noch bis zu einer Verabredung oder dem Beginn einer Veranstaltung ›um vier‹ bleibt, als durch Kopfrechnen die Differenz zwischen 16.00 Uhr und 15.26 Uhr zu ermitteln. Werden dann noch die Sekunden auf der gleichen Displayebene angezeigt, so sind sie eher hinderlich. Für die meisten Zwecke genügt ohnehin eine unscharfe

Zeitangabe der Art ›ungefähr halb vier‹. Uhrenhersteller zogen die Konsequenz, und eine Zeitlang gab es Quarz-Armbanduhren, deren Display sich drehende Zeiger nachbildete.

Im Zeitraum 1975/80 kamen preisgünstige Quarz-Analoguhren auf den Weltmarkt. Man benutzte nun einen auf 32.768 Hz arbeitenden Quarzoszillator. Dieser Wert ergibt sich als Ergebnis der Rechnung 2^{15}. Man kann deshalb sehr einfach – durch 15-maliges Halbieren der Frequenz – daraus einen Sekundentakt erzeugen. Dieser schaltet mittels einer Art ›Elektromotor‹ das Zeigerwerk fort. Wird eine solche Quarzuhr zusätzlich durch drahtlos übertragene Signale einer ›Hauptuhr‹ synchronisiert, so spricht man von einer Funkuhr. Anfang der 1990er-Jahre gab es die ersten Funk-Armbanduhren, ihre Antenne war im Armband untergebracht.

Im Verlauf dieser gesamten Entwicklung erwies sich immer wieder die Stromversorgung der Kleinuhren als entscheidende Einschränkung. Zwar laufen Quarz-Armbanduhren mit einer winzigen ›Knopfzelle‹ länger als ein Jahr, doch setzt die Notwendigkeit eines Batteriewechsels die Uhr oft ausgerechnet dann außer Betrieb, wenn sie am dringendsten benötigt wird. Zudem sind solche chemischen Primärelemente teuer und belasten die Umwelt. Erstmals 1975 erlaubten dann Solarzellen in Verbindung mit Akkus oder Speicherkondensatoren den Verzicht auf ständigen Batteriewechsel. Etwa um diese Zeit entwickelte die Firma Seiko in Japan ein elektrifiziertes Gegenstück zum Automatikaufzug der mechanischen Armbanduhr, einen kleinen Dynamo, dessen Rotor durch die Armbewegungen des Trägers in Bewegung gesetzt wird.

Für alle erdenklichen Zwecke baute man ›elektrische‹ Spezialuhren. Für Kurzzeitmessungen erfand Charles Wheatstone 1840 das *Chronoskop*. Dessen mechanisches Uhrwerk läuft ständig während der Messung, seine Zeigerachse wird elektromagnetisch ein- und ausgekuppelt. Von Hipp 1847 modifiziert, bewährten sich diese Geräte bis 1980 unter anderem bei Medizinern für die Messung von Reflex- und Reaktionszeiten. Bei einer Laufzeit von etwa einer Minute erreichte man eine Genauigkeit von einer Tausendstelsekunde. Kurzzeitmessungen wurden auch mit Hilfe einer Stimmgabel vorgenommen. Auf diese Weise bestimmte die preußische Artillerie in der Döberitzer Heide bei Berlin gegen 1900 die Geschwindigkeit von Geschossen im Geschützrohr.

Für andere Spezialaufgaben werden registrierende Zeitmessgeräte gebraucht. Die Entwicklung früher Telegraphenapparate ging mit der von Chronographen Hand in Hand. Elektromagnetisch betätigte Stifte schreiben dabei Zeitmarken auf gleichmäßig abrollende Papierstreifen. So können die Impulse einer Normaluhr einem zu untersuchenden Vorgang gegenübergestellt werden. Bei anderen Modellen synchronisiert die Normaluhr die Drehzahl einer Walze, auf der die Zeitmarken aufgezeichnet werden. Uhrenindustrie und Reparaturwerkstätten benutzen die auf diesem Prinzip basierende *Zeitwaage.* Dieses elektrische Prüfgerät vergleicht selbsttätig den Gang eines Prüflings mit einer Normaluhr.

Zeitlicher Gleichlauf räumlich getrennter Systeme ist die Voraussetzung für zahlreiche technische Anlagen. Nach und nach entwickelten sich Verfahren für ihre Synchronisation. Den Weg für Telefax und Fernsehen bereitete ein Pionier der Bildtelegraphie: 1904 synchronisierte Arthur Korn in München die Drehung zweier Zylindertrommeln durch ein telegraphisches Signal. Das technische Beherrschen genauester Zeitpunkte gehört zu den Voraussetzungen des Fernsehens. Jede neue Bildschirmseite und jede einzelne Zeile in den Empfängern werden auf Millisekunden genau von Synchronimpulsen des Senders gestartet.

Quarzuhren bieten zahllose technologische Möglichkeiten für jede erdenkliche Art von Zeitanzeige. Davon profitierten Stoppuhren in besonderem Maße. Mechanische Hand-Stoppuhren erlaubten die Messung von Fünftel- oder Zehntelsekunden. Quarzuhren besitzen Hilfszeiger für Zwanzigstelsekunden oder digitale Anzeigen für Hundertstel. Sie können beliebig viele Zwischenzeiten messen und speichern sowie die Ergebnisse an andere angeschlossene Geräte weitergeben – Computer, Drucker, Bildschirme oder spezielle Anzeigetafeln.

Die bekanntesten Anwendungen gibt es im Bereich der Sport-Zeitmessung. Seit den 1930er-Jahren konnten die mechanischen Zeitmesser elektrisch ausgelöst und angehalten werden. Bei den Olympischen Spielen 1952 in Helsinki zeigten elektronische Zeitnehmer auf Quarzbasis die Hundertstelsekunden, doch erst seit 1966 werden sie als offizielle Zeitmesser im Sport anerkannt. Seit 1961 können die gemessenen Zeiten in das laufende Fernsehbild eingeblendet werden. Heute werden auf Bobbahnen und Formel-1-Rennstrecken die Tausendstel offiziell gemessen.

Auch für ganz alltägliche Zwecke wurden spezielle Uhren gebaut. Weit verbreitet in den Küchen war die *Eieruhr,* eine kleine einfache Sanduhr, bis in den 1950er-Jahren der vielseitig verwendbare mechanische Kurzzeitwecker erschien, der nach Ablauf der gewählten Minuten klingelt. Daneben gab es elektromechanische Schaltuhren mit Synchronmotor, die zu bestimmten Zeitpunkten die unterschiedlichsten Vorgänge starten und beenden konnten. Ein bekanntes Beispiel sind die in Schulen eingesetzten Geräte, die das ›Pausenklingeln‹ steuerten. Heute hat der *Timer* solche Aufgaben weitgehend übernommen. Das ist meist kein besonderes Gerät mehr, sondern integriertes Leistungsmerkmal der verschiedensten elektronischen Geräte.

Die Entwicklung des Mikroprozessors um 1972 ermöglichte, Digitalrechner in Haushaltsgeräten wie Herden, Videorecordern oder Waschmaschinen einzusetzen. Damit verfügen diese über interne, oft nicht sichtbare Digitaluhren, die nach Ablauf einer sekundengenau wählbaren Zeit ein Signal geben oder eine Funktion auslösen. Andere Zeitmesser stecken als Taktgeber in Computern, Handys oder Herzschrittmachern. Aber daneben existieren äußerst einfache elektronische Lösungen. Beispielsweise wird die Einschaltdauer eines Toasters durch die Ladezeitkonstante eines Kondensators mit regelbarem Vorwiderstand bestimmt.

Interessant ist auch die Anwendung unterschiedlichster Zeitmesser zum Feststellen der Gesprächsdauer in *Telefon*-Vermittlungsstellen. Von etwa 1890 bis gegen 1910 waren Sanduhren in Gebrauch. Zwischen 1905 und 1927 wurden die Vermittlungsschränke der Deutschen Reichspost mit mechanischen Gesprächsuhren ausgestattet. Man benutzte einen speziell konstruierten Kurzzeitwecker, der nach seinem Herkunftsort im Schwarzwald ›Schramberger Uhr‹ genannt wird. Das faustgroße Werk wurde durch Herabdrücken eines Hebels beim Gesprächsbeginn aufgezogen und gab nach drei Minuten ein kurzes Glockenzeichen. Dann war die Regel-Gesprächszeit abgelaufen, für die eine Mindestgebühr entrichtet werden musste. Weitere Signale folgten in Minutenabstand. 1927 ersetzten elektrische Gesprächszeitmesser (GZM) die Gesprächsuhr. Darin wird eine Zahlentrommel mit Zeitangaben durch einen Elektromagneten alle zehn Sekunden weitergeschaltet. Die Impulse liefert ein zentraler Impulsgeber. Jeweils bei Beginn eines Ferngesprächs wird der zugehörige GZM automatisch in Betrieb gesetzt. Nachdem die Telefonistin bei Gesprächsende die Dauer aufgeschrieben hat, stellt sie ihn manuell auf Null zurück. Solche GZM waren bis zur Außerbetriebnahme der letzten handbedienten Fernämter auf dem Gebiet der ehemaligen DDR um 1993 in Betrieb.

Für Ortsgespräche gab es seit 1919 elektromagnetische Gesprächszähler. Mit der Einführung des Selbstwähl-Fernverkehrs (in der BRD ab 1955) benutzte man sie zum Zählen zeitabhängiger Gebührenimpulse. Diese wurden für die Dauer des Gesprächs in unterschiedlichem Takt, abhängig von der Entfernung und der Tageszeit, erregt. Entsprechende elektronische Uhrenbaugruppen lieferten die verschiedenen Zeittakte. Vorläufer dieser ›Zeit-Zonen-Zählung‹ gab es bereits zwischen etwa 1930 und 1945. Zwischen

1980 und 1991 benutzte dann die Bundespost einen Acht-Minuten-Takt für Ortsgespräche. Damals kamen elektronische ›Telefonuhren‹ auf, im Prinzip programmierte Kurzzeitwecker, die beim Sparen von Gebühren helfen sollten. Heute ist die Gestaltung der zeitabhängigen Tarife kaum noch überschaubar und Gegenstand scharfen Konkurrenzkampfes.

In unmittelbarem Zusammenhang mit dem Telefonnetz entwickelte sich die Dienstleistung der *Zeitansage.* An den Wänden der handbedienten Vermittlungsstellen hingen relativ genau gehende Uhren, und schon vor 1900 erteilte das Personal – gegen Entrichtung der Gebühr für ein Ortsgespräch – Auskunft über die Uhrzeit. Wie das telefonische Wecken entwickelte sich die Zeitansage zu einer der beliebtesten Dienstleistungen, und man bemühte sich um ihre Automatisierung. Ab 1928 wurde in Großstädten zwar noch mündlich angesagt, aber dann auf ein Gerät geschaltet, das mit einem Gongschlag die volle Minute genau markierte. Bereits 1903 hatte Bernhard Hiller in Berlin eine ›sprechende Uhr‹ gebaut. Sie speicherte die akustischen Signale, dem Grammophon ähnlich, auf einem Zelluloidstreifen mit 96 Rillen. Ein Saphirstift tastete diese mechanisch ab und erregte eine Membrane vor einem Schalltrichter.

Aber erst ab 1935 stand der Deutschen Reichspost ein hinreichend genaues, betriebssicheres und deutlich sprechendes Gerät zur Verfügung. Es basierte auf dem Prinzip des Tonfilms und wiederholte ständig die Ansage ›Es wird … Uhr … Minuten‹, worauf beim Erreichen der vollen Minute ein kurzer Signalton folgte. Nur an wenigen Orten standen diese aufwändigen, mit Präzisionsuhren synchronisierten Zeitansagemaschinen. Von hier aus erhielten weitere Telefon-Vermittlungsstellen die Ansage über besondere Zeitansageleitungen. Auf dem Gebiet der ehemaligen DDR bestand dieses Zeitansagenetz bis in die 1990er-Jahre. Die Bundespost in der BRD benutzte seit 1955 Magnettongeräte, deren Ansage aller zehn Sekunden wechselte. Drei Endlosbänder speicherten jeweils den Stunden-, Minuten- und Sekundentext, und sechsmal pro Minute wurde ein sekundengenauer Signalton eingeblendet.

Zwischen 1987 und 1996 lösten digitale Systeme die elektromechanischen Vermittlungsstellen im deutschen Telefonnetz ab. Zur reibungslosen Zusammenarbeit im Fernverkehr benötigen sie eine sehr genaue Zeitbasis, und man rüstete sie mit Empfängern für Zeitzeichensignale des Senders DCF 77 aus. Massive Preissenkungen für mikroelektronische Speichermodule in diesem Zeitraum erlaubten, in jeder Vermittlungsstelle ein von diesem Empfänger synchronisiertes digitales Ansagegerät einzusetzen. Der Sprachspeicher eines solchen Geräts enthält die Stunden-, Minuten-, Sekunden- sowie allgemeinen Textteile; ein Steuerblock sorgt für ihre fortlaufende Ausgabe in der jeweils richtigen Reihenfolge.

Zeitansagegeräte im Telefonnetz hatten seit 1928 die maschinelle Ausgabe akustischer Zeitsignale auf Anforderung ermöglicht. Aber schon lange vorher wurden *Zeitzeichen* zu bestimmten Zeiten von den Rundfunksendern und Küstenfunkstationen ausgesandt. Erstmals wurde ein genauer Zeitpunkt mittels des elektrischen Telegraphen am 8. Mai 1869 übertragen. Als sich in den USA die Schienenstränge der Union Pacific mit denen der Central Pacific Railway zur ersten transkontinentalen Eisenbahn vereinten, hatte man den letzten Schwellennagel so mit der Telegraphenleitung verbunden, dass die historischen Hammerschläge im ganzen Land empfangen werden konnten. Das war zugleich die Geburtsstunde der Live-Berichterstattung von bedeutenden Ereignissen.

Besonders wichtig sind drahtlos übertragene Zeitzeichen für die Navigation auf den Meeren und in der Luft, die gänzlich von einer exakten Zeitmessung abhängt. Zwar konnte man um 1900 sehr exakte Chronometer bauen, doch die Möglichkeit, sie unterwegs zu kontrollieren, erhöhte die Sicherheit auf See bedeutend. So tauchte mit dem Aufkommen des Seefunkverkehrs auch bald der Gedanke auf, mittels Funkwellen ein Zeitzeichen auszustrahlen, das überall empfangen und zur Korrektur der Borduhren benutzt werden könnte. Ab 1904 sendete eine Funkstation der US-Navy zum ersten Mal drahtlose Zeitzeichen. 1906 schlug der Franzose Bigourdan die Einführung eines weltweiten Zeitsignals vor und verfolgte die utopische Idee, zu diesem Zweck auf Teneriffa einen 3000 Meter hohen Antennenmast zu errichten. Aber die vorhandenen Funkstationen, darunter Norddeich Radio in Deutschland, griffen den Gedanken auf und begannen in den folgenden Jahren, Zeitzeichen zu senden. Nach dem Ersten Weltkrieg konnte man schon fast überall auf der Welt die Zeitzeichen irgendeiner Station empfangen.

1932 begann der Sender Nauen bei Berlin mit der Ausstrahlung eines besonders genauen Zeitsignals, sein Tastrelais wurde direkt von der astronomischen Uhr einer Sternwarte gesteuert. Täglich von 12.55 bis 13.00 und 0.55 bis 01.00 Uhr wurde die Folge ›O N O G O‹ in Morsezeichen ausgestrahlt. Nach einer Reihe von Vorzeichen zum Einstellen des Empfängers folgte zum Ende der 57. Minute ein ›O‹ (drei Striche), in der 58. Minute fünfmal ein ›N‹ (je Strich-Punkt) und ein ›O‹, in der 59. Minute fünfmal ein ›G‹ (je Strich-Strich-Punkt) und am Ende nochmals ein ›O‹. Das Ende dieses letzten Zeichens entspricht genau dem Ende der Stunde. Jeder Radiohörer kannte damals diese Signale.

Große Popularität gewann in den 50er-Jahren in Europa die Ausstrahlung der *Fernsehuhr* als Bild einer Analoguhr. Deren zentraler Sekundenzeiger ermöglichte ein bequemes und genaues Stellen der häuslichen Zeitmesser. Heute kann man während des Empfangs der meisten Fernsehsender jederzeit durch Knopfdruck die aktuelle Uhrzeit digital ins Fernsehbild einblenden. Einige UKW-Hörrundfunksender übertragen Zeitsignale im Einminutentakt innerhalb des ›Radio Data Systems‹ (RDS), das zur Übermittlung zusätzlicher Daten während der Sendung dient. Manche mit einem digitalen Tuner ausgerüstete Empfänger können automatisch während des Empfangs solcher Sender ihre eingebaute Uhr mit diesen Signalen synchronisieren.

Um 1965 arbeiteten weltweit etwa 200 spezielle *Zeitzeichensender* auf bestimmten international dafür festgelegten Frequenzen. Auch Normalfrequenzen des Navigationsverfahrens LORAN werden benutzt, um örtliche Zeitskalen an übergeordnete Zeit- und Frequenznormale anzuschließen. Bei der Satellitenübertragung von Zeitsignalen erreicht man Unsicherheiten von weniger als 50 Nanosekunden. Der in Mitteleuropa bekannteste Zeitzeichen- und Normalfrequenzsender ist DCF 77 in Mainflingen südöstlich von Frankfurt am Main, der bis zu 2.000 km Entfernung ohne besondere Antennen empfangen werden kann. Die Amplitude seiner 77,5-kHz-Trägerschwingung wird zu Beginn jeder Sekunde für 0,1 s abgesenkt. In jeder 59. Sekunde fehlt dieser Impuls, wodurch der folgende als Minutenmarke gekennzeichnet ist. Diese Zeitmarken werden mit einer Sicherheit von etwa 0,1 ms empfangen.

Außer diesen Sekundenimpulsen definierter Lage sendet DCF 77 laufend Impulstelegramme mit der kompletten Information über Jahr, Monat, Tagesdatum, Wochentag, Stunde und Minute. Spezielle Empfänger prüfen zunächst die Länge dieser Zeittelegramme und vergleichen darin enthaltene Prüfbits mit den im Sekundentakt eintreffenden Zeit-Bits. Nur vollständig und unverfälscht empfangene Telegramme werden anschließend entschlüsselt und die Ergebnisse zunächst zwischengespeichert. Nach Empfang des nächsten fehlerfreien Telegramms werden die beiden Datenreihen verglichen. Wenn sie übereinstimmen, wird die empfangende Uhr damit synchronisiert. Sie zeigt dann die absolut genaue Uhrzeit, und ihr Kalender ist programmiert. Im Jahre 1970 war ein solcher Empfänger größer als ein Fernseher und benötigte eine Spezialantenne auf dem Dach. Er baute alle zwei Minuten eine komplette Datum-Zeit-Information neu auf und zeigte sie auf 8-Segment-Glimmlampenröhren an. 1990 war er als Steckkarte für Heim-PC realisiert, und 1992 passte er in eine Armbanduhr.

DCF 77 verbreitet die gesetzliche Zeit Deutschlands. Seine Trägerfrequenz (77,5 kHz) und die Zeitinformation werden von Atomuhren der Physikalisch-Technischen Bundesanstalt abgeleitet. Deren Ungenauigkeit beträgt lediglich eine Sekunde in einer Million Jahren und ist damit bereits kleiner als die Schwankung der Erdrotation. Das einfach zu dekodierende Modulationsverfahren hat dem DCF-77-System große Popularität beschert. Neben kommerziellen und öffentlichen Anwendungen basieren Millionen Funkwecker und Armbanduhren auf diesem System.

Sein französisches Pendant TDF in Allouis bei Paris besitzt zwei Sendemasten von 350 Metern Höhe und die gigantische Sendeleistung von zwei Megawatt. Das verhilft seiner 162-kHz-Trägerfrequenz zu einer Reichweite von 3.500 km. Die Zeitinformation kommt vom internationalen ›Laboratoire Primaire du Temps et des Frequences‹ (LPTF), das die offizielle Weltzeit UTC koordiniert und über die derzeit genaueste Atomuhr, eine ›Cäsium-Fontäne‹, verfügt. Jedoch ist TDF wegen seiner aufwändig zu dekodierenden Phasenmodulation bei weitem nicht so populär wie DCF 77. Hinsichtlich Genauigkeit und Zuverlässigkeit sind beide Systeme praktisch gleichwertig.

Ein dritter europäischer Frequenznormal- und Zeitzeichensender ist HBG auf 75 kHz. Seine Signale werden vom Schweizer Kantonsobservatorium Neuenburg gesteuert. Diese Schweizer Referenzorganisation für Zeitmessung hat als erste Institution in Europa einen Wasserstoffmaser betrieben. Alle drei Systeme sind prinzipiell ähnlich, jedoch untereinander nicht kompatibel, sodass jeweils unterschiedliche Empfänger benötigt werden.

Zeiteinheit Sekunde und die Atomzeit

Messen ist das Vergleichen einer Größe mit einer Maßeinheit. Zum Messen von Zeit vergleicht man die Dauer zwischen zwei zeitlich getrennten Ereignissen mit einem geeigneten Zeitmaß. Dazu sind nur Vorgänge brauchbar, die periodisch und mit unveränderlicher Geschwindigkeit ablaufen. Bis 1956 galt der Tag als geeignetes Zeitmaß. Erstmals teilte ihn im zweiten Jahrhundert der Alexandriner Ptolemäus zweistufig sexagesimal in 1.440 Minuten gleich 86.400 Sekunden.

Das natürliche Zeitmaß für den Menschen ist der wahre Sonnentag, die Zeit von einem Sonnenhöchststand zum nächsten. Aber wegen der Schiefe der Ekliptik und der elliptischen Erdbahn sind die Tage und damit ihre Teile ungleich lang. Deshalb definierte man im 18. Jahrhundert den *mittleren Sonnentag* und hoffte auf seine stabile Länge. Von nun an stellte man die Räderuhren auf mittlere statt auf die wahren Ortszeiten. Erst jetzt erhielt auch die Sekunde eine vermeintlich konstante Länge. Pendeluhren erlaubten ihre Messung, und die genauesten Exemplare wichen am Ende des 18. Jahrhunderts nur noch um eine Zehntelsekunde pro Tag ab.

Nach und nach wurde erkannt, dass auch der mittlere Sonnentag von ungleichmäßiger Dauer ist. Einesteils bremst die Gezeitenreibung langfristig die Erdrotation, anderenteils treten unsystematische Schwankungen um bis zu 5 ms auf. Das entspricht einer Abweichung der hiervon abhängigen Sekunde in einer Größenordnung von 10^{-8} s. Gesichert wurde diese Vermutung in den 1930er-Jahren durch die Versuche von Scheibe und Adelsberger mit Quarzuhren an der Physikalisch-Technischen Reichsanstalt. Heute dienen Atomuhren als Zeitreferenz für die kontinuierliche Beobachtung dieser Schwankungen, die Ergebnisse werden vom International Earth Rotation Service (IERS) dokumentiert.

Die sich in der Renaissance schnell entwickelnden Naturwissenschaften wählten die Sekunde als einheitliche Bezugsgröße für Zeit. Für die Längenmessung musste noch lange auf ein solches standardisiertes Maß verzichtet werden. Huyghens schlug 1664 erfolglos die Länge des Sekundenpendels als einheitliches Längenmaß vor. Erst 1799 wurde im Ergebnis der Französischen Revolution das Urmeter geschaffen. 1960 hat man dann das Meter als Vielfaches der Wellenlänge einer bestimmten Spektrallinie neu definiert. Eine vergleichbare formale Definition der Weltzeitsekunde als verbindliches Zeitmaß im Sinne des Internationalen Einheitensystems hat es indessen nie gegeben.

Nachdem sich das aus der Erdrotation abgeleitete Zeitmaß als zu ungenau erwiesen hatte, versuchte man es mit dem Umlauf der Erde um die Sonne. 1956 definierte das Internationale Komitee für Maß und Gewicht auf Vorschlag von Astronomen die *Ephemeridensekunde* als einen bestimmten Bruchteil des *tropischen Jahres.* Das ist die Zeitdauer zwischen zwei aufeinander folgenden Durchgängen der ›mittleren Sonne‹ durch den ›mittleren Frühlingspunkt‹. Um den Einfluss möglicher Veränderungen ein für alle Mal auszuschließen, legte man der Definition ein bestimmtes Jahr zugrunde, und zwar das differentielle tropische Jahr für den 31. Dezember 1899 zwölf Uhr Weltzeit. Das entspricht nach astronomischer Zählung dem Zeitpunkt ›1900,0‹. Man definierte offiziell: »Die Sekunde ist der 31.556.925,9747te Teil des tropischen Jahres für 1900, 0. Januar, 12 Uhr Ephemeridenzeit (ET).« Diesen Bruchteil hatte Simon Newcomb im Jahre 1895 als mittleres Periodenverhältnis zwischen der Erdrotation und dem Erdumlauf berechnet.

Die so definierte Ephemeridensekunde besitzt eine konstante Länge. Im Gegensatz dazu wird die *Weltzeitsekunde* immer länger; heute weichen beide bereits um etwa 3 x 10^{-8} s voneinander ab. Seit es diese Differenz gibt, muss nicht nur formal, sondern auch aus praktischen Gründen zwischen der *Zeiteinheit Sekunde* (einem Zeitintervall) und der Zeitskala mit dem *Skalenmaß Sekunde* unterschieden werden. Zeitintervalle können zu jedem beliebigen Zeitpunkt beginnen, Skalenmaße wie der Kalendertag dagegen immer nur zu festgelegten Zeitpunkten.

Praktische Bedeutung gewann die neue Definition, als man um 1960 begann, in den astronomischen Jahrbüchern die Ephemeridenzeit anzugeben. Sie ist auf die mittleren Bahnbewegungen der Planeten bezogen. Allerdings kann ein Vergleich zwischen Ephemeridenzeit und mittlerer Sonnenzeit immer nur nachträglich erfolgen. Deshalb war sie zunächst nur für die Beobachtung astronomischer Ereignisse (z.B. Finsternisse) von Bedeutung. Dann spielte sie besonders auch zum Vergleich berechneter mit beobachteten Bahnen der künstlichen Raumflugkörper eine große Rolle. Schnell bürgerte es sich ein, auch deren Bahndaten als Ephemeriden zu bezeichnen.

Bis ins 20. Jahrhundert waren Pendeluhren die genauesten Geräte zum Bewahren der Zeit. Erschütterungsfrei in klimatisierten Räumen der Observatorien aufgestellt, wurden Abweichungen von nur wenigen Sekunden im Jahr erreicht. Die höchst sensiblen Geräte wurden nicht nachgestellt, sondern die Zeit von ihnen unter Berücksichtigung von Korrekturtabellen abgelesen. Dann erreichten Quarzuhren eine Stabilität bis zu einigen Millisekunden im Jahr. Derartige Uhren kann man nicht mehr ablesen, sie zeigen keine Zeit an, sondern sind *Frequenznormale.* Eine Frequenz von 100 kHz hat eine Schwingungsdauer von zehn Mikrosekunden. Vorgänge bis herab zu dieser Dauer konnten mit Hilfe der Quarzuhr oszillographisch gemessen werden.

Immer weiter ging die Suche nach schnelleren und gleichmäßigeren Schwingungen. 1945 wies der Nobelpreisträger Isidor Isaac Rabi in den USA als Erster auf die Verwendung von Atomschwingungen als Zeitnormal hin. In einem Ammoniakmolekül kann das Stickstoffatom gegenüber den drei Wasserstoffatomen zwei verschiedene gleichwertige Lagen einnehmen. Unter entsprechenden Bedingungen pendelt es zwischen diesen Zuständen mit einer sehr konstanten Frequenz bei 23.870 Megahertz. Bald darauf demonstrierte Harold Lyons, dass solche schwingenden Moleküle elektrische Ströme steuern können, mit denen man Zeitmesser betreiben kann.

C. E. Cleeton und N. H. Williams konstruierten auf dieser Basis 1953 die erste *Moleküluhr.*

Später wurde eine Eigenfrequenz des Cäsiums von 9,192 631 770 GHz zur praktischen Realisierung von *Atomuhren* verwendet. Eine andere häufig verwendete Atomuhr basiert auf der Strahlung von Rubidium mit 6,834 682 613 GHz. Aber auch diese gehen nicht absolut gleich, sie unterliegen äußeren Einflüssen wie Magnetfeldern oder der Gravitation. Trotzdem arbeiten sie so genau, dass Abweichungen von einer Sekunde zwischen zwei Geräten erst nach mehr als 100.000 Jahren entstehen würden. Diese hohe Genauigkeit ließ die Unregelmäßigkeiten der Erdrotation erkennen und führte zur Festlegung der Atomsekunde als Zeiteinheit im Internationalen Einheitensystem SI.

Im Oktober 1967, nur elf Jahre nach der Umstellung der Sekundendefinition vom Tag auf das Jahr, bestimmte die 13. Generalkonferenz für Maß und Gewicht die *Atomsekunde* als Basis für das Zeitmaß. Damit griff man auf Erfahrungen des englischen Physikers Louis Essen zurück, der schon 1955 eine erste funktionsfähige Atomuhr konstruiert hatte. Zur Definition des Zeitnormals dient seitdem der Übergang zwischen zwei Hyperfeinstrukturniveaus eines Caesium-133-Atoms. Die Frequenz dieses Pendelns wurde auf 9.192.631.770 Schwingungen pro Ephemeridensekunde bestimmt. Dieser Wert ändert sich unter Einfluss der Gravitation und gilt deshalb für Orte auf der Erde in Meereshöhe.

Cäsiumuhren können diese Frequenz mit einer Abweichung von höchstens 20 Schwingungen pro Sekunde reproduzieren. Wie die schwingende Unruh ihre Antriebsenergie von der gespannten Uhrfeder erhält, wird das Schwingen der Atome von einem stabilen Zustand zum anderen durch Mikrowellenstrahlung angeregt. Beschießt man außerdem die unregelmäßig tanzenden Atome mit einem Laserstrahl, dann bewegen sie sich gleichmäßiger, und die Genauigkeit steigt nochmals. Auf der Ausnutzung dieser Effekte basieren heutige Atomuhren.

Seit 1998 gibt es das *Wasserstoff-Maser-Frequenznormal.* Im Vakuum schwingen von einem Laser angeregte Wasserstoffionen mit 1,420 405 751 GHz. Diese Strahlung synchronisiert eine Quarzuhr, deren Abweichung dann nur noch eine Sekunde in einer Million Jahren betragen soll. Aber schon 1999 wurde eine ›Cäsiumfontäne‹ konstruiert, in der sich die Atome bei Temperaturen nahe dem absoluten Nullpunkt im Mikrowellenfeld eines Resonators auf und ab bewegen. Diese Uhren würden erst in 20 Millionen Jahren um eine Sekunde abweichen.

Wetteiferten im Mittelalter Städte um den Besitz der kunstvollsten astronomischen Uhr, so streiten heute wissenschaftliche Institute verbissen um das genaueste Gerät. Als 1997 eine amerikanische Fachzeitschrift behauptete, die Atomuhren der USA seien genauer als deutsche, entstand daraus ein Politikum, das auf diplomatischem Wege zwischen den Staaten verhandelt wurde und mit einer offiziellen Entschuldigung der Amerikaner endete.

Seit 1884 war *Greenwich Mean Time* (GMT) Grundlage der praktischen Zeitmessung in der Welt, auf die sich alle Zonenzeiten bezogen. Im Lauf der Jahre kamen indessen mehrere, zum Teil deutlich unterschiedliche Bedeutungen von GMT in Gebrauch. Deshalb wurde 1926 der Begriff durch eine präziser festgelegte *Universal Time* (UT) ersetzt. Für die meisten praktischen Belange ist UT gleich GMT – wenn man davon absieht, dass beide Skalen um zwölf Stunden gegeneinander verschoben sind, weil zugleich mit der Einführung von UT der Beginn des Tages auf Mitternacht festgeschrieben wurde.

Die Tatsache, dass auch UT eine auf den Nullmeridian bezogene mittlere Sonnenzeit darstellt, bedeutet indessen nicht, dass sie auch mittels der beobachteten Sonnenposition festzulegen wäre. Vielmehr ist sie eine theoretische mittlere Sonnenzeit, die man mathematisch aus der weit präziser messbaren Sternzeit ableitet. In das Berechnungsverfahren finden Parameter der Erdbahn Eingang, mit deren Hilfe man die Position der fiktiven mittleren Sonne berechnen kann. Deshalb sind UT und Sternzeit Ausprägungen ein und derselben Zeitskala, die sich lediglich durch die Benutzung unterschiedlich langer Zeiteinheiten unterscheiden; der Sterntag ist etwa vier Minuten kürzer als der mittlere Sonnentag.

Aber auch die Weltzeit UT ist in drei unterschiedlichen Varianten verwaltet worden. UT0 ergibt sich aus der direkt beobachteten Sternzeit durch Umrechnung auf den Nullmeridian. Durch Eliminierung langfristiger Schwankungen infolge der Nutation der Erdachse erhält man aus ihr die Zeit UT1, die in der Astronomie am meisten gebräuchliche Weltzeit-Skala. Sie ist von Polhöhenschwankungen bereinigt sowie dem Drehwinkel der Erde proportional. Das machte sie für die See- und Satellitennavigation besonders geeignet. Durch zusätzliche Berücksichtigung regelmäßiger Schwankungen der Rotationsgeschwindigkeit wird UT1 zu UT2, der gleichförmigsten Zeitskala, die sich auf Basis der Erdrotation herstellen lässt. UT1 und UT2 weichen um maximal 30 Millisekunden voneinander ab.

Inzwischen ist neben die drei UT-Skalen eine von hochgenauen und stabilen Atomuhren reproduzierte *koordinierte Weltzeit* getreten, die UTC (Universal Time, Coordinated). Die Einführung dieser Zeitskala geht auf Vorschläge des CCIR (Comité Consultatif International des Radiocommunications) zurück, die ursprünglich auf eine weltweit koordinierte Aussendung von Zeitzeichen zielten. Einerseits sollte mit ihr die Genauigkeit einer internationalen Atomzeitskala erreicht und andererseits eine gewisse Übereinstimmung mit der Weltzeit UT beibehalten werden. UTC hat deshalb die SI-Sekunde als Skalenmaß, wird aber gleichzeitig durch Schaltsekunden möglichst nahe an der astronomischen Zeitskala UT1 gehalten.

Bereits seit 1955 berechnet das Bureau International de l'Heure (BIH) in Paris eine ›integrierte Atomzeitskala‹ durch Vergleich mehrerer voneinander unabhängiger Atomzeitskalen. Dieses Vergleichen einerseits und die Verbreitung der daraus resultierenden ›Durchschnittszeit‹ andererseits erfordern besondere Verfahren und Hilfsmittel zur Zeitverteilung. Der erste transatlantische Uhrenvergleich gelang 1962 mit Hilfe des Nachrichtensatelliten ›Telstar‹, 1965 überbrückte Relay II den Pazifik zwischen Japan und den USA. 1971 wurde die vom BIH berechnete Zeitskala durch die 14. Generalkonferenz für Maß und Gewicht als ›Internationale Atomzeit‹ definiert und gilt seit dem 1.1.1972. Ihre offiziellen Bezeichnungen sind zweisprachig: *Temps Atomique International* (TAI) und *International Atomic Time* (IAT). TAI wurde so festgelegt, dass sie am 1. Januar 1958 Null Uhr mit der Weltzeitskala UT2 übereinstimmte.

Weil aber die Sekunde der mittleren Sonnenzeit von der Atomsekunde abweicht (gegenwärtig ist sie etwas länger), verschieben sich TAI und UT gegeneinander. Deshalb wird, falls erforderlich, seit 1972 jeweils am 31. Dezember und ggf. zusätzlich am 30. Juni in UTC eine *Schaltsekunde* eingefügt oder weggelassen. Dabei erhält die letzte Minute des Tages entweder eine 61. Sekunde oder besteht aus nur 59 Sekunden. In Deutschland geschieht dies wegen der Zonenzeit in der nullten Stunde des folgenden Tages. Durch dieses Verfahren entsteht UTC als eine neue Zeitskala, die nie um mehr als 0,9 s von UT abweicht.

Die erste Schaltsekunde wurde am 30.06.1972 eingefügt, die bisher letzte (22.) am 31.12.1998. Die Entscheidung darüber trifft der IERS. Als 1972 UTC eingeführt wurde, unterschied sich die ihr zugrunde liegende TAI um rund 10 s von UT. Diesen Unterschied hat man per Definition in UTC übernommen. Zuzüglich der inzwischen eingefügten Schaltsekunden beträgt die Differenz zwischen TAI und UTC heute (Frühjahr 2004) 32 s.

Im Jahr 2003 begannen Beratungen einer Expertengruppe der International Telecomunication Union (ITU) über eine eventuelle erneute Änderung der internationalen Zeitskala. Einzelne Wissenschaftler wie William Clepczynksi vom Global Timing Service plädieren für die Abschaffung der

Schaltsekunde. Damit würde die UTC vollständig von der astronomischen Zeit entkoppelt. Ausgangspunkt dieser Überlegungen ist die Gefahr von Zeitverwechslungen bei unterschiedlich basierten Navigationssystemen.

Heute erhält das BIH Signale von fast 250 Atomuhren aus weltweit etwa 50 namhaften Zeitlabors. Deren Zeitskalen werden je nach Genauigkeit gewichtet und nach einem speziellen Rechenverfahren zur TAI zusammengefasst. Ihre Zusammenführung geschieht mit Hilfe des *Global Positioning System* (GPS), das die USA zur – ursprünglich militärischen – Standortbestimmung auf der Erde errichtet haben und das vom United States Naval Observatory (USNO) betrieben wird. Es bestand Ende 1999 aus 21 aktiven und drei Reserve-Satelliten, die auf sechs Orbitalbahnen in ca. 20.000 km Höhe die Erde einmal in ungefähr zwölf Stunden umkreisen. Dadurch sind an jedem Punkt der Erde zu jeder Zeit mindestens vier Satelliten in Sicht. Jedes dieser kosmischen Messgeräte sendet seine eigenen Bahndaten und die aller 20 anderen. Vergleicht man am Boden die vier Signalsätze, so kann daraus die GPS-Systemzeit mit einer sehr hohen Genauigkeit reproduziert werden.

Die *GPS-Zeitskala* wurde 1980 mit dem Start der ersten GPS-Satelliten eingeführt. Sie kennt keine Schaltsekunden, unterscheidet sich aber trotzdem von der Internationalen Atomzeit TAI. Wenn z.B. an einem Tag im Frühjahr 2004 nach UTC gestellte Uhren genau zehn Uhr zeigten, war es nach TAI 10:00:32, und die GPS-Systemzeit entsprach 10:00:13. Allerdings wird die allgemeine GPS-Zeit nicht in dieser Form angegeben. Stattdessen verwendet man eine Wochennummer und die Zahl der Sekunden innerhalb der jeweiligen Woche. Anfangsdatum der Zählung ist Samstag, der 5. Januar 1980 um Null Uhr UTC. Die Wochen werden von Null bis 1023 durchgezählt, die erste Runde begann am 6. Januar 1980 und die aktuelle am 22. August 1999 um Null Uhr GPS-Zeit.

GPS ist eine kontinuierliche Zeitskala, welche durch die Hauptuhr der ›Master Control Station‹ des USNO vorgegeben wird. Sie wird wie UTC aus Messdaten von mehr als 300 unterschiedlichen Atomuhren gemittelt. Dabei werden die auftretenden Differenzen zwischen GPS-Zeit und UTC ständig errechnet und zusammen mit der Navigationsnachricht ausgestrahlt. Ein Vorläufer des GPS-Navigationssystems, NAVSTAR, benutzte noch die UTC-Zeitskala.

Eine parallele Entwicklung zu GPS gab es in der ehemaligen UdSSR. Dort wurden 1982 die ersten drei Satelliten für GLONASS (Global Navigation Satellite System) in ihre Umlaufbahn gebracht. Auch die GLONASS-Empfänger verarbeiten Signale von mehreren Satelliten und berechnen daraus neben den Raumkoordinaten die genaue Systemzeit (GLONASST). Diese benutzt Schaltsekunden in Übereinstimmung mit UTC, verwendet jedoch ›Moskauer Zeit‹ und ist demzufolge um drei Stunden gegenüber UTC verschoben. Das System wird heute vom russischen Verteidigungsministerium betrieben und ist weltweit zugänglich. Sein ursprünglich geplanter Umfang wurde allerdings infolge wirtschaftlicher Schwierigkeiten nie erreicht.

Inzwischen arbeitet auch die europäische Raumfahrtindustrie im Auftrag der EU bzw. der ESA an einem eigenständigen System der Satellitennavigation. ›Galileo‹ soll ab 2008 funktionsfähig sein und unabhängig von militärischer Kontrolle bleiben. Zu den vorgesehenen kommerziellen Dienstleistungen gehört z.B. das Synchronisieren der Basisstationen der Mobilfunknetze. Seit 2003 bahnt sich eine Zusammenarbeit der ESA mit der russischen Raumfahrtbehörde Rosaviakosmos an: GLONASS-Satelliten sollen zum Testen von Hardware für ›Galileo‹ genutzt werden.

Die Uhren in den Satelliten der Navigationssysteme besitzen eine jeweils individuelle Zeit. Verantwortlich dafür sind vor allem die von der speziellen Relativitätstheorie erklärten Effekte. Einerseits gehen Uhren im All als Folge ihrer relativ zur Erde rascheren Bewegung langsamer als auf der Erdoberfläche. Andererseits gehen sie aufgrund der geringeren Gravitation schneller. Diese Effekte heben sich nur zum Teil gegenseitig auf, und ihre Auswirkungen verändern sich ständig. Sie können nur bei GPS-Messungen in stationären Anlagen berücksichtigt werden, die in der Regel mit Cäsiumuhren ausgestattet sind. In den Satelliten selbst werden Rubidium-Uhren verwendet, die besser für den mobilen Einsatz geeignet sind. Normale GPS-Navigationsempfänger dagegen enthalten lediglich Quarzuhren, deren relativ hohe Frequenzschwankungen die Genauigkeit der Zeit- und Entfernungsmessung deutlich einschränken.

Die 15. Generalkonferenz für Maß und Gewicht hat 1975 die ›Atomzeit‹ UTC als Basis auch der bürgerlichen Zeitskalen empfohlen. Sie ist heute weltweit Grundlage der Zonenzeiten und Zeitzeichen. Aber die einzelnen Staaten definieren souverän ihre gesetzliche Zeit. In der BRD gilt das *Gesetz über die Zeitbestimmung* vom 25. 7. 1978, hier wurde UTC ›unter Hinzufügung einer Stunde‹ als für den amtlichen und geschäftlichen Verkehr maßgebend festgelegt. Österreich hat ein entsprechendes Zeitzählungsgesetz vom 27. 1. 1976. Die Einheit der bürgerlichen Kalenderrechnung ist das tropische Jahr, es hat nach letztem Kenntnisstand 365,2422 mittlere Sonnentage. Das vom Kalender gegenwärtig realisierte mittlere gregorianische Jahr nähert sich ihm mit 365,2425 Tagen. Der Zeitpunkt des Jahresanfangs verbindet den Kalender mit den Atomuhren.

Während für alle nichtastronomischen wissenschaftlichen Anwendungen heute UTC die maßgebende Zeitskala ist, besitzen für Astronomen die scheinbaren geozentrischen Ephemeriden, die Örter und Bahndaten der Gestirne und der künstlichen Erdsatelliten, nach wie vor große Bedeutung. Hier dient die Ephemeridenzeit (ET) zum nachträglichen Vergleich beobachteter mit errechneten Koordinaten. Allerdings wird auch sie seit 1984,0 auf eine Atomzeitskala bezogen und seither als terrestrische Zeit (TT) oder Terrestrial Dynamical Time (TDT) bezeichnet. Definitionsgemäß gilt TDT = TAI + 32,184 s. Ihre Einheit ist der Tag zu 86.400 Atomsekunden.

6.6 Zeitmessung heute

Vielfältig und verwirrend sind die zahlreichen Definitionen der Sekunde. Wir messen sie nach Atomschwingungen und unterteilen jede in eine Milliarde Nanosekunden. Das sind Symbole für Zeit, mit denen Menschen unmittelbar nichts mehr anfangen können. Nur Computer können sie zählen. Das provoziert die Frage nach dem Sinn einer derart hohen Genauigkeit, nach dem Nutzen des damit verbundenen Aufwands.

Im Bereich sozialer Beziehungen sind schon Sekunden häufig zu genau, ihre Anwendung würde den natürlichen Ablauf der Kommunikation stören. Treffen nur drei Teilnehmer einer privaten Feier im Lauf derselben Sekunde vor einer Wohnungstür ein, so versperren sie sich gegenseitig den Eingang. Dasselbe passiert, wenn am Schluss irgendeiner Veranstaltung hundert Autos innerhalb derselben Minute den Parkplatz verlassen möchten. Und der zu scharf synchronisierte Urlaubskalender der Deutschen erzeugt gesetzmäßig am ersten Ferienwochenende und vor Feiertagen Stau auf den Autobahnen. Es wäre unsinnig, solchen Störungen durch noch stärkere Reglementierung begegnen zu wollen.

Technische Prozesse dagegen bedürfen einer präzisen Synchronisation. Ein Automat, der am Fließband einer Montagehalle eine Schraube in ein Werkstück drehen soll, muss dieses sekundengenau am erwarteten Platz vorfinden. Bei derartigen Vorgängen ist es noch möglich, durch Pufferzeiten möglichen Störungen des Ablaufs vorzubeugen. Anders zum Beispiel in der modernen Informationstechnologie. Hier werden kleine Bausteine der Information eng ineinandergeschachtelt und nur bei ganz genauem Gleichlauf kann ihr ursprünglicher Nachrichteninhalt rekonstruiert werden. In der Radioastronomie werden, um Bilder weit entfernter Objekte zu erhalten, über den Erdball verteilte Radioteleskope zusammengeschaltet. Nur aus ihren völlig zeitgleich empfangenen Signalen kann man ein Bild höchster Auflösung zusammensetzen. Größte Bedeutung hat eine einheitliche sehr genaue Zeit für die Navigation. Das oben erwähnte GPS erlaubt Ortsbestimmungen mit einer Genauigkeit im Dezimeterbereich und wertet dazu Laufzeitdifferenzen in der Größenordnung einer Nanosekunde aus.

Erst digitale Computer haben das Zählen der Atomschwingungen und den Aufbau der modernen Kommunikationsnetze ermöglicht. Sie bearbeiten Daten in einer großen Zahl kleinster Programmschritte, die nacheinander im Rhythmus der Taktfrequenz ausgeführt werden. Die Schwingungen des Taktgebers zählen ein Uhrenregister hoch. Beide zusammen bilden die physikalische *Systemuhr* des Computers. Aus dem Registerinhalt berechnet eine Software Datum und Uhrzeit, die als elektronische ›Zeitstempel‹ für ein Ereignis verwendet werden können.

Als die Taktfrequenz der Prozessoren noch kaum ein Megahertz betrug und die Maschinen mit vielen Vorgängen nicht Schritt halten konnten, speicherte man die meisten Daten, um sie nach und nach zu verarbeiten. Um den On-line-Betrieb von solcher ›Stapelverarbeitung‹ zu unterscheiden, prägte man den Begriff Echtzeit; er meint heute die tatsächliche aktuelle Uhrzeit, während der ein Vorgang abläuft. Daher kommt die Bezeichnung ›Echtzeituhr‹ (Real Time Clock, RTC) für die Systemuhr.

Die Systemuhr übergibt Zeitangaben an das Betriebssystem und bei Bedarf an die Anwendungsprogramme. Dabei werden unterschiedliche Datums- und Zeitformate benutzt. Während in Mitteleuropa die Uhrzeitangabe im 24-Stunden-Format Standard ist, bevorzugt man im anglo-amerikanischen Sprachraum die 12-Stunden-Zählung mit nachgestelltem AM oder PM. Datum-Uhrzeit-Programme verwalten Kalenderdaten und Uhrzeitangaben im Computer und bewahren sie bei ausgeschaltetem Gerät in einer batteriegestützten Speicherbaugruppe. Die Systemuhr zählt ganze Tage als fortlaufende Zahl ab einem Stichtag, der vom Hersteller des benutzten Mikroprozessors abhängt. Intel-Prozessoren zählen ab dem 1.1.1900, Apple-Typen vom 1.1.1904 an. Unabhängig davon verwalten manche Betriebssysteme die Zeit ganz anders. So zählen UNIX-Systeme die seit dem 1.1.1970 vergangenen Sekunden. Zahlreiche Anwendungen speichern intern die Datumsangaben als fortlaufende Zahl und Zeitangaben als Dezimalbrüche, um sie bequem in andere Berechnungen einbeziehen zu können.

Heute sind die meisten Computer so schnell, dass sie mehrere Aufgaben scheinbar gleichzeitig erledigen können. Beim Multitasking teilt das Betriebssystem kleine Zeitintervalle, die man Zeitscheiben (time-slices) nennt, zyklisch den Programmen zu. Wird auf diese Art ein Rechnersystem mehreren Benutzern gleichzeitig zugänglich macht, so spricht man von time-sharing (›Zeitteilung‹). Weil die Unterbrechungen jeweils nur im Millisekundenbereich liegen, entsteht beim einzelnen Benutzer der Eindruck, das Rechnersystem ununterbrochen benutzt zu haben. Timesharing ist auch bei Autos, Ferienhäusern und anderen Objekten bekannt.

Solange immer nur derselbe Computer auf die Information der Systemuhr zugreift, ist es an und für sich belanglos, welche ›absolute‹ Zeit diese anzeigt. Werden aber große Datenbestände dezentral verwaltet, zum Beispiel in Filialen eines Unternehmens, dann ist der genau zeitgerechte Abgleich ihrer Datenbanken enorm wichtig. Das Synchronisieren der einzelnen Rechneruhren mit einer hochgenauen Referenzzeit z.B. durch Satellitenempfang der UTC kommt aus Kostengründen nicht in Frage. Man verteilt deshalb in Rechnernetzen eine systeminterne Einheitszeit über die ohnehin vorhandenen Kommunikationskanäle. Dabei werden Hierarchieebenen eingerichtet und die Uhren der niederen Ebene nach der jeweils höheren gestellt. Die einzelnen Ebenen der Zeithierarchie werden Stratum genannt. Zeitserver der höchsten Ebene (Stratum 1) synchronisieren sich auf eine externe Referenzzeitquelle, z.B. einen GPS-Empfänger. Zu ihnen gehören die Local Area Network Timeserver (LANTIME).

Das Stellen einer Rechneruhr nach einer anderen ist indessen nur dann unproblematisch, wenn man sie vorstellt. Ein Zurückstellen zerstört die innere Kontinuität der Systemzeit; dann könnten bestimmte Vorgänge doppelt ausgeführt, im schlimmsten Fall neuere durch ältere Daten überschrieben werden. Zum Zurückstellen wird deshalb die Uhr durch kurze Unterbrechungen stetig verlangsamt, bis wieder Übereinstimmung herrscht.

Die für das Synchronisieren notwendigen Prozeduren werden durch Protokolle beschrieben, die einen Status von Quasi-Standards besitzen. Am meisten verbreitet ist das um 1985 von Dave Mills in den USA entwickelte ›Network Time Protocol‹ (NTP) zur Zeitsynchronisierung von Geräten im Netzwerk. NTP als solches unterstützt eine Zeitgenauigkeit bis in den Nanosekundenbereich, die tatsächlich erreichbaren Werte hängen von der Qualität der verwendeten Betriebssysteme und Netzwerkverbindungen ab.

Größtes Computernetz ist das Internet und populärster Dienst darin das ›World Wide Web‹ (www). Selbst gelegentliche ›Web-Surfer‹ finden hier die Möglichkeit, ihren Computer mit Zeitsignalen höchster Genauigkeit zu versorgen. Inzwischen besitzen auch normale PC-Betriebssysteme einen integrierten Zeitsynchronisationsdienst. Bei jeder Anmeldung eines Clients beim Server startet automatisch die Synchronisation, das heißt, die Systemuhr des ›untergeordneten‹ Clients wird auf die Zeit der übergeordneten Ebene gestellt.

Manche Anwender von Computern interessieren sich weniger für die genaue Uhrzeit. Für viele Zwecke genügt es, lediglich die zeitliche Reihenfolge der Ereignisse einzuhalten. Dann können die Uhren der beteiligten Geräte sowohl hinsichtlich der Zeit als auch der Geschwindigkeit innerhalb gewisser Grenzen ungleich laufen. Man spricht dann von ›logischen Uhren‹. Allerdings bedürfen auch sie der Synchronisation. Algorithmen dafür gehen von der Grundidee der logischen Uhr aus: Jeder reale Prozess führt im Computer seine eigene Uhr in Gestalt einer Variablen, einer natürlichen Zahl, die bei jedem Ereignis erhöht wird. Jedes Ereignis wird mit ›seinem‹ Zeitstempel markiert und beim Senden einer Information im Netz diese Entstehungszeit mit übertragen. Dadurch kann stets die tatsächliche Reihenfolge der Ereignisse rekonstruiert werden.

Computer haben eine Brücke zwischen Hochtechnologie und der Zeitmessung des Alltags geschlagen. Digitale Armbanduhren arbeiten nicht anders als die Systemuhr im PC. In manche Modelle ist ein ›Taschenrechner‹ oder eine Mini-Datenbank integriert. Einige zeigen dem Benutzer eine wählbare zweite Zeitzone, andere die Gezeiten des heimischen Küstenortes oder die Mondphasen. Blinde konnten früher an speziellen Taschenuhren den Deckel öffnen und den Stand der Zeiger ertasten, heute sagt ihre Armbanduhr auf Knopfdruck die Zeit an. Aus der Nachtuhr mit Kerze wurde die Wanduhr mit verdeckter Glühbirne, die den vergrößerten Schatten der Zeiger an die Wand wirft. Heute malen Projektionsuhren ähnlich einem schnell bewegten Laserpointer die aktuelle Zeit an Wände oder Decken von Tagungs- oder Schlafräumen.

Wo es weniger auf die Dauer, sondern eher auf die Reihenfolge der Details sehr schnell ablaufender Ereignisse ankommt, leistet die 1917 von August Musger erfundene ›Zeitlupe‹ gute Dienste. Die Film- oder Videoaufnahme mit einer erhöhten Zahl von Einzelbildern je Zeiteinheit ermöglicht vor allem wissenschaftliche Untersuchungen. Beim Abspielen der Aufnahme mit normaler Geschwindigkeit erscheinen sämtliche Bewegungen verlangsamt, die Zeit vergrößert, was dem Verfahren den Namen gab. Spezialkameras erlauben heute bis zu 20 Millionen Bilder pro Sekunde, was eher ›Zeit-Mikroskop‹ zu nennen wäre.

Dem gegenüber kehrt der ›Zeitraffer‹ den Vorgang um. Bei Aufnahme mit verringerter Bildfrequenz erscheint der Vorgang bei der Wiedergabe beschleunigt. So kann beispielsweise das Leben im Pflanzenreich zusammenhängend beobachtet werden. 1999 konstruierte man in der Schweiz einen ›akustischen Zeitraffer‹ und integrierte ihn in eine Funk-Armbanduhr. Ein Mikrofon nimmt jede Minute einmal für eine definierte Sekunde die Geräusche der Umgebung auf und speichert sie digital. Anhand der Aufzeichnungen können Marktforscher rekonstruieren, welches Radio- oder Fernsehprogramm vom Träger der Uhr gehört wurde.

Andere spezielle Uhren sollen den Zeitpunkt eines Ereignisses dokumentieren. Im Lauf des 19. Jahrhunderts begann man registrierende Uhren zu benutzen, um die Anwesenheit von Wächtern oder Fabrikarbeitern zu kontrollieren. Gegen Ende des Jahrhunderts verband man elektrische Nebenuhren mit einem mechanischen Typendrucker. Später belegte dieser – noch wörtlich zu verstehende – Zeitstempel z.B. in großen Telegraphenämtern den Zeitpunkt der Bearbeitung eines Telegramms. Seit etwa 1980 ist der Zeitstempel eine Funktion in Datenbanken. Der Computer trägt automatisch in einen Datensatz den Zeitpunkt der letzten Änderung ein. Dem entspricht das Einblenden von Aufnahmedatum und -zeit in die Bilder von Videokameras während der Aufnahme. Moderne Anrufbeantworter am Telefon zeichnen mit dem Gespräch Zeitmarken auf, die das Gerät beim Abhören der Anrufe vorliest. Die dabei verwendete Technik entspricht im Prinzip der Telefon-Zeitansage. Aber die einfachste Form eines ›Zeitstempels‹ ist die eine Analoguhr nachbildende Parkscheibe.

Manche Uhren zählen rückwärts, im Prinzip gehören alle Kurzzeitwecker dazu. Für die verschiedensten technischen Zwecke werden entsprechend angepasste Count-down-Zählwerke benutzt. An Haltestellen öffentlicher Verkehrsmittel zeigen sie die Wartezeit bis zum nächsten Linienbus; besonders praktisch ist es, wenn sie ein Steuerrechner anhand der wirklichen Verkehrssituation einstellt. Im Sog der Millenniumsveranstaltungen gab es zahlreiche Uhren, die die verbleibende Zeit bis zum Beginn des Jahres 2000 anzeigten.

Die Ausstattung der Kunstuhren vergangener Jahrhunderte mit beweglichen Figuren und aufwändigen Verzierungen hat einem schnörkellosen Design Platz gemacht, das die technische Funktionalität betont. Dazu gehören mechanische Uhrwerke in durchsichtigen Gehäusen. Eine 1998 entworfene Tischuhr nimmt alle vier Stunden die Form eines perfekten Würfels an. In der dazwischenliegenden Zeit drehen sich an einer ihrer Ecken zwei schräg vom Würfel ›abgeschnittene‹ dreieckige Scheiben und eine kleine Pyramide. Sie zeigen auf Stunden-, Minuten- und Sekundenskalen, die auf dem Gehäuse eingraviert sind. Bei einer anderen für das Wohnzimmer oder den Schreibtisch gedachten Konstruktion fallen Kugeln im Minutenabstand auf einen Hebelmechanismus, der sie durch ihr Gewicht ›zählt‹ und auf darunterliegende Ebenen bewegt. Aus der Zahl der Kugeln, die sich auf verschiedenen Ebenen befinden, kann man die Zeit ablesen.

Der Amerikaner Danny Hillis machte 1999 mit einer ›Ewigkeitsuhr‹ von sich reden, die unsere anfällige Technologie und Hochkultur im Falle ihres Untergangs überdauern soll. Ihr Minuten-Drehpendel wird von einem Gewicht angetrieben, das auf einem mehrere Meter hohen senkrechten Gewindebolzen abwärts gleitet und etwa einmal jährlich ›aufgezogen‹ werden muss. An jedem Mittag korrigiert sie sich entsprechend dem Sonnenstand selbst auf die wahre Ortszeit. Dann fällt das Sonnenlicht durch eine Linse und erwärmt einen Bimetallstreifen, der den Stellmechanismus auslöst. Trotzdem soll diese Uhr keine Stunden anzeigen, sondern die Tage, Mondphasen und Sternkonstellationen sowie die Jahreszahl. Eine mechanische Rechenvorrichtung berücksichtigt deshalb die Regeln des gregorianischen Kalenders.

Mit solchen besonders interessant konstruierten Uhren machen ihre Schöpfer auf sich aufmerksam; mit auffällig schönen oder teuren Stücken versuchen es ihre Besitzer. Seit es tragbare Uhren gibt, sind sie zugleich auch Schmuckstück und Statussymbol. Von alters her werden sie in Broschen eingearbeitet, als Anhänger an Halsketten getragen oder an Stelle eines Steins am Fingerring. Bis zu 50.000 Euro kostet heute eine der in der Schweiz handgefertigten Edel-Uhren, die aus bis zu 500 Einzelteilen bestehen.

Völlig gegenläufig entwickelten sich Zeitmesser für den Massenmarkt. Im Lauf der 1970er-Jahre wurden Quarzuhren in Japan zum Symbol für eine neue Zeit. Durch aggressives Marketing eroberten sie schnell den Weltmarkt; 1980 wurden 950 Millionen japanischer Uhren für weniger als 50 Euro verkauft. Im gleichen Zeitraum konnte die einst weltberühmte Schweizer Uhrenindustrie nur noch acht Millionen Uhren über 400 Euro absetzen. Eine neue Geschäftsidee brachte die Wende. 1981 war der Prototyp einer im schweizerischen Biel gänzlich aus Kunststoff gefertigten Armbanduhr funktionsfähig. Alle 51 Teile werden von Maschinen zusammengesetzt. 1983 bekam die neue, äußerst billig in großen Mengen herzustellende ›Swiss watch‹ den Namen Swatch. Industriedesigner, Maler, Modeschöpfer sorgen für farblich und grafisch immer neu gestaltete Modelle. Seither trägt ›man‹ die Uhr passend zum Kleid oder zur Stimmung, oder man kauft sie als Sammlerstück. 1997 gingen 700 Millionen Stück über die Ladentische. Eigentlich sind sie nur noch modische Accessoires. Reparaturen sind nicht mehr vorgesehen – die Gehäuse werden verschweißt.

Rechtzeitig zur Jahrtausendwende lancierte dann der Schweizer Unternehmensberater Nicolas Hayek eine neue ›Weltzeit‹, die Swatch-time. Sie geht auf eine Idee des US-Amerikaners Nicholas Negroponte zurück, den Gründer des berühmten Media Lab am Massachusetts Institute of Technology (MIT), der von manchen als ›Medien-Guru‹ gefeiert, von anderen als ›Maschinendenker‹ verteufelt wird. Swatch-time teilt den Tag nicht in Stunden und Minuten, sondern in 1000 ›Schläge‹ (beats) je 86,4 Sekunden. Angeblich entspricht sie den Bedürfnissen des Internet. Die Werbung verrät, dass sie passend zur Uhr erfunden wurde: »Mit Swatch.beat, der Uhr zur Internet-Zeit, gibt es ab sofort keine Zeitzonen mehr, keine geografischen Grenzen, keinen Tag und keine Nacht.« Diese Zeitskala existiert im ganzen Internet nur auf einer einzigen Website, der des Herstellers der Uhr. Die Zählung beginnt um Mitternacht in Übereinstimmung mit UTC, aber die Werbung hat sie – auf den Firmensitz bezogen – als ›Biel mean time‹ deklariert. Sympathisch ist die klare Schreibweise, ›@500‹ ist zwölf Uhr mittags.

Wenn auch diese dezimale Zeitzählung im Widerspruch zu den kulturellen Traditionen steht, so kann trotzdem nicht ausgeschlossen werden, dass sie sich zukünftig einmal auch außerhalb der Cyberwelten von Computerspiel und Internet durchsetzt. Für Zwecke der Raumfahrt vorgeschlagen wurde bereits eine konsequent auf der Sekunde basierende Zeitrechnung mit den Einheiten Kilosekunde (etwa 17 Minuten), Megasekunde (ungefähr 11 Tage) und Gigasekunde (rund 31 Jahre). Sollten künftig Menschen mehrjährige Raumflüge unternehmen, so wäre für sie ein kosmischer ›Standardtag‹ von 100 Kilosekunden (27,8 Stunden) denkbar.

Mit der allgemeinen Beschleunigung des täglichen Lebens im Gefolge der Industrialisierung begann die Karriere der *Stoppuhr*. In den 1880er-Jahren untergliederte der amerikanische Ingenieur Frederick W. Taylor die Tätigkeit von Arbeitern in kleinste zeitliche Schritte.

Die einzelnen Handgriffe wurden von ›timekeepers‹ gemessen. Der neue Ausdruck, er wäre vielleicht treffend mit ›Zeitwart‹ oder ›Zeit-Vermesser‹ zu übersetzen, gelangte als ›Zeitnehmer‹ ins Deutsche. Das Beispiel belegt: Wir nehmen uns nicht die Zeit, ordentliche Begriffe unseres täglichen Lebens zu formulieren.

Heute assoziieren wir die Stoppuhr eher mit dem Wettkampfsport. Auch dort bedienten seit etwa 1850 menschliche ›Zeitnehmer‹ von Hand die Stoppuhr und trugen die Ergebnisse in Listen ein. Inzwischen wird die Messung durch elektrische Kontakte an Startpistolen oder Startblöcken ausgelöst und von Lichtschranken oder Berührungssensoren beendet. Die Ergebnisse werden auf Millisekunden genau direkt in Computern gespeichert, mit anderen Ergebnissen verglichen und geordnet angezeigt.

Für spezielle Sportarten entwickelte man spezielle Uhren. So erleichtert die Schlaguhr das Zählen der Ruderschläge pro Minute, und Schachuhren begrenzen die Bedenkzeit der Spieler. Für den reibungslosen Ablauf von Großereignissen im Sport in Europa sorgt heute Swisstiming, eine Firma der Swatch-Gruppe. Ihre Ingenieure entwickeln im schweizerischen Corgémont immer ausgefeiltere Methoden der Zeitmessung, um den unterschiedlichen Sportarten gerecht zu werden und Manipulationen zu verhindern. Der dafür getriebene technologische Aufwand ist enorm.

Aber vor allem hat die Messung sehr kurzer Zeiten für die verschiedensten technischen Zwecke Bedeutung. Als man gegen 1920 erste automatische Telefonzentralen konstruierte, mussten ihre Bauteile auf Zehntelmillimeter justiert werden, und es kam auf die Schaltzeiten elektromechanischer Relais in der Größenordnung einiger Millisekunden an. Das erforderte entsprechende Kurzzeit-Messgeräte. Unter anderem bot der langsame Anstieg der Spannung an einem Kondensator mit Vorwiderstand eine bequeme Möglichkeit, die Zeit- durch eine Spannungsmessung zu ersetzen.

Die heute aktuelle Nanotechnik baut winzige Maschinen, für die Entfernungen im Nanometerbereich eine Rolle spielen. Das sind Millionstel Millimeter. Entsprechend müssen Nanosekunden (ns, 10^{-9} s) gemessen werden. Die Atome in der Cäsiumuhr schwingen 9.192.631.770 mal in der Sekunde. Neun solcher Schwingungen dauern rund eine Nanosekunde. Äußerst kurze Zeiten können durch Vergleich mit derartigen Frequenznormalen gemessen werden. Für andere Anwendungen genügen Messgeräte wie das um 1980 entwickelte Chronotron, das die Laufzeitdifferenz elektrischer Impulse in einem Koaxialkabel ausnutzt.

Um 1935 definierten Radiotechniker die ›ultrakurzen Wellen‹ mit einer Wellenlänge unter einem Meter, einer Frequenz um 100 MHz und einer Schwingungsdauer in der Größenordnung von zehn Nanosekunden. Das führte zum Begriff ›ultrakurze Zeiten‹ für diesen Bereich. Heute sprechen die Forscher von ›ultraschnellen Prozessen‹ und meinen damit den Bereich von Femtosekunden (fs). Vier bis sieben Schwingungen sichtbaren Lichts – je nach Farbe – dauern eine Femtosekunde. Das sind 10^{-15} Sekunden. Der gewaltige Sprung um sechs Zehnerpotenzen zwischen Nano- und Femtosekunden erklärt sich aus dem Übergang vom Bereich der Mikrowellen zu dem des sichtbaren Lichts. Theoretisch könnte man dazwischen die Picosekunde (10^{-12} s) definieren, doch es gibt keine technisch nutzbare Schwingung in diesem Bereich.

In der Zeit von hundert Femtosekunden legt ein Lichtstrahl eine Strecke zurück, die der Dicke eines menschlichen Haares entspricht. Nach einer Sekunde würde derselbe Strahl den Mond erreichen. Derart kleine Zeiten sind darstellbar als Differenz zwischen zwei Laserblitzen, von denen der eine direkt gesendet, der andere über Spiegel umgeleitet wird. Technische Anwendungen beschränkten sich vorerst auf den Bereich der Forschung. So gestattet z.B. die Femtosekunden-Spektroskopie, Schwingungen und Strukturänderungen im Innern von Molekülsystemen zu verfolgen. Aber die Femtosekunden-Technologie bietet auch neue Möglichkeiten der schonenden Bearbeitung von biologischem und technischem Material, die noch über das ›Nanoskalpell‹ hinausgehen, mit dem schon jetzt Eingriffe in lebende Zellen möglich sind.

Als Revolution in der optischen Messtechnik bezeichnete das Wissenschaftsmagazin ›Nature‹ im Jahr 2002 die Entwicklung des Femtosekunden-Kammgenerators. Er beruht auf der Eigenschaft von Femtosekunden-Lasern, extrem kurze, aber sehr breitbandige Lichtimpulse auszusenden. Der Name bezieht sich auf sein Frequenzspektrum, bei dem zahlreiche ›Zinken‹ in exakt gleichmäßigen Abständen aufeinander folgen. Das eröffnet eine bequeme Möglichkeit zur Frequenzmessung im optischen Bereich, und mit dieser rückt auch die Entwicklung neuartiger optischer Atomuhren näher.

Kandidaten für die Atomuhr der Zukunft sind das Calcium- und das Ytterbium-Frequenznormal. Mit ihnen könnte die Sekunde künftig aus Schwingungen von Atomen (bei Calcium) oder Ionen (bei Ytterbium) abgeleitet werden, die nicht mehr im Bereich von Mikrowellen, sondern im Bereich sichtbaren Lichts liegen. Solche optischen Uhren hätten eine wiederum verbesserte Genauigkeit. Ein Hauptproblem ihrer Entwicklung bestand bisher im ›Übersetzen‹ ihrer Schwingungen in einen Bereich niedriger Frequenzen, die von herkömmlichen elektronischen Geräten verarbeitet werden können. Dazu wäre der Kammgenerator ein geeignetes Werkzeug.

Eine ganze Schwingung einer Welle von sichtbarem Licht dauert nur wenige Femtosekunden (10^{-15} s). Deshalb erfordert eine künftige Opto-Technologie eine nochmals kürzere Zeiteinheit, die Attosekunde (as). Sie dauert 10^{-18} Sekunden. Das ist der millionste Teil eines Millionstels einer millionstel Sekunde. Licht legt in dieser Zeit gerade einmal eine Entfernung zurück, die kaum größer ist als die Länge eines Wassermoleküls. In einer künftigen Attophysik wird man mit Hilfe von Laserblitzen, die nur Attosekunden dauern, Vorgänge in der Elektronenhülle von Atomen verfolgen können.

7 Einige Aspekte der Soziozeitlichkeit

7.1 Zeit als Form sozialer Organisation

Seit Émile Durkheim (1858-1917) bestimmt der Begriff der *sozialen Zeit* das Denken der Soziologie. Der französische Philosoph und Sozialwissenschaftler erkannte Zeit als den allgemeinen Rahmen, in dem eine Gesellschaft ihre sozialen Aktivitäten organisiert. Durch zeitliche Integration verschmelzen einzelne Personen und Gruppen zur mehr oder weniger einheitlichen Gesellschaft.

Erst als vor etwa zwei Jahrzehnten die Soziologen ihre Aufmerksamkeit verstärkt auf die Frage richteten, wie Gesellschaften Zeit gebrauchen, entstand der Begriff *Soziozeitlichkeit.* Er bezieht sich auf die von der modernen interdisziplinären Zeitforschung angenommene Hierarchie verschiedenartiger Zeitlichkeiten, die sich stufenweise entwickelt haben und die im Abschnitt ›Zeitforschung heute‹ zusammenhängend beschrieben sind. Im Sinne dieses Modells ist Noozeitlichkeit die zusammen mit dem Menschen entstandene zeitliche Realität des menschlichen Geistes, innerhalb deren die individuelle Zeitwahrnehmung erfolgt, alles Geschehen erlebt wird. Von dieser Stufe ausgehend, entwickelt sich Soziozeitlichkeit, sie umfasst die gesellschaftlichen Aspekte der Zeit. Noch nicht voll ausgebildet, steht sie immer noch im Begriff, vom Menschen geschaffen und umgestaltet zu werden. Das apostrophiert sie als ›Zeitlichkeit der Zukunft‹.

Zeit liefert ein Ordnungsgefüge für Ereignisse, Tätigkeiten und deren Beziehungen zueinander. Vom Standpunkt der Soziologen ist sie ein soziales Konstrukt, und sie zu bestimmen, eine soziale Tätigkeit. Unsere Sprache besitzt kein treffendes Wort dafür. ›Zeitmessung‹ oder ›zeitliche Abstimmung‹ beschreiben den Vorgang nur sehr unvollkommen, näher kommt ihm das englische, für uns kaum übersetzbare ›timing‹. Die Sozialwissenschaften versuchen, die von Menschen erfahrene, erlebte und geschaffene Zeit zu beschreiben und als ›soziale Zeit‹ zu anderen Zeitlichkeiten, jenen der Physiker, Astronomen oder Biologen in Bezug zu setzen. Sie verstehen Zeit als gesellschaftliche Institution, als Mittel sozialer Orientierung und Regulierung.

Wegweisend ist dabei der Essay *Über die Zeit*, den der Soziologe Norbert Elias (1897-1990) im Alter zwischen 77 und 87 Jahren schrieb. Hiernach ist Zeit der Ausdruck und das Ergebnis einer hohen menschlichen Syntheseleistung, die erst im Zusammenhang mit gesellschaftlichen Entwicklungen verstanden werden kann. Die Kernfrage dabei ist, wozu eigentlich Menschen Zeitbestimmungen brauchen.

Zeit setzt, Elias folgend, Dinge für unsere Wahrnehmung in Beziehung, verknüpft Erlebtes miteinander und ist Symbol für diese Beziehung, ein mit Sinn gefülltes Zeichen. Durch solche bedeutungstragenden Zeichen können sich Menschen über die Formen ihres Zusammenlebens verständigen. Davon zeugen unsere Kalender und die Zifferblätter der Uhren. Diese Symbole zur zeitlichen Orientierung beruhen auf Übereinkunft. Deshalb können Ereignisse nach unterschiedlichen Kriterien, Intentionen und Wertungen verknüpft werden, sodass die Zeit in verschiedenen Epochen und Kulturen eine andere Form annimmt.

Es gibt zahlreiche Möglichkeiten, sich den Zeitbegriffen der Soziologie zu nähern. Wählt man die Geschichte unserer Zivilisation als Ausgangspunkt, dann ist zunächst zu untersuchen, wie und warum sich die Ereigniszeit der primitiven Gesellschaften hin zum System der gemessenen Weltzeit entwickelte.

Bevor man die Zeit zu messen begann, wurde sie durch die Dauer sozialer Tätigkeiten bestimmt. Zeitpunkte waren durch den Eintritt bestimmter Ereignisse markiert. Derartige Zeitordnungen sind im Kapitel über die Kalender der Naturvölker beschrieben. In diesen *Ereigniszeit*-Kulturen der Jäger und Sammler bedarf es keiner präzisen zeitlichen Abstimmung gemeinschaftlicher Tätigkeiten, und es besteht auch keine Notwendigkeit, sich einem Tempo unterzuordnen, das nicht den natürlichen biologischen Rhythmen entspricht. Trotzdem strukturieren auch in solchen wenig entwickelten Gesellschaften unterschiedliche Rhythmen und Geschwindigkeiten aus sich heraus die soziale Ordnung. Die sozialen Bedürfnisse verlangen in jeder Kultur eine gewisse zeitliche Fixierung.

Jedes Individuum für sich bildet im Laufe seiner Entwicklung eine zeitliche Handlungskompetenz aus, um in seiner natürlichen Umwelt zu überleben. Indem er diese elementare Zeit durch soziale Zeit ergänzt, gliedert sich der Einzelne in eine Gruppe ein. Allen Gruppen ist eine gewisse zeitliche Ordnung bestimmter wiederkehrender Verrichtungen eigen. In diese Zeitordnung muss sich das hinzukommende bzw. nachwachsende Mitglied einordnen. Doch werden in Ereigniszeitkulturen keineswegs alle Lebensbereiche reglementiert. Das Ziel – der Fortbestand der Gruppe – ergibt sich aus der Ungleichzeitigkeit individueller und dennoch gesellschaftlich organisierter Verrichtungen.

In vielen Kulturen werden noch heute gängige Zeitmaße von charakteristischen Ereignissen abgeleitet. Typische Beispiele sind ›drei Tassen Tee‹ in Tibet oder ›bis ein Kessel Wasser kocht‹ bei verschiedenen Indianervölkern. Bei uns gehört die bekannte ›Zigarettenlänge‹ in diese Kategorie. Mit zunehmender Größe der Gruppen müssen mehr Tätigkeiten koordiniert werden. Ackerbaukulturen erfordern eine gemeinsame Strukturierung der Tage und des Jahres. Noch größere soziale Einheiten wie Städte bedingen ein entsprechendes Mehr an Organisationskompetenz. Daraus wieder erwachsen die Voraussetzungen für genauere zeitliche Ordnung, für entwickelte Kalender. Schließlich nimmt die Zeitbestimmung eine zentrale Stellung bei der Organisation von Staaten und des gesamten öffentlichen Lebens ein.

Das bedeutet für den Menschen einerseits, Autonomie gegenüber der Umwelt zu gewinnen. Andererseits wird seine Freiheit beschnitten, als Individuum über eine Eigenzeit zu verfügen. Schon das antike Griechenland benutzte Wasseruhren, um Angelegenheiten der Gemeinschaft zu regeln. Das empfanden manche als Beschränkung. Um 200 v. Chr. beklagte der Dichter Plautus in Rom, die überall präsenten Sonnenuhren würden ›seinen Tag in Stücke reißen‹. Und als Julius Cäsar 45 v. Chr. den Kalender ordnete, war in der Stadt präzis geregelt, wann welche Fahrzeuge die Straßen befahren und zu welcher Stunde die Bürger welchen Stadtviertels Trinkwasser aus den Leitungen entnehmen durften.

So wurden *Zeitordnungen* zu Instrumenten der sozialen Kontrolle und Pünktlichkeit in den Rang einer Tugend erhoben. Der Einzelne hat seine individuellen Zeitrhythmen einem gemeinsamen Rhythmus der Gruppe anzupassen. Hin und wieder wird diese Forderung als restriktiv empfunden. Dabei wird meist übersehen, dass sich aus der Kooperation mit der Gemeinschaft auch Chancen für den Einzelnen ergeben. Er muss lernen, in derjenigen sozialen Zeit zu leben, in die er hineingeboren ist und die ihm die Gesellschaft vorgibt. Dabei verändert sich im Lauf des Lebens seine Rolle in der Gesellschaft und damit ihr spezifischer Zeitrhythmus.

Kindheit, Jugend, Reife und Alter strukturieren die *Lebenszeit.* Jede dieser Phasen hat eigene Qualitäten, besondere von der Natur bestimmte Aufgaben. Antike Kulturen begannen, den Lebensverlauf der Menschen zu reglementieren. Staatliche Verordnung gliederte die Lebenszeit in Abschnitte, von denen die Verteilung von Rechten und Pflichten abhing. Nur die populäre Einteilung berücksichtigte noch fließende Übergänge. Griechen unterschieden paides (Kinder bis etwa 15 Jahre), épheboi (Pubertierende) und néoi (›junge Leute‹ etwa ab 18). Darauf folgte das etwa vier Jahrzehnte umfassende Mannesalter. Darin eingebettet ist Akmé (›Spitze, Höhepunkt‹), die Phase der höchsten Leistungskraft. Nach landläufiger Vorstellung umfasste die Blütezeit eines Menschen etwa das 16. bis 24. Lebensjahr. Aristoteles unterschied körperliche (um 35) von geistiger Akmé um 50. Heute bezeichnet das Wort ironischerweise den Höhepunkt im Verlauf einer Krankheit. Etwa ab 60 rechnete man den Beginn des Alters. Dann galt der Mann als géron (›Greis‹) oder presbytes (›der Alte‹).

Immer wieder gab es Ansätze zur Gliederung des Menschenlebens nach einem bestimmten Schema. Solon teilte es in siebenjährige Abschnitte, und Ptolemäus glaubte an die ›sieben Alter‹ eines Menschen. Pythagoras unterschied vier Phasen angeblich entsprechend den Jahreszeiten, während man in Rom drei Stufen des Lebens aus den drei Hauptabschnitten des Tages abgeleitet hat. Dagegen hielt sich der römische Geschichtsschreiber Varro an die zu seiner Zeit, dem letzten vorchristlichen Jahrhundert, als Altersangabe gängigen fünfjährigen Abschnitte des lustrum. Christliche Schriftsteller im alten Rom bevorzugten dann sechs Lebensabschnitte analog den sechs Schöpfungstagen.

Servius Tullius, dem etruskischen König von Rom (569-525 v. Chr.), wird eine erste rechtliche Fixierung der *Altersgruppen* zugeschrieben. Hiernach war der Römer puer bis 17, iunior und damit für den Kriegsdienst tauglich bis 46, und danach senior, frei von persönlichen Leistungen für den Staat. Diese Dreiteilung in Jugend, Erwachsensein und Alter prägte grundlegend die Vorstellungen des Abendlandes. So zeigt im Wiener Kunsthistorischen Museum ein berühmtes, um 1510 von Hans Baldung Grien geschaffenes Gemälde ›die drei Lebensalter‹ und den Tod. Erst später wurde wieder stärker differenziert. Die Schulpflicht schied Kinder von Jugendlichen. Ab dem 18. Jh. kennt das Deutsche den Ausdruck ›Flegeljahre‹, seit Anfang des 20. Jahrhunderts den ›Halbstarken‹. Ab etwa 1950 gelangte die mehr formale Scheidung in Teenager und Twens aus den USA ins Deutsche. Vordem hießen junge Mädchen noch ›Backfische‹, das war abgeleitet von der spottenden Bezeichnung für unreife Studenten im 16. Jh., die aus scherzhaft-ironischer Anlehnung an den baccalaureus (ein Gelehrter des untersten Grades) entstanden war.

Seit 1889 ist in Deutschland *Alter* im Sinne von ›hohes Alter‹ gesetzlich definiert, gibt es das, was heute ›Altersrente‹ heißt. Zunächst auf 70 Jahre festgesetzt, wurde 1916 die Altersgrenze für Berufstätige auf 65 Jahre reduziert. Zum Ausgleich forderte im gleichen Jahr der Generalfeldmarschall Paul von Hindenburg, die Wehr- und Arbeitspflicht im Kriege vom 15. bis zum 60. Lebensjahr auszudehnen. Heute verschwimmen die mit der Industrialisierung entstandenen Grenzen zwischen Arbeitsalter und Ruhestand ähnlich denen zwischen Arbeits- und Freizeit. Die bisherigen Modelle sozialer Sicherheit, an Zeitmodelle gebunden, sind in Frage gestellt. Dabei entsprechen Alters-Teilzeitarbeit und manche Regelungen für einen Vorruhestand im Prinzip durchaus den natürlichen, altersspezifischen Bedürfnissen. Zeit ist nicht nur mit Entfaltung und Fortschritt, sondern auch mit Niedergang und Verfall verbunden. Das Leben des Einzelnen beschreibt einen natürlichen Spannungsbogen, der mit einem Aufstieg beginnt, allmählich in einen Abstieg übergeht und mit dem Tode endet.

Aber diese Tatsache wird von den Betroffenen ungern anerkannt. Einerseits huldigt die westliche Gesellschaft der Jugend, deshalb fällt es vielen Älteren schwer, das Alter anzunehmen. Andererseits verdrängen Menschen gern ihre Angst vor dem Tod. Das ist einer der Gründe für ihre angestrengten Bemühungen, jung zu bleiben. Solches Verhalten aber birgt die Gefahr, gerade durch das Nichtannehmen des Alters Chancen zu versäumen, eine Phase menschlicher Reife nicht erreichen zu können.

Lebenszeit und Alter sind Ausdruck seelisch-körperlicher Bewegungen. Das Leben erfüllt sich innerhalb der natürlichen Phasen seiner Entwicklung. Diese Phasen der Lebenszeit wurden ihrer qualitativen Unterschiede beraubt, als die gemessene Zeit ins Alltagsleben eindrang und sich die sozialen Zeitbestimmungen von der Rhythmik der Natur lösten. Dabei wird der Einzelne immer mehr von äußeren Taktgebern abhängig. Die Freiburger Philosophin Regine Kather folgert daraus: »Damit schwindet auch das Gefühl für die innere Einheit des Erlebens, für den Zusammenhang der verschiedenen Erfahrungen, die man im Laufe des Lebens macht, das Gespür für biologische Rhythmen, für die seelische Reifung und für lebensaltersgemäßes Verhalten.«

Die ältesten Formen von Zeitmessung hatten vorwiegend kultische Funktion, und sie genügten den damals bestehenden sozialen Bedürfnissen. Erst als in den frühen Hochkulturen neue Formen der sozialen Organisation notwendig wurden, entwickelten sich zwei Kulturtechniken von zentraler Bedeutung: die Schrift und die universale Zeitmessung. Beide sind unverzichtbare Voraussetzungen für das Entstehen historischer Zeit. Darüber hinaus hat es sich erwiesen, dass soziale Systeme, sobald sie einen gewissen Grad an Komplexität erreichen, ohne die gemessene Zeit als Strukturprinzip nicht auskommen.

Nachdem einmal der Anfang gemacht war, wurde Zeit immer genauer messbar. Zunächst ermöglichte das die Ausprägung der Naturwissenschaften. Auf deren Basis entwickelte sich Technologie, und diese forderte – im Dienste oder unter dem Deckmantel des sozialen Fortschritts – eine immer präzisere Koordination der sozialen Aktivitäten. Die gemessene Zeit durchdrang zunehmend alle Sphären des gesellschaftlichen und privaten Lebens. Dasselbe Zeitmaß unterteilte Tätigkeiten jeglicher Art und beraubte die Lebenszeit ihrer qualitativen Unterschiede.

Am Anfang der Entwicklung von *Zeitbegriffen* waren Zeit und Raum in der menschlichen Vorstellung kaum voneinander geschieden. Das belegen nicht nur die Sprachen kulturell wenig entwickelter Völker, auch einige unserer ältesten Wörter hängen sowohl mit Wegstrecken als auch mit Zeitbegriffen zusammen. Zu ihnen gehört z. B. das indogermanische longho, aus dem sich das lateinische longus, engl. long und ahd. lang entwickelten. Eine Vielzahl daraus abgeleiteter Ausdrücke beschreibt Entfernungen, erst spät bildeten sich spezielle Worte rein zeitlicher Bedeutung wie das Adverb ›lange‹ oder das gegensätzliche Paar ›längst‹ und ›unlängst‹ (seit langer bzw. vor nicht langer Zeit).

Nur in Verbindung mit den konkreten Situationen der Ereignis- bzw. Handlungszeit wurden Zeitabschnitte durch *Strecken* gemessen (›solange wir zum Feld gehen‹, ›wenn wir den Wald erreichen‹). Und nur so, über die Bewegung von hier nach dort, kann überhaupt Zeit anschaulich gemacht werden. Auch die Umkehrung des Prinzips war möglich, z. B. ein ›Morgen‹ Land als die Fläche, die in dieser Zeit gepflügt werden konnte, oder das Etmal, die ›Tagereise‹, das sich in der Segelschifffahrt lange Zeit als Maß für Entfernungen erhielt. Die ›Wegstunde‹ taucht erstmals 1493 in einer Bulle Papst Alexanders VI. auf, sie bezieht sich hier auf 100 Segelstunden bis zu einer Linie westlich der Kapverden, welche die Einflussbereiche Spaniens und Portugals voneinander scheiden sollte.

Mit dem Aufkommen der gleichlangen Stunden wurde solche Art der Streckenangabe häufig. Die Stunde als Wegemaß zu Lande gipfelte in der ersten Hälfte des 19. Jahrhunderts in der *Bayerischen Poststunde*, auch als ›geometrische Stunde‹ bekannt. Sie entsprach einer halben Meile oder 12.703 Fuß (3707,5 Meter), und nach ihr wurden die ›Stundensäulen‹ auf den Landstraßen Bayerns gesetzt, Vorläufer der späteren Kilometersteine.

Eine ›Poststation‹ war dort das vier Poststunden entsprechende Streckenmaß von etwa 15 Kilometern. Wegweiser für Wanderer tragen noch heute Aufschriften wie ›zum Bärenstein 1¼ Std.‹, und nicht selten wird für Urlaubsziele geworben, die ›nur eine Flugstunde entfernt‹ sind.

Das Entstehen eines neuen Weltbildes im Mittelalter verband sich mit dem Aufkommen der Maschine. Zwischen dem 10. und 14. Jahrhundert breiteten sich Wasser- und Windmühlen langsam in Europa aus, und aus ihrem Räderwerk kam der Anstoß zur mechanischen Uhr. In ihr wurde der weitreichende kulturelle Bedeutungsgehalt der Maschine am deutlichsten sichtbar. Mit der Entstehung des *Maschinenzeitalters* begann ein Prozess der Ökonomisierung von Zeit, den ein völliger Umbruch im Zeitverständnis begleitete.

Der Einsatz von Maschinen und die zunehmende Arbeitsteilung beschleunigten den Arbeitsablauf, sodass in der gleichen Zeit mehr Waren hergestellt werden konnten. Aber Grundlage der industriellen Produktion ist die menschliche Arbeitskraft. Das neue Maß gleichbleibend langer Stunden wurde, wie die Maschine, zum Werkzeug immer stärkerer Ausbeutung. Dabei schien es, als ginge der Zwang auf die Menschen nicht von anderen Menschen, sondern von den Maschinen selbst und von den Uhren aus. Das provozierte den Zorn der sogenannten Maschinenstürmer. Aber deren Aktionen – und das wird oft vergessen – richteten sich zuallererst nicht gegen die Maschinen, sondern gegen die Uhren an den Fabriktoren, die verhassten Symbole der neuen Unterdrückung.

Die Maschine, die Uhr übertrugen die Zeitstruktur des beliebig unterteilbaren Kontinuums, der scheinbar gleichwertigen Abschnitte aus dem Bereich der Natur in den der Gesellschaft. So konnte sich die neue Zeitordnung auf die natürliche Zeit berufen. Damit nicht genug, wurde der christliche Moralkodex in den Dienst rigoroser Ausbeutung gestellt. Ordnung, Disziplin und Pünktlichkeit gehörten – neben Arbeit an sich – zu den neuen Tugenden des Bürgers, die ihm unter ungeheurem Druck anerzogen wurden. Der Prozess begann in der Schule, fand seine Fortsetzung in der Armee und mündete in restriktiven Arbeitsordnungen. All dies wurde durch Berufung auf göttliches Gebot gerechtfertigt. »Müßiggang ist aller Laster Anfang!« droht das Sprichwort aus dieser Zeit. Und den Faulen stellte die öffentliche Meinung auf eine Stufe mit dem Dieb, da er »dem lieben Gott die Zeit stehle«.

Deklariert als eine Art von göttlicher Leihgabe, durfte der Mensch über die ihm zugeteilte Lebenszeit keineswegs beliebig verfügen. Sparsamer Umgang damit war angesagt. Bis heute ist die Industriegesellschaft als Ganzes sowie alle ihre Teile bis hin zum einzelnen Menschen dem ›Zeitdruck‹ ausgesetzt. Der Ausdruck beschönigt die Zustände und verfälscht die Ursachen. Druck entsteht durch die Behauptung, Zeit müsse ›sinnvoll‹ ausgenutzt werden, und man versteht darunter die wirtschaftliche Nutzung. Der ›Verbrauch‹ von Zeit sei einzuschränken durch weitere Rationalisierung.

Dahinter steckt nichts anderes als die Tatsache, dass beschleunigte Produktion und Warenbewegung einen schnelleren Umschlag des eingesetzten Kapitals und damit höheren Gewinn ermöglichen. Dadurch wird Zeit zu Geld. In Benjamin Franklins 1748 erschienener Schrift *Advice to Young Tradesman* findet sich wörtlich die Ermahnung: »Remember, that time is money« (Bedenke, Zeit ist Geld). Seitdem hat das geflügelte Wort Generationen angetrieben. Bald darauf entsteht die Redensart: ›Ich habe keine Zeit.‹ Noch einem Menschen des 17. Jahrhunderts wäre sie sinnlos und unverständlich erschienen.

Für das wirtschaftliche Geschehen gegen Ende des 18. und am Beginn des 19. Jahrhunderts prägte 1837 der französische Nationalökonom Jérôme Adolphe Blanqui den Ausdruck *industrielle Revolution.* Der Kern ihres Wesens besteht im Ersatz von Muskel- durch Maschinenkraft. Auslöser dieses Prozesses war James Watts Erfindung der Dampfmaschine im Jahre 1765, und zu seinen spektakulärsten Ergebnissen gehört der Bau der ersten Eisenbahn 1825. Aber als entscheidende Erfindung auf dem Weg ins Industriezeitalter wird von vielen die Uhr angesehen, nicht die Dampfmaschine. Indessen war die Uhr als typisches Sinnbild einer neuen Epoche, als Symbol für Kraft und Geschwindigkeit wenig geeignet. Der Bielefelder Geschichtsprofessor Reinhart Koselleck konstatiert: »Die Uhr konnte Beschleunigung messen, nicht aber symbolisieren. Das wurde erst möglich seit der Eisenbahn und ihrer Metaphorik: Marx sprach von den Revolutionen als den ›Lokomotiven der Geschichte‹, nicht aber von den Uhren der Geschichte. Damit wäre der Schwellenwert angezeigt, nach dem erst die Beschleunigung zum dominanten Erfahrungssatz einer neuen Generation hatte gerinnen können.«

Mit der Eisenbahn fand die angebliche Gemütlichkeit der Postkutsche ihr Ende. Allerdings war Eile auch vordem nicht unbekannt. So führten die Postillone einen Stundenzettel mit sich, auf dem jede Station Ankunft und Abfahrt einzutragen hatte, und Preußen kannte am Beginn des 19. Jahrhunderts besondere ›Schnellposten‹. Der Begriff ist freilich relativ: Der Generalpostmeister Stephan nennt für die Zeit nach 1850 Fahrzeiten je Meile, die

13 km/h auf gepflasterter Chaussee und zehn auf gewöhnlichen Straßen entsprechen.

Für einige Jahrzehnte wurde die Eisenbahn entlang ihrer Strecken zum sozialen Zeitgeber. Von ihren Stationen holten sich die Uhrmacher die genaue Zeit. Damals prägte der Volksmund die Redensart ›der Zug ist abgefahren‹ für verpasste Gelegenheiten, eine versäumte Frist. Der Ausdruck ›höchste Zeit‹ galt für Angelegenheiten, die beinahe so weit gediehen waren, keinerlei Aufschub mehr duldeten. Daraus entstand das geflügelte Wort von der ›höchsten Eisenbahn‹: 1847 erfand der Berliner Theaterschriftsteller Adolf Glaßbrenner die Figur des verliebten Briefträgers Bornike. Dem geriet die Zeit so aus dem Takt, dass er vergaß, die Post vom Bahnhof abzuholen. Plötzlich sprudelte er aufgeregt die Worte verwechselnd hervor: »Es ist die allerhöchste Eisenbahn, die Zeit ist schon vor drei Stunden anjekommen!«

Die Sensation der ersten Eisenbahnen verblasste schnell mit den immer neuen Linien. Jetzt kamen ›Zeitkarten‹ auf, Übersichtskarten der Umgebung großer Städte, auf denen man die Fahrzeit zu verschiedenen Zielen grafisch darstellte. Reisezeit-Isochronen nennen Verkehrsplaner die Linien gleicher zeitlicher Erreichbarkeit. Heute wird mit Hilfe solcher Eisenbahn- und Straßenisochronen die Güte von Verkehrsinfrastrukturen beurteilt. Nach vorherrschender politischer Meinung sind verkürzte Reisezeiten noch immer wesentlich zum Ankurbeln der Wirtschaft. Zeitkarte aber wurde zum Sammelbegriff für Fahrausweise, die einen Monat oder eine Woche für Busse und Bahnen gültig sind.

Unter dem Gesichtspunkt der sozialen Zeit bestand das Ergebnis der ersten industriellen Revolution vor allem darin, dass ab jetzt *Beschleunigung* außer den Maschinen auch den Menschen selbst erfasste. Das Wort entstand im 17. Jh. als technisch-physikalischer Fachausdruck. Für die Angelegenheiten der Menschen gab es damals das aus dem mhd. sliunec entstandene ›schleunig‹ mit der Bedeutung ›eilig‹. Es ist symptomatisch für die buchstäblich alles erfassende Beschleunigung und nicht ohne Ironie, dass ausgerechnet dieses Wort heute praktisch untergegangen ist – unsere Umgangssprache kennt es nur noch in der Steigerungsform ›schleunigst‹.

Im 19. Jahrhundert erhält das Wort *Tempo* eine neue Bedeutung und wird im 20. Jh. zum Zeitbegriff schlechthin. Drückte es früher ›angemessene Geschwindigkeit‹ aus, so meint es nun maximale Beschleunigung. Auch ›schnell‹ erlebte einen solchen Bedeutungswandel. Das geschah nicht zufällig in der Zeit des Aufkommens der ersten Maschinen. Erst seit dem elften Jahrhundert bedeutet es ›rasch‹, ursprünglich bezeichnete es Eigenschaften wie ›tatkräftig‹. Neuer Sprachgebrauch verknüpfte es zu einer Vielzahl von

Begriffen wie Schnellzug, Schnellwäsche, Schnellpresse usw. 1846 erfindet der schottische Uhrmacher Alexander Bain den Schnellbetrieb für Telegraphenapparate mit Hilfe eines papiernen Lochstreifens. 1899 erscheint Alois Riedlers Werk über den Schnellbetrieb in Maschinenbetrieben. Schnellämter im deutschen Telefonnetz vermitteln ab 1930 Ferngespräche sofort bei Anruf in die Orte der Umgebung. Bald ist Tempo auch beim Essen angesagt, der Schnellimbiss erscheint. In die Haushalte hält der Schnellkochtopf Einzug und ›Tempo-Linsen‹ in die Ladenregale. Aus den USA überschwemmt mit Firmenketten wie McDonald's der Ausdruck ›fast food‹ die Welt.

Das Prinzip der Fließbandproduktion einheitlicher handlicher Essensportionen geht eigentlich auf den Waffenfabrikanten Eli Whitney zurück, der 1798 die Idee hatte, gleichartige Gewehre für die US-Armee in großer Zahl aus standardisierten Einzelteilen zu montieren. Dann erweiterte man das Prinzip auf die menschliche Arbeitskraft. Der Ingenieur Frederic Taylor zergliederte in den 1880er-Jahren alle Arbeiten bei der Herstellung von Eisenbahnschienen in kleinste zeitliche Schritte und teilte sie unter die Arbeiter auf. Neben fünf bis sechs von ihnen stellte er einen Kontrolleur mit der Stoppuhr in der Hand, den timekeeper. Henry Ford in Michigan zerlegte die Produktionszeit in kleine Abschnitte mit gleichen Tätigkeiten und führte 1913 das Fließband ein. Das ermöglichte niedrige Produktionskosten bei gleichzeitig relativ hohen Löhnen. Bald wurde überall in den Industriebetrieben die Zeit der Arbeiter in immer gleiche Abschnitte mit immer gleichen Tätigkeiten zerhackt. Der Takt des Fließbandes bestimmte den Tagesablauf, die Uhr schien den Menschen zu beherrschen. Dass in Wahrheit Menschen über andere herrschten, geriet darüber manchmal in Vergessenheit.

Es ist heute üblich, diese Vorgänge als *zweite industrielle Revolution* zu bezeichnen. Die damit eingeleitete Produktionsweise erreichte ihren Höhepunkt in den drei Jahrzehnten nach dem Ende des Zweiten Weltkriegs. Taylors Methoden, inzwischen von einfachen Zeitstudien zum ›Scientific Management‹ entwickelt, regierten die Industriegesellschaft bis in die 1970er-Jahre. Aber die Frustration der Arbeiter löste Bummelei und Fehlzeiten aus. Das Überwachen und Verwalten der Arbeitszeit erforderte umfangreiche Kontrollmechanismen – und wieder Zeit. Auf der Suche nach Alternativen kamen in den 1960er-Jahren in Großbritannien und Skandinavien neue Methoden der Arbeitsorganisation in Gebrauch: Arbeit in kleinen Gruppen mit Jobrotation, Gleitzeit auf der Grundlage neuer, technisch perfektionierter Technik zur Arbeitszeiterfassung und das Ganze stimuliert durch Beteiligung der Mitarbeiter am Betriebsergebnis.

Die zunehmende Automatisierung der Schritte der eigentlichen Produktion rückte eine andere Strategie in den Mittelpunkt des Interesses. Wachsende Vernetzung zwischen immer zahlreicher werdenden Zulieferern, Produktionsstätten und Händlern erforderte die Rationalisierung des Gesamtprozesses durch genaueste zeitliche Koordination seiner Schritte. Nur schneller Umschlag des Materials und der Produkte bringt schnellen Profit aus dem eingesetzten Kapital. Heute beherrschen lagerlose Fertigung und ›lean production‹ die Wirtschaft und zwingen zu rigorosem Zeitmanagement. Ob Containerschiff oder LKW, Transporte müssen auf die Stunde pünktlich ›just in time‹ beim Empfänger eintreffen. Inzwischen spricht man von einer *dritten industriellen Revolution,* die ihren Anfang etwa in den 1980er-Jahren nahm. Sie ist charakterisiert durch die zunehmende Technisierung und Automatisierung mittels vernetzter Computersysteme, die offensichtlich dahin zielt, die menschliche Arbeitskraft in der industriellen Produktion überhaupt überflüssig zu machen.

Die Rationalisierung hat inzwischen längst die Grenzen der Arbeitswelt überschritten und ist in weite Bereiche des privaten Lebens eingedrungen. Das findet vordergründigen Ausdruck in der Technisierung der Haushalte oder in den ›versteckten Uhren‹ der vielfältigsten Geräte. Doch die einschneidendsten Folgen entstehen daraus, dass Zeitökonomie und Effizienz in großem Umfang auch das Freizeitverhalten bestimmen. Wir sind uns kaum noch dessen bewusst, wie sehr unsere Art zu leben von der Zeitmessung bestimmt wird.

Neben Tempo wurde Neuheit zum erstrebenswerten Ziel. Die *Innovationszeit,* innerhalb deren sich völlig neue naturwissenschaftlich-technische Entwicklungen von der Entdeckung bis zur allgemeinen praktischen Verwendung vollziehen, wird immer kürzer. Sie dauerte zum Beispiel bei der Dampfmaschine 80 bis 90, beim Telefon knapp 60 und beim Rundfunk 35 Jahre. Der Transistor benötigte nur noch fünf und integrierte Schaltkreise drei Jahre. Immer kürzere Innovationszeit sei Ausdruck des Fortschritts, wird behauptet.

Menschen, Dinge und ihre Beziehungen entwickeln sich. Erreichen sie dabei nach einer gewissen Zeit einen höheren Grad der Vollkommenheit, so spricht man von *Fortschritt.* Primitiven Gesellschaften ist dieser Begriff bis ins 20. Jahrhundert weitgehend unbekannt geblieben. Im Abendland wurde die Idee vom Fortschritt zu einer Grundlage der Geschichtsphilosophie, hier deutet man Weltgeschichte als Aufstieg von niederen zu höheren Kulturformen. Andere Lehren interpretieren die Geschichte im Gegensatz dazu als stufenweisen Niedergang (von einem ›goldenen Zeitalter‹ abwärts) oder als ewigen Kreislauf. Welche dieser Möglichkeiten eine Gesellschaft anerkennt, hängt von ihren kulturellen Grundwerten ab. Damit korrespondierend, sind ganze Kulturen von einer optimistischen, pessimistischen oder gleichmütigen Grundstimmung getragen, die das Zeitgefühl ihrer Mitglieder ebenso prägt wie ihre Kalender.

Die europäische Idee des Fortschritts nimmt ihren Ausgang zu Beginn des 17. Jahrhunderts im Werk des Engländers Francis Bacon, der unter dem Eindruck des anbrechenden Zeitalters der Erfindungen und Entdeckungen die Vorteile der neuen naturwissenschaftlichen Denkweise rühmte. Im Lauf des 17. und 18. Jh. bildete sich in Zusammenhang mit dem linearen Zeitgefühl der Begriff eines linearen und unbegrenzten Fortschritts heraus. Zum zentralen Thema wurde der wissenschaftlich-technische Fortschritt um 1800 bei dem französischen Sozialreformer Claude-Henry de Saint-Simon. Seine Auffassung von der Herrschaft des Menschen über die Natur spielt bis heute eine dominierende Rolle. Ältere Ideen von der sittlichen Höherentwicklung des Menschen sind nicht mehr gefragt. Aber seit der Mitte des 20. Jahrhunderts schreiten Wissenschaft und Technik so rasch voran, dass das menschliche Bewusstsein ihrer Entwicklung kaum noch zu folgen vermag. Seitdem werden immer öfter Fragen nach dem Sinn und Zweck des Fortschritts gestellt.

Innovation hat einen handfesten ökonomischen Hintergrund: Wirtschaftswachstum erfordert wachsenden Absatz von Produkten. Erzeuger und Handel stimulieren den möglichst schnellen Ersatz des Vorhandenen und verdrängen das Bewusstsein des damit verbundenen Raubbaus an den natürlichen Ressourcen. Angebliche technische Notwendigkeiten zwingen den Einzelnen zu vorgegebenem Verhalten im Alltagsleben. Nicht zuletzt die ständige Abhängigkeit von der Uhr ist Teil der vielfältigen Zwänge, denen die Menschen unterliegen. Aber das Entstehen von Rohstoffen, die Auflösung der Abfälle, die Evolution der Gene haben ein anderes Zeitmaß, sind verknüpft mit den Kalendern der Natur.

Hand in Hand mit Neuheit und Innovation, mit dem raschen moralischen Verschleiß von Sachgütern geht eine Entwertung der Ideen, und dieser folgt eine Entwertung der Nachrichten. Ein gutes Beispiel dafür ist die Zeitung. Noch bis ins 19. Jahrhundert wurde das Wort im Sinne von ›Begebenheit, Ereignis‹ gebraucht und ist zuerst um 1300 am Rhein als zidunge (›Nachricht, Botschaft‹) belegt. Die Karriere gedruckter Zeitungen begann gegen 1500 als Gelegenheitsblättchen, erst 1650 erschien in Leipzig die erste Tageszeitung. Den Höhepunkt ihrer Bedeutung erreichten Zeitungen in den Jahren zwischen den Weltkriegen, bevor der Rundfunk sie an Aktualität überflügelte. Damals konkurrierten in den Großstädten Morgen-, Tages- und Abendblätter miteinander. ›Nichts ist so alt wie die Zeitung von gestern‹ war schon damals ein geflügeltes Wort. Heute ist die eigentliche Zeitung, die Nachricht, schon überholt, wenn sie die Druckpresse verlässt. Ihre Bedeutung liegt scheinbar nur mehr in der kommentierenden Nachbereitung. Tatsächlich aber leistet sie mehr, sie zeichnet uns im Verein mit den anderen Nachrichtenmedien ein Bild von sozialer Geschwindigkeit und strukturiert unser Zeitgefühl. »Wir bauen sie in unsere Zeitrituale ein«, bemerkt der Münchner Sozialwissenschaftler Kurt Weis, sodass sie »gleichzeitig Zeitmesser und Zeitfresser« ist. Darin gleicht sie den tele-optischen Nachrichtenmedien, deren Entwicklung ähnlich verlief: Der Kinotechniker Oskar Meßter stellte 1914 die erste deutsche Wochenschau her, seit 1952 gibt es die abendliche Tagesschau im Fernsehen. Sie begann mit drei Sendungen wöchentlich, bald darauf wurden aktuelle Nachrichten mehrmals täglich ausgestrahlt.

Es gehört zur Eigenart der Nachrichtenmedien, die engste Gegenwart, den augenblicklichen Moment zu betonen. Das erfordert Kürze und hat kleine, leicht verdauliche Informations-Häppchen zur Folge. Ihrem Einfluss ist es geschuldet, dass der Sinn für größere Zusammenhänge immer mehr verloren geht. Das blieb auch für die Belletristik nicht folgenlos. Der Schriftsteller Günter Kunert beklagt den ›Ersatz‹ des Lesens durch das Fernsehen, wobei ein Roman auf 90 Minuten schrumpft. Trotzdem – oder eben deswegen – ist Hoffnung, dass das Lesen nicht gänzlich aussterben wird, denn »die Lektüre ist nicht nur ein Triumph über die Grenzen von Raum und Gesellschaft, sondern auch über die Zeit« (Neil Postman). Seine deutlichste Ausprägung erfährt der Trend zu immer kürzeren Bilderfolgen durch das ›Zappen‹ der Zuschauer. Was hier auf den Betrachter einwirkt, gleicht einem alten Kinderspielzeug, dem Kaleidoskop – optisch faszinierend, doch leer von Inhalt, geeignet zur unschädlichen Füllung überflüssiger Zeit. Hans Magnus Enzensberger hat 1988 diese Leere polemisch in den heiß umstrittenen Begriff vom Fernsehen als ›Nullmedium‹ gefasst.

7.2 Individuelles Erleben gesellschaftlicher Zeit

Unsere bisherigen Betrachtungen folgten einem zivilisationsgeschichtlichen Ansatz. Einen anderen Zugang zu Zeitbegriffen der Soziologie öffnete die Erforschung von Fragen des Zeitbewusstseins, des individuellen Erlebens von Zeit. Der Münchner Psychologe und Zeitforscher Ernst Pöppel konstatierte 1999: »Physikalisch ist Zeit ein linearer Fluss. Aber im Gefühl des Menschen ist die Zeit subjektiv. In unserer westlichen Gesellschaft fließt sie nicht, weil die Kontinuität verloren gegangen ist, weil wir von chaotischen Einflüssen umgeben sind.«

Stärksten Einfluss auf das Empfinden sozialer Zeit hat der Wechsel von Arbeit und Ruhe. Das Bedürfnis sich auszuruhen ist körperlich bedingt, und deshalb gab es bereits in den alten Hochkulturen mehr oder weniger regelmäßige Ruhetage. Der Brauch fand Eingang in die religiösen Mythen, und so gelangte die Erzählung von sechs Schöpfungstagen und dem siebenten Tag der Ruhe in die heiligen Schriften der Juden. Daraus ergab es sich, dass sie jeden siebenten Tag besonders hervorhoben, an ihm feierten sie ihren Sabbat. Aus vielerlei Impulsen entstanden, gliederte der siebentägige Rhythmus Arbeit und Muße überschaubar. Dazu kamen Feiertage ›außer der Reihe‹, an denen andere, meist religiöse Pflichten an die Stelle der üblichen Arbeit traten.

Den täglichen Wechsel von Arbeits- und Freizeit regelte der Lauf der Sonne. Das ist in landwirtschaftlich geprägten Gegenden noch heute so. Arbeiter in den Städten des Mittelalters hatten ihr Tagewerk zu beginnen, wenn man auf der Straße jemanden erkennen konnte, und die Arbeit endete mit Anbruch der Dunkelheit. Später schuf das Läuten der Gebetszeiten mehr Gleichmaß, und schließlich machten die gleichlangen Stunden der Uhr die Arbeit berechenbar. Daraus erwuchs die Forderung der Arbeiter, die tägliche Arbeitszeit auf acht Stunden zu begrenzen. Es dauerte in Deutschland bis 1919, ehe der Achtstundentag als Grundsatz anerkannt war, und erst seit 1960 gibt es in der BRD die Fünftagewoche mit 40 Arbeitsstunden. Das Interesse richtet sich auf Zeitwohlstand, nachdem der Güterwohlstand ein ausreichendes Niveau erreicht hat, bemerkt Jürgen Rinderspacher vom Sozialwissenschaftlichen Institut der Evangelischen Kirche. ›Zeit zu haben‹ und Kontakte zu pflegen, gehört zu den wichtigen Freizeitbedürfnissen.

Anders als Menschen können Maschinen nahezu ununterbrochen in Betrieb sein. Das führte zur Schichtarbeit und koppelte die davon Betroffenen in gewisser Weise von der sozialen Zeit ihrer Umgebung ab. Wer gezwungen ist, gegen den Rhythmus der anderen zu leben, erlebt soziale Unsicherheit. Soziale Netzwerke funktionieren nur, wenn alle Beteiligten – Familienmitglieder, Freunde, Interessenspartner – zeitgleich ansprechbar sind, am Feierabend und vor allem aber am Wochenende. Freizeit außerhalb solcher Zeiten hat geringen sozialen Wert.

Im Lauf der 24 Tagesstunden unterliegt die Bereitschaft zur Aktivität aus biologischen Gründen starken Schwankungen. Daneben existiert eine soziale Bewertung von Tageszeiten, die durch gesellschaftliche Konventionen bestimmt wird. So sind bestimmte Tagesstunden in Ortssatzungen oder Mietverträgen als Ruhezeiten ausgewiesen. Das Bedürfnis, solche Regelungen zu treffen, ist unter anderem eine Frage der Mentalität von Völkern. Die lebhaften Bewohner der Mittelmeerländer finden nichts dabei, zu mitternächtlicher Stunde wegen einer Nichtigkeit beim Nachbarn zu klingeln. Das aber ist genau die Situation, die der deutsche Ausdruck ›zur Unzeit‹ meint, eine gänzlich unpassende Zeit, Un-Zeit eben. Feste Essenszeiten sind ein anderes Beispiel für soziale Ordnung. Indessen ist mit der Verbreitung des fast food selbst die ›Mahl-Zeit‹ weitgehend verloren gegangen.

Im Lauf des Tages wechseln Be- und Entlastung rhythmisch, und seine Abschnitte haben unterschiedlichen sozialen Charakter. Ebenso entsteht im Lauf der Woche ein Spannungsbogen infolge der gesellschaftlichen Bewertung bestimmter Zeitabschnitte. Traditionell soll das freie Wochenende ein Bedürfnis nach Ruhe befriedigen. Für viele ist der Sonntag ein zeitliches Refugium, in das Fremden kein Einlass gewährt wird. Ausschlafen können ist wesentlicher Teil dieser Art Sonntagskultur. Daneben dient das Wochenende in großem Umfang – wenn nicht hauptsächlich – der Pflege sozialer Kontakte. In vergangenen Jahrhunderten lebten die meisten Menschen verstreut auf dem Lande, und der sonntägliche Kirchgang bot willkommene Gelegenheit zur Kommunikation. Die Industriegesellschaft veränderte die Situation grundlegend. Eine einprägsame Darstellung gelang Alan Sillitoe 1958 in seinem berühmten Roman *Saturday Night and Sunday Morning* (Samstagnacht und Sonntagmorgen). Er schildert das Leben eines jungen Industriearbeiters, der die Werktage hinter sich bringt mit dem Wochenende als einzigem Ziel, das in Kneipen und Kinos, mit Kumpels, Alkohol und Mädchen verbracht wird. Diese Lebensweise steigerte sich mit wachsendem Lebenstempo und längeren Wochenenden zu einem förmlichen ›Samstag-Nacht-Fieber‹, wie es 1977 der Titel eines populären Films (*Saturday Night Fever*) reflektierte.

Bei jenen, die auf Aktivität und Unterhaltung orientiert sind, beginnt der wöchentliche Spannungsbogen mit der Frage ›Was machen wir am Wochenende?‹ und klingt aus am Montag beim Reden über die Erlebnisse. Andere entspannen am Sonntag durch Ruhe und Besinnlichkeit. Bei diesen ist häufig der Sonntagabend wieder der Vorbereitung auf die neue Arbeitswoche gewidmet. Für manche ist das Wochenende auch Pufferzeit, in der unter der Woche nicht bewältigte Aufgaben erledigt werden. Mit der zunehmenden Deregulierung der Arbeitszeiten läuft nun das Wochenende Gefahr, wieder zu verschwinden. Disco-time ist an fast jedem Tag der Woche.

Auch im Lauf des Jahres wechseln Zeiten von Arbeit und Ruhe bzw. Perioden unterschiedlich gearteter Aktivität. Einst hatten die Jahreszeiten gravierenden Einfluss auf Lebensweise und Befindlichkeit. Heute ist Urlaub das Stichwort, und seine Gestaltung folgt den individuellen Vorlieben. Durch das städtische Leben mit automatischer Heizung und dem Supermarkt, der ganzjährig frisches Obst und Gemüse feilhält, ist viel von dem spezifischen Charakter bestimmter Zeiten verloren gegangen.

Ohne Zusammenhang mit Erscheinungen der Natur, als Ausdruck ausschließlich sozialer Zeit entstanden ›fünfte Jahreszeiten‹. Von Menschen gestaltet, wirken sie auf Menschen zurück und werden bereitwillig als Normativ akzeptiert. Es ist das bekannte Wechselspiel zwischen dem Einzelnen, seiner Zeit und seiner Gesellschaft. Ob als Münchner Fasching oder rheinischer Karneval – es handelt sich um eine soziale Institution, die Zeit anders strukturiert, Rollen vorgibt und Rituale begründet. Daraus gewinnt der Mensch Richtschnur und Sicherheit, bemerkt Kurt Weis: »[Sie] geben wie ein Korsett Halt und Beschränkung. Wer aus diesem Korsett ausbrechen will, spürt sie als Instrumente der Einschnürung, Disziplinierung und Unterdrückung.« Das offenbart das Doppelgesicht der sozialen Zeit. Die Freiheit individueller Zeit geht immer nur so weit, wie es den gesellschaftlichen Vorgaben entspricht.

Die natürlichen Rhythmen des Tages, der traditionelle Wochenrhythmus und auch die Jahreszeiten haben bereits merklich an Bedeutung verloren. Das ist ein Ergebnis unserer Lebensweise, und das ist es, was Pöppel meint, wenn er von chaotischen Einflüssen spricht. Andere interpretieren diese Entwicklung als Zugewinn an individueller Freiheit. In der Hauptsache entfalten sich die so verstandenen Freiheiten in der *Freizeit.* Der Ausdruck meint im weiteren Sinne jene Zeit, in der die Berufstätigen nicht arbeiten müssen. In der Periode des Frühkapitalismus war sie so knapp bemessen, dass sie gerade eben zur Reproduktion der Arbeitskraft genügte. In den entwickelten Industrieländern hat sie sich im Lauf des 20. Jahrhunderts derart ausgeweitet, dass heute oft von einer Freizeitgesellschaft gesprochen wird. Trotzdem ist sie noch immer heiß umkämpft, wie ein 2003 von der IG Metall ausgerufener Streik im Osten Deutschlands beweist. Leicht gerät darüber die problematische Situation jener in Vergessenheit, die theoretisch immer Freizeit haben, weil sie keine (bezahlte) Arbeit finden.

In der Pariser Februar-Revolution von 1848 hatten hungernde Arbeiter ein ›Recht auf Arbeit‹ proklamiert, getrieben von der Notwendigkeit, die Mittel für ihren Lebensunterhalt zu erwerben. Dem setzte der französische

Sozialist Paul Lafargue, ein Schwiegersohn von Karl Marx, als ironisch-humorvolle Widerlegung ein ›Recht auf Faulheit‹ entgegen. In seiner Schrift *Le Droit à la Paresse* (1880) hielt er drei Stunden täglicher Arbeit für ausreichend, wenn die erzeugten Produkte gleichmäßig auf alle umverteilt würden. Doch Arbeiterführern jeglicher Couleur waren seine sozialutopischen Ideen so suspekt, dass sie bald dem Vergessen anheim fielen. Inzwischen ist der Gedanke wieder ins Gespräch gekommen. 1988 gab die mit Oskar Lafontaine verheiratete Juso-Funktionärin Christa Müller eine Broschüre mit dem Titel *Recht auf Faulheit* heraus.

Im engeren Sinn ist Freizeit der von Notwendigkeiten entlastete Anteil der Lebenszeit. Das klammert außer der Arbeitszeit jene Stunden aus, die für Wege zur Arbeitsstätte, lebenswichtige Besorgungen, unerlässliche häusliche Arbeiten und als Schlafminimum erforderlich sind. Theoretisch wird während dieser Zeit nichts getan, was nicht vom Einzelnen selbst bestimmt wäre. Das aber setzt seine Fähigkeit und seinen Willen zu aktiver Selbstbestimmung voraus. Praktisch ist deshalb heute ein großer Teil der Freizeit fremdbestimmt, vom sozialen Umfeld gesteuert. Während sich die ›Freizeit‹ der Menschen in den Industrieländern im Lauf der letzten hundert Jahre mindestens verdoppelt hat, ist ihre wirklich freie, selbstbestimmte Zeit deutlich geschrumpft. Darin liegt die Ursache für das sich ausbreitende Gefühl des Gehetztseins. Das wird verstärkt durch den Effekt der Zeitvertiefung. Soziologen haben ihn als typische Erscheinung des modernen Alltagslebens beschrieben, er ist gekennzeichnet durch gleichzeitiges Verrichten mehrerer Tätigkeiten.

Längst ist Freizeit zum »notwendigen Korrelat des Produktionsprozesses selbst« geworden, wie die Soziologin Helga Nowotny gezeigt hat: Die ökonomische Verwertung der Zeit zielt darauf ab, alle Zeit zur Produktions- oder Konsumzeit zu machen. Produkte, welcher Art auch immer, müssen verbraucht werden, um wiederum Raum zu schaffen für erneute Produktion. Konsumieren erfordert Zeit, und in extremer Weise gilt das für die Erzeugnisse der sogenannten Freizeitindustrie. Deren Zweck besteht ja gerade darin, ›freie‹, d. h. ›ungenutzte‹ Zeit zu füllen, die angeblich so wertvolle Zeit zu vernichten. So widersinnig das erscheinen mag – dahinter verbirgt sich ökonomisches Kalkül. In den beiden einander ergänzenden Sphären von Produktion und Verbrauch spielt der Mensch die Rolle des Hamsters im Laufrad, der das ganze System unermüdlich antreibt. Je schneller das vor sich geht, desto besser. Tempo ist zu einem Fetisch unserer Kultur geworden. Besonders deutlich tritt die Verbindung von Zeitvorstellungen und Menschenbild im Sport zutage. Der Platz, den ihm die Medien einräumen, verdeutlicht die

Wertvorstellungen unserer Gesellschaft: Der Sieger im Kampf um Sekundenbruchteile ist heute gefeierter Held und morgen vergessen.

Soziale Zeitgeber regeln unser aller Leben, indem sie Zeit strukturieren. Nur vordergründig sind es die einzelnen gesellschaftlichen Einrichtungen, von denen solche Regelungen ausgehen, seien es Ladenöffnungszeiten oder Fahrpläne, sei es die Festlegung der Schulpflicht oder der Beginn des Rentenalters. Dahinter steht ein engmaschiges Netz aus Synchronitäten, Regulations- und Koordinationsmechanismen, das dem Einzelnen erscheint, als wäre es zur selbstständigen Institution geworden. Eben diese Unpersönlichkeit, und dass es alle Lebensbereiche durchdringt, macht es zum wesentlichen Merkmal der Gesellschaft selbst. Der Einzelne als Teil der Gesellschaft ist, zu welch geringem Anteil auch immer, mit am Bestimmen und Strukturieren dieses Netzes beteiligt. Insofern ist es eine Form von Selbstzwang, die den Einzelnen an die Zeit als soziale Institution rückbindet. Prinzipiell aber steht soziale Zeit dem Einzelnen gegenüber wie eine selbstständige Macht.

Um Macht jedoch, um Herrschaft, Dominanz und Hierarchien geht es letztendlich in den meisten sozialen Beziehungen. Dabei spielt Zeit als Ressource eine wichtige Rolle. Über die Zeit anderer verfügen zu können, gehört zu den ursprünglichsten Herrschaftsmitteln. Die Ergebnisse solcher Machtausübung reichen von Kalenderreformen über Arbeitszeitpläne bis hin zu der Frage, wie viel Zeit man wem für ein persönliches Gespräch zur Verfügung stellt und wann das geschieht. Besonders deutlich spüren wir die vermeintliche ›Macht der Zeit‹, wenn wir warten müssen. In einer gänzlich auf Zeitökonomie basierenden Gesellschaft ist Warten für den Betroffenen meist lästig und für die Prozesse von Produktion und Konsumtion ineffizient. Aus der Sicht von Soziologen und Psychologen drückt sich im Warten die Art der Beziehungen zwischen Menschen aus. Soziale Zeit wird immer nur von Menschen strukturiert, und wer auf wen zu warten hat, ist Abbild des hierarchischen sozialen Gefüges. Den anderen absichtlich warten zu lassen, kann Demonstration von Macht sein. Es kann auch taktisches Manöver sein, um einen Partner fester zu binden, einen Gegner zu zermürben oder um schlicht Zeit für eigene Entscheidungen zu gewinnen.

Das menschliche Zeiterleben ist vielschichtig; in der vom Individuum gelebten Zeit überlagern sich verschiedene Aspekte. »In ihr verbindet sich die seelische Dynamik des Individuums mit biologischen Rhythmen und kulturspezifischen Gewohnheiten. Alle drei Facetten von Zeit haben ihre eigene Struktur und sind für das Verhältnis der Menschen zu sich und zur Mitwelt bestimmend«, stellt Regine Kather fest. Jeder verbindet diese Elemente von Zeit im Denken, Fühlen und Handeln auf seine ganz persönliche Weise. Gleichzeitig lebt der einzelne Mensch mit anderen gemeinsam inmitten der Natur und wird so zum Schnittpunkt biologischer, individueller und sozialer Zeit.

Aber in unserer Gesellschaft ist eine Trennung der Zeitlichkeiten von Natur und Kultur, Leib und Geist eingetreten, beklagt Kather. Im Gegensatz zum gesetzmäßigen Zusammenhang allen Geschehens in der Natur sei die soziale Welt künstlich, willkürlich und strukturlos. Das Einteilen der Zeit in eine ununterbrochene Folge von Daten blendet die Zusammenhänge zwischen den Ereignissen aus. Dabei geht das Gespür für den rechten Augenblick, für den Sinn einer Zeitspanne verloren.

Bereits Norbert Elias hatte betont: »Nicht ›Mensch‹ und ›Natur‹ als zwei getrennte Gegebenheiten, sondern ›Menschen in der Natur‹ ist die Grundvorstellung, derer man bedarf, um ›Zeit‹ zu verstehen.« Das betrifft zu allererst den Einzelnen selbst als Wesen der Natur. Zwar verschleift soziale Zeit unsere biologischen Rhythmen, doch der Organismus ist nur innerhalb bestimmter Grenzen zur Anpassung fähig. So sind Konflikte einer Gesellschaft, in der rund um die Uhr produziert, verteilt und konsumiert wird, mit der inneren Uhr des Einzelnen unvermeidlich.

7.3 Zeit nach dem Ende der Industriegesellschaft

Zwischen den Ereigniszeiten und der uns so selbstverständlich erscheinenden Uhrzeit liegen Tausende von Jahren menschlicher Entwicklungsgeschichte. Beide Formen besitzen nur wenig Gemeinsames. Dazu gehört erstens, dass Zeitrechnung immer aus dem jeweiligen sozialen Bezug hervorgeht, und zweitens, dass Zeit in allen Gesellschaften eine zentrale Rolle als Ordnungsfaktor spielt, die im Lauf der Entwicklung noch bedeutend gewachsen ist. Im Zuge der kulturellen Globalisierung treffen nun beide Extreme aufeinander. Dabei projizieren wir voller Selbstverständlichkeit die Verfahrensweise der Industrienationen auf den ›Rest der Welt‹ und rechtfertigen das mit unserem Glauben an den Fortschritt. Weltzeit hat in unserem Verständnis Uhrzeit zu sein, und wir setzen sie bedenkenlos als verbindlich für die gesamte Menschheit.

Aber die soziale Wirklichkeit unseres Planeten ist überaus widersprüchlich: »Eine Wirklichkeit, die Ungleichzeitigkeit und Paradoxie, Entgrenzung und Begrenzung, Wohlstand und Elend, Zeitreichtum und Zeitarmut in einer einzigen Gegenwart repräsentiert«, formulierte der Österreicher Andreas Obrecht. Das resultiert aus unterschiedlichen Zeitrationalitäten. In den materiell armen Gesellschaften scheint es Zeit ›in Hülle und Fülle‹ zu geben, während in den Zentren der Entwicklung materieller Reichtum und Zeitarmut herrschen.

Eine allgemeine Beschleunigung bestimmt bereits seit einigen zehntausend Jahren die Entwicklung der Menschheit. Seit Menschen Zeit bewusst ausnutzen, um durch höhere Produktivität ihre Lebensbedingungen zu verbessern, entwickeln sie immer schneller neue und bessere Produktionsmittel. Dieser Prozess erfasste mit der industriellen Revolution auch alle anderen Abläufe des gesellschaftlichen Lebens. Im Hintergrund dieses Geschehens entwickelte sich ein Prinzip der *Gleichzeitigkeit.* Seine Auswirkungen wurden erstmals 1847 deutlich sichtbar, als erste öffentliche Telegraphen zur Verfügung standen. Bald darauf folgten Telefon und Radio.

Bevor es die elektrischen Übertragungsmittel gab, wurden Nachrichten in der Hauptsache mündlich oder auf einem stofflichen Träger überbracht. Auf den Boten, der zu Fuß sein Ziel erreichte, geht der Begriff ›Laufzeit‹ zurück. Später benutzte ihn die Post in schon übertragenem Sinn für die Beförderungszeit der Sendungen. Seit dem 20. Jh. wird Laufzeit auf elektromagnetische Signale bezogen. Ihre Existenz – als physikalische Gesetzmäßigkeit – verhindert völlige Gleichzeitigkeit bei der Kommunikation über weite Entfernungen und begrenzt die Geschwindigkeit der Computer.

Mobil, d.h. schnell beweglich und stets bereit musste der Bote sein. Seit mindestens einem halben Jahrhundert bestimmt *Mobilität* das soziale Leben. Seit den 1980er-Jahren haben neue Technologien die Strukturen von Kommunikation und Information radikal umgestaltet. Damit erreichten individuelle und soziale, räumliche und zeitliche Mobilität völlig neue, qualitativ andere Dimensionen. Menschen, die an verschiedenen Orten mit unterschiedlichen Tageszeiten leben, begegnen sich in einem virtuellen Raum, um dort gemeinsam und gleichzeitig zu arbeiten. Dabei wird für große Teile der über den Erdball verteilten Menschheit mit technischen Mitteln ein gemeinsamer Zeithorizont hergestellt.

Das hat Auswirkungen auf Zeiterleben, Zeitbewusstsein und Handlungsstrukturen der Menschen. In gewisser Weise geschieht dabei eine Transformation der Identität des Einzelnen, wie auch ganzer wirtschaftlicher und politischer Systeme. Maßstab des täglichen Lebens wurde die Geschwindigkeit der Informationsverarbeitung.

Ein Hauptergebnis der industriellen Revolutionen besteht – abgesehen von der Beschleunigung eines zweifelhaften ›Fortschritts‹ – in der Vernichtung von Arbeitsplätzen. Zuerst wurde einfache, dann qualifizierte Handarbeit überflüssig. Das Gros der freigesetzten Arbeitskräfte wanderte von der Landwirtschaft zur Industrie und später in den Dienstleistungsbereich. Jetzt unterliegt auch dieser zunehmend der Automatisierung. Darüber hinaus erledigen intelligente Maschinen geistige Routinearbeit und unterstützen Managementaufgaben. In absehbarer Zukunft wird jegliche Arbeit in den Händen weniger Höchstqualifizierter liegen.

Das führt zu massenhafter Arbeitslosigkeit, welche die Gesellschaft ökonomisch und sozial destabilisiert. Eine der zentralen gesellschaftlichen Funktionen der Arbeit besteht darin, sozial zu integrieren. Man suchte Abhilfe in der Umverteilung der Arbeit. Um 1930 empfahl der englische Mathematiker und Philosoph Bertrand Russell: »Wenn der normale Lohnempfänger vier Stunden täglich arbeitet, hätte jedermann genug zum Leben und es gäbe keine Arbeitslosigkeit.«

Bei den noch Beschäftigten zeigen sich unterdessen die Folgen der veränderten Bedingungen. Zeitarbeitsfirmen entsenden ihre Angestellten für Wochen oder Monate in ein immer wieder neues soziales Umfeld, projektbezogene Jobs binden Menschen für längstens einige Jahre. Aber der ständige Zwang zum Neuen deformiert die Persönlichkeit. Wie sehr, hat einer der bekanntesten Soziologen der Gegenwart, der Amerikaner Richard Sennett (geb. 1943) dargelegt: Ob Beruf, Wohnort, soziale Stellung, Familie – alles wird den zufälligen Anforderungen der Ökonomie unterworfen, das eigene Leben wird zum ziellosen und undurchschaubaren Stückwerk. Selbst Gefährten sucht und findet man für Lebensabschnitte. Nicht ohne Bitterkeit resümiert Nowotny: »Zusammensetzen und wieder trennen, die alltägliche Erzeugung von Flickwerk, ist an die Stelle des biographischen Lebensentwurfs getreten.«

Der Mensch aber hat ein Bedürfnis nach Stabilität, die durch den immer stärker beschleunigten Fortschritt verloren geht. Im virtuellen Raum der Fernarbeit genauso wie in ›Wochenendfamilien‹ verkümmern die zwischenmenschlichen Kontakte, die Menschen vereinsamen. Das Fortschreiten dieses Prozesses spiegelt sich auch in neuen sprachlichen Begriffen für Zeitlichkeit: Seit 1998 kennt das *New Oxford English Dictionary* den Ausdruck ›face time‹ für die Zeit, die man Menschen von Angesicht zu Angesicht sieht.

In vergangenen Jahrhunderten konnten Eltern mit einer gewissen Berechtigung Lebenspläne für ihre Kinder entwerfen. Für den Landwirt war Verlass darauf, dass einer seiner Söhne den Hof übernahm, und der handwerkliche Kleinbetrieb wurde von Generation zu Generation vererbt. Selbst Angestellte brachten ihre Söhne im gleichen Betrieb unter und durften für sie ein Arbeitsleben in geregelten Bahnen erwarten. Die davon Betroffenen wurden in der Regel nicht gefragt und hatten sich der Macht der Institution Familie zu unterwerfen.

Freilich griffen immer wieder übergeordnete Mächte in diese Pläne ein, am häufigsten mit Schul- und Wehrpflicht. Als die Französische Revolution die gesamte Zeitrechnung neu organisierte, entwarf Louis-Antoine de Saint-Just detaillierte Zeitpläne für Lebensläufe. In seiner Schrift mit dem Titel ›Republikanische Institutionen‹ liest man z. B.: »Die Kinder gehören bis zum fünften Lebensjahr ihrer Mutter und danach bis zu ihrem Tode der Republik.« Das Verletzen solcher oder anderer Regeln der Gesellschaft zieht Strafen nach sich; vorrangig werden sie in Zeitmaßen ausgesprochen, was den individuellen Lebensplan wiederum verändert.

Unterdessen hat die Institution Familie in den Industrieländern ihre seit Jahrtausenden bestehende Gestalt einschneidend verändert, umgreift nicht einmal mehr ein ganzes Menschenleben, geschweige denn mehrere Generationen. Die Vorstellung eines lebenslangen Sozialvertrages zwischen Familienmitgliedern wurde aufgegeben. Weder Eltern noch Kinder bauen die Zeitökonomie ihres Lebenslaufs auf wechselseitig dauerhafte Investitionen von Fürsorge füreinander oder Sozialkontakte auf, stellt der US-amerikanische Soziologe James Coleman fest. Sozialleistungen für Familienmitglieder und für nachfolgende Generationen wurden zunehmend in außerfamiliäre Institutionen verlagert. Das betrifft nicht nur materielle Leistungen, sondern vor allem auch den zeitlichen Aufwand für die Alten- und Krankenpflege sowie die Kindererziehung. Eltern investieren immer weniger soziales Kapital in ihre Kinder. Von derartigen Zeitinvestitionen aber, so belegen Colemans Analysen, hängt der künftige Erfolg von Kindern in Schule und Erwerbsleben ab.

Neben solchen eher langfristigen Auswirkungen der veränderten Arbeitsbedingungen treten andere sehr schnell in Erscheinung. Der Rhythmus der Arbeitsabläufe entfernt sich immer weiter vom natürlichen Rhythmus des Menschen und führt zu vermehrtem Stress. So vergrößert zum Beispiel ein höheres Arbeitstempo die Ungeduld. Menschen, die gewohnt sind, vom Computer mittels Datenbankabfrage oder Internet-Suchmaschine schnelle und präzise Auskünfte zu erhalten, erwarten Entsprechendes auch von menschlichen Partnern. Kommt dann ein Mitarbeiter, Kunde oder auch Familienmitglied nicht schnell genug zur Sache, reagieren sie gereizt und ungeduldig.

Wird heute über wünschenswerte Veränderungen in der Arbeitswelt gesprochen, dann ist noch immer die erste Forderung, die laut wird, diejenige nach Verkürzung der Arbeitszeit. Manche geben sich der Illusion hin, mehr freie Zeit werde den Menschen zugleich die Freiheit verleihen, selbst darüber zu entscheiden, was sie damit anfangen. Das bleibt wohl ebenso ein frommer Wunsch wie die daran geknüpfte Hoffnung, sie würden wieder mehr Zeit als soziales Kapital investieren. Viele Theoretiker sind der Ansicht, Arbeitszeitverkürzung öffne mehr oder weniger automatisch die Türen für eine Multiaktivität. Die soziale Integration durch gemeinsame Arbeit werde dann durch andere Aktivitäten ersetzt. Einige hoffen in diesem Zusammenhang auf einen ›Dritten Sektor‹ neben Staat und Wirtschaft, der auf unbezahlter gemeinnütziger Tätigkeit basiert.

Das Modell der Industriegesellschaft als Ganzes hat faktisch ausgedient. Mehr noch: Schon 1995 resümierte Nicholas Negroponte, der Gründer des berühmten Media Lab am Massachusetts Institute of Technology (MIT): »Der Übergang vom Industriezeitalter zum nachindustriellen oder Informationszeitalter ist so lange und ausgiebig diskutiert und besprochen worden, dass der Beginn des Postinformationszeitalters völlig unbemerkt blieb.« Als Charakteristikum dieser neuen Ära sieht er das ›Einpersonenpublikum‹, für das die Produkte auf Anforderung bereitgestellt werden.

Aber leider existieren außer immer neuen Schlagworten kaum Ansätze zum bewussten Gestalten der Zukunft. Das befürchtete ›Ende der Arbeitsgesellschaft‹ hat bisher nichts daran geändert, dass die Zeit nach Gesichtspunkten der Industriegesellschaft strukturiert und bewertet wird. Die Mehrheit aller heute in den industrialisierten Ländern Lebenden betrachtet Zeit als eingeteilte, knapp bemessene Sache. Deshalb leidet unser aller Dasein unter realem oder eingebildetem Zeitmangel, steht unter Dauerstress. Schon 1928 sang Otto Reutter in einem damals recht bekannten Couplet:

»Wir leben in 'ner eiligen, hastigen Zeit
Mit der Uhr in der Hand, mit der Uhr in der Hand.
Der eine, der schiebt heut den andern beiseit'
Mit der Uhr, mit der Uhr in der Hand.«

Ein eigentümlicher Selbstzwang bindet das Individuum an die Zeit als soziale Institution. Das geschieht, indem ein ›vulgäres Zeitverständnis‹ soziale Zeit gewissermaßen in eine subjektive Zeitwahrnehmung zurückübersetzt. Der Ausdruck geht auf den Philosophen Martin Heidegger zurück und meint die gewöhnliche Auffassung, die sich Zeit als Aufeinanderfolge von

›Jetzt-Punkten‹ vorstellt. Diese Folge von austauschbaren Sekunden, Minuten, Tagen, Jahren wird quasi gegenständlich, erstarrt zu einer Zeitmacht, die als unendlich teilbare Linie ohne Anfang und Ende vor dem Menschen liegt und die er auszufüllen trachtet, ohne dass ihm dies je wirklich gelingen kann.

Der Philosoph und Medienwissenschaftler Mike Sandbothe in Jena hat den Vorgang so skizziert: »Die vergegenständlichte Zeit verfließt ihm unter den Händen. Jede Zeit, die er durch geschicktes Zeitmanagement spart, drängt sich ihm sofort als leere, also erneut mit Arbeit auszufüllende Zeit auf. Es sind nicht mehr die konkreten Besorgungen und Bedürfnisse, die seinen Zeitplan bestimmen, sondern es ist die leere Zeit selbst, die neue Bedürfnisse erweckt und ihre eigene Kapitalisierung erzwingt.«

Diese paradoxe Situation ist Ergebnis des Widerspruchs zwischen dem Empfinden individueller Zeit und einer ›Weltzeit‹, die unser Handeln bestimmt. Sie hat zu höchst unterschiedlichen Interpretationen und teilweise kontroverser Diskussion geführt. Auf einer Seite ist davon die Rede, dass die zunehmende Menge der Innovationen pro Zeiteinheit ein ›Schrumpfen der Gegenwart‹ herbeiführe. So spricht der konservative Philosoph Hermann Lübbe von einem »verkürzten Aufenthalt in der Gegenwart«. Sein Argument: Wenn wir in Gedanken einige Jahre zurückblicken, schauen wir in eine in vielerlei Hinsicht veraltete Welt, in der wir die Strukturen der uns gegenwärtig vertrauten Lebenswelt nicht mehr wiedererkennen. Die Zahl der Jahre, nach denen dieser Effekt eintritt, nimmt ständig ab. Entsprechend verkürzt sich für die Zukunft der Zeitraum, für den wir eine gewisse Konstanz unserer Lebensverhältnisse annehmen dürfen. Weil nun aber die Beschleunigung weiter wirkt, tritt die zukünftige Verkürzung schneller ein. Diese Folgen hat Koselleck folgendermaßen beschrieben: »Erfahrungsraum und Zukunftshorizont werden inkongruent. Die Erfahrungen, die wir oder unsere Väter im Umgang mit unseren bisherigen Lebensverhältnissen machen konnten, eignen sich in Abhängigkeit von der Veränderung unserer Lebensverhältnisse fortschreitend weniger als Basis unseres Urteils über das, womit wir oder unsere Kinder und Kindeskinder für die Zukunft zu rechnen haben werden.«

Aus einem anderen Blickwinkel betrachtet der französische Philosoph und Medientheoretiker Paul Virilio die Angelegenheit. Für ihn scheint die ganze Welt zu implodieren, in einen Punkt und einen Augenblick zusammenzustürzen. Das hat ihn veranlasst, von einem ›rasenden Stillstand‹ zu sprechen. Dabei bezieht er sich hauptsächlich auf die neuen Nachrichtenmedien, die alle Ereignisse praktisch gleichzeitig auf unseren Bildschirmen vereinen. Sein Essay ›Das letzte Fahrzeug‹ schließt mit einer apokalyptischen Vision, in der die Zeit gänzlich im endlos-ewigen Jetzt zu erstarren scheint.

Auch Helga Nowotny widerspricht Lübbes These von der Zeitschrumpfung. Die Gegenwart verkürze sich nicht, sondern müsse sich ganz im Gegenteil auf Kosten der Zukunft ausdehnen. Dabei aber wird die Diskrepanz zwischen der Wahrnehmung der subjektiven Lebenszeit und der objektiven Weltzeit spürbar. Die ganze Welt ist ›jetzt‹, aber wir begreifen unser Leben nicht als Gegenwart, sondern als Zukunft und Veränderung. Und Obrecht begründet: »Wir müssen die Zeit und die Welt so sehen, weil wir sonst nicht in dieser Zeit und in dieser Welt leben könnten. Wir müssten, wenn wir die Welt nicht mehr so sehen können, Zeitflüchtlinge werden, die sich in andere Räume, nämlich jene begeben, in denen einmal Erreichtes, Gedachtes, Erfahrenes für die ganze Spanne eines Lebens gültig bleibt.«

Die soziale Zeit selbst entwickelt sich beschleunigt weiter. Nowotny hat die veränderten Zeitstrukturen der Gegenwart ›Laborzeit‹ genannt und spricht von einem Übergang vom Maschinenzeitalter zum Laborzeitalter. »Was sie kennzeichnet, ist die kontinuierliche Präsenz der Objekte und ihre ständige zeitliche Verfügbarkeit. Sie sind rund um die Uhr vorhanden und lassen sich in ihren Zeitabläufen kontrollieren, programmieren, artikulieren. Unter Laborbedingungen kann beschleunigt und verlangsamt werden; sowohl einmalige zeitliche Ereignisse wie variierte Wiederholungen sind möglich. Lineare Sequenzen sind abgelöst durch die weitaus komplexeren Zeitmuster der nicht-linearen Dynamik.«

Diese ›andere‹ Zeit hat längst die Welt des täglichen Lebens erobert, vor allem auf dem Wege über die elektronischen Medien. Ihre neuartigen Zeitmuster binden nicht nur Menschen an Maschinen, sie verändern auch die Beziehungen der Menschen zueinander. Die industrielle Revolution hat Zeit und Raum gleichsam verdichtet. Ob es nun ›Schrumpfen der Gegenwart‹ genannt wird oder ob man sich ihre Ausdehnung auf Kosten der Zukunft vorstellt – in jedem als gegenwärtig empfundenen Zeitraum geschieht mehr und mehr, werden immer größere Räume erreichbar.

Die Verdichtung der Zeit in der Welt und die Gleichzeitigkeit bewirkt auch, dass Kulturen, Völker und ihre unterschiedlichen sozialen Identitäten enger aneinanderrücken. Diesem Prozess wohnt neues Konfliktpotenzial inne. Nowotny formuliert hierzu: »Denn die Konflikte zwischen dem, was jeweils als individualisierte Zeit empfunden oder ersehnt wird, und dem, was als industrialisierte, laborgeprägte oder weltgleichzeitig erstreckte Zeit unser aller Handeln, Empfinden und Überlebenschancen bestimmt, gehen weiter. Sie verändern sich nur.«

Ein Gefühl des ›Bedarfs an Zeit‹ ist wohl zum ersten Mal in der Zeit der Aufklärung spürbar geworden. Damals erzeugte der optimistische Glauben an den Fortschritt viel mehr an Wünschen und Hoffnungen, als sich in der Gegenwart verwirklichen ließ. Die Zukunft schien genügend weit entfernt, dies alles aufnehmen zu können; sie hatte einen offenen Horizont. Inzwischen rückt die Zukunft näher an die Gegenwart heran, muss in die Handlungen von heute einbezogen werden – egal ob man nun annimmt, die Gegenwart verkürze sich oder sie dehne sich auf Kosten der Zukunft aus. Der Zeitbedarf muss in einer erweiterten Gegenwart befriedigt werden.

8 Gegenwart und Zukunft der Zeit

8.1 Medienzeit

Den offenen Horizont der Zukunft können wir nicht mehr wahrnehmen. Dafür sorgen die neuen Informations- und Kommunikationstechnologien, vor allem aber die tele-optischen Medien und deren Rückwirkungen auf unsere Zeiterfahrung. Mit dem Aufkommen der Fotografie entstand eine im Unterschied zu Kalendern oder geschriebenen Texten ganz neue Art, Zeit gegenständlich darzustellen. Was einmal war, verwandelt sie in gegenwärtige Wirklichkeit. Dabei scheint die Zeitdifferenz zwischen der Aufnahme und dem Betrachten des Bildes zu verschwinden. Noch stärker wurden die Zeitgrenzen verwischt, als Film und Fernsehen einen raschen Wechsel unterschiedlich alter Aufnahmen ermöglichten.

Genau den gegenteiligen Effekt, nämlich die präzise Darstellung des Geschehens in sehr kleinen Intervallen, bewirkte die Chrono-Fotografie, eine interessante Etappe zwischen Standfoto und Film. 1876 gelang es dem Amerikaner Eadweard James Muybridge, zwölf Kameras so zu synchronisieren, dass innerhalb einer halben Sekunde zwölf Aufnahmen eines galoppierenden Pferdes entstanden. Das ermöglichte erstmals die exakte Analyse schneller Bewegungen und avancierte bald zum Mittel künstlerischen Ausdrucks.

Heute prägt eine multimediale Umgebung unser Zeitbewusstsein völlig neu. *Medien-Zeit* hat der Karlsruher Literatur- und Medienwissenschaftler Götz Großklaus die dadurch veränderte Art der Zeitwahrnehmung genannt. Sie versetzt uns zunehmend in eine aus abstandslosen Augenblicken künstlich zusammengesetzte neue Art von Gegenwart. Noch einen Schritt weiter geht die *Computersimulation.* Ihre Rechenprogramme produzieren jede beliebige Zeit unter Einschluss verschiedener Zukünfte.

Zunächst war das *Fernsehen* mit seinen regelmäßigen Programmzeiten lediglich einer von vielen sozialen Zeitgebern, die auf die Einteilung des häuslichen Alltags einwirken. Im Verlauf von kaum mehr als einer Generation gewöhnten sich dann die Menschen an die Empfindung der scheinbaren Gleichzeitigkeit alles Geschehens. Großklaus hat diesen Effekt, die Beeinflussung unseres Zeitbewusstseins, besonders herausgestellt: »Die schnellen elektronischen Medien saugen alles Geschehen – so entfernt es zeitlich und räumlich auch sein mag – in das enge Sichtfenster des Momentanen und Aktuellen.« Zugleich dehnt sich die Gegenwart in beliebig ferne Zeiträume aus – das heißt, die Zeit wird entgrenzt.

Seit den Anfangsjahren des Films bieten die Bildmedien immer neue Möglichkeiten, unser Zeiterleben zu täuschen. Mit dem *Zeitraffer*-Verfahren werden Einzelbilder in größeren Zeitabständen aufgenommen, bei Vorführung des Films mit normaler Geschwindigkeit erscheint der Vorgang beschleunigt. So können sehr langsam ablaufende Ereignisse studiert werden. Aufnahmen mit erhöhter Bildfrequenz nennt man Zeitlupe, schnelle Bewegungen erscheinen bei ihrer Wiedergabe verlangsamt. Bis zu 20 Millionen Bilder pro Sekunde lassen sich heute mit Spezialkameras aufzeichnen. Aus einer ›normalen‹ digitalen Videoaufzeichnung lassen sich noch nachträglich bis zu 1000 Bilder/s darstellen.

Auch *Schnitte* zwischen den Szenen eines Films verändern scheinbar die Bewegung der Objekte in der Zeit. Das Entscheidende dabei sind immer die zeitlichen *Intervalle* zwischen den Einzelbildern oder Szenen. Schon bei der herkömmlichen Fotografie erlaubte uns die Reihung von Bildern im Album, einen Eindruck von Entwicklung zu gewinnen. Hier wird besonders deutlich, wie erst die zeitlichen Zwischenräume der ganzen Serie ihre Bedeutung geben. Beim Anschauen des Albums werden die gleichsam ›eingefrorenen‹ Intervalle wieder zu Zeiträumen, die der Betrachter mit Erinnerungen füllt. Bewegliche Bilder dagegen simulieren den Ablauf von Zeit. Das Phänomen beruht auf einer Täuschung des Auges, das die in einer Sekunde aufeinander folgenden 24 statischen Bilder des Kinofilms zu einer dynamischen Bewegung integriert. Doch in solchen technisch bewegten Bildern geht der selbstbestimmte Zeitraum des Betrachtens, des Bild-Lesens verloren. Der Zuschauer büßt seine Herrschaft über das Betrachtungstempo ein, verliert seine Eigen-Zeit.

Auch die Geschichts-Zeit des äußeren Geschehens wird zur Gegenwarts-Zeit zusammengezogen. Das begann mit dem Spielfilm, der aus Bruchstücken verschiedener Vergangenheiten und räumlich unterschiedlicher Gegenwart eine Pseudo-Gegenwart konstruiert. Dabei bestimmen die Intervalle das künstlerisch gewollte Zeitmaß, das sich in Rhythmus und Tempo des Films ausdrückt. Bald wurden die bedeutungstragenden Intervalle immer kürzer, und seit Live-Übertragungen des Fernsehens möglich sind, existieren sie praktisch überhaupt nicht mehr. Stattdessen werden Aufzeichnungen mit Live-Übertragungen gemischt. Nun überlappen sich verschiedene gegenwärtige Abläufe mit vergangenen Ereignissen im selben Zeitfenster. Wir haben uns an diese räumliche und zeitliche Verdichtung gewöhnt – nicht ungern, denn die Zeit der Medien erlaubt uns, simultan an unterschiedlichen und ursprünglich nicht gleichzeitigen Ereignissen teilzunehmen. Großklaus vergleicht deshalb die Medienzeit mit einem Interface, einer Schnittstelle, die uns den Zugang zu unterschiedlichen Zeiten vermittelt.

Das uns in dieser künstlichen Medienzeit Vermittelte existiert nur als Gegenwärtiges. Deshalb wird es als angeblich reale Zeit, als ›Echtzeit‹ ausgegeben. *Echtzeit* aber ist in Wahrheit ein technologischer Begriff und meint keineswegs immer die ›echte Zeit‹ der Gegenwart. Er entstand im Zeitalter der Großcomputer, die in Rechenzentren standen und auf die nur zum Teil im Online-Betrieb zugegriffen werden konnte. Wenn so ein Rechner schnell genug war, um synchron mit einem realen Prozess zu bleiben, sprach man von Arbeit in Echtzeit. Schaffte er es nicht, ging man off-line zur Stapelverarbeitung der Aufgabenpakete über. Entsprechend findet ein unmittelbar oder am Telefon geführtes Gespräch in Echtzeit statt und ist synchron, der Stapelverarbeitung würde ein Briefwechsel bzw. Austausch von E-Mails entsprechen.

Der englische Ausdruck für diesen Begriff von Echtzeit ist ›real time‹, und das wiederum hat man mit *Realzeit* übersetzt. Entscheidend für das ›Reale‹ des Zeitverhaltens ist dabei immer das Schritthalten mit den außerhalb des Systems ablaufenden Prozessen. Inzwischen unterscheiden die Informatiker bei der Organisation von Realzeit-Datenbanksystemen zwischen ›echter‹ und ›weicher‹ Echtzeit. Für jeden vom Computer zu vollziehenden Arbeitsschritt (task) wird ein Zeitfenster mit einer gewissen Toleranz zur Verfügung gestellt, das an der ›deadline‹ endet. In manchen Fällen – wenn nämlich das Gesamtsystem flexibel ist und über Pufferzeiten verfügt – kann das Überschreiten dieser Zeitgrenze hingenommen werden. Dann handelt es sich um ›weiche Echtzeit‹.

Was den Informatikern recht ist, ist den Medienleuten billig. Auch sie verstehen unter Echtzeit ziemlich unterschiedliche Sachverhalte. Die vorwiegend technisch orientierten unter ihnen unterscheiden drei Zeitmodi für die Bearbeitung des Bildmaterials: *Echtzeit*, *Überzeit* (›Zeitraffer‹) und *Unterzeit* (›Zeitlupe‹ oder ›Slowmotion‹). Aus dieser Sicht sagt der Begriff Echtzeit nichts darüber aus, wann das dargestellte Ereignis stattgefunden hat; er kennzeichnet lediglich den Sachverhalt, dass die Geschwindigkeit der Wiedergabe ähnlich der eines entsprechenden realen Prozesses ist. Es handelt sich bei diesen drei Zeitlichkeitsbegriffen nur noch um die Frage, auf welche Weise man die Zeitachse manipuliert.

Selbst eine Live-Übertragung des Fernsehens operiert mit einem Aufschub von Bildern und kann streng genommen niemals mit dem wirklichen Geschehen völlig synchron sein. Das ist durch die physikalisch-technischen Grundlagen des elektronischen Fernsehens bedingt. Zuerst entsteht im Inneren der Kamera ein statisches Abbild der Wirklichkeit. Dieses schnell vergängliche ›Foto‹ wird in 300 Zeilen abgetastet und jede in 500 einzelne Bildpunkte zerlegt, die man überträgt und im Empfänger wieder zusammensetzt. Auf dem Bildschirm entsteht zeitversetzt die mehr oder weniger verlustfreie Reproduktion des Abbildes, das in der Kamera entstand. Dieser Vorgang wiederholt sich mit 25 Halbbildern pro Sekunde so schnell, dass er das zeitliche Auflösungsvermögen unserer Sinne unterläuft und dadurch der Eindruck eines zusammenhängenden und kontinuierlich bewegten Bildes entsteht.

Medientheoretiker, insbesondere solche mit philosophischen Ambitionen, operieren mit einem viel weiter gefassten Begriff der Echtzeit. So erklärte der namhafte Münchner Filmkritiker Michael Althen in einem Seminar 2002 in Basel: »Wir haben also statt einem Jetzt, das hier und jetzt stattfindet, wenigstens drei Zeiten [...]. Echtzeit, das wäre, wenn Sie so wollen, die Konstruktion des Geschehens selbst. Echtzeit, das ist codierte Gegenwart, eine als Präsenz codierte Zeit, zusammengesetzt aus Elementen von Überzeit und Unterzeit.«

Eine so verstandene Echtzeit steht im Widerspruch zur realen Gegenwart. Sie isoliert die wahre gegenwärtige Zeit von ihrem Hier und Jetzt, löscht sie dadurch quasi aus und ersetzt sie durch eine nicht mehr durchschaubare ›Tele-Präsenz‹. Der Medienphilosoph Paul Virilio formuliert: »Die drei Zeitformen der entscheidenden Aktion – Vergangenheit, Gegenwart und Zukunft – werden heimlich durch zwei Zeitformen ersetzt, die reale Zeit (Echtzeit) und die aufgeschobene Zeit. Die Zukunft ist teils in den Programmen der Computer, teils in der Fälschung dieser angeblich ›realen‹ Zeit verschwunden, die sowohl einen Teil der Gegenwart als auch einen Teil der unmittelbaren Zukunft enthält. Diese [...] Differenz stellt eine neue Generation des Realen dar, eine degenerierte Realität, in der die Geschwindigkeit den Sieg über die Zeit und den Raum davonträgt.« Virilios *aufgeschobene Zeit* realisiert sich in den technischen Modi von Unter- und Überzeit.

Virilio als Kulturpessimist befürchtet, dass die tele-optischen Technologien vom Fernsehen über Virtual Reality und Cyberspace bis hin zu künftig vorstellbaren Mensch-Maschine-Symbiosen die uns gewohnten, als natürlich empfundenen Strukturen von Zeitlichkeit zerstören. Er beschwört die Gefahr einer ›medialen Evolution‹, welche die bisher gebräuchlichen Zeitvorstellungen abschafft. Zeit und Raum in der bisher verständlichen Form setze das Fernsehen ein inhumanes Zeitregime der reinen Geschwindigkeit entgegen.

Auch Nicholas Negroponte, der als einer der profiliertesten Vordenker in Fragen digitaler Technik und menschlicher Kommunikation gilt, konstatiert in seinem Bestseller *The Digital Revolution* (Deutsch: Total Digital, 1997), ›Echtzeit‹ werde durch künstliche Zeitstruktur bewirkt. Aber anders als die Medienphilosophen zielt er pragmatisch darauf ab, die als Fessel empfundene Echtzeit zu überwinden. Er verweist darauf, dass die neuen Kommunikations-Technologien eigentlich die Freiheit eines ›asynchronen Daseins‹ erlauben würden. Diese Unabhängigkeit von einer Echtzeit sieht er als Gewinn: »Nur der kleinere Teil unserer Kommunikation muss sofort, das heißt in Echtzeit, bearbeitet werden. Wir werden ständig unterbrochen und gezwungen, gewisse Aufgaben pünktlich zu erledigen, die eine solche Unmittelbarkeit nicht verdienen.«

Noch einen Schritt weiter als Film und Fernsehen geht die *Computersimulation.* Ihre Rechenprogramme produzieren jede beliebige Zeit unter Einschluss verschiedener Zukünfte. Es liegt auf der Hand, dass sie sich damit noch weiter als die tele-optischen Medien von einer ›realen Realzeit‹ entfernt. Es handelt sich um *virtuelle Zeiten,* die in virtuellen Räumen ablaufen. Das Wort bedeutet ›scheinbar‹ oder ›potenziell, d. h. als Möglichkeit vorhanden‹. Virtuelle Zeit wird durch Algorithmen erzeugt. Über ihr Zustandekommen und ihre Struktur entscheidet allein die Daten- und Rechengrundlage.

Solche Simulationen können erheblichen praktischen Nutzen haben, beim Fahr- und Flugtraining etwa oder beim Erproben von Prozessen, denen ein hohes Gefahrenpotenzial innewohnt. Im Gedächtnis des Nutzers entsteht dabei eine konkrete Erinnerung. Er sammelt ganz reale Erfahrungen, die in das ›wirkliche Leben‹ übertragen werden können. Das setzt voraus, dass sich die Struktur der simulierten Zeit nicht von realen Bedingungen unterscheidet.

Aber die Möglichkeiten virtueller Zeit sind weit größer. Das hat sie für die Produzenten von Fantasiewelten so interessant gemacht und führt uns zum Thema ›Medienzeit‹ zurück. Schon sehr einfache Computerspiele erlaubten dem Akteur, die Geschwindigkeit der Abläufe zu verändern. Dann vergeht die virtuelle Zeit nicht nur beschleunigt oder langsamer, sie kann auch gänzlich angehalten werden. Darüber hinaus kann sich der Spieler in

Zeitschleifen bewegen, bei einem Misserfolg zu einem früheren Zeitpunkt zurückkehren. Die ganze Welt des jeweiligen Spiels ist diesen Manipulationen unterworfen.

Im simulierten Raum von Computeranimation, von Virtual Reality und Cyberspace gibt es nur noch solche virtuelle Zeit. Da spielt es keine Rolle mehr, ob vergangene, zu einer realen Gegenwart parallele oder zukünftig mögliche Zustände simuliert werden – es handelt sich in jedem Fall um eine gänzlich selbstständige Zeit ohne Bezug zur Zeit der realen Welt. Edmont Couchot hat sie ›eine nicht-chronische Zeit‹ genannt. Sämtliche Wahrnehmungen, die wir als Gleichzeitigkeit, zeitliche Folge, Gegenwart oder Dauer kennen, werden durch sie in Frage gestellt.

Erste Ansätze zu einer solcherart veränderten Zeitlichkeit beschrieb schon 1895 der Engländer Herbert George Wells in seiner utopischen Erzählung *Die Zeitmaschine*. Ihr Held reist mittels eines selbst gebauten Apparates viele Jahrtausende in die Zukunft und schließlich so weit, bis er ganz verschwindet. Tiefgründige Behandlung erfährt das Thema beim polnischen Wissenschaftsphilosophen und Science-Fiction-Autor Stanislaw Lem. Ijon Tichy, der Protagonist seiner *Sterntagebücher* (1961), gerät auf einer seiner Reisen mit dem Raumschiff in eine ›Zeitschleife‹ und begegnet sich selbst in verschiedenen Altersstufen, was zu kuriosen Situationen und bösen Konflikten führt. Bei anderer Gelegenheit kann er mittels einer Zeitmaschine die Zeit in der Umgebung beschleunigen, verzögern oder rückwärts laufen lassen, wodurch er Gefahren auf fremden Planeten entkommt. Schließlich wird Tichy in einer Organisation tätig, die Mitarbeiter in die Vergangenheit entsendet mit dem Auftrag, eine »Telechronische Optimalisierung der Allgemeinen Geschichte«, sprich eine Korrektur der Vergangenheit, vorzunehmen. Anders als bei Lems tiefsinnigen Gedankenexperimenten reicht es 1995 bei Simon Hawke (eigentlich Nicholas Yermakov) nur noch zu einer ganzen Serie von ›Zeitkriegen‹ nach dem Muster: A kämpft gegen B, springt in die Zukunft und wartet dort im Hinterhalt, indessen B sich in der Vergangenheit versteckt.

Das Kunstwort *Cyberspace* ist dem Science-Fiction-Roman *Neuromancer* (1985) des Kanadiers William Gibson entnommen und vom englischen cybernetics (Kybernetik, Steuerungs- und Regelungstechnik) abgeleitet. Bald ging der Begriff auf die neuen, im Computer generierten virtuellen Welten über, in denen sich Benutzer mit Hilfe spezieller Interfaces wie Datenhandschuh oder -helm bewegen können. Mittlerweile wird er generell als Synonym für virtuelle Realität gebraucht. Der individuelle Nutzer dieser technischen Möglichkeiten taucht ein in eine ›Gegenwelt‹ mit eigenen

Zeitgesetzen, die nur von außen betrachtet irreal erscheint. Im Gedächtnis des Einzelnen entsteht indessen eine konkrete Erinnerung an eine wirklich erlebte Vergangenheit. Dadurch können z.B. für ein Kollektiv von Spielern virtuelle Geschichtsräume entstehen. Moderne, von mehreren Teilnehmern im Netz gespielte Computerspiele machen von solchen Effekten Gebrauch.

Die Zeit einschließende Simulationen sind nicht ganz so neu, wie man im Allgemeinen denkt. 1959 vollzog der französische Architekt Le Corbusier mit seinem Entwurf des Philips-Pavillons für die Brüsseler Weltausstellung den Schritt zu einem künstlich dynamisierten Raum. Elektronisch gesteuerte Dia- und Filmprojektoren, farbige Scheinwerfer, bewegliche Spiegel in großer Zahl sorgten darin für eine immaterielle Inszenierung, wie sie heute in Theatersälen üblich ist. Die Dynamik eines derart in Szene gesetzten Raumes ist nicht mehr vom natürlichen Tages- und Jahresrhythmus bestimmt. An ihre Stelle tritt eine synthetische Eigenzeit.

Ob die zunehmende Verwendung simulierter Zeitlichkeiten Folgen in der realen Umwelt hervorruft, muss sich erst erweisen. Nur eins ist sicher: Virtuelle Zeit ist immer eingebettet in das reale Zeitkontinuum. Während des Aufenthalts in der simulierten Welt folgt man der dort gültigen Zeit, doch ›draußen‹ vergeht unterdessen reale Zeit. Das wird von denen ›drinnen‹ allzu leicht vergessen. Bei ihrer Rückkehr kollidiert dann die im Gefühl weiterwirkende virtuelle mit der realen Zeit.

Die bisherige Entwicklung der Medien führte zum Verlust des kulturell bedeutsamen Intervalls. Großklaus erhofft sich aus der weiteren Entwicklung die Kompensation dieses Verlusts durch einen kulturellen Gewinn, nämlich den einer völlig neuen Zeitvorstellung. Diese Vorstellung würde sich vom Begriff einer linearen und von gefühlten ›Leerstellen‹ durchsetzten, also extensiven Zeit lösen. An ihre Stelle träte eine nichtlineare, quasi mit komprimierten Inhalten gefüllte, also intensive Zeit, die möglicherweise zu intensiverem Erleben führt. Sie könnte als Entwurf einer veränderten sozialen Zeit verstanden werden.

8.2 Zeitkompakter Globus und Multitemporalität

Immer mehr Medien, Firmen, Handels- und Bildungseinrichtungen, Banken und Verwaltungen sind im Internet präsent, das dabei ist, sich nach Sprache und Schrift als dritte Generation des Weltgedächtnisses zu etablieren. Das zwingt uns zunehmend, Zeit dort zuzubringen. Anfangs glaubte man, die neuen Kommunikationsmittel, die Möglichkeiten der Mikroelektronik würden den Menschen mehr Zeit geben, doch eingetreten ist das Gegenteil. Eile und hektische Betriebsamkeit beherrschen auch die Freizeit, und vorausdenkendes Planen im sozialen Tun wird immer seltener. Eine wesentliche Rolle dabei spielt neuerdings die mobile Telefonie. Millionen Menschen verzichten ohne Sinn und Zweck auf die doch so wertvollen Pausen in der sozialen Zeit, getrieben einzig von dem Drang, sinnentleerte freie Zeit mit immer neuen Sensationen möglichst lückenlos zu füllen.

Schon wurde unser 21. Jahrhundert dasjenige ›des Kampfes gegen die Zeit‹ genannt. Alles wird beschleunigt, und niemand denkt darüber nach, was eigentlich damit erreicht werden soll. Immer schnellere Autos stehen immer länger im Stau, immer schnellere Züge verkehren zwischen immer weniger Bahnhöfen, und längst droht der allgemeine Verkehrsinfarkt am Boden und im Luftraum. Paradoxerweise leiden gerade in jenen Teilen der Welt, wo die schnellsten Verkehrsmittel, die besten Nachrichtennetze zur Verfügung stehen, die meisten Menschen unter Zeitmangel.

Es wird nicht bis in alle Ewigkeit so weitergehen. Bestimmte Beschleunigungsvorgänge in der Gesellschaft werden an eine natürliche Grenze stoßen. Zu diesen gehört außer der Reisegeschwindigkeit z.B. das Bevölkerungswachstum. Und so rasch auch der Computer Daten aus Vergangenheit, Gegenwart und Zukunft zusammenführen und aufbereiten mag, ihre schöpferisch-produktive Auswertung durch den Menschen kann nur so schnell erfolgen, wie es sein Aufnahmevermögen erlaubt.

Die modernen Kommunikationsmittel verdichten unsere soziale Gegenwart. Gleichzeitig aber weitet diese sich aus, wirkt in immer größer werdende Zeiträume hinein. Beide Aspekte bilden eine unauflösliche Einheit, eine neue integrative Stufe, die der amerikanische Philosoph Julius T. Fraser 1987 den *zeitkompakten Globus* genannt hat. Damit distanziert sich Fraser von dem zum bloßen Schlagwort verkommenen Begriff des *Global Village*, den 1962 einer der bekanntesten Medientheoretiker, der kanadische Literaturprofessor Herbert Marshall McLuhan, prägte. Sein Buch *The Gutenberg Galaxy* endet mit dem Kapitel »The Global Village«, das die Ablösung des Buches durch die elektronischen Medien behandelt. McLuhan vergleicht die Medien mit verlängerten Sinnesorganen des Menschen und den Computer mit einer Erweiterung seines Gehirns. Mit ihrer Hilfe werden räumliche und zeitliche Schranken überwunden, die Welt zu einem ›globalen Dorf‹ zusammengezogen. Diese These ist seither überwiegend als positive Vision, von anderen dagegen als Kritik an der Allmacht der Medien interpretiert worden. Der US-Politologe Zbigniew Brzezinski hat 1969 den Ausdruck ›Globale Stadt‹ gebraucht, um eine medial verknüpfte Welt zu kennzeichnen. Dagegen versteht die New Yorker Städteplanerin Saskia Sassen unter ›Global Cities‹ in eher konventionellem Sinn die Metropolen in einer globalisierten Weltwirtschaft.

Neben die Warenströme des Welthandels sind die nichtmateriellen Ströme der Informationsgesellschaft getreten, auf denen die unaufhaltsam fortschreitende Globalisierung basiert. Die miteinander verbundenen Medien bilden ein immer dichter werdendes weltweites Netz. Negroponte hat die optimistische These vertreten: Je mehr Menschen darin eingebunden sind, desto stärker werden die Wertvorstellungen größerer und kleinerer elektronischer Gemeinschaften die von Nationen überlagern. In den daraus entstehenden ›digitalen Nachbarschaften‹ werde der physikalische Raum keine Rolle mehr spielen und Zeit in ihnen eine ganz neue Bedeutung bekommen.

Tatsächlich aber wird das Netz der Medien durch ein Wechselwirken zwischen Kommunikationsstrukturen und Machtpolitik bestimmt. Das Internet, aus Bedürfnissen der Militärs in der Periode des Kalten Krieges entstanden, wird seit dessen Ende überwiegend von Interessen multinationaler Konzerne getragen. Brzezinski, für den die USA der Prototyp einer ›globalen Gesellschaft‹ mit allgemein gültigen Verhaltensregeln und Werten sind, hat ausdrücklich betont: »Die Beherrschung des Weltmarktes der Kommunikation bildet zu einem sehr großen Teil die Grundlage der amerikanischen Macht.« Vergegenwärtigen wir uns in diesem Zusammenhang, dass beim Bestimmen und Verteilen der Koordinierten Weltzeit (UTC) seit 1995 das Global Positioning System (GPS) eine entscheidende Rolle spielt. UTC ist direkt mit der Systemzeit des GPS verkoppelt. GPS und seine 24 speziellen Satelliten jedoch sind eine Einrichtung der US-Militärs, und die zivile Nutzung wird von ihnen lediglich geduldet, wobei man die erreichbare Genauigkeit künstlich beschränkt. Die Europäische Gemeinschaft bemüht sich um eine Alternative und entwickelt unter ziviler Leitung das System GALILEO, das 2008 einsatzbereit sein soll.

Die Globalisierung der Zeitrechnung begann streng genommen im zweiten Jahrtausend v. Chr., als Priester im Vorderen Orient den Tag in zwölf Abschnitte teilten. Das Übergreifen dieses Systems auf andere Staaten war eine Folge von Handel und Machtpolitik. Es stützte sich auf eine herrschende Ideologie, die in zwölf bevorzugten Göttern ihre Verkörperung fand. Seit dem Ende des 19. Jahrhunderts umspannt die rechnerische Einteilung der Zeit die Erde mit einem Zonensystem, das die effiziente Organisation weltweit operierender Systeme, einzelner Staaten sowie kleiner Gemeinschaften, ermöglicht. Auslöser auch für diese Entwicklung waren handfeste ökonomische und machtpolitische Interessen, diesmal verkörpert durch die Eisenbahn.

Am Ende des 20. Jahrhunderts wird überall gleiche Weltzeit zur Systemzeit des ›Global Village‹. Angeblich ermöglicht erst sie die ökonomische und kulturelle Globalisierung, Modernisierung des Lebensstils, Erhöhung der sozialen Mobilität usw. Doch zugleich werden damit immer mehr Menschen ihrem Diktat unterworfen. Immer stärker werden sie abhängig von zeitlichen und organisatorischen Systemerfordernissen, auf die sie keinen Einfluss haben. Solche Unterwerfung ist nicht neu, geändert haben sich ihre Formen. Bereits in der Renaissance entwickelte sich ein neues Zeitbewusstsein aus einem inneren Zwang zur Selbstregulierung, der persönliche Bedürfnisse hinter die Anforderungen des öffentlichen Lebens zurückstellte. Dann führte die beginnende Industrialisierung zu rigiden Zeitordnungen, die Verstöße mit direkten Sanktionen ahndeten.

Seit etwa zwei Jahrzehnten sind nun Flexibilisierung und Deregulierung die Schlagworte der globalen Ökonomie. Unter Einfluss dieses Trends wird auch die Organisation der Zeit und deren Kontrolle tendenziell immer mehr dem Einzelnen überlassen. Entgegen oft vorgebrachten Behauptungen führt das zu verstärktem Zeitdruck, der nicht mehr äußerlich in Erscheinung tritt, sondern im Inneren jedes Einzelnen ausgetragen und indirekt sanktioniert wird. Das trifft nicht nur Individuen, sondern ganze Gesellschaften, vor allem auch Menschen in den Städten der ökonomisch schwachen Länder.

Ausnutzen der Zeit bleibt oberstes Prinzip; wer Zeit verliert, wird bestraft. Personen oder Völker mit einem traditionell anderen Verständnis von sozialer Zeit sind aus der Sicht der westlichen Industrieländer nicht tauglich für die Marktwirtschaft und können an ihrer Produktivität nicht teilhaben. Von dörflichen Verhältnissen, von menschlicher Nähe, Verantwortung füreinander kann in einem solchen ›Global Village‹ keine Rede sein. Selbst Brzezinski räumt ein, die Welt sei in ein Geflecht unsteter, gespannter Beziehungen verwandelt, und der Einzelne laufe ständig Gefahr, in Isolation und Einsamkeit zu geraten.

Nach 30-jähriger Forschungsarbeit über alle erdenklichen Gesichtspunkte von Zeit zog 1987 Julius T. Fraser eine traurige Bilanz: Die globale Vernetzung der Gegenwart habe im letzten Menschenalter immer dichtere Gleichzeitigkeit erzwungen. Dabei wurde immer mehr von der Vielschichtigkeit vergangener Zeitordnungen vernichtet, der Spielraum geistiger und sozialer

Entfaltung immer weiter eingeengt. Die zum puren Jetzt verdichtete Zeit lässt keinen Raum mehr für Erinnerung und Hoffnung. Diese für frühere Generationen überaus bedeutenden Bezüge verschwinden aus dem täglichen Leben.

Inzwischen sind neue Technologien und der Prozess der Globalisierung weiter vorangeschritten. Unaufhaltsam scheinen sie der Gesellschaft die kurzfristige Perspektive und die Logik der ›Echtzeit‹ aufzuzwingen. Entscheidungen von Staaten sind nicht mehr wirklich auf die Zukunft orientiert, sondern politisch motiviert und überwiegend auf die jeweils nächsten Wahlen ausgerichtet.

Früher strukturierte Arbeit die soziale Zeit. Heute wertet ihr Wandel den Augenblick, die Gegenwart, das Kurzfristige auf. Das zerreißt das soziale Band zwischen den Generationen, zerschlägt die Vorstellung von Zukunft und stellt den Sinn jeder langfristigen Unternehmung in Frage. Aus dieser Sicht zersetzt die Dringlichkeit die Zeit. Jérôme Bindé, wichtigster Mitverfasser des Weltzukunftsberichts der UNESCO, resümierte 1999: »Weit davon entfernt, eine Übergangsmaßnahme zu sein, wird die Logik der Dringlichkeit zum Dauerzustand: Sie drückt der ganzen Gesellschaft ihren Stempel auf [...] Scheinbar hat der Augenblick die Zeit abgeschafft. Überall auf der Welt maßen sich die Menschen von heute Rechte über die Menschen von morgen an – bedrohen das Wohl, das Gleichgewicht und zum Teil auch das Leben der Menschen von morgen.«

Es geht auch anders. Noch begegnen uns Kulturen, die auf andere Weise mit Zeit umgehen, in denen nicht die Uhr den Lebenstakt bestimmt. So diktiert in vielen Gebirgsregionen der Schritt des Maultiers die Dauer der Reise. Der welterfahrene Südtiroler Bergsteiger Reinhold Messner meint, das Wahrnehmungsvermögen des Menschen sei dem Tempo des Fußgängers angepasst. Deshalb, so argumentiert er, enthält ein Mond für die Massai in Afrika mehr Leben, ist im Empfinden des Einzelnen viel länger als ein Monat in Europa. Solcherart intensiv erlebte Zeit ist ihr Reichtum. Für den von Ort zu Ort hetzenden Europäer dagegen sind Monate und Jahre am Ende nichts als eine Zahl.

Für viele Mitglieder der Industriegesellschaft hat die Karriere das eigentliche Leben ersetzt. Dieses Wunschbild vom immer währenden Fortschreiten des Einzelnen lehnt sich an die Idee des allgemeinen Fortschritts an. Doch die wahre Karriere des Menschen, sein natürlicher Lebenslauf, entspricht viel eher dem Bild des Lebensbogens, der aus Auf- und Abstieg besteht und dessen letzte Stufe der Tod ist. Wir aber haben den Fortschrittsgedanken mit der Vorstellung von immer währendem Aufstieg verbunden. Das ist auch der Grund dafür, dass Alter und Sterben in unserer Gesellschaft immer weniger akzeptiert werden. Alternde verschwinden einfach aus dem Alltag der Jungen und aus dem öffentlichen Bewusstsein. Bis ins 19. Jahrhundert waren drei oder vier unter einem Dach lebende Generationen der Normalfall. Im Lauf des 20. Jahrhunderts entstanden dann Altenheime in größerem Umfang. Beschönigende Namen wie Feierabendheim (seit etwa 1930) oder Seniorenresidenz ändern nichts am Sachverhalt.

Maßstab für die Bewertung des arbeitenden Menschen ist seine produktive Leistung am Scheitelpunkt. Diese Sichtweise »reduziert die Jugend zur Vorstufe und das Alter zum Fall, zum Ab-Fall, zum Abfall«, resümierte 2000 der in Dänemark lebende Kultursoziologe Henning Eichberg. Das sei der Ursprung für »die westliche Verachtung des Alters, im Gegensatz zu asiatischen, afrikanischen, indianischen und alteuropäischen ›Gerontokratien‹«.

Jedes Lebenstempo hat seine Vor- und Nachteile. Der US-amerikanische Sozialpsychologe Robert Levine hat das Verhältnis der Menschen zur Zeit in zahlreichen Ländern analysiert. Gegenstand seiner Untersuchungen war z.B. die Geschwindigkeit von Fußgängern beim Weg durch die Stadt oder die für Begrüßungen aufgewendete Zeit. Die Ergebnisse machen deutlich, welch tiefgreifenden Einfluss das Zeitgefühl eines Kulturkreises auf die Lebensqualität hat. Die gravierendsten Unterschiede zeigen sich zwischen den ›Uhrzeit-Menschen‹ und Angehörigen der alten ›Ereigniszeit-Kulturen‹. Im Bereich der Industrienationen reicht die Skala des allgemeinen Lebenstempos von westeuropäischer Eile bis zur Trägheit tropischer Gegenden, von brasilianischer mañana-Mentalität zur atemlosen Hast Japans. »Jede Kultur hat ihre eigenen, einmaligen zeitlichen Fingerabdrücke«, formulierte der US-amerikanische Wirtschaftsjournalist Jeremy Rifkin.

Der senegalesische Philosoph Souleymane Bachir Diagne schlägt vor, an Stelle relativer Zeitkonzeptionen ethnologischer Natur von »Abstufungen des Dringlichkeitsgefühls« zu sprechen. Dieser Begriff erfasst nicht nur Unterschiede zwischen den verschiedenen Kulturen und Gesellschaften, sondern auch ihre inneren Differenzen zwischen verschiedenen sozialen Gruppen. Er verweist auf die Unterschiede im Umgang mit der Zeit, die wir innerhalb ein und derselben westlichen Stadt erleben, wenn wir uns aus einem von Armut geprägten Vorort zum Geschäftszentrum begeben. Es wäre absurd zu sagen, dass wir dabei von einer Zeitkonzeption in eine andere wechseln. Vielmehr erleben wir die Auswirkungen drastisch zunehmender Dringlichkeit. Dieses Gefühl manifestiert sich vor allem in der Unterwerfung unter Zeitpläne. Alles Unvorhergesehene wird als Ärgernis empfunden.

Solche Zeitkonflikte entstehen aus dem Verlust zeitlicher Selbstständigkeit, der in der Regel im Gefolge ökonomischer Abhängigkeit eintritt. In globalem Rahmen bewirken die rasch wachsenden internationalen Wirtschaftsbeziehungen solche Effekte; das ist als ›Zeit-Kolonialismus‹ beschrieben worden. Levine meint, fortschreitende technologische Entwicklungen und multinationale Kräfte könnten für einen solchen Grad kultureller Gleichheit sorgen, der unterschiedliche Auffassungen von Zeit zum Teil verschwinden lässt. Auf jeden Fall werde sich zeitliche Homogenität gemeinsam mit der westlichen Kultur in alle Winkel der Welt ausbreiten. An diese Voraussetzung knüpft er weiterführende Überlegungen, wie Menschen und Kulturen eine Balance finden können zwischen ihren traditionellen Vorstellungen und neuen Werten, die eine globalisierte Wirtschaft von ihnen verlangt.

Levine und andere namhafte Soziologen betrachten *persönliche Flexibilität* als Ausweg aus dem Dilemma einander widersprechender zeitlicher Anforderungen. Sie verstehen unter Multi-Temporalität die Fähigkeit, zwischen verschiedenen Tempi des Lebens wechseln zu können. Sozialpsychologen kennen seit einigen Jahrzehnten das Konzept der psychischen Androgynie. Nach dieser Vorstellung vereint die androgyne Persönlichkeit ›typisch männliche‹ Eigenschaften mit traditionell weiblichen Zügen, z.B. Selbstsicherheit und Fürsorglichkeit. Solche Menschen haben gewissermaßen Zugang zum Besten beider Welten. Analog verhält es sich beim Lebenstempo.

Der für seine tiefgründige Untersuchung von Beziehungen zwischen Spiritualität und exakten Wissenschaften bekannte US-amerikanische Philosoph und Psychologe Ken Wilber hat das Problem bildhaft erklärt: »Die Frage ist nicht einfach, in welchem Stockwerk des Hauses man lebt, sondern zu wie vielen Stockwerken man Zugang hat, während man durchs Leben navigiert.« Ganz neu sind diese Erkenntnis und das Beispiel freilich nicht. Der lebenskluge sächsische Schriftsteller Erich Kästner hat sie 1952 in seiner berühmten »Ansprache zum Schulbeginn« (in: *Die Kleine Freiheit*) so formuliert: »Aber müßte man nicht in seinem Leben wie in einem Hause treppauf und treppab gehen können? Was soll die schönste erste Etage ohne Keller mit den duftenden Obstborden und ohne das Erdgeschoß mit der knarrenden Haustür und der scheppernden Klingel? Nun – die meisten leben so! Sie stehen auf der obersten Stufe, ohne Treppe und ohne Haus, und machen sich wichtig. Früher waren sie Kinder, dann wurden sie Erwachsene, aber was sind sie nun? Nur wer erwachsen wird *und* Kind bleibt, ist ein Mensch!«

Viele Situationen unseres Alltags sind vom Tempo der Mitwelt geprägt.

Der Einzelne meistert sie nur dann ohne Konflikte, wenn er sein Verhalten auf Schnelligkeit und Pünktlichkeit ausrichtet. In anderen Bereichen des Lebens ist es dagegen oft günstiger, die Dinge mit einer entspannten Einstellung zur Zeit anzugehen. Die Gestaltung sozialer Beziehungen oder das schöpferische Entwickeln von Ideen werden so viel besser gelingen. ›Jedes Ding hat seine Zeit‹, wussten die Alten, und ›Jedes Ding braucht seine Zeit‹. ›Eins nach dem anderen‹ war das daraus sich ergebende Ordnungsprinzip. Es ist der Gewohnheit gewichen, mehrere Dinge gleichzeitig zu tun.

Die soziale Zeit in ihrer heutigen Gestalt als Uhr-Zeit erzeugt bei vielen das unbehagliche Gefühl, von außen gesteuert zu werden, maschinengleich funktionieren zu müssen. Und wo ein verändertes Zeitregime den äußeren Druck durch eine Pseudo-Selbstständigkeit ersetzt hat, treibt das Gefühl des Zeitmangels von innen heraus zur Eile, erzwingt das Ausschalten der als ›unproduktiv‹ geschmähten Pausen. So wird die Zeit als Gegner empfunden, gegen den man ankämpft.

Demgegenüber verbindet die ungleichmäßig ablaufende innere Zeit Phasen von Aktivität und Ruhe zu einem organischen Rhythmus, der eine eher gelassene Grundhaltung gegenüber den täglichen Pflichten erlaubt. Dadurch wird es relativ leicht, sich auf wechselnde Tempi und gelegentliche überdurchschnittliche Anforderungen einzustellen. Wer die Zeit so erlebt, kann sie den Dingen angemessen gebrauchen und dennoch seinen eigenen Bedürfnissen gerecht werden. Er wird öfter das Gefühl erleben, die Zeit arbeite für ihn.

Diese andere Zeitperspektive aber wird häufig ausgeblendet, ungeachtet dessen, dass wir alle auch ganz andere Zeit-Erfahrungen kennen. Im Urlaub beispielsweise können viele noch die Freuden der Langsamkeit auskosten, das Leben ohne Uhr und Kalender, das Sich-Verlieren in der Zeit. Dann genießen sie eine neue Lebensqualität. Wer solche Elemente in seinen Alltag hinüberretten kann, gelangt zu einer persönlichen Zeit-Kultur.

Noch vor ein oder zwei Generationen war vorrangig das Erlangen materiellen Wohlstands erklärtes Ziel der Arbeitenden. Defizite an persönlich verfügbarer Zeit nahm man dafür in Kauf. Heute hat sich das bereits deutlich geändert. Neben dem materiellen steht auch Zeit-Wohlstand auf der Wunschliste. Das neue Ideal ist, ohne zeitlichen Stress produktiv genug zu sein, um ein angemessenes Auskommen zu finden, und gleichzeitig genügend Zeit für soziale Kontakte und ein kulturvolles Leben zu haben.

Viele leben freilich von diesem Ideal noch weit entfernt. Im zurückliegenden Jahrhundert entwickelte sich aus der Forderung der sozial Schwachen nach gerechterer Verteilung materieller Güter der Sozialstaat. Später proklamierte man das Bürgerrecht der Chancengleichheit. Als sich dann Sozialforscher mit Tagesabläufen in Städten beschäftigten, registrierten sie extreme Zeitknappheit bei bestimmten Bevölkerungsgruppen, z.B. bei Alleinerziehenden. Daraus entstand der Gedanke eines Bürgerrechts auf Zeit-Gerechtigkeit. Inzwischen gibt es Projekte zur Stadtentwicklung, die daraus neuartige urbane Zukunftsvisionen ableiten. So denkt man z.B. in Bremen über ein System aufeinander abgestimmter Öffnungszeiten der sozialen Infrastruktur nach, das außer medizinischen und Kindereinrichtungen, Einzelhandel und Schulen auch Fahrpläne des öffentlichen Nahverkehrs einbezieht.

Neu für die heute Lebenden ist der häufige und rasche Wechsel unterschiedlicher Anforderungen. Verlangt wird die Fähigkeit, das eigene zeitliche Verhalten schnell auf die jeweilige Situation einzustellen. ›Druck machen‹ und ›Dampf ablassen‹ sind die in der Zeit der Dampfmaschine entstandenen sprachlichen Bilder für entsprechendes Reagieren. Der US-amerikanische Sozialwissenschaftler Lewis Mumford beantwortet die Frage nach dem besten Lebenstempo so: »Man sollte den Takt des Lebens ebenso wie in der Musik einhalten: also nicht lediglich dem mechanischen Schlag des Metronoms folgen, wie dies Anfänger tun, sondern Satz für Satz das richtige Tempo ausmachen und den Takt den menschlichen Bedürfnissen und Zwecken anpassen.«

In verschiedenen Zeiten zu leben ist keine ungewöhnliche oder gar neue Forderung. Die alltägliche Anschauung zeigt, dass wir in unterschiedlichen Situationen völlig andere Phasen der Eigenzeit erleben. »Wer alles vergessend spazieren geht, wer versunken inmitten des Lärms eines öffentlichen Platzes vor einer leeren Kaffeetasse sitzt, vollends wer einen anderen umarmt, lebt nicht in der Zeit der operationalen Konstrukte«, bemerkt der Soziologe Günter Dux.

Aber diese altbekannte Verschiedenartigkeit der Zeiten hat neue Dimensionen erreicht. Das hängt auch damit zusammen, dass die Welt der Menschen immer komplexer wird. Ihre Erscheinungen können nicht mehr isoliert wahrgenommen, müssen in immer größeren Zusammenhängen und aus wechselnden Perspektiven betrachtet werden. Multi-perspektivisches Sehen, Denken, Erfahren sind gefordert. Neben das multi-personelle Beziehungsgeflecht von ›Patchwork-Familien‹ tritt die grenzenlos vernetzte Arbeitsumwelt multi-nationaler Konzerne und multi-lateraler Beziehungen zwischen Organisationen und Staaten. In ihrem Gefolge unterliegen wir multi-kulturellen Einflüssen. Das alles zu bewältigen, setzt eine enorme

Integrationsleistung voraus, die wohl nur in einer Pluralität von Zeiten erbracht werden kann. So scheint sich gesetzmäßig eine multi-temporale Gesellschaft zu entwickeln.

Schon diskutieren Zukunftsforscher im Verein mit Sozialwissenschaftlern eine ›virtuelle Gesellschaft‹, in der Produktion, Distribution und Kommunikation weitgehend in virtuellen Räumen, im Cyberspace, stattfindet, der langsam den realen Raum überlagert. Hier herrscht *Cybertime*, eine kontrollier- und beeinflussbare digitale Zeit. Nichtlinear und polychronisch ist sie eine gewissermaßen ›elastische‹ Form der Zeit. Cybertime widerspricht allen bisher bekannten Vorstellungen von Zeit. Aus unterschiedlichen Rhythmen, die auf wechselnde Art miteinander verkoppelt sein können, entsteht ein Nebeneinander alternativer Zeiten, in dem die Bedeutung des Vorher und Nachher im herkömmlichen Sinn verschwindet. Damit verschwimmt der lineare Zeitbegriff. Das mag auf Dauer die Gestalt der noetischen Zeit verändern. Menschliches Leben indessen, unsere Existenz als Individuum wie als Gattung, bleibt eingebettet in die naturgegebenen Abläufe von Biozeitlichkeit.

8.3 Von Zukunft und Ende der Zeit

Die bisherigen Betrachtungen waren auf den Bereich der Noosphäre beschränkt, auf jene Zeitlichkeit also, in der sich unsere kulturelle und technische Evolution vollzieht. In einem viel weiter gesteckten Rahmen stellen Naturwissenschaftler die Frage nach der Zukunft der Zeit. Auch hier begegnen uns Auffassungen, die auf verschiedene Konzepte *multipler Zeiten* hinauslaufen.

Eine solche neue Sichtweise auf das Problem einer einheitlichen, alles beschreibenden Weltzeit propagiert der Bonner Astrophysiker Hans Jörg Fahr, dem 1995 eine allgemeinverständliche Darstellung damit zusammenhängender, schwer zugänglicher Fragen gelang, die man – nach seinen eigenen Worten – bis vor einigen Jahren überhaupt noch nicht in ein vernünftiges Begriffskleid fassen konnte. Der folgende Abschnitt ist eng an seine Überlegungen angelehnt.

Bisher ist man gewöhnlich davon ausgegangen, dass jedes physikalische Geschehen an einen alles übergreifenden, universalen Zeittakt angekoppelt sei. Fahr nennt das eine Zwangsvorstellung, die sich vielfach aus dem axiomatischen Ansatz ergab, dass »der Pulsschlag des Schöpfers sich durch die

Gesamtheit seiner Schöpfung hindurchziehen [...] müsse«. Dieser Gedanke liegt letztlich der Suche nach einer einheitlichen, alles beschreibenden ›Weltformel‹ zugrunde. Nun aber wird diskutiert, ob man nicht eine bessere, naturwissenschaftliche Erklärung für bestimmte Phänomene der Natur finden könnte, indem man verschiedenen Bereichen eine spezielle Zeittaktung zugrunde legt – auch auf die Gefahr hin, mit einem solchen Lösungsansatz die Welt niemals als Ganzes beschreiben zu können.

Es geht bei der Frage nach der Zeit in solchem Zusammenhang um die Tatsache, dass sich irgendwo im All ein Strom von Ereignissen vollzieht, der die klare Tendenz hat, von einem zeittopologisch früheren auf ein nachfolgendes Ereignis zu verweisen. Doch eine solche allgemeine Tendenz ist keineswegs identisch mit absoluten zeitlichen Beziehungen zwischen einem global kosmischen Vorher und einem global kosmischen Nachher. Es kann also nicht um die Festlegung absoluter Zeitmarken und absoluter Beziehungen gehen.

Ein leeres Universum hat kein Früher und kein Später, weil es keine Unterscheidbarkeiten in Raum und Zeit bietet. Allein die Tatsache, dass sich an bestimmten diskreten Gegebenheiten im Kosmos etwas ereignet, verleiht der Welt einen Zeitverlauf. Zeit entsteht dann, wenn irgendetwas eine Wirkung ausübt. Das wird am Beispiel der Photonen deutlich. Man denkt sich mit jedem einzelnen dieser Licht-Teilchen eine Uhr verbunden, die das Photon überallhin mitnimmt. Dabei zeigt sich, dass auf dieser internen Uhr überhaupt keine Zeit vergeht – anders gesagt, das Photon altert nicht. Die Ursache dafür liegt in dem Umstand, dass Photonen die Gravitation nicht als Kraftfeld, sondern als Raum mit bestimmter Geometrie erfahren. Sie müssen deshalb bei ihrer Bewegung keine Arbeit leisten und setzen folglich keine Wirkung frei. Wenn sich im Gegensatz dazu normale, mit Masse behaftete Objekte bewegen, entfachen sie Wirkung, und dabei vergeht ihre Eigenzeit, entsteht ein Zeitverlauf.

Nicht nur die Eigenzeiten unterschiedlicher Teilchen, auch jene von ganzen Systemen sind verschieden. Das ist dem Umstand geschuldet, dass Systeme einen Entwicklungsprozess durchmachen und dabei unterschiedliche ›Reifungsgrade‹ erreichen. In diesen verschiedenen Stadien sind sie – jedenfalls von außen beurteilt – unterschiedlich ›evolutionsfreudig‹, d.h. das Tempo ihrer inneren Entwicklung differiert, und ihre Informationsproduktion verläuft unterschiedlich schnell.

Führende Theoretiker der Nichtgleichgewichts-Thermodynamik wie Ilya Prigogine oder Hermann Haken vermuten, dass solche Vorgänge mit dem inneren Zeittakt der Systeme korrespondieren. In letzter Zeit gewinnt immer mehr die Vorstellung Raum, dass man alle Abläufe in makrophysikalischen Nichtgleichgewichts-Systemen nach einer ihnen eigenen, genuinen Uhr beschreiben sollte. Dann nämlich lassen sich gleichartige naturgesetzliche Prozesse in verschiedenen Bezugssystemen als identisch darstellen.

Man sagt, Systeme mit verschieden starken evolutionären Schubkräften bringen bei Erzeugung der gleichen Menge an interner Information unterschiedliche Zuwächse in der Eigenzeit hervor. Galaxien im Weltall sind typische Beispiele solcher Nichtgleichgewichts-Systeme. So würden also zwei von ihnen, die zur gleichen kosmischen Außenzeit entstanden, je nach ihrem inneren Informations- und Strukturaufbau unterschiedliche Schubkräfte entwickeln und würden folglich intern unterschiedlich altern. Systeme mit reicher innerer Struktur würden jünger erscheinen als strukturarme, einem Gleichgewichtszustand nahe Systeme, weil in ihnen die Zeit langsamer zu vergehen scheint.

Erreicht nun im Extremfall ein solches System irgendeinen stabilen, stationären Zustand, dann produziert es überhaupt keine innere Information mehr. Infolgedessen kann kein neuer Makrozustand des Systems entstehen, und sein momentaner Zustand lässt sich nicht mehr vom nachfolgenden unterscheiden. Das System wirkt dann von außen betrachtet zeitlos, als stünde seine Zeit still. Zwar gibt es in seinem Inneren weiterhin mikrophysikalische Bewegungen, doch sie bewirken nichts – jede findet intern ihre Umkehrung. Wo stets gleich viele Prozesse vorwärts und rückwärts laufen, wird kein Zeitsinn gegenüber einem anderen hervorgehoben, denn jede Wirkung wird durch eine Gegen-Wirkung eliminiert. Demnach vergeht in einem stationären Zustand des Systems keine innere Zeit.

Die Existenz unterschiedlicher Eigenzeiten innerhalb verschiedener Systeme ist das Hauptargument gegen den Versuch, alles Geschehen im Kosmos nach einem absoluten und universell gültigen Zeittakt zu beschreiben. Sie begründet stattdessen die Zweckmäßigkeit jeweils systemspezifischer Zeitmaße. Trotzdem scheint es wünschenswert, irgendeine Art von übergeordneter zeitlicher Instanz zu besitzen, mit deren Hilfe unterschiedliche systeminterne Zeiten vergleichbar gemacht, zueinander in Beziehung gesetzt werden können. Das legte die Idee nahe, sich alle periodisch ablaufenden Ereignissysteme in der Welt durch eine äußere, von ihnen unabhängige absolute Zeit getaktet vorzustellen. Man könnte dann bequem mit unveränderlichen festen Relationen zwischen den einzelnen Systemzeiten arbeiten.

Dem aber steht entgegen, dass es solche festen Relationen in der Wirklichkeit nicht gibt. Bei allen denkbaren Prozessen mit periodischer Wiederholung handelt es sich um offene Systeme, die wechselseitig aufeinander einwirken. All die vielen ›inneren Uhren‹ der Teilsysteme führen ständig relative Gangverschiebungen gegeneinander durch. Deshalb ist eine Beschreibung ihrer zeitlichen Beziehungen durch eine einheitliche Taktzeit nicht sinnvoll möglich.

Einfachstes Beispiel für die zeitliche Abhängigkeit mehrerer Systeme voneinander sind zwei schwingende Pendel. Sobald sie in irgendeiner Weise miteinander gekoppelt sind, lassen sie sich nicht mehr sinnvoll durch eine unabhängige Außenzeit beschreiben. Dazu genügen bereits geringste Störkräfte wie z. B. die Reibung in einer gemeinsamen Gasumgebung. Fahr hat darauf verwiesen, dass auch zwei Menschen unter Umständen durch ihre gegenseitigen Wechselwirkungen Zwangstaktungen aufeinander ausüben, die ihre individuellen Biorhythmen chaotisieren können.

Oft sind solche Kopplungen für die beteiligten Systeme vorteilhaft. Wechselwirken vermehrt die angesammelte Information und stimuliert die Innovationsfreude. Ein System ohne jede Wechselwirkung wäre praktisch tot. In lebenden Organismen findet sich eine große Zahl selbstständig ablaufender Rhythmen, von denen einige durch äußere Einflüsse wie z. B. die Tageshelligkeit getriggert werden. Mediziner wissen seit langem, dass ein gewisses Maß an Asynchronität zwischen den internen Perioden eines Organismus das Kennzeichen des Gesunden, der normalen Funktion seiner Organe ist. Ohne Wechselwirkung mit anderen Schwingungen im Organismus wäre der Herzschlag ein anorganisch totes System, ein Herz ohne Leib und Seele.

All dies legt nahe, für physikalische, biologische, biochemische, physiologische und diverse weitere Systeme eine je eigenständige Zeittaktung anzunehmen. Moderne naturwissenschaftliche Zeitkonzepte sollten Zeit als begleitenden Umstand konkreter Vorgänge betrachten, der auf die Eigenrhythmen des jeweiligen Systems gestützt ist.

Wir haben oben gesehen, dass Zeit entsteht, wenn irgendetwas eine Wirkung ausübt. Solches Wirken geschieht im Raum und hat eine Richtung. Daraus resultiert, dass auch die Zeit eine Richtung hat. Im einführenden Kapitel über Zeit in der Physik wurde die auf der klassischen Thermodynamik basierende Definition wiedergegeben, nach welcher die Richtung der Zeit bestimmt wird durch jene Richtung, in der die natürlichen Geschehnisse in diesem System die innere Entropie vergrößern. Das gilt für ein abgeschlossenes System, in dem die Entropie ständig zu wachsen hat. Nun gibt es aber im All kein derartiges geschlossenes System. Nicht einmal der Kosmos als Ganzes ist ein solches, denn er enthält Entropiesenken. Da sind die Schwarzen Löcher, deren Binnenleben vom Rest des Kosmos ausgeschlossen ist.

Auch Fahr hat sich in Zusammenhang mit der Frage nach dem Sinn des Begriffs einer einheitlichen kosmischen Zeit mit Zeitpfeilen befasst. Sie können, so legt er dar, in unserem wirklichen Universum nur deshalb ausgeprägt sein, weil der Kosmos unablässig expandiert. Dadurch absorbiert er jegliche Wirkung, und in seinem Inneren herrscht niemals thermodynamisches Gleichgewicht. Fahr argumentiert: Wäre das System Weltall von einer spiegelnden Hülle umschlossen, dann gäbe es keinen Wirkungsfluss aus dem System heraus oder in dieses hinein. Alle Ströme von Ursachen würden gleichartige Ströme mit entgegengesetzter Richtung erzeugen. Es würde also nichts bewirkt in der Zeit, und demzufolge könnte kein Unterschied zwischen Vergangenheit und Zukunft gemacht werden – der Zeitpfeil hätte keine Richtung.

Eine weitere Diskussion dieser Fragen führt zum Themenkreis der ›dunklen Materie‹, die zwar Quelle von Gravitationsfeldern ist, jedoch nicht leuchtet. In den von ihr gebildeten riesigen Massezentren könnte sich negative Entropie bilden, also ein Geschehen ablaufen, ohne dass sich zugleich auch die Entropie des Gesamt-Kosmos erhöhte. Solches Geschehen könnte einmal die Entwicklung des Kosmos in eine ganz neue Richtung lenken, bis hin zu einer Umkehrung des Zeitpfeils. Aber Überlegungen solcher Art sind in höchstem Grade spekulativ, ist doch selbst die Vergangenheit des Universums in vielen wesentlichen Aspekten bisher ungeklärt geblieben. Auch beim Entstehen eines Schwarzen Loches, so wird vermutet, steigt in seinem Inneren die Entropie weiterhin an, während sie außerhalb nicht mehr wächst. Es sieht dann so aus, als teile sich der Kosmos in zweierlei verschiedene Bereiche, in denen der Zeitpfeil in gegenläufige Richtungen weist.

Alle Überlegungen über die Zukunft von Zeit münden letztlich in die Frage, ob Zeit endet. Immer wieder anders haben Menschen in ihrer Zeit darüber nachgedacht. Christen im Mittelalter haben sie auf ihre Weise beantwortet, noch bevor sie die Räderuhr kannten. Im 12. oder 13. Jahrhundert meißelte ein unbekannter Künstler an der Kathedrale von Chartres die Vorstellungen seiner Zeit vom Jüngsten Gericht in ein Relief. Es zeigt den auferstandenen Menschen umgeben von sieben Engeln. In ihren Händen halten sie Astrolabien, verbergen diese jedoch in ihren Gewändern – beredter Ausdruck der Erkenntnis, dass Zeitmessung ihren Sinn verliert, wenn alle Zeit endet, Gottes Ewigkeit beginnt.

In den ältesten Religionen ist alles Seiende durch die Schöpfung selbst bedroht. So wird in Vorstellungen des Hinduismus die Existenz der Welt mitsamt der Zeit nur durch das permanente Handeln der Schöpfungsgötter aufrechterhalten. Dem liegt eine Logik des Handelns zugrunde, die auch die Zeit zum ›Vollstrecker des Lebens‹, d. h. zu seiner Zerstörung, bestimmt. Damit wird Zeit zur treibenden Kraft; sie selbst ist das ›handelnde Prinzip‹, aus dem heraus das Leben entspringt und das es schließlich zerstört. Die Zeit verschlingt das Leben, mit dem Leben aber sich selbst. Deutlich zeigt das eine Szene im ›Pfortenbuch‹ der Ägypter aus dem 14. Jh. v. Chr. In der Darstellung im Grab Ramses IV. gebiert und vernichtet die endlos gewundene ›Schlange der Zeit‹ die zwölf Stundengöttinnen. »Was als Zeit geschaffen wird, verläuft in der Zeit und vernichtet sich selbst ›in seiner Zeit‹, die immer eine begrenzte Zeit ist«, formulierte Dux.

Das Shatapatha-Brahmana der Inder sagt: Das Jahr ist der Tod, denn es schmälert durch Tag und Nacht das Leben der Menschen. An anderer Stelle im gleichen Werk wird indessen etwas anderes vielleicht zum ersten Mal erwähnt: die mehrmalige Existenz der Wesen. Entstehen und Vergehen entspricht den beobachteten Abläufen in der Natur. Menschen der Frühzeit empfanden das Vergehen der Zeit nicht als bedrohliche Unsicherheit, sondern als Teil einer Folge immer wiederkehrender Abläufe. Am Ende eines Zyklus wird der Anfang wiederholt. Das war die Zeit der ewigen Wiederkehr. Anders im buddhistischen Denken. Hier wurde eine Form von Ewigkeit zum Ziel des menschlichen Daseins, die bewegungslos in sich ruht: das Nirvana, Grenzfläche zwischen der Ruhe und dem Nichts. Dort ist die Zeit aufgehoben.

Zeit entsteht, wenn irgendetwas eine Wirkung ausübt, haben uns die Physiker gelehrt. Zeit ist also mit der Welt entstanden. Wenn irgendwann in ferner Zukunft nichts mehr bewirkt wird, wenn alle Systeme einen stationären Zustand erreicht haben, könnte sie enden. Anders gesagt – sie endet dann, wenn überhaupt alles Sein endet. Doch über die Endlichkeit des Seins sind heute die Naturwissenschaftler geteilter Meinung. Manche gehen von der Voraussetzung aus, dass sich das All, mit dem Urknall beginnend, unendlich weit und unendlich lange ausdehnen wird. Daraus würde folgen, dass Zeit zwar einen Anfang, doch kein Ende hätte.

Neben diesen beiden gegensätzlichen Hauptrichtungen begegnet uns drittens Hawkings Hypothese, die Raumzeit sei zwar endlich, aber nicht begrenzt; besäße also wie die Oberfläche einer Kugel keinen Anfang und kein Ende. Viertens könnte das Universum unendlich pulsieren, sich rhythmisch wieder zusammenziehen und mit jeder neuen Ausdehnungsphase eine neue Zeit beginnen. Und endlich, ohne sich überhaupt irgendwie festzulegen, sehen Naturwissenschaftler heute die Welt als ein offenes Ordnungsgefüge an, das im Zusammenspiel von Zufall und Notwendigkeit vielfältiger Entwicklungen fähig ist.

Die verschiedenen auf der Allgemeinen Relativitätstheorie basierenden kosmologischen Weltmodelle stimmen darin überein, dass die Zeit mit dem Urknall vor 15 oder 20 Milliarden Jahren in die Welt kam. Das ist die vermeintlich objektiv ablaufende Zeit der Physik. Aus anderer Sicht beginnt und endet Zeit im Denken. Hier formte sie sich vielgestaltig aus. Der in der Welt erst spät vom Menschen ersonnene Zeitbegriff wird mit dem Menschen und lange vor dem Ende der physikalischen Zeitlichkeit verschwinden, ist eine nahe liegende Vermutung. Der amerikanische Physiker John A. Wheeler formulierte 1981: »Die Zeit ist Sklave der Physik, und sie endet mit der Physik.«

Einstein schrieb: »Raum und Zeit sind Denkweisen, die wir benutzen.« Demnach endet Zeit, wenn sie nicht mehr gedacht wird. Solches Gedacht-Werden muss indessen nicht zwangsläufig mit der biologischen Existenz des Menschen verbunden bleiben. So spekuliert der Physiker Frank J. Tipler in New Orleans über eine Kontraktionsphase des Universums, in der die Menschheit samt ihrem Zeitbegriff in Gestalt einer künstlichen Intelligenz überlebt.

Im Sinne der Herausbildung verschiedener Zeitlichkeiten hat die Zeit tatsächlich eine Entwicklung erfahren. Als sich unmittelbar nach dem Urknall aus Strahlungsenergie die ersten Teilchen bildeten, entstand aus dem azeitlichen Zustand eine Protozeitlichkeit. Mit der Bildung fester Materie erhielt sie einen Zusammenhang, formte sich zu Eozeitlichkeit. Daraus schließlich ging mit der Entwicklung biologischen Lebens die Biozeitlichkeit hervor. Alle diese Zeitlichkeiten existieren weiter an dem ihnen adäquaten Platz, jede besitzt Gültigkeit in ihrer spezifischen Welt: Azeitlichkeit für die elektromagnetische Strahlung, Protozeitlichkeit in massearmen Regionen des Alls, Eozeitlichkeit in der astronomischen Welt der Sterne, Biozeitlichkeit in der Sphäre der Lebewesen. Schließlich entwickelte sich zusammen mit dem Menschen Noozeitlichkeit, die zeitliche Realität des menschlichen Geistes. Und es ist kein Grund erkennbar, warum damit das Ende der Entwicklung neuer Zeitlichkeiten erreicht sein sollte.

John Wheeler hat im Rahmen einer Vortragsreihe 1981 über Anfang und Ende der physikalischen Zeitskala referiert. Er begann seinen Vortrag so: »Mein Thema lässt sich in drei Worte fassen: Die Zeit endet.« Aber die Frage nach dem Verschwinden der Raumzeit ist Teil der Frage nach der Herkunft der Welt, ungelöst wie diese. Wheeler spricht von ›zwei Toren der Zeit‹, die auf vielfältige Weise zu beschreiben seien, und kommt zu dem

Schluss: »Zeit als solche kann nicht das letzte Konzept in der Beschreibung der Natur sein. Zeit ist weder ursprünglich noch genau. Sie ist eine Schätzung, ein sekundärer Begriff.« Wheeler glaubt, künftige Wissenschaft wird zu einer grundsätzlich neuen Beschreibung der Natur aller Dinge finden. Solch eine Darstellung »wird das Konzept der Zeit überhaupt nicht enthalten. Anstatt dessen wird die Zeit als untergeordnet und ungenau verstanden werden.«

Bis dahin aber ist kein Raum für Fragen nach einem ›Vorher‹ vor dem Urknall oder einem ›Nachher‹ nach dem Gravitationskollaps. Wo es keine Zeit gibt, ist weder Vorher noch Nachher. Indessen widerspricht der Vorgang ›Urknall‹ aller Erfahrung. Aus Nichts entsteht nichts. Die unbestreitbare Logik der Aussage »Vor dem Urknall gab es nichts, Zeit existierte nicht« lässt deshalb eine grundlegende Frage offen. Und solange darauf keine schlüssige Erklärung gegeben werden kann, muss wohl akzeptiert werden, dass Menschen auch künftig metaphysische Vorstellungen entwickeln, dass sie an einen Schöpfergott glauben, wie immer er beschaffen sei. Auch die Singularitäten selbst – Urknall und Schwarzes Loch – entziehen sich jeglicher Vorstellung. Als theoretische Punkte, Zustände unendlich gekrümmter Raumzeit sind sie unverstehbarer Gegenstand einer Art modernen Glaubens.

In einer gänzlich anderen Richtung hat Ilya Prigogine die Überlegungen zur Zukunft der Zeit vorangetrieben. In seiner Arbeit »Flèche du Temps et fin des certitudes« (Der Zeitpfeil und das Ende der Gewissheit) führt er die Idee der Ungewissheit in die Zeitvorstellung ein. Die Schlussfolgerungen daraus hat er selbst so zusammengefasst: »Wir kommen von einer Welt der Gewissheiten in eine Welt der Wahrscheinlichkeiten. Wir müssen den schmalen Weg finden zwischen einem entfremdenden Determinismus und einem Universum, das vom Zufall regiert würde und somit unserem Verstand unzugänglich wäre.«

Die Pariser Abteilung für Zukunftsforschung der UNESCO hat im Jahr 2000 den Aufsatz im Rahmen ihres Sammelbandes *Schlüssel zum 21. Jahrhundert* veröffentlicht. Ihr Direktor Jérôme Bindé schätzt ein, dass diese Idee der Ungewissheit vielleicht das prägende Merkmal des 21. Jahrhunderts sein wird. Es ist schwer, die Bedeutung dieses Gedankens für den Zeitbegriff in seiner ganzen Tragweite zu begreifen: Die Zeit hat keine Zukunft mehr, sondern multiple Zukünfte.

ENDE

Anhang:

Literaturverzeichnis (Auswahl)

Altner, Günter: Die Überlebenskrise in der Gegenwart. Darmstadt 1987

Asimov, Isaac: Die exakten Geheimnisse unserer Welt – Kosmos, Erde, Materie, Technik. München 1993

Assmann, Jan: Das Doppelgesicht der Zeit im altägyptischen Denken. In: Gumin, Heinz und Meier, Heinrich (Hrsg.): Die Zeit, Dauer und Augenblick. München/Zürich 1989

Bodmer, Frederick: Die Sprachen der Welt. Köln 1997

Boeckmann, Kurt von: Vom Kulturreich des Meeres. Dokumente zur Kulturphysiognomik. Berlin 1924

Borst, Arno: Computus. Zeit und Zahl in der Geschichte Europas. München 1999

Braem, Harald: Magische Riten und Kulte: Das dunkle Europa. Stuttgart/Wien 1995

Brendecke, Arndt: Die Jahrhundertwenden. Eine Geschichte ihrer Wahrnehmung und Wirkung. Frankfurt am Main 2000

Brentjes, Burchard: Die iranische Welt vor Mohammed. Leipzig 1967

Brück, Michael von: Wo endet Zeit? Erfahrungen zeitloser Gleichzeitigkeit in der Mystik der Weltreligionen. In: Weis, Kurt (Hrsg.): Was ist Zeit? Zeit und Verantwortung in Wissenschaft, Technik und Religion. München 1995

Childe, Gordon: Der Mensch schafft sich selbst. Dresden 1959.

Cordan, Wolfgang: Popol Vuh: Das Buch des Rates; Mythos und Geschichte der Maya. München 1962

Drewermann, Eugen: Tiefenpsychologie und Exegese, Freiburg i. Br. 1984

Dülmen, Richard van: Kultur und Alltag in der Frühen Neuzeit. Band 3: Religion, Magie, Aufklärung. München 1994

Dux, Günter: Die Zeit in der Geschichte. Ihre Entwicklungslogik vom Mythos zur Weltzeit. Frankfurt am Main 1992

Eigen, Manfred: Evolution und Zeitlichkeit. In: Gumin, Heinz und Meier, Heinrich (Hrsg.): Die Zeit, Dauer und Augenblick. München/Zürich 1989

Eldredge, Niles: Wendezeiten des Lebens. Katastrophen in Erdgeschichte und Evolution. Heidelberg/Berlin/Oxford 1994

Elias, Norbert: Über die Zeit. Arbeiten zur Wissenssoziologie 11. Frankfurt am Main 1984

Epstein, David: Das Erlebnis der Zeit in der Musik. In: Gumin, Heinz und Meier, Heinrich (Hrsg.): Die Zeit, Dauer und Augenblick. München/Zürich 1989
Fahr, Hans Jörg: Zeit und kosmische Ordnung. Die unendliche Geschichte von Werden und Wiederkehr. München/Wien 1995
Feest, Christian: Beseelte Welten. Die Religionen der Indianer Nordamerikas. Freiburg/Basel/Wien 1998
Fraser, Julius T.: Die Zeit: vertraut und fremd. Basel 1988
Frazer, James George: Der Goldene Zweig. Das Geheimnis von Glauben und Sitten der Völker. Reinbek bei Hamburg 1989
Fromm, Erich: Die Kunst des Liebens. Frankfurt am Main/Berlin 1990
Grimm, Jacob und Wilhelm: Deutsches Wörterbuch (Reprint der Erstausgabe Leipzig 1854-1971) .München 1999
Großklaus, Götz: Medien-Zeit, Medien-Raum: zum Wandel der raumzeitlichen Wahrnehmung in der Moderne. Frankfurt am Main 1995
Grüsser, Otto-Joachim: Zeit und Gehirn. Zeitliche Aspekte der Signalverarbeitung in den Sinnesorganen und im Zentralnervensystem. In: Gumin, Heinz und Meier, Heinrich (Hrsg.): Die Zeit, Dauer und Augenblick. München/Zürich 1989
Gumin, Heinz und Meier, Heinrich (Hrsg.): Die Zeit, Dauer und Augenblick. Veröffentlichungen der Carl Friedrich von Siemens-Stiftung. München/Zürich 1989
Hawking, Stephen W.: Eine kurze Geschichte der Zeit. Die Suche nach der Urkraft des Universums. Hamburg 1989
Heidegger, Martin: Sein und Zeit. 12. Aufl. Tübingen 1972
Hoffmann, Kurt: Sterne, Mond und Sonne – Astronomie ohne Fernrohr. Stuttgart 1999
Illig, Heribert: Wer hat an der Uhr gedreht? Wie 300 Jahre Geschichte erfunden wurden. München 2000
Julien, Catherine: Die Inka: Geschichte, Kultur, Religion. München 1998
Kather, Regine: Die Zukunft unseres Planeten, in: Brockhaus Mensch, Natur, Technik, Band 6. Leipzig/Mannheim 2000
Koselleck, Reinhart: Zeitschichten. Studien zur Historik. Frankfurt am Main 2000
Kramer, Fritz (Hrsg.): Bikini oder die Bombardierung der Engel. Frankfurt am Main 1983
Kuczynski, Jürgen: Geschichte des Alltags des deutschen Volkes. Berlin 1980
Lanczkowski, Günter: Götter und Menschen im alten Mexiko. Freiburg i. Br. 1984
Lehmann, Johannes: Die Hethiter. Volk der tausend Götter. München 1975
Levine, Robert: Eine Landkarte der Zeit. Wie Kulturen mit Zeit umgehen. München/ Zürich 1999
Lexer, Matthias: Mittelhochdeutsches Taschenwörterbuch. 36. Aufl. Leipzig 1980
Lübbe, Hermann: Im Zug der Zeit. Verkürzter Aufenthalt in der Gegenwart. Berlin 1992
Maier, Hans: Die christliche Zeitrechnung. Freiburg i. Br. 1991
Mason, Stephen: Geschichte der Naturwissenschaft. Stuttgart 1991
Maurice, Klaus: Die deutsche Räderuhr. München 1976
Moltmann, Jürgen: Gott in der Schöpfung. Ökologische Schöpfungslehre. München 1985

Müller, A. M. Klaus: Die präparierte Zeit. Stuttgart 1972
Natzmer, Gert von: Der Mensch in der Welt. Berlin/Hamburg 1949
Negroponte, Nicholas: Total digital. München 1995
Nowotny, Helga: Wer bestimmt die Zeit? In: Weis, Kurt (Hrsg.): Was ist Zeit? Zeit und Verantwortung in Wissenschaft, Technik und Religion. München 1995
Obrecht, Andreas J.: Zeitkonzepte jenseits des Newton'schen Raumes, in: Faschingeder, Kolland und Wimmer (Hrsg.): Kultur als umkämpftes Terrain. Wien 2003
Papke, Werner: Die Sterne von Babylon. Bergisch Gladbach 1989
Picht, Georg: Hier und Jetzt. Philosophie nach Auschwitz und Hiroshima. Bd. II. Stuttgart 1981
Pöppel, Ernst: Wie kam die Zeit ins Hirn? Neurophysiologische und psychophysische Untersuchungen zum Zeiterleben. In: Weis, Kurt (Hrsg.): Was ist Zeit? Zeit und Verantwortung in Wissenschaft, Technik und Religion. München 1995
Postman, Neil: Die zweite Aufklärung. Vom 18. ins 21. Jahrhundert. Berlin 1999
Prem, Hanns J.: Die Azteken: Geschichte – Kultur – Religion. München 1996
Prigogine, Ilya: Vom Sein zum Werden. Zeit und Komplexität in den Naturwissenschaften. München 1979
Prigogine, Ilya und Stengers, Isabelle: Dialog mit der Natur. München 1983
Pühl, Harald: Angst in Gruppen und Institutionen. Hille 1994
Radke, Gerhard: Fasti Romani: Betrachtungen zur Frühgeschichte des römischen Kalenders. Münster 1990
Riese, Berthold: Die Maya: Geschichte, Kultur, Religion. München 1995
Rochet, Guy: Lexikon der griechischen Welt. Tübingen 1999
Schlag, Hannes E.: Ein Tag zuviel. Aus der Geschichte des Kalenders. Würzburg 1998
Schlott, Adelheid: Schrift und Schreiber im Alten Ägypten. München 1989
Sekirin, Peter (Hrsg.): Tolstois Kalender der Weisheit. Reinbek bei Hamburg 1999
Smoot, George/Davidson, Keay: Das Echo der Zeit. München 1995
Sproul, Barbara C.: Schöpfungsmythen der westlichen Welt. München 1994
Sträuli, Robert: Herkunft und Bedeutung unserer Wochentage. Zürich 1991
Taqizadeh, S. H.: Old Iranian Calendars. London 1938
Teichmann, Frank: Der Mensch und seine Tempel. Megalithkultur in Irland, England und Frankreich. Stuttgart 1983.
Topper, Uwe: Erfundene Geschichte – Unsere Zeitrechnung ist falsch. München 1999
Trautmann, Reinhold: Die slavischen Völker und Sprachen. Leipzig 1948
Vater, Heinz: Einführung in die Zeit-Linguistik. Hürth-Efferen 1991
Veyne, Paul (Hrsg.): Geschichte des Privatlebens. Frankfurt am Main 1989
Virilio, Paul: Die Sehmaschine. Berlin 1989
Weis, Kurt (Hrsg.): Was ist Zeit? Zeit und Verantwortung in Wissenschaft, Technik und Religion. München 1995
Weizsäcker, Carl Friedrich von: Die Geschichte der Natur. Göttingen 1954
Wendorff, Rudolf: Tag und Woche, Monat und Jahr. Eine Kulturgeschichte des Kalenders. Opladen 1993
Wendorff, Rudolf: Zeit und Kultur. Geschichte des Zeitbewußtseins in Europa. 3. Aufl. Opladen 1985

Wendorff, Rudolf: Der Mensch und die Zeit. Ein Essay. Opladen 1988
Westphal, Wilfried: Rätselhafte Inka. Bindlach 1998
Wheeler, John Archibald: Jenseits aller Zeitlichkeit. In: Gumin, Heinz und Meier, Heinrich (Hrsg.): Die Zeit, Dauer und Augenblick. München, Zürich 1989
Winnenburg, Wolfram: Einführung in die Astronomie. Mannheim 1991
Zemanek, Heinz: Kalender und Chronologie. Bekanntes und Unbekanntes aus der Kalenderwissenschaft. München 1984
Zimmermann, Helmut und Weigert, Alfred: ABC Lexikon Astronomie. 8. überarb. Aufl. Heidelberg, Berlin, Oxford 1995

Personenregister